普通高等院校系列规划教材——材料类

塑料成型原理及工艺

主 编 卞 军 蔺海兰

西南交通大学出版社

·成 都·

图书在版编目（CIP）数据

塑料成型原理及工艺 / 卞军，蔺海兰主编. —成都：西南交通大学出版社，2015.8
普通高等院校系列规划教材. 材料类
ISBN 978-7-5643-4199-2

Ⅰ. ①塑… Ⅱ. ①卞… ②蔺… Ⅲ. ①塑料成型－工艺－高等学校－教材 Ⅳ. ①TQ320.66

中国版本图书馆 CIP 数据核字（2015）第 195876 号

普通高等院校系列规划教材——材料类
塑料成型原理及工艺
主编 卞 军 蔺海兰

责任编辑	孟苏成
封面设计	墨创文化
出版发行	西南交通大学出版社 （四川省成都市金牛区交大路 146 号）
发行部电话	028-87600564 028-87600533
邮政编码	610031
网址	http://www.xnjdcbs.com
印刷	四川森林印务有限责任公司
成品尺寸	185 mm × 260 mm
印张	23.25
字数	581 千
版次	2015 年 8 月第 1 版
印次	2015 年 8 月第 1 次
书号	ISBN 978-7-5643-4199-2
定价	48.00 元

课件咨询电话：028-87600533
图书如有印装质量问题 本社负责退换

前言

塑料成型原理及工艺是高分子材料及工程专业的必修课程。本教材在高分子化学、高分子物理学、高分子成型加工原理、聚合物共混改性、塑料成型模具及设计等先修课程的基础上，着重介绍塑料的各种成型加工方法的基本原理、工艺过程、主要加工工艺参数、加工设备、应用实例及最新进展等。进一步为塑料制品的成型加工、设计优化、加工工艺和加工设备的选择提供必要的理论依据和技术指导。

因塑料成型加工的专业性较强，本书力求深入浅出地讲清楚塑料成型加工最基本的原理、工艺过程及工艺条件，尽可能地避免繁琐的数学推导，减少读者望而生畏的情绪，使读者能用塑料成型加工的基本原理和方法来解决实际工业生产过程中塑料成型加工的理论和技术问题，提高解决实际问题的能力。

鉴于塑料成型加工技术的复杂性和多样性，以及当前塑料工业对先进加工技术的迫切需要，本书在全面介绍传统的加工工艺的基础上，还介绍了一些最新的成型工艺技术。本书共分为 13 章：第 1 章为绪论，介绍了塑料、塑料工业及塑料成型加工的基本概念和塑料工业的发展及塑料制品等。第 2 章着重讨论塑料各种成型工艺共同的基本理论，包括加工性能、流变性能、加工过程中的物理和化学变化等。第 3 章主要介绍塑料成型用的物料，包括聚合物、助剂及成型物料的配制要求及工艺技术。第 4 章～第 13 章分别介绍塑料的各种成型工艺的概念、原理、成型工艺过程、关键参数控制方法及最新技术进展，包括模压成型、挤出成型、注塑成型、中空吹塑成型、压延成型、层压塑料和增强塑料的成型、泡沫塑料成型、热成型、涂层和浇铸成型。

作者在多年讲授塑料成型工艺学的基础上，还进行着塑料加工及改性的研究，有较好的实践经验和教学经历，同时，作者觉得有必要认真总结一下对塑料成型原理及工艺的认识，于是编写了本教材。此外，在编写教材之前也参阅了不少有关的专业书籍，体会颇多，也为教材的编写提供了很好的条件。在本书的编写过程中，我们得到了西华大学学校和教务处、西华大学材料科学与工程学院领导的大力支持，在此特别表示感谢。同时，也要感谢周醒、王正君等研究生为本书成稿付出的辛勤劳动。

本教材是面向化学化工、材料学、高分子材料专业本科生和研究生学习的专业教学教材，也可以作为塑料制品生产和塑料成型加工领域的工程技术人员的参考用书。

限于作者的编写水平，以及塑料成型原理及工艺学涉及的概念、符号等非常繁多，疏漏和不当之处在所难免，敬请同行和读者批评指正。

卞军　蔺海兰

2015 年 8 月 21 日　于西华大学

目　录

第 1 章 绪 论

本章要点

知识要点

✧ 材料的发展史
✧ 塑料、塑料工业与塑料成型加工的概念及系统
✧ 塑料制品的用途

掌握程度

✧ 了解材料的发展史
✧ 理解塑料、塑料工业与塑料成型加工的概念
✧ 了解塑料制品在工农业及国民经济建设中的应用

背景知识

✧ 材料的基本概念；材料的分类；无机非金属（陶瓷）材料、金属材料和高分子材料的结构、结合键的本质及特点
✧ 聚合物反应的基本原理；高分子材料的结构与性能的关系；高分子材料成型加工原理、高分子共混改性、高分子加工流变特性；高分子成型模具
✧ 塑料的结构特点、性能及用途

1.1 概 述

人类文明与社会进步与材料的发明和使用密切相关。从石器时代、铜器时代、铁器时代直至今天，人类所使用的四大材料类型主要有木材、水泥、金属、塑料。因自然条件的限制，木材产量的增长缓慢；水泥虽有良好的用途，但使用范围有限；而世界钢铁产量近十几年来也几乎处于停滞状态。相比之下，塑料是 20 世纪新发展起来的一大类合成材料。目前，全世界合成材料的年产量超过了两亿吨，体积达到钢材的两倍，其中塑料约占 75%。由于塑料的品种繁多，性能各具特色，适应性广，生产塑料所消耗的能量较金属低，因此，唯有塑料工业仍保持着继续发展的势头。塑料在国民经济中已成为不可或缺的材料。当前，塑料产品已经在汽车、建筑、电子信息、机械制造等领域获得了广泛应用。

1.2 塑料、塑料工业与塑料成型加工的概念

1.2.1 塑料的概念

塑料（Plastics）是高分子合成材料的一种，主要由高相对分子质量的聚合物组成，其产品状态为非弹性的柔韧性或刚性固体，在制造或加工成型过程中能够流动成型或由原位聚合或固化定型而得的聚合物。从塑料本身的结构和产品性能而言，有热塑性塑料和热固性塑料之分。从塑料产品的应用领域分类，有通用塑料、工程塑料以及其他专用塑料。此外，“塑料”、“树脂”和“聚合物”的涵义相似，但范围不同。“树脂”和“聚合物”通常指由聚合物反应直接得到的高分子材料，不包含其他非高分子材料，如填料和其他助剂等。而“塑料”通常不仅包含高分子材料，还包含各种助剂在内。

1.2.2 塑料工业的概念

塑料工业包括塑料原料（树脂、助剂）的生产、塑料的配制和塑料成型加工、塑料成型机械和模具的制造 3 个系统。后两个生产系统统称为塑料成型加工工业。显然，没有塑料原料的生产，就没有塑料制品的生产。但是没有塑料制品的生产，塑料就不可能成为产品而付诸应用；而塑料成型机械及模具作为塑料成型加工的桥梁也必不可少。因此，上述 3 个系统是塑料工业体系不可分割的重要组成部分，三者相互依存、相互制约、相互促进、共同发展。塑料工业生产示意图如图 1.1 所示。

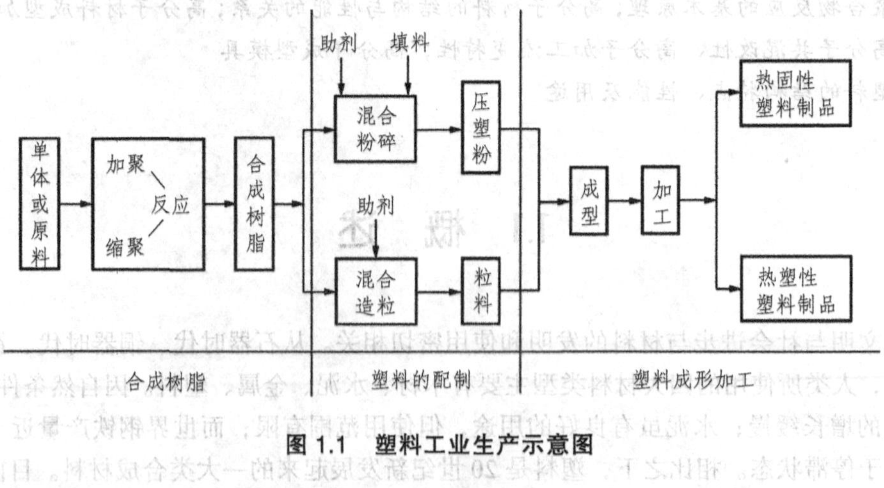

图 1.1 塑料工业生产示意图

1.2.3 塑料成型加工

塑料成型加工（Plastic Processing）是将各种塑料转变为实用塑料制品的过程。塑料制品的生产是一个复杂的过程，其目的在于根据各种塑料的固有特性，借助一切可实施的方法，使其成为具有一定形状、有使用价值的制件或型材。除了原材料准备外，完整的塑料成型加

工过程包含 4 个连续的环节，即成型、机械加工、修饰及装配，如图 1.2 所示。重点是成型过程，称为一次加工或成型。后 3 个过程统称二次加工，简称加工，也是不可缺少的辅助过程。成型过程采用的方法有：挤出、注射、压缩、传递、旋转、压延、吹塑、铸塑、涂层、层压、发泡成型和热成型等。机械加工是成型后在物件上进一步进行切削、铣削等机械加工。修饰则是进一步美化或改善制品内部或表层结构的措施，如磨削、抛光等。其中许多项目都是为了提高产品的应用性能，例如光洁程度不仅对摩擦很重要，对介电性能也很关键，装配则是最后将制品整体化的步骤。塑料成型加工所涉及的学科除高分子化学、高分子物理及经典物理、机械学以外，流变学也是极其重要的学科。

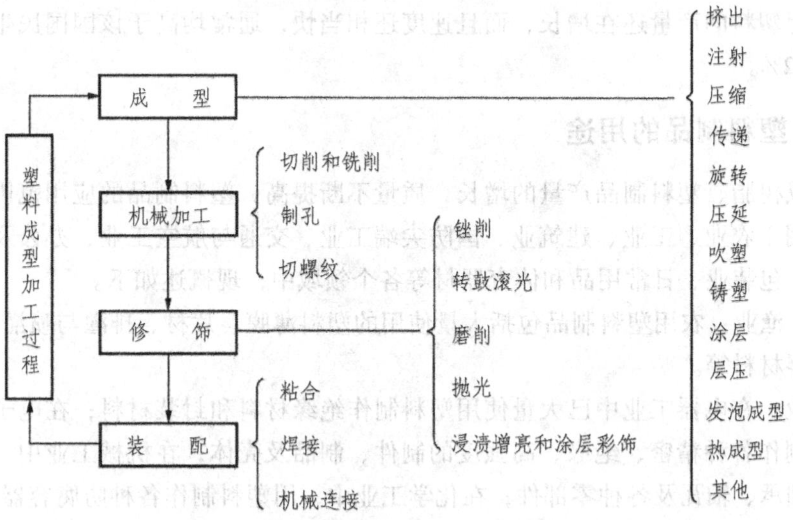

图 1.2　塑料成型加工过程示意图

1.3　塑料成型加工工业的发展与塑料制品的应用

1.3.1　塑料成型加工工业的发展

塑料成型工业自 1872 年开始到现在已渡过仿制和扩展并已到了变革的时期。早期因塑料品种不多，对其本质了解不足，在塑料制品的成型技术上，只能通过借鉴金属、陶瓷、玻璃制品的生产，通过仿制、实践并逐步发展起来。

到 20 世纪 30 年代，随着合成树脂品种的增加、产量的扩大和塑料制品生产实践经验的积累，不断加深了对塑料特性的认识，从而促进了塑料制品生产方法、技术的改进和提高。进入 20 世纪 50 年代，随着工农业，特别是尖端科学技术的发展，要求塑料制品具有优良的性能，同时对塑料制品的结构、尺寸精确度、质量和数量都提出了更高要求，从而推动了塑料制品生产方法的革新、制品设计上的创新和新型塑料成型机械设备的问世。至今，不仅塑料制品的数量和应用种类都有了显著增长，而且绝大多数的新旧生产方法也都逐渐形成合理的系统，使塑料制品的生产日益成为一个专业而又较大的生产部门。

塑料成型机械、设备和模具发展亦很快，在机械产品的品种和规模上都成倍增长，而且主要品种已标准化、系列化。成型设备多采用微机电脑控制，并能实现屏幕显示和闭环控制系统。

中国的塑料加工机械产量位居世界第一，塑料合成树脂生产位居世界第二，塑料制品加工业位居世界第二，正在由低附加值产品加工向拥有自主知识产权的中国品牌发展。

塑料能在短短几十年在产量上超过钢铁，其最主要的原因：一是经济因素；二是技术因素。从经济上看，生产同样体积材料的投资，塑料仅为钢铁的1/3~1/2，而能耗仅有钢铁的2/3；从技术上看，塑料性能优异、加工方便，适合大批量生产。目前，发达国家钢铁的产量基本已经稳定，但塑料的产量还在增长，而且速度还相当快，通常均高于该国国民生产总值的增长速度1%~2%。

1.3.2 塑料制品的用途

随着合成树脂、塑料制品产量的增长，质量不断提高，塑料制品的应用范围日益扩大，现已广泛应用于农业、工业、建筑业、国防尖端工业、交通与航空工业、办公及家用电器、医疗与器械、包装业、日常用品和体育器材等各个领域中，现概述如下。

（1）农、渔业：农用塑料制品包括大量使用的塑料薄膜、片材、排灌与喷灌管道、渔网、养殖箱、漂浮材料等。

（2）工业：在电器工业中已大量使用塑料制作绝缘材料和封装材料；在电子和仪表工业中，用塑料制作各种精密、绝缘、高强度的制件、制品及壳体；在机械工业中，用塑料制成传动齿轮、轴承、轴瓦及各种零部件；在化学工业中，用塑料制作各种防腐容器、管道、槽、罐等。

（3）建筑业：. 用塑料代替木材、金属等传统材料，制作塑钢门窗、楼梯扶手、天花板、隔热隔音板、地板砖、地板革、地毯、上下水管道与管件、塑料壁纸、装饰板和卫生洁具、煤气和天然气管道等。

（4）国防尖端工业：由于塑料的特殊性能，已成为国防与尖端工业中不可缺少的材料。从常规武器、火箭、导弹、飞机、舰艇到人造卫星、宇宙飞船和原子能工业中所用的各种烧蚀材料、耐腐蚀材料和高强度、高模量的增强复合材料和工程塑料，都是其他材料所不能替代的。

（5）交通与航空工业：为减轻交通运输器和飞行器本身的质量，提高运行和飞行速度，增加载质量，降低能耗，在各种汽车、火车、船舶、飞机制造中已大量利用各种增强材料、夹心结构和蜂窝结构的复合塑料、工程塑料作为结构材料和重要零部件。

（6）办公及家用电器：塑料已在各种办公用具（如复印机、打字机、计算机）以及各种家用电器（如电视机、收录机、电冰箱、洗衣机、电风扇、空调器、吸尘器）的制造中，作为绝缘、保温、防腐、耐寒、防潮、阻燃的壳体及耐磨、精密的零部件，成为不可缺少的重要材料，获得广泛应用。

（7）医疗与器械：为加强人们对各种工伤与灾害的救助，塑料已用于制造人工假肢、人工骨、人工肾、心脏起搏器、假牙及医疗用输血、输液袋，一次性使用注射器等各种医疗器械与器具；并将继续开发生物降解性医用材料、功能性医用材料和更多的人体器官材料。

（8）包装业：新型塑料包装材料现已大批量投产并被广泛应用。塑料包装材料主要产品有：编织袋、网眼袋、集装袋；包装薄膜、复合薄膜；各种中空容器、周转箱、集装箱、开口桶、瓦楞箱、捆扎绳、打包带和泡沫塑料等。

（9）日常用品和体育器材：塑料制品已大量涌现在人们的日常生活中，获得广泛应用。例如，塑料雨衣、手提包、塑料凉鞋、拖鞋、各种塑料玩具、牙刷、肥皂盒、热水瓶壳、塑料餐具（碗、杯、碟、盘、勺）、塑料花、水果盘等千姿百态、绚丽多彩的塑料制品。增强复合塑料可制作各种体育器材，如撑杆、单双杠、赛艇等，还可不断开发新的体育器材。

随着科技的发展，塑料的应用范围在不断扩大，如制作代替纸币的钱币。

事实上，塑料的使用几乎进入了国民经济的一切领域，与工农业和人民生活密切相关，塑料已成为一种不可或缺的材料。从目前情况看，塑料制品生产今后发展的方向是：简化生产流程、缩短生产周期；加深对塑料在成型过程中所发生的物理和化学变化的认识，以改进生产技术、方法和设备；实现全面机械化和自动化，设计更大更新的设备以适应对大型、微型、精密或新型塑料制品生产的要求。

1.4 塑料制品的生产工序和组织

如上所述，塑料的配制已被纳入塑料成型加工范围，这样能够满足塑料成型加工厂在塑料配制上多样化的需求，一般较大型的塑料成型加工厂是这样做的；但近些年，也有将塑料的配制独立为工厂的，产品以母料的形式出厂，专业分工更加细致。

如前所述，塑料制品的生产由几个过程所组成，有些塑料在成型之前常需先进行塑料的制造（或配料）及预处理（包括预压、预热或干燥）等，可统称为原料准备。因此，生产塑料制品的完整工序共5个：①原料准备；②成型；③机械加工；④修饰；⑤装配。在任何制品的生产过程中，通常都应依上列次序进行，不容颠倒，否则在一定程度上会影响制品的质量和浪费劳动力及时间。如某些制品的生产不需要完整地通过这5个工序，则在剔除某些工序后仍可按上列次序进行。

通常在生产一种新制品前，制造者应先熟悉该种制品在物理、机械、热、电以及化学性能等方面所应具备的指标，根据这些要求选定合适的塑料并决定成型加工的方法。同时还应对成本进行估算以断定其是否合理。最后，再通过试制并确定生产工艺规程。在工艺规程中，对每个工序规定的步骤必须先后分明，对每个工序的操作条件也须有明确的指标，并应规定所能允许的差值。有关防忌的事项也应列出，以保证生产的安全。当然，在实践的基础上还须不断地完善该项工艺规程。

成型工厂对生产的布置通常有两种体制。一种是过程集中制，即将前列5个工序所用的各种生产设备分别集中起来进行生产。其优点是适宜于品种多、产量小而又属短期性的生产；其缺点是在衔接生产工序时所需的运输设备多、费时费工不易连续化。另一种是产品集中制，也就是按照一种产品所需生产过程实行配套生产。它易于生产单一、量大和永久性强的制品。由于连续性很强，这种制度不仅在运输上比较方便，而且还容易实行机械化和自动化，成本也因而得以降低。不管用哪一种体制进行生产，均应在合理的工序中设置技术检验站，以保证正常的生产和合格的产品质量。

1.5 课程的主要内容和要求

本课程要求读者已具有普通物理学、普通化学、化学工程原理、机械制造、材料科学基础、高分子化学、高分子物理学、高分子材料成型加工原理、高分子共混改性、高分子结构与性能、高分子流变学等先行课程的基础知识，讨论内容主要是塑料成型加工原理及有关的工艺技术。

对工艺的学习重在成型这一环节，共分 10 章（第 4 章 ~ 第 13 章）进行。论述工艺之前，有必要对所用各种塑料的配制进行介绍，故放在第 3 章内进行。理论叙述，除在与工艺结合的情况下进行外，为了便于对一些共同的基本理论作系统的探讨和学习，集中并放在各种工艺的前面（第 2 章）。

学习时，要求在密切结合工艺过程的前提下尽可能地对每种工艺所依据的原理、生产控制因素以及在工艺过程中塑料所发生的物理和化学变化和它们对制品性能的影响具有清晰的概念，并进一步理解各种成型工艺所能适应的塑料品种及其优缺点。

因还有与本门课程配合设立的两门独立课程，所以对所用的设备和模具只概略地提出对它们的主要要求而不作详细的叙述。随着科学技术的进步，塑料制品生产中的计算机应用日趋成熟并继续快速发展，成为塑料成型加工工业改革与进步不可缺少的重要内容。由于已有专门的课程，本书也不对此进行详细的介绍。

本书所介绍的内容，只是塑料成型加工中的基本原理、基本生产控制过程。限于篇幅，对于一些理论问题，不作过多的繁复数学推导，而主要就其物理意义加以说明。对于不同的成型加工过程，由于塑料品种繁多，产品千变万化，不可能逐一仔细地介绍，只能就主要和典型的内容加以讨论。以此为基础，使学习者对一些新的改进和发展能较好地理解与掌握。

塑料成型工艺是一门实践性很强的课程，除课堂教学外，还需在实验、实习中联系生产实际去理解和掌握；有些生产实际操作，还需在劳动实践中逐步去体会，这样学到的知识才可以灵活运用。

复习思考题

一、名词解释

1. 材料；2. 塑料；3. 树脂与聚合物；4. 塑料成型加工；5. 塑料工业

二、填空题

1. 塑料工业包括的 3 个系统是______、______和______。

2. 从塑料本身的结构和产品性能而言，塑料有______和______塑料之分。从塑料产品的应用领域分类，有______塑料、______塑料以及______塑料。

3. 生产塑料制品的完整工序共5个：______、______、______、______和______。

三、简答题

1. 为什么说人类文明与社会进步与材料的发明和使用密切相关？
2. 说明塑料工业3个系统的相互关系？
3. 塑料制品有哪些应用？各举一例加以说明。

第 2 章　塑料成型加工的理论基础

本章要点

知识要点

✧ 塑料的加工性能
✧ 高分子材料加工成型的流变特性
✧ 高分子材料加工成型过程中的传热、结晶、取向、交联与降解

掌握程度

✧ 理解塑料的可挤压性、可模塑性、可纺性和可延性的概念及影响因素
✧ 理解聚合物流变学的概念
✧ 掌握聚合物的黏弹行为及这些行为与各因素之间的关系
✧ 掌握加工过程中的流变行为及其规律
✧ 理解聚合物流变曲线对成型加工的指导意义
✧ 理解聚合物加工过程中加热及冷却控制的规律
✧ 理解聚合物结晶对制品性能的影响
✧ 理解聚合物取向对制品性能的影响
✧ 理解影响聚合物交联及降解的各种因素

背景知识

✧ 高分子材料的结构与性能的关系；高分子材料成型加工原理、高分子共混改性、高分子加工流变特性
✧ 聚合物反应的基本原理；高分子材料的结构与性能的关系；高分子材料成型加工原理、高分子共混改性、高分子加工流变特性；高分子成型模具

2.1　概　述

塑料成型加工是将原料（塑料及助剂）转变为具有使用价值并能保持原有甚至超过原有性能的材料和制品的一门工程技术。在成型加工过程中，塑料将经历各种物理和化学变化行为，并形成不同的形态结构，表现出不同的性能。深入理解这些变化行为对设计合理的原料配方、确定合理的成型工艺和选择合适的成型设备，并在此基础上进一步对材料进行结构和

性能设计，获得满足不同场合需要的材料和制品具有重要的指导意义。

塑料在加工成型过程中表现的一些共同的基本物理和化学行为主要包括加工性能、流变性能、传热、结晶、取向和化学反应等行为。

2.2　加工性能

聚合物按分子链的特征有线型聚合物和体型聚合物之分。聚合物表现出各种力学性质源于长链分子内和分子间强大的吸引力。聚合物在不同的条件（如力、热等）下可以表现出不同的状态或聚集态，包括玻璃态（结晶聚合物为结晶态）、高弹态和黏流态。聚合物可从一种聚集态转变为另一种聚集态。聚合物的分子结构，聚合物体系的组成、所受应力和环境温度等是影响聚集态转变的主要因素。在聚合物及其组成一定时，聚集态的转变主要与温度条件有关。聚合物所处的聚集态不同，所表现出来的性能也不同，这些性能在很大程度上决定了聚合物对成型加工技术的选择。图 2.1 以线型聚合物的模量–温度曲线为例说明聚合物聚集态与成型加工的关系。

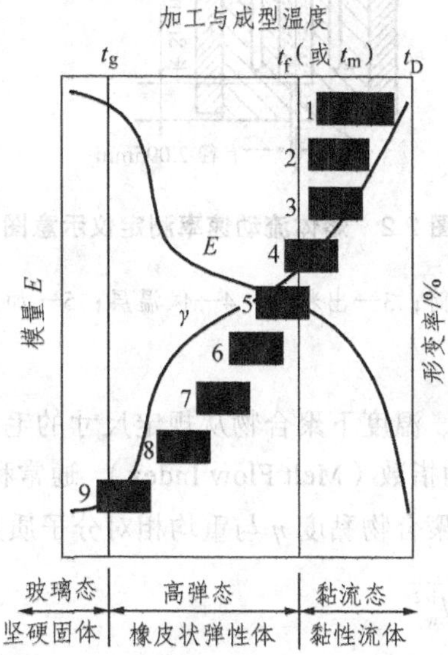

图 2.1　线型聚合物的聚集态与成型加工的关系示意图

1—熔融纺丝；2—注射成型；3—薄膜吹塑；4—挤出成型；5—压延成形；6—中空成型；7—真空和压力成型；8—薄膜和纤维热拉伸；9—薄膜和纤维冷拉伸

线型聚合物的聚集态是可逆的，这种可逆性使聚合物材料的加工性更为多样化。聚合物在加工过程中都要经历聚集态的转变，了解这些转变的本质和规律就能选择适当的加工方法并确定合理的加工工艺，在保持聚合物原有性能的前提下，以最少的能量消耗，高效率地制得质量良好的产品。

塑料具有聚合物的一切加工性能，包括可挤压性、可模塑性、可纺性和可延性。

2.2.1 可挤压性

可挤压性是衡量聚合物在挤压作用下形变时获得形状和保持形状的能力。聚合物在挤出机和注塑机的料筒中、压延机的辊筒间以及在模具中都会受到挤压作用。可挤压性与聚合物的流变性（剪应力或剪切速率对黏度的关系）、熔融指数和流动速率密切相关。熔融指数是评价热塑性聚合物特别是聚烯烃可挤压性的一种简单而实用的方法，它是在熔体流动速率测定仪中进行的，其结构如图 2.2 所示。

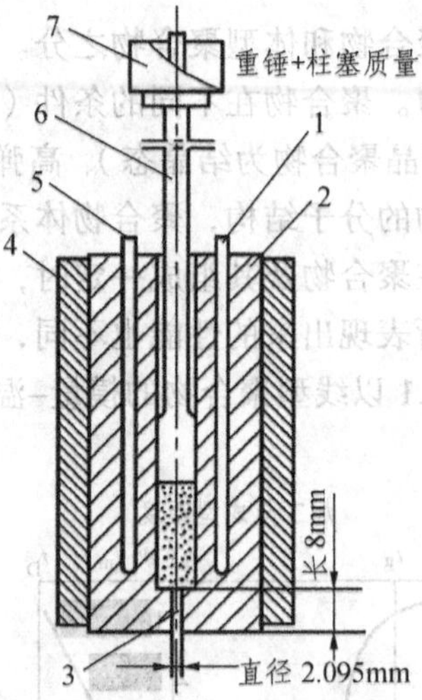

图 2.2 熔体流动速率测定仪示意图

1—热电偶测温管；2—料筒；3—出料孔；4—保温层；5—加热器；6—柱塞；7—重锤

这种仪器是测定给定负荷、温度下聚合物从规定尺寸的毛细口中被挤出的质量，单位为 g/10 min。其数值称为熔体流动指数（Melt Flow Index），通常称为熔融指数，简写为[MI]或[MFI]。根据 Flory 的经验式，聚合物黏度 η 与重均相对分子质量 $\overline{M_w}$ 有如下关系：

$$\ln\eta = A + B\overline{M_w^{1/2}}$$

式中，A、B 为常数，取决于聚合物的特性和温度。因为 η 与 $\overline{M_w}$ 有上式关系，所以测定的黏度实质反映了聚合物相对分子质量的大小。通常，高相对分子质量的聚合物较之分子质量较低的聚合物表现出更高的黏度和更低的流度 φ（即黏度的倒数），亦即熔融指数[MI]低。这主要是因为相对分子质量高的聚合物更易于缠结，分子体积更大，故有较大的流动阻力。相对分子质量低、流动度高的聚合物[MI]值较大熔融指数测定仪结构简单，测试过程简便。但在荷重 2.16 kg（重锤与柱塞的质量）和出料孔直径为 2.095 mm 的条件下，熔体属于低剪切速率下的流动，剪切速率值约为 10^{-2}~ 10 s^{-1}，这远比注射或挤出成型加工过程中通常的剪切速率（10^2~10^4 s^{-1}）要低，因此通常测定的[MI]不能直接表征注射或挤出成型时聚合物的实际流动性能。但用[MI]能方便地表示或比较不同聚合物流动性的高低，对于成型加工中材料的选择和适用性有一定的参考价值。

2.2.2　聚合物的可模塑性

可模塑性是指聚合物在成型温度和压力作用下产生形变和在模具中模塑成型的能力。具有可模塑性的材料可通过注射、模压和挤出等成型方法制成各种形状的模塑制品。

可模塑性主要取决于材料的流变性、热性质和其他物理力学性质，对热固性聚合物而言还与聚合物的化学反应性有关。从图 2.3 可以看出，温度过高时，虽然熔体的流动性大，易于成型，但会引起分解，制品收缩率大；温度过低时熔体黏度大，流动困难，成型性差，且因弹性发展，使制品形状稳定性变差；适当增加压力，通常能改善聚合物的流动性，但过高的压力将引起溢料和增大制品内应力；压力过低时则造成缺料。所以图中 4 条线所构成的面积（阴影部分）才是模塑的最佳区域。模塑条件不仅影响聚合物的可模塑性，且对制品的力学性能、外观、收缩以及制品中的结晶和取向等都有影响。聚合物的热性能（如导热系数 λ、热焓 ΔH 、比热容 C_p 等）影响它的加热与冷却的过程，从而影响熔体的流动性和硬化速度，因此也会影响聚合物制品的性质（如结晶、内应力、收缩、畸变等）。模具的结构尺寸也影响聚合物的模塑性，不良的模具结构甚至会使成型失败。

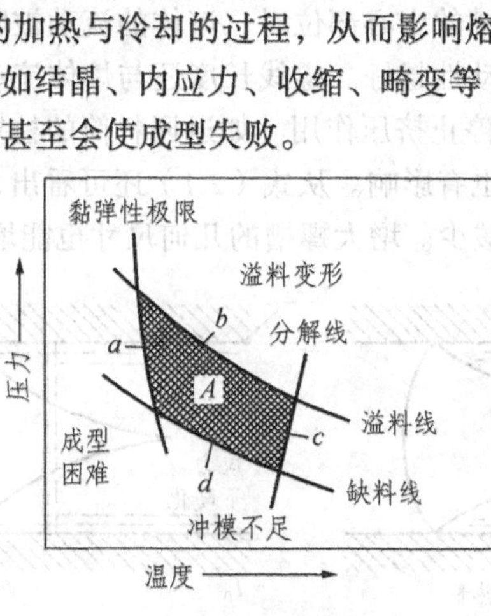

图 2.3　模塑面积图

A—成型区域；a—表面不良线；b—溢料线；c—分解线；d—缺料线

除了测定聚合物流变性之外，螺旋流动试验是加工过程中广泛用来判断聚合物可模塑性的试验方法。该法通过一个阿基米得螺旋形槽的模具来实现。模具结构如图 2.4 所示。

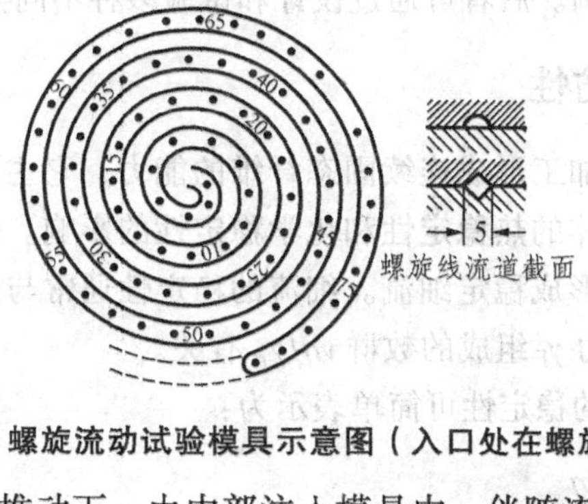

图 2.4　螺旋流动试验模具示意图（入口处在螺旋中央）

聚合物熔体在注射压力推动下，由中部注入模具中，伴随流动过程熔体逐渐冷却并硬化为螺线。螺线的长度可以反映不同种类或不同级别聚合物流动性的差异。

Holmes 等人认为在高剪切速率（通常注塑条件）下，螺线的极限长度是加工条件（$\Delta Pd^2/\Delta T$）

和聚合物流变性与热性能（$\rho\Delta H/\lambda\eta$）两组变量的函数，并得到了螺线长度 L 与这两组变量的关系式：

$$\left(\frac{L}{d}\right)^2=C\left(\frac{\Delta Pd^2}{\Delta T}\right)\left(\frac{\rho\Delta H}{\lambda\eta}\right)=C\left(\frac{\Delta Pd}{\rho\upsilon}\right)\left(\frac{\Delta H}{\Delta T}\frac{\rho vd}{\lambda}\right) \quad (2.1)$$

式中，d 为螺槽横截面的有效直径；ΔT 为熔体温度（T）与螺槽壁间的温度（T_0）差，$\Delta T=T-T_0$；ΔP 为压力降；ρ 为固体聚合物的密度；ΔH 为熔体和固体之间的热焓差；λ 为固体聚合物的导热系数；η 为熔体黏度；v 为熔体平均线速度；C 为常数，由螺线横截面的几何形状决定。

模具的热传导对螺旋线长度的影响可用图 2.5 说明。

当熔体进入模具并与模槽壁接触时，由于模壁温度低于熔体温度，模壁的热传导作用会使熔体很快冷却、硬化，所以能进入螺槽的聚合物随冷却速率（即 ΔT）的增加而减少。当模壁周围硬化的熔体厚度增加到槽的中心部位时，熔体的流动被阻断并硬化形成表征流动性的螺线。螺线越长，聚合物的流动性越好。螺线长度还与熔体流动压力有关，随挤压熔体压力（ΔP）增大而增加。若较早地停止挤压作用（如退回料筒的柱塞）则螺线长度降低，所以挤压时间即注射时间对螺线长度也有影响。从式（2.1）还可看出，随聚合物黏度增加，导热性增大，热焓量减小、螺线长度减少。增大螺槽的几何尺寸也能增大螺线长度。

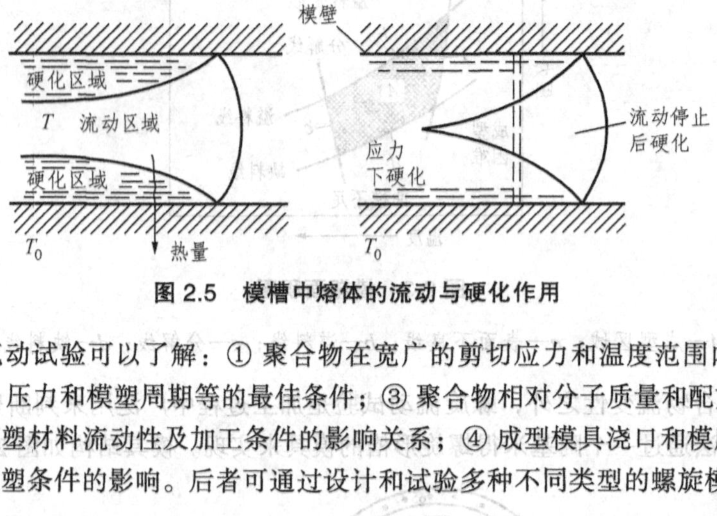

图 2.5　模槽中熔体的流动与硬化作用

通过螺旋流动试验可以了解：① 聚合物在宽广的剪切应力和温度范围内的流变性质；② 模塑时温度、压力和模塑周期等的最佳条件；③ 聚合物相对分子质量和配方中各种添加剂成分和用量对模塑材料流动性及加工条件的影响关系；④ 成型模具浇口和模腔形状与尺寸对材料流动性和模塑条件的影响。后者可通过设计和试验多种不同类型的螺旋模具来实现。

2.2.3　聚合物的可纺性

可纺性是指聚合物通过加工形成连续固态纤维的能力，它主要受到聚合物的流变性质、熔体黏度、熔体强度以及熔体的热稳定性和化学稳定性的影响。作为纺丝材料，首先要求熔体从喷丝板毛细孔流出后能形成稳定细流。细流的稳定性通常与由熔体从喷丝板的流出速度 v、熔体的黏度 η 和表面张力 γ_F 组成的数群 $v\eta/\gamma_F$ 有关。

大多情况下，熔体细流的稳定性可简单表示为：

$$\frac{L_{max}}{d}=36\frac{v\eta}{\gamma_F} \quad (2.2)$$

式中，L_{max} 为熔体细流最大稳定长度；d 为喷丝板毛细孔直径。

可以看出，增大纺丝速度有利于提高细流的稳定性。因聚合物的熔体黏度较大（通常为 $10^4 N \cdot s/m^2$）、表面张力较小（一般为 0.025 N/m），故 η/γ_F 的比值很大，这种关系是聚合物具有可纺性的重要条件。纺丝过程中拉伸和冷却的作用都使纺丝熔体黏度增大，也有利于增大纺丝细流的稳定性。但随着纺丝速度的增大，熔体细流受到的拉应力增加，拉伸形变增大，如果熔体的强度低将出现细流断裂。所以具有可纺性的聚合物还必须有较高的熔体强度。纺丝细流的熔体强度与纺丝时拉伸速度的稳定性和材料的凝聚能密度有关。拉伸速度不稳定容易造成纺丝细流断裂。当材料的凝聚能较小时也容易出现凝聚性断裂。对一定聚合物，熔体强度随熔体黏度的增大而增加。

作为纺丝材料还要求在纺丝条件下，聚合物有良好的热和化学稳定性，因为聚合物在高温下要停留较长的时间并要经受在设备和毛细孔中流动时的剪切作用。

2.2.4　聚合物的可延性

可延性表示无定形或半结晶固体聚合物在一个方向或两个方向上受到压延或拉伸时变形的能力。材料的这种性质为生产长径比很大的产品提供了可能。利用聚合物的可延性，可通过压延或拉伸工艺生产薄膜、片材和纤维。

线型聚合物的可延性来自于大分子的长链结构和柔性。当固体材料在 $T_g \sim T_m$（或 T_f）温度区间受到大于屈服强度的拉力作用时，就产生宏观的塑性形变。在形变过程中，在拉伸的同时变细或变薄、变窄。材料拉伸过程的应力–应变关系如图 2.6 所示，*Oa* 线段说明材料初期的形变为普弹形变，杨氏模量高，延伸形变值很小。*ab* 处的弯曲说明材料抵抗形变的能力开始降低，出现形变加速的倾向，并由普弹形变转变为高弹形变。*b* 点称为屈服点，对应于 *b* 点的应力称为屈服应力 σ_y。从 *b* 点开始，近水平的曲线说明在屈服应力作用下，通过链段的逐渐形变和位移，聚合物逐渐延伸应变增大。在 σ_y 的持续作用下，材料形变的性质也逐渐由弹性形变发展为以大分子链的解缠和滑移为主的塑性形变。由于材料在拉伸时发热（外力所做的功转化为分子运动的能量，使材料出现宏观的放热效应），温度升高，以致形变明显加速，并出现形变的“细颈”现象。这种因形变引起发热，使材料变软、形变加速的作用称为“应变软化”。所谓“细颈”，就是材料在拉应力作用下截面形状突然变细的一个很短的区域（见图 2.7）。

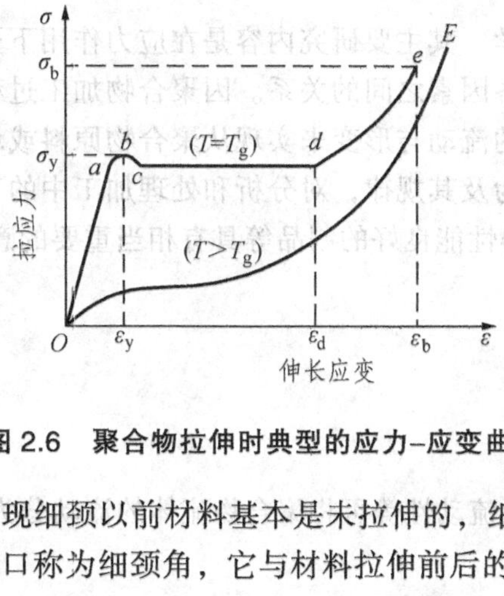

图 2.6　聚合物拉伸时典型的应力–应变曲线

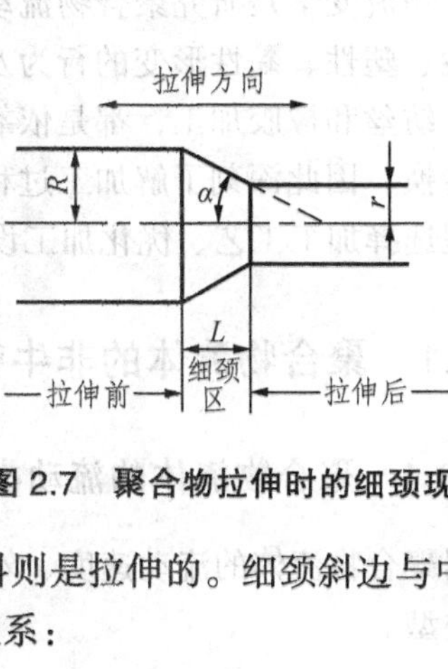

图 2.7　聚合物拉伸时的细颈现象

出现细颈以前材料基本是未拉伸的，细颈部分的材料则是拉伸的。细颈斜边与中心线间的夹角口称为细颈角，它与材料拉伸前后的直径有如下关系：

$$\tan\alpha = \frac{R-r}{L} \tag{2.3}$$

细颈的出现说明在屈服应力下聚合物中结构单元（链段、大分子和微晶）因拉伸而开始取向。细颈区后（图 2.6 中 cd 线段）的材料在恒定应力下被拉长的倍数称为自然拉伸比 A_0，显然 A_0 越大聚合物的延伸程度越高，结构单元的取向程度也越高。随着取向程度的提高，大分子间作用力增大，引起聚合物黏度升高，使聚合物表现出"硬化"倾向，形变也趋于稳定而不再发展。取向过程的这种现象称为"应力硬化"，它使材料的杨氏模量增加，抵抗形变的能力增大，引起形变的应力也就相应地升高。当应力达到 e 点，材料因不能承受应力的作用而破坏，这时的应力 σ_b 称为抗张强度或极限强度。形变的最大值 ε_b 称为断裂伸长率。显然 e 点的强度和模量较取向程度较低的 c 点要高得多。所以在一定温度下，材料在连续拉伸中拉细不会无限地进行下去，拉应力势必转移到模量较低的低取向部分，使那部分材料进一步取向，从而可获得全长范围都均匀拉伸的材料。这是聚合物通过拉伸能够生产纺丝纤维和拉幅薄膜等制品的原因。聚合物通过拉伸作用可以产生力学各向异性，从而可根据需要使材料在某一特定方向（即取向方向）具有比别的方向更高的强度。

聚合物的可延性取决于材料产生塑性形变的能力和应变硬化作用。形变能力与固体聚合物所处的温度有关，在 T_g~T_m（或 T_f）温度区间聚合物分子在一定拉应力作用下能产生塑性流动，以满足拉伸过程材料截面尺寸减小的要求。对半结晶聚合物拉伸在稍低于 T_m 以下的温度进行，非晶聚合物则在接近 T_g 的温度进行。适当地升高温度，材料的可延伸性能进一步提高，拉伸比可以更大，甚至一些延伸性较差的聚合物也能进行拉伸。通常把在室温至 T_g 附近的拉伸称为"冷拉伸"，在 T_g 以上的温度下的拉伸称为"热拉伸"。当拉伸过程聚合物发生"应力硬化"后，它将限制分子的流动，从而阻止拉伸比的进一步提高。

可延性的测定常在小型牵伸试验机中进行。

2.3 流变性能

聚合物流变学是研究聚合物流动与形变的科学。其主要研究内容是在应力作用下聚合物产生弹性、塑性、黏性形变的行为及这些行为与各因素之间的关系。因聚合物加工过程如塑料成型、纺丝和橡胶加工，都是依靠外力作用下的流动与形变来实现从聚合物原料或坯件到制品的转换，因此深刻了解加工过程中的流变行为及其规律，对分析和处理加工中的工艺问题、合理选择加工工艺、优化加工设备设计、获得性能良好的制品等具有相当重要的意义。

2.3.1 聚合物流体的非牛顿剪切黏性

2.3.1.1 聚合物流体的流动类型

根据聚合物流体的流动速度、外力作用形式、流动性等可将聚合物流体的流动分为 5 种不同的类型。

1. *层流和湍流*

聚合物流体在成型条件下一般呈层流状态，其雷诺数很少大于 1，这是由于聚合物流体的黏度高。如 HDPE 的黏度为 300~1000 Pa · s，而且流速较低，在加工过程中剪切速率一般不大于 $10^4\ s^{-1}$。但是在特殊场合，如熔体从小浇口注射进入大型腔，由于剪切应力过大等原因，会出现弹性湍流的熔体破碎从而影响成型加工。

2. *稳定流动与不稳定流动*

凡流体在输送通道中流动时，该流体在任何部位的流动状况保持恒定，即一切影响流体流动的因素都不随时间而改变，此种流动称为稳定流动，反之称为不稳定流动。对于稳定流动，并非是流体在各部位的速度以及物理状态都相同，而是指在任何一定的部位，它的状态参数均不随时间而变化。例如，正常操作的挤出机中，塑料熔体沿螺杆螺槽向前流动属稳定流动，因其流速、流量、压力和温度分布等参数均不随时间而变动。而在注射模塑的充模过程中塑料流体的流动则属于不稳定流动。因为此时在模腔内的流动速率、温度和压力等各种影响流动的因素均随时间而变化。通常把熔体的充模流动看作典型的不稳定流动。

3. *等温流动和非等温流动*

等温流动是指流体流动过程中各处的温度保持不变。在等温流动情况下，流体与外界可以进行热量传递，但输入和输出的热量应保持相等。

在材料成型的实际条件下，聚合物流体的流动一般均呈非等温状态。一方面是由于成型工艺要求将流道、流线各区域控制在不同的温度下；另一方面是由于黏性流动过程中有热效应。这些都使其在流道径向和轴向存在一定的温度差。熔体纺丝成型时，熔体从喷丝口喷出后即接触冷空气并与空气进行热交换而实现丝条的固化成型。塑料注射模塑时，熔体在进入低温的模具后就开始冷却降温。

4. *一维流动、二维流动和三维流动*

当流体在流道内流动时，由于外力作用方式和流道几何形状的不同，流体内质点的速度分布具有不同特征。

在一维流动中，流体内质点的速度仅在一个方向上变化，即在流道截面上任何一点的速度只需用一个垂直于流动方向的坐标表示。例如，聚合物熔体在等截面圆管内做层状流动（如纺丝），其速度分布仅是圆管半径的函数，是一种典型的一维流动。

在二维流动中，流道截面上各点的速度需要两个垂直于流动方向的坐标表示，流体在矩形截面通道中流动时其流速在通道的高度和宽度两个方向发生变化。

流体在截面变化的通道中流动，如锥形通道，其质点速度不仅沿通道截面的纵横两个方向变化，而且也沿主流动方向变化。即流体的流速要用 3 个相互垂直的坐标表示，因而称为三维流动。

二维流动和三维流动的规律在数学处理上比一维流动复杂。有的二维流动如平行板狭缝通道和间隙很小的圆环通道中的流动，可按一维流动作近似处理。

5. *拉伸流动和剪切流动*

流体流动时，即使其流动状态为层状稳态流动，流体内各处质点的速度并不完全相同。质点速度的变化称为速度分布。按照流体内质点速度分布与流动方向的关系，将聚合物加工时的熔体的流动分为剪切流动和拉伸流动。

流体质点的运动速度仅沿着与流动方向垂直的方向发生变化的流动称为剪切流动，如图 2.8（a）所示；流体质点的运动速度仅沿着与流动方向一致的方向发生变化的流动称为拉伸流动，如图 2.8（b）所示。

剪切流动按其流动的边界条件可分为拖曳流动和压力流动。由边界的运动而产生的流动，如运转滚筒表面对流体的剪切摩擦而产生的流动即为拖曳流动。而边界固定，由外压力作用于流体而产生的流动称为压力流动。聚合物流体注射成型时，在流道内的流动属于压力梯度引起的剪切流动。

拉伸流动有单轴拉伸和双轴拉伸。单轴拉伸的特点是一个方向被拉长，其余两个方向则相应缩短，如合成纤维的纺丝成型。双轴拉伸时两个方向同时被拉长，另一个方向则缩小，如塑料的中空吹塑、薄膜生产等。

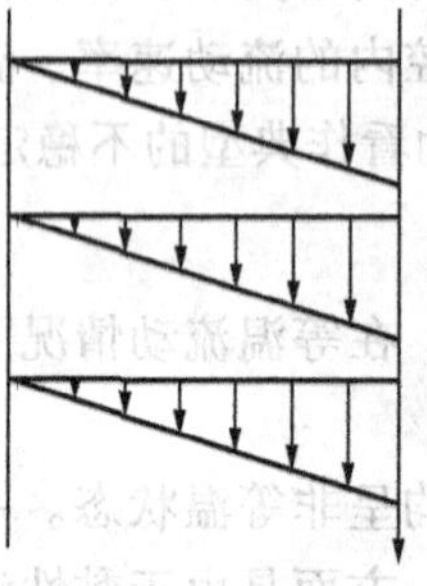
（a）剪切流动

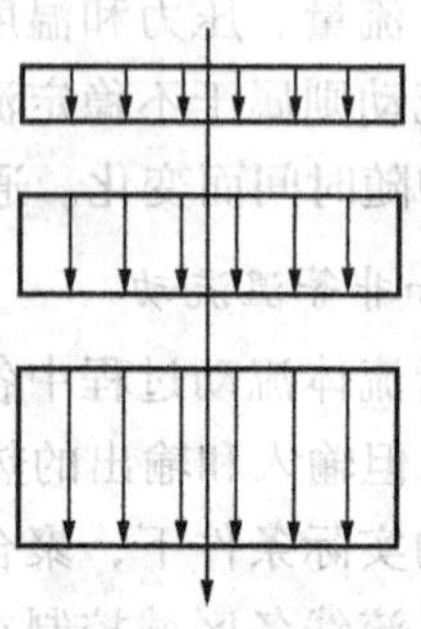
（b）拉伸流动

图 2.8　剪切流动和拉伸流动的速度分布（长箭头所指为流体流动方向）

2.3.1.2　非牛顿流体的类型和表征

1. 聚合物流体的流动行为

聚合物流体的流动能力可用黏度表征。黏度不仅与温度有关。而且与剪切速率有关。在剪切速率不大的范围内，剪切应力 σ 与剪切速率之间呈线性关系并服从牛顿定律，即剪切应力 σ 与剪切速率成正比：

$$\sigma = \eta\dot{\gamma} \tag{2.4}$$

式中，η 为牛顿黏度，Pa · s。它是流体本身所固有的性质，其大小表征抵抗外力所引起的流体变形的能力。

一般将遵循牛顿黏性定律的流体称为牛顿流体（Newtonian fluid）。聚合物流体在加工过程中的流动大多不是牛顿流动，其剪切应力与剪切速率间不呈线性关系，其黏度随剪切速率而变，这类流体称为非牛顿流体（Non–Newtonian fluid）。

描述非牛顿流体流动的关系式常用的是幂律定律（指数方程）：

$$\sigma = K\dot{\gamma}^n \tag{2.5}$$

式中，K 为黏度系数，Pa · s；n 为非牛顿指数，$n = d\ln\sigma / d\ln\dot{\gamma}$。用来表征流体偏离牛顿型流动的程度。$n$ 值偏离 1 越远，非牛顿性越强。

将式（2.4）与式（2.5）对比，可以将式（2.4）变为：

$$\sigma = K\dot{\gamma}^{n-1}\dot{\gamma} \tag{2.6}$$

令

$$\eta_a = \frac{\sigma}{\dot{\gamma}} = K\dot{\gamma}^{n-1} \tag{2.7}$$

则有

$$\sigma = \eta_a\dot{\gamma} \tag{2.8}$$

式中，η_a为表观黏度（apparent viscosity），Pa·s。

2. 非牛顿流体的类型

1）假塑性流体

由式（2.5），在给定温度和压力条件下，η_a不是常数，它与剪切速率有关。当n<1 时，η_a随$\dot{\gamma}$增大而减小，这种流体一般称为假塑性流体或剪切变稀流体，大部分聚合物熔体或其浓溶液属于这种流体。假塑性流体的黏度随剪切应力或剪切速率的增加而下降的原因与流体分子的结构有关。对聚合物溶液来说，当它承受应力时，原来由溶剂化作用而被封闭在粒子或大分子盘绕空穴内的小分子就会被挤出，这样，粒子或盘绕大分子的有效直径即随应力的增加而相应地缩小，从而使流体黏度下降。因为黏度大小与粒子或大分子的平均大小成正比，但不一定是线性关系。对聚合物熔体来说，造成黏度下降的原因在于其中大分子彼此之间的缠结。当缠结的大分子承受应力时，其缠结点就会被解开，同时还沿着流动的方向规则排列，因此就降低了黏度。缠结点被解开和大分子规则排列的程度是随应力的增加而加大的。显然，这种大分子缠结的学说，也可用以说明聚合物熔体黏度随剪切应力增加而降低的原因。

2）胀塑性流体

当n>1 时，表观黏度η_a随$\dot{\gamma}$的增大而增大，这种流体称为胀塑性流体或剪切增稠流体，少数聚合物溶液（如聚甲基丙烯酸甲酯的戊醇液）、一些固体含量高的聚合物分散体系（如聚氯乙烯糊）和碳酸钙填充的聚合物熔体属于这种流体。胀塑性流体所以有这样的流动行为，多数的解释是：当悬浮液处于静态时，体系中由固体粒子构成的空隙最小，其中流体只能勉强充满这些空间。当施加于这一体系的剪切应力不大时，也就是剪切速率较小时，流体就可以在移动的固体粒子间充当润滑剂，因此，表观黏度不高。但当剪切速率逐渐增高时，固体粒子的紧密堆砌就次第被破坏，整个体系就显得有些膨胀。此时流体不再能充满所有的空隙，润滑作用因而受到限制，表观黏度就随着剪切速率的增长而增大。

当n=1 时，式（2.4）与式（2.5）相同，此时流体具有牛顿行为，其黏度与剪切速率无关，η_a就是牛顿黏度η。

3）宾汉流体

此外还有一种流体，必须克服某一临界剪切应力σ_y，才能使其产生牛顿流动，流动产生之后，剪切应力随剪切速率线性增加，其流动方程为$\sigma = \sigma_y + \eta_p\dot{\gamma}$，其中，$\sigma_{12} > \sigma_y$。式中，$\eta_p$是宾汉黏度，其临界应力值$\sigma_y$称为屈服应力，在屈服应力以下流体不流动，此类流体称为宾汉流体。牙膏、油漆是典型的宾汉流体。某些高分子填充体系如炭黑混炼橡胶、碳酸钙填充聚乙烯、碳酸钙填充聚丙烯等也属于或近似属于宾汉流体。

有些宾汉塑性体，开始流动后，并不遵循牛顿黏度定律，其剪切黏度随剪切速率发生变化，这类材料称为非线性宾汉流体。图 2.9 所示是各种流体的流动曲线。

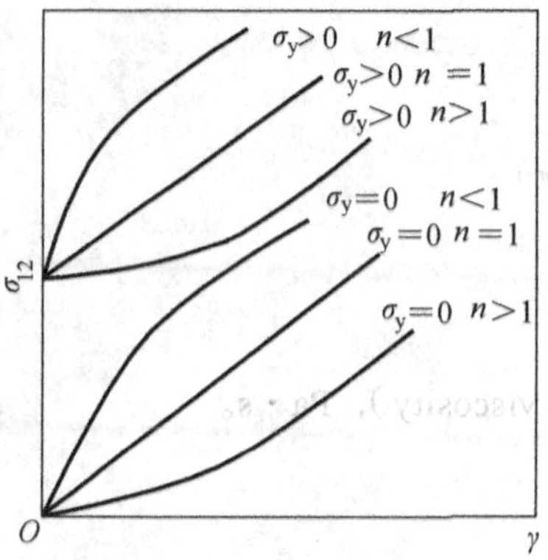

图 2.9 各种流体的流动曲线

3. 非牛顿型流体的流动曲线

流动曲线表征了聚合物流体的剪切应力 σ 与剪切速率 $\dot{\gamma}$ 的关系。聚合物流体在宽广的剪切速率范围内的流动曲线如图 2.10 所示。可以发现，在不同的剪切速率范围内，黏度对剪切速率的依赖关系是不同的。聚合物流体是非牛顿型的，但非牛顿流动现象只是在某一特定的剪切速率范围内呈现。

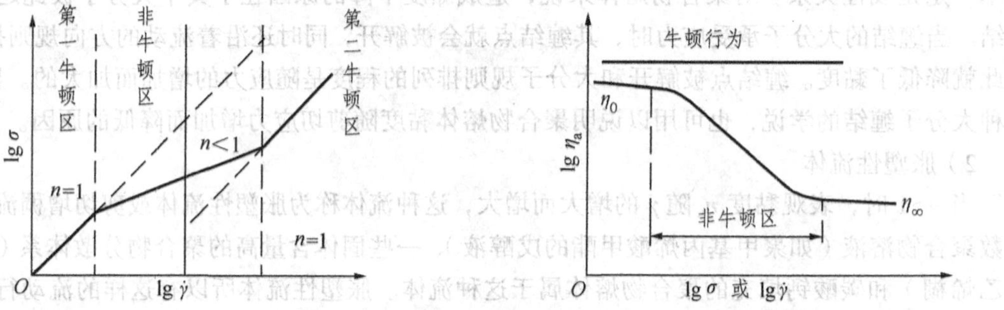

（a） （b）

图 2.10 切力变稀流体的流动曲线

当剪切速率 $\dot{\gamma}\to 0$ 时，非牛顿指数 $n=1$，$\sigma-\dot{\gamma}$ 呈线性关系，表观黏度 η_a 与剪切速率 $\dot{\gamma}$ 无关，流体流动性质与牛顿型流体相仿，黏度趋于常数，称零切黏度 η_0。这一区域为线性流动区，称第一牛顿区。零切黏度 η_0 是一个重要的材料常数，与材料的平均相对分子质量、黏流活化能相关，是材料最大松弛时间的反映。

当剪切速率 $\dot{\gamma}$ 超过某一个临界剪切速率 $\dot{\gamma}_c$ 后，材料流动性质出现非牛顿性，表观黏度 η_a 的变化有两种情况：一是表观黏度 η_a 随 $\dot{\gamma}_c$ 的增加而下降，呈现所谓的“剪切变稀”现象；二是表观黏度 η_a 随 $\dot{\gamma}_c$ 的增加而增大，呈现所谓的“剪切增稠”现象，相应的 $\dot{\gamma}_c$ 区间称为非牛顿区。继续提高剪切速率即 $\dot{\gamma}_c\to\infty$ 时，流体又表现为牛顿流动，相应的黏度称为极限牛顿黏度 $\dot{\gamma}_\infty$，此时流动进入第二牛顿区，一般这一区域通常很难达到。

聚合物流体在非牛顿区的流动行为对其加工有重要的意义。因为大多数聚合物的成型都是在这一剪切速率范围内进行的。流体的非牛顿指数 n（$\lg\sigma$ 与 $\lg\dot{\gamma}$ 曲线的斜率 $d\lg\sigma/\lg\dot{\gamma}$）越小，表观黏度 η_a 随着 $\dot{\gamma}$ 的增大下降越多。刚性大分子或分子对称性较大的聚合物流体的 n 值较小，“切力变稀”现象较显著。n 值还具有温度、相对分子质量、剪切速率依赖性，只是在较窄的温度范围内才保持常数，一般聚合物的 n 值见表 2.1 和表 2.2。

表 2.1　一般聚合物的 n 值

聚合物	牌号	温度/°C	n		
			$\dot{\gamma}=10^2\sim10^3\,s^{-1}$	$\dot{\gamma}=10^3\sim10^4\,s^{-1}$	$\dot{\gamma}=10^4\sim10^5\,s^{-1}$
LDPE	112A	160	0.32	0.32	0.32
		180	0.35	0.35	0.35
		200	0.38	0.37	0.37
HIPS		200	0.26	0.26	0.26
		220	0.26	0.24	0.26
		240	0.27	0.27	0.27
POM	M60	180	0.56	0.36	0.16
		200	0.60	0.37	0.18
		220	0.61	0.38	0.20
ABS		220	0.34	0.27	0.18
		240	0.38	0.31	0.20
		260	0.41	0.33	0.23
PMMA		220	0.20	0.33	0.19
		240	0.25	0.20	0.24
		260	0.30	0.25	0.30
HDPE		220	0.52	0.40	0.25
		240	0.53	0.42	0.30
		260	0.54	0.43	0.31
PP		220	0.27	0.26	0.11
		240	0.30	0.26	0.13
		260	0.31	0.26	0.15
PBT		240	0.59	0.52	0.41
		260	0.60	0.57	0.45
		280	0.63	0.57	0.47
PA1010		240	0.61	0.42	0.24
		260	0.72	0.51	0.28
		280	0.77	0.62	0.36
PA6		240	0.84	0.50	0.29
		260	0.90	0.59	0.33
		280	0.97	0.64	0.37
PC	6709	290	0.81	0.77	0.74
		310	0.84	0.79	0.75
		330	0.80	0.70	0.60

表 2.2 某些聚合物熔体的 n 值随剪切速率 $\dot{\gamma}$ 的变化

聚合物 / n 值 / $\dot{\gamma}$/s^{-1}	聚甲基丙烯酸甲酯（230°C）	共聚甲醛（200°C）	聚酰胺 66（280°C）	乙烯-丙烯共聚物（230°C）	低密度聚乙烯（170°C）	未增强聚氯乙烯（150°C）
10^{-1}	—	—	—	0.93	0.7	—
1	1.00	1.00	—	0.66	0.44	—
10	0.82	1.00	0.96	0.46	0.32	0.62
10^2	0.46	0.80	0.91	0.34	0.26	0.55
10^3	0.22	0.42	0.71	0.19	—	0.47
10^4	0.18	0.18	0.40	0.15	—	—
10^5	—	—	0.28	—	—	—

由表 2.1 和表 2.2 可见，不同聚合物的 n 值不同。说明聚合物熔体的表观黏度对剪切速率依赖性的敏感程度不同。图 2.11 所示分别为不同聚合物的表观黏度随剪切速率的变化。由图 2.11 可看出，聚酰胺和聚酯熔体在很宽的 $\dot{\gamma}$ 范围内仍保持牛顿流体行为，但聚乙烯和聚丙烯熔体的表观黏度则随剪切速率的增加而急剧下降。

除了在稳态流动下测定流体的黏度外，最近对聚合物流变性的研究多集中在对其动态流变性的研究，其特点是在交变应力的作用下研究聚合物流体的力学响应规律。研究聚合物动态流变性的重要性在于可以同时获得有关聚合物黏性行为和弹性行为的信息；容易实现在很宽频率范围内的测试，了解在很宽频率范围内聚合物的性质；聚合物的动态黏弹性与稳态黏弹性之间有一定的对应关系，通过测试可以沟通两者间的关系。

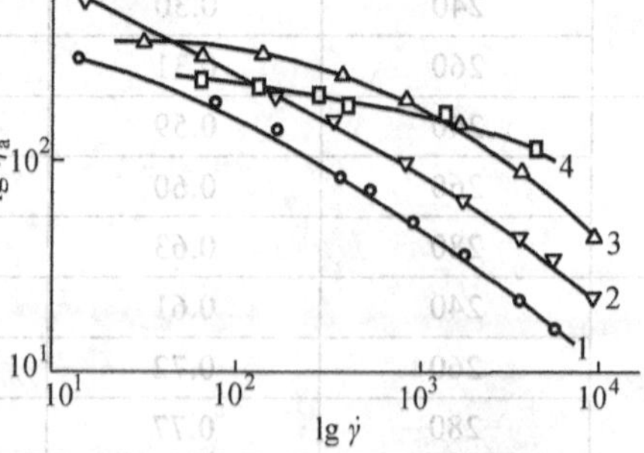

图 2.11 不同聚合物熔体的表观黏度随剪切速率的变化

1—PP（MI=15，272°C）；2—PE（MI=1.5，258°C）；
3—PA6（η_T=2.38，243°C）；4—PET（284°C）

几种热塑性塑料的表观黏度与剪切应力的关系如图 2.12 所示。

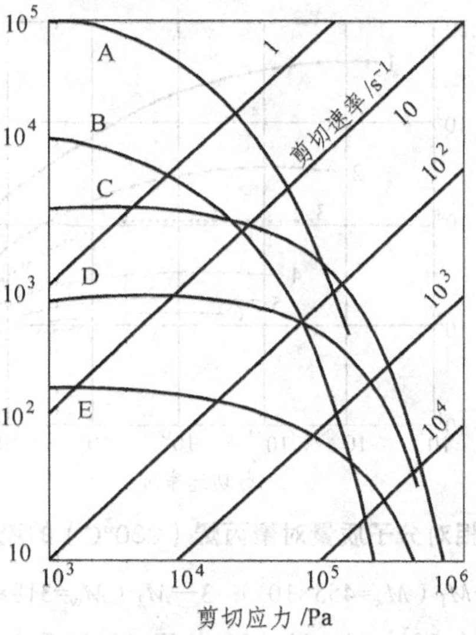

图 2.12　几种热塑性塑料的表观黏度与剪切应力的关系

A—低密度聚乙烯（170°C）；B—乙丙共聚物（230°C）；C—聚甲基丙烯酸甲酯（230°C）；D—甲醛共聚物（200°C）；E—尼龙—66（285°C）

4. 有时间依赖性的系统

属于这一系统的流体，其剪切速率不仅与所施加的剪切应力的大小有关，而且还依赖于应力施加时间的长短。当所施加的应力不变时，这种流体在恒温下的表观黏度会随着所施加应力持续时间而逐渐上升或下降，上升或下降到一定值后达到平衡不再变化。这种变化是可逆的，因为流体中的粒子或分子并没有发生永久性的变化。表观黏度随剪切应力持续时间下降的流体称为摇溶性（或触变性）流体，与此相反的则称为震凝性流体。二者中摇溶性流体较为重要。属于摇溶性流体的有某些聚合物的溶液，如涂料和油墨等；属于震凝性流体的有某些浆状物，如石膏的水溶液等。关于这种系统的流动机理问题还研究得不够深透，目前认为与假塑性和胀塑性流体极为相似，所不同的只是在流动开始后需一定时间以达到平衡。尽管有些学者已对高分子材料的触变机理作了探讨，并提出了触变结构模型，建立了触变动力学方程，但要求得实质性的解，还有一定距离。

2.3.1.3　流变曲线对聚合物加工的指导意义

流变曲线对聚合物成型加工具有重要的指导意义，体现在：

1. 判断聚合物流体质量是否正常

流动曲线在较宽广的剪切速率范围内描述了聚合物的剪切黏性。这种剪切黏性是其内在结构的反映，当流体内聚合物的链结构、相对分子质量、相对分子质量分布以及链间的结构化程度发生变化时，流动曲线相应发生变化，因此流动曲线可以作为衡量聚合物流体质量是否正常的依据，也可以作为判断聚合物质量波动程度的依据，它所提供的信息比零切黏度要丰富得多。

如当聚合物相对分子质量分布相似时，流动曲线随平均相对分子质量的增大而上移（见图 2.13 和图 2.14）。此时 η_0 增大，相同 $\dot{\gamma}$ 下的 η_a 亦增大。而开始呈现切力变稀，临界剪切速率 $\dot{\gamma}$ 则向低值移动。

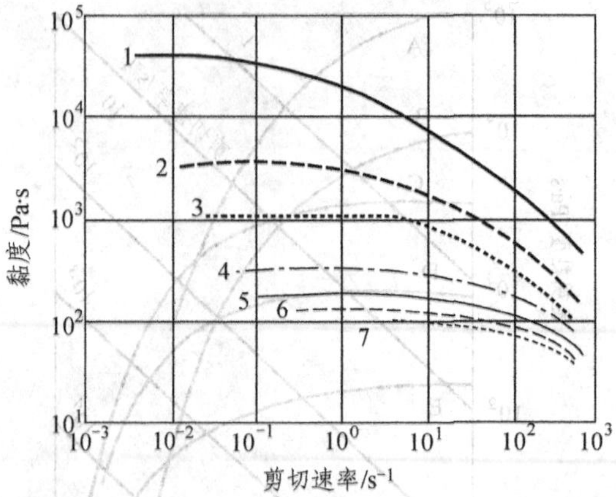

图 2.13 相对分子质量对聚丙烯（230°C）的流动曲线的影响

1—M_0（M_w=766×10^3）；2—M_1（M_w=453×10^3）；3—M_2（M_w=318×10^3）；4—M_3（M_w=231×10^3）；5—M_4（M_w=181×10^3）；6—M_5（M_w=157×10^3）；7—M_6（M_w=135×10^3）

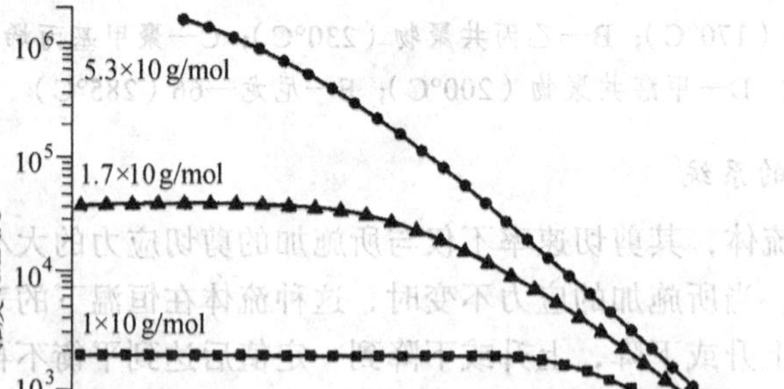

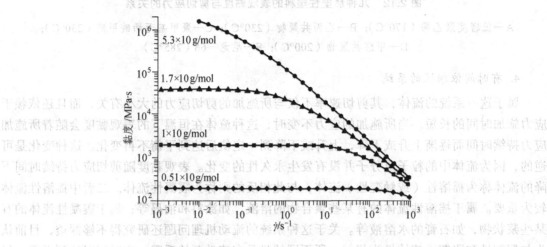

图 2.14 PMMM 相对分子质量对溶液流动曲线的影响

$\bar{M}_w/\bar{M}_n$ = 2.5，T=25°C

2. 提供特定流动条件下的表观黏度

聚合物流体在不同加工方法中有不同的剪切速率，见表 2.3。同一加工方法中流体在不同设备中的流动速度也有很大差异，见表 2.4。在处理工艺及工程问题时，需要了解聚合物流体在特定的流动条件下的表观黏度，而流动曲线可以提供这方面的数据。

表 2.3 各种加工方法中的剪切速率范围

加工方法	剪切速率/s^{-1}	加工方法	剪切速率/s^{-1}
模压	1~10	压延	5×10^1~5×10^2
开炼	5×10^1~5×10^2	纺丝	10^2~10^5
密炼	5×10^2~5×10^3	注塑	10^3~10^5
挤出	10^1~10^3	涂覆	10^2~10^3

表 2.4 聚酰胺 6 纺丝熔体流经不同设备时的剪切速率范围

设备或部件名称	剪切速率/s^{-1}	设备或部件名称	剪切速率/s^{-1}
VK 管	10^{-3}~10^{-2}	喷丝板孔道	10^{2}~10^{4}
分配管	10^{-2}~10^{-1}	纺丝泵	10^{4}~10^{5}

3. 指导调整工艺参数

升高温度使流动曲线下移，并使$\dot{\gamma}_c$增大。加工时可根据流动曲线选择最佳的加工成型条件。如某丙纶地毯厂使用了熔融指数相同的 A、B 两种聚丙原料。当纺丝温度为 250°C 时，A 类纺丝正常，B 类则有飘丝甚至“落雨”等现象。熔体黏度较低而不能正常生产。因为熔融指数通常是低剪切速率下（$\dot{\gamma}=3\times10\ s^{-1}$）测定的，而熔体流经喷丝孔的剪切速率较高（$\dot{\gamma}_c=3\times10^3\ s^{-1}$），因此应先测定 A、B 两种聚合物的流动曲线，然后找出该$\dot{\gamma}$值对应的熔体黏度，详见表 2.5。

表 2.5 两种 PP 熔体黏度与温度和剪切速率的关系

$\dot{\gamma}_c/s^{-1}$		3×10				3×10^3			
温度/°C		230	240	250	260	230	240	250	260
黏度/（Pa · s）	A	478.6	426.5	380.1	346.7	42.7	38.9	37.1	33.9
	B	501.1	436.5	389.0	358.9	38.9	37.1	33.9	31.5

由表 2.5 可见，在低$\dot{\gamma}$时，B 比 A 的黏度高。但在高$\dot{\gamma}$时，B 却比 A 的黏度低。这是因为 B 的非牛顿性更强，其 n 值较小。$\dot{\gamma}=3\times10^3\ s^{-1}$时，A 在纺丝温度为 240°C 和 250°C 时的黏度分别为 38.9 Pa · s 和 37.1 Pa · s。这恰恰等于 B 在 230°C 和 240°C 时的黏度，即 B 的最佳纺丝温度比 A 低 10°C 左右。这一结论与生产实际完全相符。由此可见，当已知某切片的最佳成型温度和$\dot{\gamma}$时，即可用流动曲线查出熔体黏度，然后将已知$\dot{\gamma}$和查出的 η_a 用于另一种聚合物的流动曲线上，即可找出另一种聚合物的最佳成型温度，这在生产上是非常有用的。

2.3.2 聚合物流体的拉伸黏性

聚合物流体的拉伸流动是聚合物加工中的另一种流动方式，如在纤维成型加工中熔体或溶液细流的拉伸、熔膜从平直口模挤出后的单轴拉伸、管状膜的双轴拉伸、在吹塑成型加工中型坯形成封闭中空制品的多轴拉伸及收缩流道中的流动等。常见的拉伸流动包括以下几种类型：

（1）简单拉伸流动：这种拉伸流动是由在长度方向上均匀拉伸矩形棒引起的。圆形截面细丝的拉伸可用这样的流动处理。

（2）平面拉伸流动（纯剪切流动）：这种流动是由在一个方向上均匀拉伸薄膜造成的，使薄膜厚度减小，但薄膜其他尺寸不变。

（3）双轴拉伸流动：这种流动是由等比例拉伸薄膜引起的，使厚度减小。

拉伸流动的概念可由图 2.15 来说明，一个流体单元由位（1）变至位（2）时，形状发生了不同剪切流动的变化，长度从原来l变至$l+\Delta l$。

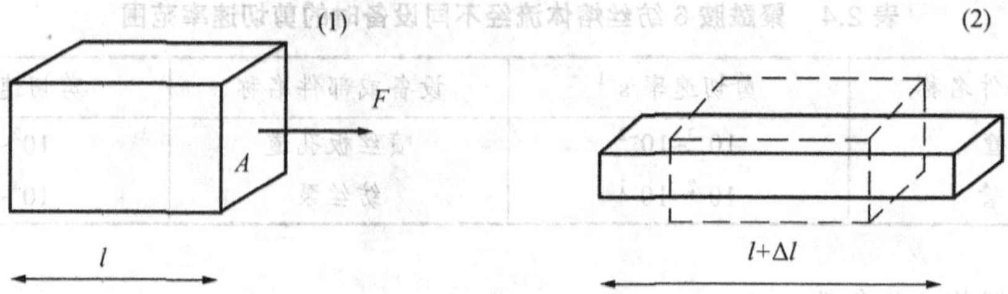

图 2.15　拉伸流动示意图

拉伸应变 ε 为：

$$\varepsilon=\int_{l_0}^{l}\frac{\mathrm{d}l}{l}=\ln\frac{l}{l_0} \tag{2.9}$$

式中，l 为聚合物轴向长度，m。

拉伸应变速率（$\dot{\varepsilon}$，s^{-1}）为：

$$\dot{\varepsilon}=\frac{\mathrm{d}\varepsilon}{\mathrm{d}t}=\frac{\mathrm{d}l}{l\mathrm{d}t} \tag{2.10}$$

拉伸黏度（extensional viscosity 或 stretch viscosity）用来表示流体对拉伸流动的阻力。在稳态简单拉伸流动中，拉伸黏度 η_e 可表示为：

$$\eta_e=\frac{\sigma_{11}}{\dot{\varepsilon}} \tag{2.11}$$

式中，σ_{11} 为聚合物横截面上的拉伸应力或法向应力，Pa；在低拉伸应变速率下，聚合物流体为牛顿流体，其拉伸黏度不随 $\dot{\varepsilon}$ 而变化，此时的黏度又称特鲁顿黏度 η_T。特鲁顿黏度与零切黏度 η_0 的关系与拉伸方式有关，即

$$\begin{cases}\eta_T=3\eta_0 & \text{（对单轴拉伸）}\\ \eta_T=6\eta_0 & \text{（对双轴拉伸）}\end{cases}$$

剪切流动是与拉伸流动有区别的，前者是流体中一个平面在另一个平面的滑动，而后者则是一个平面两个质点间的距离拉长。此外，拉伸黏度还随所拉应力是单向、双向等而异，这是剪切黏度所没有的。

假塑性流体 η_a 随剪切速率的增大而下降，而拉伸黏度则不同，有降低、不变、升高 3 种情况。这是因为拉伸流动中，除了由于解缠结而降低黏度外，还有链的拉直和沿拉伸轴取向，使拉伸阻力、黏度增大。因此，拉伸黏度的变化趋势，取决于这两种效应哪一种占优势。低密度聚乙烯、聚异丁烯和聚苯乙烯等支化聚合物，由于熔体中有局部弱点，在拉伸过程中形变趋于均匀化，又由于应变硬化，因而拉伸黏度随拉伸应变速率增大而增大；聚甲基丙烯酸甲酯、ABS、聚酰胺、聚甲醛、聚酯等低聚合度线型高聚物的拉伸黏度则与剪切速率无关；高密度聚乙烯、聚丙烯等高聚合度线型高聚物，因局部弱点在拉伸过程中引起熔体的局部破裂，所以拉伸黏度随剪切速率增大而降低。应指出的是，聚合物熔体的剪切黏度随应力增大而大幅度降低，而拉伸黏度随应力增大而增大，即使有下降其幅度也远比剪切黏度小。因此，在大应力下，拉伸黏度往往要比剪切黏度大 100 倍左右，而不是像低分子流体那样。由此可

以推断，拉伸流动成分只需占总形变的 1%，其作用就相当可观，甚至占支配地位，因此拉伸流动不容忽视。在成型过程中，拉伸流动行为具有实际指导意义，如在吹塑薄膜或成型中空容器型坯时，采用拉伸黏度随拉伸应力增大而上升的物料，则很少会使制品或半成品出现应力集中或局部强度变弱的现象。反之则易于出现这些现象，甚至发生破裂。

2.3.3　影响聚合物流体黏度的因素

对聚合物流体黏度起作用的因素包括温度、压力、施加的应力和应变速率等。

1. 温度对剪切黏度的影响

温度与流体剪切黏度（包括表观黏度）的关系可用下式表示：

$$\eta=\eta_0 e^{a(T_0-T)} \tag{2.12}$$

式中，η 为流体在 T（°C）时的剪切黏度；η_0 为某一基准温度 T_0（°C）时的剪切黏度；e 为自然对数的底，a 为常数。从实验知，式（2.12）中的 a 在温度范围不大于 50 ºC 时，对大多数流体来说都是常数，超出此范围则误差较大。

如果将式（2.12）用于剪切黏度对剪切应力（或剪切速率）有敏感性的流体时，则该式只有当剪切应力（或剪切速率）保持恒定时才是准确的。

式（2.12）虽然对聚合物的熔体、溶液和糊都适用，但是必须指出，当用于聚合物糊时，应以在所涉及温度范围内聚合物没有发生溶胀与溶解的情况为准。

聚合物表观黏度对温度的敏感性与聚合物本身的分子结构有关。一般情况下，聚合物分子链刚性越大和分子间的引力越大时，表观黏度对温度的敏感性也越大。但这不绝对，因为敏感程度还与聚合物相对分子质量和相对分子质量分布有关。表观黏度对温度的敏感性一般比它对剪切应力或剪切速率要强些。在成型操作中，对一种表观黏度随温度变化不大的聚合物来说，仅凭增加温度来增加其流动性是不适合的，因为温度即使升幅很大，其表观黏度却降低有限（如聚丙烯、聚乙烯、聚甲醛等）。另外，大幅度地增加温度很可能使它发生热降解，从而降低制品质量，此外成型设备等的损耗也较大，并且会恶化工作条件。相对而言，在成型中利用升温来降低聚甲基丙烯酸甲酯、聚碳酸酯和聚酰胺–66 等聚合物熔体的黏度是可行的，因为升温不多即可使其表观黏度下降较多。

2. 压力对剪切黏度的影响

一般低分子的压缩性不大，压力增加对其黏度的影响不大。但是，聚合物由于具有长链结构和分子链内旋转，产生空洞较多，所以在加工温度下的压缩性比普通流体大得多。聚合物在高压下（注射成型时受压达 35~300 MPa）体积收缩较大，分子间作用力增大，黏度增大，有些甚至会增加 10 倍以上，从而影响了流动性。在没有可靠依据的情况下，将低压下的流变数据用在高压场合是不正确的。

黏度与压力的关系如下：

$$\eta_p=\eta_{p0} e^{b(p-p_0)} \tag{2.13}$$

式中，η_p 和 η_{p0} 分别代表在压力 p 和大气压 p_0 下的黏度；b 为压力系数，b 与空洞体积成正比，与绝对温度成反比。b 值约为 $2.07\times10^{-1}\,Pa^{-1}$，这表明压力增大 $6.9\times10^{7}\,Pa$，则黏度升高 35%，可见压力效应是显著的。

对于聚合物流体而言，压力的增加相当于温度的降低。在处理熔体流动的工程问题时，首先把黏度看成是温度的函数，然后再把它看成是压力的函数，这样可在等黏条件下得到一个换算因子 $-(\Delta T/\Delta P)_{\eta}$，即可确定出产生同样熔体黏度所施加的压力相当的温降。一般聚合物熔体的 $-(\Delta T/\Delta P)_{\eta}$ 值约为（3~9）$\times10^{-7}$ °C/Pa，即压力增大 1 Pa，相当于温度降低（3~9）$\times10^{-7}$ °C。

不同结构的聚合物对压力的敏感性也不同。一般情况带有体积庞大的苯基的高聚物，分子量较大，密度较低者其黏度受压力的影响较大。还应指出：即使同一压力下的同一聚合物熔体，如果在成型时所用设备的大小不同，则其流动行为也有差别，因为尽管所受压力相同，所受剪切应力仍可以不同。

3. 温度和压力对拉伸黏度的影响

温度和压力对流体拉伸黏度的影响与对剪切黏度的影响相同。

2.3.4 聚合物流体的弹性

聚合物流体属典型的黏弹体。聚合物流体在流动时，不但有切应力，还有法向应力；当流线产生收敛时，沿流动方向有速度梯度，则还会存在拉伸应力。这些力都会产生弹性形变，所以在聚合物流体中存在着 3 种基本形变，即能量耗散形变或黏性流动、储能弹性或可回复性形变和破裂。

1. 聚合物流体的弹性表现

1）流体的弹性回复

把聚合物流体从容器中倾出，成为连续的液流，突然切断后，流体会发生弹性回缩，如图 2.16 所示。

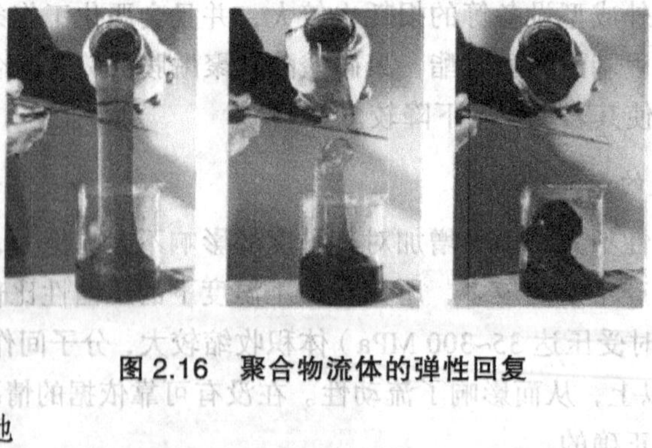

图 2.16 聚合物流体的弹性回复

2）流体的蠕变松弛

在同轴旋转圆筒黏度计中，对流体施以形变，维持一段时间后再令其松弛，曲线上的可恢复部分即为弹性形变（见图 2.17），也称可恢复形变量 S_0，用来表征聚合物流体存储弹性能的大小。

$$S_0 = J_e\sigma_{12}$$

式中，J_e 为弹性柔量；σ_{12} 为剪切应力。

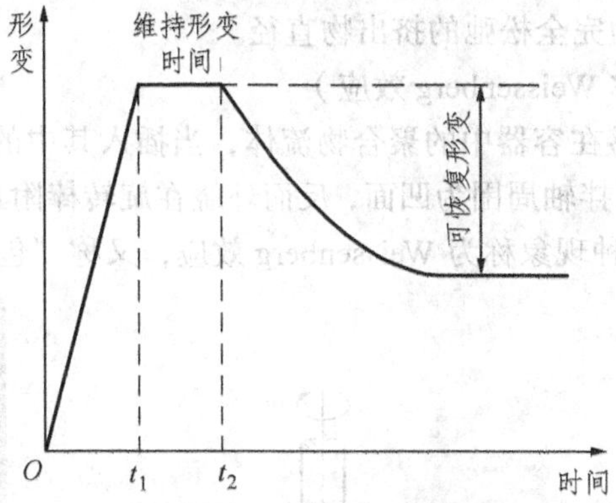

图 2.17　同轴旋转圆筒黏度计中的可恢复形变与流动示意图

3）离模膨胀效应（也称挤出胀大效应或 Barus 效应）

离模膨胀效应是指聚合物流体被强迫挤出口模时，挤出物尺寸大于口模尺寸，截面形状也发生变化的现象（见图 2.18），这种现象对低分子流体（如水）来说是没有的。聚合物熔体在流动时产生离模膨胀效应是由于流动时大分子构象产生变化，产生可回复的弹性形变（见图 2.19），因而发生了弹性效应。典型的弹性效应例子就是聚合物熔体在挤出时的出模膨胀。弹性形变的回复不是瞬间完成的，因为聚合物熔体弹性形变的实质是大分子长链的弯曲和延伸，应力解除后，这种弯曲和延伸部分的回复需要克服内在的黏性阻滞。因此，在聚合物加工过程中的弹性形变及其随后的回复，对制品的外观、尺寸，对产量和质量都有重要影响。

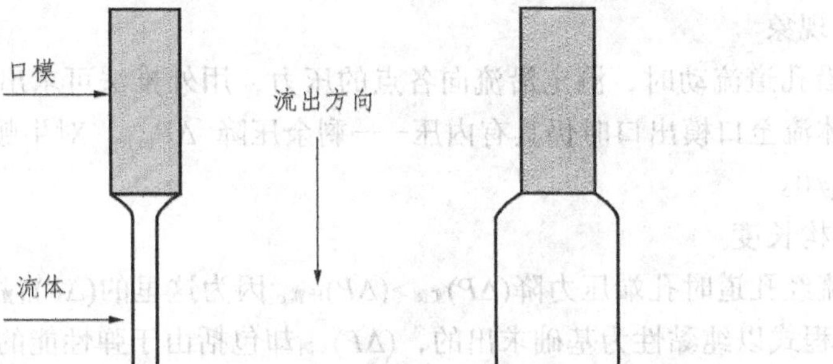

(a) 黏性流体（如水）　(b) 黏弹性流体（如聚合物流体）

图 2.18　离模膨胀效应

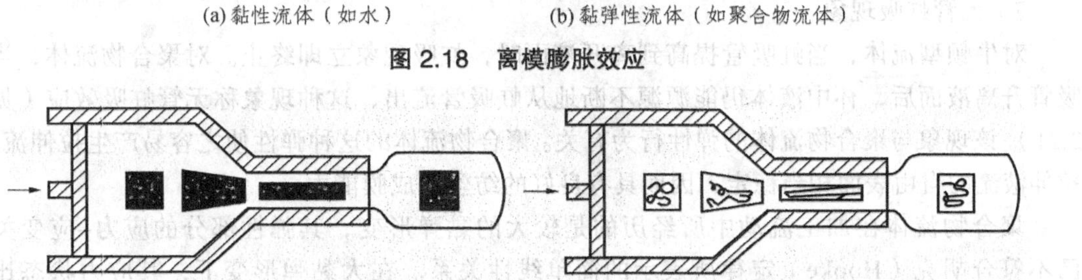

(a) 流体元的变形　(b) 分子链构象的变化

图 2.19　离模膨胀效应微观机制说明

对圆形口模，挤出胀大比 B 定义为

$$B=\frac{D_l}{D} \tag{2.14}$$

式中，D 为口模直径；D_i 为完全松弛的挤出物直径。

4）“爬杆”效应（也称 Weissenberg 效应）

与牛顿型流体不同，盛在容器中的聚合物流体，当插入其中的圆棒旋转，没有因惯性作用而甩向容器壁附近，在搅拌轴周围为凹面，反而环绕在旋转棒附近，出现沿棒向上爬的“爬杆”现象（见图 2.20）。这种现象称为 Weissenberg 效应，又称“包轴”现象。

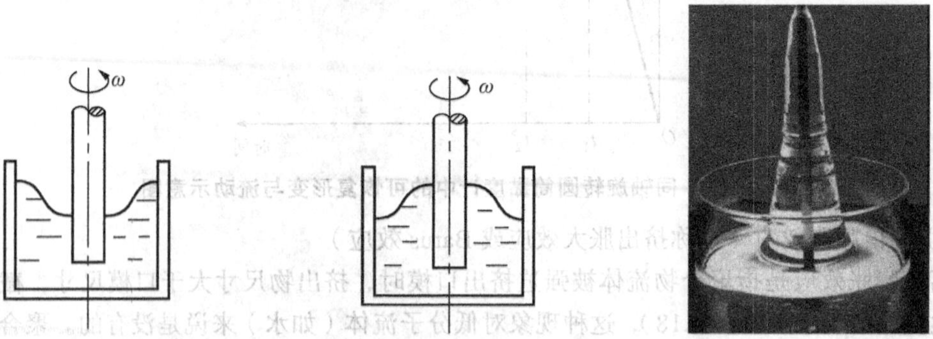

（a）小分子流体　（b）聚合物流体　（c）实际聚合物流体的“爬杆”效应

图 2.20　Weissenberg 效应示意图

“爬杆”效应对聚合物反应或以聚合物流体为原料的成型加工操作有不良的影响。1945 年，Refiner 在研究流体的非线性黏性理论和有限弹性形变理论时指出，要消除“爬杆”现象效应，必须施加正比于旋转平方的压力。

5）剩余压力现象

聚合物流体沿孔道流动时，测定沿流向各点的压力，用外推法可求出出口处的压力不为零，即聚合物流体流至口模出口时仍具有内压——剩余压降 ΔP_{exit}，对牛顿流体 $\Delta P_{exit}=0$，对非牛顿流体 $\Delta P_{exit}\neq 0$。

6）孔道的虚构长度

聚合物流体流经孔道时孔端压力降$(\Delta P)_{实测}>(\Delta P)_{计算}$。因为这里的$(\Delta P)_{计算}$（末端效应已补正）是根据 Poecni 方程式以纯黏性为基础求出的，$(\Delta P)_{实测}$却包括由于弹性能的储藏所消耗的压降在内，即相当于孔道增加了一段虚构长度。

7）无管虹吸现象

对牛顿型流体，当虹吸管提高到离开液面时，虹吸现象立即终止。对聚合物流体，当虹吸管升离液面后，杯中液体仍能源源不断地从虹吸管流出，这种现象称无管虹吸效应（见图 2.21）。该现象与聚合物流体的弹性行为有关。聚合物流体的这种弹性使之容易产生拉伸流动，拉伸液流的自由表面相当稳定，因而具有良好的纺丝和成膜能力。

聚合物流体在加工流动中所经历的是较大的黏弹形变，其弹性部分的应力-应变关系已不符合胡克（Hooke）定律所表示的简单线性关系。在大黏弹形变下，其应力状态比小形变更复杂，除了剪切应力分量外，还需附加非各向同性的法向应力分量，使黏弹流体在剪切流动中表现出法向应力差。因此，法向应力差是黏弹性流体在剪切流动中的弹性表现，是一种非线性力学响应。这种响应为大多数低分子单相液体所不具备，也是经典流体力学没有考虑的，它导致了一系列从经典流体力学观点来看属于反常的流动现象，即上述的种种弹性表现。

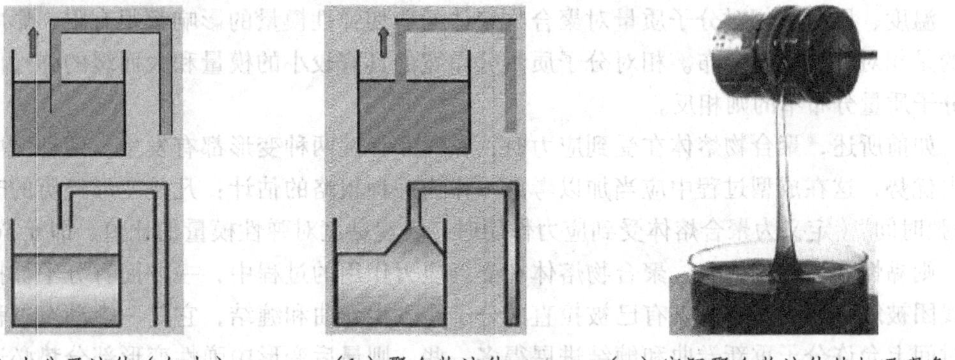

（a）小分子流体（如水）　（b）聚合物流体　（c）实际聚合物流体的虹吸现象

图 2.21　无管虹吸效应

从热力学的角度来看，聚合物的弹性大形变与胡克弹性的小形变之间的差别主要在于产生两种弹性的分子机理不同。胡克弹性基于组成材料的分子或原子之间平衡位置的偏离，这部分形变与内能变化相联系。聚合物的弹性大形变主要是熵的贡献。大分子在应力作用下构象熵减小，外力解除后，大分子会自动恢复至熵的最大平衡构象上来，因而表现出弹性恢复。聚合物流体的弹性，其本质是一种熵弹性。

2. 剪切弹性和拉伸弹性

聚合物熔体随着所受应力不同而表现的弹性也有剪切弹性和拉伸弹性的区别。

1）剪切弹性

物料所受剪切应力 τ，与其发生的剪切弹性变形 ε_R（亦称可以回复的剪切变形）的比称为剪切弹性模量 G。

$$G=\frac{\tau}{\varepsilon_R} \tag{2.15}$$

绝大多数聚合物熔体的剪切模量在定温下都是随应力的增大而上升的。在应力低于 10^6 Pa 时剪切弹性模量为 10^3~10^6 Pa。当应力继续增大时，熔体模量有上升的趋势，即高聚物熔体往往出现应变硬化的情况。几种热塑性塑料的剪切弹性模量和剪切应力的关系如图 2.22 所示。

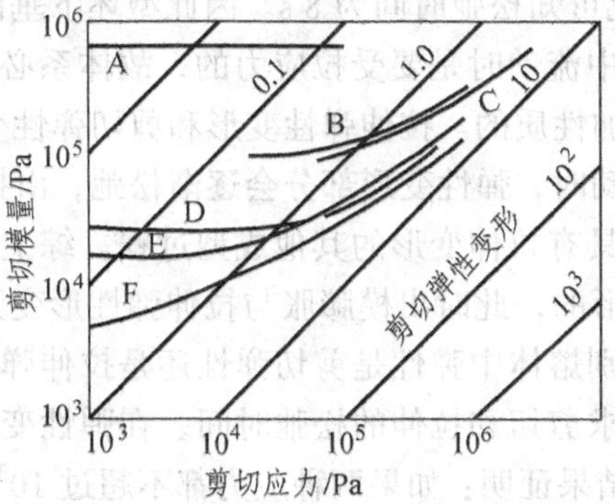

图 2.22　几种塑料在大气压力下的剪切弹性

A—尼龙-66（285°C）；B—尼龙-11（220°C）；C—甲醛共聚物（200°C）；D—低密度聚乙烯（190°C）；E—聚甲基丙烯酸甲酯（230°C）；F—乙丙共聚物（230°C）

温度、压力和相对分子质量对聚合物熔体的剪切弹性模量的影响都很有限，影响比较显著的是相对分子质量分布。相对分子质量分布宽的具有较小的模量和大而缓的弹性回复，相对分子质量分布窄的则相反。

如前所述，聚合物熔体在受到应力时，黏性和弹性两种变形都有发生。两种之中以哪一种占优势，这在成型过程中应当加以考虑。作为一种粗略的估计：凡是变形经历的时间大于“松弛时间”（定义为聚合熔体受到应力作用时，表观黏度对弹性模量的比值，即 η_a/G ）的体系，则黏性变形将占优势。聚合物熔体在受到应力作用的过程中，一方面有分子被拉直和分子线团被解缠，另一方面又有已被拉直的分子在发生卷曲和缠结，它是一个动态过程。如果在时间上允许分子重新卷曲和缠结进展得多一些，则最后变形中弹性变形部分势必退居次要地位。因为黏性变形部分没有回复的可能，而弹性变形部分则可以回复。例如，在注射温度为 230°C 和注射时间为 2 s 的条件下注射聚甲基丙烯酸甲酯，最大剪切速率为 $10^5\ s^{-1}$，则其相应的剪切应力为 0.9 MPa，表观黏度为 9 Pa·s，相应的剪切模量为 0.21 MPa，由此计算出松弛时间为 43×10^{-6} s，同注射时间相比较则微不足道。因此，在注射过程中的弹性变形是很小的。如果用相同材料在相同温度下挤出棒材，则最大剪切速率为 $10^3\ s^{-1}$，剪切应力为 3×10^5 Pa，相应的松弛时间为 2.5×10^{-3} s。如果熔融塑料通过口模的时间为 20 s，则最后的弹性变形部分仍然较小，但已比注射成型要大得多。应该注意的是，尽管弹性变形很小，但仍能使熔体产生流动缺陷，从而影响制品质量，甚至出现废品。

2）拉伸弹性

物料所受拉伸应力 σ ，对其发生的拉伸弹性变形 ε_R 的比称之为拉伸弹性模量 E。

$$E=\frac{\sigma}{\varepsilon_R} \tag{2.16}$$

聚合物熔体的 E，在单向拉伸应力低于 1 MPa 时，等于剪切弹性模量的 3 倍，拉伸弹性变形的最高限值约为 2。

成型过程中，决定熔体由拉伸应力引起的变形是黏性还是弹性占优势的依据仍然是松弛时间。例如，挂在口模上的乙丙共聚物吹塑型坯，其温度为 230 ºC，吹胀前经历的时间为 5 s，垂伸的弹性变形速率约为 0.03 s^{-1}。在这种情况下熔体的拉伸黏度约为 3.6×10^4 Pa·s，拉伸弹性模量约为 4.6×10^3 Pa，由此可知松弛时间为 8 s。因此型坯下垂的性质当以弹性为主。

聚合物熔体在锥形流道中流动时是要受拉应力的，故体系必然同时存在着拉伸变形和剪切变形，而且其效果将是叠加性质的。拉伸弹性变形和剪切弹性变形一样，是一个动态过程。所以在较长的锥形流道中流动时，弹性变形部分会逐渐松弛，由拉伸弹性形变贡献部分减少。这一情况自然也适用于一切具有拉伸变形的其他成型过程。综上所述，熔体在截面不变的通道内流动时是不存在拉伸变形的，此时出模膨胀与拉伸弹性形变无关。

仍可以用松弛时间来区别熔体中弹性是剪切弹性还是拉伸弹性。具体的方法是根据熔体在成型中所经历的过程分别求剪切和拉伸的松弛时间，在弹性变形中占优势的将是松弛时间数值较大的一种。大量实验结果证明：如果两种应力都不超过 10^3 Pa，则两种松弛时间近似相等，应力较大时，拉伸松弛时间总是大于剪切松弛时间，其程度与聚合物的性质有关。

3. 聚合物流体弹性的表征

可以采用第一法向应力差、挤出胀大比等表征聚合物流体的弹性。也可以模仿弹性固体，即采用弹性模量（剪切弹性模量 G 或拉伸弹性模量 E）来表征流体弹性。有时为了更明显地对比它的弹性和黏性，即黏弹性质，也常采用松弛时间 τ（$\tau=\eta/G$）。

聚合物流体在交变应力作用下，黏弹性表现得尤其明显。从动态实验不仅能表征黏弹流体的频率依赖性黏度（动态力学黏度），而且能表征其弹性。测定值是复数模量或复数黏度（η'）。前者的实部称为储能模量或动态模量（G'），是弹性的表征，相当于稳定测量中的法向应力差；虚部是耗损模量（G''）。后者的实部是动态黏度（η'），是非牛顿黏性的表征；虚部（虚数黏度 η''）是弹性的表征。

在聚合物加工中，聚合物流体在喷丝孔中的流动是一维剪切的稳态流动，聚合物流体在狭缝中的流动也主要是一维剪切的稳态剪切流动。因而研究聚合物流体在稳态流动时的黏弹性质对聚合物加工工艺的影响具有重要的实际意义。

2.3.5 流动的缺陷

塑料流体在流道中流动时，常因种种原因使流动出现不正常现象或缺陷。这种缺陷如果发生在成型中，则常会使制品的外观质量受到损伤。例如表面出现闷光、麻面、波纹以至裂纹等，有时制品的强度或其他性能也会劣变。当然，这些现象都是工艺条件、制品设计、设备设计和原料选择不当等所造成的。下面将简单地讨论其中较为重要的原因。

1. 管壁上的滑移

在分析聚合物流体在流道内的流动时，往往都有一个前提：贴近管壁一层的流动是不流动的（如水和甘油等低分子物在管内的流动，就是这种情况）。但是许多实验证明，塑料熔体在高剪切应力下的流动并非如此，贴近管壁处的一层流体会发生间断的流动，或称滑移。这样管内的整个流动就成为不稳定流动，即在熔体流程特定点上的质点加速度不等于零，或 $\partial u/\partial t \neq 0$。显然，这种滑移不仅会影响流率的稳定和在无滑移前提下的计算结果（通常比实际结果小 5%左右），而且还说明了挤出过程中为何有时会发生挤出物出模膨胀不均以及几何形状相同或相似的仪器测定的同一种样品的流变数据不尽相同的原因。实验证明，滑移的程度不仅与聚合物品种有关，而且还与采用的润滑剂和管壁的性质有关。

2. 端末效应

如前述，不管是哪种截面流道的流动方程，都只能用于稳态流动的流体，但是在流体由大管或储槽流入小管后的最初一段区域内（见图 2.23 所示进口区），流体的流动不是稳态流动。这段管长 L_c，对聚合物熔体而言，根据实验确定为 0.03~0.05ReD，Re 为雷诺准数，D 为管径。这一段管长内的压力降较按理论公式（在圆形管中的流动流量计算方程，见式 2.17）计算值大。

$$q=\pi k\left(\frac{p}{2L}\right)^{m}\cdot\left(\frac{R^{m+3}}{m+3}\right) \tag{2.17}$$

式中，q 为体积流率；R 为圆管半径；L 为管长；m 为流动度，$m=1/n$。

其原因在于：熔体由大管流入小管时，必须变形以适应在新的流道内流动。但聚合物熔体具有弹性，对变形具有抵抗能力，因此就须消耗适当的能量，即消耗适当的压力降，来完成在这段管内的变形。其次，熔体各点的速度在大小管内是不同的，为调整速度，也要消耗一定的压力降。实验证明，在一般情况下，如果将式（2.17）中 L 改为（$L+3D$）来计算压力降，则由上面两种情况引起的压力降就可被包括在内。当然，也可用巴格利的方法进行严格的入口校正，读者可查阅有关资料，在此不再赘述。

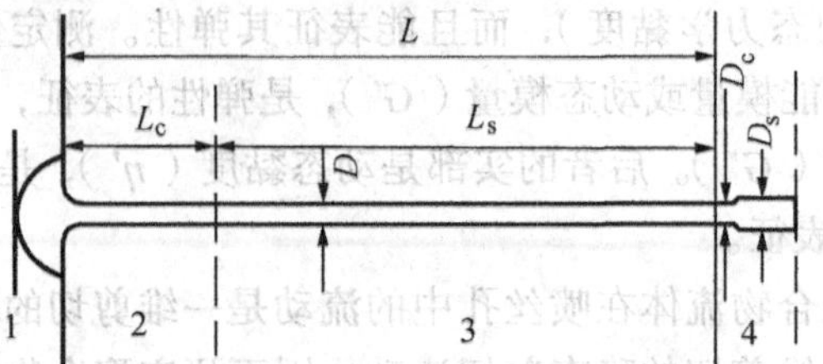

图 2.23　液体在圆管内流动分区图

1—大管或储槽出口区；2—小管进口区；3—小管稳态流动区；4—小管出口区

塑料熔体从流道流出时，料流有先收缩后膨胀的现象。如果是牛顿流体则只有收缩而无膨胀。收缩的原因除了物料冷却外，还由于熔体在流道内流动时，料流经向上各点的速度不相等，当流出流道后须自行调整为相等的速度。这样，料流的直径就会发生收缩，理论上收缩的程度可用（2.18）式表示：

$$\frac{D_e}{D}=\sqrt{(m+2)/(m+3)} \tag{2.18}$$

式中，D_e是料流在出口处的直径；D 为流道直径；m 为常数，其意义同指数定律中的 m 一致。对于牛顿流体 m=1，则 D_c/D=0.87，表明收缩率为 13%。如果是假塑性流体，则收缩率恒小于此值。由于后面紧接着料流发生膨胀，因此收缩现象常不易观察到。

挤出物的膨胀是由于弹性回复造成的。如果是单纯的弹性回复而且熔体组分均匀，温度恒定和符合流动规律，则这种膨胀可以通过复杂计算求得。但是实际过程中这种情况极少。圆形流道中的聚合物熔体，其相对膨胀率为 30%~100%。

3. 弹性对层流的干扰

塑料熔体在成型过程中的雷诺准数通常均小于 10，故不出现湍流。但实际却不尽如此，因为它具有弹性，熔体在管内流动时，其可逆的弹性形变是在逐渐回复的。如果回复太大或过快，则流动单元的运动就不会限制在一个流动层，势必引起湍流，通常称为弹性湍流。弹性湍流的发生也有一定规律，对塑料熔体的剪切流动来说，只有当 ε_R [见式（2.15）]的值超过 4.5~5 时才会发生。

4. “鲨鱼皮症”

“鲨鱼皮症”是发生在挤出物表面上的一种缺陷，如图 2.24 所示。

这种缺陷可自挤出物表面发生闷光起，变至表明呈现与流动方向垂直的许多具有规则和相当间距的细微棱脊。其起因有认为是挤出口模对挤出物表面所产生的周期性张力，也有认为是口模对熔体发生时黏时滑的作用所带来的结果。根据研究得知：① 这种现象不依赖于口模的进口角或直径，而且只能在挤出物的线速度达到临界值时才出现；② 这种现象在聚合物相对分子质量低、相对分子质量宽、挤出温度高和挤出速率低时不容易出现；③ 提高口模末端的温度有利于减少这种现象，但与口模的光滑程度和模具的材料关系不大。

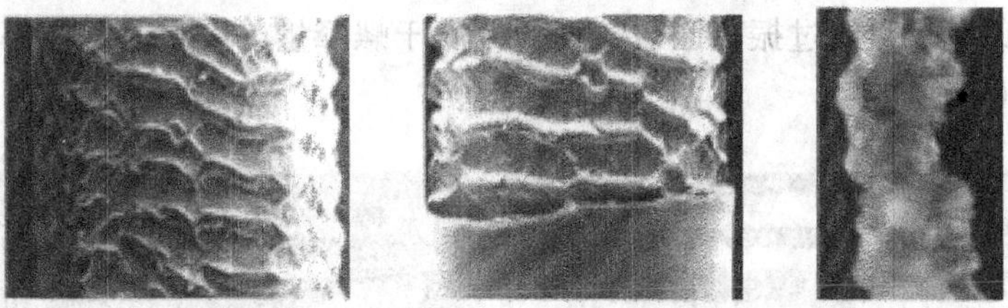

图 2.24　聚合物流体“鲨鱼皮症”示意图

5. 熔体破碎

熔体破碎是挤出物表面出现凹凸不平或外形发生畸变或断裂的总称。发生熔体破碎的原因还是弹性，但是对其机理还没有完全了解清楚，有些现象还不能从分子结构观点加以解释，更谈不上对其预测和加以防范了。目前较合理的解释是，在流动中，中心部位的聚合物受到拉伸，由于它的黏弹性，在流场中产生了可回复的弹性形变。形变程度随剪切速率的增大而增大。当剪切速率增大到一定程度，弹性形变到达极限，熔体再不能够承受更大的形变了，于是流线发生周期性断开，造成“破裂”。另一种解释仍然是“黏–滑机理”，认为：由于熔体和流道壁之间缺乏黏着力，在某一临界切应力以上时，熔体产生滑动，同时释放出由于流经口模而吸收的过量能量。能量释放后以及由于滑动造成的“温升”，使得熔体再度黏上。由于这种“黏–滑过程”，流线出现不连续性，使得有不同形变历史的熔体段落交替地组成挤出物。不过这些说法还有一些争论，没有争论的是：①　熔体破碎只能在管壁处剪切应力或剪切速率达到临界值后才会发生；②　临界值随着口模的长径比和挤出温度的提高而上升；③　对大多数塑料来说，临界剪切应力为 $10^5 \sim 10^6$ Pa，塑料品种和牌号不同，此临界值有所不同；④　临界剪切应力随着聚合物相对分子质量的降低和相对分子质量分布幅度的增大而上升；⑤　熔体破碎与口模光滑程度的关系不大，但与模具材料的关系较大；⑥　如果使口模的进口区流线型化，常可以使临界剪切速度增大 10 倍或更多；⑦　某些聚合物，尤其是高密度聚乙烯，显示有超流动区，即在剪切速率高出寻常临界值时挤出物并不出现熔体破碎的现象。因此，这些聚合物采用高速加工是可行的。

典型的熔体破碎例子如图 2.25 ~ 图 2.26 所示。在剪切速率极低时，挤出物表面光滑（A）；剪切速率逐渐增加挤出物表面出现细纹（B）；进一步，出现粘连的螺峰（C）；当剪切速率再增大时，出现单个分离的螺峰（D）；随后出现振荡区，即螺峰与畸变相间。作用力大时为峰，

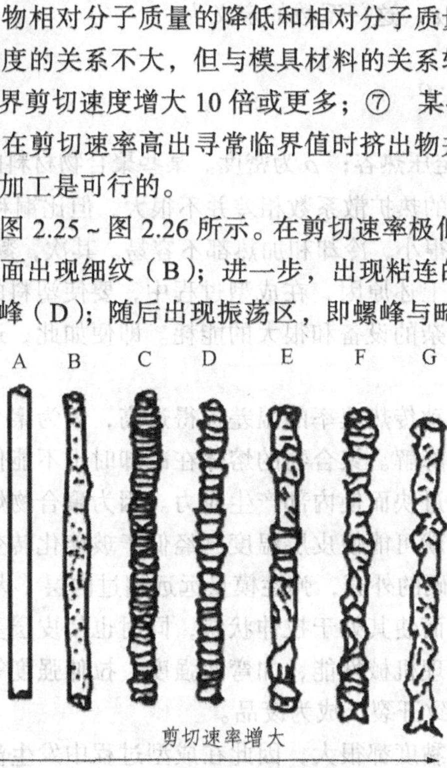

图 2.25　聚合物挤出时熔体破碎示意图

作用力小时为畸变（E）；经过振荡区后，畸变量大于螺峰量（F）；剪切速率足够高时，挤出物整体发生畸变（G）。

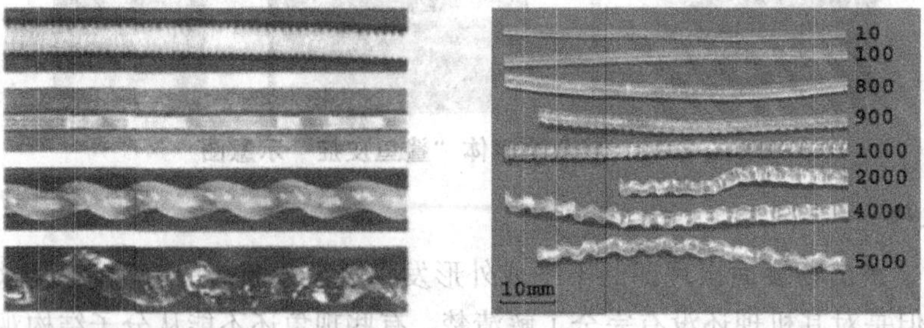

图 2.26　实际聚合物挤出时熔体破碎示意图（左图为 HDPE，右图为 PP，数字为剪切速率值）

2.4 聚合物加工过程中的物理和化学变化

2.4.1 聚合物的加热和冷却

加热和冷却是聚合物在成型加工中经常涉及的过程，目的是使聚合物能流动和成型。物料加热与冷却的难易是由温度或热量在物料中的传递速度决定的，而传递速度又决定于物料的固有性能——热扩散系数 α，这一系数的定义为：

$$\alpha = k / c_p \cdot \rho \tag{2.19}$$

式中，k 为导热系数；c_p 为定压热容；ρ 为密度。某些聚合物材料的热性能参数可查阅手册。

一般而言，各种聚合物的热扩散系数相差并不很大，但比铜和钢小 1~2 个数量级。这说明聚合物热传导的传热速率很小，冷却和加热都不容易。其次，黏流态聚合物由于黏度很高，对流传热速率也很小。基于上述原因，在成型过程中，要使塑料的各个部分在较短的时间内达到同一温度，常需要很复杂的设备和很大的能耗。即便如此，还往往不易达到要求，尤其在时间上很不经济。

对聚合物加热不能将推动传热速率的温差提得过高，因为聚合物的传热既然不好，则局部温度就可能过高，会引起降解。聚合物的熔体在冷却时也不能使冷却介质与熔体之间的温差很大，否则就会因为冷却过快而使内部产生应力。因为聚合物熔体在快速冷却时，表层的降温速率远比内层快，这样就可能使皮层温度已经低于玻璃化转变温度而内层依然在这一温度之上，此时表层就成为坚硬的外壳，弹性模量远远超过内层（大于 10^3 倍以上）。当内层进一步冷却时，必会因为收缩而使其处于拉伸状态，同时也使皮层受到应力的作用，这种冷却情况下的聚合物制品，其物理机械性能，如弯曲强度、拉伸强度等都比应有的数值低。严重时，制品会出现翘曲变形以致开裂，成为废品。

由于许多聚合物熔体的黏度都很大，因此在成型过程中发生流动时，会因内摩擦而产生显著的热量，此摩擦热在单位体积的熔体中产生的速率与剪切应力、剪切速率有关。如果熔体的流动是在圆管内进行的，则 Q 在管的中心处为零（因为管中心处 $\tau=0$），而在管壁处最大。

借助摩擦热而使聚合物升温是成型中常用的一种方法，例如在挤塑或注塑过程中聚合物的许多热量来自于摩擦生热。用摩擦的方法加热对有些聚合物是十分有益的，它使熔体烧焦的可能性不大，因为表观黏度常随温度的升高而降低。

最后还须一提的是，结晶聚合物在受热熔融时，伴随有相态的转变，这种转变需要吸收较多的热量。例如，部分结晶的聚乙烯熔融时就比无定形的聚苯乙烯熔融时吸收更多的热量。反过来，在冷却时也会放出更多的热量。两种聚合物热焓随温度的变化情况如图 2.27 所示，此图是典型的结晶性聚合物和无定形聚合物的热焓图。此外，聚乙烯在相态转变时，比热容常有突变（见图 2.28），但聚苯乙烯的比热容变化就较为缓和（见图 2.29）。此图也是较为典型的结晶聚合物和无定形聚合物比热容对温度变化图。

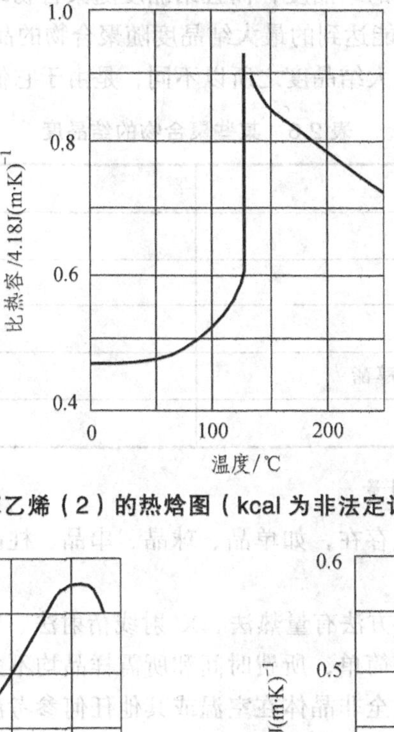

图 2.27　聚乙烯（1）和聚苯乙烯（2）的热焓图（kcal 为非法定计量单位，1kcal=4 186.8J）

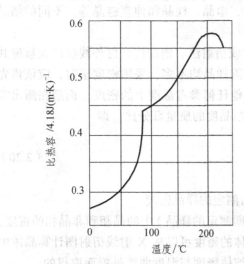

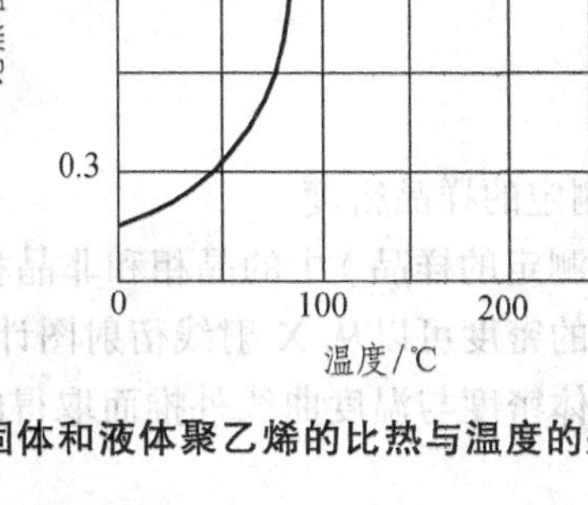

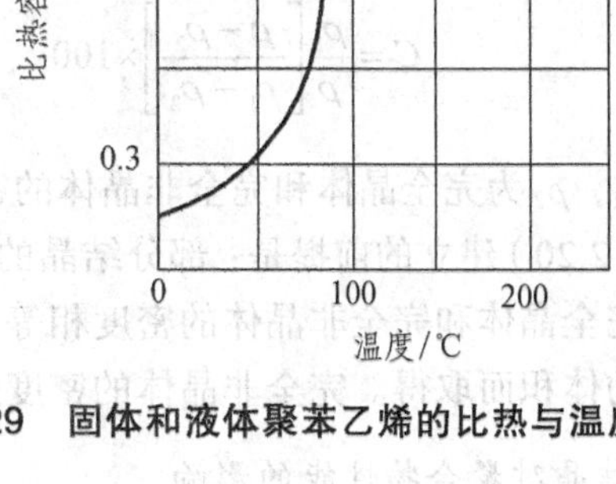

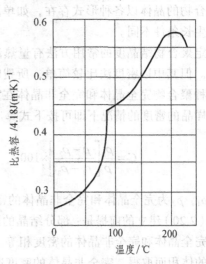

图 2.28　固体和液体聚乙烯的比热与温度的关系　图 2.29　固体和液体聚苯乙烯的比热与温度的关系

2.4.2　聚合物的结晶

在塑料成型工业中，常将聚合物分为有结晶倾向和无结晶倾向两类。它们可以用相同的方法成型，但其具体控制方法却不一样，这都与结晶有关。同时，加工过程中常常伴随着加热、冷却和加压等作用，这将强烈地影响到结晶高聚物的形态和最终产品的性能。因为结晶聚合物的形态结构不仅与聚合物本身的分子结构有关，还与其结晶形成的历史密切相关。从某种意义上讲，加工过程中诸条件对聚合物的最终结构乃至性能起着至关重要的控制作用。

1. 聚合物的结晶能力和结晶度

决定聚合物能否结晶的重要因素是其分子空间排列的规整性。凡是具有规整的重复空间结构的聚合物通常都能结晶，但分子空间排列规整是聚合物结晶的必要条件，不是充分条件。分子链节小和柔顺性适中有利于结晶。

由于聚合物大分子链结构的复杂性，不可能从头至尾保持一种规整结构。所以聚合物是不可能完全结晶的，仅有有限的结晶度，而且结晶度随聚合物结晶的历史不同而不同。

在一般情况下，聚合物所能达到的最大结晶度随聚合物的品种而异。表 2.6 是常见聚合物的结晶度范围。各种聚合物最大结晶度之所以不同，是由于它们的结晶能力不同。

表 2.6 某些聚合物的结晶度

聚合物	结晶度
低密度聚乙烯	45~74
高密度聚乙烯	65~95
聚丙烯	55~60
聚对苯二甲酸乙二醇酯	20~60
纤维素	60~80

2. 结晶形态和结晶度的测量

聚合物的晶体以各种形式存在，如单晶、球晶、串晶、柱晶和伸直链晶等。不同的结晶形态其生长条件不同。

测定聚合物结晶度的常用方法有量热法、X 射线衍射法、密度法、红外线法以及核磁共振法等。但其中以密度法比较简单，所费时间和所需样品均不多。采用密度法时，应该预先知道该种聚合物完全晶体和完全非晶体在室温或其他任何参考温度下的密度，而后在测出需要检定样品的密度的情况下即可按下式算出该样品结晶度的质量百分比。即

$$C=\frac{\rho_1}{\rho}\left[\frac{\rho-\rho_2}{\rho_1-\rho_2}\right]\times 100 \qquad (2.20)$$

式中，ρ_1，ρ_2 为完全晶体和完全非晶体的密度；ρ 为测定的样品密度。

式（2.20）建立的前提是：部分结晶的聚合物（即测定的样品）中的晶相和非晶相的密度，分别与完全晶体和完全非晶体的密度相等。完全晶体的密度可以从 X 射线衍射图计算晶体单位格子的体积而取得。完全非晶体的密度通常是将熔体密度与温度曲线外推而取得的。

3. 结晶对聚合物性能的影响

同一聚合物在晶态与非晶态下的性能明显不同。一般晶态聚合物的机械性能总是优于非晶态的，结晶度高的又优于结晶度低的。这是由于晶态中的聚合物分子比较集中而又有序，

这导致聚合物的密度变大，这是对机械性能有利的。其次，晶态分子比较固定，这也是一个有利的因素。必须指出，结晶度不是 100%的聚合物，就一个试样或一个制件来说，它的每个部分的结晶度是可以不相等的。如果存在这种情况，则每个部分的性能就不会相同。这在成型中是很重要的，因为它是造成制品翘曲、开裂及性能不均匀的重要原因。

绝大多数的晶态聚合物，在其玻璃化温度与熔点的温度区域内会出现屈服点。典型的应力–应变曲线如图 2.30 所示。

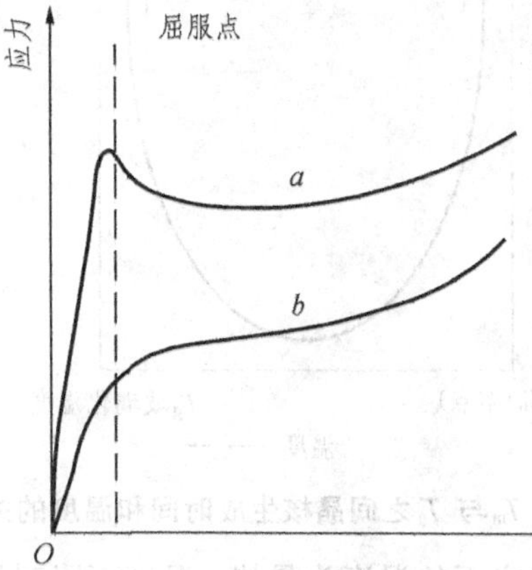

图 2.30 聚合物在玻璃化温度与熔点间的应力–应变曲线图

a—高度结晶的试样；*b*—中等程度结晶的试样

图中 *a* 曲线（高度结晶的试样）呈有明显的屈服点，而 *b* 曲线（中等程度结晶的试样）则没有。但 *b* 曲线发生屈服现象则是肯定的。凡具有明显屈服点的试样，在拉伸时一定出现细颈化。没有屈服点的，如 *b* 试样，则在拉伸时通身均匀地延长，没有细颈的现象。

4. 结晶过程

聚合物由非晶态转为晶态的过程就是结晶过程。结晶过程只能发生在玻璃化温度以上和熔点以下这一温度区间内。由非晶态转为晶态的过程与其相反过程的一个明显区别在于前者是一个缓慢过程。结晶过程分晶核生成和晶体生长两步，结晶的总速率即由这两个连续部分的速率所控制。两个连续部分对温度都很敏感，且受时间的限制。

在聚合物主体中，如果它的某一种局部的分子链段已成为有序的排列，且其大小已足能使晶体自发地生长，则该种大小的有序排列的微粒即称为晶核。在低于聚合物熔点很小的温度下，晶核的生成速率是极为微小的，但晶核的生成速率会随着温度的下降而转快。换而言之，如果以 ΔT 表示晶核生成的温度与熔点之间的温差，则晶核生成所用的时间就是 ΔT 的函数。最初，当 ΔT 等于零时，即温度为熔点，晶核生成所需的时间为无穷多大（晶核生成的速率为零）。ΔT 逐渐增大时，晶核生成所需的时间就很快地下降（见图 2.31），以致达到一个最小值。ΔT 继续增大时，晶核生成所需的时间逐渐增大，直至接近于玻璃化温度时又成为无穷大。这是不难理解的，因为温度继续降低，分子链段的运动就越来越迟钝，晶坯的生长因而受到限制。温度降至玻璃化温度时，分子主链的运动停止。因此，晶坯的生长、晶核的生成以及即将讨论的晶体生长也全都停止。这样凡是尚未开始结晶的分子均以无序状态或非晶态保持在聚合物中。这种聚合物，如果再将它加热到玻璃化温度与熔点之间，则结晶的连续两个部分将接着原来已具有的结晶情况继续发展下去。

以上对晶核生成的讨论仅仅是以纯净聚合物的共性为对象（均相成核）所作的一般定性的叙述。在考虑成型加工问题时，常常要求定量地了解各个具体聚合物的晶核生成过程。此外，在晶核生成过程中，如果熔体中存有外来的物质（异相成核），则晶核生成所需的时间将大为减少。施加外力对分子定向同样也有这种作用。

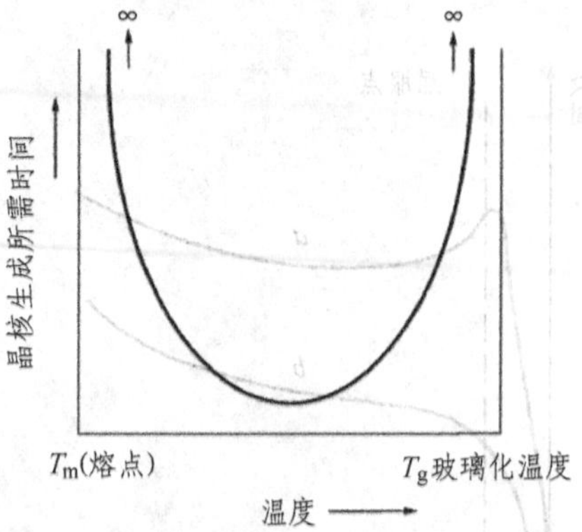

图 2.31　T_m与 T_g之间晶核生成时间和温度的关系

晶体生长的速率以恰在熔点之下的温度为最快，温度下降时即随之下降，这也是分子链段活动性会随温度的下降而减小的结果造成的。如前面所说的，结晶是受晶核生成和晶体生长两步控制，晶核生成在玻璃化温度与熔点之间出现高峰；晶体生长的速率，在这一段温度区域内，是由恰在熔点以下的最快逐渐到临近玻璃化温度时变为零的。显然，结晶的总速率与晶核生长一样，也是两头小而中间会出现高峰，也就是说这一段温度区域内的前半段（靠近熔点一头）受晶核生成速率的控制，而在后半段（靠近玻璃化温度一头）则受晶体生长速率的控制。这里所说的前半段与后半段并不意味着 50%，到底是多少，是随具体聚合物而异的。

晶体的生长过程，尤其是在熔体冷却过程中的生长是很复杂的，既与聚合物分子结构的内因有关，又随着外界条件而变动。总的来说是在晶坯形成稳定的晶核后，未成序的分子链段就围绕着晶核排列成为微晶体。柱微晶体表面区域还可能生成新的晶核，这种晶核的生成比在无序分子区域内容易。结果就在以最初的晶核为中心的情况下形成圆球状的晶区。完成这种转变过程有时是很迅速的，只需几分钟甚至几秒钟。这种由无数微晶组成的球状物称为球晶，它是聚合物熔体结晶的基本形态，是使结晶聚合物呈现乳白色不透明的原因。按照晶体生长的条件不同，组成球晶的微晶可以有不同的结构。但是分子链在球晶中的排列方向却是相同的，即聚合物分子链的方向是垂直于球晶的径向。

改变结晶条件，除了能影响晶体结构、球晶大小与数目外，还可以改变晶体生长的方式。因此，在不同的条件下，晶体生长可以不是三维生长成为球状体，可以是一维生长成为针状体和二维生长成为片状体，在任何一种生长的方式中，都可能有一部分分子没有机会参加结晶，因而成为最后聚合物中的无定形区。

研究结晶率时，大多用膨胀计在测量聚合物结晶过程中的体积变化来达到目的。结晶是在几个不同温度的等温条件下进行的。图 2.32 所示是对聚丙烯研究的结果。

参照研究低分子物质晶体转变过程的方法用下列方程来处理聚合物等温结晶曲线的数据，发现曲线前面较大部分是符合式（2.21）的理论计算值，只有后面一部分有些偏离。

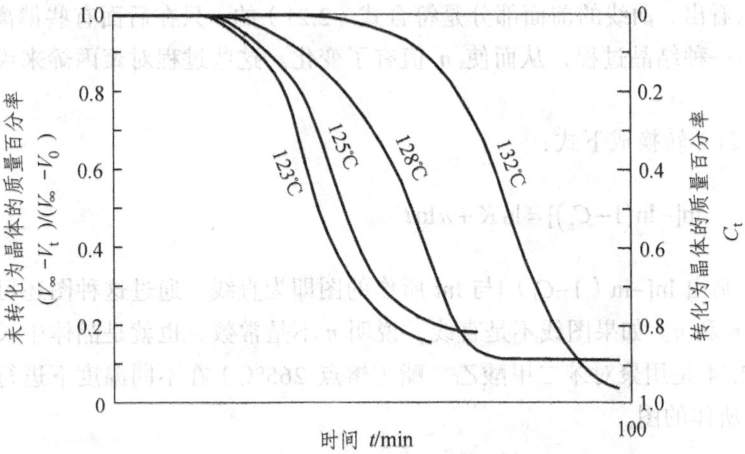

图 2.32　聚丙烯在不同温度的等温情况下的体积变化

V_∞，V_0—分别代表试样完全结晶与完全无定形的；V_t—试样在结晶过程中随时间 t 变化的体积

$$\ln(1-C_t) = -Kt^n \tag{2.21}$$

式中，C_t 为 t 时间内已转变为晶体的质量百分率，而 $(1-C_t)$ 即为未转变的百分率，$1-C_t=(V_\infty-V_t)/(V_\infty-V_0)$；$K$ 为等温下的结晶速率常数；n 为与晶核生成和晶体生长过程以及晶体形态有关的常数，其数值见表 2.7。

表 2.7　结晶时成核、晶体生长与晶体形态对结晶参数 n 的影响

晶体生长方式	均相成核	异相成核
一维生长（针状体）	$n=2$	$1<n<2$
二维生长（片状体）	$n=3$	$2<n<3$
三维生长（球状或块状体）	$n=4$	$3<n<4$

图 2.33 为聚丙烯在 128°C 的结晶速率数据按式（2.21）并取 $n=3$ 所作的图。

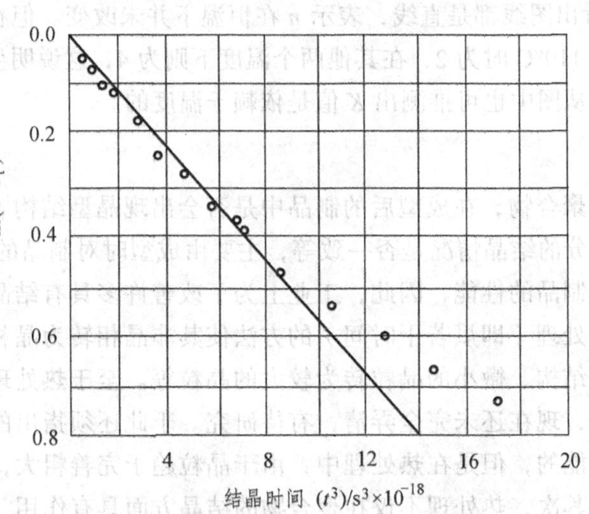

图 2.33　用 128°C 时聚丙烯的结晶速率数据按式（2.13）所作的图

从图中可以看出，曲线的前面部分是符合式（2.21）的，只在后面有些偏离。其原因大概是开始发生了另一种结晶过程，从而使 n 值有了变化。这些过程对聚丙烯来说，都会延长到很多年。

如将式（2.21）转换成下式：

$$\ln[-\ln(1-C_t)]=\ln K+n\ln t \tag{2.22}$$

且假定 n 不变，则由 $\ln[-\ln(1-C_t)]$ 与 $\ln t$ 所作的图即为直线。通过这种图还可直接由所测的（$1-C_t$）而得出 K 和 n。如果图线不是直线，说明 n 不是常数，也就是晶体生长方式在过程中有了变化。图 2.34 是用聚对苯二甲酸乙二酯（熔点 265°C）在不同温度下进行等温结晶的数据按式（2.22）所作的图。

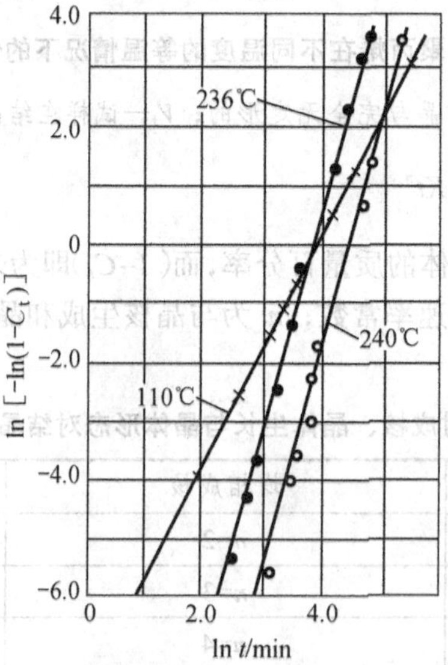

图 2.34 不同冷却温度对结晶过程的影响

从图 2.34 可以看出图线都是直线，表示 n 在恒温下并未改变。但在不同温度下的 n 值可以有不同的值：凡在 110°C 时为 2，在其他两个温度下则为 4，这说明生长的方式在不同温度下可以不同。其次，从图中也可推测出 K 值是依赖于温度的。

5. 结晶与成型

具有结晶倾向的聚合物，在成型后的制品中是否会出现晶型结构、结晶度有多大、出现晶型结构后其在各部分的结晶情况是否一致等，主要由成型时对制品的冷却速率来决定。

结晶度能够影响制品的性能，因此，工业上为了改善许多具有结晶倾向的聚合物所得制品的性能，常采用热处理（即烘若干时间）的方法使其非晶相转为晶相、比较不稳定的晶形结构转为稳定的晶形结构、微小的晶粒转为较大的晶粒等。至于热处理如何使聚合物的结构发生变化的本质原因，现在还未完全弄清，有待研究。于此还须指出的是：适当的热处理是可以提高聚合物的性能的，但是在热处理中，由于晶粒趋于完善粗大，却往往使得聚合物变脆，性能反而变坏。其次，热处理不仅在聚合物的结晶方面具有作用，还能摧毁制品中的分子定向作用和解除冻结的应力（系由成型时各部分受力、受热的历史不同而引起的），这些也能改善制品的性能，因此彼此不应混淆。

2.4.3　成型过程中的取向作用

塑料熔体在流动过程中，存在于塑料中的细而长的填料和聚合物分子链都会沿着流动的方向做平行排列，这种排列称为取向（定向）作用。由于同样原因，热塑性塑料在其玻璃化温度与熔点（或软化点）之间进行拉伸时也会发生取向作用。显然，这些取向的单元，如果继续续存于制品中，则制品的整体就将出现各向异性。各向异性有时是特意形成的。但在制造许多厚度较大的制品（如模压制品）时，又力图消灭这种现象。因为制品中存在的取向现象不仅取向不一致，而且在通体各部分的取向程度也有差别，这样会使制品在有些方向上的机械强度得到提高，而在另外一些方向上必会变劣，甚至发生翘曲或裂缝。

1．热固性塑料模压制品中的纤维状填料的取向

成型工业中用带有纤维状填料的粉状或粒状热固性塑料制造模压制品的方法约分为两类：①压缩模塑法。用这种方法制造制品时，其中定向作用很小，可以不讨论。②传递模塑法和热固性塑料的注射法。将塑料先在筒形或钵形的容器内加热变为塑性状态，然后在加压下使其通过流道、铸口而注入合拢且又加热的塑模内，待塑料变成硬化作用后，即可从模中取得制品。不难想到它们会在制品中引起纤维状填料的定向作用。

用压制扇形（四分之一圆形，见图 2.35）片状物为例来探讨填料的取向。实验研究证明，

扇形片状试样在切线方向上的机械强度总是大于径线方向上的，而在切线方向上的收缩率（室温下制品尺寸与塑模型腔相应尺寸的比较）和后收缩率（试样在存放期间内的收缩）又往往小于径向上的，基于这种测试和显微分析的结果并结合以前讨论的情况，可推断出填料在模压过程中的位置变更基本上是按照图 2.35（a）~（h）的顺次进行的。从图可以看出，填料排列的方向主要是顺着流动方向的。碰上阻断力（如模壁等）后，它的流动就改成与阻断力成垂直的方向。由图 2.35（h）所示情况可见前述机械性能在径、切两向上所以有差别的原因在于填料排列的方向不同。

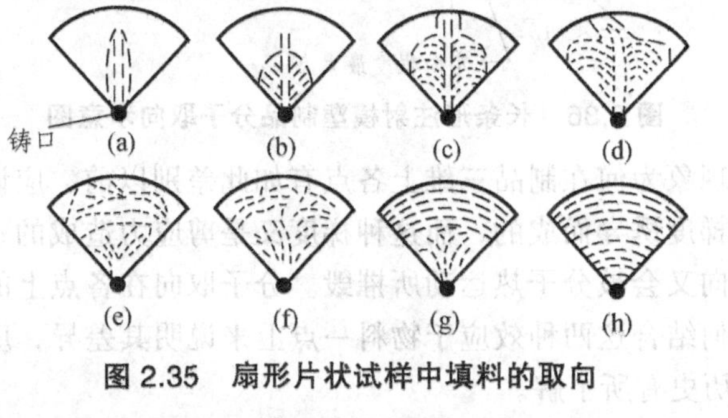

图 2.35　扇形片状试样中填料的取向

模压制品中填料的取向方向与程度主要依赖于铸口的形状（它能左右塑料流动速度的梯度）与位置，这是生产上应该注意的问题。成型条件的变更几乎与取向作用没有什么关系，但是必须指出，如果塑料充满型腔用的时间太长，则由于部分塑料已经变硬，塑料流动的轨迹可能发生错杂的变化，从而影响填料的取向方向。

模塑制品的形状几乎是没有限制的，因此，当对塑料在模内流动情况还没有积累足够资料时，要作出一般性结论是困难的。但是可以肯定地说填料的取向起源于塑料的流动，而且

与它们的发展过程和流动方向紧密联系。为此，在设计模具时应该考虑这样一个问题，即：制品在使用中的受力方向应该与塑料在模内流动的方向相同，就是设法保证填料的取向方向与受力方向一致。填料在热固性塑料制品中的取向是无法在制品完成后消除的。

2. 热塑性塑料模压制品中聚合物分子的取向

如果生产模压制品所用的热塑性塑料也含有纤维状填料，则填料的取向作用与前节所述的一致，这里只讨论聚合物分子链取向。

凡用热塑性塑料生产制品时，只要在生产过程中存在熔体的流动，几乎都有聚合物分子取向的问题，而且不管生产方法如何变化，影响取向的外界因素以及因取向在制品中造成的影响基本上也一致。因此，为探讨这种情况，以出现取向现象较为复杂和工业上广泛使用的注射模塑法来说明，在其他方法（挤压、吹塑、压延等）中的情况则可类推。

注射法的原理已在前节叙述，但注射热塑性塑料与注射热固性塑料的一个根本的区别是前者所用塑模的温度不是与流动的塑料的温度相等或更高（后者是如此的），而是低得多，一般为40~70°C。

现在观察一个长条形注射模压制品的取向情况（见图2.36），从图可以看出，分子取向程度从铸口处起沿管料流的方向逐渐增加，至最大点（偏近铸口一边）后又逐渐减弱。在图2.36（b）分图所示中心区与邻近表面的一层，其取向程度都不是很高，取向程度较高的区域是在中心两侧（若从整体来说，则是中心的四周）而不到表层的一带。以上各区的取向程度都是根据实际试样用双折射法测量的结果。

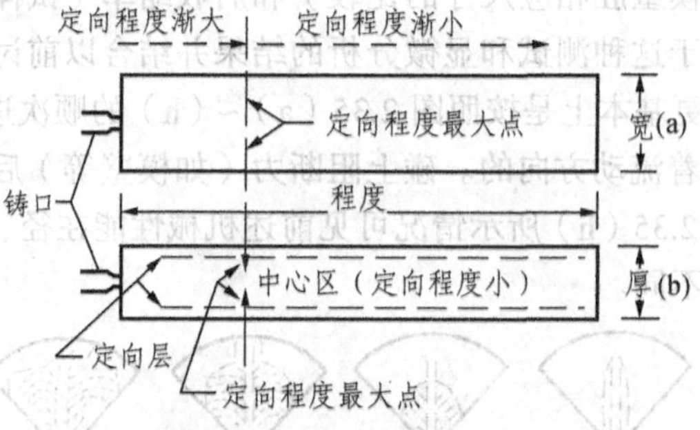

图2.36 长条形注射模塑制品分子取向示意图

在没有说明取向现象为何在制品三维上各点有如此差别以前，应该总述为下列两点：①分子取向是流动速度梯度诱导而成的，而这种梯度又是剪应力造成的；②当所加应力已经停止或减弱时，分子取向又会被分子热运动所摧毁。分子取向在各点上的差异应该是这两种对立效应的净结果。如何结合这两种效应于物料一点上来说明其差异，应对该点在模塑过程中的温度变化和运动的历史有所了解。

现在就以图2.36所示试样来考虑这种情况。当熔融塑料由压筒通向铸口而向塑模流入时，凡与模壁（模壁温度较低）接触的一层都会冻结。导致塑料流动的压力在入模处应是最高，而在料的前锋应是最低，即为常压。由于诱导分子取向的剪应力是与料流中压力梯度成正比的，所以分子取向程度也是在入模处最高，而在料的前锋处最低。这样，前锋料在承受高压（承受高压应在塑料充满型腔之后）之前，与模壁相遇并冻结时，冻结层中的分子取向就不会很大，甚至没有。紧接表层的内层，由于冷却较慢，因此当它在中心层和表层间淤积而又没有冻结的时间内是有机会受到剪应力的（在型腔为塑料充满之后），所以离表层不远处，分子就会发生取向。

其次，再考虑型腔横截面上各点剪应力的变化情况。如果模壁与塑料的温度相等（等温过程），则模壁处的剪应力应该最大，而中心层应是最小。但从贴近模壁一层已经冻结的实际情况（非等温过程）来看，在型腔横截面上能受剪应力作用而造成分子取向的料层仅限于塑料仍处于熔态的中间一部分，这部分承受剪应力最大的场合，是在熔态塑料柱的边缘，即表层与中心层的界面上。由此不难想到，分子取向程度最大的区域应该像图 2.36（b）所标示的区域，而越向中心取向程度应该越低。

塑料再次注入型腔后，首先在横截面上堵满的地方既不是型腔的尽头，也不是铸口四周，而是在这两者之间，这是很明显的。最先堵满的场所，它的冻结层应是最厚（以塑料充满型腔的瞬时计），而且承受剪应力的机会也最多，因为在堵满物的中间还要让塑料通过，这就是图 2.36 所示取向程度最大的地方。

制品中如果含有取向的分子，沿分子取向的方向上的机械强度总是大于与其垂直的方向上的。表 2.8 列出了某些塑料试样在横直两向上的抗张强度与伸长率，至于收缩率也是直向上的大于横向上的。例如，高密度聚乙烯试样在直向上的收缩率为 0.031cm/cm，而在横向上的只有 0.023cm/cm。以上是仅就单纯的试样来说的，在结构复杂的制品中，由取向引起的各向性能的变化往往十分复杂。制造这种制品时，最好使其中的取向现象减至最少。

表 2.8　某些塑料试样在分子取向的横直两向上的机械强度

塑料	抗张强度/（$MN\cdot m^{-2}$）		伸长率/%	
	横向	直向	横向	直向
聚苯乙烯	20.0	45.0	0.9	1.6
苯乙烯-丁二烯-丙烯腈共聚物	36.5	72.0	1.0	2.2
高冲击聚苯乙烯	21.0	23.0	3.0	17.0
高密度聚乙烯	29.0	30.0	30.0	72
聚碳酸酯	65.0	66.5	—	—

种种试验结果说明，每一种成型条件，对分子取向的影响都不是单纯的增加或减小。也就是说一种条件的影响，可能有一段是对分子取向具有促进作用，而在另一段则又可能起抑制作用。这一问题的症结在于矛盾是多种且彼此牵制着的。比如在增加压力的过程中，塑料的黏度就会变，同时温度的梯度等等也不可能前后相同。虽然如此，仍然可以给出若干粗糙的通则：① 随着塑模温度、制品厚度（即塑腔的深度）、塑料进模时的温度等的增加，分子取向程度有减弱的趋势；② 增加铸口长度、压力和充满塑模的时间，分子取向程度也随之而增加；③ 分子取向程度与铸口安设的位置和形状有很大关系，为减少分子取向程度，铸口最好设在型腔深度较大的部位。

3. 拉伸取向

成型过程中如果将聚合物分子没有定向的中间产品（薄膜和单丝），在玻璃化温度与熔点的温度区域内，沿着一个方向拉伸时，其中的分子链将沿拉伸方向整齐地排列，也就是分子在拉伸过程中出现了取向。取向将使分子链间的吸引力增加，导致在拉伸方向上的抗张强度、抗冲击强度和透明性等方面会有很大的提高。例如，聚苯乙烯薄膜的抗张强度可由 34 kN/m^2 增至 82 kN/m^2。假如薄膜厚度较小，则增加数值还可更高。

拉伸在一个方向上进行的称单向拉伸（或称单轴拉伸）；在互相垂直的两个方向进行的称为双向拉伸（或称双轴拉伸）。拉伸后的薄膜或单丝在重新加热时，将会沿着分子取向的方向（即原来的拉伸方向）发生较大的收缩。如果将拉伸后的薄膜或单丝在张紧的情况下进行热处理，即在高于拉伸温度而低于熔点区域内某一适宜的温度烘若干时间（通常为几秒钟）而后急冷至室温则薄膜或单丝的收缩率就降低很多。在挤压各种型材和压延薄膜时，因为拉伸的速度较挤压和压延的速度大，所以同样也会发生分子定向作用，但在程度上比较小，不是所有聚合物都宜于定向拉伸。能够拉伸且取得良好效果的有聚氯乙烯、聚对苯二甲酸乙二酯、聚偏二氯乙烯、聚甲基丙烯酸甲酯、聚乙烯、聚丙烯、聚苯乙烯以及某些苯乙烯的共聚物。

拉伸取向要在聚合物玻璃化温度和熔点之间进行，原因是：分子在高于玻璃化温度时才有足够的活动性。这样，在拉应力下，分子方能从无规线团中被拉伸应力拉开、拉直和分子彼此之间发生移动。实质上，聚合物在拉伸和定向过程中的变形可分为 3 个部分：① 瞬时弹性变形。这是一种瞬时可逆的变形，是由分子键角的扭变和链的伸长造成的。这一部分变形，在拉伸应力解除时，能全部恢复。② 分子排直的变形。排直是分子无规线团解开的结果，排直的方向与拉伸应力的方向相同。这一部分的变形即所谓分子定向部分，是拉伸定向工艺中的要求部分，它在制品的温度降到玻璃化温度以下后自行冻结，也就是不能恢复。③ 黏性变形。这部分的变形与液体的变形一样，是分子间的彼此滑动，也是不能恢复的。当薄膜或单丝在稍高于玻璃化温度时进行快拉，第一部分的弹性变形也就很快发生。而当第二部分排直变形进行时，弹性变形就开始回缩。第三部分的黏性变形在时间上是一定落后于排直变形的。如果能在排直变形已相当大，而黏性变形仍然较小时就将薄膜或单丝骤然冷却，这样就能在黏性变形较小的情况下取得较大程度的分子定向。假如将拉伸时的温度和骤冷所达到的温度均提高，在这种情况下，即令拉伸保持不变，排直的变形就相对减少。这是因为引起黏性变形需要的时间较少，也就是黏性变形量变大。同时，在高温下，排直变形的松弛也要比在低温时多。从这样的过程当然可以看出：拉伸定向是一个动态过程，一方面有分子被拉直，即分子无规线团被解开，而另一方面却又有分子在纠集成无规线团。

以下是聚合物拉伸的几个通则：

（1）在给定拉伸比（拉伸后的长度与原来长度的比）和拉伸速度的情况下，拉伸温度越低（不得低于玻璃化温度）越好，其目的是增加排直变形而减少黏性变形（参见图 2.37）。

（2）定位伸比和给定温度下，拉伸速度越大则所得分子定向的程度越高。

（3）在给定拉伸速度和定温下，拉伸比越大，定向程度越高（参见图 2.37）。

（4）不管拉伸情况如何，骤冷的速率越大，则能保持定向的程度就越高。

在具体执行拉伸定向的过程中，对无结晶倾向与有结晶倾向的聚合物是不同的。拉伸无结晶倾向的聚合物通常比较容易，只需按上述情况选择恰当的工艺条件即可。但需指出两点：① 实验结果证明，在相等的拉伸条件下，同一品种的聚合物，平均相对分子质量高的定向程度较相对分子质量低的要小。② 拉伸过程有时是在温度梯度下降的情况下进行的，这样就可能使制品的厚度波动小些。因为在降温与拉伸同时进行的过程中，厚的部分比薄的部分降温慢，较厚的部分就会得到较大的黏性变形，从而减低厚度波动的幅度。

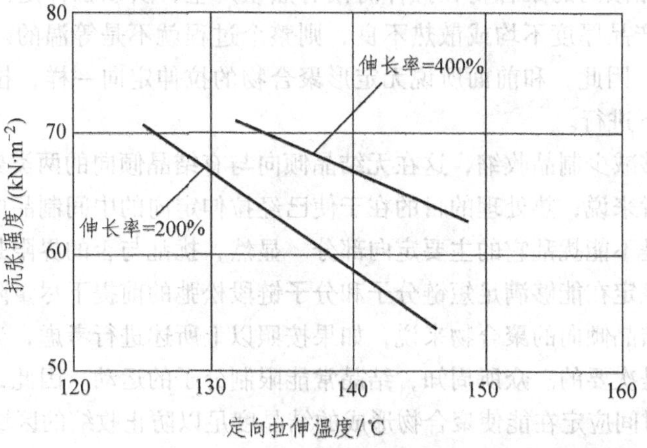

图 2.37　不同条件下拉伸聚苯乙烯薄膜的抗张强度

如果拉伸定向的聚合物是有结晶倾向的，则对结晶在拉伸过程中的影响以及最后得到的产品中要不要使它含有结晶相等问题都须考虑。关于后一问题的回答是：制品中应该具有恰当的晶相。因为对具有结晶倾向的聚合物来说，如果由它制造的薄膜或单丝属于无定形的，则使用价值不大，结晶而没有定向的一般性脆且缺乏透明性。定向而没有结晶或结晶度不足的具有较大的收缩性。如果是单丝，依然没有多大使用价值，而薄膜也只有用作包装材料。其中唯有定向而又结晶的聚合物在性能上较好，同时具备透明性好和收缩性小。控制结晶度的关键是最后热处理的温度与时间以及骤冷的速率。

结晶对拉伸过程的影响是比较复杂的。首先，要求拉伸前的聚合物中不含有晶相，这对某些具有结晶倾向的聚合物来说是有困难的，例如聚丙烯等。因为它们的玻璃化温度都比室温低很多，即使是玻璃化温度较高的聚合物，例如聚对苯二甲酸乙二酯，如果在制造作为拉伸用的中间产品时的冷却不当，同样也含有晶相。含有晶相的聚合物，在拉伸时，不容易使其定向程度提高。因此，在拉伸像聚丙烯这一类聚合物时，为保证它们的无定形，拉伸温度应该定在它们结晶速率最大的温度以上和熔点之间，如纯净聚丙烯的结晶速率最大的温度约为 150°C（工业用的有低达 120°C 的），熔点为 170°C（也有低至 165°C 的），所以拉伸温度为 150~170°C。由此可知，在对一种聚合物进行拉伸定向之前，应对该种聚合物的结晶行为具有足够的了解。

其次，具有结晶倾向的聚合物，在拉伸过程中，伴有晶体的产生、结晶结构的转变（指拉伸前已存有晶相的聚合物）和晶相的定向，拉伸过程中的分子定向能够加速结晶的过程。这是晶体在较短时间（拉伸所需时间不长）就能够产生的缘故，但是拉伸速度的大小是随聚合物品种而异的。具有晶相的聚合物的拉伸在延伸中会出现细颈区域（拉伸温度偏高时，可以没有这种现象），从而产生延伸不均的现象，其原因在于细颈区的强度高。所以，如果在非细颈区没有完全变成细颈区时就进行后序的过程，则最终制品的性能即将因区而异，同时厚度的波动也大。如果拉伸时在整个被拉的面上出现细颈的点不止一个，则问题更多，这些都是生产上应该重视的问题。拉伸时结晶结构转变的真相，现在还不很清楚，需要仔细地研究。实验证明，在拉伸定向时晶体的 c 轴是与拉伸方向一致的，但在挤压时则是 c 轴与挤压方向一致，这是因为拉伸定向时已有晶体存在，而挤压时晶体尚不存在，晶体是后生的。

再次，具有结晶倾向的聚合物在拉伸时没有热量产生，所以拉伸定向即使在恒温室内进行，如果被拉中间产品厚度不均或散热不良，则整个过程就不是等温的。由非等温过程所制得的制品质量较差，因此，和前面所说无定形聚合物的拉伸定向一样，拉伸定向最好是在温度梯度下降的情况下进行。

热处理何以能够减少制品收缩，这在无结晶倾向与有结晶倾向的两类聚合物中的原因本质上有些不同。对前者来说，热处理的目的在于使已经拉伸定向的中间制品中的短链分子和分子链段得到松弛，但是不能扰乱它的主要定向部分。显然，扰乱与否的界限是由温度来定的，所以热处理的温度应该定在能够满足短链分子和分子链段松弛的前提下尽量降低，以免扰乱定向的主要部分。对有结晶倾向的聚合物来说，如果按照以上所述进行考虑，当然不能说是错的，但是这样考虑毕竟是次要的。众所周知，结晶常能限制分子的运动。因此，这类聚合物中间制品的热处理温度和时间应定在能使聚合物形成的结晶度足以防止收缩的区域内。

2.4.4 聚合物加工过程中的降解

聚合物加工常常在高温和高应力（剪切、拉伸、摩擦等）作用下进行。因此，聚合物大分子可能由于受到热和应力的作用或由于高温下聚合物中微量水分、酸、碱等杂质及空气中氧的作用而引起相对分子质量降低，大分子结构改变等化学变化，统称为降解（或裂解）。加工过程中聚合物的降解难于完全避免。

除了少数有意进行的降解以外，加工过程的降解大多是有害的。轻度降解会使聚合物的颜色发生变化，进一步降解会使聚合物分解出低分子物质、相对分子质量（或黏度）降低，制品出现气泡和流纹等缺陷，并因此严重影响制品的物理机械性能。严重的降解会使聚合物碳化变黑，产生大量的分解物质，甚至分解产物连同未完全分解的聚合物会从加热料筒中猛烈喷出，阻碍加工过程的顺利进行。

了解聚合物降解过程的机理和基本规律对聚合物加工有着重要意义，例如为了工艺上的目的需要利用降解反应时，要设法使降解作用加强，而为提高加工制品的质量和使用寿命时则要尽可能减少降解反应的程度。

1. 聚合物降解的模式

加工过程由热、应力、空气中氧气以及微量水分、酸、碱等杂质引起的降解往往是同时存在的，所以实际上的降解过程非常复杂。但就降解过程发生的化学变化而言，主要包括大分子的断链、支化和交联几种作用。过程中不断有化学链断裂，同时伴随着新键的产生和聚合物结构的改变。按降解过程化学反应的特征，可以将降解分为链锁式降解和无规降解。

1）游离基链式降解

由热、应力等物理因素引起的降解属于这一类。在热或剪切力的影响下，聚合物的降解常常是无规则地进行的，这是因为聚合物中所有化学键的能量都十分接近。在这些物理因素作用下，降解机理也极其相似，通常是通过形成游离基的中间步骤按链锁反应机理进行，包括活性中心的产生、链转移和链减短、链终止几个阶段。

上述降解链锁反应过程与游离基聚合反应过程相似，特点是反应速度快，降解反应一开始就以高速进行，中间产物不能分离。根据降解程度不同，降解产物为相对分子质量不同的大小分子，降解速率与相对分子质量无关。

2）逐步降解

这种降解往往是在加工的高温条件下，聚合物中有微量水分、酸或碱等杂质存在时有选择地进行的，通常降解发生在碳—杂链（如 C—N、C—O、C—S、C—Si 等）处，这是因为碳—杂链的键能较弱、稳定性较差。而碳—碳键的键能相对较高、稳定性较好，除非在强烈的条件和有降低主链强度的侧链时才可能发生，因此饱和碳链聚合物产生无规则降解的倾向较小。

在杂链大分子中，碳-杂链处的弱键具有与平均值相同的裂解活化能，因而都有同样的断裂可能性。因此杂链聚合物中断链的部分是任意的和独立的（第一次断裂与第二次断裂没有联系，中间产物稳定），所以称这种降解为无规降解。和链锁降解机理不同，无规降解具有逐步反应的特点，类似于缩聚反应的逆过程。无规降解反应的特点是断链的部位是无规的、任意的，反应逐步进行，每一步反应都具有独立性，中间产物稳定，断链的机会随相对分子质量增大而增加，故随降解反应逐步进行，聚合物相对分子质量的分散性逐渐减小。

含有酰胺、酯、腈、酮等基团的聚合物（如聚酰胺、聚酯、聚丙烯腈、聚缩醛等）以及聚合物中存在由于氧化物作用形成的可水解基团时，只要聚合物中有微量水分、酸、碱等极性物质都可使聚合物在高温下发生水解、酸解、胺解等化学降解反应。例如，聚酯类和聚酰胺类的降解过程简单表示如下：

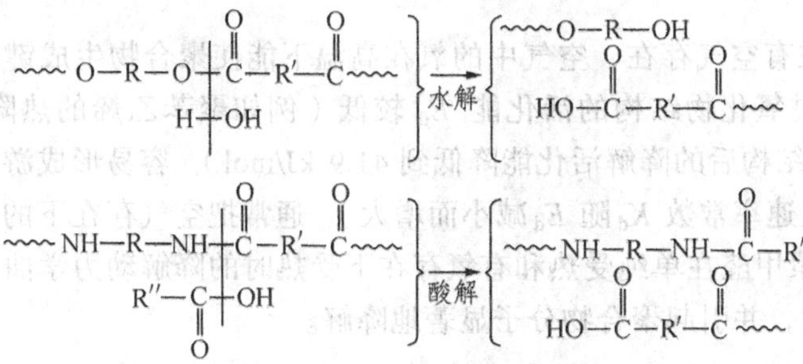

右边的降解产物还能逐步降解，随降解过程继续进行，聚合物相对分子质量降低。

2. 加工过程中影响降解的各种因素

加工过程聚合物能否发生降解和降解的程度与聚合物本身的性质、加工条件、聚合物的质量等因素有关。

1）聚合物结构的影响

大多数聚合物都是以共价键结合起来的，共价键断裂的过程就是吸收能量的过程，如果加工时提供的能量等于或大于键能时则容易发生降解。但键能的大小还与聚合物分子的结构有关，分子内的共价键彼此影响，例如主链上伯碳原子的键能依次大于仲碳原子、叔碳原子和季碳原子。因此，大分子链中与叔碳原子或季碳原子相邻的键都是不太稳定的。所以主链中含有叔碳原子的聚丙烯比聚乙烯的稳定性差，较易发生降解。当主链中含有—C—C=C—结构时，在双键 β 位置上的单键也具有相对的不稳定性，因此橡胶比其他饱和聚合物更容易发生降解。主链上 C—C 键的键能还受到侧链上取代基和原子的影响。极性大和分布规整的取代基能增加主链 C—C 键的强度，提高聚合物稳定性，而不规整的取代基则降低聚合物的稳定性。主链上不对称的氯原子易与相邻的氢原子作用发生脱氯化氢反应，使聚合物稳定性降低，所以聚氯乙烯甚至在 140°C 时就能分解而析出 HCl，主链中有芳环、饱和环和杂环的聚合物以及具有等规立构和结晶结构的聚合物稳定性较好，降解倾向较小。大分子链中含有羰基、酯基、酰胺基等碳—杂链结构时，一方面由于其键能较弱，另一方面这些结构对水、酸、碱、胺等极性物质有敏感性，因此稳定性差。

聚合物的降解速度还与材料中杂质的存在有关。材料在聚合过程中加入的某些物质（如引发剂、催化剂、酸、碱等）去除不净，或材料在运输储存中吸收水分、混入各种化学或机械杂质都会降低聚合物的稳定性。例如，易分解出游离基的物质能引起链锁降解反应，而酸、碱、水分等极性物质则能引起无规降解反应，杂质的作用实际上就是降解的催化剂。

2）温度的影响

在加工温度下，聚合物中一些具有较不稳定结构的分子最早分解。只有过高的加工温度和过长的加热时间才引起其他分子的降解。如果没有别的因素起作用，仅仅由于过热而引起的降解称为热降解。热降解为游离基链锁过程。降解反应的速度是随温度升高而加快的。降解反应速度常数 K_d 与温度 T 和降解活化能 E_d 的关系可表示为：

$$K_d = A_d e^{-\frac{E_d}{RT}} \tag{2.23}$$

对聚苯乙烯，常数 $A_d=10^{13}$，E_d=94.6 kJ/mo1。

3）氧的影响

加工过程中往往有空气存在，空气中的氧在高温下能使聚合物生成键能较弱、极不稳定的过氧化物结构。过氧化物结构的活化能 E_d 较低（例如聚苯乙烯的热降解活化能为 94.6 kJ/mol，形成过氧化结构后的降解活化能降低到 41.9 kJ/mol），容易形成游离基，使降解反应大大加速（降解反应速率常数 K_d 随 E_d 减小而增大）。通常把空气存在下的热降解称为热氧降解。比较图 2.38 中聚甲醛在单纯受热和有氧存在下受热时的降解动力学曲线可以看出，氧能大大加速热降解速度，并引起聚合物分子显著地降解。

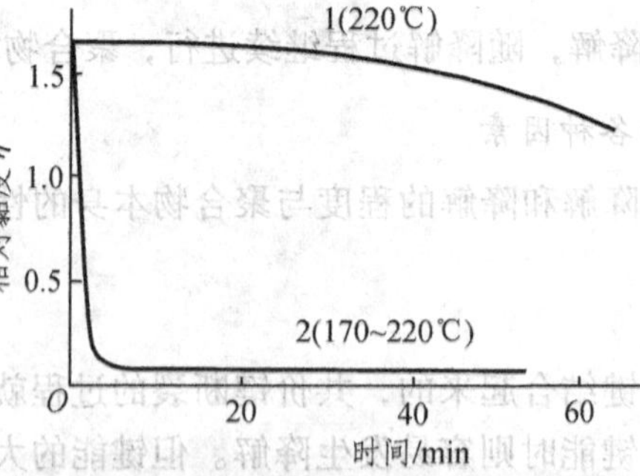

图 2.38 未稳定的聚甲醛在热降解（1）和热氧化降解（2）时黏度随时间变化的关系

又如聚氯乙烯在氮气、空气和氧气中于 182°C 加热 30 min 时，脱氯化氢的速度依次为 70 mmol/（g·h）、125 mmo1/（g·h）、225 mmol/（g·h）。可见热氧降解比热降解更为强烈，对加工过程影响更大。

4）应力的影响

聚合物加工成型要通过加工设备来进行，因而大分子要反复受到应力作用。例如，聚合物在混炼、挤压和注射等过程以及在粉碎、研磨和搅拌与混合过程都要受到剪应力的作用。

在剪切作用下，聚合物大分子键角和键长改变并被迫产生拉伸形变。当剪应力的能量超过大分子键能时，会引起大分子断裂降解，降解的同时聚合物结构和性能发生相应的变化。常常将单纯应力作用下引起的降解称为力降解（或机械降解），它是一个力化学过程。但加工过程很少有单纯的力降解，很多情况下是应力和热、氧等几种因素共同作用加速了整个降解过程。例如，聚合物在挤出机和注塑机料筒、螺杆、口模或浇口中流动时或在辊压机辊筒表面辊轧时都同时受到这些因素的共同作用。

降解作用是在剪切应力作用下、大分子断裂形成游离基开始的，并由此引起一系列链锁反应。可见剪切作用引起降解和由热引起降解有相似的规律，即都是游离基链锁降解过程。增大剪应力或剪切速率，大分子断链活化能 E_d 降低，降解反应速率常数 K_d 增大，降解速度增加。一定大小的剪切应力只能使聚合物大分子链断裂到一定长度。

5）水分的影响

聚合物中存在的微量水分在加工温度下有加速聚合物降解的作用。在高温高压下由水引起的降解反应称为水解作用，主要发生于聚合物大分子的碳—杂原子键上。水引起该键断裂，并与断裂的化学键结合。H^+或 OH^-存在能加速水解速度，所以酸和碱是水解过程的催化剂。水解的难易程度取决于聚合物组成中官能团和键的特性，含有酰胺基、羰基、酯基、醚键等结构的聚合物如聚酰胺、聚酯、聚醚等特别容易水解；但由芳香环构成主链的聚合物比由脂肪族构成主链的聚合物要稳定。

当侧链官能团水解时，聚合物仅发生化学组成的改变，相对分子质量影响不大，当主链中发生水解时聚合物的平均相对分子质量降低。

聚合物可从空气中吸附和吸收水分，虽然大多数聚合物在空气中的平衡吸水率不很高（一般小于 0.5%），但在加工过程的高温下却能引起显著的降解反应。例如，吸湿量不同的聚对苯二甲酸乙二酯熔融时，相对分子质量和黏度降低的程度是随吸湿量增大的，有关数据见表 2.9。

表 2.9　聚对苯二甲酸乙二酯含水量对降解的影响

水分含量/%	数均相对分子质量 $\bar{M}_n$	特性黏度 [η]	相对黏度	分解率/%	
				$\bar{M}_n$ 减小	[η]
未吸水的样品	21 182	0.692	1.388	—	—
0.01	18 974	0.64	1.356	10.43	0.75
0.05	13 366	0.50	1.273	36.92	27.7
0.10	8 894	0.38	1.207	58.20	45

3. 加工过程对降解作用的利用与避免

聚合物在加工过程出现降解后，制品外观变坏，内在质量降低，使用寿命缩短。因此，加工过程大多数情况下都应尽量减少和避免聚合物降解。为此，通常可采用以下措施：

（1）严格控制原材料技术指标，使用合格原材料。

（2）使用前对聚合物进行严格干燥。特别是聚酯、聚醚和聚酰胺等聚合物。

（3）确定合理的加工工艺和加工条件，使聚合物能在不易产生降解的条件下加工成型，这对于那些热稳定性较差，加工温度和分解温度非常接近的聚合物尤为重要。绘制聚合物成型加工温度范围图（见图2.39）有助于确定合适的加工条件。

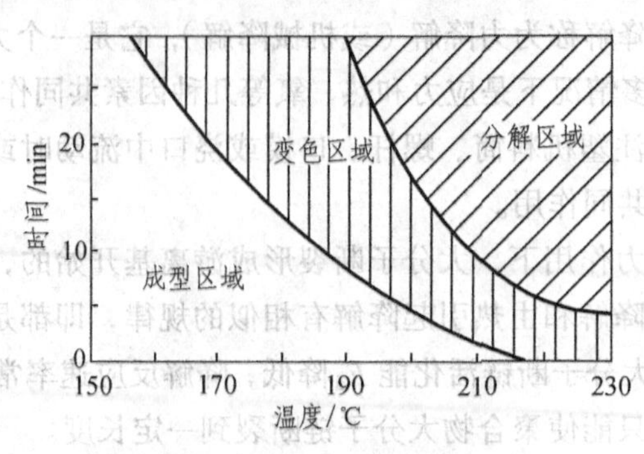

图2.39 硬聚氯乙烯成型温度范围

一般加工温度应低于聚合物的分解温度。某些聚合物的加工温度与分解温度见表2.10。

表2.10 某些聚合物的分解温度与加工温度

聚合物	热分解温度/°C	加工温度/°C	聚合物	热分解温度/°C	加工温度/°C
聚苯乙烯	310	170~250	聚丙烯	300	200~300
聚氯乙烯	170	150~190	聚甲醛	220~240	195~220
聚甲基丙烯酸甲酯	280	180~240	聚酰胺-6	360	230~290
			聚对苯二甲酸乙二酯	380	260~280
聚碳酸酯	380	270~320	聚酰胺-66	—	260~280
氯化聚醚	290	180~270	天然橡胶	198	<100
高密度聚乙烯	320	220~280	丁苯橡胶	254	<100

（4）加工设备和模具应有良好的结构。

（5）根据聚合物的特性，特别是加工温度较高的情况，在配方中考虑使用抗氧剂、稳定剂等以加强聚合物对降解的抵抗能力。

某些情况下需要利用降解作用来改变聚合物的性质（包括加工性质）、扩大聚合物的用途。例如，通过机械降解（辊压或共挤）作用可以使聚合物之间或聚合物与另一种聚合物的单体之间进行接枝或嵌段聚合制备共聚物，这是改良聚合物性能和扩展聚合物应用范围的途径之一，并在工业上得到了应用。生橡胶在辊压机上塑炼以降低相对分子质量，改善橡胶加工性的办法已经是橡胶加工中不可缺少的一个过程。

2.4.5 聚合物加工过程中的交联

聚合物加工过程中形成三维网状结构的反应称为交联，通过交联反应能制得交联（即体型）聚合物。和线型聚合物比较，交联聚合物的机械强度、耐热性、耐溶剂性、化学稳定性和制品的形状稳定性等均有所提高，在一些对强度、工作温度、蠕变等要求较高的场合，交联聚合物有着广泛的应用。通过不同成型方法，如模压、层压、铸塑等加工方法生产热固性塑料和硫化橡胶的过程就存在着典型的交联反应，但在加工热塑性聚合物时，由于加工条件不适当或其他原因（如原料不纯等）可能在聚合物中引起交联反应，使聚合物的性能改变。

这种交联称为非正常交联，是加工过程中要避免的。

1. 聚合物交联反应机理

大多数情况下，聚合物的交联都是通过大分子上活性中心（活性官能团或活性点）间的反应或活性中心与交联剂（固化剂）间的反应来进行的。这些活性中心可以是线型大分子中的不饱和双键，如：

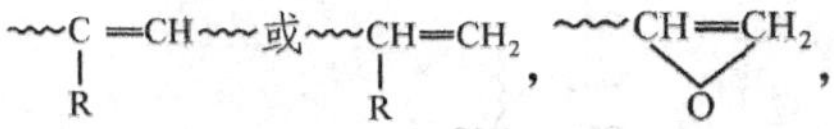
，异氰酸基—N＝C＝O，羟甲基$—CH_2OH$，羟基—OH，羧基 —COOH，等等。它们都是有反应能力的活性基团，在一定条件下（例如有引发剂或催化剂存在或加热时）能与其他低分子或高分子活性物质起交联反应。

根据参与交联反应物质的特征，可将加工过程中聚合物的交联反应分为两种基本类型。

1）游离基交联反应

交联反应由游离基引起，反应一旦开始即按链锁过程进行。例如，以不饱和单体为交联剂使线型不饱和聚酯交联的反应，常加入过氧化物作引发剂。反应从引发剂分解开始，例如，过氧化苯甲酰按下式分解生成游离基：

$$(C_6H_5COO)_2 \longrightarrow 2C_6H_5COO\cdot$$

上述引发剂可进一步再分解，同时放出 CO_2：

$$C_6H_5COO\cdot \longrightarrow C_6H_5\cdot + CO_2$$

如以 R·（或 RO·）代表引发剂分解的游离基，则游离基可向单体或聚酯进行攻击引起链引发：

$$R\cdot + CH_2{=}\underset{\substack{|\\X}}{CH} \longrightarrow R{-}CH_2{-}\underset{\substack{|\\X}}{CH}\cdot$$

$$\sim\!\sim R\cdot + \sim\!\sim CH{=}CH \sim\!\sim \longrightarrow \sim\!\sim \underset{\substack{|\\R}}{CH}{-}\dot{C}H \sim\!\sim$$

再经过链转移、链增长形成交联。例如：

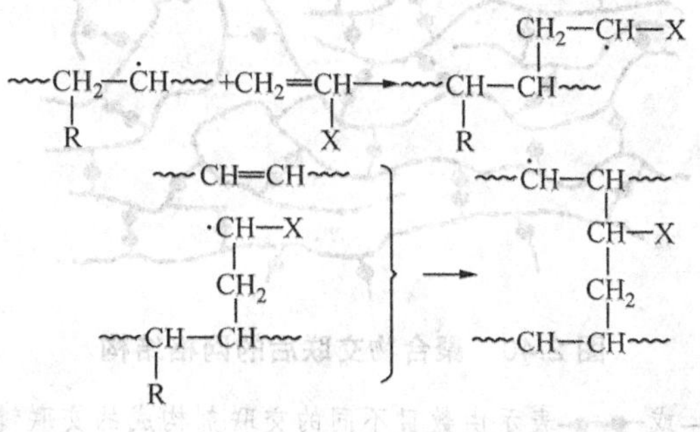

如果参与反应物质的官能团数大于 2，还可以形成更多交联的网状结构。例如，当交联剂为 3 个官能度时，可形成如下网状结构：

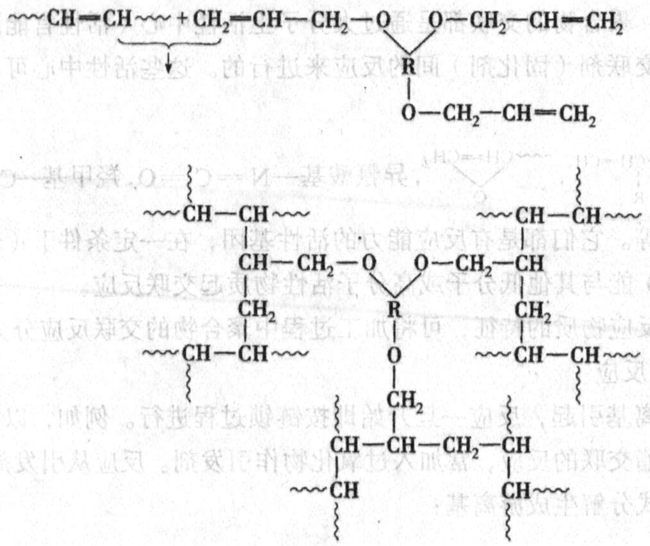

线型不饱和聚酯树脂的交联反应属于这一类。具有 R−CH =CH_2结构的交联剂，常用苯乙烯、甲基丙酸甲酯等单体；具有 $R(-O-CH_2-CH=CH_2)_x$（x=2，3 或 4）结构的交联剂有邻苯二甲酸二丙烯酯和三聚氰酸三丙烯酯等。

以硫作交联剂使橡胶分子交联的反应也是游离基链锁聚合过程。橡胶的交联又称硫化反应，硫化剂除硫以外尚可使用有机过氧化物、金属氧化物或酚基树脂等物质。硫化反应的机理非常复杂，至今仍有不同看法。由于橡胶品种和硫化剂的不同，硫化的交联过程也有不同的机理。

热塑性聚合物在不正常的加工条件下（如高温和长时间受热），在降解的同时伴随出现的交联反应也是通过游离基而形成的。此外，降解过程形成的具有双键结构的产物间或双键结构产物与游离基之间也能形成交联结构。交联聚合物的网格结构如图 2.40 所示。

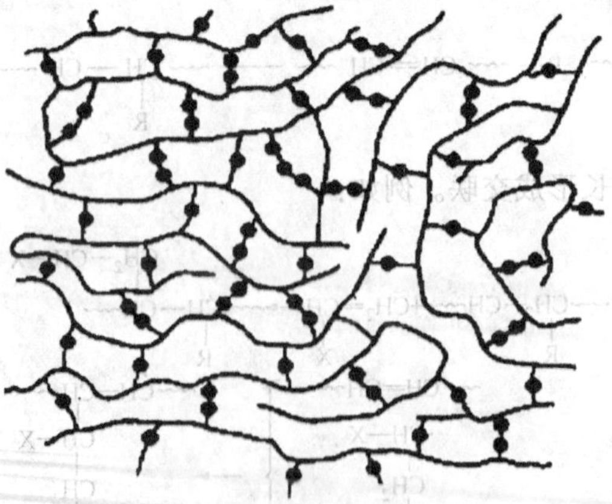

图 2.40　聚合物交联后的网格结构

（—●— 或 —●—●— 表示由数目不同的交联剂构成的交联键）

有时为了改善聚烯烃等热塑性聚合物的性能，使其满足某些特殊性能需要，还有意使聚烯烃大分子间产生交联结构。例如，在具有一定能量射线的作用下，聚乙烯因产生交联作用而显著提高了耐热性、电绝缘性、耐化学药品的稳定性、机械强度和耐磨损性。此外通过化学方法，例如以少量丁二烯与乙烯共聚，由于聚乙烯大分子链中引入了不饱和双键，也可在交联剂作用下产生交联。不管是辐射交联还是化学交联，其交联作用都是按游离历程进行的。

2）逐步交联反应

反应过程中，反应组分间常有氢原子转移（加成反应）或在交联同时有低分子物生成（缩合反应）的反应是最常见的逐步交联反应。由大分子中环氧基、异氰酸酯等活性官能团与交联剂（固化剂）进行的交联反应是加成聚合反应的代表。例如，由二胺类作固化剂使环氧树脂交联的反应，第一阶段是胺加成到 α—氧环上，同时生成仲胺化合物，反应过程有氢转移。

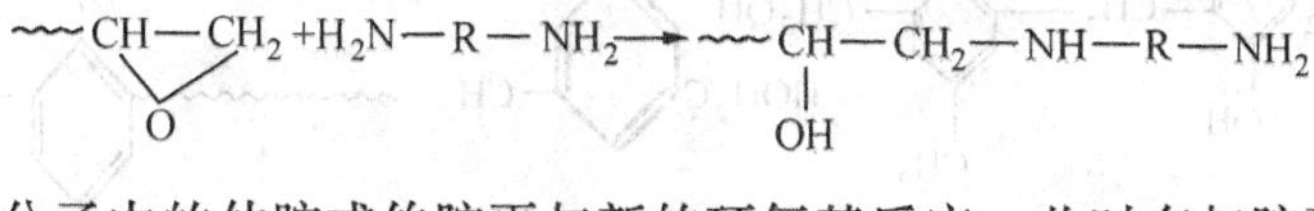

第二阶段是大分子中的仲胺或伯胺再与新的环氧基反应，此时有叔胺形成：

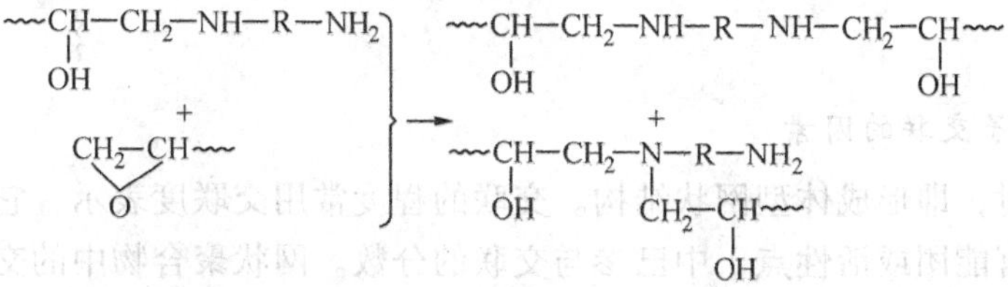

进一步的反应可以形成更多的交联：

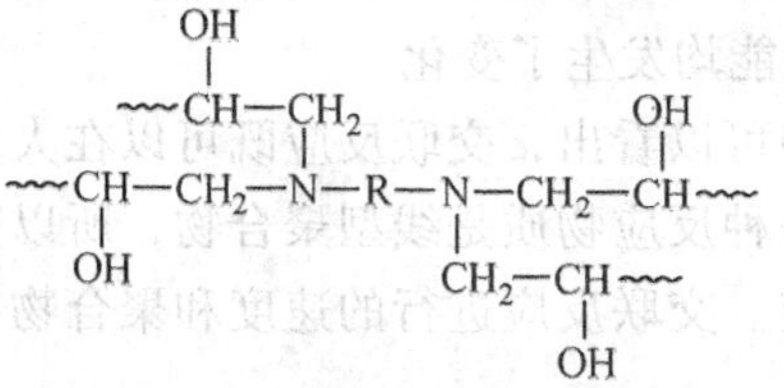

酚醛塑料或脲醛塑料成型过程的交联反应则是缩聚反应。反应过程常在高温和有催化剂（或交联剂）的情况下进行。例如，酚醛塑料的交联过程可以分为甲、乙、丙 3 个阶段：

（1）甲阶。交联前树脂具有良好的可溶可熔性。以下结构是甲阶树脂结构中的一种：

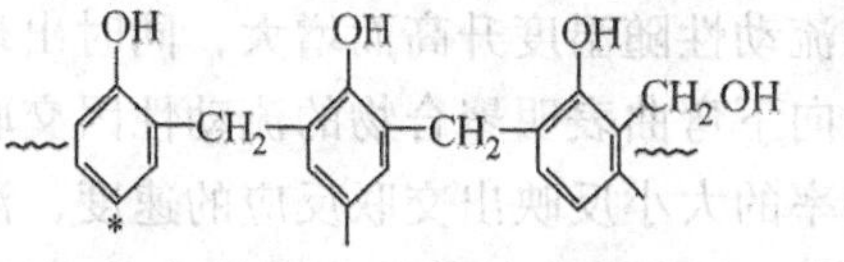

（*表示树脂中可反应的活性点）

（2）乙阶。通过加热甲阶树脂与六次甲基四胺（交联剂）可使甲阶树脂分子间产生部分交联键和形成支链。乙阶树脂的可熔性降低，但尚有良好的流动性和可塑性。通常通过在辊压机上辊压使甲阶树脂部分转化为乙阶树脂。

（3）丙阶。乙阶树脂在更高温度下加热，进一步进行缩聚反应即转化为不溶不熔的深度交联的具有网状结构的整体大分子。聚合物具有以下结构：

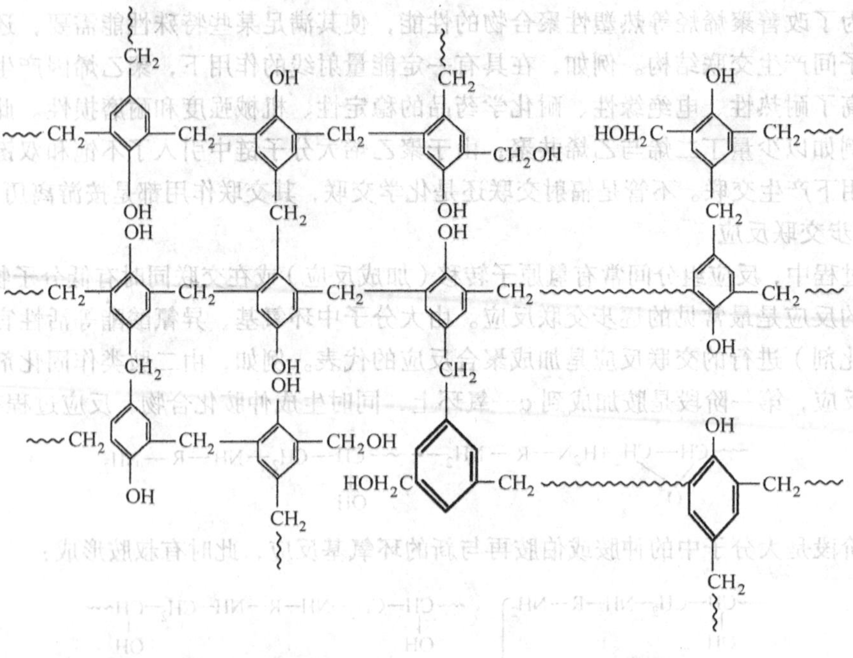

2．影响大分子交联的因素

聚合物交联时，即形成体型网状结构。交联的程度常用交联度表示，它是大分子上总的反应活性中心（官能团或活性点）中已参与交联的分数。网状聚合物中的交联键越密，即交联度高，说明交联反应进行的程度越深。随交联的进行，聚合物相对分子质量急剧增加，实际上交联完成后整个聚合物就是一个大分子。交联度提高的同时，聚合物逐渐失去了可溶性和可熔性，材料的物理机械性能均发生了变化。

从上述两种交联反应机理可以看出，交联反应既可以在大分子与低分子间进行，也可在大分子间进行。通常至少有一种反应物质是线型聚合物，所以交联属于大分子化学反应，即大分子作为一个整体参加反应。交联反应进行的速度和聚合物中的交联度主要受到以下几个方面因素的影响。

1）温度的影响

大分子官能团的化学反应规律与低分子物官能团的化学反应规律相似。聚合物交联反应的硬化时间随温度升高而缩短，硬化速度也随温度升高而加快。从图 2.41 中可以看出，注射用酚醛塑料加热时，其初期流动性随温度升高而增大，同时出现最大流率峰值的时间随温度升高而提前。峰值以后曲线向下弯曲表明聚合物的流动性因交联度提高而降低。但流动性下降阶段曲线的斜率不同，斜率的大小反映出交联反应的速度，温度高交联速度快，故曲线斜率大，聚合物的黏度降低迅速，斜率较小的曲线表明聚合物交联速度慢，流动性降低较缓和。

2）硬化时间的影响

聚合物在加热初期受热熔融，故有一短时间内流动性增大的现象，交联反应速度很快上升到最大值。但随交联的初步形成，聚合物体系的流动性逐渐降低，进一步交联达到不能流动时，大分子的扩散运动成为不可能，交联反应越来越困难，且大分子中反应活性点或官能团浓度随反应时间不断降低，故交联反应速度越来越慢，甚至将交联硬化的聚合物于较高温度下长时间加热也难得到完全交联的聚合物，即交联度总不可能达到 100%。交联聚合物的网络结构中总还会保留着一些残存的活性点或反应基团。硬化时间对聚合物交联度的影响如图 2.42 所示。

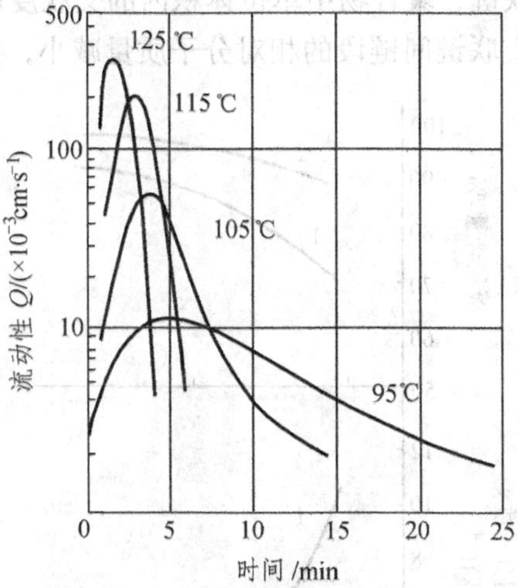

图 2.41 注射成型用酚醛料粉加热时流动性与温度和时间的关系

（注射压力 P=9.8 MPa）

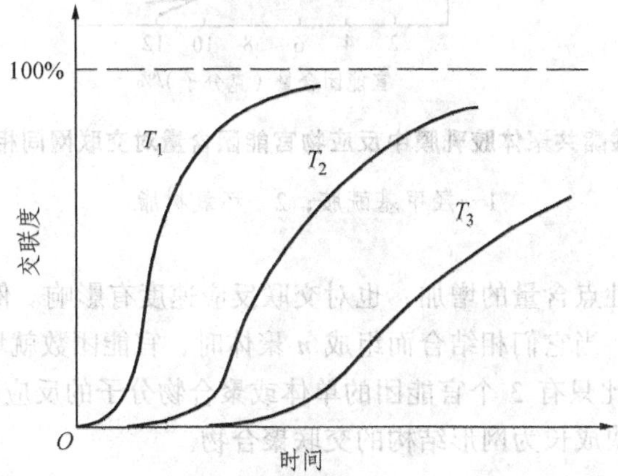

图 2.42 热固性聚合物硬化时间对交联度的影响

（温度 $T_1 \geqslant T_2 \geqslant T_3$）

硬化时间短、交联度低、聚合物性能不好，常称为“硬化不足”或“欠熟”，这种情况下，聚合物的机械强度、耐热性、电绝缘性等较差，制品表面灰暗，容易产生细微裂纹或翘曲，吸水量大，使用性能差。但过高的交联度也会引起聚合物发脆、变色和气泡，从而降低制品物理机械性能。交联度过高常称为“硬化过度”或“过熟”，所以控制合适的硬化时间十分重要。一般随硬化时间增加，交联度提高，聚合物的硬度、机械强度、耐热性、电绝缘性、耐溶剂性和化学稳定性等均有所提高，制品的形状稳定性和抗蠕变能力增大、收缩率减小。对橡胶来说，过分提高交联度（即过硫），只会使橡胶宝贵的弹性丧失，硬度增大，故是不可取的。

3）反应物官能度的影响

聚合物的交联度取决于参与交联反应物质的官能度或活性点的数目，官能度或活性点越多，就有可能形成更多的交联键，聚合物中单位体积内的交联度就越大。随着交联度的提高，聚合物交联网络结构中两个交联键间链段的相对分子质量减小，如图 2.43 所示。

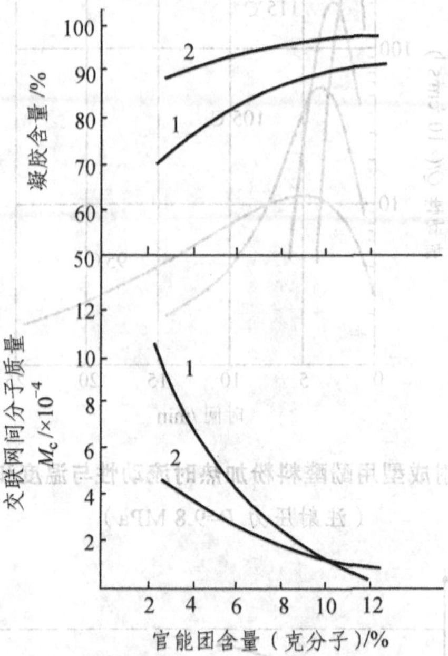

图 2.43　乙基丙烯酸酯共聚体胶乳膜中反应物官能团含量对交联网间相对分子质量的关系

1—羟甲基酰胺；2—环氧树脂

同时，官能团或活性点含量的增加，也对交联反应速度有影响。例如，含有 3 个官能团的交联剂或聚合物分子，当它们相结合而组成 *n* 聚体时，官能团数就增加到 *n*+2 个，所以这种 *n* 聚体的反应能力要比只有 3 个官能团的单体或聚合物分子的反应能力要大很多倍，只要反应条件合适，就能极快成长为网形结构的交联聚合物。

4）应力的影响

增加加工过程中扩散的因素（如流动、搅拌等）能增加官能团或活性点间接触和反应的机会，有利于加快交联反应速度。所以使聚合物处于黏流态（熔体或溶液）并迫使其流动和混合是加快交联反应的重要条件，同时流动与搅拌过程的剪切作用能引起应力活化作用，使大分子间反应活化能降低，反应速度增加。所以酚醛塑料采用注射成型能加快交联反应速度，模型周期比压制法缩短。

复习思考题

一、名词解释

1. 可挤压性；2. 可模塑性；3. 可纺性；4. 可延性；5. 零切黏度；6. 极限黏度；7. 表观黏度；8. 拉伸黏度；9. 挤出胀大比；10. 熔体破裂；11. 临界挤出速率；12. 端末效应；13.

非牛顿指数；14. 假塑性流体；15. 胀塑性流体；16. 热扩散系数；17. 聚合物结晶；18. 聚合物取向。

二、填空题

1. 聚合物流体的流动分为 5 种不同的类型，分别是______、______、______、______和______。
2. 牛顿流体的流动方程为：______。非牛顿流体的流动方程为______。
3. 非牛顿流体的流动类型有______、______和______。
4. 对聚合物流体黏度起作用的因素包括______、______、______和______。

三、简答题

1. 已经测得某聚合物熔体的流动曲线如图 2.44 所示。求：(1) η_0 和 η_∞；(2) $\dot{\gamma}=10^{-1}\ s^{-1}$、$1\ s^{-1}$、$10^4\ s^{-1}$、$10^8\ s^{-1}$、$10^{12}\ s^{-1}$ 时的 η_0 和非牛顿指数 n。

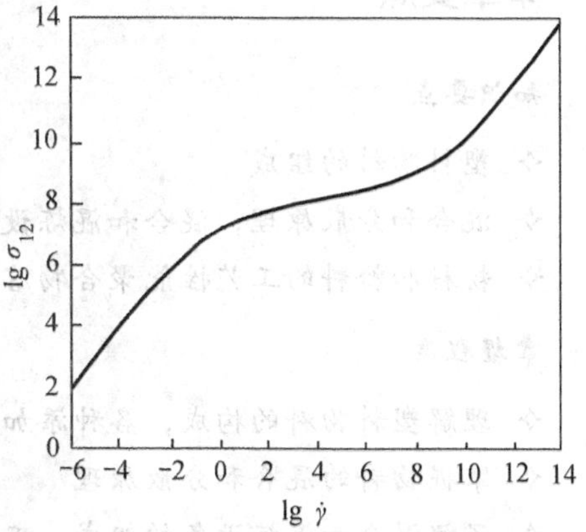

图 2.44　某聚合物熔体的流动曲线

2. 某流体在 30°C 时的零切黏度（η_0）为 35 Pa·s，黏流活化能为 36 kJ/mol，求其温度提高到 60°C 时的零切黏度为多少？

3. 用毛细管流变仪测定聚丙烯熔体的剪切速率与剪切应力的关系，见表 2.11。已知熔体符合幂律定律 $\sigma_{12}=K\dot{\gamma}^n$，求非牛顿指数 n，当 $\dot{\gamma}$ =5.0 时，对应的 σ_{12} 和 η_a 各为多少？

表 2.11　聚丙烯熔体的剪切速率与剪切应力的关系

$\dot{\gamma}$ / s^{-1}	0.17	0.27	0.43	0.68	1.05	1.70	2.70	4.30
σ_{12} / Pa	1 050	1 540	2 230	3 110	4 280	5 660	7 310	8 330

4. 已知 PE 和 PMMA 的流动活化能分别为 41.8 kJ/mol、192.3 kJ/mol，PE 在 473 K 时的黏度为 91 Pa·s，PMMA 在 513 K 时的黏度为 200 Pa·s。试求：(1) PE 在 483K 和 463 K 时的黏度，PMMA 在 523 K 和 503 K 时的黏度；(2) 说明链结构对黏度的影响；(3) 说明温度对不同结构的聚合物黏度的影响。

5. 聚合物流变曲线对加工有哪些指导意义？

6. 有哪些因素影响聚合物流体的流动性能？如何影响？对于 POM、PC 两种材料，增加熔体流动性可以采取的措施是什么？

7. 聚合物流体有哪些弹性表现？如何表征？在挤出加工中会有怎样的影响？如何克服？

8. 为什么对聚合物进行加热和冷却不能过快？

9. 简述聚合物结晶、取向对制品性能的影响。

10. PE、PP 在加工中哪一个容易发生降解？哪一个容易发生交联？加工中是如何利用或避免这两种化学过程的？

第3章 塑料成型用的物料及其配制

本章要点

知识要点

✧ 塑料物料的组成

✧ 混合和分散原理，混合和混炼设备

✧ 粉料和粉料的工艺性能聚合物溶液的配制

掌握程度

✧ 理解塑料物料的构成，各种添加剂的类型和作用

✧ 掌握物料的混合和分散原理

✧ 了解混合和混炼设备的组成、工作原理

✧ 理解粉料和粉料的工艺性能指标及其意义

✧ 理解聚合物的溶解过程，溶液的配制方法

背景知识

✧ 高分子材料的结构与性能的关系；高分子材料成型加工原理、高分子共混改性、高分子加工助剂；高分子成型设备

3.1 概 述

成型用的塑料一般都是聚合物（或称为合成树脂）和各种助剂（添加剂）组成的混合体系。加入添加剂可以改善成型工艺性能，改善制品的使用性能，降低成本。

为便于成型过程的实施，聚合物与助剂可以配制成粉料、粒料、溶液和分散体等。最常用的是粉料和粒料，其区别不在组成而在混合、塑化和细分的程度不同。配制粉料时一般只是使各组分混合分散均匀。因此，通常仅需经过简单混合作业即可。这种粉料也称作干混料。将粉料通过塑炼（混炼）或挤出等作业使之进一步塑化再制成粒料，可以简化成型过程中的塑化工艺，使成型操作容易完成，但须增加生产过程及设备。

3.2 聚合物

聚合物是塑料成型加工的主要对象，是塑料的主要成分，它决定了制品的性能和使用范围。在塑料制品中，聚合物为均一的连续相，其作用在于将各种助剂黏结成一个整体，从而具有一定的物理力学性能。由聚合物与助剂配制成复合物需要有良好的成型工艺性能。

目前，能用于工业加工的聚合物很多，而且对同一种聚合物来说，也可因合成方法不同而性能不完全一致。同一种聚合物有多种规格是为了满足各种制品的要求，因此，为了结合制品的具体要求而正确选用聚合物，需要对各个品种的具体规格、检验方法、使用范围等都有深入的了解。

从配料的角度来考虑，对聚合物的选择要求主要是相对分子质量大小及其分布、颗粒大小、结构和它们与增塑剂、溶剂等相互作用的难易等。凡相对分子质量偏高，颗粒结构紧密。以及与增塑剂和溶剂作用较难的，则配制时需要较高的温度、较强的外作用力和较长的作用时间。常见聚合物的结构及性能特点已在前修课程中介绍，这里不再讨论。

3.3 助　剂

不管是粉料还是粒料，都是聚合物和助剂两类物质组成的。其中聚合物是主要成分，助剂则是为使复合物或其制品具有某种特性而加入的一些物质。常用的塑料助剂种类很多，主要有增塑剂、稳定剂、加工助剂、冲击改性剂、填充剂、增强剂、着色剂、润滑剂、防静电剂、阻燃剂、防霉剂等 20 多类。加至塑料中的助剂是随制品的不同要求而定的，并不是各类都需要，加入的各类助剂必须以相互发挥作用为要则，切忌彼此抑制。

3.3.1　增塑剂

为降低塑料的软化温度，提高其加工性、柔韧性或延展性而加入的低挥发性物质称为增塑剂，而这种作用则称为增塑作用。经过增塑的聚合物，其软化点（或流动温度）、玻璃化温度、脆性、硬度、拉伸强度、弹性模量等均将下降，而耐寒性、柔顺性、断裂伸长率等则会提高。增塑剂通常是一类对热和化学试剂都很稳定的有机物，大多是挥发性低的液体，少数则是熔点较低的固体，而且至少在一定范围能与聚合物相容。

目前工业上大量应用增塑剂的典型聚合物有聚氯乙烯、醋酸纤维、硝酸纤维等少数几种。其中主要是聚氯乙烯，所耗增塑剂占其总产量的 80%以上。因此，以下将着重讨论聚氯乙烯的增塑剂。但所述的原理部分对其他塑料也同样适用。

1. 理想增塑剂的性能要求

一般要求增塑剂与聚合物的相容性好、增塑效率高、挥发度低、化学稳定性高，对光、热稳定性好等外，还要求无色、无臭、无毒、不燃、吸水量低，在水、油、溶剂等中的溶解度和迁移性小、介电性能好，在室温和低温下制品外观和手感好，耐霉菌及污染以及价廉等。要求一种增塑剂同时兼具这些性能是困难的，但其中相容性和挥发度低是最基本的要求，在使用时，应在满足这两项要求后再按具体情况作适当选择，在多数情况下，可将几种增塑剂并用来达到使用要求。

2. 增塑剂的分类

（1）按化学组成分：可分为邻苯二甲酸酯、脂肪族二元酸酯、石油磺酸苯酯、磷酸酯、聚酯、环氧化合物、含氯化合物等类。

（2）按对聚合物的相容性分：可分为主增塑剂和次增塑剂。主增塑剂与聚合物具有良好的相容性，与聚合物可在合理的范围内完全相容，故能单独使用。次增塑剂与聚合物的相容性较差，一般不能单独使用，只能与主增塑剂共用，使用目的主要是代替部分主增塑剂以降低成本。主与次须以被增塑的聚合物为前提。

（3）按结构分：可分为单体型和聚合体型。两者的主要区别点是黏度，单体型黏度常在0.03 Pa.s 左右；聚合体型则为 20~100 Pa·s。

（4）按应用性能分：可分为耐热型增塑剂（如双季戊四醇酯、偏苯酸三酯），耐寒型增塑剂（如癸二酸二辛酯、已二酸二辛酯），耐光热增塑剂（如环氧大豆油、环氧十八酸辛酯），耐燃型增塑剂（如磷酸酯、含氯增塑剂），耐霉菌增塑剂（如磷酸酯类）及无毒、低毒增塑剂等。

3. 增塑原理

聚合物大分子链之间主要以次价力结合，并使分子链之间形成许多大分子-大分子“联结点”，并赋予聚合物一定的物理机械性能。这些“联结点”在频繁的分子热运动中处于“解联-复结”的动态平衡。加入增塑剂后，增塑剂的分子因溶剂化及偶极力等作用而“渗入”聚合物分子之间并与聚合物分子的活性中心发生时解时结的联结点。这种联结点的数目在一定温度和浓度的情况下也不会有多大的变化，所以也是一种动平衡。但是由于有了增塑剂-聚合物的联结点，聚合物之间原有的联结点就会减少，从而使其分子间的力减弱，并导致聚合物材料一系列性能的改变，增塑剂的作用原理如图 3.1 所示。

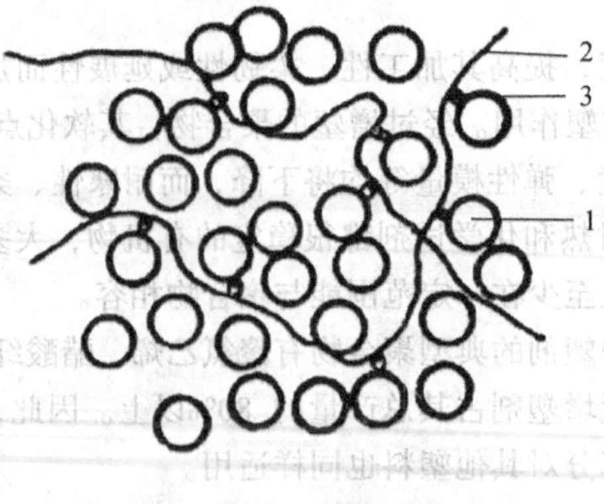

图 3.1 聚合物增塑示意图

1—增塑剂分子；2—聚合物分子；3—增塑剂与聚合物的联结点

4. 增塑剂效能的评价

1）聚合物与增塑剂的相容性

聚合物与增塑剂之间具有良好的相容性是选择增塑剂最重要的前提，即彼此之间有互溶性。评定相容性的最好根据是实验数据。溶解度参数（δ）也可用于判断聚合物与增塑剂的相容性大小。两者的溶度参数差值如不大于 1，在大多数情况下它们之间具有良好的相容性。

2）增塑剂的效率

增塑剂的效率可用于比较不同增塑剂的增塑效果。它以改变聚合物某一定量的物理性能所需加入增塑剂的量作为指标。物理性能不同，效率比值也不同，但根据测出的数据所作的排列次序却不变。

3.3.2　稳定剂

塑料中加入稳定剂的目的是为了抑制和延缓老化，起到这种作用的物质称为稳定剂。引起聚合物在成型加工及制品使用过程老化的因素很多，如光、热、氧、机械力、细菌和霉菌等，它们都会使制品发生老化而改变物理力学性能，最后失去使用价值。

按所发挥的作用，稳定剂可分为热稳定剂、光稳定剂（紫外线吸收剂、紫外线猝灭剂、光屏蔽剂等）和抗氧化剂等。

3.3.3　填充剂

在塑料中加入填充剂的目的是改善塑料的成型加工性能，提高制品的某些性能，赋予塑料新的性能和（或）降低成本。填充剂加入塑料并不是单纯的混合，而是彼此之间存有次价力。这种次价力虽然很弱，但具有加合性，因此，当聚合物相对分子质量较大时，其总力则显得可观，从而改变了聚合物分子构象平衡和松弛时间，还可使聚合物的结晶倾向和溶解度降低以及提高玻璃化温度。

填充剂对塑料性能的影响，主要受到填充剂与塑料的表面分子相互作用影响。多数填充剂对塑料都是呈惰性的，因此，为了提高填充剂的效能，改善聚合物与填充剂之间的结合性能，最好先用偶联剂对填充剂进行处理，然后再加入聚合物中。

3.3.4　补强剂

增强剂与填充剂没有明显的界限。增强剂又称为活性填充剂。但近年来，对增强剂的界定主要指加入聚合物中使其机械性能得到提高的纤维类材料。它实际上也是聚合物的填料，只是由于性能上的差别和目前有很大的发展，所以特将其单独列作一类。增强剂以往多用于热固性塑料中，20 世纪 60 年代以来在热塑性塑料中也有了广泛的应用。其用量越高，增强效果也越大，但却使塑料流动性下降，恶化成型加工性能，对设备的磨蚀也较严重。有关增强剂的具体内容，在后续课程还将重点描述。

3.3.5　着色剂（色料）

赋予塑料以色彩或特殊光学性能或使之具有易于识别等功能的材料称为着色剂。塑料着色有整体着色（内着色）和表面着色（外着色），后者常视为塑料制品的修饰加工内容。

加入着色剂不仅能使制品鲜艳、美观，有时也能改善制品的耐候性，提高产品的抗紫外线能力。

3.3.6 润滑剂

为改进塑料熔体的流动性能，减少或避免对设备的摩擦和黏附以及改进制品表面光亮度等，而加入的一类助剂称为润滑剂。常用热塑性塑料中需要加润滑剂的有聚烯烃、聚苯乙烯、醋酸纤维素、聚酰胺、ABS、聚氯乙烯等，其中又以硬聚氯乙烯更为突出。常用的润滑剂有脂肪酸及其皂类、脂肪酸酯类、脂肪醇类和酰胺类、石蜡、低相对分子质量聚乙烯、合成蜡、丙烯酸酯类及某些有机硅化合物。

3.3.7 防静电剂

塑料制品的表面常因在成型过程中与模具或设备表面分开而积有静电，这种积电还会在制品后加工或运转中增加。带有静电的制品表面容易积灰，对生产与使用不利。静电过大时常会震击人身，如果静电压大至 3 000 V 时还会产生静电火花，甚至引起火灾。为使制品具有适量的导电能力以消除带静电的现象，可在塑料中加入少量防静电剂。防静电剂主要有胺的衍生物、季胺盐类、磷酸酯类和聚乙二醇酯类。防静电剂的加入量一般均小于 1%。在某些特定的场合，需要塑料制品具有长期稳定的抗静电、电磁波屏蔽等性能，除了近年来正在开发的大分子本身具有一定程度导电性从而生产的结构型导电塑料外，在多数情况下，还可在塑料中添加一些导电填料（如炭黑、石墨、金属粉或纤维，表面镀金属的纤维等）以生产在一定程度上具有导电性的复合型导电塑料。

3.3.8 阻燃剂

不少塑料是可燃的，这给应用带来许多限制。如在塑料中加入一些含磷、卤素的有机物或三氧化二锑等物质常能阻止或减缓其燃烧，这类物质即称为阻燃剂。此外在某些聚合物（如环氧、聚酯、聚氨酯、ABS 等）合成时，引入一些难燃结构（基团），也可起到降低其燃烧性能的作用，这些称为反应型阻燃剂。

常用阻燃剂大多为元素周期表中Ⅲ、Ⅴ、Ⅶ族元素（如铝、氮、磷、锑、氯、溴等）的化合物，如磷酸酯类（如磷酸三甲酚酯、磷酸三苯酯、磷酸甲苯二苯酯等）、含卤磷酸酯类[如三（2，3一二溴丙基）磷酸酯、三（2，3一二氯丙基）磷酸酯等]、有机卤化物（如含氯量 70% 的氯化石蜡、六溴苯、十溴联苯醚、氯化联苯、全氯环戊癸烷等）、无机阻燃剂（如三氧化二锑、氢氧化铝、氢氧化镁、无水氢二胺、偏硼酸钡、硼酸锌、赤磷等）。

添加型阻燃剂的使用量一般较大，从百分之几到 30%，因此，添加型阻燃剂常会使制品的性能，特别是力学性能下降。反应型阻燃剂则有可能克服这一缺点。

3.3.9 其他助剂

除了以上几类助剂外，在某些场合为使塑料制品能够满足特殊的要求或便于成型，也有加入一些特用的助剂的，如发泡剂、表面活化剂、增韧剂等。表 3.1 列出了几种 PVC 塑料制品配方，说明塑料制品添加助剂的复杂性。

表 3.1　PVC 塑料配方举例

	原料名称	农用薄膜	硬管	电线护层	注塑某种工业部件	绳或粗丝
	聚氯乙烯	100	100	100	100	100
增塑剂	DBP	—	—	—	—	—
	DOP	30	—	40	4	4
	M–50	10	—	—	—	—
	环氧大豆油	5	—	—	3	1
	氯化石蜡	10	—	—	—	—
稳定剂	三盐基硫酸铅	—	4.66	3	5	—
	二盐基亚磷酸铅	—	—	2.5	—	—
	亚磷酸苯二异辛酯	0.5	—	—	—	—
	硬脂酸铅	—	0.5	—	—	0.5
	硬脂酸钡	1.0	1.2	2	1.5	1.5
	硬脂酸镉	0.7	—	—	—	—
	硬脂酸钙	—	0.8	—	1.0	0.5
	月桂酸二丁基锡	—	—	—	—	1.5
填料	硫酸钡	—	10.0	—	—	—
色料	特制炭黑母料	—	0.3	—	—	—
	（配有增塑剂稳定剂的膏状物）	—	—	—	0.1	—
	炭黑	—	—	—	10	—
	钛白		—	0.001	—	—
	酞菁蓝					
润滑剂	硬脂酸	0.3			—	
	石蜡	—	0.8	—	0.5	—

3.4　成型物料的配制

配料过程主要包括原料（聚合物及各种助剂）的准备和原料的混合两个方面。原料的准备首先是根据制品已选定的塑料配方进行必要的原料预处理，计量及输送等过程，然后再进行混合，混合的目的是将原料各组分相互分散以获得成分均匀物料的过程。原料混合后的均匀程度显然将直接影响制品质量，可见混合质量是关键。

3.4.1　物料的混合和分散

1. *初步混合与分散混合*

混合作业在工业上大量使用。一个混合物通常由两种或更多可鉴别组分组成。简言之，凡是只使各组分作空间无规分布的称为初步混合，其原理如图 3.2 所示。

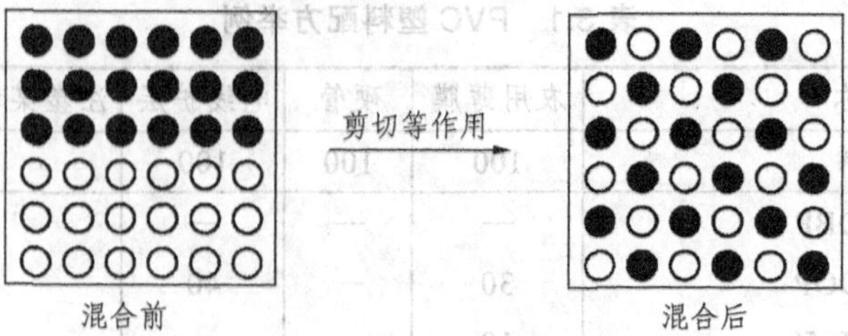

图 3.2 初步混合原理图

如果还要求组分聚集体尺寸减小的则称为分散混合，分散混合过程中一种或多种组分的物理性能发生了内部变化，其原理如图 3.3 所示。

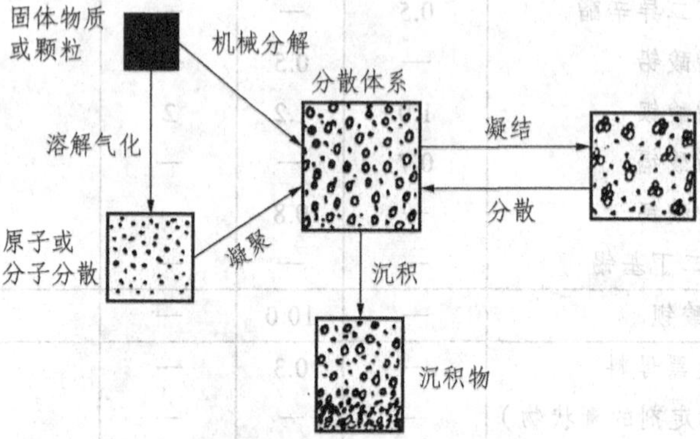

图 3.3 分散混合原理图

在塑料配制过程中，初步混合和分散混合是同时进行和完成的。

在塑料配制过程中，常见的混合有：不同组分粉状物料的混合、粉状与纤维状物料与液体状物料的混合等。

2. 混合中的力作用模式

混合作用主要靠扩散、对流、剪切 3 种作用来完成。

扩散作用靠各组分的浓度差推动，构成各组分的微粒由浓度较大的区域扩散到浓度较小的区域，从而达到均一的组成。对于气体与气体间的混合，扩散过程能自发地进行；在液体与液体或液体与固体之间，扩散作用也较显著；但在固体与固体之间扩散作用很小。升高温度，增加接触面，减少料层厚度等均有利于扩散的进行。

对流作用是使两种或多种物料在相互占有的空间内发生流动，以期达到组分的均一。对流需借助外力的作用，通常在机械搅拌下进行。不论何种聚集态的物料，要使其组成均一，对流作用总是不可少的。

剪切作用是利用剪切力促使物料组分均一的混合过程，如图 3.4 所示。设在一物料块[图 3-4（1）]上有一力作用于上平面而使它移动，由于下平面不动遂使物料块发生变形、偏转与拉伸[图 3-4（2）]，在这个过程中，物料块本身体积没有变化，只是截面变小，向倾斜方向伸长，并使表面积增大和扩大了物料分布区域。因而剪切作用可以达到混合的目的。

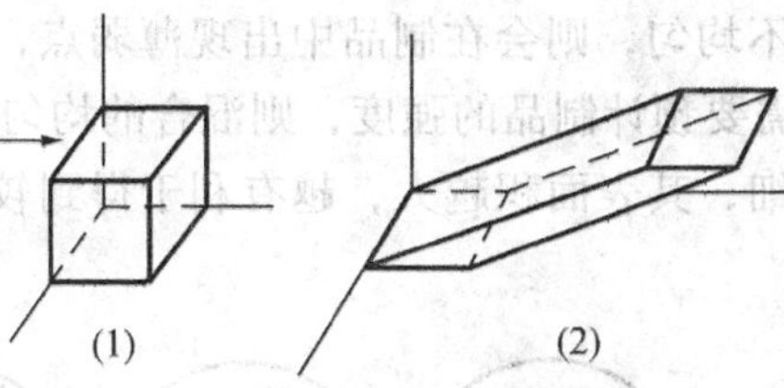

图 3.4　物料在剪切作用下的变形

剪切的混合效果与剪切速率的大小和剪切力的方向是否连续改变有关。剪切速率越大，对混合作用越有利。剪切力对物料的作用方向，最好是能不断作 90° 角的改变，即希望能使物料连续承受互为 90° 的两剪切力的交替作用，如此则混合作用的效果最好。通常的混合（塑炼）不是用改变剪切力的方向，而是用改变物料的受力位置来达到这一目的，例如用双辊筒塑炼塑料时，只有固定的一个方向的剪切力，因此，必须通过翻料的办法来不断改变物料的受力位置，以便能够更快更好地完成混合塑化作业。

3. *混合效果的评价*

混合效果，包括混合是否均匀、混合质量是否达到了预定的要求以及生产中混合过程终点的判断，都是混合过程需要明确的问题。

1）液体物料混合效果的评价

可以分析混合物不同部分的组成而看其各分组成和平均组成相差的情况。若相差小则混合效果好，反之则混合效果差，需要进一步混合或改进混合的方法及操作等。

2）固体或塑性物料混合效果的评价

应从两个方面来考虑，即组成的均匀程度和物料的分散程度。

组成的均匀程度是指混入物占物料的比率与理论或总体比率的差异。但就是相同比率的混合情况也是十分复杂的。从图 3.5 可以看出，假设一混合物中，甲、乙两组分各占总体含量的 50%，则理想的情况是图 3.5（a）中的那样，但实际上是达不到的。而（b）和（c）那样的分布却很可能出现（图中以黑白两色表示甲、乙两种物料）。在取样分析组成时，如试样的量足够多，则图中（a）、（b）、（c）的分析结果，均可能得出甲乙两组分含量各为 50%的结论。或者，取样量虽不够多，但因取样次数很多，虽然各次分析的结果有所出入，还是可以得出平均组成为 50%的结论。即取样次数越多，统计出的平均组成值就越与总体组成值接近。因此，如果只按取样分析组成结果来看，就可能得出图中（a）、（b）、（c）的混合情况都很好的结论。然而事实上，如果从物料的分散程度来看，则图示的 3 种情况是相差很远的。因此分散程度是需要考虑的。

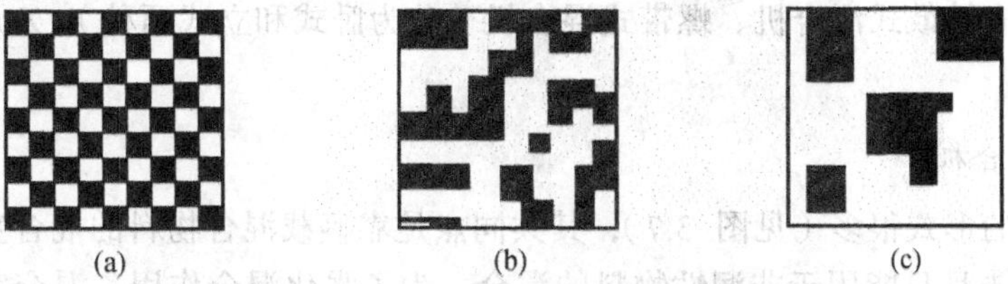

图 3.5　两组分固体物料的混合情况

混合均匀度将直接影响到制品的性能，特别是物理力学性能。例如，加入增强填料能大大提高制品强度，但若分散不均匀，则会在制品中出现薄弱点，在某些情况下将会带来严重的问题，在许多时候，常常需要预计制品的强度，则混合的均匀性将是一个重要的因素。

一般混合组分的粒子越细，其表面积越大，越有利于得到较高的均匀分散程度。混合均匀程度可用图 3.6 表示。

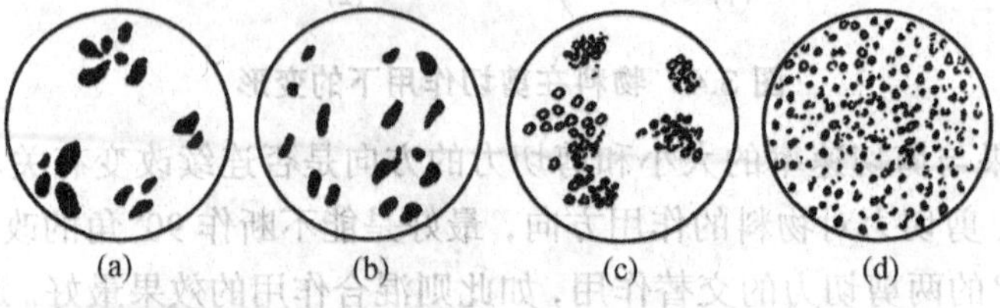

图 3.6 两组分固体物料的混合均匀程度示意图

显然，不均匀性：(a) > (b) > (c) > (d)；它们具有相同的组成，而排列不同，即混合均匀程度不同。

混合的不均匀性可以用下式表示：

$$X_c = \frac{100}{C_0}\sqrt{\frac{\sum_1^i (C_i - C_0)^2 N_i}{N-1}} \qquad (3\text{-}1)$$

式中，X_c 为不均匀系数；C_i 为试样中某一组分的浓度，%（质量）；C_0 为同一组分在理想的均匀分散情况下的浓度，%（质量）；i 为试样组数，$i=N/N_i$；N_i 为每组中同一浓度 C_i 的试样数；N 为取样次数。

X_c（%）可以由其中一个组分的质量百分数来定或分别对每一组分计算而确定。

关于物料的分散程度，通常都可从混入物料间的距离来考虑。距离越短，分散程度越好。而物料间的距离，则与各组分粒子的大小有关。粒子的体积越小，或在混合过程中不断减小粒子的体积，则可达到的均匀程度越高，或从概率的概念出发，同样质量或体积的试样，粒子越小，则相当数量的同种粒子集中于一局部位置的可能性越小，即微观分布越均匀。

3.4.2 混合与（塑）混炼设备

物料的配制必须通过混合设备和（塑）混炼设备来完成。

3.4.2.1 初混合设备

初混合设备主要用于物料在非熔融状态下的混合。用于初混合的设备类型较多，常用的初混合设备主要有转鼓式混合机、螺带式混合机（分为卧式和立式两种）、Z 形捏合机高速混合机。

1. 转鼓式混合机

这类混合机的形式很多（见图 3.7），其共同点是靠盛载混合物料的混合室的转动来完成的，混合作用较弱且只能用于非润性物料的混合。为了强化混合作用，混合室的内壁上也可加设曲线型的挡板，以便在混合室转动时引导物料自混合室的一端走向另一端。混合室一般用钢或不锈钢制成，其尺寸可以有很大变化。转鼓式混合机主要用于两种或两种以上树脂粒料并用时的着色等混合过程。

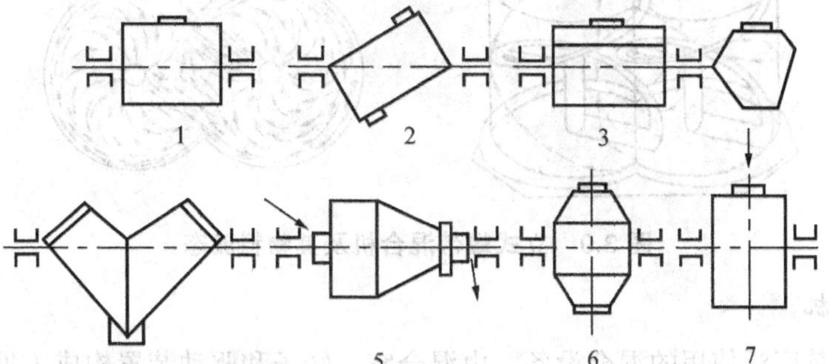

图 3.7　转鼓式混合机示意图

1—简式；2—斜形简式；3—六角形式；4—双简式；5—锥式；6—双锥式；7—颠覆简式

2. 螺带式混合机

典型的卧式双螺带混合机如图 3.8 所示。其由螺带、混合室、驱动装置和机架组成。螺带起搅拌、推动物料运动的作用。混合室是固定的。混合室内有两根结构坚固、螺旋方向相反的螺带。当螺带转轴转动时，两根螺带就各以一定方向将物料推动，以使物料各部分的位移不一致而达到混合的目的。

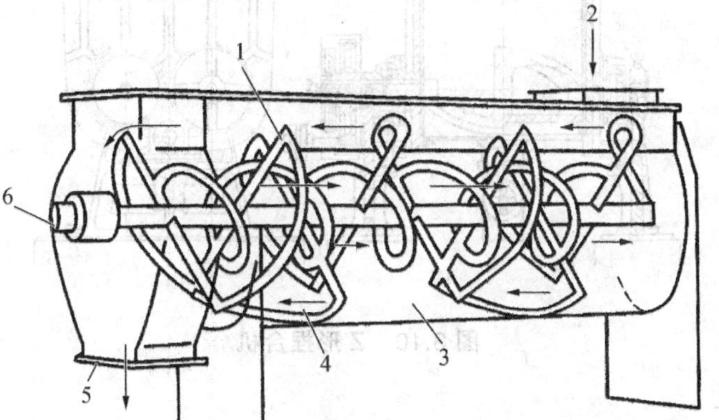

图 3.8　卧式双螺带混合机

1—螺带；2—进料口；3—混合室；4—物料流动方向；5—出料口；6—驱动轴

图 3.9 所示是立式螺带混合机。混合室是由两个有锥度的圆筒相交而成。工作时，旋转着的螺带将物料沿着壁面向上提起，当物料达到中心位置又落回底部，如此往复循环，因此，混合物效果较好，应用范围较广。

可以增加螺带的根数以加强混合作用，但须分为正反方向的两套，此时同一方向螺带的直径常是不相同的。螺带式混合机的容量可自几十公升至几千公升不等。这类设备多用在高速混合后物料的冷却过程，也称作冷混合机。

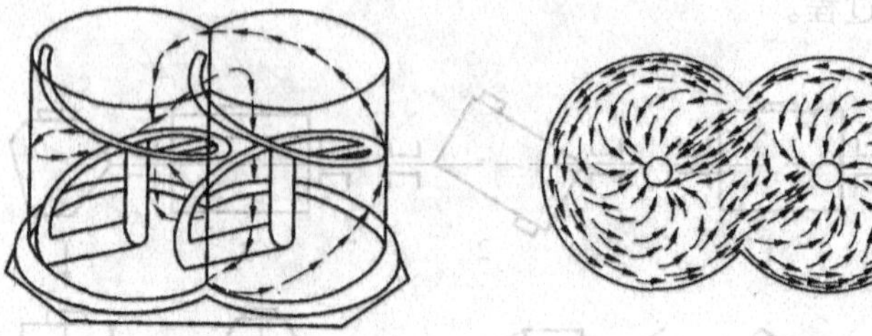

图 3.9 立式螺带混合机及其物料流态

3. Z 形捏合机

Z 形捏合机是广泛使用的混合设备，由混合室、转子和驱动装置构成（见图 3.10）。混合室是一个具有鞍形底的钢槽，上部有盖和加料口，排料口一般设在下部。钢槽呈夹套式，可以通入加热冷却介质。转子的形状变化很多，最常见的是 Z 形，故称为 Z 形转子。其次还有 S 形等。混合时，物料借搅拌器的转动（两个搅拌器的转动方向相反，速度也可以不同）沿混合室的侧壁上翻而在混合室中间下落。这样物料受到重复折叠和撕捏作用并从而得到均匀的混合。捏合机除可用外附夹套进行加热和冷却外，还可在搅拌器的中心开设通道以便冷、热载体的流通，这样就可使温度的控制比较准确。捏合机的混合效率虽较螺带混合机有所提高，但存在混合时间长、均匀性差等缺点，目前已被高速混合设备所代替。

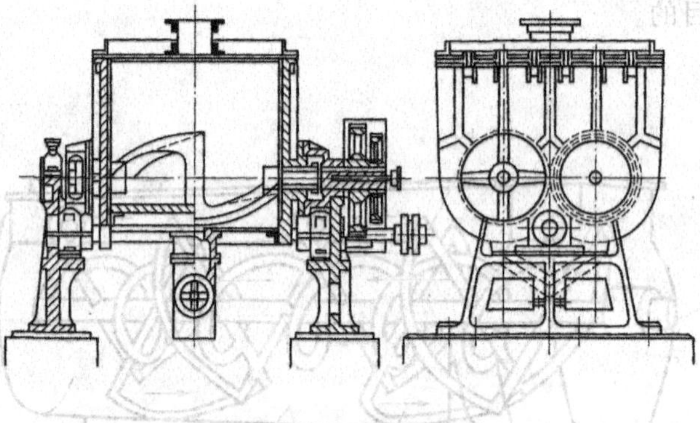

图 3.10 Z 形捏合机

4. 高速混合机

高速混合机可用于高分子材料的混合、配料、填料表面处理及共混材料的预混合等，更适宜于配制粉料。该机主要是由一个圆筒形的混合室和一个设在混合室内的搅拌装置组成（见图 3.11）。

搅拌装置由快转叶轮和挡板组成。快转叶轮安装在混合室下部，挡板高度可以在垂直方向上调整高度。叶轮根据需要不同可有 1~3 组，分别装置在同一转轴的不同高度上。每组叶轮的数目通常为 2 个。叶轮的转速一般有快慢两挡，两者之速比为 2：1。快速约为 860 r/min，但视具体情况不同也可以有变化。混合时物料受到高速搅拌，在离心力的作用下，由混合室底部沿侧壁上升，至一定高度时落下，然后再上升和落下，从而使物料颗粒之间产生较高的剪切作用和热量。因此，搅拌装置除具有混合均匀的效果外，还可使塑料温度上升而部分塑化。挡板的作用是使物料运动呈流化状，更有利于分散均匀。高速混合机是否外加热，视具体情况而定。用外加热时，加热介质可采用油或蒸汽。油浴升温较慢，但温度较稳定，蒸汽则相反，如通冷却水，还可用作冷却混合料，冷却时，叶轮转速应减至150 r/min左右，混合机的加料口在混合室顶部，进出料均有由压缩空气操纵的启闭装置，加料应在开动搅拌后进行，以保证安全。

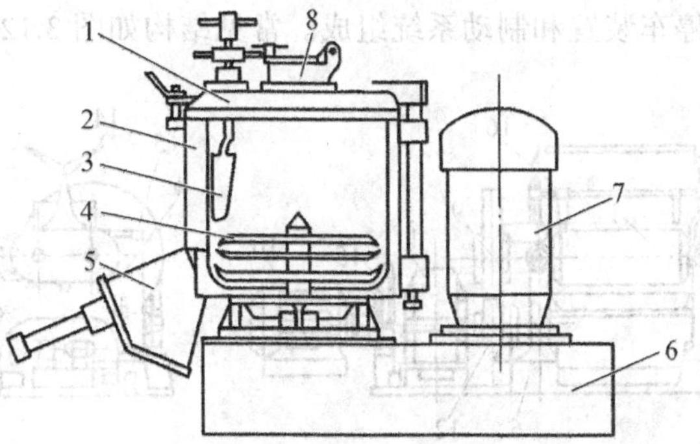

图3.11　高速混合机

1—回转盖；2—容器；3—挡板；4—快转叶轮；5—出料口；6—机座；7—电机；8—进料口

3.4.2.2（塑）混炼设备

用于塑料成型加工的物料形式很多，如粉料、粒料、分散体等。其中，粒料与粉料在组成上是一致的，不同的只是混合的程度和形状。粒料的制备，实际上首先是制成粉料，再经过塑炼和造粒而成。因此，在粒料制备的工艺上，常将用简单混合制成粉料的过程称为初混合，而将由此取得的粉料称为初混物，以便与以后的塑炼（事实上也是一种混合）区别。

借助于设备的剪切、摩擦和热的作用使物料由固态转变为具有一定可塑性的物料的过程称为塑炼。塑炼的目的即在借助加热和剪切力使聚合物获得熔化、剪切、混合等作用而驱出其中的挥发物，并进一步分散其中的不均匀组分。这样，使用塑炼后的物料就更有利于制得性能一致的制品。

初混物的塑炼在聚合物流动温度以上和较大的剪切速率下进行，可能造成聚合物分子的热降解、力降解、氧化降解以及分子定向等。显然，这些化学和物理作用都与聚合物分子结构和化学行为有关。另外，塑料中的助剂对上述化学和物理作用也有影响，而且助剂本身，如果塑炼条件不当，也会起一定的变化，因此，不同种类的塑料应各有其适宜的塑炼条件，主要是指塑炼的温度、时间和翻料次数（用双辊筒机塑炼时）。

塑炼的终点可用撕力机测定塑炼料的撕力来判断，但需要较长的时间，不能及时作出判断。故生产中一般是靠经验判断，如用刀切开塑炼料来观察其截面，如截面上不显毛粒，而且颜色和质量都很齐匀，即可认为合格。

将各种配合剂混入并均匀分散于塑料熔体中的过程称为混炼，其产物称为混炼料。混炼料的质量直接影响到制品的成型加工性能和制品的质量。完成（塑）混炼过程的设备称为（塑）混炼设备。常用的设备包括间歇式（塑）混炼设备（如开炼机、密炼机）和连续式（塑）混炼设备（如螺杆挤出机）。

1. 开炼机

开炼机又称为开放式双辊机、开放式塑炼机，最早应用于橡胶加工中。它是通过两个相对旋转的辊筒对塑料进行挤压和剪切作用从而实现对物料进行塑化和混炼加工。

开炼机主要由两个辊筒、辊筒轴承、机架、横梁、传动装置和辊距调节装置、润滑系统、加入和冷却系统、紧急停车装置和制动系统组成。常见结构如图 3.12 所示。

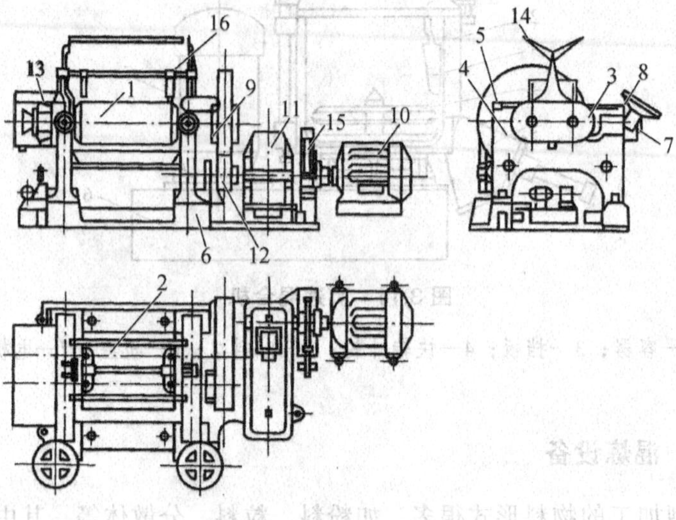

图 3.12 标准开炼机结构示意图

1—前辊筒；2—后辊筒；3—辊筒轴承；4—机架；5—横架；6—机座；7—调距装置；8—手轮；9—大驱动齿轮；10—电动机；11—减速器；12—小驱动齿轮；13—速比齿轮；14—安全杆；15—电磁抱闸；16—挡板

开炼机中起塑炼作用的主要部件是一对能转动的平行辊。辊筒靠电动机经减速箱、离合器，然后由两个互相啮合的齿轮带动。其长径比为 2.5 左右，辊间间隙应是可调的。辊筒内有循环加热或冷却介质的通道。两辊的转动轴系位于同一水平面上并作相向的转动，转速一般为 17~20 r/min。双辊机的生产能力与辊筒直径大小有关。辊筒间的物料存在速度梯度，即产生了剪切力。这种剪切力即可对塑料起到混合塑炼作用。辊隙越小，剪切作用越显著，塑化效果愈好。但是小辊隙会降低双辊机的生产能力。为了加大辊筒间的剪切作用，而又不减小辊隙，常采用两辊转速不等的办法，其速比一般为 1：1.05~1.10。

开炼机工作时是开放的，塑料在双辊机上直接与空气接触，物料会因冷却而使其黏度上升，从而增加剪切的效果，这在其他塑炼机上是少有的。但塑炼毕竟处在高温下，与空气接触容易引起氧化降解。

在双辊上每一瞬间被剪切的物料并不多，而且对物料的作用主要在于单方向的剪切，而很少有对流作用，这对物料在大范围内的混匀是不利的。故在塑炼中用切割装置或小刀不断地划开辊出的物料，而后再使其交叉叠合并进行辊压，这种操作在生产中常称作翻料或“打三角包”。双辊机的特点是投资较低，但劳动强度大，劳动条件差，粉尘及排出的低分子物料污染大，因此，近年来使用有所减少。

2. 密炼机

密炼机是在开炼机的基础上发展起来的，混合效果比开炼机更为优异。

密炼机的主要部件是一对转子和一个塑炼室（见图 3.13）。转子的横切面呈梨形，并以螺旋的方式沿着轴向排列。当其转动时，被塑炼物料的移动不仅绕着转子，而且也顺着轴向。两个转子的转动方向是相反的，转速也略有差别，而两个转子的侧面顶尖以及顶尖与塑炼室内壁之间的间距都很小。因此，转子在这些地方扫过时都对物料施有强大的剪切力。塑炼室的顶部设有由压缩空气操纵的活塞，以压紧物料而使其更有利于塑炼。密炼机的特点是混炼过程是密闭的，在较短的时间内给予物料以大量的剪切能，而且是在隔绝空气条件下进行工作的，所以在劳动条件、塑炼效果和防止物料氧化和挥发等方面都比较好。

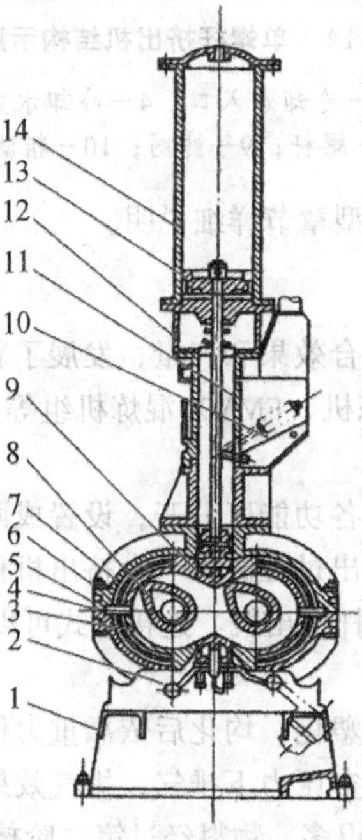

图 3.13　密炼机结构示意图

1—底座；；2—卸料门紧锁装置；3—卸料装置；4—下机体；5—下密炼室；6—上机体；7—上密炼室；8—转子；9—压料装置；10—加料装置；11—翻板门；12—填料箱；13—活塞；14—气缸

密炼机塑炼室的外部和转子的内部都开有循环加热或冷却载体的通道，以加热或冷却物料。由于内摩擦生热的关系，物料除在塑炼最初阶段外，其温度常比塑炼室的内壁高。当物料温度上升时，黏度随即下降，因此，所需剪切力亦减少。如果塑炼中转子是以恒速转动，而且所用电源的电压保持不变，则常可借电路中电流计的指引来控制生产操作。密炼后的物料一般呈团状，为了便于粉碎或粒化，还需用双辊机将它辊成片状物。

3. 挤出机

挤出机是一种连续式混炼机，其主要部件由电动机、减速装置、冷却水通道、料斗、加热器、螺杆、机座等构成，其中核心部件是螺杆和料筒，如图 3.14 所示。

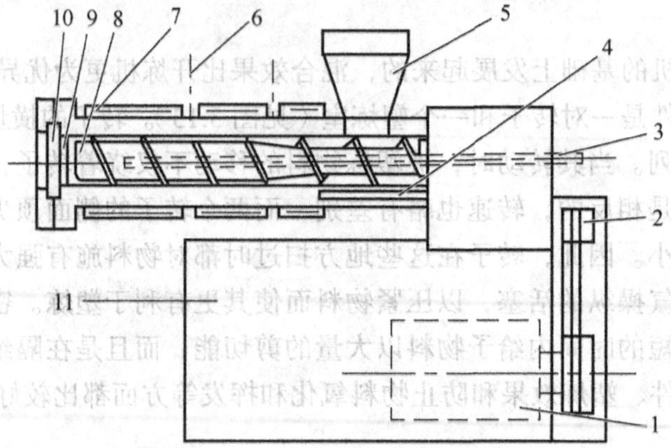

图 3.14 单螺杆挤出机结构示意图

1—电动机；2—减速装置；3—冷却水入口；4—冷却水夹套；5—料斗；6—稳定剂；
7—加热器；8—螺杆；9—滤网；10—粗滤器；11—机座

挤出机的工作原理将在挤出成型章节详细说明。

4. 其他类型的连续混炼机

为了提高传统螺杆挤出机的混合效果和产量，发展了新型的连续混合设备，包括双阶挤出机、行星螺杆挤出机、FCM 混炼机、FMVX 混炼机组等，简要介绍如下。

1）双阶挤出机

双阶挤出机是把一台挤出机的各功能区分开，设置成两台挤出机，而两台挤出机为一个整体，串联在一起完成整个混合挤出过程。第一台挤出机称为第一阶，第二台挤出机称为第二阶。它们都可以是单螺杆或双螺杆挤出机。连接形式可以是 L 形，也可以是平行的，如图 3.15 所示。

工作时，物料经第一阶挤出机塑化、均化后依靠重力作用由末端进入第二阶挤出机的加料口中。在此过程中，在大气或真空压力下排气，排气效果比单阶挤出机的排气效果好，因为排气面积及物料的表面更新要大得多。物料经过第二阶挤出机的补充压缩、混炼和均化后，在定温、定压、定量下通过机头挤出。

双阶挤出机的优点是：动力消耗分散比较合理，有效利用能量；若第一阶挤出机中出现了塑化、混合不均匀现象，在第二阶可以得到弥补；排气效果较好。不足之处是物料在螺杆挤出机中的停留时间较长，对热敏性塑料有降解的危险。

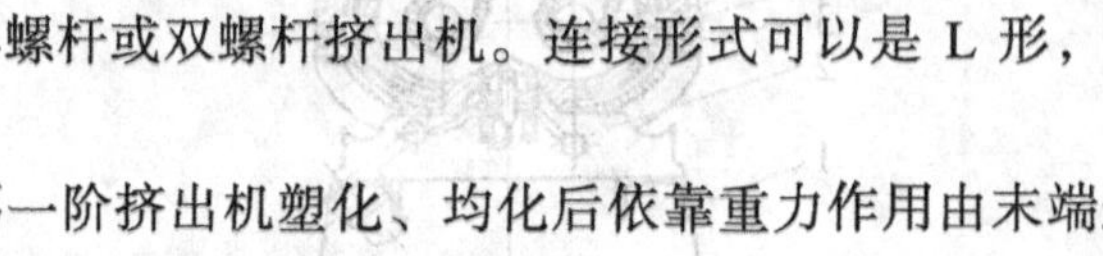

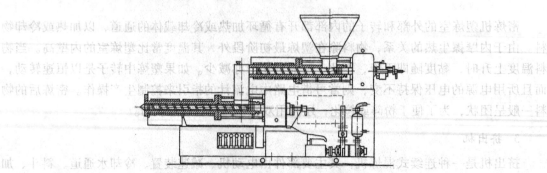

图 3.15 由单螺杆组成的双阶挤出机

2）行星螺杆挤出机

行星螺杆挤出机尤其适合于 RPVC 的加工。其设计思路是把行星齿轮传动的概念移植到挤出机中。结构特点是：挤压系统分两段，第一段为常规螺杆，第二段为行星螺杆段。行星螺杆段犹如行星轮系，由多根螺杆组成。中心螺杆为主螺杆，主螺杆的周围安置着与之啮合的若干根小直径螺杆。小螺杆除自转外，还绕主螺杆作公转，因此称为行星螺杆，如图 3.16 所示。

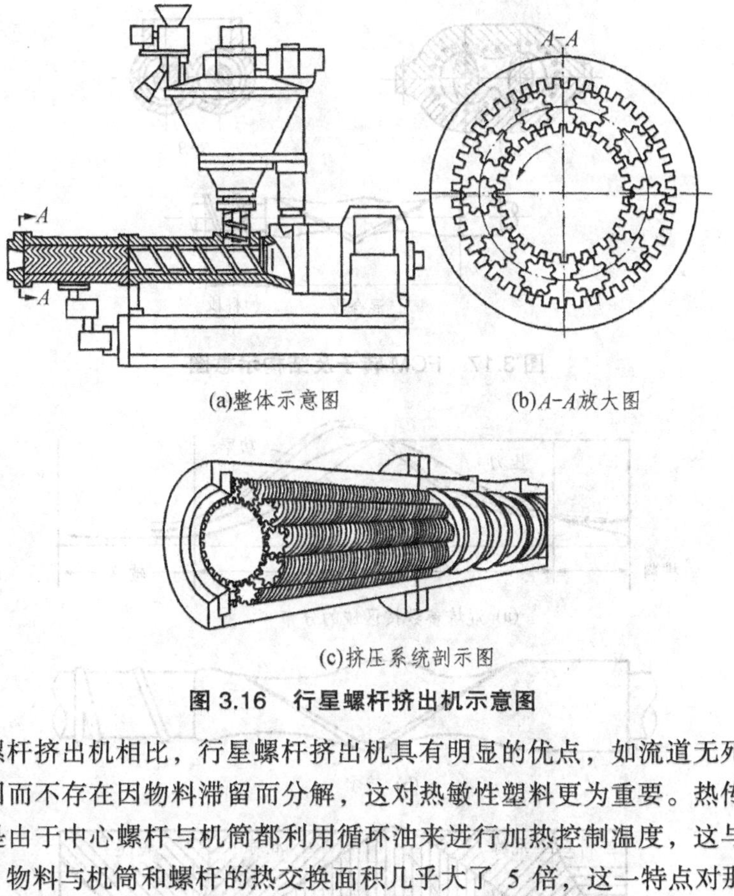

(a)整体示意图　(b)A–A放大图

(c)挤压系统剖示图

图 3.16　行星螺杆挤出机示意图

与常规的螺杆挤出机相比，行星螺杆挤出机具有明显的优点，如流道无死角，具有良好的自洁作用，因而不存在因物料滞留而分解，这对热敏性塑料更为重要。热传导效率高，塑化效率高。这是由于中心螺杆与机筒都利用循环油来进行加热控制温度，这与相同螺杆直径的单螺杆相比，物料与机筒和螺杆的热交换面积几乎大了 5 倍，这一特点对那些对温度敏感而对剪切速率不敏感的物料塑化非常有意义。除此之外还具有比能耗低、产量高、物料停留时间短等特点。

3）FCM 混炼机

为了改进密炼机的不足（如不连续），发展了 FCM（Farrel Continuous Mixer，Farrel 为美国一公司名称）混炼机。FCM 的外形类似于双螺杆挤出机，但喂料、混料与卸料方式都与挤出机不同。其工作原理如图 3.17 所示。

FCM 有两根相切并排着的转子。转子的工作部分主要由加料段、混炼段和出料段组成。两根转子做相向运动，但速度不同。工作时，物料通过速率可控的计量装置加入加料段，然后由螺纹输送到混炼段，物料经过捏合、剪切、辊压的作用发生彻底混合，在转向相反的螺杆作用下，向排料段输送。物料在 FCM 中的混炼历程如图 3.18 所示。

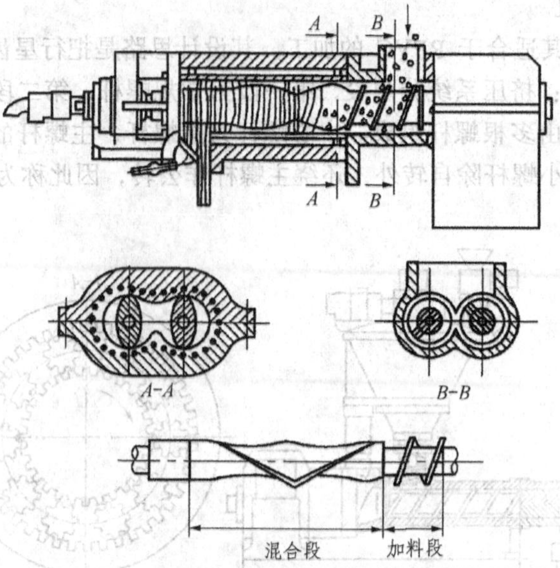

图 3.17 FCM 转子及结构示意图

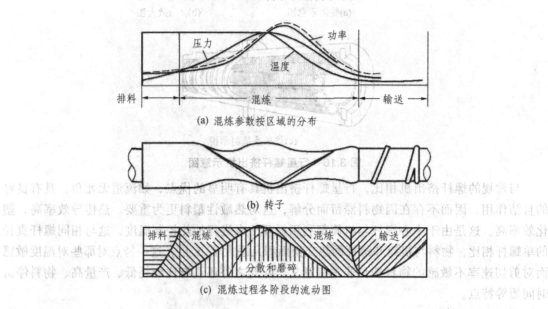

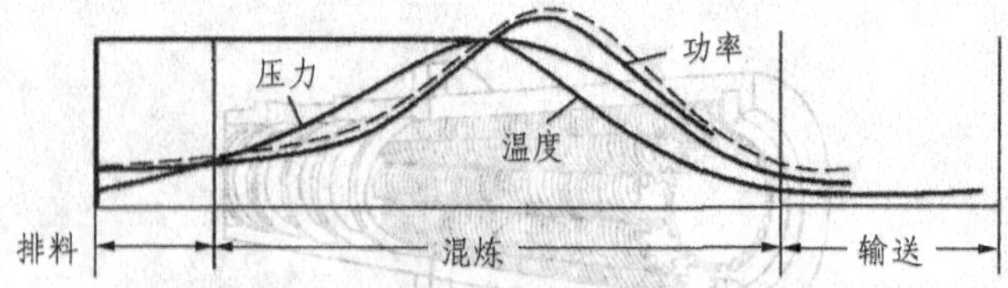

(a) 混炼参数按区域的分布

(b) 转子

(c) 混炼过程各阶段的流动图

图 3.18 物料在 FCM 中的混炼历程示意图

FCM 的可控变量多，适用性良好，可在很宽的范围内完成混合任务。常用于填充聚合物、未填充聚合物、增塑聚合物、热塑性塑料、橡胶掺混料等的混合。主要缺点是不能自洁、清理比较麻烦。

3.4.2.3 炼成物的粉碎或粒化

粉碎和粒化同样都减小固体尺寸，所不同的只是前者所成的颗粒大小不等，而后者比较整齐且有固定的形状。减小固体尺寸的基本作用通常是压缩、冲击、摩擦和切割，所以不管哪一种减小固体尺寸的设备总是对物料施加上述一种或几种作用。塑料大多是韧性或弹性的物料，因此，具有切割作用的设备就获得了更为广泛的应用。设备的选择还依赖于炼成物的形状。由双辊筒机所制得的炼成物通常是片状的，处理片状物的一种方法是将物料用切粒机切成粒料。由挤出机挤出的条状物，一般是用装在口模处的旋转刀来进行切粒的。但也有将条状物用粒化设备来成粒的。

粒化设备有成粒机和切粒机两类。典型的切碎机如图 3.19 所示。沿外壳的轴向设有进料斗。转子的转速很大，固定刀与叶刀的交口间距则较小，进入的物料在两刀口交口处被切成碎片，碎片从壳体底部排出，必要时还可通过筛选。

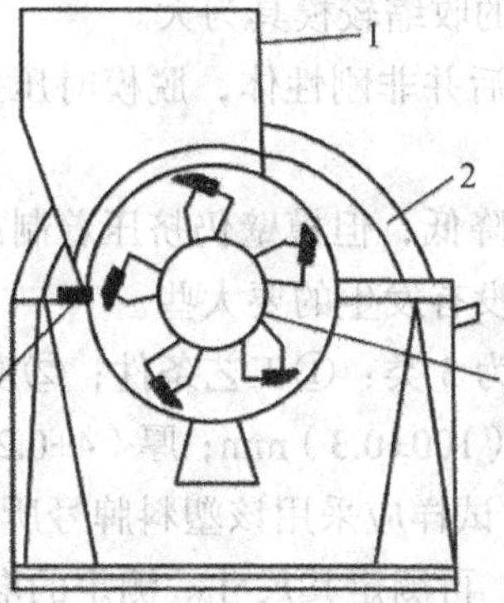

图 3.19　切碎机示意图

1—料斗；2—外壳；3—转子；4—固定刀

3.4.3　粉料和粒料的工艺性能

粉料和粒料的工艺性能对成型加工和制品质量具有重要影响。各种通用塑料的工艺性能参数通常可以参考相关手册。热固性塑料和热塑性塑料的工艺性能主要包括以下几方面。

1. 模塑周期

模塑周期也称成型周期，是指循环而又按一定顺序的模塑作业中，由一个循环的某一特定点进至下一循环同一点所用的时间。例如，从粉料或粒料加入模具中起，经加热加压、硬化到解除压力、脱出制品、清理模具至重新开始加料为止所需的总时间。

2. 热固性塑料的工艺性能

1）收缩率

塑料制品从高温熔融状态冷却到室温后，其尺寸将发生收缩。收缩率可由下式计算：

$$S_L = \frac{L_0 - L}{L_0} \times 100\% \tag{3-2}$$

式中，S_L 为塑料的收缩率；L_0 为模具型腔在室温和标准压力下的单维尺寸；L 为制品在相同情况下与模具型腔相应的单维尺寸。

如果制品上各维的 S_L 分别有零、相等与不相等的变化，则制品的形样即会分别相应地与模具型腔相等、相似与不相等也不相似。为了保证制品的准确性，在规定模具型腔的尺寸时，即不得不结合各维上的 S_L 值而定出适当的放大倍数。但这一问题是很难得到满意的解决的，因为影响因素复杂，各维上的 S_L 各次成型中也不一定是定值。所以在实际工作中都采用实测 S_L 的平均值，这样，制品就有一定公差范围。

影响热固性塑料制品收缩的基本原因包括：

（1）化学结构的变化：制品中的聚合物是体型结构，而所用塑料中的则为线型结构，前者的密度较后者为大，因而产生了收缩。

（2）热收缩：塑料的热膨胀系数比钢材大（塑料的线膨胀系数为 25×10^{-6}~120×10^{-6}，而钢材则为 11×10^{-6}），故制品冷却后的收缩较模具为大。

（3）弹性回复：制品在硬化后并非刚性体，脱模时压力降低即有一弹性回复。这将会减小收缩率。

（4）塑性变形：脱模时压力降低，但模壁仍挤压着制品四周，从而使制品发生局部塑性变形。发生变形部分的收缩率比没有发生的要大些。

影响制品收缩率的因素可归为 3 类：①工艺条件；②模具和制品的设计；③塑料的性质。

测定收缩率用的试样是直径（100±0.3）mm；厚（4±0.2）mm 的圆片或每边长为（25±0.2）mm，厚（4±0.2）mm 的立方体。试样应采用该塑料牌号所规定的成型条件。试样脱模后应在恒温（20±1 °C）下放置 16~24 h，再测定其尺寸。测定的准确程度应达到±0.02 mm。

一般说来，收缩率太大的制品易发生翘曲、开裂。工厂中降低收缩率的有效措施是：采用预热、严格遵守工艺规程和采用不溢式的模具。

2）流动性

塑料在受热和受压下充满整个模具型腔的能力称为流动性。它与塑料在黏流态下的黏度有密切关系。关于塑料流动性的测定方法，目前大体有 3 种：①测流程法：在特定的模具中，于固定温度、压力及施压速率下，测定塑料在模具中的流动距离；②测流动时间法：从开始对模具加压至模具完全关闭所需的时间。流动性即以此时间表示；③流程时间测量法：将上两法结合起来，即用流动速度来表示流动性。

3 种方法中以①法最简单，故使用较多。在具体应用时，各国采用的模具并不完全相同，所定的标准也不一样。我国通用拉西格法。

拉西格法系将定量的塑料，在一定的温度与压力下，用图 3.20（a）所示的模具在规定的时间内压成如图 3.20（b）所示的成型物。然后以成型物“细柱”长度（仅算其光滑部分）的毫米数来表示塑料的流动性。按流动性的大小，一般将热固性塑料分为 3 级：一级 35~80 mm；2 级 81~130 mm；3 级 131~180 mm。

影响流动性的因素很多，大体可归纳为两类：①属于塑料本身的，如树脂与填料的性质和比率、颗粒的形状与大小、含水量、增塑剂及润滑剂的含量等。一般树脂相对分子质量越小，填料颗粒细小而又呈球状的，增塑剂、润滑剂、含水量增高时，流动性增大。②属于模具与成型条件的，如模具型腔表面的光洁程度和流道的形状、模具的使用情况、模具的加热情况、塑料的预热方法与条件及成型工艺条件等。型腔表面光滑又呈流线型的，常能提高塑料的流动性；塑料在新制模具中的流动性不如在使用较久的模具中的大；原用某种塑料压制的模具，在改用另一种塑料的初期，常会出现流动不正常；对塑料进行预热和在压制中采用均匀而又快速的加热均对流动性的提高有利。

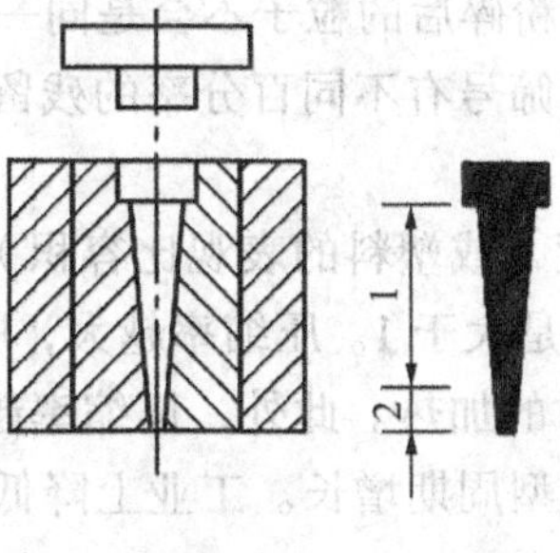

（a）模具　　（b）成型物

图 3.20 测定流动性用的模具和压成的成型物示意图

1—光滑部分；2—毛糙部分

成型不同的制品对流动性的要求也不同，如压制大型或形状较复杂的制品时，需要塑料有较大的流动性。如果塑料的流动性太大，常会使塑料在型腔内填塞不紧或树脂与填料分头聚集（树脂流动性比填料大），从而使制品质量下降，甚至成为废品。流动性太大时，还会使塑料溢出模外，造成上下模面发生不必要的黏合或使导合部件发生阻塞，给脱模和整理工作造成困难，同时还会影响制品尺寸的精确度。流动性过小时，则不能压制大型或形状复杂的制品，同时还使设备生产能力降低，易于产生废品。所以每一种制品对所用塑料的流动性常有一定的要求。

3）水分与挥发分

塑料中常含有水分与挥发分。引起水分与挥发分多的原因有：①树脂相对分子质量偏低；②塑料在生产时未得到充分干燥；③存放不当，特别是吸水量大的塑料。

塑料中存在水分与挥发分会使其流动性过大（水分有增塑作用）；成型周期增长，制品收缩率增大，多孔以及易于出现翘曲、表面带有波纹和闷光等现象。更重要的是降低了制品的电性能和力学性能。各种塑料的水分和挥发分均有一定的技术指标。部分塑料的水分和挥发分含量标准可参见相关手册。

生产中常常是测定水分和挥发分的总量。测定方法一般是取称准的试样（约 5 g），在 100~105 °C 的烘箱内烘 30 min。烘后的质量损失率即为水分与挥发分的含量。

4）细度与均匀度

细度是指塑料颗粒直径的毫米数，均匀度是指颗粒间直径大小的差数。

细度与塑料的比容积有关，颗粒越细，比容积就越大。颗粒小的塑料能提高制品的外观质量。在个别情况下，还能提高制品的介电和物理力学性能。但颗粒不能太小，因为它在压制中所包入的空气不容易排出，这不仅会延长成型周期（空气的导热系数比塑料更小），甚至还会引起制品在脱模时起泡。

均匀度好的塑料，其比容积较一致，因此在预压或成型中可以采用容量法计量，在压制时受热也比较均匀，使制品质量有所提高，前后制品的性能也比较一致。均匀度差的，在运转、预压或自动压机中受机械的振动，常会使颗粒小的聚集在容器或料斗的底部，这样在生产制品时就会出现制品性能的前后不一致。

细度和均匀度通常是用过筛分析来衡量的。根据技术要求的不同，各种塑料常订有一定的指标。例如在生产酚醛塑料时，粉碎后的粒子不会是同一直径的，其粒度常是多分散性的。将这种塑料粉进行筛分，则在不同筛号有不同百分率的残留物。

5）压缩率

压缩率定义为制品的相对密度（或塑料的表观比容积）与塑料的表观相对密度（或制品的比容积）之比。塑料的压缩率总是大于 1。压缩率越大，所需模具的装料室也越大，这不仅耗费模具钢材，而且不利于压制时的加热。此外，压缩率越大，装料时带入模具中的空气就越多，如需要排出空气，便会使成型周期增长。工业上降低压缩率的通用方法是预压。

6）硬化速率

硬化速率是指用塑料压制标准试样[一般用直径为 100 mm，厚为（5±0.2）mm 的圆片]时使制品物理力学性能达到最佳值的速率，通常都用“秒/毫米厚度”来表示，此值越小时，硬化速率就越大。硬化速率依赖于塑料的交联反应性质，并在很大程度上取决于成型时的具体情况。硬化速率应有一适当的值，过小时会使成型周期增长，过大时又不宜用作压制大型或复杂的制品，因为在塑料尚未充满模具时即有硬化的可能。塑料的硬化速率是通过一系列标准试样来确定的。

3. 热塑性塑料的工艺性能

热塑性塑料的工艺性能除硬化速率（热塑性塑料在成型时的硬化是物理的冷却过程，与模具的冷却速率有关）外，其他项目都与热固性塑料相同，在此仅补充两点。

1）收缩率

与热塑性塑料收缩最密切的是塑料体积与温度和压力的关系。前者表现为热收缩，后者则为弹性恢复。

聚合物体积随温度变化的关系中牵涉时间因素。图 3.21 所示为无定形聚合物加热与冷却时的体积–温度典型曲线。曲线 *AB* 表示一个原在平衡状态的试样由低于熔化温度 T_m 按等速升温时比容积变化的情况。曲线 *BC* 则为它的逆过程。随后，已经冷却的试样体积再在等温情况下沿直线 *CA* 又回至原来的平衡态。但由 *C* 到 *A* 要经过一段相当长的时间（数天）。就指定的试样而论，经历 *CA* 过程所需的时间并非恒定，而是依赖于加热和冷却的速率。如果两者都进行得极为缓慢，则 *AB* 与 *BC* 两曲线就可以重合。

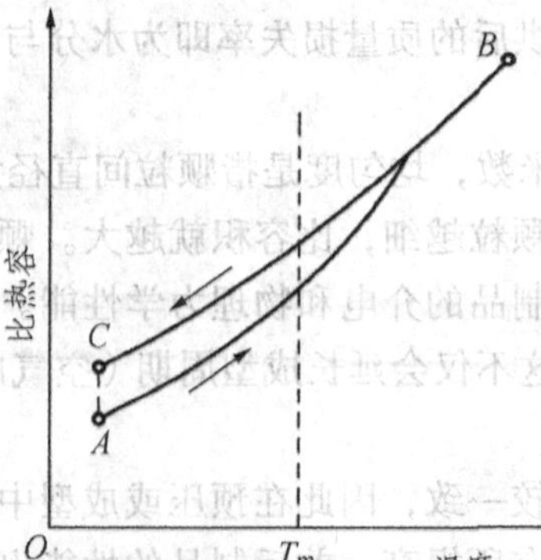

图 3.21　无定型聚合物加热与冷却时的体积　温度典型曲线

收缩在时间上滞后的原因是：无定形聚合物在局部结构上常有一定数量类似晶体般的排列，但这种结构都不很大。围绕这些有序区域的分子则是一种混乱的排列，其中带有许多空孔，在较高的温度下，无序的程度会有所增加，也就是带有空孔区域的比率得到增长。由温度变化所引起的空孔消涨是需要经历一段时间的，消涨的机理可能与扩散作用或黏滞流动有关。

具有结晶行为的聚合物，其中晶区的比容积较非晶区的要小。因此在考虑体积温度关系时还存在着结晶度的问题。从第 2 章的讨论已知，聚合物的结晶度是依赖于聚合历程和结晶时的温度变化，压力、时间等因素，所以，结晶聚合物的收缩比无定形聚合物更为复杂，在收缩率上要大得多。必须指出，结晶聚合物的收缩同样也存在时间效应。

基于同样的理由，聚合物体积与压力的关系也牵涉时间效应的问题。值得注意的是，一般固体与液体的体积随压力的变化都是比较小的，甚至可以略而不计。但对聚合物来说，体积随压力的变化，在成型过程中常常是不可忽视的。如果不考虑变化速率的问题，则在定温下，多数聚合物的体积与压力粗略地呈直线形的反比关系。假如再将温度包括进去，则三者的关系可以相当合理地用改良的范德华方程式来表示，即

$$(P+\pi)(V-b)=RT/M \tag{3-3}$$

式中，p 为压力；V 为聚合物的比容积；M 为“作用（链节）单元”的相对分子质量，须由实验决定；π 与 b 均为常数，也须由实验确定；R 为气体常数；T 为绝对温度。表 3.2 列出几种聚合物的状态方程常数。

表 3.2　状态方程常数

聚合物	M	π/MPa	b/（$cm^3 \cdot g^{-1}$）
聚苯乙烯	104	180.4	0.822
聚甲基丙烯酸甲酯	100	213	0.734
乙基纤维素	60.5	237	0.720
乙丁酸纤维素	54.4	281	0.688
聚乙烯	28.1	324	0.875

就上述而论，如果允许时间上的等待，热塑性塑料的收缩率应该是一个定值，且可通过实验来计算，但是，在实际的成型作业中，收缩率却与计算值有些出入，所以计算值只具有指导的意义。其原因是：①制品在成型过程中冷却时，各部分的冷却速率和冷却的最终压力不完全相同，因而各部分的收缩不会相等；②冷却时由于制品厚的部分比薄的部分冷得慢些，这样，塑料在模具内的冷却过程中，两部分的密度就会出现差别，从而形成压力梯度，以致厚的部分的一些塑料会向薄的部分流动。这种内部流动对收缩的不均是很重要的；③制品在成型和使用过程中所发生的塑性形变、定向、结晶和吸湿等对体积变化的影响。

2）流动性

热塑性塑料的流动性是在熔融状态下黏度的倒数。与黏度一样，流动性不仅依赖于成型条件（温度、压力、剪切速率），而且还依赖于塑料中聚合物和助剂的性质。热塑性塑料的流动性，除可用通用流变仪测定其黏度而求得外，工业中常通过 MFR 的测定来反映某些热塑性塑料的流动性能。它是在规定的试验条件下，一定时间内挤出的热塑性物料的量。按照我国国家标准 GB 3682—83《热塑性塑料熔体流动速率实验方法》来测定。聚合物的 MFR 越大，流动性越好。流动性是比较塑料加工难易的一项指标，但从它与它所依赖的变量的关系来说，比较时所用的流动性数据应该与成型时相近或相同的为准，否则所得结论是不足为凭的。工

业上也有用一长流程的模具（常称为阿基米德螺旋线模），模腔为螺旋形，流道断面为圆形，测定时在同样工艺条件下，比较不同塑料注塑充模后所得螺旋形试样的长度以说明其流动性的好坏，这在第 2 章中已有说明。

3.4.4 溶 液

用流延法生产薄膜、胶片及生产某些浇铸制品等常常使用聚合物的溶液作为原料。溶液的主要组分是溶质与溶剂。溶质包括聚合物和除溶剂外的有关助剂，而溶剂通常则是指烃、芳烃、氯代烃类、酯类、醚类和醇类。用溶液做原料制成的制品（如薄膜），其中并不含溶剂（事实上可能存有挥发未尽的、痕量的溶剂），所以构成制品的主体是聚合物。溶剂只是为加工而加入的一种助剂。

1. 溶剂选择原则

选择溶剂的原则是要求它对聚合物有良好的溶解性能，无色、无臭、无毒、不燃、吸水量低、化学稳定性高、沸点较低及成本低等。完全符合这些要求是不可能的，但是，首先考虑的应是溶解性能和制品的质量。

1）结构相似相溶原则

一种溶剂能否溶解一种聚合物，通常可以用经验法则“结构相似相溶”来判断，但可靠性较差。

2）溶度参数（δ）相近原则

可用热力学上所推导的溶度参数（δ）来判断。溶度参数（δ）定义为：

$$\delta = \left(\Delta E / V\right)^{1/2} \tag{3-4}$$

式中，ΔE 为物质的摩尔蒸发能量（以 cal 计）；V 为摩尔分子体积（以 cm^3 计）。如果聚合物与溶剂两者的溶度参数（通用溶剂、增塑剂与聚合物的溶度参数可参考相关手册）近于相等（差值在 0.1 以内），则两者即能互溶，相差较大时，则溶解就有限制或不溶。结晶和氢键对聚合物在溶剂中的溶解会起不良影响，因而在用溶度参数判断时会出现不准的情况。但从实践证明，在大多数情况下这种溶度参数技术的应用仍然是有效的。

采用混合溶剂溶解聚合物时，混合溶剂的溶度参数（δ_m）定义为：

$$\delta_m = \frac{n_1 V_1 \delta_1 + n_2 V_2 \delta_2}{n_1 V_1 + n_2 V_2} \tag{3-5}$$

式中，n_1 和 n_2 分别为混合溶剂中第一和第二两种溶剂的摩尔分数；V_1 和 V_2 分别为两种溶剂的摩尔体积；而 δ_1 和 δ_2 则分别为两种溶剂的溶度参数。应用上式，即有可能将两种溶液的配比进行调整（即调整 n_1 与 n_2，$n_1=1-n_2$）而使 δ_2 接近于需要溶解的聚合物的溶度参数。这样所配的混合溶剂就会很好地溶解该种聚合物。这样，即使采用两种非溶剂也同样有效。同时也采用弗洛利（Flory）–哈金斯（Haggins）理论来推断聚合物间或溶剂间的相容性。随着高分子共混物应用的飞速发展，高聚物间共混相容性的问题日益突出。对高分子二元及多元体系的相容范围、相图、相行为理论和相容性判断，新的高分子增容剂的设计与制备、改善控制体系相行为等均有大量工作，已在其他课程中讨论。

成型工业中用作原料的溶液其组成除聚合物与溶剂外，还可按需要加有增塑剂、稳定剂、色料和稀释剂等。加入的稀释剂对聚合物来说，是一种有机性的非溶剂，也就是上述混合溶剂中的一个组分。加入稀释剂常为降低黏度或成本以及提高挥发性等。

2. *溶解过程*

当聚合物与溶剂接触时，因聚合物分子链段间有大量的空隙，溶剂分子即逐渐向空隙中侵入，从而使聚合物发生溶剂化，体积逐渐膨胀，即发生溶胀。之后，聚化物即结成小团，再通过彼此间的黏结而成为较大的团块。如果对这种团块不加任何搅动，则聚合物分子需要经过几天或更长时间的继续溶胀，相互脱离和扩散的过程方能成为溶液。

自然溶解过程一般很漫长。加快溶解过程的关键是加速溶胀和扩散作用。常用的措施包括：采用疏松或颗粒较小的聚合物作原料，加热溶解，利用搅拌防止团块的发生或摧毁团块等。

晶形聚合物的溶解虽然也是溶胀和扩散两个过程，但其溶解比无定形聚合物要困难得多，即使是微具结晶倾向的聚合物也有显著的影响。这是由于它们的分子排列很规整，敛集比较紧密和分子间的作用力大。

如果没有其他因素存在时，聚合物溶液的黏度就决定于溶剂的黏度、溶液的浓度和聚合物的性质与相对分子质量。其关系可表示为：

$$\eta=\eta_0(1+Ac+Bc^2+Cc^3+\cdots\cdots) \qquad (3\text{–}6)$$

式中，η 为溶液的黏度；A、B、C 均为常数，决定于聚合物的性质和相对分子质量；η_0 为溶剂的黏度；c 为溶液的浓度。

温度对溶液黏度的影响，除结晶作用外，须视溶剂的性质而定，如果是良性溶剂（如甲苯对聚苯乙烯），则溶液的黏度随温度的上升而下降。如为不良溶剂（如环已烷对聚苯乙烯），其黏度虽也随温度上升而下降，但在不良溶剂中，当温度由低变高时，聚合物分子链会从较蜷曲的状态向较舒展的状态发展，从而使黏度上升。良性溶剂中的聚合物分子大多都是舒展的，所以在温度升高时几乎没有舒展的余地，甚至从实验证明它们反而会出现少许向蜷曲发展的倾向。工业上用以配制聚合物溶液的溶剂绝大多数都是良性溶剂，而且一般都是浓度较大的溶液，这种溶液黏度随温度变化的关系与第 2 章所讨论的聚合物熔体黏度随温度变化的关系相同，也就是在温度变化不超过 50°C 的范围内溶液黏度的对数（$\log\eta$）与绝对温度的倒数（$1/T$）呈直线性关系。

由良性溶剂配成的聚合物溶液事实上都是假塑性液体，因为聚合物分子的链在溶液中都比较舒展，在受有应力时既允许变形，又能很顺利地定向，这样，抵抗流动的阻力（即黏度），就会因应力的增加而减小。如果溶液的浓度已高至聚合物分子间能形成疏松的胶凝结构，则促使这种溶液流动时必须给予一定的应力以摧毁这种胶凝结构，因此，溶液又会出现宾汉液体的流动行为。有些聚合物浓溶液还表现出摇溶性液体的行为，这在第 2 章已提到过。

3. *溶液的制备*

成型中所用的聚合物溶液，有些是在合成聚合物时特意制成的，如酚醛树脂和聚酯等的溶液。而另一些则需在用时配制，如乙酸纤维素和氯乙烯–乙酸乙烯酯共聚物的溶液等。

配制溶液所用的设备，一般都用附有强力搅拌和加热夹套的釜。为便于将聚合物结块撕裂和加强搅拌作用，也有在釜内加设各式挡板的。以下结合上面所述溶解过程原理，介绍两种工业上常用的具体配制方法。

1）慢加快搅法

配制时，先将选定的溶剂在溶解釜内加热至一定温度，然后在快速搅拌和定温下，缓缓加入粉状或片状的聚合物，直至投完应加的量为止。投料的速率应以不出现结块现象为度。缓慢加料的目的在于使聚合物完全分散之前不致结块，而快速搅拌则既有加速分散和扩散作用，又借搅拌桨叶与挡板间的剪应力来撕裂可能产生的团块。

2）低温分散法

先将溶剂在溶解釜内进行降温，直到它对聚合物失去活性的温度为止，然后将应加的聚合物粉状物一次投入釜中，并使它很好地分散在溶剂中，最后再不断地搅拌将混合物逐渐降温。这样当溶剂升温而恢复活性时，就能使已经分散的聚合物很快溶解。

配制溶液时，对溶剂和溶液加热的温度，应在可能范围内尽量降低，不然即使在溶解釜上设有回流冷凝装置，也会引起溶剂的过多损失，甚至影响生产安全。另外，由于溶解过程时间较长，高温常易引起聚合物的降解。当然过猛的搅拌也可能使聚合物有一定降解。

用上述方法配制的溶液均须经过滤、脱泡后方能使用。

配制过程中的生产控制和质量检验指标主要是固体含量和黏度。至于溶液的检查项目，则视其用途而定。

3.4.5 分散体

1. 成型用的分散体及其类型

塑料成型工业中作为原料用的分散体主要是 PVC 溶胶塑料或 PVC“糊”，是由固态的氯乙烯聚合物或共聚物与非水液体形成的悬浮体。所采用的非水液体，主要是在室温下对 PVC 溶剂化作用很小的溶剂（包括增塑剂等），也称分散剂，必要时也可添加非溶剂性的稀释剂、热固性树脂的单体或热固性树脂。

采用塑料溶胶生产制品要经过塑形（成型）和烘熔两个过程。塑形就是利用模具，在室温下使溶胶塑料具有一定形状，包括用它制造涂层制品，如人造革等。由于塑料溶液在室温下是非牛顿液体，所以塑形比较容易而且不需要很高的压力。这是利用溶胶塑料成型的一大特点。烘熔是将塑形后的物体进行热处理，从而使溶胶塑料通过物理或化学变化成为固体。物理变化是胶凝和熔化两种作用的结合，而化学变化是在加有热固性树脂的单体（或树脂）的溶胶塑料中才发生。

除树脂和非水液体外，溶胶塑料还可因使用目的不同而加入各种助剂。按照加入的组分不同，溶胶塑料的性质就会出现差别，通常将其分为 4 类：

（1）塑性溶胶。氯乙烯树脂的悬浮体，其液相完全是增塑剂。又称增塑糊。

（2）有机溶胶氯乙烯树脂的悬浮体，但其液相物有分散剂和稀释剂两种，分散剂内可以有增塑剂，也可以没有。又称稀释增塑糊。

（3）塑性凝胶加有胶凝剂的塑性溶胶。又称增塑胶凝糊。

（4）有机凝胶加有胶凝剂的有机溶胶。又称稀释增塑胶凝糊。

从以上所述，可见 4 类溶胶塑料之间存有一定关系，如图 3.22 所示。图中非水挥发性液体系指溶剂或（和）稀释剂。图中圆形表示组分；矩形表示塑料糊；虚线箭头表示可加可不加的组分。

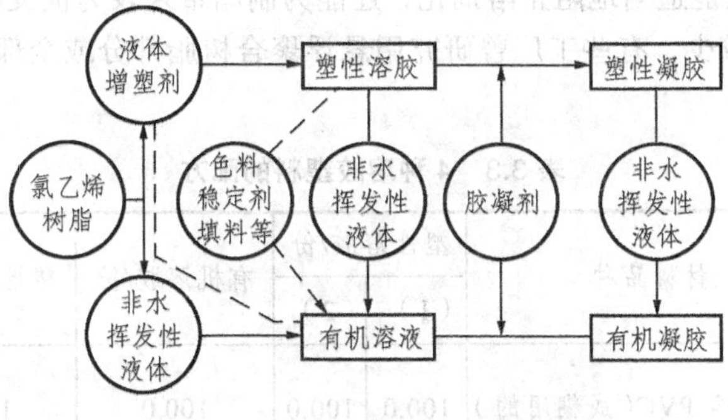

图 3.22　溶液塑料的分类与组成

塑性溶胶以增塑剂作为唯一的分散剂，为保证它的流动性，增塑剂的含量一般不得少于树脂的 40%，由于增塑剂的沸点都很高，因此在烘熔时损失很小，也不易燃烧、爆炸和中毒（与有机溶胶和有机凝胶比较而言），而且还有利于它自身的保存和厚壁制品的制造。但由于增塑剂的含量高，故只能作软制品。

为了克服塑性溶胶所制成品硬度不高的缺点，将增塑剂的部分或全部用挥发性高的非水溶液来代替，这样便成为有机溶胶。这类溶胶的液相物不能全是非极性液体（即稀释剂），而必须伴用相当分量的分散剂，否则不能取得良好的效果。

塑性凝胶与有机凝胶的区别和塑性溶胶与有机溶胶的区别相同。前两者与后两者的不同点在于组成中都加有胶凝剂，因此，其流动性表现为在开始时就呈现宾汉液体的行为，即只有当剪应力高达一定值后才发生流动。这种屈服值是有意识地进行控制的，目的是使凝胶塑料在不受外力和加热的情况下不会因自身的重力而发生流动，但成型又很容易。这样在整个成型过程中，物料就不会产生流泄和塌落的现象，从而使最后所得制品能保持塑成时的形样。

2. 溶胶塑料的组成及其作用

溶胶塑料含有树脂、分散剂、稀释剂、胶凝剂、稳定剂、填充剂、着色剂、表面活化剂以及为特殊目的而加入的其他助剂等。为便于比较，表 3.3 中列出了 4 类溶胶塑料的具体配方。必须指出，工业上所用的配方，按要求不同，在分量和所用材料的品种上略有出入，组分也可以不同。

1）树　脂

采用的树脂应具有成糊性能。对其粒度要求是：用于塑性溶胶和塑性凝胶的，直径 0.20~2.0 μm；在其他两类中用的则为 0.02~0.20 μm。颗粒太大时，容易在所配制的分散体中下沉，而且在加热处理后不易得到质量均匀的制品；反之，颗粒太小时，在室温下常会因过度的溶剂化而使溶胶塑料的黏度偏高，同时还不耐存放。但从成糊的难易程度来说，小颗粒较易成糊，由于有机溶胶和有机凝胶中液相物的黏度一般偏低，因此，为防止沉淀而选用颗粒偏小的树脂。在颗粒形状上，以呈球形为佳，因为球形体的表面系数小，可以防止室温下过多溶剂化，溶剂化多时，分散体易成膨胀性液体的流动行为，反之，则易成假塑性流体的行为。符合上述要求的树脂最好是用乳液聚合法生产的。用作成糊的乳液聚合树脂又分为拌入性和磨入性两种。前者颗粒较大，而且较为疏松，更大的特点是树脂颗粒表面上沉积的表面活化剂多，因而易于分散。后者则恰好相反，但成本较低。此外，由于乳液聚合的树脂相对分子质量高，因此它能适当地阻止溶剂化，还能为制品带来较为优良的物理–力学性能，由于以往国产乳液树脂较少，有些工厂曾研究用悬浮聚合树脂部分或全部代替乳液树脂，起到了一定的作用。

表 3.3 4 种溶胶塑料的配方

组分名称	材料品种	塑性溶胶/份		有机溶胶/份	塑性凝胶/份	有机凝胶/份
		（1）	（2）			
树脂 分散剂	乳液聚合 PVC（成糊用的）	100.0	100.0	100.0	100.0	100.0
（1）增塑剂	邻苯二甲酸二辛酯	80	50	40	40	40
	环氧酯	—	50	—	40	—
（2）挥发性溶剂	二异丁酮	—	70	—	40	
稀释剂	粗汽油（沸点 155~193°C）	—	70	—	10	
稳定剂	二盐基性亚磷酸铅	3	3	3	3	
填充剂	碳酸钙	—	—	—	—	
色料	镉红	2	—	—	—	
	二氧化钛		—	—	—	
	炭黑	—	—	0.9	0.9	
胶凝剂	有机质膨润黏土	—	—	—	5.0	5.0

2）分散剂

分散剂包括增塑剂和挥发性溶剂两类，这两类物质都是极性的。

增塑剂的黏度对所配溶胶塑料的黏度有直接的影响，即黏度高的，所配溶胶塑料的黏度也高，增塑剂的溶剂能力大小常反映在配制溶胶塑料的存放时间上，溶解能力越大的，越不利于久放，因为存放时其黏度增长快。用邻苯二甲酸酯类作分散剂时，溶胶塑料的黏度较适中，存放时也比较稳定。磷酸酯的溶解能力一般偏高，尤当其中芳基居多时为甚。己二酸或二元脂肪酸的酯类，如果连接两个酯基之间的链是烷基，则烷基链越长时，溶解能力越小。环氧油类和聚合体型增塑剂只与其他增塑剂伴用，且使用的浓度偏低。环氧油类在黏度与溶解能力方面与邻苯二甲酸酯类相仿。聚合体型增塑剂的溶解能力接近于零。次增塑剂的溶解能力相对来说都很小，配用时对黏度的降低和存放都有利。

挥发性溶剂的黏度和溶解能力对所制溶胶塑料的影响与增塑剂相同。常用的溶剂以酮类为多，如甲基异丁基甲酮和二异丁基甲酮等，其他还有某些酯类和二醇醚类。所用溶剂的沸点应在 100~200°C。

3）稀释剂

使用稀释剂的目的是降低溶胶塑料的黏度和削弱分散剂的溶剂化能力。作为稀释剂用的物质是烃类，它们的沸点亦应为 100~200 ℃。但所用稀释剂的沸点均应低于分散剂。这样，在热处理时，稀释剂就会先逸出，从而使余存的分散剂能够充分地发挥溶剂的作用而为制品带来较好的性能。应该指出，芳烃对聚氯乙烯树脂是略具溶胀作用的，萘烃几乎没有，而脂烃则完全没有。

4）胶凝剂

胶凝剂的作用是使溶胶体变成凝胶体。当溶胶体中加有胶凝剂时，即能在静态下形成三维结构的凝胶体。这种三维结构是以物理力结成的，在外界应力大至一定程度后即被摧毁，以致胶凝体又重新表现液体的行为。而当应力解除后又恢复其三维结构。常用的胶凝剂有金属皂类和有机质膨润土，后一类比前一类效果好，但无前一类兼有的润滑作用。胶凝剂的使用量约为树脂的 3%~5%。

5）填充剂

用作填充剂的物质有磨细或沉淀的碳酸钙、重晶石、煅烧白土、硅土和云母粉等。含水量高的物质，如纤维素与木粉等，一般不用作填充剂，因为在加热处理时易起泡。填充剂颗粒的直径应为 5~10 μm，颗粒大小和形样对填充剂的分布均匀性和制品的性能具有一定的影响。对填充剂的吸油量应该引起重视，吸油量越大时所配制的溶胶塑料的黏度增加越大（当然，采用大量色料时也会引起这种问题）。吸油量的大小与填充剂的种类和所用非水液体的类型有关，而用同一种填充剂时，如果其他情况不变，则颗粒大的吸油量偏小，这是因为表面系数小的缘故。所以，在填充剂用量高而要使配制的溶胶塑料的黏度偏小时，可采用颗粒偏大的填充剂。填充剂的用量一般不超过树脂的 20 %。

6）表面活化剂

这类物质是用来降低或稳定溶胶塑料的黏度的。常用的有三乙醇胺、羟乙基化的脂肪酸类和各种高分子量的烷基磷酸钠等。表面活化剂的用量一般不超过树脂的 4 %。

7）其他助剂

这一类助剂在溶胶塑料的组成中都是较次要的，种类很多，重要的有：为增加制品表面黏性而加入的氧茚–茚树脂；为增加制品硬度而加入的各种热固性树脂单体和热固性树脂；为使溶胶塑料能够用作制造泡沫塑料而加入的发泡剂；以及在粉料与粒料中已说明其作用的稳定剂、润滑剂、阻燃剂、色料、驱避剂等。总之，加入这类助剂的目的，是有利于成型操作，提高制品性能和使用价值，扩大溶胶塑料的用途等。

3. 溶胶塑料的制备

制备溶胶塑料时，主要是将成团的粉状固态物料均匀地分散在液态物料中。常用的设备是球磨机。球磨机可选用钢制的球磨机，或瓷球、瓷衬的球磨机。配制时，可以将树脂、分散剂和其他所有助剂一起加入球磨机中进行混合。当增塑剂用量较大时，为了充分利用球磨机的剪切效率和节省时间，增塑剂宜分步加入。在配制有机溶胶和有机凝胶时，宜将增塑剂一起加入，这样可以避免有机液体的挥发损耗。为求得较好的效果，采用的色料、稳定剂和胶凝剂等宜先用少量增塑剂在三辊磨上混匀，然后再加于整个物料中。

因增塑剂的挥发性小，所以配制塑性溶胶或凝胶时，可以采用行星搅拌型的立式混合机

（见图 3.23）、捏合机或三辊磨。前者宜用于制造黏度较低的塑性溶胶或凝胶，尤其是采用拌入型树脂的时候。后者宜于黏度较大的场合。为了提高塑性溶胶和凝胶的质量，即使不用三辊磨配制，最后也有将它在三辊磨上辊一两次的，这在配有色料和填充剂时尤其必要。混合期间的温度应低于 30 ºC，否则会促使树脂的溶剂化，从而增大黏度。因此，混合设备最好附有冷却装置。同理，混合时的搅拌不应过猛，还应注意不使较多的空气卷入。

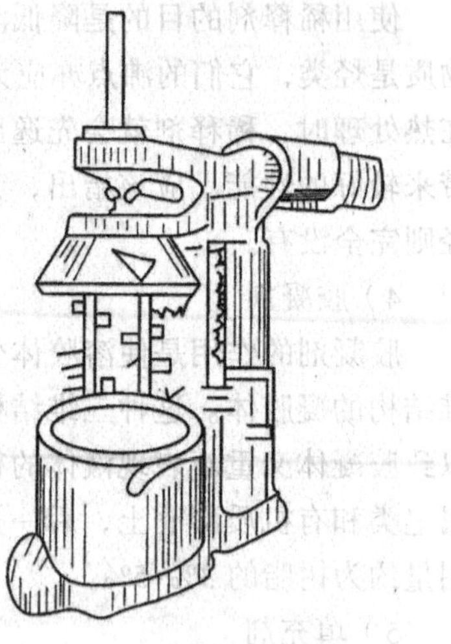

图 3.23 行星搅拌型立式混合机

混合时，混合料的黏度一般是先高后低，变至最低值后，如果再行混合，则黏度又能回升。先高后低的原因是成团或成块的树脂逐渐被分散的结果，而以后由低而高的原因则是树脂溶剂化作用有了增加。配成的溶胶塑料的黏度自几至几十帕斯卡 · 秒不等，混合时间有快至 2~3 h，也有高达 8~10 h 甚至更长时间的。这些均依赖于混合料的配方、混合效果和所需要的分散度。

混合过程的控制一般都靠黏度的测定，而混合料的细度则常用测定油漆中固态颗粒的方法来检验，测定细度的仪器是一个在纵向上铣有两个倾斜槽的钢板，板宽约 7.5 cm，长约 20 cm。槽的一端深度为 0.1 mm，而另一端为零。沿着槽长附有用微米表示深度的标度。检验时，放平钢板，并在槽深较大的一端放入少量的试样。然后用直边的刮板顺着钢板的长度方向，以均匀的速度，向另一端刮去，试样表面最先出现缺料处的标度即为试样细度的测定数据。

配制溶胶塑料时，难免会卷入一些空气。使用表面活化剂或料的黏度较高时，这一现象就更严重。为保证成型品的质量，需要将气泡脱除。脱除的方法有：①将配成的溶胶塑料，按薄层流动的方式，从斜板上泻下，以便气泡逸出。②抽真空使气泡脱除。③利用离心作用脱气。④综合式，即同时利用上述两种或两种以上作用的结合式，图 3.24 所示即为一种间歇操作的抽空脱泡装置。

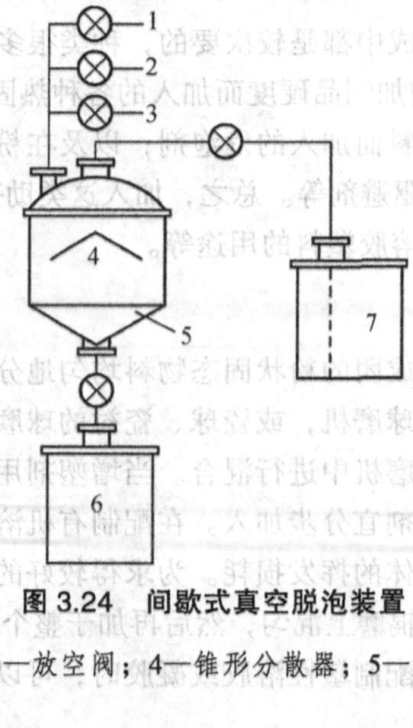

图 3.24 间歇式真空脱泡装置

1—真空阀；2—压缩空气阀；3—放空阀；4—锥形分散器；5—脱泡器；6—接受槽；7—供应槽

4. 溶胶塑料的流动行为

分散体的黏度总是大于它的分散媒的黏度，而且随着固体粒子含量的增加而增大。这首先是以下两个原因造成的：①由于分散体中固体粒子间的碰撞而导致摩擦力的增加；②通过固体粒子间的液体发生了骚扰。如果固体粒子的含量不大，而且粒子是大小相等的珠状刚性体，则从流体力学的推证可得：

$$\eta = \eta(1+2.5V) \tag{3-7}$$

式中，η 与 η_0 分别为分散体和分散媒的黏度；V 为分散质的体积分数。固体粒子的含量高时，则：

$$\eta = \eta_0\left[\exp\left(\frac{2.5V}{1-KV}\right)\right] \tag{3-8}$$

式中，K 为敛集常数，在多数情况下约为 1.35（按敛集程度不同，K 的变化范围是 1.00 ~ 1.91；式中其他符号的意义与式（3-7）相同。此外，有人还推证出能用于颗粒大小不等的分散体的方程式。尽管如此，溶胶塑料的黏度还可以由于以下几种原因而使其猛烈上升：① 树脂的溶剂化；② 树脂粒子吸附的分散媒能增加颗粒的有效体积；③ 受力时，树脂颗粒会变形；④ 表面活化剂对粒子的作用；⑤ 树脂颗粒带有电荷；⑥ 树脂颗粒容易结块等。因此，目前理论上的探讨还不够成熟。

当剪切速率很低时，溶胶塑料的流动行为可能与牛顿液体一样，而在剪切速率较高时，则表现为假塑性液体；如果剪切速率继续增高，则又能出现膨胀性液体的流动行为（此现象仅限于树脂浓度大的溶胶塑料）。但也有表现为牛顿液体后直接表现为膨胀性液体的（如果分散剂的溶剂化能力是优良的）。加有胶凝剂的还具有一定的屈服值。出现假塑性液体行为的原因是，树脂表面吸附层或溶胀层在受有剪应力下会被剥脱或变形的结果；出现膨胀性液体行为则是因为树脂颗粒产生了敛集效应，以致能够任意活动的液体数量有所减少而造成的。

溶胶塑料在储存期中，可能由于溶剂化的增加而使其黏度上升。如果配方与配制操作无误，黏度应不会有过大的变化。储存期中，温度不能超过 30 ℃；且不应与光以及铁、锌等接触，不然在储存、成型及使用中会造成树脂的降解。储存的容器可以用锡、玻璃、铝或某些纤维板制成。

有机溶胶中的液相物有分散剂与稀释剂两种。配制时，如果分散剂用得太多，树脂颗粒常易发生过度的溶剂化，黏度会增大。反之，稀释剂用得太多，黏度也会变大，这是由于树脂颗粒发生絮凝作用的结果。因此，如果两种液体的比率能够取得平衡，则有机溶胶的黏度就会出现最低值（见图 3.25）。

就有机溶胶来说，分散剂与稀释剂是互溶的。但是分散剂的分子具有亲树脂基团，而稀释剂分子中则没有。所以将分散剂加入树脂与稀释剂的混合物中，分散剂就会被吸附在树脂颗粒的表面上，从而消除絮凝作用。但是分散剂并不停止于吸附，它还能进一步渗入树脂内形成溶胀，如果此时溶胀不予限制，即稀释剂不够多，则有机溶胶黏度即会因溶胀程度的增加而上升。因此，分散剂与稀释剂的比例必须恰当才能使黏度最低。在生产中，为稳妥起见，分散剂的用量总是略高于黏度最低值的应有用量。这样，一方面可以抵偿在储存中由树脂缓缓吸收的一部分分散剂，再则可减少热处理过程中出现的絮凝现象。

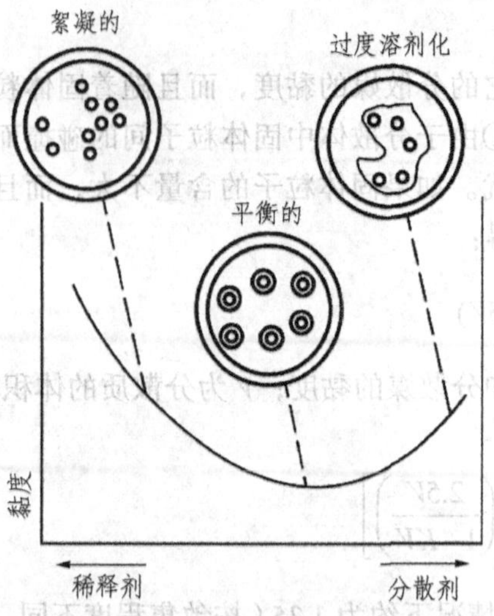

图 3.25　有机溶胶中分散剂—稀释剂比率对黏度的影响

复习思考题

一、名词解释

1. 增塑剂；2. 稳定剂；3. 抗氧剂；4. 填充与补强剂；5. 防静电剂；6. 阻燃剂；7. 驱避剂；8. 发泡剂；9. 模塑周期；10. 细度与均匀度；11. 塑料糊。

二、填空题

1. 配料过程主要包括_____和_____两个方面。

2. 成型用的塑料是一种混合物，成分包括_____和_____。

3. 混合作用主要靠____、_____和_____3 种作用来完成。

4. 适宜的塑炼条件指塑炼的____、_____和_____。

三、简答题

1. 理想增塑剂的性能要求有哪些？

2. 增塑剂如何实现对塑料的增塑？增塑效能的评价指标有哪些？

3. 初步混合与分散混合的区别什么？

4. 物料混合中的力作用模式有哪些？原理是什么？混合效果的评价指标有哪些？

5. 初混合设备主要有哪些？他们的工作原理及优缺点有哪些？

6. 塑炼前物料要经过初混的理由是什么？

7. 如何提高开炼机的塑炼效果？

8. 热固性塑料的工艺性能指标有哪些？

9. 影响热固性塑料收缩的基本原因有哪些？影响热固性塑料制品收缩率的因素有哪些？

10. 配制聚合物溶液时，溶剂的选择原则有哪些？

11. 晶形聚合物与无定型聚合物的溶解过程有何差异？

12. 说明 PVC 在加工中要加哪些助剂？目的是什么？

第 4 章　模压成型

本章要点

知识要点

✧ 模压成型的概念及发展

✧ 模压成型的原理、工艺过程及关键工艺因素

✧ 模压成型设备

掌握程度

✧ 理解模压成型的概念及发展史

✧ 掌握模压成型的原理

✧ 理解模压成型的工艺过程及关键工艺因素

背景知识

✧ 塑料成型设备

✧ 高分子材料的结构与性能的关系；高分子材料成型加工原理、高分子共混改性、高分子加工流变特性

4.1　概　述

模压成型（Compression Molding）又称压缩模塑或压制成型，是生产热固性塑料制品最常用的成型方法之一，也可以用于热塑性塑料、橡胶制品和复合材料的成型加工。

模压成型是古老的聚合物加工技术之一。早在几千年前，中国人就已采用一种早期的模压工艺造纸。中世纪，模压成型技术被用来压制各种天然树脂。

18 世纪，美国人采用动物的角或龟壳模压成制品。

19 世纪初期至中期，人们采用模压方法压制橡胶零件，由杜仲胶压制刀柄及其他用品，由虫胶塑料、木质纤维等压制照片框架等。

1653 年，帕斯卡发现了液压机工作的基本原理，奠定了现代模压成型方法的技术基础。

1839 年，Goodyear 发现了硫化橡胶的加工方法后，液压机才在商业模塑中得到应用，从而揭开了现代模压成型技术的序幕。

1907 年，Baekeland 成功开发第一种合成热固性树脂——可模压成型的酚醛树脂。

1910 年，酚醛树脂的出现刺激了模压机产量的提高，也导致了早期半自动模压机的诞生。

1915 年，Burroughs 研制成半自动模压机，这是模压成型技术的重要里程碑。

20 世纪初期多采用热模压工艺成型热固性塑料制品。1900 年左右，欧洲人成功开发冷模压成型法。然而，冷模压成型方法并没有获得热模压成型那样的普及。20 世纪 30 年代，由离心泵带动的自给式模压成型用液压机的普遍采用以及全自动模压机的诞生是模压成型领域的两个重要进展。20 世纪 40 年代，发明了介电高频预热器并应用于模压成型领域。1949 年，由于模压机和预热设备的改进，模压技术向较大型制品的成型方向发展，2 000 t 的模压机投入使用。20 世纪 70 年代，模压成型领域重要的进展包括闭环控制的模压机、螺杆喂料系统和无流道注射模压成型（RIC）。20 世纪 80 年代初期，汽车工业对模压成型增强塑料汽车面板的产量有更高的需求，这导致了新的、快速、短行程的片状模塑料（SMC）用模压机的出现，这种模压机带有程序可控的力/速度控制器（PFVc）系统和模板调平装置。20 世纪 80 年代末期，SMC 和 GMT（玻璃纤维毡片增强热塑性塑料）用模压机的微机控制至少与注塑或其他塑料加工方法一样的先进，采用了远程诊断系统，快速合模速度可达 1 m/s。20 世纪 90 年代，由于节能、环保和安全等要求，汽车工业等继续推动着模压成型技术的发展。这主要表现在 3 个方面：①SMC 在汽车工业中的使用量在增加，且推出了一些新的模压料，尤其是 SMC（如低压 SMC、高模量 SMC、软质 SMC 和易于加工的 SMC）、BMC（团状模塑料）以及 GMT 等，因为汽车工业是 SMC、BMC 和 cMT 的最大用户。②模压成型机械进一步往高度自动化、高速和高精度方向发展。③不断提高模压成型制品的表面性能，可不采用模内涂覆即可生产 A 级表面的汽车配件。

总的来说，20 世纪的前 50 年，由于酚醛树脂的出现并被大量采用，模压成型是加工塑料的主要方法。至 20 世纪 40 年代，因热塑性塑料的出现并可采用挤出和注射方法来成型，情况开始发生变化。模压成型初期加工的塑料约占塑料总量的 70%（质量分数），但至 20 世纪 50 年代，该比例降至 25%以下，目前约为 3%。这种变化并不意味着模压成型是一种没有发展前景的方法，只不过是模压成型生产热塑性塑料制品时成本过高。20 世纪初期，95%（质量分数）的树脂为热固性，20 世纪 40 年代中期，该比例降至约 40%，而目前仅约 3%。不过，模压成型仍是一种重要的塑料成型方法，尤其在成型某些低成本、耐热等制品时。随着新的树脂基热塑性和热固性模压料的出现，以及汽车工业的发展，模压成型正焕发出新的活力。

4.2 模压成型原理

模压成型是先将成型用原料放入处于成型温度下的模具中，然后闭模加压而使其成型的工艺过程。图 4.1 为模压成型原理示意图。

模压成型可用于制造热固性塑料和热塑性塑料制品。模压热固性塑料时，塑料一直处于高温，置于型腔中的热固性塑料受压后先由固体变为半液体，并在这种状态下流满型腔而取得型腔所赋予的形样，随着交联反应的深化，半液体的黏度逐渐增加以致变为固体，最后脱模成为制品。热塑性塑料的模压，在前一阶段的情况与热固性塑料相同，但是由于没有交联反应，所以在流满型腔后，须将塑模冷却使其固化才能脱模成为制品。由于热塑性塑料模压时模具需要反复地加热与冷却，生产周期长，因此热塑性塑料制品的成型以注射模塑法等更为经济，只有在模压较大平面的塑料制品时才采用模压成型。

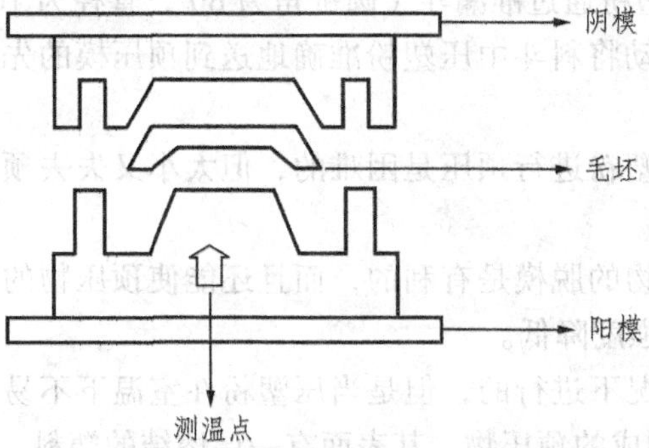

图 4.1　模压成型原理示意图

成型热固性塑料并非只能用模压成型，还可用传递和注射法成型等。常用于模压成型的热固性塑料有：酚醛塑料、氨基塑料、不饱和聚酯塑料、聚酰亚胺等，其中以酚醛塑料、氨基塑料应用最为广泛。模压制品主要用于机械零部件、电器绝缘件、交通运输和日常生活等方面。

模压成型的优点是可模压较大平面的制品和利用多槽进行大量生产，其缺点是生产周期长、效率低，不能模压要求尺寸准确性较高的制品，原因是制品毛边厚度不易求得一致。

4.3　模压成型工艺过程

完整的模压成型工艺包括物料的准备和模压成型两个过程，其中物料的准备又分为预压和预热两个阶段。

预压一般只用于热固性塑料，而预热则可用于热固性和热塑性塑料。预压和预热不但可以提高模压效率，而且能改善制品的质量。

4.3.1　预　压

将松散的粉状或纤维状的热固性塑料预先用冷压法（即模具不加热）压成质量一定、形样规整的密实体的工艺过程称为预压，所得的物体称为预压物，也称为压片、锭料或形坯。预压物的形状并无严格的限制，一般以能十分紧凑地配入模具中为好。

1. 压塑粉的性能对预压的影响

压塑粉的预压性依赖于其水分、颗粒均匀度、倾倒性、压缩率、润滑剂含量以及预压的温度和压力。

压塑粉中的水分含量过少对预压不利，但含量过大则对以后的模压不利，甚至导致制品质量的劣化。

预压时，压塑粉的颗粒大小应均匀。大颗粒过多会导致预压物含有很多的空隙，强度降低；细小颗粒过多时又容易使加料装置发生阻塞和将空气封入预压物中。再则，细粉还容易在预压所用的阴阳模之间造成阻塞。

倾倒性是以 120 g 压塑粉通过准漏斗（圆锥角为 60º，管径为 10 mm）的时间来表示的。这一性能是保证靠重力流动将料斗中压塑粉准确地送到预压模的先决条件。用作预压的压塑粉的倾倒性为 25~30 s。

要将压缩性很大的压塑粉进行预压是困难的，但太小又失去预压的意义。压塑粉的压缩率一般应在 3.0 左右。

润滑剂的存在对预压物的脱模是有利的，而且还能使预压物的外形完美，但润滑剂的含量过多会导致制品的力学强度降低。

预压是在不加热的情况下进行的，但是当压塑粉在室温下不易预压时，可将温度提高到 50~90ºC。在这种温度下制成的预压物，其表面有一层熔结的塑料，因此较为坚硬，但流动性却有所降低。

预压时所施加的压力应以能使预压物的密度达到制品最大密度的 80%为原则，因为这种密度的预压物可以预热很好。而且具有足够的强度，经得起运转，施加压力的范围为 40~200 MPa，其大小随压塑粉的性质以及预压物的形状和尺寸而定。

2. 预压的设备和操作

预压的主要设备是压模和预压机。压模包括上阳模、下阳模和阴模 3 个部分，其原理如图 4.2 所示。

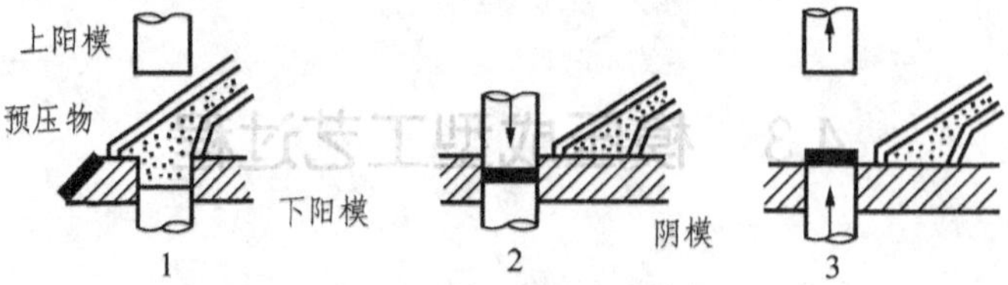

图 4.2 预压机压片原理示意图

多数塑料的摩擦系数都很大，因此压模最好用含铬较高的工具钢来制造。上下阳模与阴模之间应留有一定的余隙，不但可以排除余气而使预压物紧密结实，还能使阴阳模容易分开和少受磨损。阴模的边壁应开设一定的锥度，否则阴模中段会因常受塑料的磨损而成为桶形，从而使预压成为不可能，斜度大约为 0.001cm/cm，压模与塑料接触的表面应很光滑，借以便利脱模而提高预压物的质量和产量。

4.3.2 预热

为改善制品质量和便于模压的进行，有时须在模压前对塑料进行加热。加热不仅可以去除水分和其他挥发物（即干燥），还可以为模压提供热料。热塑性塑料成型前的加热主要是干燥，其温度应以不使塑料熔成团状或饼状，同时塑料在加热过程中也不能发生降解和氧化为宜。

热固性塑料在模压前的加热通常都兼具预热和干燥双重目的，但主要是预热。采用预热的热固性塑料进行模压有以下优点：

（1）缩短闭模时间和加快固化速率，也就缩短了模塑周期。

（2）增进制品固化的均匀性，从而提高制品的物理力学性能，见表 4.1。

表 4.1　预热对某种酚醛塑料物理力学性能的影响
（本表系以未预热的指标作为 100 计）

模压温度	预热情况	冲击强度	弯曲强度	马丁耐热	布氏硬度	吸水性（24 h）
175°C	未预热	100	100	100	100	100
175°C	在 175°C 下预热	111	109.4	110	125	74

注：预热后电性能也有改进，即表面电阻和体积电阻系数增大；介质损耗角正切值变小。

（3）提高塑料的流动性，从而降低塑模损耗和制品的废品率，同时还可减小制品的收缩率和内应力，提高制品的因次稳定性和表面光洁程度。

（4）可以用较低的压力进行模压。

不同的塑料有不同的预热规程，最好的预热规程通常都是获得最大流动性的规程。确定预热规程的方法是，在既定的预热温度下找出预热时间与流动性的关系曲线，然后可根据曲线定出预热规程。常用热固性塑料的预热温度范围列于表 4.2 中。

表 4.2　常用热固性塑料的预热温度范围

塑料类型	预热温度范围
酚醛塑料	分低温和高温两种，低温为 80~120°C，高温为 160~200°C
脲甲醛塑料	最高不超过 85°C
脲-三聚氰胺甲醛塑料	80~100°C
三聚氰胺甲醛塑料	105~120°C
聚酯塑料	只有增强塑料才预热，预热温度为 55~60°C

预热和干燥的常用方法有：热板加热、烘箱加热、红外线加热、高频电热等。

1. 热板加热

热板是一个用电、煤气或蒸汽加热到规定温度而又能作水平转动的金属板，通常置于压机旁边。使用时，将各次所用的预压物分成小堆，连续而又分次地放在热板上，并盖上一层布片，预压物必须按次序翻动，以期双面受热。取用已预热的预压物后，即转动金属板并放上新料。

2. 烘箱加热

烘箱既可用作干燥也可用作预热。烘箱内设有强制空气循环和正确控制温度的装置。热源有电和蒸汽两种，但一般为电热。烘箱的温度应能在 40~230 ℃ 范围内调节。

干燥热塑性塑料时，烘箱温度为 95~110 ℃，时间可在 1~3 h 或更长，有些品种需在真空较低温度下干燥。预热热固性塑料的温度一般在 50~120 ℃，少数也有高达 200 ℃，如酚醛塑料。适宜的预热温度由实验确定。

3. 红外线加热

塑料也可用红外线来预热或干燥。所用设备是装有相应热源的箱体，箱的内壁涂有白漆或者镀铬，壁外应保温。多数塑料都无透过红外线的能力，尤其是粉料与粒料。因此，用红外线加热时，先是表面得到辐射热量，温度也就随之增高，而后再通过热传导将热传至内部。由于热量是由辐射传递的，所以，红外线的加热效率要比用对流传热的热气循环法高。加热时应防止塑料表面过热而造成分解或烧伤。控制温度的因素，有加热器的功率和数量，塑料表面与加热器的距离以及照射的时间等。

红外线预热的优点是：使用方便、设备简单、成本低、温度控制比较灵活等。缺点是受热不均和易于烧伤表面。

4. 高频电热预热

任何极性物质在高频电场作用下分子的取向都会不断改变，因而使分子间发生强烈的摩擦，以致生热而造成温度升高。所以，凡属极性分子的塑料都可用高频电流加热，其原理如图 4.3 所示。高频电热只用于预热而不用于干燥，因为在水分未驱尽之前，塑料就有局部被烧伤的可能。

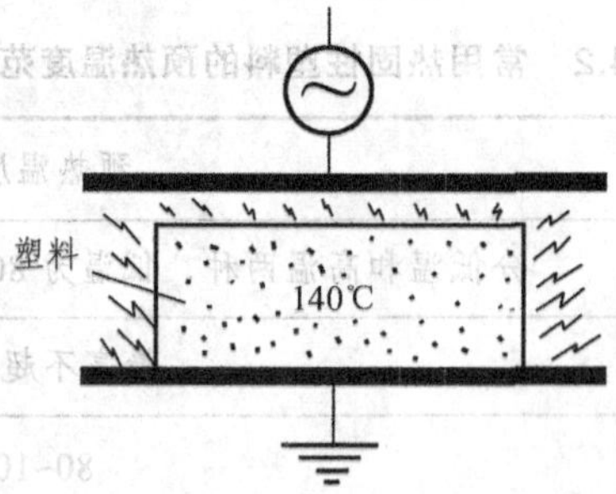

图 4.3 高频电热预热塑料原理图

用高频电流预热时，热量不是从塑料外部传到内部，而是在全部塑料的各点上自行产生。因此，预热时，塑料各部分的温度是同时上升的，这是用高频电流预热的最大优点。不过事实上各点的温度还略有差别，因为塑料外层的部分热量可能被电极导走或向空中散失。此外，塑料组分和密度的不均也会造成差别。

各种塑料用高频电流预热的行为是不同的，这可用式（4.1）来说明。

$$t=\frac{c\rho(t_2-t_1)\times10^{14}}{13.3\left(\frac{fV^2}{b^2}\right)(k\tan\delta)} \tag{4.1}$$

式中，t 为塑料预热所需的时间（s）；c 为塑料的比热容（cal/K）；ρ 为塑料的密度；t_1 和 t_2 为塑料的始末温度（°C）；f 为电频（Hz）；V 为施加的电压（V）；b 为电极间的距离（cm）；k 为塑料的介电常数；$\tan\delta$ 为塑料的介质损耗角正切值。从式（4.1）可以看出：各种塑料用高频电流预热所需时间正比于其比较系数$\left[\frac{1}{k\tan\delta}\right]$，几种通用塑料的比较系数见表 4.3。

表 4.3　几种通用塑料的比较系数

塑　料	比较系数
酚醛塑料	1.9
氨基塑料	3.8
聚氯乙烯	20
聚乙烯	1 100
聚苯乙烯（本体聚合）	1 330

比较系数不能太大，否则就不宜于高频预热。例如，利用某一高频加热器加热一定体积的酚醛塑料达至某一温度所需的时间为 30 s，而在相同情况下加热相同体积的聚苯乙烯就需要 6 h。实际上，在这样长的加热时间内，塑料内部所产生的热已很难补偿它所损失的热，所以聚苯乙烯用高频电热预热是不合适的。其次，凡能影响塑料 k 和 $\tan\delta$ 的因素都是影响高频电热的影响因素，其中较重要的是塑料中的水分和表观密度。

含水量大的塑料用高频电热就快。因为水在 20℃ 时的 k 值为 80，而塑料则为 5，所以塑料的 k 值大得多。水的比热容比塑料约大 3 倍，从而使塑料的预热时间加长，但是占优势的是前者，所以加热的结果依然是快的。图 4.4 是 3 种含水量不同的同一种酚醛塑料用高频电热时温度与时间的关系。从图可以看出，水分含量高的加热快些，但到达一定温度后曲线趋于平坦，其原因是有较多的热量消耗于水分的蒸发。

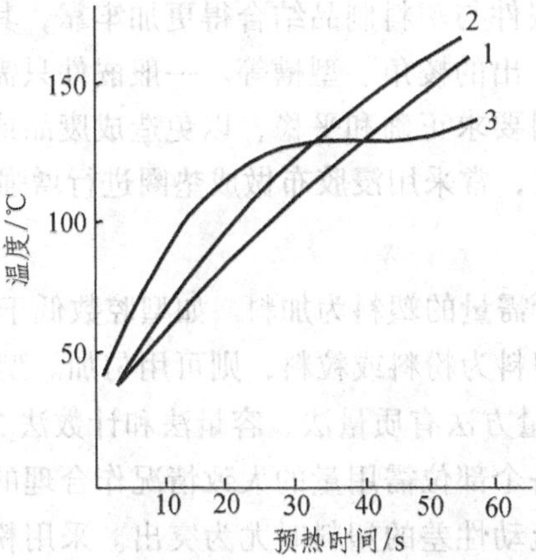

图 4.4　含水量不同的塑料用高频电热时温度与时间的关系

曲线：1—含水量 1.6%；2—含水量 3.2%；3—含水量 9.5%

控制表观密度的因素是塑料中的空气含量。空气 k 值接近于 1，比塑料小，因此空气含量大的，也就是表观密度小的塑料用高频加热所需的时间就长。图 4.5 表示在相同频率加热的情况下，酚醛塑料预压物的表观密度与所得物料的温度关系。可见，用高频电热时有必要对塑料在预热前进行预压。但表观密度也不能太大，否则预压物在模内不易粉碎，对流动性有限制的作用；其次对塑料中水汽的逸出也是不利的。

从式（4.1）还可看出：如果其他条件不变，则加热所需要的时间与电压的平方和电频都成反比，增加电压虽比增加电频更有利于缩短加热时间，但电压过高，危险性大，故电压只能作适当的提高，一般为几千伏特，而常用的电频则为（10~40）×10^6 Hz。

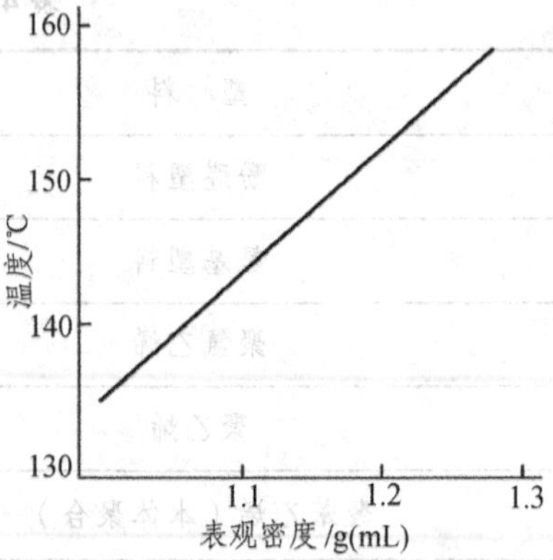

图 4.5 表观密度与预热温度的关系

高频预热的优点是：①塑料受热均匀，因此用这种方法预热可以使同一种塑料的流动性比用其他方法预热好。②容易调节温度，且能自动化。③显著地缩短了预热时间，如通常的热固性塑料预热只需 30 s 到 3 min，而用其他方法时则需 6~9 min。④缩短了模压时的固化时间，所需的时间只是用其他常用预热方法的 1/10~1/2，特别是对模压厚的制品更为有利。高频电热的缺点是：①由于高频振荡器本身要消耗 50%的电能，故总的电热效率不高。②由于升温较快，塑料中的水分不易驱尽；加以预热后塑料固化又快，容易将水汽封在制品内，所以制品的电性能不如用烘箱预热的好。

4.3.3 模压成型工艺操作

模压成型工艺可分为加料、闭模、排气、固化、脱模与模具清理等。如制品有嵌件需要在模压时封入的，则在加料前应先安放好嵌件。

1. 嵌件安放

嵌件通常是作为制品中导电部分或使制品与其他物体结合用的。常用的嵌件有轴套、轴帽、螺钉和接线柱等。为使嵌件与塑料制品结合得更加牢靠，其埋入塑料部分的外形通常都采用滚花、钻孔处理或设有突出的棱角、型槽等。一般嵌件只需用手按固定位置安放，特殊的需用专门工具安放。安放时要求正确和平稳，以免造成废品或损伤模具。模压成型时，应防止嵌件周围的塑料出现裂纹，常采用浸胶布做成垫圈进行增强。

2. 加 料

在模具内加入模压制品所需量的塑料为加料。如型腔数低于 6 个，且加入的又是预压物，可直接用手加；如所加入的塑料为粉料或粒料，则可用勺加。型腔数多于 6 个的通常用加料设备（如加料器），加料的定量方法有质量法、容量法和计数法 3 种。加入模具中的塑料宜按塑料在型腔内的流动情况和各个部位需用量的大致情况作合理的堆放。不然，容易造成制品局部疏松的现象，这在采用流动性差的塑料时尤为突出。采用粉料或粒料时，宜堆成中间稍高的形式，以便空气的排出。

3. 闭 模

加完料后就进行闭模，当阳模尚未触及塑料前，应尽量使速度加快，以缩短模塑周期和避免塑料过早地固化或过多地降解。阳模触及塑料后，速度即行放慢。不然，很可能提早在流动性不好的较冷塑料上形成高压，从而使模具中的嵌件、成型杆件或型腔遭到破坏。此外，放慢速度还可以使模内的气体得到充分的排除。显然速度也不应过慢。总的原则是不使阴阳模在闭合中途形成不正当的高压。闭模所需的时间自几秒至数十秒不等。

4. 排 气

模压热固性塑料时，在模具闭合后，有时需再将塑模松动少许时间，以便排出其中的气体，这道工序即为排气。排气不但可以缩短固化时间，而且还有利于制品性能和表观质量的提高。排气的次数和时间应按需要而定，通常排气的次数为 1 ~ 2 次，每次时间几秒至 20 s。

5. 固 化

热塑性塑料的固化只需将模具冷却，以使所制制品获得相当强度而不致在脱模时变形即可。热固性塑料的固化是在模塑温度下保持一段时间，以待其性能达到最佳为度。固化速率不高的塑料，有时也不必将整个固化过程放在塑模内完成，而只需制品能够完整地脱模即可结束塑化，因为拖长固化时间会降低生产率。提前结束固化时间的制品须用后烘的办法来完成固化。通常酚醛模塑制品的后烘温度范围为 90~150°C，时间自几小时至几十小时不等，两者均视制件的厚薄而定。模内的固化时间一般由 30 s 至数分钟。固化时间决定于塑料的类型、制品的厚度、物料的形式以及预热和模塑的温度，一般须由实验方法确定。过长或过短的固化时间，对制品的性能都是不利的。

6. 脱 模

固化完毕后使制品与塑模分开的工序为脱模。脱模主要是靠推顶杆来执行的。模压小型制品时，如模具不是固定在压板上的，则须通过塑模与脱模板的撞击来脱模。有嵌件的制品，应先用特种工具将成型杆件拧脱，而后再行脱模。热固性塑料制品，为避免因冷却而发生翘曲，则可放在与模具型腔形状相仿的型面于加压的情况下冷却。如恐冷却不均而引起制品内部产生内应力，则可将制品放在烘箱中进行缓慢冷却。热塑性塑料制品是在原用塑模内冷却的，所以不存在上述的问题。

7. 模具清理

脱模后，须用铜签（或铜刷）刮出留在模具内的塑料，然后再用压缩空气吹净阴阳模和台面。如果塑料有污模或黏模的现象不易用上法清理时，则宜用抛光剂拭刷。

4.4 模压成型设备

模压成型设备主要包括模压机和模具。

4.4.1 模压机

模压机是模压成型的主要设备。模压机的作用是通过模具对模压料施加压力，若采用固定式模具，还起到开合模具和顶出制品的作用。模压机可分为液压式与机动式两类，但以液压式居多。多数模压机采用立式开合模的排列形式，也可采用旋转式排列。液压式模压机由机架、传动机构和控制系统构成，其结构如图 4.6 所示。

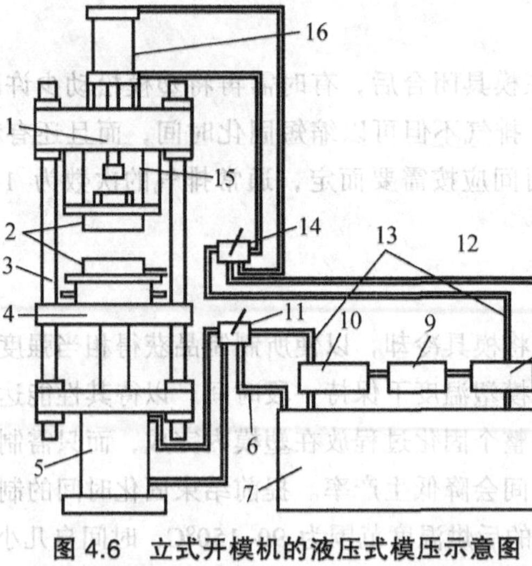

图 4.6 立式开模机的液压式模压示意图

1—固定模板；2—模具；3—立柱；4—活动模板；5—合模油缸；6—回油管道；7—储油箱；8—压料泵；9—电机；10—合模泵；11—合模阀；12—回油管道；13—送油管道；14—压料阀；15—压料塞；16—压料油缸

液压机按其结构的不同又可分为很多类型，其中比较主要的是以下两种。

1. 上动式液压机

上动式液压机结构如图 4.7 所示。

压机的主压筒处于压机的上部，其中的主压柱塞是与上压板直接或间接相连的。上压板凭主压柱塞受液压的下推而下行，上行则靠液压的差动。下压板是固定的。模具的阳模和阴模分别在上下压板上，依靠上压板的升降即能完成模具的启闭和对塑料施加压力等基本操作。制品的脱模是由设在机座内的顶出柱塞担任的，否则阴阳模即不能固定在压板上，以便在模压后将模具移出，由人工脱模。液压机的公称重力按下式计算：

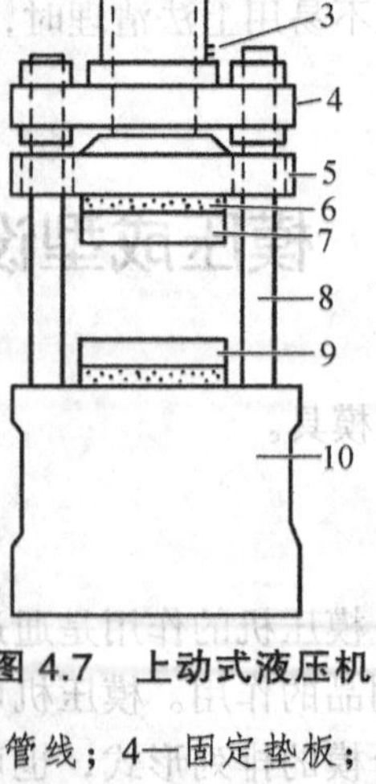

图 4.7 上动式液压机

1—柱塞；2—压筒；3—液压管线；4—固定垫板；5—活动垫板；6—绝热层；7—上压板；8—拉杆；9—下压板；10—机座

$$G=\frac{\pi D_2}{4}\times\frac{P}{1000}$$

式中，D 为主压柱塞直径（cm）；p 为压机能够承受的最高液压（9.8×10kPa）。液压机的有效重量应该是公称重量减去主压柱塞的运动阻力。

2. 下动式液压机

下动式液压机的结构如图 4.8 所示。压机的主压筒设在压机的下部，其装置恰好与上动式压机相反。制品在这种压机上的脱模一般都靠安装在活动板上的机械装置来完成。

液压式模压机的性能参数主要有压力参数、速度参数和尺寸参数。其中压力参数中的公称压力是表示模压机成型能力的主要参数，常用的有 45 t、63 t、100 t、160 t、250 t、300 t 与 500 t 等；速度参数包括活塞行程速度和顶出速度；尺寸参数主要包括活塞最大行程、工作台尺寸、主活塞直径等。

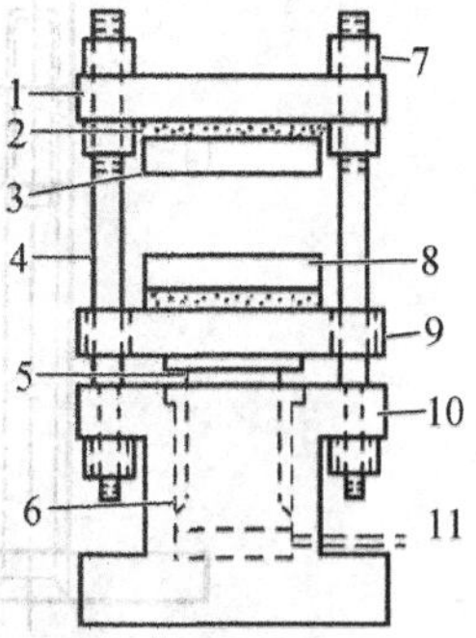

图 4.8　下动式液压机

1—固定垫板；2—绝热层；3—上模板；4—拉杆；5—柱塞；6—压筒；7—行程调节套；8—下模板；9—活动垫板；10—液压管线

4.4.2　模　具

将模压料置于已加热的模压成型模具的模腔或加料室内，模具在模压机上闭合并被加压，模腔内的模压料在热和压力的作用下变为流动状态，充满整个模腔，最后成型为制品。模压成型对其模具一般有如下基本要求：

（1）承受高压（有些高达 80 MPa）的作用。

（2）在高温（175~200°C）条件下，硬度应无明显降低。

（3）能耐成型时塑料的摩擦。

（4）能耐塑料和脱模剂的化学腐蚀。

（5）结构上要有利于塑料的流动及制品的取出，并能满足成型工艺的要求。

（6）模腔表面高度抛光或镀铬，以保证模压成型制品表面光滑。

为此，模压成型工艺条件要求严格时，模具通常由淬硬钢制造；模压成型工艺条件要求不太严格时，模具则可由低碳钢或黄铜制造。模具在模压成型中起着重要作用。首先，模具型腔的形状、尺寸、表面粗糙度、分模面及脱模方式等对模压成型制品的尺寸与形状精度、物理和机械性能、表面性能等有重要的影响。其次，在模压成型过程中，模具结构对操作难易程度和生产效率影响很大，尽量减少开模、合模和脱模中的手工操作，可明显地提高生产效率。此外，模具对制品成本也有较大影响，一般模压成型模具的设计和制造费用较高，当产品批量不大时，模具费在产品中所占的比例会较大，故应尽可能采用结构简单、合理的模具，以降低制品成本。

图 4.9 所示是一种典型的模压成型模具的结构，它主要由上模和下模构成。上、下模闭合时，可对加料室和模腔内的塑料施加压力。制品固化后，上、下模打开，借助顶出装置顶出制品。

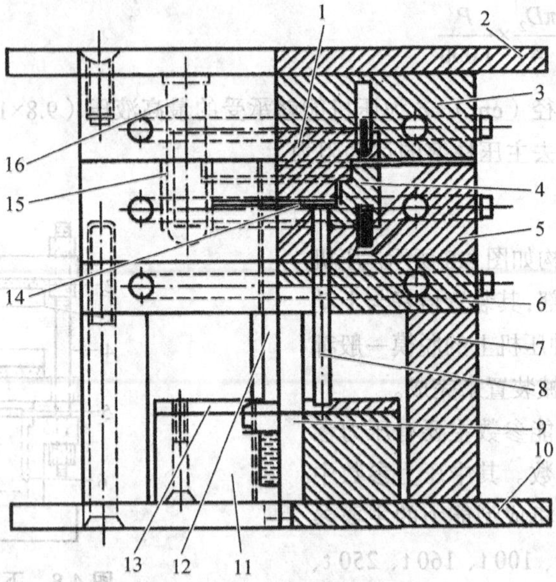

图 4.9 典型的模压成型模具

1—阳模；2—上模板；3—上固定板；4—阴模；5—下固定板；6—加热板；7—垫板；8—顶杆；9—支撑板；10—下模板；11—顶杆板；12—安全销；13—顶杆固定板；14—制品；15—导柱套；16—导柱

模压成型用的塑模按其结构的特征，可分为溢式、不溢式和半溢式 3 类，其中以半溢式用得最多。

1. 溢式模具

溢式模具如图 4.10（a）所示，其主要结构是阴阳模两个部分。阴阳模的正确位置由导合钉保证。脱模推顶杆是在模压完毕后使制品脱模的装置。导合钉和推顶杆在小型塑模中不一定具备。采用溢式模具模压成型时每次加料量不要求十分准确，但必须过量（为避免浪费过大，过量的料应不超过制品质量的 5%，一般约为 2%）。由于阳模与阴模之间没有配合面，多余的料在合模时会从溢料面溢出，因其很薄，可快速固化，从而有助于避免物料的进一步溢出。溢料脱模后附在制品上成为毛边，必须除去。

溢式模具没有加料室，装料容积有限，所以适于压缩率较小的塑料，最好采用粒料或预压料坯进行模压，很少用于带状、片状等压缩率较大的塑料。溢式模具适于模压成型扁平或近于碟状的制品，特别是对强度和尺寸无严格要求的制品，如纽扣、装饰品、密封垫以及其他各种小零件。溢式模具的优点：结构简单，造价低，寿命长，制品易脱模，成型扁平状制品时可不设顶出装置，可用手取出或用压缩空气吹出。这类模具的缺点：制品的密实性较差；由于溢料和每次加料量的差异，因此很难保证成批生产的制品的厚度和强度的均匀性；加料过量导致原料有一定浪费。

2. 不溢式模具

不溢式模具如图 4.10（b）所示，不溢式模具的加料室为型腔上部的延续部分，没有溢料面，模压机所施加的压力完全作用在塑料上，不让塑料从模腔中外溢。由于这类模具模压成型时几乎无溢料损失，故加料量必须准确，否则制品的厚度不能满足要求，如果加料不足，制品强度会降低，甚至变为废品。不溢式模具必须设置顶出装置，否则制品很难脱模。

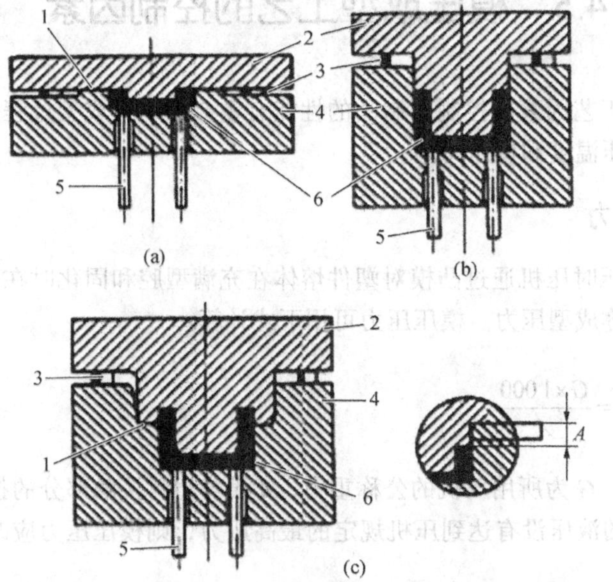

图 4.10　模压成型模具的各种类型

1—溢面料；2—阳模；3—导柱；4—阴模；5—顶杆；6—制品

不溢式模具特别适于流动性较差、模压压力高或压缩率较大的塑料（如棉布、玻璃布或长纤维浸渍的模压料），适于模压成型形状复杂、壁薄、流程长的制品。不溢式模具的优点：模压料所受的压力大，故制品的密实性好，机械性能较高；由于模具无支承面，故可成型壁厚很小的制品，而且毛边与制品平面垂直，易于去除，制品没有明显的溢料痕迹。这类模具的缺点：加料时必须准确称量；一般不应设计为多型腔，因为加料稍不均匀就会造成各型腔压力不等而引起某些型腔的塑料欠压，不能保证制品性能；阳模与阴模之间的滑动配合表面存在磨损。

3. 半溢式模具

这是一类兼具上述两类模具结构特征的模具，又可分为有支承面和无支承面两种。有支承面的半溢式模具除设有加料室外，与溢式模具类似，如图 4.10（c）所示，其中的溢料面即为支承面。由于有了加料室，故适于压缩率较大的塑料。在这种模具中，塑料的外溢是受到限制的，因为当阳模进入阴模时，溢料只能从阳模上开设的槽（其数量视需要而定）中溢出。如不在阳模上开设槽，也可在阴模入口处开设向外的倾斜面，如图 4.10（c）所示。当制品的高度有精度要求时，优先采用这种模具，但这种模具不适于布基、纤维基的塑料，因为这类塑料容易积留在支承面上，从而使模腔内的塑料所受的压力不够高，其次是所形成的较厚毛边较难除尽（多采用滚磨方法除去）。无支承面的半溢式模具[见图 4.10（c）中的小图]与不溢式模具类似，唯一的不同是阴模在 *A* 段（其长度一般为 1.5~2.5 mm）以上略向外倾斜（倾斜角 2°~3°），因而在阴模与阳模之间形成了一个溢料槽。模压成型过程中，当阳模进入阴模而未到达 A 段以前，塑料可从溢料槽外溢，但受到一定限制；阳模到达 *A* 段以后，情况就与不溢式模具的完全相同。所以这种模具适于压缩率较大和流动性差的塑料。

4.5 模压成型工艺的控制因素

模压成型过程中工艺因素的控制对制品的性能有重要影响，成型过程中控制的工艺因素主要是模压压力、模压温度和模压时间。

4.5.1 模压压力

模压压力是指模压时压机通过凸模对塑件熔体在充满型腔和固化时在分型面单位投影面积上施加的压力，简称成型压力。模压压力可用下式计算：

$$p_{\mathrm{m}}=\frac{G\times 1\,000}{A} \tag{4.2}$$

式中，p_{m}为模压压力；G为所用压机的公称重力；A模与塑料接触部分的投影面积。

如果模压时使用的液压没有达到压机规定的最高压力，则模压压力应改用下式计算：

$$p_{\mathrm{m}}=\frac{p_{\mathrm{L}}\pi R^2}{A} \tag{4.3}$$

式中，p_{L}为压机实际使用的液压压力；R为主压柱活塞的半径；p_{m}和A代表的意义同式（4.2）。

施加压力是为了保证制件具有稳定的尺寸、形状，减少飞边，防止变形。但过大的成型压力会降低模具寿命。塑料在模腔内的流动过程中，不仅树脂流动，增强材料也随之流动，故要求较高的模压压力。模压压力的大小与原料种类、模具温度、预热方法和制品形状等有密切的关系。压缩率大的塑料通常比压缩率小的塑料需要更高的模压压力；对形状复杂、有细长狭肋的制品，应适当提高模压压力；预热的塑料所需的模压压力均比不预热的低；制品的高度越大所需的模压压力也越高；圆柱形制品比圆锥形制品的成型压力大；复杂结构品比简单结构制品的成型压力大；模压料流动方向与模具移动方向相反比相同时的成型压力大。多数热固性模压塑料的模压压力为 20~70 MPa。

塑料在整个模塑周期内所受的压力与塑模的类型有关，并不一定都等于p_{m}。图 4.11 的下曲线即系用不溢式模具模压热固性塑料时压力随时间变化的关系。可以看出，整个模塑周期共分 5 个阶段（按塑料在模内所发生的物理与化学变化分），各个阶段的名称与意义均见图的说明。第 1 阶段内，当阳模触及塑料后，塑料所受压力即在短期急剧上升至规定的数值。而在 2 和 3 两个阶段则均保持规定的压力不变（指用液压机），并且等于计算的压力，所以塑料是在等压下固化的。第 4 阶段为压力解除阶段，塑料（此时已为制品）又恢复到常压，并延续到第 5 阶段的终了。5 个阶段中塑料体积的相应变化如图 4.11 上曲线所示。第 1 阶段中体积缩小是由于受压时从松散变为密实的结果。第 2 阶段中体积回升是塑料受热后的膨胀造成的。而后塑料在第 3 阶段中发生固化反应，体积又随之下降。第 4 阶段中由于压力的解除，塑料的体积又因弹性回复而得到增加。第 5 阶段，塑料制品的体积因冷却而下降，并在室温下趋于稳定。

在实际模压中，虽然各部分的塑料都有 5 个阶段的变化，但有些阶段是同时进行的。例如，当某一部分正在进行第 1 阶段时，另一部分可能已在进行热膨胀，而与塑模紧贴的塑料又可能正在进行固化。压力解除后，弹性回复也不一定立即发生，可能在冷却时继续发生。所以一般的制品，在冷至室温后，还会发生后收缩。后收缩的时间很长，有时可达几个月，后收缩的比率通常在 1%左右。

如用带有支承面的半溢式塑模，则模压时压力与体积随时间的变化关系可示意为图 4.12 所示。该图上下曲线代表的意义与图 4.11 相同。两图的主要不同点在于图 4.11 所示的固化阶段是在等压下进行的；而图 4.12 所示的则不然，现将图 4.12 中 5 个阶段进行的情况分述如下：

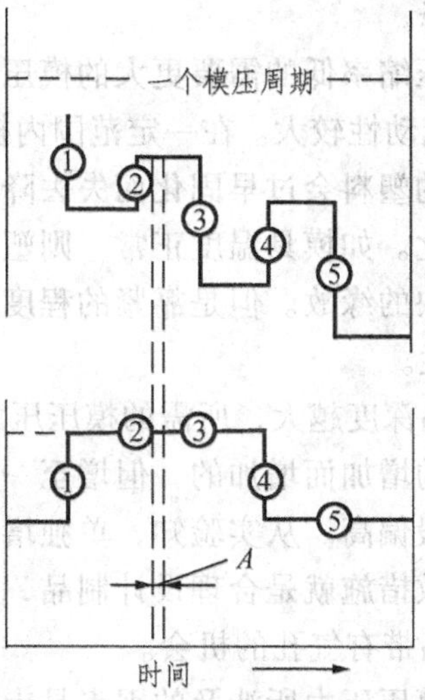

图 4.11　用不溢式模塑时，压力与体积随时间的变化示意图

①—施压；②—塑料受热；③—固化；④—压力除解；⑤—制品冷却；

O 点—计算的模型压力；A 段—排气阶段

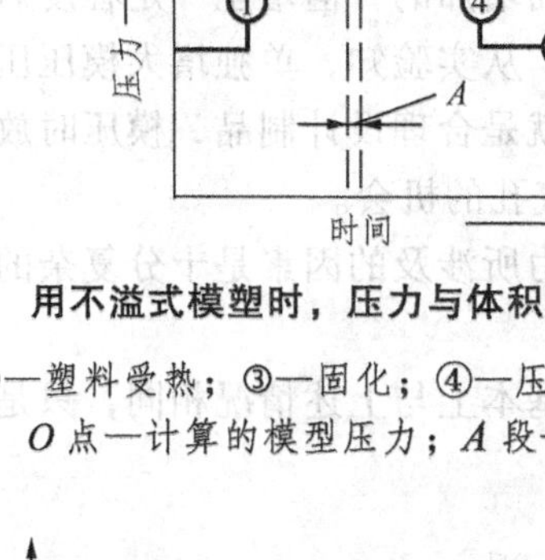

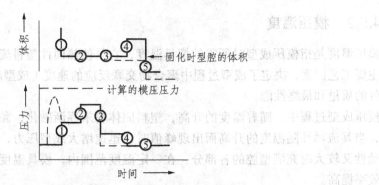

图 4.12　采用带有支撑面的半溢式模塑时，压力与体积随时间的变化示意图

①、②、③、④及⑤所代表的意义同图 4.12

① 阳模触及塑料后，塑料所受压力即逐渐上升，而当溢料发生后，压力又行回落（如虚线所示），直待阳模闭至支承面时，压力的回落始行停止。必须注意，压机所施总力是由型

腔中的塑料和支撑面共同承担的，所以塑料所受压力就可能低于计算的模压压力。在这一阶段内，松散的塑料逐渐变为密实，体积因此缩小。

② 型腔体积是不变的，所以塑料的热膨胀只能反映为压力的增加，也就是在第 2 阶段中支撑面上的压力负荷有了减少。

③ 在这一阶段中，由于塑料发生了化学收缩，压力重又回落。回落的大小依赖于收缩的程度，甚至压力完全失去，下曲线中虚线即表示这一情况。它将继续到模塑周期的终了。同样，在塑料体积的变化上也相应地反映了这一情况，如上曲线中的虚线。

④ 压力解除后，制品的体积会因弹性回复而有所增加（上曲线实线部分）。如果化学收缩过大，则在这一阶段中的制品体积无变化（虚线）。

⑤ 制品体积因冷却而下降。

压缩率高的塑料，通常比压缩率低的需要更大的模压压力。预热的塑料所需的模压压力均比不预热的小，因为前者的流动性较大。在一定范围内提高模具温度有利于模压压力降低。但模具温度过高时，靠近模壁的塑料会过早固化而失去降低模压压力的可能性，同时还会因制品局部出现过热而使性能劣化。如模具温度正常，则塑料与模具边壁靠得越紧，塑料的流动性就越好，这是由于传热较快的缘故。但是靠紧的程度与施加的压力有关，因此模压压力的增大有利于提高塑料的流动性。

如果其他条件不变，则制品深度越大，所需的模压压力也应越大。

制品的密度是随模压压力的增加而增加的，但增至一定程度后，密度的增加即属有限。密度大的制品，其力学强度一般偏高。从实验知，单独增大模压压力并不能保证制品内部不带气孔。使制品不带气孔的有效措施就是合理设计制品，模压时放慢闭模速度、预热和排气等。但降低模压压力会增加制品带有气孔的机会。

从以上的论述，已可看出模压压力所涉及的因素是十分复杂的，各种热固性塑料的模压压力范围必须用实验求得。

模压压力对热塑性塑料的关系，基本上与上述情况相同，只是没有固化反应及有关的化学收缩。

4.5.2 模压温度

模压温度是指模压成型时所需的模具温度，它是使热固性塑料流动、充模并最后固化成型的主要工艺因素，决定了成型过程中聚合物交联反应的速度（成型时的硬化速度），从而影响塑件的质量和最终性能。

模压成型过程中，随着温度的升高，塑料固体粉末逐渐融化，黏度由大到小，开始交联反应，当其流动性随温度的升高而出现峰值时，迅速增大成型压力，使塑料在温度还不很高而流动性又较大时充满型腔的各部分，在一定温度范围内，模具温度升高，成型周期缩短，生产效率提高。

不同的塑料模压成型时要求设定的模具温度不同。大多数热固性模压料必须加热至 125～180°C 以取得最佳的固化。但温度过高会导致树脂分解，塑件表面颜色变暗。由于塑件外层首先硬化，影响物料的流动，将引起充模不满，特别是模压形状复杂、薄壁、深度大的塑件最为明显。同时，由于水分和挥发物难以排除，塑件内应力大，模件开启时塑件易发生肿胀、开裂、翘曲等影响制品的物理性能或电气性能。温度较低则要求较长的固化时间，从而降低生产效率。对热固性塑料的模压成型，制品的厚度较大时，要适当降低模压温度，塑料经预热后，可采用高些的模压温度。如果模具温度过低，硬化不足，塑件表面将会无光，其物理性能和力学性能下降。装模温度即物料放入模腔时模具的温度，一定的装模温度有利于排出低分子物质和使物料流动，但此温度不应使物料发生明显的化学变化。模压料的挥发物含量高，不熔性树脂含量低时，装模温度应较低，反之装模温度应较高。

升温速度是由装模温度到最高压制温度的升温速率，对快速模压不存在升温速度的问题，压制温度与装模温度相同。对慢速模压制品一般升温速度为 0.5~2°C/min，尤其是对于较厚的制品，由于模压料的导热性能较差，升温过快时，会使固化不均匀，产生内应力，甚至可能导致与热源接触部位的物料先固化，因而限定内部未固化物料的流动，不能充满模腔，造成废品；升温过慢降低生产效率。

最高模压温度是根据树脂的放热曲线来确定的，看其在什么温度下基本完成固化，此温度即为模压温度，测试方法有差示扫描量热仪。

通常模压温度并不等于模具型腔内塑料的温度。热塑性塑料在模压中的温度是以模压温度为上限的。热固性塑料在模压中温度的变化情况如图 4.13 所示（系以某一试样中心温度为依据）。图中试样的温度高过模压温度是由于塑料固化时放热而引起的。温度最高点在固化开始后一段时间才出现，这是因为所测的是试样的中心温度。中心和边缘的温差起初比较大，所以，其固化反应不是同时开始的。通常制品表面带有残余压应力而内层带有残余张应力的原因就在于这种不均匀的固化。模压热塑性塑料时，同样也有这种现象发生，但造成的原因是冷却的不均匀。

图 4.13 中的下曲线表示制品强度随模压时间的变化关系。在不同的模压温度下（模压压力不变）所得强度曲线的形样是相同的，不同的只是最大数值的量。过大或过小的模压温度均会促使最大值降低，且在温度过低时还会徒然增长固化时间。所以要使制品强度取得极大值，模压温度和模压时间也是决定的因素。强度曲线出现下降现象（曲线上 *A* 点偏右的部分）是由于塑料制件"过熟"的缘故。

模压温度越高，模压周期越短。图 4.14 表示以木粉为填料的酚醛塑粉模压时模压温度与模压周期的关系。总的来说，任何热固性塑料的模压都有与图 4.14 相似的关系，从图可以看出，该种塑料的模压温度最好在 170°C 左右。不论模压的塑料是热固性或热塑性，在不损害制品强度及其他性能的前提下，提高模压温度对缩短模压周期和提高制品质量都是有好处的。

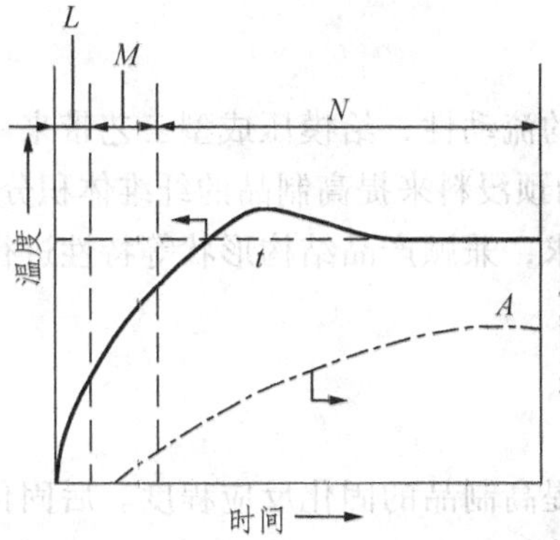

图 4.13　塑料温度和制品强度随时间的变化关系

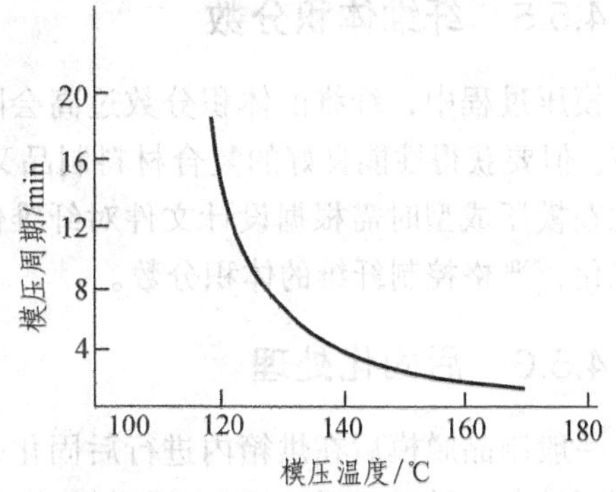

图 4.14　模压温度和模压周期的关系

由于塑料是热的不良导体，因此模压厚度较大的制品就需要较长的时间，否则制品内层很可能达不到应有的固化。增加模压温度虽可加快传热速率，从而使内层的固化在较短的时间内完成，但很容易使制品表面发生过热现象。所以模压厚度较大的制品，不是增加而是要降低模压温度。经过预热的塑料，由于内外层温度较均匀，塑料的流动性较好，故模压温度可以较不预热的高些。

4.5.3 模压时间

模压成型时，要在一定温度和一定压力下保持一定时间才能使其充分交联固化，成为性能优良的塑件，这一时间称为模压时间。充分的模压时间能使制品完全固化，并消除内应力。模压时间与塑料的种类、挥发物含量、塑件形状、压缩成型的其他工艺条件以及操作步骤（是否排气、预压、预热）等有关。

模压时间直接影响模压成型的生产效率和固化程度。恰当的固化时间应能缩短成型周期并保证制品充分均匀固化，使制品性能达到最佳值。如果固化时间过短，制品芯部和外表的固化程度会有差异，从而导致制品厚度方向强度的不均匀。模压料种类、制品壁厚、模具温度和模压料预热情况等的不同，固化时间会有较大差别。固化速率较快的塑料（如氨基塑料）可采用较短的固化时间；适当提高模具温度或对模压料进行预热，可缩短固化时间；厚壁制品的固化时间应适当延长。压缩成型温度升高，塑件固化速度加快，所需压缩时间减少，因而压缩周期随模具温度提高也会减少。对成型物料进行预热或预压以及采用较高成型压力时，压缩时间均可适当缩短，压缩时间的长短对塑件的性能影响很大。压缩时间过短，塑料硬化不足，将使塑件的外观性能变差，力学性能下降，易变形。适当增加压缩时间，可以减少塑件收缩率，提高其耐热性能和其他物理力学性能。但如果压缩时间过长，不仅降低生产率，而且会使树脂交联过度而使塑件收缩率增加，产生内应力，导致塑件力学性能下降，严重时会使塑件破裂。

4.5.4 挥发物

模压过程中，挥发物含量对预浸料的流动性影响很大。挥发物含量大，模压时预浸料流动性大。过高的挥发物含量使预浸料流动性过大，引起树脂基体流失、制品产生气泡、表面粗糙度下降等现象；但挥发物含量过低又会使预浸料流动性降低，造成复合材料制品成型困难。

4.5.5 纤维体积分数

模压过程中，纤维的体积分数过高会阻碍树脂基体的流动性，给模压成型工艺带来一些困难。但要获得性能良好的复合材料制品又需纤维较高的预浸料来提高制品的纤维体积分数，因此在模压成型时需根据设计文件对纤维体积分数的要求，兼顾产品结构形状等特性进行工艺优化，严格控制纤维的体积分数。

4.5.6 后固化处理

一般制品脱模后在烘箱内进行后固化处理，目的是提高制品的固化反应程度。后固化温度不可过高，时间不可过长，以免制品热老化，使性能下降。

4.6　模压成型中容易产生废品的类型、原因及其处理方法

有关热固性塑料模压成型中产生废次品的主要类型和原因以及处理方法参见表4.4。

表4.4 热固性塑料模压成型中产生废次品的主要类型和原因以及处理方法

缺陷类别	产生原因	预防措施
外形尺寸差	①工装模具尺寸精度加工偏差； ②预浸料叠层数量控制不严； ③热压机工作平台不平行	①修正工装模具； ②严格控制预浸料叠层数量； ③校正工装平台精度
翘曲变形	①结构件厚薄差异； ②固化度偏低； ③固化成型各区域温度不均； ④预浸料挥发组分含量偏大； ⑤脱模工艺不合理	①改进制品结构设计及成型工艺； ②调整及控制固化工艺或采取后固化； ③检查、调整加热装置； ④充分晾置或采用预热处理； ⑤改进脱模工艺或增设脱模工装
裂纹	①制品结构铺层不合理； ②脱模工艺不合理； ③工装模具结构不合理； ④预浸料挥发分含量大	①改进制品结构设计及铺层工艺； ②改进脱模工装及脱模工艺； ③改进模具结构形式（合理设置排气口及流胶槽）； ④控制环境温度、湿度、对预浸料进行充分晾置及预热处理
孔隙	①纤维线密度不均，预浸料质量不稳定； ②预浸料挥发分含量大； ③加压时机不当	①控制预浸料质量； ②控制环境、湿度，对预浸料进行充分晾置及预热处理； ③严格控制加压时机，不能过早或过晚加压
分层	①铺层时未充分压实； ②铺层时预浸料上有污染物； ③固化压力不够或脱模不当； ④制品胶、铆连接时应力集中	①铺层时采取工艺措施保证层间压实； ②严禁将脱模剂或油污物黏在预浸料上、操作时应使用防护用品，防止污染预浸料； ③控制固化压力，改进脱模工艺； ④改进操作工艺，避免加工时应力集中现象
疏松	①铺层时未充分压实； ②预浸料数量不足或加料不均； ③固化加压时控制不到位	①铺层时采用辅助工装使预浸料压实； ②控制预浸料数量，均与加料； ③调整加压时机
富树脂	①预浸料树脂含量过高； ②未采用预吸胶工艺； ③工装模具加工精度有偏差； ④固化加压时机不当	①调整预浸料制备工艺参数； ②控制预吸胶压实工艺； ③修正工装模具，控制加工精度要求； ④合理控制加压时机
贫树脂	①树脂基体含量过低； ②加压过早，树脂基体流失过多； ③工装模具加大尺寸精度有偏差	①提高树脂基体含量，调整预浸料制备工艺； ②合理控制加压时机； ③控制工装模具加压参数

制品必须通过检验方可成为成品。检验项目的多少须看对成品性能的要求，其类型大体可分为：①外观质量；②内应力的有无；③尺寸和相对位置的准确性；④与成品有关的物理机械性能、电性能和化学性能等。凡不合规定要求的即分别为次品或废品。产生废次品的可能性在生产中每个工序均可出现。为防止废次品的产生，工作人员除应严格遵守每个工序的工艺规程及保证质量所作出的组织制度和技术措施外，更应积极地发挥主观能动性，以找出处理问题的办法。

4.7 冷压烧结成型

大多数氟塑料在通常加工温度下很难熔融或者熔体在成型温度下黏度过高，虽说是热塑性塑料，但不能用一般热塑性塑料的方法成型，只能用类似粉末冶金烧结成型的方法，通称冷压烧结成型。成型时，先将一定量的含氟塑料（大都为悬浮聚合树脂粉料）放入模具中，在压力作用下压制成密实的形坯（又称锭料、冷坯或毛坯），然后至烘室内进行烧结，冷却后即成为制品。现以聚四氟乙烯为例，简述其工艺过程如下：

4.7.1 冷压成型

聚四氟乙烯树脂是一种纤维状的细粉末，在储存或运输过程中，由于受压和震动，容易结块成团，使冷压加料发生困难，或所制形坯密度不均匀，所以使用前须将成团结块捣碎，用 20 目筛过筛备用。

将过筛的树脂按制品所需量加入模内并在型腔里分布均匀。一个形坯应一次完成加料量，否则制品可能在各次加料的界面上开裂。

加料完毕后应立即加压，加压宜缓慢进行，严防冲击。升压速度（指阳模压入速度）视制品的高度而定。直径大而长的形坯升压速度应慢，反之则快。慢速为 5~10 mm/min，快速为 10~20 mm/min。

通常模压压力为 30~50 MPa。压力过高时，树脂颗粒在模内容易相互滑动，以致制品内部出现裂纹；压力过低时，制品内部结构不紧密，致使制品的物理机械性能显著下降。为使形坯的压实程度尽可能一致，高度较高的制品应从型腔上下同时加压。当施加的压力达规定值后，尚需保压一段时间，保压时间也视制品的情况而定。直径大而长的制品保压时间为 10~15 min，一般的则为 3~5 min，然后缓慢卸压，以免型坯强烈回弹产生裂纹。

如果型坯的面积较大，则由树脂粉末裹入的空气不易排出，所以模压时需要排气，排气的次数和时间应由实验确定。

冷压所制的型坯，强度较低，应小心脱模以防碰撞而损坏型坯。

4.7.2 烧 结

烧结是将型坯加热到树脂熔点（327 °C）以上，并在该温度下保持一段时间，以使单颗粒的树脂相互扩张，最后黏结熔合成一个密实的整体。

聚四氟乙烯的烧结过程是一个相变过程。当烧结温度超过熔点时，大分子结构中的晶体部分全部转变为无定形结构，这时，物体外观由白色不透明体转变为胶状的弹性透明体。待这一转变过程充分完成（即称烧结好了的型坯）后，方可进行冷却。合理控制烧结过程——升温、保温和冷却以及烧结程度是确保制品质量的重要因素。按操作方式的不同，烧结方法有连续烧结和间歇烧结两种，连续烧结用于生产小型管料，而间歇烧结则常用于模压制品。按照加热载体的不同又可分为固体载热体烧结，液体载热体烧结和气体载热体烧结 3 种。气体载热体烧结包括普通烘箱和带有转盘的热风循环的烧结。由于带有转盘的热风循环烧结具有坯料受热均匀、随时可以观察坯料的烧结情况、制品洁白、操作方便以及易于控制等优点，因此这种方法目前已广为采用。下面即以这种方法生产聚四氟乙烯制品的情况作一简述如下：

1. 升　温

升温是将型坯由室温加热至烧结温度的过程。由于聚四氟乙烯的传热性能差，所以加热应按一定的升温速度进行。升温太快，型坯各部分膨胀不均，易使制品产生内应力，甚至出现裂纹；再者，型坯外层温度已达要求，而内层温度还很低，若就此冷却，会造成“内生外熟”的现象。但升温速度太慢会使生产周期变长。在实际生产中，升温速度应视型坯的大小、厚薄等因素而定。大型制品的升温速度通常为 30~40 °C/h，直到 380~390 °C 为止。为了确保烧结物内外温度的均匀性，应在线膨胀系数较大的温度（300 °C，340 °C）下各保温一段时间以使其内外膨胀一致。小型制品可采用 80~120 °C/h 的升温速度。用分散树脂制薄板时的升温速度应慢些，以 30~40 °C /h 为宜。

聚四氟乙烯的烧结温度主要是根据树脂的热稳定性来确定的，热稳定性高的，烧结温度一般规定为 300~400 °C，热稳定性差的，烧结温度可低些，通常为 365~375 °C。烧结温度的高低对制品性能影响很大。例如在烧结温度范围内提高温度，制品结晶度高，密度大，但收缩率却增大了。如果将烧结温度不恰当地继续提高或降低均会使制品的性能变坏。

2. 保　温

保温就是将达到烧结温度的型坯在该温度下保持一段时间使其完全“烧透”的过程。保温时间主要决定于烧结温度、树脂的热稳定性以及制品的厚度等因素。在保证烧结质量的前提下，烧结温度高时，保温时间应该短；热稳定性差的树脂，保温时也应该短些，否则都会造成树脂的分解，致使制品表面不光、起泡以及出现裂纹等。为使大型厚壁制品中心区烧透，保温时间就应长些。在生产中，大型制品通常都是选用热稳定性好的树脂，保温时间为 5~10h，小型制品的保温时间为 1h 左右。

聚四氟乙烯在 250°C 以上时便开始轻度分解。当温度高于 415°C 时，分解速度急剧增加。聚四氟乙烯的分解产物是一些具有毒性的不饱和化合物，如全氟异丁烯、四氟乙烯以及全氟丙烯等。因此，烧结时必须采取有效的通风措施和相应的劳动保护。

3. 冷　却

冷却是将已经烧结好的成型物从烧结温度降到室温的过程。与烧结一样，聚四氟乙烯的冷却也是一个相变过程，不过冷却是烧结的逆过程，即由非晶相变为晶相的过程。

冷却有“淬火”与“不淬火”两种。淬火为快速冷却，不淬火指慢速冷却。淬火是将处于烧结温度下的成型物以最快的冷却速度通过最大结晶速度的温度范围。由于冷却介质不同，淬火又有“空气淬火”和“液体淬火”之分。显然，液体比空气冷却快些，所以液体淬火所得制品的结晶度比空气淬火的小。所谓不淬火就是将处于烧结温度下的成型物缓慢冷却至室温的过程，由于降温缓慢，利于分子规整排列，所以制品的结晶度通常都比淬火的大。冷却速度对制品的物理力学性能和结晶度的影响见表 4.5。

不同制品对冷却速度的要求也不尽相同。大型制品，如果冷却太快，内外层温差就大，以致收缩不均而具有内应力，甚至出现裂纹，故厚度或高度大于 4 mm 时，一般都不淬火，通常以 15~24 °C/h 的速度缓慢冷却，并应在结晶速度最快的温度范围内保温一段时间，以使其结晶度增加，冷至 150 °C 后取出再放于石棉箱内冷至室温。厚度大于 25 mm 的制品应在烧结炉内缓慢冷至室温后方可取出。对板材或尺寸要求精确的制品，从烧结炉中取出后应放在定型模内在受压下冷至室温。小型制品则以 60~70 °C /h 的降温速度冷却到 250 °C 时取出。这种制品是否淬火应根据用途决定。

表 4.5 冷却温度与制品性能和结晶度的影响

性能	冷却速度	
	慢速冷却（不淬火）	快速冷却（淬火）
结晶度/%	80	65
相对密度	2.245	2.195
收缩率/%	3~7	0.5~1
断裂伸长率/%	345~395	355~365
拉伸强度/MPa	35~36	30~31

复习思考题

一、名词解释

1. 模压成型；2. 倾倒性；3. 冷压烧结成型

二、填空题

1. 成型用的塑料一般由______和______构成。

2. 完整的模压成型工艺包括______和______两个过程，其中物料的准备又分为______和______两个阶段。

3. 预压的主要设备是______和______。压模包括______、______和______ 3 个部分。

4. 预热和干燥的常用方法的有______、______、______等。

5. 模压成型用的塑模按其结构的特征可分为______、______和______ 3 类。

三、简答题

1. 压塑粉的性能对预压有哪些影响？

2. 采用预热的热固性塑料进行模压有哪些优点？

3. 简述模压成型工艺过程。

4. 压缩成型温度对压缩成型有哪些影响？
5. 压缩成型时间对压缩成型有哪些影响？
6. 简述压缩模的基本结构及各部分结构的作用。
7. 根据加料室形式不同，压缩模可以分为哪几类？各类的特点和用途如何？

第 5 章 挤出成型

本章要点

知识要点

✧ 挤出成型的概念、分类及发展
✧ 挤出成型的设备
✧ 挤出成型理论
✧ 挤出成型工艺过程及关键工艺因素控制

掌握程度

✧ 理解挤出成型的概念
✧ 了解挤出成型的分类及发展史
✧ 了解挤出成型设备的构成
✧ 理解挤出机螺杆的结构、功能、几何参数及主要形式
✧ 了解挤出机的分类及工作原理
✧ 理解挤出成型理论
✧ 了解影响挤出生产效率的因素
✧ 掌握挤出成型工艺过程及关键工艺因素控制方法

背景知识

✧ 高分子材料的结构与性能的关系；高分子材料成型加工原理、高分子共混改性、高分子加工流变特性；高分子成型模具

5.1 概 述

挤出成型又称挤出模塑或挤塑、挤压，是借助螺杆或柱塞的挤压作用，使聚合物物料受热熔融并在压力推动下，强行通过口模并冷却定型而成为具有恒定截面的连续型材的成型方法。挤出过程包括两个阶段：第一阶段是固态塑料塑化并通过特定形状的口模而成为截面与口模形状相仿的连续体；第二阶段是使连续体失去塑性而变为固体。

挤出成型是高分子材料加工领域中所占比重最大的成型加工方法，几乎能成型所有的热塑性塑料，也可用于少数热固性塑料的成型。挤出成型与其他成型方法（如注射成型、压缩成型等）相比具有以下特点：挤出过程是连续的，可生产任意长度的塑料制品；模具结构简

单，尺寸稳定；生产效率高，生产量大，成本低；应用范围广，能生产管材、棒材、板材、薄膜、单丝、电线电缆、异型材等。目前，挤出成型已广泛用于日用品、农业、建筑业、石油、化工、机械制造、电子、国防等工业部门，约 50%的热塑性塑料制品是挤出成型得到的。此外，挤出工艺也可用于塑料的着色、混炼、塑化、造粒及聚合物共混改性等。以挤出为基础，配合吹胀、拉伸等技术则发展为挤出–吹塑成型和挤出–拉幅成型制造中空吹塑和双轴拉伸薄膜等制品。可见挤出成型是塑料成型最重要的方法。

按照塑料塑化的方式不同，挤出工艺可分干法和湿法两种。干法的塑化是靠加热将塑料变成熔体，塑化和加压可在同一个设备内进行。其定型处理仅为简单的冷却。湿法的塑化是用溶剂将塑料充分软化，因此塑化和加压须分为两个独立的过程，而且定型处理过程涉及溶剂脱除和回收。湿法挤出虽在塑化均匀和避免塑料过度受热降解方面存有优点，但基于上述缺点，它的适用范围仅限于硝酸纤维素和少数醋酸纤维素塑料的挤出。

按照挤出过程中对塑料加压方式不同，可将挤出工艺分为连续和间歇两种。前一种所用设备为螺杆挤出机，后一种为柱塞式挤出机。螺杆挤出机又有单螺杆和多螺杆挤出机的区别，但使用较多的是单螺杆挤出机。用螺杆挤出机进行挤出时，装入料斗的塑料，借转动的螺杆进入加料筒中（湿法挤出不需加热），由于料筒的外热及塑料本身和塑料与设备间的剪切摩擦热，使塑料熔化而呈流动状态。与此同时，塑料还受螺杆的搅拌而均匀分散，并不断前进。最后，塑料在口模处被螺杆挤到机外而形成连续体，经冷却凝固，即成产品。

柱塞式挤出机的主要部件是一个料筒和一个由液压操纵的柱塞。操作时，先将一批已经塑化好的塑料放在料筒内，而后借柱塞的压力将塑料挤出口模外，料筒内塑料挤完后，即应退出柱塞以便进行下一次操作。柱塞式挤出机的最大优点是能给予塑料较大的压力，缺点则是操作的不连续性，而且物料需要预先塑化，因而应用较少，只有在挤压聚四氟乙烯塑料等方面尚有应用。

由上所述，塑料的挤出，绝大多数是热塑性塑料，而且是采用连续操作和干法塑化的。此外，在设备方面，又以单螺杆挤出机应用广泛，而双螺杆挤出机在聚氯乙烯加工和配料上也日益显得重要。

挤出成型的发展历程可以分为 3 个阶段：

（1）萌芽时期：1845 年，R.Brooman 最早用挤出成型法生产包覆电线。当时的挤出机为柱塞式，操作由手动逐步过渡到机械式和液压式，生产过程是间歇式的。

（2）螺杆式挤出机阶段：19 世纪 80 年代后，出现螺杆式挤出机，由德国批量制造，并不断地发展和改进螺杆结构。长径比为 3~5，难以满足热塑性塑料的要求，只适合于生产橡胶制品。

（3）现代挤出机时代：1935 年，德国 Paul Troster 公司制造出第一台热塑性挤出机，从此进入了现代挤出机时代。挤出机采用直接电加热、空气冷却、自动温控的装置和无级变速的传动装置，螺杆的长径比开始超过 10。

5.2　挤出设备

挤出设备是挤出成型加工的重要组成部分，完整的挤出成型过程必须依赖于挤出设备。

一台挤出设备通常由挤出机（主机）、辅机（机头、定型、冷却、牵引、切割、卷取等装置）、控制系统3部分组成。图5.1所示为挤出成型硬管设备组成示意图。挤出成型所用的设备统称为挤出机组，主机在挤出机组中是最主要的组成部分。

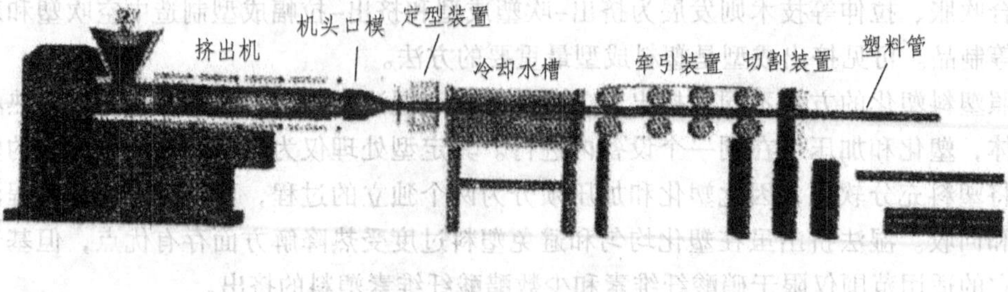

图5.1 挤出机的组成

5.2.1 挤出机及其分类

塑料挤出机的类型很多，其分类也较多，常用的分类方法有以下几种：

（1）按挤出的方式分为螺杆式挤出机（连续式挤出）和柱塞式挤出机（间歇式挤出）。

（2）按螺杆数量分为单螺杆挤出机、双螺杆挤出机及多螺杆挤出机。

（3）按螺杆的转速分为普通挤出机，转速在100 r/min以下；高速挤出机，转速为300 r/min；超高速挤出机，转速为300~1 500 r/min。

（4）按装配结构分为整体式挤出机和分开式挤出机。

（5）按螺杆在空间布置不同分为卧式挤出机和立式挤出机。

（6）按挤出机在加工过程中是否排气分为排气式挤出机和非排气式挤出机。

目前，卧式单螺杆非排气式挤出机在生产中最为常用。

5.2.2 挤出机主要技术参数与型号

我国生产的塑料挤出机的主要技术参数已标准化（ZBG 95009.1—88）。卧式单螺杆非排气式挤出机的主要技术参数包括：

（1）螺杆直径 D（mm）：D 是一个重要参数，可以表示挤出机挤出能力的大小。螺杆直径已经标准化，我国挤出机标准所规定的直径系列为：30 mm、45 mm、65 mm、90 mm、120 mm、150 mm、200 mm 等。

（2）螺杆的长径比（L/D）：螺杆工作部分长度 L 与直径 D 之比，是挤出机的重要参数之一。

（3）主螺杆的驱动电动机功率 P（kW）。

（4）螺杆的转速范围 n（r/min）：螺杆可获得稳定的最小和最大的转速范围，用 n_{min}~n_{max} 表示。

（5）挤出机的生产能力 Q（kg/h）。指加工某种塑料时，每小时挤出的塑料量，是表征设备生产能力的参数。

（6）料筒的加热功率 E（kW）。

（7）机器的中心高度 H（mm）：螺杆中心线到地面的高度。

（8）机器的外形尺寸（长×宽×高），单位为 mm。

挤出机型号的编制方法按我国原第一机械工业部颁布标准规定，型号按类、组、型分类编制。分别用类、组、型名称中汉字拼音第一个字母表示。型号由基本型号和辅助型号两部分组成。表示方法如图 5.2 所示。

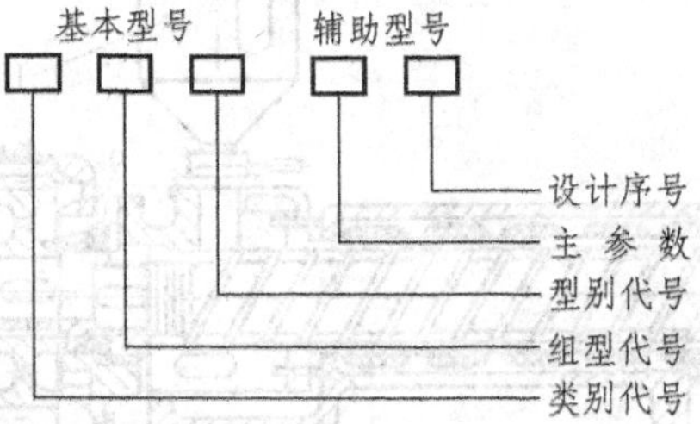

图 5.2　挤出机型号表示方法

型号第一、二、三项分别代表类别、组别和型别代号，第四项代表主参数，用符号及阿拉伯数字表示，按表 5.1 规定，第五项代表设计序号，表示机器结构或参数改进后的标记。按 A、B、C…字母顺序选用（字母 I 和 O 不选用）。

表 5.1　塑料机械类、组、型别代号

类别	组别	型别		主参数/mm	备注
		名称	代号	名称	
塑料机械 S（塑）	挤出机 J（机）	塑料挤出机		螺杆直径×长径比	长径比 20∶1 不标注
		塑料双杆挤出机	S（双）	螺杆直径	
		塑料多模制鞋挤出机	E（鞋）	螺杆直径×模子数	
		塑料喂料挤出机	W（喂）	螺杆直径×长径比	
		塑料排气式挤出机	P（排）	螺杆直径×长径比	
		塑料复合机头挤出机	F（复）	螺杆直径×螺杆直径	

例如，SJ–120 表示螺杆直径为 120 mm，长径比为 20∶1 的塑料挤出机；SJ–65/25A 表示直径为 65 mm，长径比为 25∶1，经第一次结构改进的塑料挤出机。

5.2.3　挤出机的组成

挤出机主要由挤出系统、加料系统、传动系统及加热和冷却系统 4 部分组成。图 5.3 所示为卧式单螺杆挤出机结构组成示意图。

5.2.3.1　挤出系统

挤出系统包括螺杆和料筒两部分。

1. 螺　杆

螺杆是挤出机最核心的部件，通过螺杆的转动，对料筒内塑料产生挤压作用，使塑料发生移动，得到增压，获得由摩擦产生的热量。螺杆的结构及形式对挤出成型有重要的影响，直接关系到挤出机的应用范围和生产率。

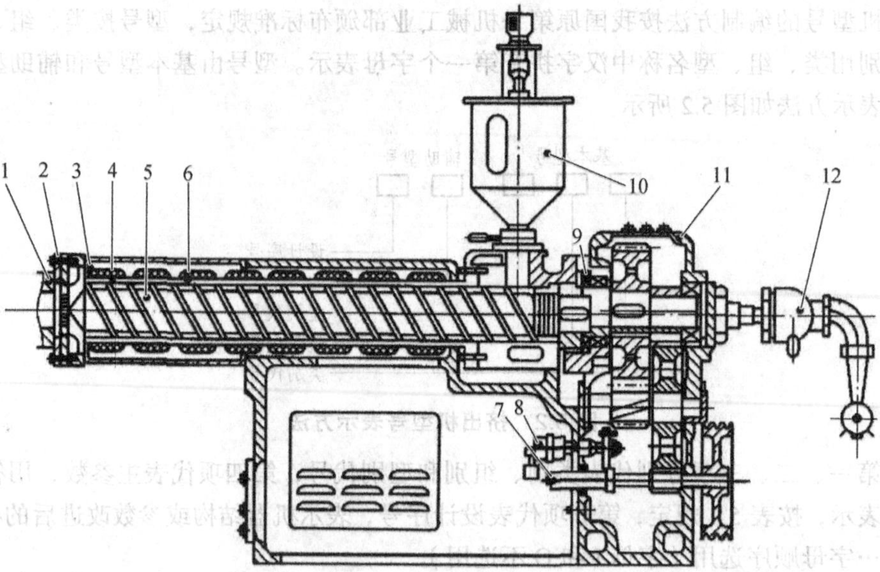

图 5.3　卧式单螺杆挤出机结构组成示意图

1—机头连接法兰；2—过滤网；3—冷却水管；4—加热器；5—螺杆；6—料筒；7—液压泵；8—测速电动机；9—推力轴承；10—料斗；11—减速器；12—螺杆冷却装置

1）螺杆的基本结构

螺杆是一根笔直的有螺纹的金属圆棒，由耐热、耐腐蚀、高强度的合金钢制成，其表面应有很高的硬度和光洁度，以减少塑料与螺杆的表面摩擦力，使塑料在螺杆与料筒之间保持良好的传热与运转状况。螺杆的中心有孔道，可通冷却水，目的是防止螺杆因长期运转与塑料摩擦生热而损坏，同时使螺杆表面温度略低于料筒，防止物料黏附其上，有利物料的输送。如图 5.4 所示为一根普通螺杆的基本结构示意图。

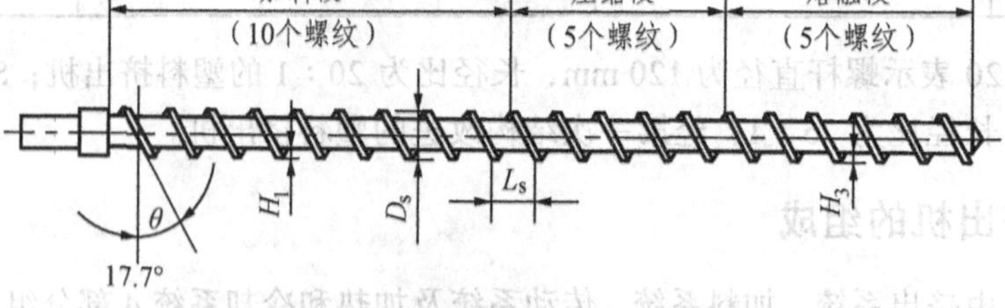

图 5.4　普通螺杆基本结构示意图

D_s—螺杆外径；L_s—螺距；H_1—加料段螺槽深度；θ—螺旋角；H_3—均化段螺槽深度

螺杆用止推轴承悬支在料筒的中央，与料筒中心线吻合，不应有明显的偏差。螺杆与料筒的间隙很小，使塑料受到强大的剪切作用而塑化。

螺杆由电动机通过减速机构传动，转速一般为 10~120 r/min，要求是无级变速。

2）螺杆的几何结构参数

螺杆的几何结构参数对螺杆的工作特性有重要的影响。结构参数有：直径、长径比、压缩比、螺槽深度、螺旋角、螺杆与料筒的间隙等，如图 5.5 所示。

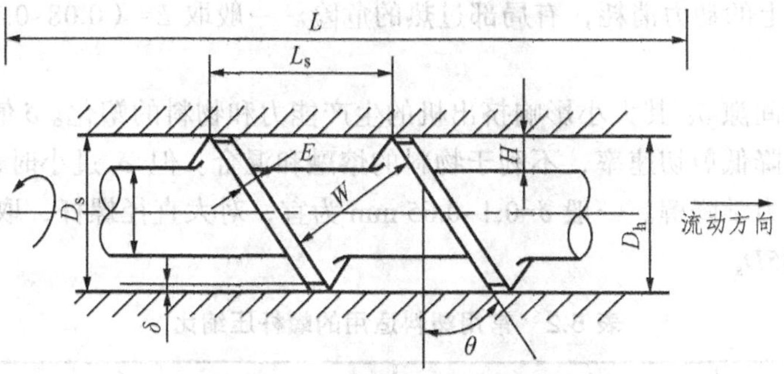

图 5.5　螺杆结构的主要参数

D_s—螺杆外径；D_h—料筒内径；L_s—螺距；H—螺槽深度；W—螺槽宽度；θ—螺旋角；
E—螺纹棱部宽度；δ—间隙；L—螺杆长度

螺杆直径 D_s：指其外径，通常为 30~200 mm，最常见的是 60~150 mm。随螺杆直径的增大，挤出机的生产能力提高，所以挤出机的规格常以螺杆的直径大小表示。

螺杆的长径比 L/D_s：指螺杆工作部分的有效长度 L 与直径 D_s 之比，此值通常为 15~25，但近年来发展的挤出机有达 40 以上的。L/D_s 大，能改善塑料的温度分布，混合更均匀，并可减少挤出时的逆流和漏流，提高挤出机的生产能力。L/D_s 过小，对塑料的混合和塑化都不利。因此，对于硬塑料、粉状塑料或结晶型塑料要求塑化时间长，应选较大的 L/D_s。L/D_s 大的螺杆适应性强，可用于多种塑料的挤出。但 L/D_s 太大，对热敏性塑料会因受热时间太长而易分解，同时螺杆的自重增加，制造和安装都困难，也增大了挤出机的功率消耗。目前，L/D_s 以 25 居多。

螺杆的压缩比 A：指螺杆加料段第一个螺槽的容积与均化段最后一个螺槽的容积之比，它表示塑料通过螺杆的全过程被压缩的程度。A 越大，塑料受到挤压的作用也就越大，排除物料中所含空气的能力就大。但 A 太大，螺杆本身的机械强度下降。压缩比一般在 2~5 之间。压缩比的大小取决于挤出塑料的种类和形态，粉状塑料的相对密度小，夹带空气多，其压缩比应大于粒状塑料。另外挤出薄壁状制品时，压缩比应比挤出厚壁制品大。压缩比的获得主要采用等距变深螺槽、等深度变距螺槽和变深变距螺槽等方法，其中等距变深螺槽是最常用的方法。部分常用塑料成型的螺杆压缩比见表 5.2。

螺槽深度 H：螺槽深度影响塑料的塑化及挤出效率，H 小时，对塑料可产生较高的剪切速率，有利于传热和塑化，但挤出生产率降低。

热敏性塑料（如 PVC）宜用深槽螺杆，而熔体黏度低和热稳定性较高的塑料（如 PA 等）宜用浅槽螺杆。沿螺杆轴向各段的螺槽深度通常是不等的，加料段的短槽深度 H_1 是个定值，一般 $H_1>0.1D_s$；压缩段的螺槽深也是个变化值；均化段的短槽深也是个定值，按经验 $H_3=0.02\sim0.06D_s$。

螺旋角 θ：是螺纹与螺杆横截面之间的夹角，随着 θ 的增大，挤出机的生产能力提高，但螺杆对塑料的挤压剪切作用减少。通常 θ 介于 10°~30°之间，螺杆中沿螺纹走向、螺旋角大小有所变化。

直径=螺距（$D_s=L_s$）时，螺杆最容易加工，此时 $\theta=17.7°$，这是最常用的螺杆。

螺纹棱部宽度：螺棱宽 E 太小会使漏流增加，导致产量降低，对低黏度的熔体更是如此；

E 太大会增加螺棱上的动力消耗，有局部过热的危险。一般取 $E=(0.08\sim0.12)D_s$。在螺杆的根部取大值。

螺杆与料筒的间隙 δ：其大小影响挤出机的生产能力和物料的塑化。δ 值大，生产效率低，且不利于热传导并降低剪切速率，不利于物料的熔融和混合。但 δ 过小时，强烈的剪切作用易引起物料出现热力学降解。一般 δ=0.1~0.65 mm 为宜，对大直径螺杆，取 $\delta=0.002D_s$，小直径螺杆，取 $\delta=0.005D_s$。

表 5.2　常用塑料适用的螺杆压缩比

物料	压缩比	物料	压缩比
硬聚氯乙烯（粒）	2.5（2~3）	ABSI.8	（1.6~2.5）
硬聚氯乙烯（粉）	3~4（2~5）	聚甲醛	4（2.8~4）
软聚氯乙烯（粒）	3.2~3.5（3~4）	聚碳酸酯	（PC）2.5~3
软聚氯乙烯（粉）	3~5	聚苯醚（PPO）	2（2~3.5）
聚乙烯	3~4	聚砜（膜）	2.8~3
聚苯乙烯	2~2.5（2~4）	聚砜（膜）	3.7~4
纤维素塑料	1.7~2	聚砜（管、型材）	3.7~4
有机玻璃	3	聚酰胺（尼龙 6）	3.5
聚酯	3.5~3.7	聚酰胺（尼龙 66）	3.7
聚丙烯	3.7~4（2.5~4）	聚酰胺（尼龙 11）	2.8（2.67~4.7）
聚三氟氯乙烯	2.5~3.3（2~4）	聚酰胺（尼龙 100）	3

3）螺杆的功能及分段

挤出成型时，螺杆的转动对物料产生 3 个作用：

一是输送功能（输送物料）：螺杆转动时，物料在旋转的同时受到轴向压力，向机头方向流动。

二是传热功能（传热塑化物料）：螺杆与料筒配合使物料接触传热面不断更新，在料筒的外加热和螺杆摩擦作用下，物料受热逐渐软化，熔融为黏流态。

三是混合均化功能（混合均化物料）：螺杆与料筒和机头相配合产生强大的剪切作用，使物料进一步均匀混合，并足量定压由机头挤出。

螺杆对物料所产生的作用在螺杆的全长范围内各段是不同的。根据物料在螺杆中的温度、压力、黏度等的变化特征，可将螺杆分为加料段、压缩段和均化段 3 段。

（1）加料段。

加料段对料斗送来的物料进行加热，同时输送到压缩段。塑料在该段螺槽始终为固体。

该段的长度随物料品种而异，挤出结晶型热塑性塑料的加料段要求较长，使塑料有足够的停留时间，慢慢软化，该段约占螺杆全长的 60%~65%。挤出无定形塑料的加料段较短，约占螺杆全长的 10%~25%。硬质无定形塑料也要求长一些，软质无定性塑料则较短。

加料段螺杆对塑料一般没有压缩作用，故螺距和螺槽的深度都可以保持不变，螺槽深度也较深，因此加料段通常是等深等距的深槽螺纹螺杆。

（2）压缩段。

压缩段的作用是对加料段送来的物料起挤压和剪切作用，同时使物料继续受热，由固体逐渐转变为熔融体，排出物料中的空气及其他挥发组分，增大物料的密度。物料通过压缩段后，应该成为完全塑化的黏流状态。

压缩段应能对塑料产生较大的压缩作用和剪切作用，该段螺槽容积应逐步减小。

压缩段的长度与塑料的性质、塑料的压缩率有关。无定形塑料压缩段较长，为螺杆全长的 55%~65%，熔融温度范围宽的塑料其压缩段最长，如聚氯乙烯挤出成型用的螺杆，压缩段为螺杆全长的 100%，即全长均起压缩作用，这样的螺杆叫做渐变螺杆。结晶型塑料，熔融温度范围较窄，压缩段较短，为（3~5）D_s。某些熔化温度范围很窄的结晶型塑料，如尼龙等，其压缩段更短，甚至仅为一个螺距的长度，这样的螺杆叫做突变螺杆。

（3）均化段。

均化段又叫计量段，其作用是将塑化均匀的物料在均化段螺槽和机头回压作用下进一步搅拌塑化均匀，并定量定压地通过机头口模挤出成型。由于从压缩段来的物料已达到所需的压缩比，故均化段一般无压缩作用，螺距和槽深可以不变，这一段常常是等距等深的浅槽螺纹。

对于渐变形螺杆，本段螺杆螺距最小或槽深最浅，这种螺杆实际上无均化段，常用于聚氯乙烯等热敏性塑料。可避免黏流态物料在均化段停留时间过长而导致分解。对于一般塑料，如聚乙烯、聚苯乙烯等，为了稳定料流，均化段应有足够的长度，通常是螺杆全长的 20%~25%。

4）螺杆的形式

塑料的品种很多，性质各异，为了适应加工不同塑料的要求，螺杆的种类也很多，螺杆的结构形式有很大的差别。螺杆一般分为普通螺杆和高效专用型螺杆。

（1）普通螺杆。

普通螺杆是指常规全螺纹 3 段螺杆，这种螺杆应用最广，整根螺杆由 3 段组成，根据螺距和螺槽深度的变化，螺杆可分为等距不等深螺杆、等深不等距螺杆和不等距不等深螺杆。

等距不等深螺杆制造容易，成本低；物料与料筒接触面积大，易于传热，有利于物料的压缩、熔融和塑化；进料段螺槽较深也有利于进料，因此这种螺杆应用最广。

等距突变螺杆按其螺槽深度变化的快慢（即压缩段的长短）又可分为等距渐变形螺杆和等距突变形螺杆。非晶型塑料宜选用渐变形螺杆，结晶型塑料宜选用突变形螺杆。

为了得到较好的挤出质量，要求物料尽可能避免局部受热时间过长而产生热降解现象，能平稳地从螺杆进入机头，这与螺杆头部的形状有很大关系。螺杆头部一般设计为锥形或半圆形，以防止物料在螺杆头部滞流过久而分解。锥形头部的角度一般为 120°。对 PVC 等热敏性塑料，锥角为 60°。有的螺杆均化段是一段平行的杆体，常称为鱼雷头或平推头，其直径比前段螺槽根径略大，表面是光滑的，但也可有凹槽或浪花，甚至有锥形的突棱。鱼雷头螺杆具有搅拌和节制物料、消除料流脉动现象等作用，并能增大物料的压力，降低料层厚度，改善物料传热，进一步提高塑化效率。这种螺杆主要用于挤出黏度较大、导热性不良或有较明显熔点的塑料，如 PS、有机玻璃、纤维素等。如图 5.6 所示为几种常见螺杆头部形状。

（2）高效专用型螺杆。

普通螺杆存在熔融效率低、塑化混合不均匀等缺点，往往不能很好适应特殊塑料的加工或进行混炼、着色等工艺过程。目前常用的改进方法是加长长径比，提高螺杆转数，加大均化段的螺槽深度等，这些改进措施有一定的成效，但比较有限。

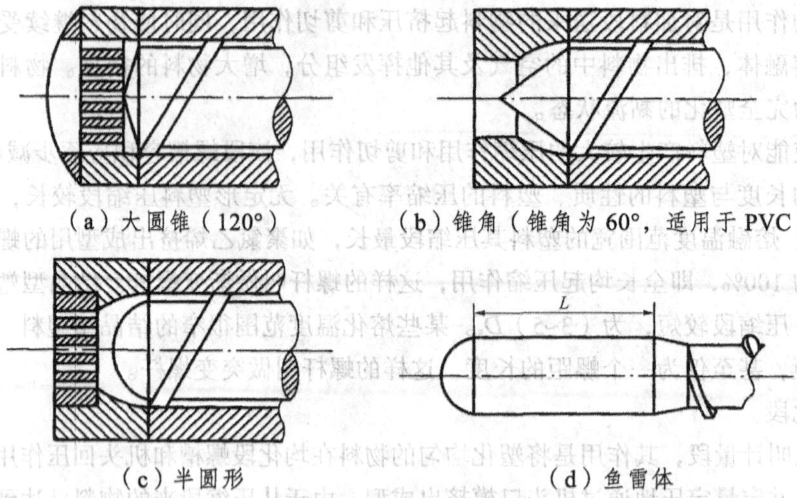

（a）大圆锥（120°）（b）锥角（锥角为 60°，适用于 PVC）

（c）半圆形（d）鱼雷体

图 5.6 常用螺杆头部形状

（3）新型高效螺杆。

新型高效螺杆主要有屏障型螺杆、销钉型螺杆、波型螺杆、分配混合型螺杆、分离型螺杆和组合型螺杆。这些螺杆的共同特点是在螺杆的末端（均化段）设置一些剪切混合元件，以达到促进混合、熔化和提高产量的目的。图 5.7 所示为几种新型高效螺杆的混合部分。

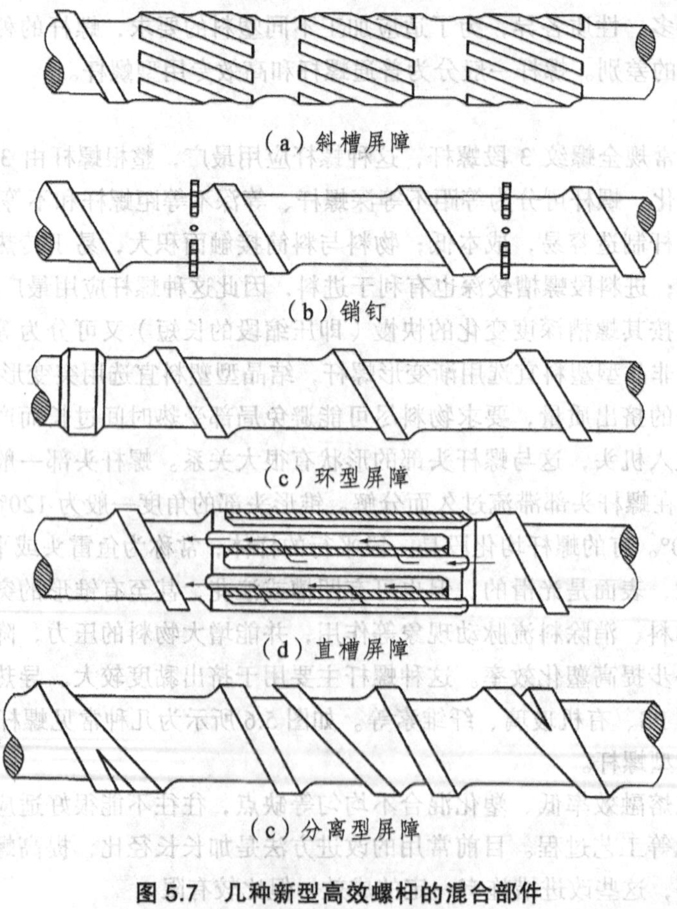

（a）斜槽屏障

（b）销钉

（c）环型屏障

（d）直槽屏障

（c）分离型屏障

图 5.7 几种新型高效螺杆的混合部件

2. 料 筒

料筒是一金属圆筒，料筒与螺杆配合，塑料的粉碎、软化、熔融、塑化、排气和压实都在其中进行，并向机头（口模）连续均匀输送熔体。一般机筒的长度为其直径的 15~30 倍，料筒外部设有加热装置，使塑料能从料筒上摄取热量进行熔融塑化。为了控制和调节料筒温度，通常还设有冷却装置及温控仪器。

料筒结构分为整体式和组合式（又称分段式）。整体式料筒结构，易保证较高的制造和装配精度，简化装配工作，便于加热冷却系统的设置和拆装，而且热量沿轴向分布比较均匀，但是这种料筒的加工设备要求较高，当内表面磨损后难以复修。组合式料筒是由几段料筒组合而成，便于改变料筒长度，适应不同长径的螺杆。排气式挤出机多用这种料筒，便于设置排气段。组合式料筒的加工要求很高，料筒各段多采用法兰螺栓连接，难以保持加热均匀性，增加热损失，对加热冷却系统的设置和维修不便。

由于塑料在塑化和挤压过程中温度可达 250°C，压力达到 55MPa，料筒的材质必须具有较高的强度、坚韧和耐腐蚀。料筒通常是由钢制外壳和合金钢内衬共同组成。衬套磨损后可以拆除和更换。衬套和料筒要配合好，以保证整个料筒壁上热传导不受影响，料筒和衬套间不能相对运动，又要保证能方便地拆出。根据挤出过程的理论和实践证明，增加料筒内表面的摩擦系数可提高塑料的输送能力，因此，挤出机料筒的加料段内开设有纵向沟槽并将靠近加料口的一段料筒内壁做成锥形。轴向沟槽的数量与料筒直径的大小有关。槽数太多，会导致物料回流使输送量减小。槽的形状有长方形、三角形或其他形状。

这种开槽料筒与未开槽的料筒相比，具有输送率高、挤出量对机头压力变化的敏感性小等特点。但由于需要采用强力冷却而消耗很大能量，在料筒加料段末端可能产生极高的压力，有损坏带有沟槽的薄壁料筒的危险；螺杆磨损较大；挤出性能对原料的依赖性较大。因此，在小型挤出机上采用此结构受到限制。

料筒加料口的形状及开设位置对加料性能有很大影响。加料口应保持物料自由、高效地加入料筒，不易产生架桥，便于设置冷却系统和利于清理。

5.2.3.2 加料系统

加料系统是由加料斗和上料装置所组成的。加料斗的形式有圆锥形、圆柱-圆锥形、矩形等。料斗侧面开有视镜孔以便观察料位，料斗底部有开合门以终止和调节加料量。料斗上方加盖以防止灰尘、湿气及其他杂物混入。料斗一般采用铝板和不锈钢板制造。料斗的容量至少应容纳 1~1.5 h 的挤出量。加料口的形状有矩形与圆形两种，一般多采用矩形，而且加料口的长边一般与料筒平行。加料可采用人工加料或自动加料。自动加料装置主要有鼓风加料、弹簧加料、真空吸料等。

1. 鼓风加料器

鼓风加料器是利用风力将料吹入输料管，再经过旋风分离器进入料斗。这种加料方法适于输送粒料而不适于粉料，其工作能力一般在 300 kg/h 以下。

2. 弹簧加料器

弹簧加料器由电动机、弹簧夹头、进料口及软管组成。电动机带动弹簧高速旋转，这时在弹簧的任何一点都产生轴向力和离心力，在这些力的作用下，物料被提升，到达进料口时，由于离心力的作用而进入料斗。它适于输送粉料、粒料以及块状料，其工作能力在 300 ~ 600 kg/h。这种送料器结构简单、轻巧、效率高、可靠，故应用范围广。但其输送距离小，在送料时可能出现“打管”现象而产生较大的噪声，软管易磨损，弹簧选用不当易损坏等。

3. 真空吸料装置

真空吸料装置有利于排除物料中的水分和气体，但是由于它是靠物料自重进料，不能避免进料不均匀现象，除非设置强制加料螺旋，一般用于粒料的输送，其工作能力在 900~1 000 kg/h。

5.2.3.3 传动系统

传动系统是挤出机的重要组成部分之一。它的作用是在给定的工艺条件（如机头压力、螺杆转数、挤出量、温度等）下，使螺杆具有必要的扭矩和转数均匀地回转而完成挤出过程。传动系统由电动机、减速装置、变速器及轴承系统组成。

常用的挤出机电动机有交流整流子电动机和直流电动机。减速器一般为定轴轮系减速器、齿轮减速器和涡轮减速器。国产挤出机有采用摆线针轮减速器的。

三相整流子电动机和普通齿轮减速器和涡轮减速箱组成的传动系统，运转可靠、性能稳定，控制、维修方便。电动机得到合理的利用，启动性能也很好，其调速范围有 1∶3、1∶6 等；但由于调速范围大于 1∶3 后电动机体积显著增大，成本也相应提高，故国内大都采用 1∶3 的整流电动机。

直流电动机和一般齿轮减速箱组成的传动系统的调速范围较宽。改变电枢电压时得到的是恒扭矩调速；改变激磁电压得到的是恒功率调速，此时随着转数的增加功率保持不变，而扭矩相应减少。为充分利用直流电动机这一特性，可用其恒扭矩调速段来加上硬 PVC 等硬料，用恒功率调速段来加工较软的物料，这样可以合理利用电动机。但当直流电动机的转速低于 100~200 r/min 时，其工作性能是不稳定的，而且在低速时电动机冷却能力也相应下降。为此，可以另加鼓风机进行强力冷却。

用直流电动机和摆线针轮减速器或行星齿轮减速器组成的传动系统具有紧凑、轻便、效率高、声响小的特点。

5.2.3.4 加热和冷却系统

为使塑料能顺利挤出，挤出机的机筒和机头外部上都设有加热冷却系统装置及测量、控制温度的仪器仪表。

1. 挤出机的加热

挤出机的加热方法主要有载热体加热、电阻加热和电感应加热等。

由于挤出机的料筒较长，挤出工艺对料筒在轴线方向的温度有一定要求，根据螺杆直径和长径比的大小，将料筒分为若干区段进行加热。机头可视其类型和大小设定加热段。

2. 挤出机的冷却

冷却装置是保证塑料在工艺要求的范围内稳定挤出的一个重要部分，它与加热系统是密切联系而不可分割的。

随着挤出机向高速高效发展，螺杆转速不断提高，物料在料筒内所受的剪切和摩擦会加剧，因此对料筒和螺杆必须进行冷却。在料筒的加料段和料斗座部位设冷却装置是为加强这段固体物料的输送。

（1）料筒的冷却。料筒冷却方法有风冷和水冷两种。风冷的特点是冷却比较柔和、均匀、干净，但风机占有空间体积大，其冷却效果易受外界气温的影响，一般用于中小型挤出机较为合适。与风冷相比，水冷的冷却速度快、体积小、成本低。但易造成急冷，水一般都未经过软化处理，水管易出现结垢和锈蚀现象而降低冷却效果或被堵塞、损坏等。

（2）螺杆的冷却。螺杆冷却的目的是利于物料的输送，同时防止塑料因过热而分解。通入螺杆中的冷却介质为水或空气。在最新型挤出机上，螺杆的冷却长度是可以调整的。根据各种塑料的不同加工要求，依靠调整伸进螺杆的冷却水管的插入长度来提高机器的适应性。

（3）料斗座的冷却。挤出机工作时，进料口温度过高，易形成“架桥”，进料不畅，严重时不能进料，因此，加料斗座应设置冷却装置并防止挤压部分的热量传到止推轴承和减速箱，保证挤出机的正常工作。冷却介质多采用水。

5.2.4 挤出成型辅机

辅机是挤出机组的重要组成部分。主机的性能好坏对产品的质量和产量有很大影响，但辅机也必须很好地与其配合才能生产出符合要求的制品。

辅机的作用是将从机头挤出来的已初具形状和尺寸的黏流态塑料熔体，在定型装置中定型、冷却由黏流态转变到室温下的玻璃态，得到符合要求的制品。挤出成型的制品主要有管材、棒材、薄膜、电线电缆等。根据挤出成型制品的种类不同，相应的挤出成型机种类也不同，根据所生产的塑件种类，辅机大致有以下几类：挤管辅机（包括挤出硬管和软管）、挤板辅机、挤膜辅机、吹塑薄膜辅机、涂层辅机、电缆电线包层辅机、拉丝辅机、薄膜双轴拉探辅机、造粒辅机等。

挤出成型可加工的聚合物种类及产品很多，成型过程有很多差异，但基本工艺流程大致相同。因而，辅机的种类虽然组成复杂，但各种辅机均由机头、定型装置、冷却装置、牵引装置、切割装置和卷取装置所组成。图 5.8 所示为几种类型的塑件挤出成型工艺流程示意图。

1. 机　头

机头是挤出塑料制件成型的主要部件，它使来自挤出机的熔融物料由螺旋运动变为直线运动，并进一步塑化，同时产生必要的成型压力，保证塑件密实，从而获得截面形状一致的连续型材。

1）机头的分类

（1）按挤出成型的塑料制件分类。根据挤出成型制件有管材、棒材、板材、片材、网材、单丝、粒料、各种异型材、吹塑薄膜、电线电缆等。

（2）按制品出口方向分类。按制品出口方向分类可分为直向机头和横向机头，直向机头内料流方向与挤出机螺杆轴向一致，如硬管机头；横向机头内料流方向与挤出机螺杆轴向成某一角度，如电缆机头。

（3）按机头内压力大小分类。按机头内压力大小分类可分为低压机头（料流压力小于 4 MPa）、中压机头（料流压力为 4 ~ 10 MPa）和高压机头（料流压力大于 10 MPa）。

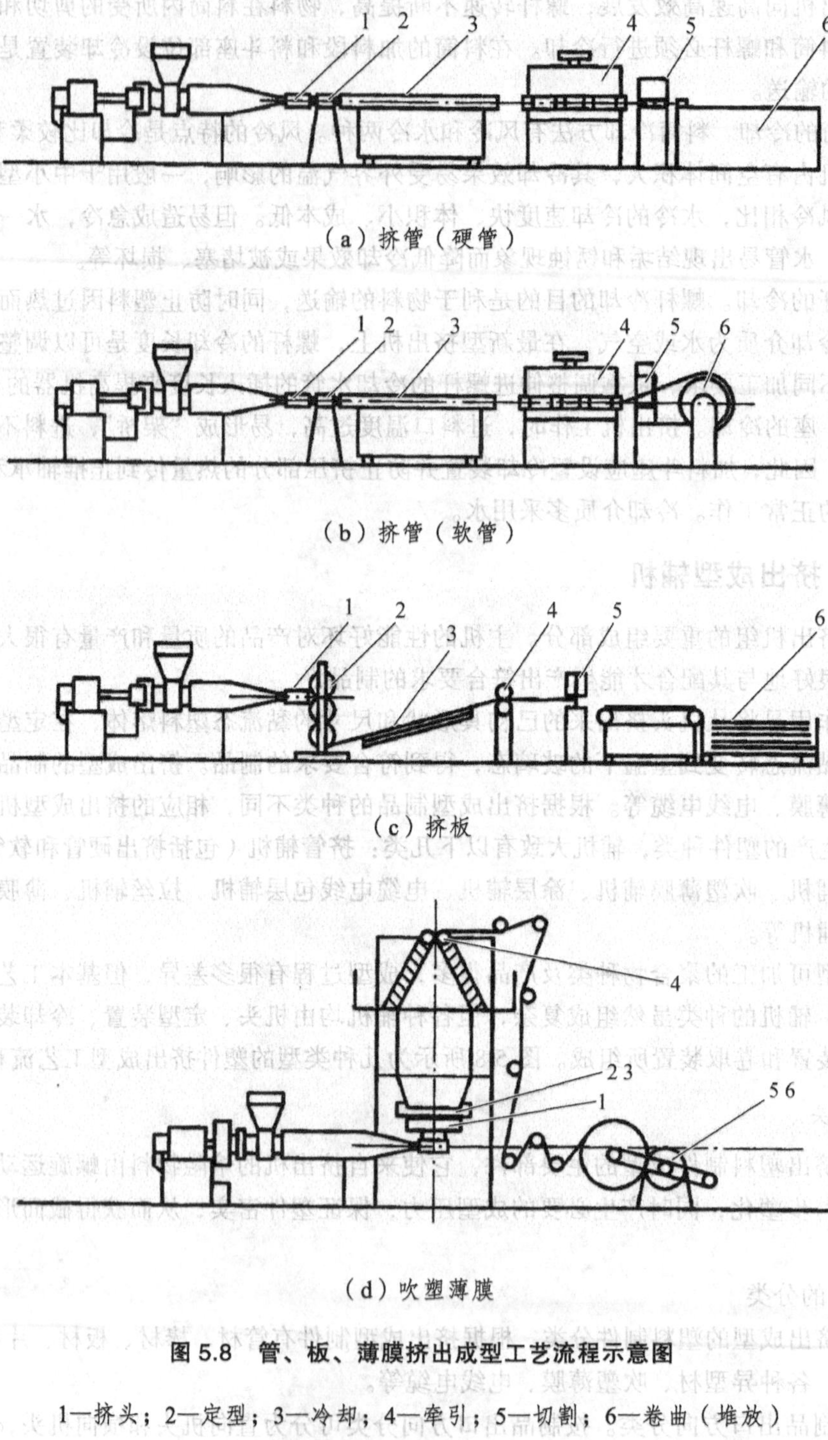

（a）挤管（硬管）

（b）挤管（软管）

（c）挤板

（d）吹塑薄膜

图 5.8 管、板、薄膜挤出成型工艺流程示意图

1—挤头；2—定型；3—冷却；4—牵引；5—切割；6—卷曲（堆放）

2）机头的组成

以典型的管材挤出成型机头为例，如图 5.9 所示，挤出成型机头的结构可分为以下几个主要部分。

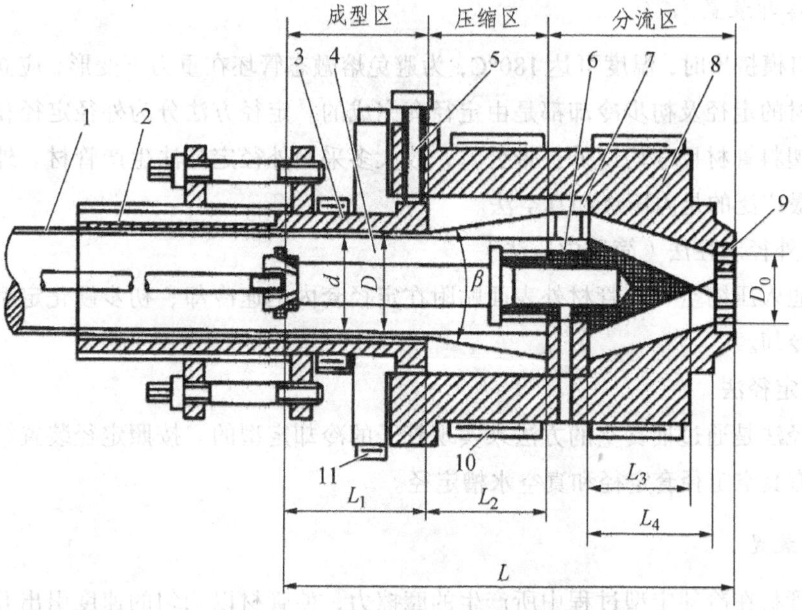

图 5.9 管材挤出成型机头

1—管道；2—定径管；3—口模；4—芯棒；5—调节螺钉；6—分流器；7—分流器支架；
8—机头体；9—过滤网；10、11—电加热圈（加热圈）

（1）口模和芯模。口模 3 是用来成型塑件的外表面的，芯棒 4 是用来成型塑件的内表面的，所以口模和芯棒决定了塑件的截面形状。

（2）分流板和过滤网。在料筒和口模连接处设置分流板（又称多孔板）和过滤网 9，其作用是使物料流由旋转运动变为直线运动，阻止杂质和未塑化物料通过并增加料流背压，使制品更加密实。其中分流板还起支撑过滤网的作用，但在挤出硬聚氯乙烯等黏度大而稳定性差的物料时，一般不用过滤网。

（3）分流器和分流器支架。分流器 6（又称鱼雷头）使通过它的物料熔体分流变成薄环状以平稳地进入成型区，同时进一步加热和塑化；分流器支架 7 主要用来支承分流器及芯棒，同时也能对分流后的塑料熔体加强剪切混合作用，但产生的熔接痕影响塑件强度。小型机头的分流器与其支架可设计成一个整体。

（4）机头体。机头体 8 相当于模架，用来组装并支承机头的各零件，机头体需与挤出机筒连接，连接处应密封以防塑料熔体泄漏。

（5）温度调节系统。为了保证塑料熔体在机头中正常流动及挤出成型质量，机头上一般设有可以加热的温度调节系统，如图 5.9 所示的电加热圈 10、11。

（6）调节螺钉。调节螺钉 5 用来调节控制成型区内口模与芯棒间的环隙及同轴度，以保证挤出塑件壁厚均匀。

3）机头设计原则

机头内腔应呈光滑的流线型，具有足够的压缩比、合理的截面形状和尺寸、合适的材料。

2. 定型冷却装置

物料从口模挤出时，温度可达 180°C，为避免熔融态管坯在重力下变形，应立即进行定径和冷却。管材的定径及初步冷却都是由定径套完成的。定径方法分为外径定径和内径定径两大类。我国塑料管材尺寸均以外径带公差，故大多采用外径定位法生产管材。外径定位方法很多，采用最广泛的是内压法和真空法。

1）内压外径定径法（简称内压法）

在管内通入压缩空气使管材外表面贴附在定径套内迅速冷却、初步硬化定型，然后进入水槽进一步冷却。

2）真空定径法

真空定径法是通过抽真空的方法来实现管子的冷却定型的。按照定径装置结构，有多种形式，主要有真空定径套定径和真空水槽定径。

3. 牵引装置

为克服管材在冷却定型过程中所产生的摩擦力，使管材以均匀的速度引出并调节管子壁厚，以获得最终要求的管材，在冷却槽后必须加设牵引装置。对牵引装置的要求是：应在一定范围内平滑地无级变速；在牵引过程中，牵引速度恒定。牵引夹紧力要适中并能调节，牵引过程中不打滑、跳动，防止管材永久变形。

4. 切割装置

当牵引装置送出冷却定型后的管子达到预定长度后，即开动切割装置将管子切断。当硬管达到预定长度后，由行程开关发出信号使夹紧机构抱紧管子，接着电机驱动使圆锯旋转，通过手动或自动将管子送进圆锯切断。

5. 卷取装置

卷取装置的作用是将软制品（薄膜、软管、单丝）卷绕成卷。

因此，辅机与主机协调动作，辅机提供了成型温度、作用力、牵引速度和各种动作。辅机和主机的配合，对产品质量影响很大。如辅机冷却能力不足，同样也将影响产品质量和生产率的提高；若温度条件控制不当，会使塑件产生内应力、翘曲变形、表面质量降低等缺陷；定型装置设计不合理，则影响塑件的几何形状和尺寸精度；牵引装置的牵引速度和牵引力同样也影响塑件质量，从某种程度上说，辅机对产品的质量影响更大。总之，辅机对挤出成型加工起着重要作用。

5.2.5 控制系统

塑料挤出机的控制系统包括加热系统、冷却系统及工艺参数测量系统，主要由各种电器、仪表和执行机构（控制屏和操作台）组成。

5.3 挤出过程及挤出理论

5.3.1 挤出过程

高聚物的 3 种物理状态，即玻璃态、高弹态和黏流态在一定条件下会发生相互转变。在挤出过程中，固态物料首先由料斗进入料筒后，随着螺杆的转动而向机头方向前进，在这个过程中，物料经历了固体—弹性体—黏流（熔融）体 3 个物理状态的变化。根据物料在挤出机中的 3 种物理状态的变化过程及对螺杆各部件的工作要求，通常将挤出机的螺杆分成加料段（固体输送区）、压缩段（熔融区）和均化段（熔体输送区）3 段，如图 5.10 所示。对于这类常规全螺纹 3 段螺杆来说，塑料在挤出机中的挤出过程可以通过螺杆各段的基本职能及塑料在挤出机中的物理状态变化过程来描述。

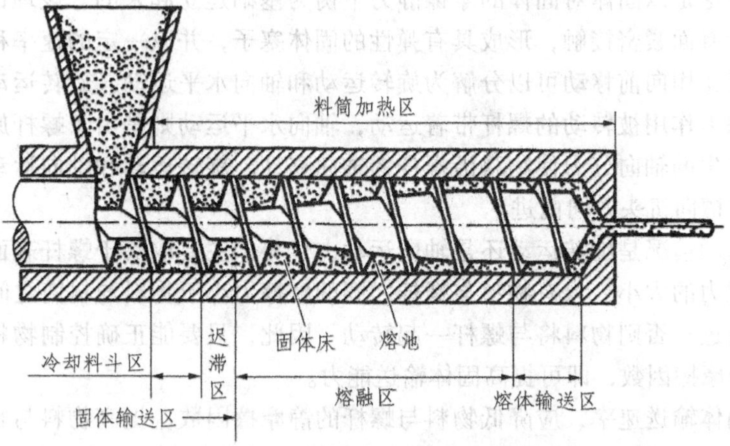

图 5.10 物料在挤出机中的挤出过程示意图

1. 加料段

塑料自料斗进入挤出机的料筒内，在螺杆的旋转作用下，由于料筒内壁和螺杆表面的摩擦作用向前运动。在该段，螺杆的职能主要是对塑料进行输送并压实，物料仍以固体状态存在，虽然由于强烈的摩擦热作用，在接近加料段的末端，与料筒内壁相接触的塑料已接近或达到黏流温度，固体粒子表面有些发黏，但熔融仍未开始。这一区域称为迟滞区，是指固体输送区结束到最初开始出现熔融的一个过渡区。

2. 熔融段

塑料从加料段进入熔融段，沿着螺槽继续向前，由于螺杆螺槽的容积逐渐变小，塑料受到压缩，进一步被压实，同时物料受到料筒的外加热和螺杆与料筒之间的强烈的剪切搅拌作用，温度不断升高，物料逐渐熔融，此段螺杆的职能是使塑料进一步压实和熔融塑化，排除物料内的空气和挥发分。在该段，熔融料和未熔料以两相的形式共存，至熔融段末端，塑料最终全部熔融为黏流态。

3. 均化段

从熔融段进入均化段的物料是已全部熔融的黏流体。在机头口模阻力造成的回压作用下被进一步混合塑化均匀，并定量定压地从机头口模挤出。在该段，螺杆对熔体进行输送。

5.3.2 挤出理论

应用最广的挤出理论是根据塑料在挤出机 3 段中的物理状态变化和流动行为来进行研究的，并以此建立的固体输送理论、熔融理论和熔体输送理论。

1. 固体输送理论

物料自料斗进入挤出机的料筒内，沿螺杆向机头方向移动。首先经历的是加料段，物料在该段是处在疏松状态下的粉状或粒状固体，温度较低，黏度基本上无变化，即使因受热物料表面发黏结块，但内部仍是坚硬的固体，故形变不大。在加料段主要对固体塑料起螺旋输送作用。

固体输送理论是以固体对固体的摩擦静力平衡为基础建立起来的。该理论认为物料与螺槽和料筒内壁所有面紧密接触，形成具有弹性的固体塞子，并以一定的速率移动。物料受螺杆旋转时的推挤作用向前移动可以分解为旋转运动和轴向水平运动。旋转运动是由于物料与螺杆之间的摩擦力作用被转动的螺杆带着运动，轴向水平运动则是由于螺杆旋转时螺杆斜棱对物料的推力产生的轴向分力使物料沿螺杆的轴向移动。旋转运动和轴向运动同时作用的结果，使物料沿螺槽向机头方向前进。

固体塞的移动情况是旋转运动还是轴向运动占优势，主要取决于螺杆表面和料筒表面与物料之间的摩擦力的大小。只有物料与螺杆之间的摩擦力小于物料与料筒之间的摩擦力时，物料才沿轴向前进；否则物料将与螺杆一起转动。因此，只要能正确控制物料与螺杆及物料与料筒之间的静摩擦因数，即可提高固体输送能力。

为了提高固体输送速率，应降低物料与螺杆的静摩擦因数，提高物料与料筒的径向静摩擦因数。要求螺杆表面有很高的光洁度，在螺杆中心通入冷却水，适当降低螺杆的表面温度，因为固体物料对金属的静摩擦因数是随温度的降低而减小的。

2. 熔化理论

加料段送来的固体物料进入压缩段，在料筒温度的外加热和物料与物料之间及物料与金属之间的摩擦作用的内热作用下而升温，同时逐渐受到越来越大的压缩作用，固体物料逐渐熔化，最后完全变成熔体，进入均化段。在压缩段既存在固体物料又存在熔融物料，物料在流动过程中有相变化发生，因此在压缩段的物料的熔化和流动情况很复杂，给研究带来许多困难。

1）熔化过程

当固体物料从加料段进入压缩段时，物料是处在逐渐软化和相互黏结的状态，与此同时越来越大的压缩作用使固体粒子被挤压成紧密堆砌的固体床。固体床在前进过程中受到料筒外加热和内摩擦热的同时作用，逐渐熔化。图 5.11 为熔体熔化理论模型示意图。首先在靠近料筒表面处留下熔膜层，当熔膜层厚度超过料筒与螺棱之间隙时，就会被旋转的螺棱挂下并汇集于螺纹推力面的前方，形成熔池，而在螺棱的后侧则为固体床。随着螺杆的转动，来自料筒的外加热和熔膜的剪切热不断传至熔融的固体床，使与熔膜接触的固体粒子熔融。在沿螺槽向前移动的过程中，固体床的宽度逐渐减小，直至全部消失，即完成熔化过程。

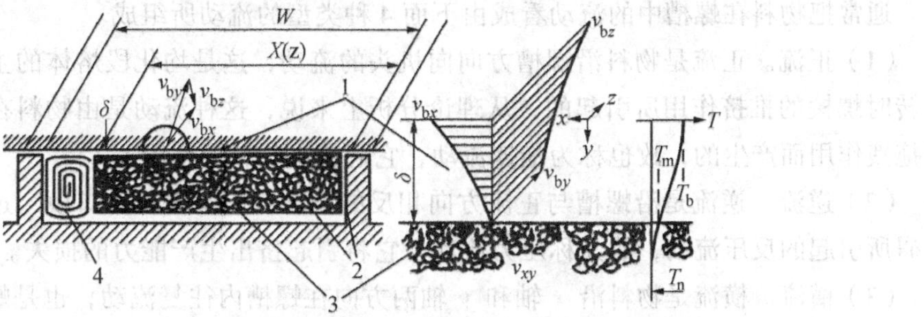

图 5.11　熔体熔化理论模型示意图

X（z）—固体床宽度；W—螺槽宽度；T_b—料筒温度；T_m—物料熔点；T_n—固体床的初始温度；1—料筒熔膜；2—螺杆熔膜；3—固体床；4—熔池

2）相迁移面

熔化区内固体相和熔体相的界面称为相迁移面，大多数熔化均发生在此分界面上，它实际是由固体相转变为熔体相的过渡区域。熔体膜形成后的固体熔化是在熔体膜和固体床的界面（相迁移面）处发生的，所需的热量一部分来源于料筒的外加热，另一部分则来源于螺杆和料筒对熔体膜的剪切作用。

3）熔化长度

挤出过程中，在加料段内充满未熔融的固体粒子，在均化段内则充满着已熔化的物料，而在螺杆中间的压缩段内固体粒子与熔融物共存，物料的熔化过程就是在此区段内进行的，故压缩段又称为熔化区。在熔化区，物料的熔融过程是逐渐进行的，如图 5.12 所示为固体床在螺槽中的分布示意图，自熔化区始点 A 开始，固体床的宽度将逐渐减小，熔池的宽度逐渐增加，直到熔化区终点 B，固体床的宽度下降到零，进入均化段，固体床消失，螺槽全部充满熔体。从熔化开始到固体床的宽度降到零为止的总长度，称为熔化长度。

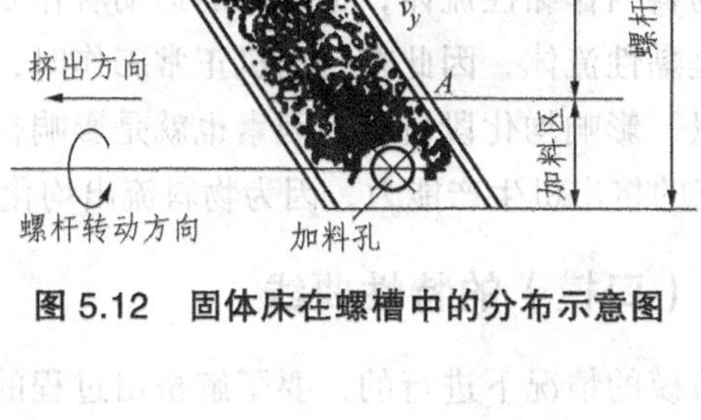

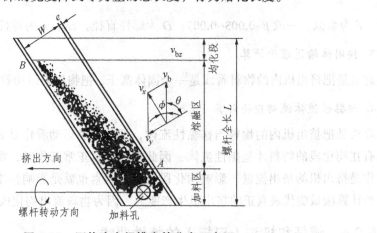

图 5.12　固体床在螺槽中的分布示意图

3. 熔体输送理论

从压缩段送入均化段的物料是具有恒定密度的黏流态物料，在该段物料的流动已成为黏性流体的流动，物料的流动情况很复杂，不仅受到旋转螺杆的挤压作用，同时受到由于机头口模的阻力所造成的反压作用。

通常把物料在螺槽中的流动看成由下面 4 种类型的流动所组成。

（1）正流。正流是物料沿螺槽方向向机头的流动，这是均化段熔体的主流，是由于螺杆旋转时螺棱的推挤作用所引起的，从理论分析上来说，这种流动是由物料在深槽中受机筒摩擦拖拽作用而产生的，故也称为拖拽流动，它起挤出物料的作用。

（2）逆流。逆流是沿螺槽与正流方向相反的流动，它是由机头口模、过滤网等对料流的阻碍所引起的反压流动，故又称压力流动，它将引起挤出生产能力的损失。

（3）横流。横流是物料沿 x 轴和 y 轴两方向在螺槽内往复流动，也是螺杆旋转时螺棱的推挤作用和阻挡作用所造成的，仅限于在每个螺槽内的环流，对总的挤出生产率影响不大，但对于物料的热交换、混合和进一步的均匀塑化影响很大。

（4）漏流。漏流是物料在螺杆和料筒的间隙沿着螺杆的轴向往料斗方向的流动，它也是由于机头和口模等对物料的阻力所产生的反压流。

5.3.3 挤出机的生产率

塑料在挤出机中的运动情况相当复杂，影响其生产能力的因素很多，因此要精确计算挤出机的生产率较困难。目前挤出机生产率的计算方法有如下几种：

1. 实测法

在实际生产的挤出机上测出制品从机头口模中挤出来的线速度，由此来确定挤出机的产量。

2. 按经验公式计算

对挤出机的生产能力进行多次实际调查和实测，并分析总结得出经验公式：

$$Q_m = \beta D^3 n$$

式中，β 为系数，一般 β=0.003~0.007；D 为螺杆直径，cm：n 为螺杆转速，r/min。

3. 按固体输送理论计算

此法是把挤出机内的物料看成是一个固体塞子，把物料的运动看成像螺母在螺杆中移动。

4. 按黏性流体流动理论计算

此法是把挤出机内的物料当作黏性流体，把物料的运动看作是黏性流体流动。在挤出机内只有在均化段的物料才是黏性流体，因此在挤出机正常工作时，螺杆均化段的流动速率可以看作是挤出机的挤出流量，影响均化段流率的因素也就是影响挤出机生产率的因素。应该说这种计算法最能代表真正的挤出机生产能力，因为物料流出均化段就是流出挤出机。

5.3.4 螺杆和机头（口模）的特性曲线

挤出成型是在有机头口模的情况下进行的，要了解挤出过程的特性，需将螺杆和机头结合起来进行讨论，如图 5.13 所示为螺杆和机头（口模）的特性曲线图。

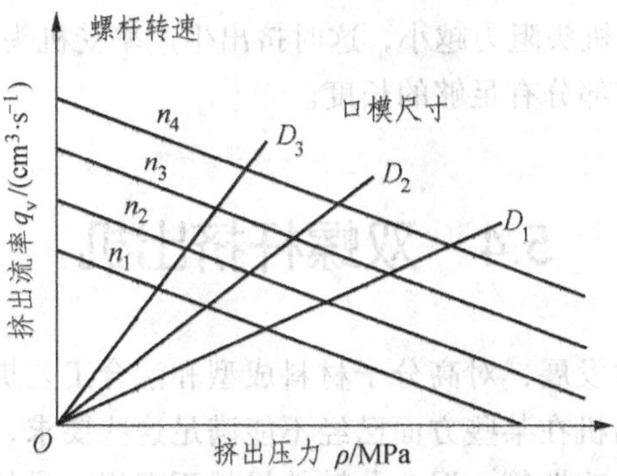

图 5.13 螺杆和机头（口模）的特性曲线图

螺杆转速：$n_1<n_2<n_3<n_4$；口模尺寸：$D_1<D_2<D_3$（$k_1<k_2<k_3$）

图中两组直线的交点就是适于该机头口模和螺杆转速下挤出机的综合工作点，亦即在给定的螺杆和口模下，当螺杆转速一定时，挤出机的机头压力和流率应符合这一点所表示的关系。

5.3.5 影响挤出机生产率的因素

挤出机的生产效率是衡量挤出机性能的重要依据。挤出机的生产效率与机头压力、螺杆转速、螺杆的几何尺寸、物料的温度和机头口模的阻力等因素有关。

1．机头压力与生产率的关系

正流流率与压力无关，逆流和漏流流率则与压力成正比。因此，压力增大，挤出流率减小，但对物料的进一步混合和塑化有利。在实际生产中，增大了口模尺寸，即减小了压力降，挤出量虽然提高，但对制品质量不利。

2．螺杆转速与生产率的关系

在机头和螺杆的几何尺寸一定时，螺杆转速与挤出机的生产率成正比。目前出现的超高速挤出机，能大幅度地提高挤出机的生产能力。

3．螺杆几何尺寸与生产率的关系

（1）螺杆直径 D。挤出机流率接近于与螺杆直径 D 的平方成正比。

（2）螺槽深度 H。正流与螺槽深度 H 成正比，而逆流与 H 成正比。深槽螺杆的挤出量对压力的敏感性大。

（3）均化段长度。均化段长度 L 增加时，逆流和漏流减少，挤出生产率增加。

4．物料温度与生产率的关系

理论上，挤出生产率与黏度无关，也与料温无关。但在实际生产中，当温度有较大幅度变化时，挤出流率也有一定变化，这种变化是由于温度的变化而导致物料塑化效果有所影响，这相当于均化段的长度有了变化，从而引起挤出生产率的变化。

5．机头口模的阻力与生产率的关系

物料挤出时的阻力与机头口模的截面面积成反比，与长度成正比，即口模的截面尺寸越大或口模的平直部分越短，机头阻力越小，这时挤出生产率受机头内压力变化的影响就越大。因此，一般要求口模的平直部分有足够的长度。

5.4 双螺杆挤出机

随着高分子加工工业的发展，对高分子材料成型和混合工艺提出了越来越多和越来越高的要求。传统的单螺杆挤出机在某些方面已经不能满足这些要求，例如用单螺杆挤出机进行填充改性和加玻璃纤维增强改性等，混合分散效果就不理想。另外，单螺杆挤出机尤其不适合粉状物料的加工等。

为适应聚合物加工中对混合工艺的要求，特别是硬聚氯乙烯粉料的加工，双螺杆挤出机自 20 世纪 30 年代后期在意大利开发后，经过半个多世纪的不断改进和完善，获得了很大的发展。目前双螺杆挤出机已广泛应用于聚合物加工领域，已占全部挤出机总数的 40%。硬聚氯乙烯粒料、管材、异型材、板材几乎都是用双螺杆挤出机加工成型的。作为连续混合机，双螺杆挤出机还广泛用于聚合物共混、填充和增强改性，也用于进行反应挤出。近 30 年来，高分子材料共混合反应性挤出技术的发展进一步促进了双螺杆挤出机数量和类型的发展。

5.4.1 双螺杆挤出机的结构与类型

双螺杆挤出机由传动装置、加料装置、料筒和螺杆等几个部分组成，各部件的作用与单螺杆挤出机相似，其结构如图 5.14 所示。与单螺杆挤出机的区别之处在于双螺杆挤出机中有两根平行的螺杆置于“∞”形截面的料筒中。

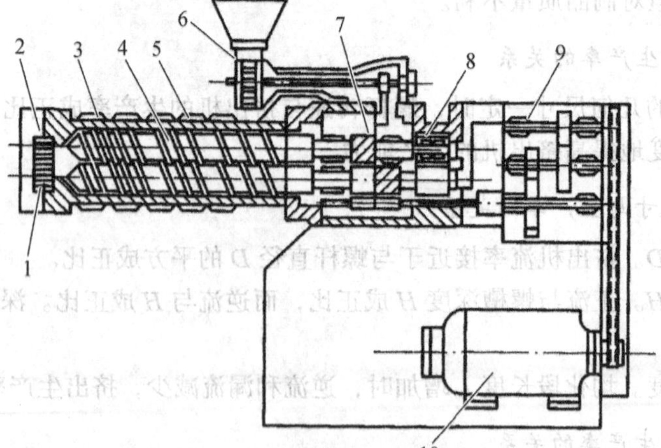

图 5.14 双螺杆挤出机示意图

1—连接器；2—过滤器；3—料筒；4—螺杆；5—加热器；6—加料器；7—支座；8—上推轴承；9—减速器；10—电动机

用于型材挤出的双螺杆挤出机通常是紧密啮合且异向旋转的，虽然少数也有使用同向旋转式双螺杆挤出的，一般在比较低的螺杆速度下操作，约在 10 r/min。高速啮合同向旋转式双螺杆出机，用于配混、排气或作为连续化学反应器，这类挤出机最大螺杆速度范围为 300~600 r/min。非啮合型挤出机用于混合、排气和化学反应，其输送机理与啮合型挤出机大不相同，比较接近于单螺杆挤出机的输送机理，虽然二者有本质上的差别。

5.4.2　双螺杆挤出机的工作原理

从运动原理来看，双螺杆挤出机中同向啮合和异向啮合及非啮合型是不同的。

1. 同向啮合型双螺杆挤出机

这类挤出机有低速和高速两种，前者主要用于型材挤出，而后者用于特种聚合物加工操作。

（1）紧密啮合式挤出机。低速挤出机具有紧密啮合式螺杆几何形状，其中一根螺杆的螺棱外形与另一根螺杆的螺棱外形紧密配合，即共轭螺杆外形。

（2）自洁式挤出机。高速同向挤出机具有紧密匹配的螺棱外形。可将这种螺杆设计成具有相当小的螺杆间隙，使螺杆具有密闭式自洁作用，这种双螺杆挤出机称为紧密自洁同向旋转式双螺杆挤出机。

2. 异向啮合型双螺杆挤出机

紧密啮合异向旋转式双螺杆挤出机的两螺杆螺槽之间的空隙很小（比同向啮合型双螺杆挤出机中的空隙小很多），因此可达到正向的输送特性。

3. 非啮合型双螺杆挤出机

非啮合型双螺杆挤出机的两根螺杆之间的中心距大于两螺杆半径之和。

5.4.3　双螺杆挤出机和单螺杆挤出机的区别

双螺杆挤出机与单螺杆挤出机的差别主要体现在以下两方面。

1. 物料的传送方式

在单螺杆挤出机中，固体输送段中为摩擦拖拽，熔体输送段中为黏性拖拽。固体物料的摩擦性能和熔融物料的黏性决定了输送行为。如有些物料摩擦性能不良，如果不解决喂料问题，则较难将物料喂入单螺杆挤出机。

而在双螺杆挤出机中，特别是啮合型双螺杆挤出机，物料的传送在某种程度上是正向位移传送，正向位移的程度取决于一根螺杆的螺棱与另一根螺杆的相对螺槽的接近程度。紧密啮合异向旋转挤出机的螺杆几何形状能得到高度的正向位移输送特性。

2. 物料的流动速度场

目前对物料在单螺杆挤出机中的流动速度分布已描述得相当明确，而在双螺杆挤出机中物料的流动速度分布情况相当复杂且难以描述。许多研究人员只是不考虑啮合区的物料流动情况来分析物料的流动速度场，但这些分析结果与实际情况相差很大。因为双螺杆挤出机的混合特性和总体行为主要取决于发生在啮合区的漏流，然而啮合区中的流动情况相当复杂。双螺杆挤出机中物料的复杂流谱在宏观上表现出单螺杆挤出机无法媲美的优点，例如，混合充分，热传递良好，熔融能力大，排气能力强及对物料温度控制良好等。

5.5 挤出成型工艺过程

挤出成型主要用于热塑性塑料制品的成型，多数用单螺杆挤出机按干法连续挤出的操作方法进行成型。适用于挤出成型的热塑性塑料品种很多，挤出制品的形状和尺寸也各不相同，挤出不同制品的操作方法各不相同，但是挤出成型的工艺流程则大致相同。

5.5.1 挤出成型工艺流程

各种挤出制品的生产工艺流程大体相同，一般包括原料的准备、预热、干燥、挤出成型、挤出物的定型与冷却、制品的牵引与卷取（或切割），有些制品成型后还需经过后处理。

1. 原料的准备和预处理

用于挤出成型的热塑性塑料大多数是粒状或粉状塑料，由于原料中可能含有水分，将会影响挤出成型的正常进行，同时影响制品质量，例如出现气泡，表面晦暗无光，出现流纹，力学性能降低等。因此，挤出前要对原料进行预热和干燥。不同种类塑料允许含水量不同。

通常，对于一般塑料，应控制原料的含水量<0.5%；对于高温下易水解的塑料，如尼龙（PA）、涤纶（PET）等，水分含量<0.03%；此外，原料中的机械杂质也应尽可能除去。

原料的预热和干燥一般是在烘箱或烘房内进行，可抽真空干燥。

2. 挤出成型

首先将挤出机加热到预定的温度，然后开动螺杆，同时加料。初期挤出物的质量和外观都较差，应根据塑料的挤出工艺性能和挤出机机头口模的结构特点等调整挤出机料筒各加热段和机头口模的温度及螺杆的转速等工艺参数，以控制料筒内物料的温度和压力分布；根据制品的形状和尺寸的要求，调整口模尺寸和同心度及牵引等设备装置，以控制挤出物离模膨胀和形状的稳定性，从而达到最终控制挤出物的产量和质量的目的，直到挤出达到正常状态即进行正常生产。

物料的温度主要来自料筒的外加热，其次是螺杆对物料的剪切作用和物料之间的摩擦作用。当进入正常操作后，剪切和摩擦产生的热量甚至变得更为重要。

温度升高，物料黏度降低，有利于塑化，同时降低熔体的压力，挤出成型出料快，但如果机头和口模温度过高，挤出物形状的稳定性较差，制品收缩性增大，甚至引起制品发黄，出现气泡，成型不能顺利进行；温度降低，物料黏度增大，机头和口模压力增加，制品密度大，形状稳定性好，但挤出膨胀较严重。可以适当增大牵引速度以减少因膨胀而引起制品的壁厚增加。但是，温度不能太低，否则塑化效果差，且熔体黏度太大会增加功率消耗。

口模和型芯的温度应该一致，若相差较大，则制品会出现向内或向外翻甚至扭歪等现象。

增大螺杆的转速能强化对塑料的剪切作用，有利于塑料的混合和塑化，且大多数塑料的熔融黏度随螺杆转速的增加而降低。

3. 定型与冷却

热塑性塑料挤出物离开机头口模后仍处在高温熔融状态，具有很大的塑性变形能力，应立即进行定型和冷却。如果定型和冷却不及时，制品在自身的重力作用下就会变形，出现凹陷或扭曲等现象。不同的制品有不同的定型方法，大多数情况下，冷却和定型是同时进行的，只有在挤出管材和各种异型材时才有一个独立的定型装置，挤出板材和片材时，往往挤出物通过一对压辊，也是起定型和冷却作用，而挤出薄膜、单丝等不必定型，仅通过冷却便可以了。

未经定型的挤出物必须用冷却装置使其及时降温，以固定挤出物的形状和尺寸，已定型的挤出物由于在定型装置中的冷却作用并不充分，仍必须用冷却装置，使其进一步冷却。冷却一般采用空气或水冷，冷却速度对制品性能有较大影响，硬质制品不能冷得太快，否则容易造成内应力，并影响外观；对软质或结晶型塑料则要求及时冷却，以免制品变形。

4. 制品的牵引和卷取（切割）

热塑性塑料挤出离开口模后，由于有热收缩和离模膨胀的双重效应，使挤出物的截面与口模的断面形状尺寸并不一致。因此，在挤出热塑性塑料时，要连续而均匀地将挤出物牵引出，其目的一是帮助挤出物及时离开口模，保持挤出过程的连续性；二是调整挤出型材截面尺寸和性能。

牵引的速度要与挤出速度相配合，通常牵引速度略大于挤出速度，这样一方面起到消除由离模膨胀引起的制品尺寸变化，另一方面对制品有一定的拉伸作用。牵引的拉伸作用可使制品适度进行大分子取向，从而使制品在牵引方向的强度得到改善。

各种制品的牵引速度是不同的，通常挤出薄膜和单丝需要较快的速度，牵伸速度较大，制品的厚度和直径减小，纵向断裂强度提高。挤出硬制品的牵引速度则小得多，通常是根据制品离口模不远处的尺寸来确定牵伸速度。

定型冷却后的制品根据制品的要求进行卷绕或切割。软质型材在卷绕到给定长度或质量后切断；硬质型材从牵引装置送出达到一定长度后切断。

5. 后处理

有些制品挤出成型后还需进行后处理，以提高制品的性能。后处理主要包括热处理和调湿处理。

在挤出较大截面尺寸的制品时，常因挤出物内外冷却速率相差较大而使制品内有较大的内应力，这种挤出制品成型后应在高于制品的使用温度 10~20°C 或低于塑料的热变形温度 10~20°C 的条件下保持一定时间，进行热处理以消除内应力。

有些吸湿性较强的挤出制品，如聚酰胺，在空气中使用或存放过程中会吸湿而膨胀，而且这种吸湿膨胀过程需很长时间才能达到平衡，为了加速这类塑料挤出制品的吸湿平衡，常在成型后浸入含水介质中加热进行调湿处理，在此过程中还可使制品受到消除内应力的热处理，对改善这类制品的性能十分有利。

5.5.2　几种典型挤出制品的主要设备

不同塑料制品的挤出成型，都是以挤出机为主机，使用不同形状的机头口模，改变辅机的组成来完成的。典型的塑料挤出制品包括管材、型材、吹塑薄膜和塑料电线电缆等。

5.5.2.1　管材挤出

适于挤出管材的塑料品种很多，主要有 PVC、PE、PP、PS、尼龙、ABS 和 PC 等。

管材挤出的基本工艺是：由挤出机均化段出来的塑化均匀的塑料，经过过滤网、粗滤器而达分流器，并被分流器支架分为若干支流，离开分流器支架后再重新汇合起来，进入管芯口模间的环形通道，最后通过口模到挤出机外而成管子，接着经过定径套定径和初步冷却，再进入冷却水槽或具有喷淋装置的冷却水箱，进一步冷却成为具有一定口径的管材，最后经由牵引装置引出并根据规定的长度要求而切割得到所需的制品。

管材挤出装置由挤出机、机头口模、定型装置、冷却水槽、牵引及切割装置（或缠绕装置）等组成，如图 5.15 所示为管材挤出工艺示意图，其中挤出机的机头口模和定型装置是管材挤出的关键部件。

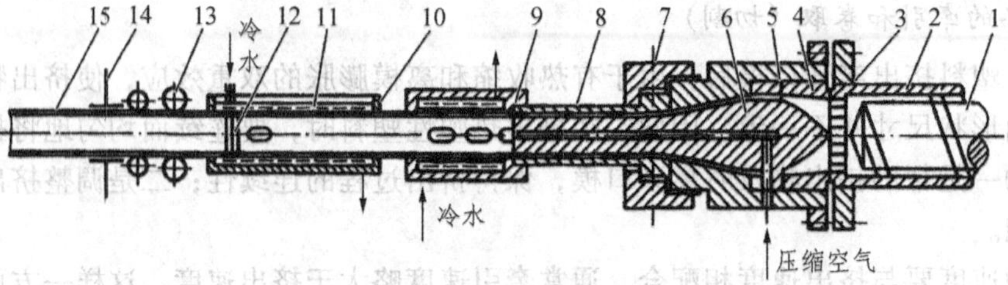

图 5.15 管材挤出工艺示意图

1—螺杆；2—料筒；3—多孔板；4—接口套；5—机头体；6—芯棒；7—调节螺钉；8—口模；9—定径套；10—冷却水槽；11—链子；12—塞子；13—牵引装置；14—夹紧装置；15—塑料管子

1. 机头类型

常用的管材挤出机头类型有直通式、直角式和旁侧式 3 种形式。

（1）直通式。如图 5.16 所示机头为直通式机头，主要用于挤出薄壁管材，其结构简单，容易制造。直通式挤管机头适用于挤出小管，分流器和分流器支架设计成一体，装卸方便。

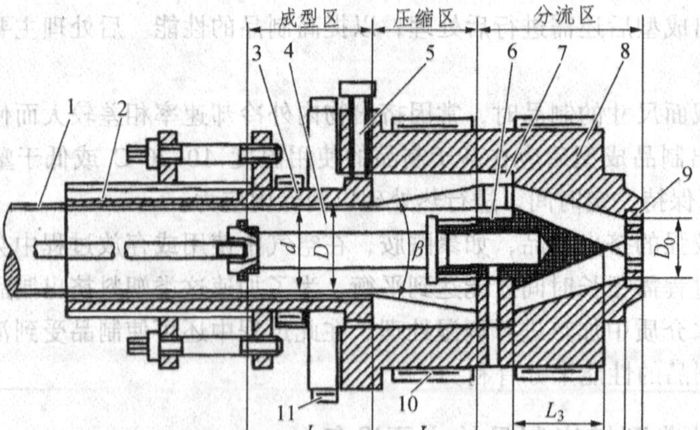

图 5.16 直通式挤管机头

1—管道；2—定径管；3—口模；4—芯棒；5—调节螺钉；6—分流器；7—分流器支架；8—机头体；9—过滤板；10、11—电加热圈（加热圈）

塑料熔体经过分流器支架时，产生几条熔接痕，不易消除。直通式挤管机头适用于挤出成型软硬 PVC、PE、尼龙、PC 等塑料管材。

（2）直角式。如图 5.17 所示为直角式挤管机头，其用于内径定径的场合，冷却水从芯棒 3 中穿过。成型时塑料熔体包围芯棒并产生一条熔接痕。熔体的流动阻力小，成型质量较高。但机头结构复杂，制造困难。

（3）旁侧式。如图 5.18 所示为旁侧式挤管机头，其与直角式挤管机头相似，结构更复杂，制造更困难。

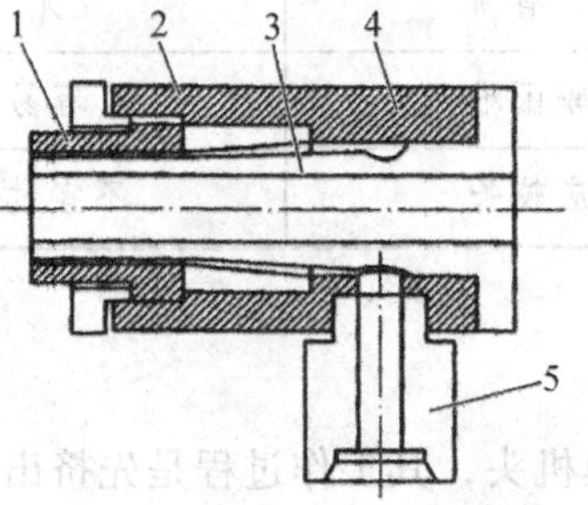

图 5.17　直角式挤管机头

1—口模；2—调节螺钉；3—芯棒；4—机头体；5—连接管

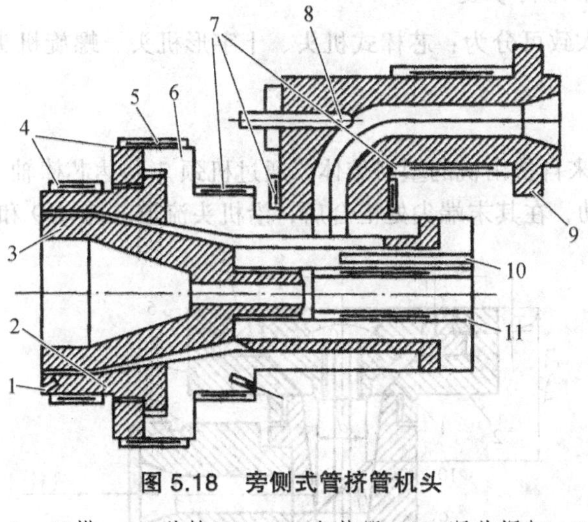

图 5.18　旁侧式管挤管机头

1—计插孔；2—口模；3—芯棒；4、7—电热器；5—调节螺钉；6—机头体；
8、10—熔料测温孔；9—机头；11—芯棒加热器

3 种机头的特征见表 5.3。

2. 工艺参数的确定

主要确定口模、芯棒、分流器和分流器支架的形状和尺寸，在设计挤管机头时，需具有包括挤出机型号，制品的内径、外径及制品所用的材料等已知的数据。

表 5.3 3 种机头的特征

项目特征＼机头类型	直通式	直角式	旁侧式
挤出口径	适用于小口径管材	大小均可	大小均可
机头结构	简单	复杂	更复杂
挤管方向	与螺杆轴线一致	与螺杆轴线垂直	与螺杆轴线一致
分流器支架	有	无	无
芯棒加热	较困难	容易	容易
定型长度	应较长	不宜过长	不宜过长

5.5.2.2 吹塑薄膜挤出

吹塑薄膜挤出机头简称吹膜机头，其工作过程是先挤出薄壁的大直径管坯，然后用压缩空气吹胀。吹塑成型可以生产 PVC、PE、PS、聚酰胺等各种塑料薄膜，应用广泛。根据成型过程中管坯的挤出方向及泡管的牵引方向不同，吹塑薄膜成型可分为平挤上吹、平挤下吹及平挤平吹 3 种方法。其中前两种使用直角式机头，后一种使用水平机头。

1. 机头结构类型和结构参数

常用的薄膜机头大致可分为：芯棒式机头、十字形机头、螺旋机头、多层薄膜吹塑机头和旋转机头。

1）芯棒式机头

如图 5.19 所示，来自挤出机的塑料熔体，通过机颈 7 到达芯棒轴 9 转向 90°，并分成两股沿芯棒轴分流线流动，在其末端尖处汇合后，沿机头流道芯棒轴 9 和口模 3 的环隙挤成管

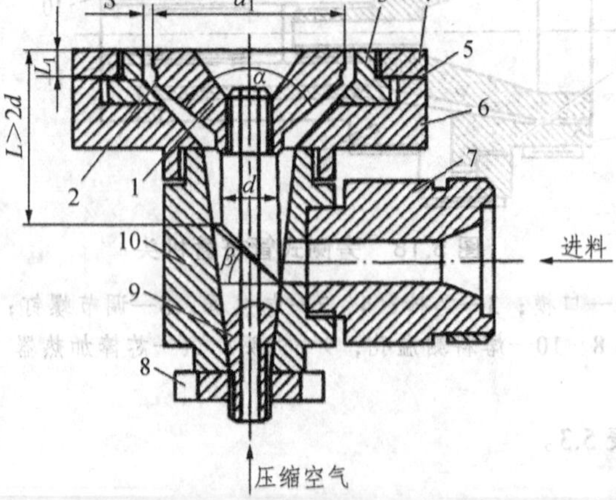

图 5.19 芯棒式机头

1—芯棒；2—缓冲槽；3—口模；4—压环；5—调节螺钉；6—上机头体；7—机颈；8—紧固螺母；9—芯棒轴；10—下机头体

坯，由芯棒 9 中通入压缩空气，将管坯吹涨成膜，调节螺钉 5 可调节管坯厚薄的均匀性。

芯棒扩张角 α 在选取上不可取得过大，否则会对机头操作工艺控制、膜厚均匀度和机头强度设计等方面产生不良影响。通常取 α=80°~90°，必要时可取 α=100°~120°。芯棒轴分流线斜角 β 的取值与塑料的流动性有关，不可取得太小，否则会使芯棒尖处出料慢，形成过热滞料分解，一般 β=40°~60°。

2）十字形机头

如图 5.20 所示，其结构类似于挤管机头。在设计这种中心进料式机头时，要注意分流器支架上的支承肋在不变形的前提下，数量尽可能少一些，宽度和长度也应小一些，以减少接合线。为了消除接合线，可在支架上方开一道环形缓冲槽，并适当加长支承肋到出口的距离。

十字形机头的优点是出料均匀，薄膜厚度易于控制。由于中心进料，芯模不受侧向力，因而没有“偏中”现象。其缺点是：有几条支承肋，增加了薄膜的接合线；机头内部空腔大，存料多，不适合于容易分解的物料。

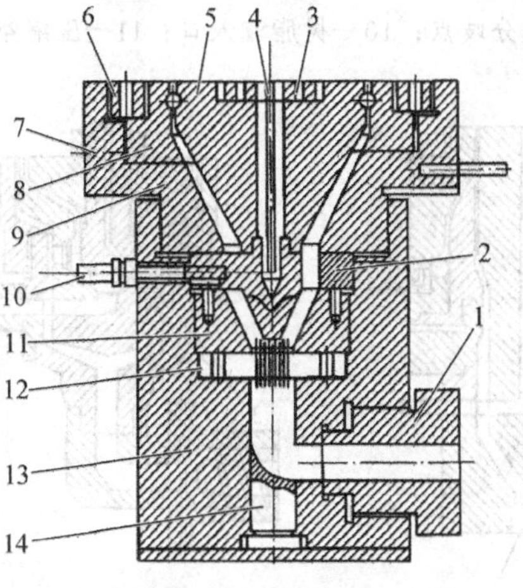

图 5.20　十字形机头

1—机颈；2—十字形分流支架；3—锁压盖；4—连杆；5—芯模；6—锁母；7—调节螺钉；8—口模；9—机头座；10—气嘴；11—套；12—过滤板；13—机头体；14—堵头

3）螺旋式机头

如图 5.21 所示，熔融树脂从机头底部的树脂流入口 10 进入模体，通过一个由若干个径向分布孔所组成的星形分配器，自螺旋分歧点 9 分成 2~8 股料流，分别沿着各自的螺槽旋转上升，并从切向流动逐渐过渡为轴向流动。熔料至成型前的合流部分 5 处汇合，然后经缓冲槽 4 均匀地从定型段挤出。这种机头适合于加工流动性好且不易分解的树脂。

4）多层薄膜吹塑机头

多层薄膜吹塑机头也称复合吹塑机头，是将同种（异色）或异种树脂分别加入两台以上的挤出机，经过同一个模具同时挤出，一次制成多色或多层薄膜。

（1）模内复合：挤出的各熔融树脂分别导入模内各自的流路，这些层流于口模定型区进行汇合，如图 5.22（a）所示。

（2）模外复合：是在树脂刚刚离开口模时就进行复合的一种工艺，如图 5.22（b）所示。

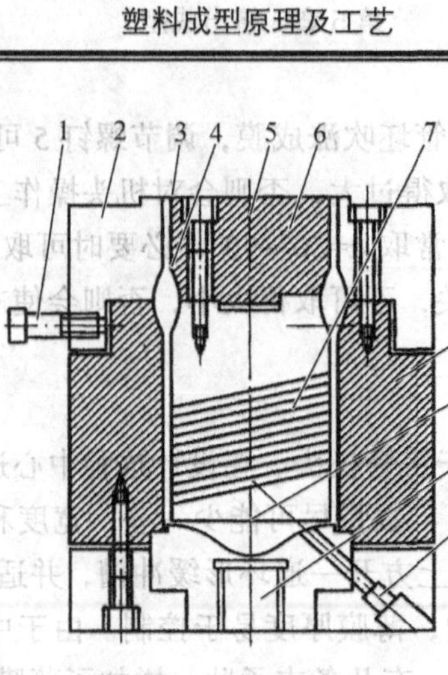

图 5.21 螺旋式机头

1—调节螺钉；2—口模；3—定型段；4—缓冲槽；5—合流部分；6—芯模；7—树脂流道；8—模体；9—螺旋分歧点；10—树脂流入口；11—压缩空气进口

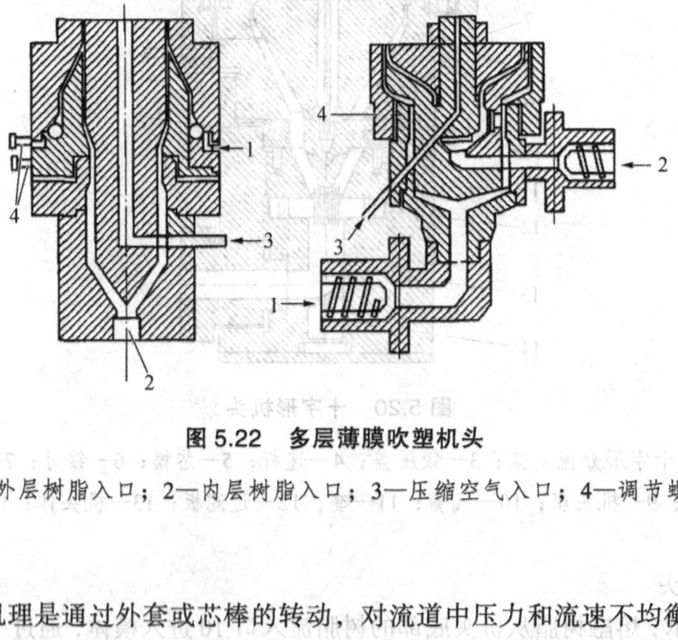

图 5.22 多层薄膜吹塑机头

1—外层树脂入口；2—内层树脂入口；3—压缩空气入口；4—调节螺钉

5）旋转机头

旋转机头的机理是通过外套或芯棒的转动，对流道中压力和流速不均衡的料层产生一个“抹平”的机械作用，于是大大改善了薄膜的收卷质量。用旋转机头生产的聚丙烯膜．其厚度公差可达 0.000 1 mm。

如图 5.23 所示，芯模 1 和口模 2 既可分别单独旋转，又能以同速、异速同向或异向旋转。由一台直流电动机经减速系统将运动传给齿轮，带动空心轴 4 和芯模 1 旋转。由另一台电动机经减速系统将运动传给外模支持体 5 和机头旋转体 6 而带动外模 2 旋转。芯模 1 的最高速度为 2.5 r/min，口模 2 的最高速度为 2 r/min。

旋转机头参数的设定：

（1）吹胀比（a）：是指吹胀后的泡管膜直径与未吹胀的管坯直径（也叫机头口模直径）的比值，一般取 1.5~4.0，工程上常用 2~3。增大吹胀比，薄膜的横向强度随之增大，但不能太大，以防吹破。其计算见下式：

$$a=\frac{2W}{\pi d}$$

式中，a为吹胀比；W为膜管压平后的双层宽度，mm；d为口模直径，mm。

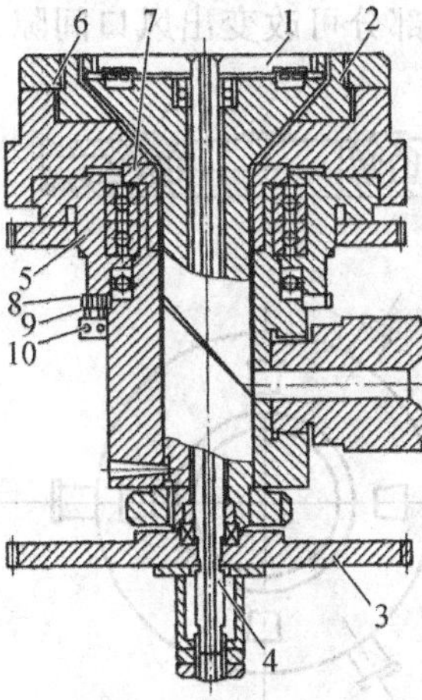

图 5.23　旋转机头

1—芯模；2—口模；3—齿轮；4—空气轴；5—外模支撑体；6—机头螺旋体；7—螺旋套；8—绝缘环；9—铜环；10—碳刷

（2）牵引比（b）：指薄膜牵引速度与管坯挤出速度的比值，一般为4~6，增大牵引比，薄膜的纵向强度随之提高，但不能太大，否则难以控制厚薄均匀，甚至会将薄膜拉断。牵引速度即薄膜牵引辊的圆周速度。

管坯挤出速度可用单位时间挤出的树脂体积除以口模间隙的截面面积求得。其计算见下式：

$$v=\frac{Q}{\pi d\delta\gamma}$$

式中，v为管坯挤出速度，cm/min；Q为膜产率，g/min；d为口模直径，cm；δ为口模间隙，cm；γ为熔融树脂密度，g/cm^3。

（3）压缩比：指机颈内流道截面面积与口模定型区环形流道截面面积的比值，一般应大于2。定型区长度L_1：一般由经验公式$L_1=ct$而定，t为管材的壁厚（mm），c可参考表5.4。

表 5.4　定型区长度 L_1 的计算系数

塑料品种	硬聚氯乙烯（HPVC）	软聚氯乙烯（HPVC）	聚乙烯（PE）	聚酰胺（PA）	聚丙烯（PP）
系数 c	18~33	15~25	13~23	14~22	14~22

（4）缓冲槽尺寸：通常在芯棒的定型区开设1~2个缓冲槽，其深度取（3.5~8）δ，宽度取（15~30）δ，它的作用是可以用来消除管坯上的分流痕迹。

避免产生接合缝：芯棒尖到模口处的距离L应不小于芯棒轴直径d的两倍。

2. 冷却装置

为了使接近流动态的膜管固化定型，在牵引辊的压力作用下不相互黏结，并尽可能缩短机头与牵引辊之间的距离，必须对刚刚吹胀的膜管进行强制冷却，冷却介质为空气或水。

1）冷却风环

图 5.24 所示冷却风环为空气外冷式。它是低速生产时广泛使用的一种冷却装置。它由上下两部分组成，用螺纹连接，旋转上部分可改变出风口间隙，使出风量得到调节。

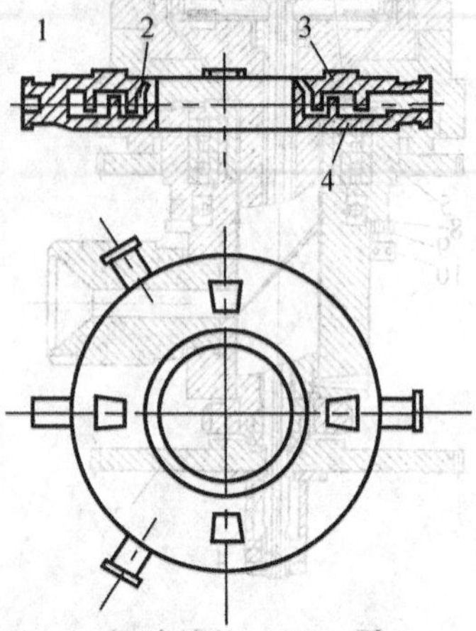

图 5.24 冷却风环

1—调节风量用螺纹；2—出风间隙；3—盖；4—风环体

一般风环的进风口至少有 3 个，由鼓风机送来的空气沿风环切线方向同时进入。风环上下各设一层挡板，对进入的空气起缓冲和稳压作用，以保证风环口的出风量均匀。风从风环吹出的倾角取 40º~50º，一般风环内径为机头直径的 1.5~2.5 倍。

2）泡内热交换器式空冷装置

如图 5.25 所示泡内热交换器式空冷装置为空气内冷式，它是在膜管内装一个圆筒状热交换器，冷却空气从机头芯棒内通入，并强制其循环，以提高冷却效率。这种冷却系统也叫闭式内冷系统。

这种空冷装置的不足之处是：由于膜内的大型冷却构件，使开车时围绕此构件拉起熔体。引膜稍微困难，所以要求较高的操作技术水平。

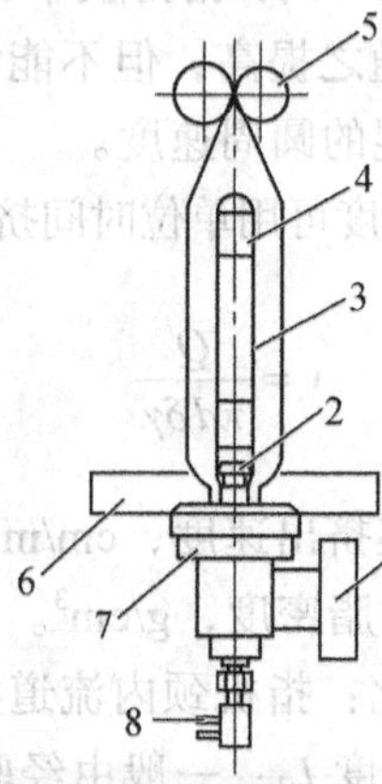

图 5.25 泡内热交换器式空冷装置

1—挤出机；2—空气进入泡内；3—热交换器；4—排气口；5—夹棍；6—外风环；7—机头；8—空气进口及出口

3. 成型条件的选择

吹塑薄膜的成型条件主要指生产设备、模具和加工温度等。塑料薄膜的品种、规格不同，其成型条件必然有所区别。

1）挤出机规格和螺杆形式

首先根据膜管折径选择适当的挤出机，挤出机规格与薄膜尺寸间的关系见表 5.5。

表 5.5　挤出机规格与薄膜尺寸的关系（mm）

挤出机规格	薄膜折径
30	<300
45	150~550
65	250~1 000
90	350~2 000
120~150	>500

在工厂中，有时直接按薄膜用途选择生产设备。

（1）小包装薄膜，选择直径<45 mm 的挤出机。

（2）工业包装薄膜，选择直径<45~65 mm 的挤出机。

（3）重包装薄膜和宽幅农膜，选择直径>90 mm 的挤出机。

树脂特性和外形尺寸不同，所需螺杆的压缩比也不一样，成型各种塑料薄膜时螺杆的压缩比见表 5.6。

表 5.6　成型各种塑料薄膜时螺杆的压缩比

薄膜品种		螺杆压缩比
聚苯乙烯		2 ~ 4
尼龙		2 ~ 4
聚碳酸酯		2.5 ~ 3
聚氯乙烯	粒料	3 ~ 4
	粉料	3 ~ 5
聚乙烯		3 ~ 4
聚丙烯		3 ~ 5

应根据实际情况进行选择，不能用一根螺杆加工各种塑料薄膜，也不能要求每个薄膜品种都配备一根专用螺杆。

2）机头类型及口模尺寸

吹塑机头的结构形式很多，对各种塑料薄膜，除芯棒式机头以外并非都能适用。各种机头的使用范围列于表 5.7。

表 5.7　成型各种薄膜时机头的选择

薄膜品种＼机头类型	芯棒式机头	十字形机头	螺旋机头
聚氯乙烯薄膜	○	△（平吹）	×
聚乙烯薄膜	○	○	○
聚丙烯薄膜	○	○	○
聚苯乙烯薄膜	○	△	△
尼龙薄膜	○	△	△
聚碳酸酯薄膜	○	△	△

注：表中“○”为适用；“△”为可用；“×”为不可用

通常，薄膜的最终折径 W 由用户提出，因此机头的选择就决定了吹胀比 a。由机头的尺寸选择挤出机，表 5.8 为口模尺寸与挤出机的配套范围。

表 5.8　口模尺寸与挤出机的配套范围（mm）

挤出机规格	口模直径
30	<75
45	65~120
65	100~200
90	150~400
120~150	>220

为了制取纵横两向强度均衡的薄膜，横向吹胀比与纵向牵引比最好相等。但在实际生产中，常用同一口模靠改变牵引速度来获得不同厚度的薄膜，以便充分利用模具。虽然如此，因为牵引比 b 是有一定限度的，而吹胀比 a 也不能超出一定范围，所以根据薄膜厚度 t 与口模间隙 δ 之间的特定关系，就可求出不同厚度薄膜所需的口模间隙：

$$t=\frac{\delta}{ab}$$

$$\delta = abt$$

式中，t 为膜厚度，mm；δ 为口模间隙，mm；a 为吹胀比，mm；b 为牵引比，mm。

如吹胀比 a 取 1.5~3，牵引比 b 取 4~6，则口模间隙 δ 为：

$$\delta=(1.5\times4)t\sim(3\times6)t=(6\sim18)t$$

即口模间隙一般为薄膜厚度的 6~18 倍，对厚膜所需的口模间隙取下限值；反之，取上限值。

5.5.2.3　电线电缆挤出

在金属芯线上包覆一层塑料层作为绝缘层，一般在挤出机上用转角式机头挤出成型。根据被包覆对象及要求的不同，通常有两种结构形式。

1. 挤压式包覆机头

当金属芯线是单丝或多股金属线，挤出产品即为电线。用于电线包覆成型的工艺装备，称为挤压式包覆机头。如图 5.26 所示，该机头为转角式机头，具有一定压力的熔料进入机头体 3 中，绕过芯棒（导向棒）2，汇合成一个封闭的熔料环后，经口模 6 成型区最终包覆在芯线上，芯线同时连续地通过芯线导向棒，因此包覆挤出生产能连续生产。

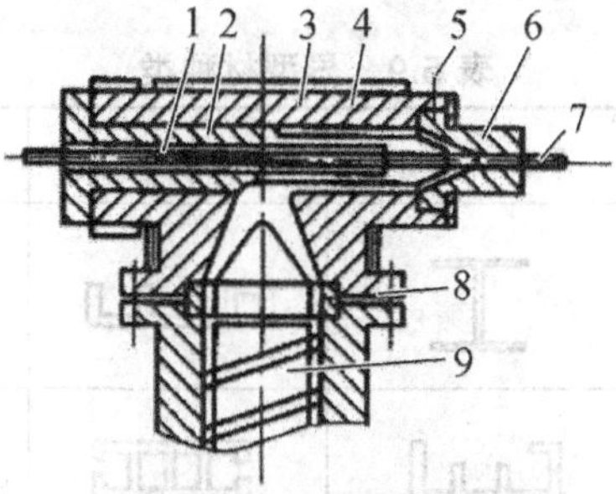

图 5.26　挤压式包覆机头

1—芯线；2—导向棒；3—机头体；4—电热器；5—调节螺钉；6—口模；7—包覆塑件；8—过滤板；9—挤出机螺杆

这种机头结构简单，调整方便，被广泛用于电线的挤出生产。它的主要缺点是芯线与包覆层同心度不好。

参数的确定：定型段长度上为口模出口处直径 D 的 1.0~1.5 倍；导向棒前端到口模定型段的距离 M 也可取口模出口处直径 D 的 1.0~1.5 倍；包覆层厚度取 1.25~1.60 mm。当金属芯线是一束互相绝缘的导线或不规则的芯线时，挤出产品即为电缆。

2. 套管式包覆机头

如图 5.27 所示为套管式包覆机头，与挤压式包覆机头相似，也是转角式机头，不同之处在于套管式包覆机头是将塑料挤成管状，然后在口模外靠塑料管的热收缩包在芯线上。

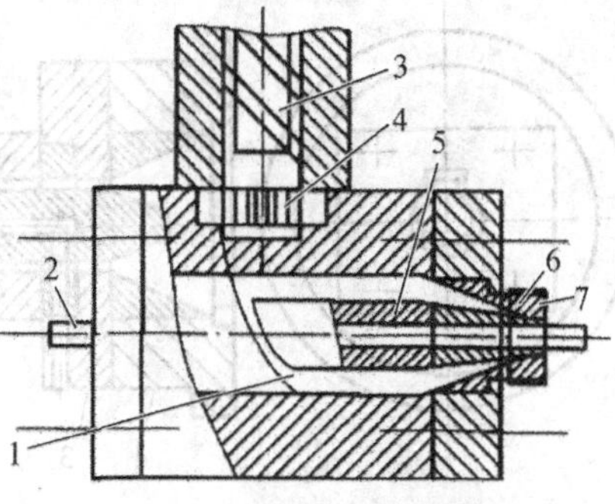

图 5.27　套管式包覆机头

1—螺旋面；2—芯线；3—挤出机螺杆；4—过滤板；5—导向板；6—电热器；7—口模

塑料熔体通过挤出机过滤板 4 进入机体内，然后流向导向棒 5，导向棒 5 用来成型管材的内表面，口模 7 成型管材的外表面，挤出塑料管与导向棒同心，塑料管挤出口模后包覆在芯线上。由于金属芯线连续地通过导向棒，因而包覆生产也就连续地进行。

参数的确定：包覆层的厚度随口模尺寸、导向棒头部尺寸、挤出速度、芯线移动速度等变化而变化。口模定型段长度 L 为口模出口直径 D 的 0.5 倍以下。否则，螺杆背压过大，不仅产量低，而且电缆表面出现流痕，影响表面质量。

5.5.2.4 异型材挤出

除了前面所述的挤出制品，凡是具有其他断面形状的塑料挤出制品，统称为异型材。异型材制品有日常生活中常见的塑料门窗、百叶窗、冰箱及铝门窗封条，如表 5.9 所示。

表 5.9 异型材种类

异型管材	中空异型材	开放异型材	半开异型材	实心异型材	复合异型材

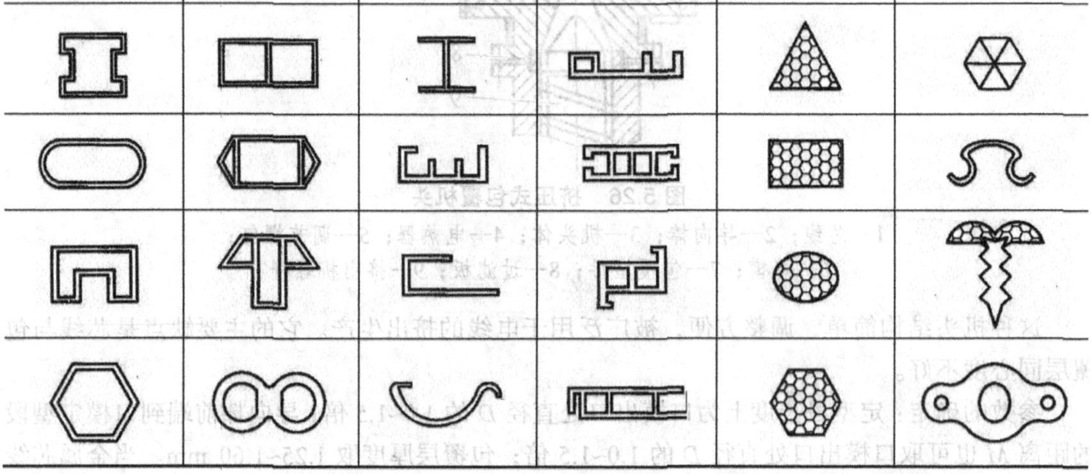

1. 板式机头

如图 5.28 所示，此种机头由模座 4 和口模板 3 组成。口模板能迅速更换，适用于小规格、小批量、多品种异型材生产，但型材也难以达到高的尺寸准确性。目前多用于软聚氯乙烯型材的小批量订货和黏度不高、热稳定性较好的聚烯烃类塑料。

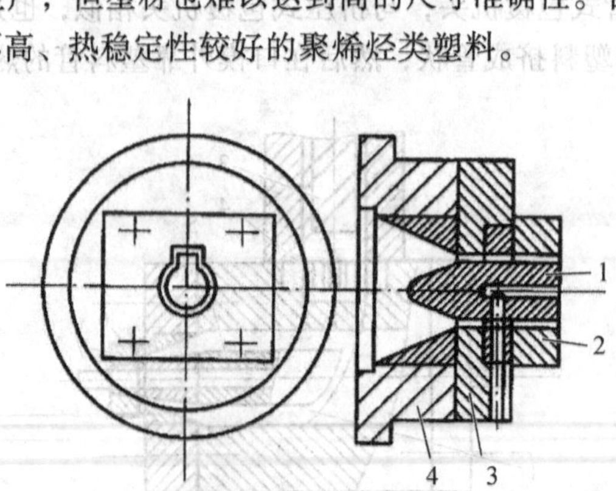

图 5.28 板式机头

1—芯棒；2—口模；3—口模板；4—模座

2. 流线型机头

如图 5.29 所示，此种机头整个流道无任何“死点”，截面持续逐渐减小，流道表面光滑，直至成型区达恒截面。这样的机头流道，熔体无滞留点，且流速恒定增加，能获得最佳型材质量。但机头流道加工较困难，须经过特殊加工整体制成。

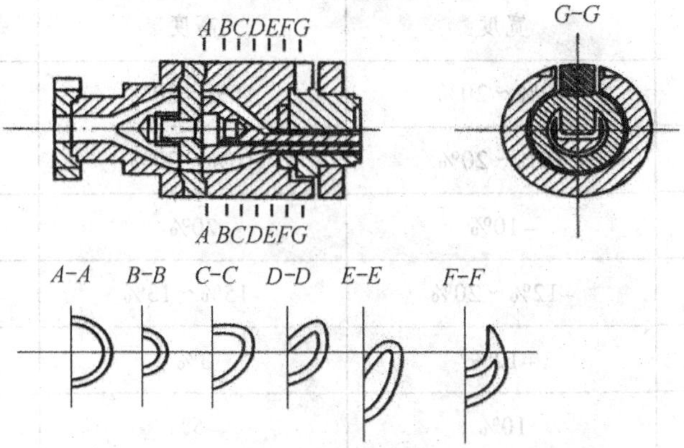

图 5.29　流线型机头

3. 设计要点

1）口模与制品形状的关系

口模的截面形状与制品的截面形状并不一致，这是因为异型孔各壁面与尖角部的流速不相等，其尖角部分流出的流量小于其直边部分，所以口模的形状应在直壁部收缩。图 5.30（a）所示为口模形状，图 5.30（b）所示为塑件的形状。

2）机头结构参数

分流器扩张角 $\alpha<70°$。对于成型条件要求严格的塑料（如硬聚氯乙烯等）应尽量控制在 60°左右；机头压缩比 $\delta=3\sim13$；压缩角 $\beta=25°\sim50°$。

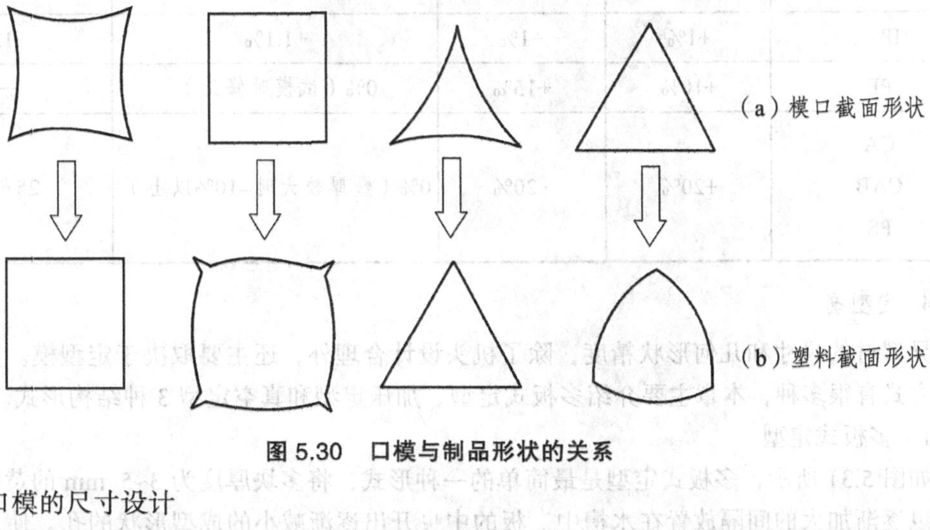

图 5.30　口模与制品形状的关系

3）口模的尺寸设计

异型材的壁厚不完全一致时，则厚的部位流量大、阻力小。当牵引的速度按厚的部位的速度进行时，则薄的部位就更薄。反之，则厚的部位出现去曲折波浪。这种现象可以通过改变口模定型段的长度来解决。然而这种设计数据与实际很难一致，必须经过试模后修正。

口模与实际制品尺寸的关系是随着物料种类、成型温度、成型速度及混炼状况等而变的，并无确定的规则。表 5.10 为模唇设计的经验数据。

表 5.10 模唇设计的经验数据

材料	宽度	高度	成行段长高比（L/A）
CA	12%～20%	10%～30%	4∶1～16∶1
CAB	10%～20%	10%～20%	4∶1～16∶1
EC	–10%	20%	5∶1
PS	–12%～20%	–15%～13%	6∶1～24∶1
PVC	–12%	3%	6∶1
Actryloid	10%	–5%	—
EPC	10%	20%	4∶1～16∶1

在挤出厚薄不一致的异型材时，要把厚的部分的定型段长度加长。表 5.11 为模唇的常用设计数据。

表 5.11 模唇的常用设计数据

材料	宽度	高度	壁厚	定型段长度/mm
一般塑料	+20%	+35%	厚度一致时+20%	25～38
SPVC	+20%	+30%	厚度一致时+12.5% 厚度不一致时+13.2%	
HPVC	+1%	+1%	+1.1%	13
PE	+10%	+15%	0%（试模时修正）	—
CA CAB PS	+20%	+20%	0%（壁厚较大时–10%以上）	25～38

4. 定型套

异型材的尺寸和几何形状精度，除了机头设计合理外，还主要取决于定型模。异型材的定型方式有很多种，本章主要介绍多板式定型、加压定型和真空定型 3 种结构形式。

1）多板式定型

如图 5.31 所示，多板式定型是最简单的一种形式，将多块厚度为 3~5 mm 的黄铜板或铝板，以逐渐加大的间隔放置在水槽中。板的中央开出逐渐减小的成型形状的孔。使从口模挤出的型材穿过定型板，边冷却边定型。考虑到冷却后的异型材还会收缩，所以最后一块定型板的型孔要比型材成型后的尺寸放大2%~3%。

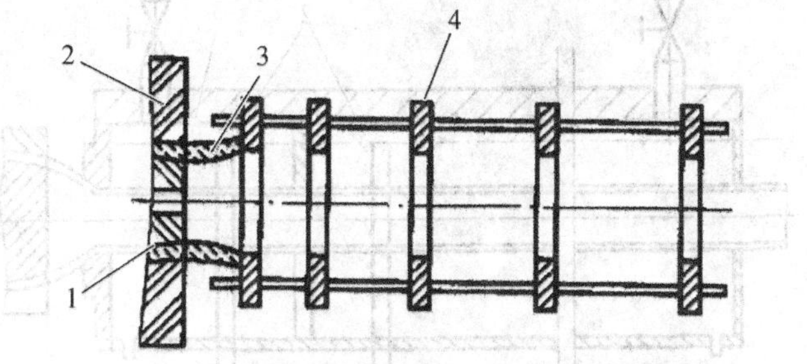

图5.31 多板式定型

1—芯棒；2—口模；3—型材；4—定型板

2）加压定型

加压定型亦称压缩空气外定型，通常仅适用于当量直径大于25 mm以上的中空异型材。如图5.32所示，定型模5与挤出型材7之间的接触靠空气压力。压缩空气由机头芯模1导入型材7内，并用浮塞9封闭。采用此种定型方法时，由于定型模与管材的接触面长，而且管内有一定的压力，所以成型的型材外表面尺寸精度较高而且表面粗糙度值较低。

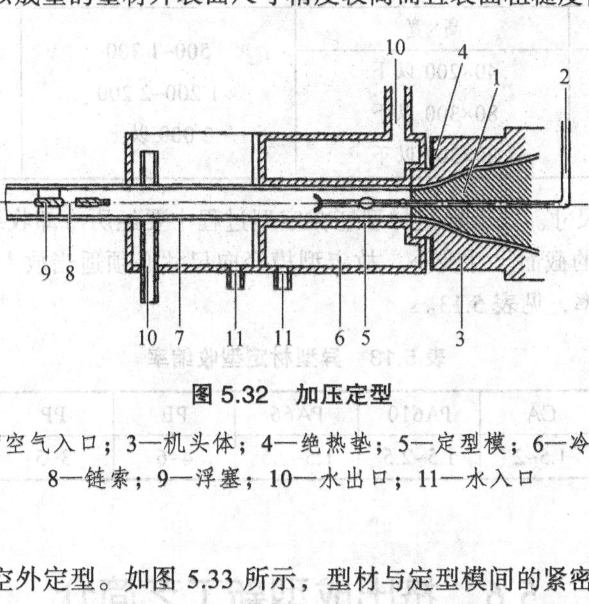

图5.32 加压定型

1—芯模；2—压缩空气入口；3—机头体；4—绝热垫；5—定型模；6—冷却水；7—型材；8—链索；9—浮塞；10—水出口；11—水入口

3）真空定型

真空定型亦称真空外定型。如图5.33所示，型材与定型模间的紧密接触是靠给定型模周围壁上的细孔或缝口抽真空来达到。在型材内无浮塞，只需维持大气压力即可。对于闭式空心型材，通常串联几个定型装置，例如窗用异型材的定型装置就分3段，每段长400~500 mm。当型材引入第1段中，由于受到拉挤压力而发生塑性变形，并沿模壁贴合形成与定型模截面相一致的型材外形。若想在型材上形成沟槽、突缘或凸起，可留在定型模的后一段进行，以减少卡塞的危险。

4）参数的确定

（1）定型模长度。实践表明，当异型材壁厚达2.5~3.5 mm时，定型模总长度在1 600~2 600 mm，这将给加工带来极大困难。为此，常将定型模分成多段制造，然后组装使用。其分段依据见表5.20。

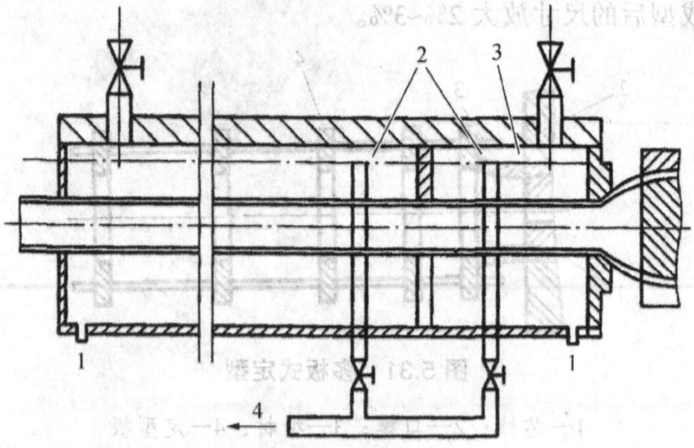

图 5.33 真空定型

1—冷却水入口；2—冷却水出口；3—真空；4—至真空泵

表 5.12 异型材定型模分段参考数据（mm）

异型材截面尺寸壁厚		定型模总长度	可分段数
壁厚	高×宽		
1.5 以下	40×200 以下	500~1 300	1~2
1.5~3.0	80×300 以下	1 200~2 200	2~3
3.0 以上	80×300 以下	2 000 以上	3 以上

（2）定型模型腔尺寸。由于异型材型坯在定型过程中要经历冷却收缩和牵引拉长的变化，致使定型后的异型材的截面尺寸变小，故定型模径向尺寸必须适当放大。尺寸放大的唯一依据是异型材定型收缩率，见表 5.13。

表 5.13 异型材定型收缩率

塑料品种	ABS	CA	PA610	PA66	PE	PP	RPVC	SPVC
收缩率	1~2	1.5~2	1.5~2.5	1.5~2.5	4~6	3~5	0.8~1.3	3.5~5.5

5.6 挤出成型新工艺简介

随着高分子加工技术的发展，挤出成型制品的种类不断增加，挤出成型的工艺技术也得到发展，其中，近年来主要发展的挤出新工艺有反应挤出工艺、固态挤出工艺和共挤出工艺。

1. 反应挤出工艺

反应挤出工艺是 20 世纪 60 年代后才兴起的一种新技术，是连续地将单体聚合并对现有聚合物进行改性的一种方法，因可以使聚合物性能多样化、功能化且生产连续、工艺操作简单和经济适用而普遍受到重视。该工艺的最大特点是将聚合物的改性、合成与聚合物加工这些传统工艺中分开的操作联合起来。

反应挤出成型技术是可以实现高附加值、低成本的新技术，已经引起世界化学和聚合物材料科学与工程界的广泛关注，在工业方面发展很快。与原有的成型挤出技术相比，它有明显的优点：节约加工中的能耗；避免了重复加热；降低了原料成本；在反应挤出阶段，可在生产线上及时调整单体、原料的物性，以保证最终制品的质量。

反应挤出机是反应挤出的主要设备，一般有较长的长径比、多个加料口和特殊的螺杆结构。它的特点是：熔融进料预处理容易；混合分散性和分布性优异；温度控制稳定；可控制整个停留时间分布；可连续加工；未反应的单体和副产品可以除去；具有对后反应的控制能力；可进行黏流熔融输送；可连续制造异型制品。

2. 固态挤出工艺

固态挤出工艺是指使聚合物在低于熔点的条件下被挤出口模。固态挤出一般使用单柱塞挤出机，柱塞式挤出机为间歇性操作。柱塞的移动产生正向位移和非常高的压力，挤出时口模内的聚合物发生很大的变形，使得分子严重取向，其效果远大于熔融加工，从而使得制品的力学性能大大提高。固态挤出有直接固态挤出和静液压挤出两种方法。

3. 共挤出工艺

在塑料制品生产中应用共挤出技术可使制品多样化或多功能化，从而提高制品的档次。共挤出工艺由两台以上挤出机完成，可以增大挤出制品的截面面积，组成特殊结构和不同颜色、不同材料的复合制品，使制品获得最佳的性能。

按照共挤物料的特性，可将共挤出技术分为软硬共挤、芯部发泡共挤、废料共挤、双色共挤等。有3台挤出机共挤出PVC发泡管材的生产线，比两台挤出机共挤方式控制的挤出工艺条件要准确。内外层和芯部发泡层的厚度尺寸更精确，因此可以获得性能更优异的管材。多层共挤出对各种聚合物的流变性能、相黏合性能，各挤出机之间的相互匹配有很高的要求。

复习思考题

一、名称解释

1. 挤出成型；2. SJ120；3. 压缩比；4. 固体输送理论；5. 离模膨胀效应；6. 反应性挤出

二、填空题

1. 挤出设备通常由3大部分组成，分别是：______、______和______。
2. 挤出成型时，螺杆的运转对物料产生的3个作用是：______、______和______。
3. 普通螺杆按螺距与螺槽深度的变化，可分为3种常见类型是：______、______和______。
4. 目前广泛接受的挤出理论有：______、______和______。
5. 熔融物料在螺槽中的流动主要有4种类型，分别是：______、______、______和______。
6. 管材挤出的机头最常见的3种类型是：______、______和______。

三、简答题

1. 挤出成型有哪些特点？挤出成型适用于哪些产品的成型加工？
2. 挤出机的主要技术参数有哪些？

3. 单螺杆挤出机有哪几个结构段？有哪几个功能段？怎样使功能段和结构段很好地吻合？

4. 管材挤出成型机头的结构由哪些部分构成？其作用分别是什么？

5. 机头设计的原则有哪些？

6. 挤出机 ϕ30PE 灌溉管材生产线有哪些设备组成？（按流程顺序写出）

7. 依据固体输送理论，怎控制物料与螺杆的摩擦因数 f_g，物料与机筒的摩擦因数 f_b，可以提高固体输送率？实际生产中有哪些方法可以控制摩擦因数？

8. 说明熔池的形成过程。

9. 影响挤出机生产率的各因素对生产率有何影响？

10. 双螺杆挤出机与单螺杆挤出机的区别有哪些？

11. 完整的挤出工艺过程包括哪些步骤？

12. 排气式挤出机的排气效果是如何产生的？排气式挤出机稳定操作的条件是什么？

13. 当使用单螺杆挤出机加工 PVC、PE 时，哪种物料需 L/D 大一些？哪种物料需均化段螺槽深度 h_3 小一些？

14. 什么是挤出物胀大现象？对成型加工有什么影响？

15. 直通式机头中分流锥（器）的作用是什么？对成型 PVC 硬管和软管的扩张角有何区别？

16. 直通式机头中熔结痕是怎样形成的？它的危害是什么？怎样减少其危害程度？

17. 试通过查阅文献，简述目前挤出成型加工的新技术和新理论的发展。

第 6 章　注塑成型

本章要点

知识要点

✧ 注塑成型的概念、原理
✧ 注塑成型设备
✧ 注塑成型工艺过程及关键工艺因素控制
✧ 注塑成型技术的最新进展

掌握程度

✧ 理解注塑成型的概念
✧ 理解注塑成型的原理
✧ 了解注塑成型设备的构成及分类
✧ 理解注塑机螺杆的结构、功能、几何参数及主要形式
✧ 掌握注塑成型工艺过程及关键工艺因素控制方法
✧ 了解注塑成型技术的最新进展

背景知识

✧ 高分子材料的结构与性能的关系；高分子材料成型加工原理、高分子共混改性、高分子加工流变特性；高分子成型模具

6.1 概　述

注塑成型又称注射或注塑模塑，简称注塑，是塑料制品成型的重要方法之一。几乎所有的热塑性塑料（除氟塑料外）及多种热固性塑料都可用此法成型。用注塑模塑可成型各种形状、尺寸、精度，满足各种要求的模制品。

注塑制品约占塑料制品总量的 20%~30%，尤其是塑料用作工程结构材料后，注塑制品的用途已从民用扩大到国民经济及尖端技术各个领域，并将逐步代替传统的金属和无机非金属材料制品，包括各种工业配件、仪器仪表零件、壳体等。

6.2 注塑成型原理

将塑料从注塑机的料斗送进加热的料筒，经加热熔化呈流动状态后，由柱塞或螺杆推动，使其通过料筒前端的喷嘴注入闭合塑模中，充满塑模的熔料在受压的情况下，经冷却（热塑性塑料）或加热（热固性塑料）固化，开模取得制品，在操作上即完成了一个模塑周期。以后是不断重复上述周期的生产过程。其工作循环示意图如图 6.1 所示。

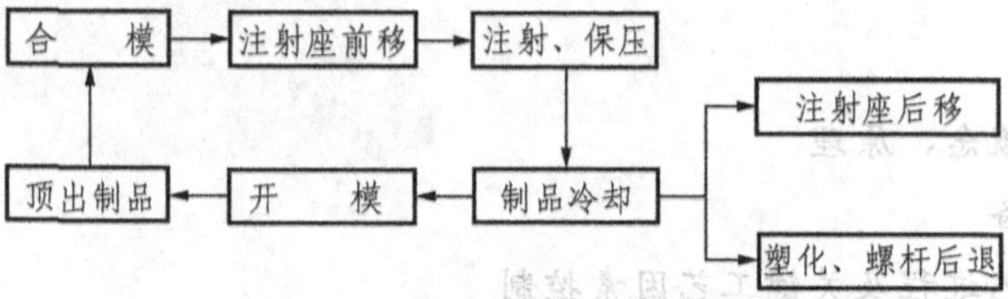

图 6.1　注塑成型工作循环示意图

完整的注塑过程通常由多个连续的过程构成，包括：

1. 加料、塑化

将塑料加入料斗，然后输送到加热的料筒中塑化。螺杆在料筒前端原地转动，被加热预塑的塑料在螺杆的转动作用下输送至料筒前端的喷嘴附近。螺杆的转动使塑料进一步塑化，料温在剪切摩擦热的作用下进一步提高并得以均匀化，如图 6.2 所示。

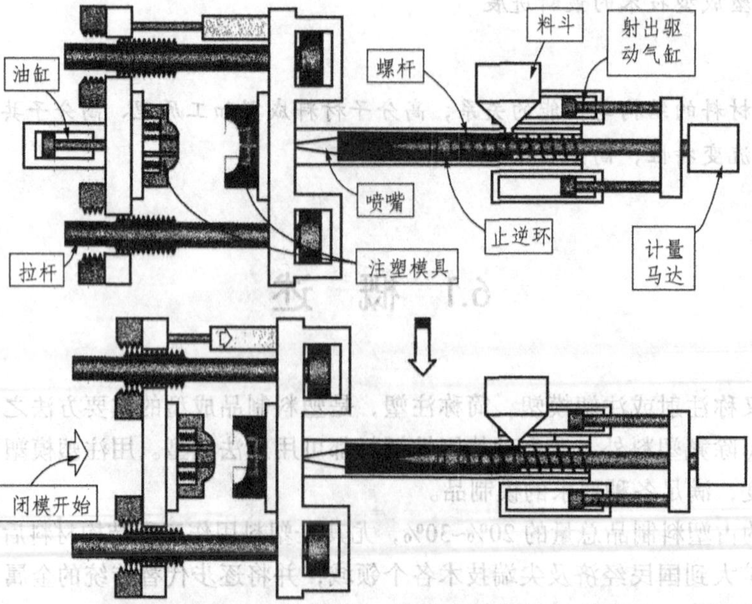

图 6.2　注塑机注塑并开始闭模

2. 注　塑

当料筒前端堆积的熔体对螺杆产生足够的压力时（称为螺杆的背压），螺杆将转动后退：直至与调整好的行程开关接触，从而使螺母与螺杆锁紧，模具一次注塑量的塑料预塑和储料过程结束。这时，马达带动气缸前进，与液压缸活塞相连接的螺杆以一定的速度和压力将熔料通过料筒前端的喷嘴注入温度较低的闭合模具型腔中，如图 6.3 所示。

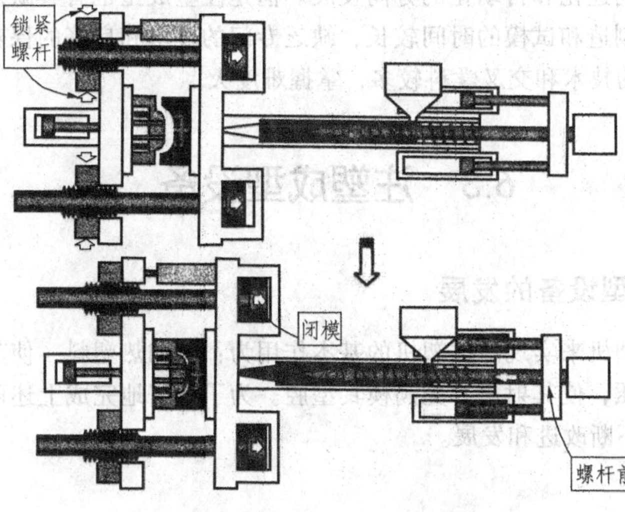

图 6.3　注塑机锁紧并注塑

3. 保压、冷却、固化

熔体通过喷嘴注入闭合模具型腔后，必须经过一定时间的保压，熔融塑料才能冷却固化，保存模具型腔所赋予的形状和尺寸。当合模机构打开时，在顶出机构的作用下，即可顶出注塑成型的塑料制品，如图 6.4 所示。

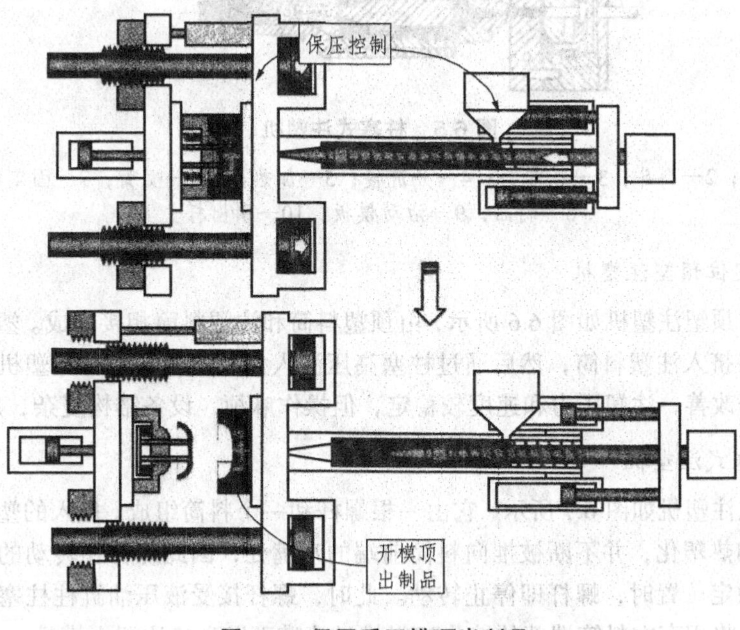

图 6.4　保压后开模顶出制品

以上操作过程构成一个成型周期。整个过程通常从几秒至几分钟不等，时间的长短取决于制品的大小、形状和厚度，注塑机的类型以及塑料品种和工艺条件等因素。每个制品的质量可自一克以下至几十千克不等，视注塑机的规格及制品的需要而异。

注塑成型周期短，能一次成型外形复杂、尺寸精确、带有嵌件的制品；对成型各种塑料的适应性强；生产效率高，易于实现全自动化生产，因而是一种比较经济而先进的成型技术，发展迅速，并将朝着高速化和自动化的方向发展。但是注塑成型也有其缺点：设备和模具投入较高，模具设计、制造和试模的时间较长，缺乏专门的技术和良好的保养会产生较高的启动费和运作费，涉及的技术和交叉学科较多，掌握难度大。

6.3 注塑成型设备

6.3.1 注塑成型设备的发展

注塑成型通过注塑机来实现。注塑机的基本作用为：①加热塑料，使其达到熔化状态；②对熔融塑料施加高压，使其射出并充满模具型腔。为了更好地完成上述两个基本作用，注塑机的结构已经历了不断改进和发展。

1. 柱塞式注塑机

最早出现的柱塞式注塑机如图 6.5 所示，其结构简单，通过一料筒和活塞来实现塑化与注塑两个基本作用，但是控制温度和压力比较困难。

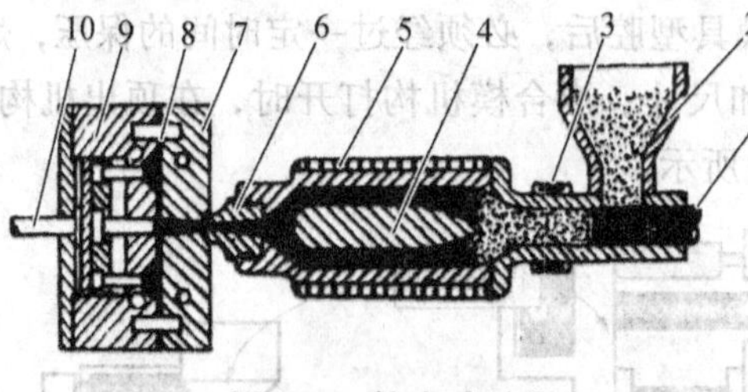

图 6.5 柱塞式注塑机

1—柱塞；2—料斗；3—冷却套；4—分流梭；5—加热器；6—喷嘴；7—固定模板；8—制品；9—活动模板；10—顶出杆

2. 单螺杆定位预塑注塑机

单螺杆定位预塑注塑机如图 6.6 所示，由预塑料筒和注塑料筒相接而成。塑料先在预塑料筒内加热塑化并挤入注塑料筒，然后通过柱塞高压注入模具型腔。这种注塑机加料量大，塑化效果得到显著改善，注塑压力和速度较稳定，但操作麻烦，设备结构复杂，应用不广。

3. 移动螺杆式注塑机

移动螺杆式注塑机如图 6.7 所示，它由一根螺杆和一个料筒组成。加入的塑料依靠螺杆在料筒内转动而加热塑化，并不断被推向料筒前端的喷嘴处，因此螺杆在转动的同时就缓慢地向后退，退到预定位置时，螺杆即停止转动。此时，螺杆接受液压油缸柱柱塞传递的高压而进行轴向位移，将积存在料筒端部的熔化塑料推过喷嘴而以高速注塑入模具。

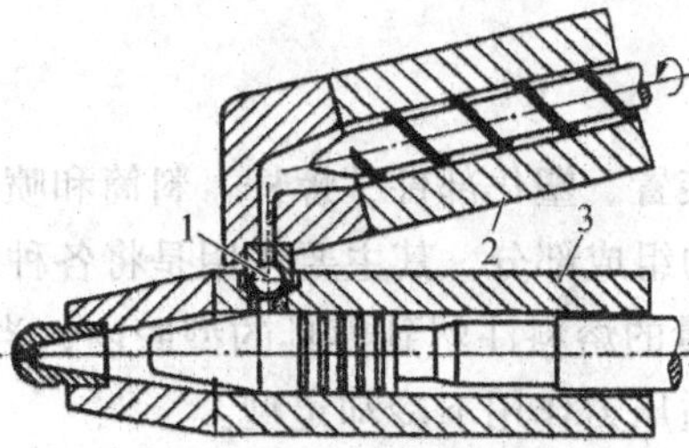

图 6.6　单螺杆定位预塑注塑机结构示意图

1—单向阀；2—单螺杆定位预塑料筒；3—注塑料筒

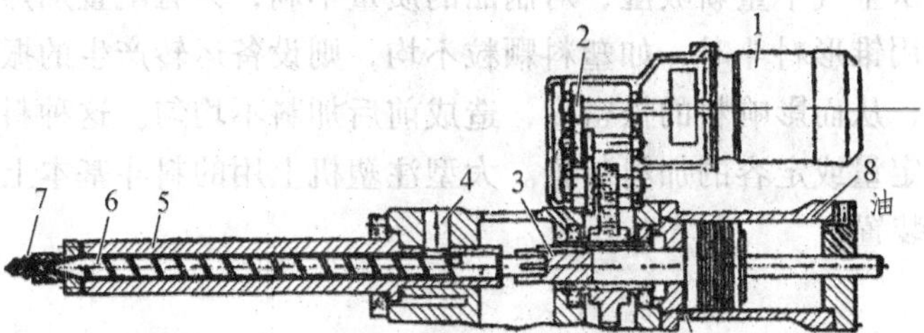

图 6.7　移动螺杆式注塑机结构示意图

1—电动机；2—传动齿轮；3—滑动键；4—进料口；5—料筒；6—螺杆；7—喷嘴；8—油缸

移动螺杆注塑机的效果几乎与预塑注塑机相当，但结构简化，制造方便；与柱塞式注塑机相比，可使塑料在料筒内得到良好的混合和塑化，不仅提高了模塑质量，还扩大了注塑成型塑料的范围和注塑量。因此，移动螺杆式注塑机在注塑机发展中获得了压倒的优势。目前塑料工业中广泛使用的是移动螺杆式注塑机，但还有少量柱塞式注塑机。在生产 60 g 以下的小型制件时多用柱塞式，对模塑热敏性塑料、流动性差的塑料则多用移动螺杆式。

6.3.2　螺杆式注塑机的结构

注塑机是塑料成型加工的主要设备之一。注塑机的类型很多，但无论哪种注塑机，一般主要由注塑系统、合模系统、液压传动和电气控制系统 4 部分组成。如图 6.8 所示为卧式注塑机结构示意图。

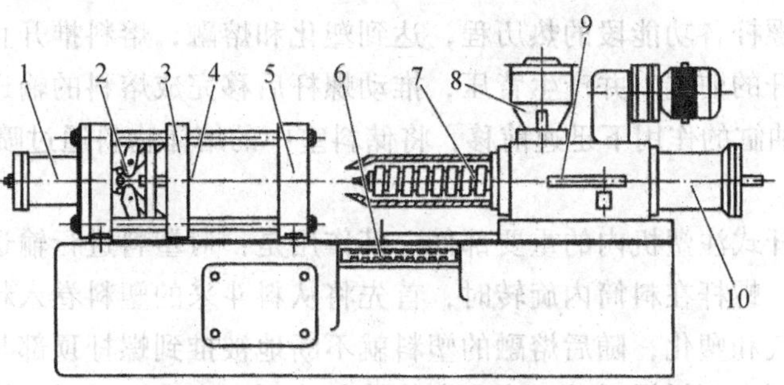

图 6.8　卧式注塑机结构示意图

1—锁模液压缸；2—锁模机构；3—移动模板；4—顶杆；5—固定板；6—控制台；7—料筒；8—料斗；9—定量供料装置；10—注塑液压缸

6.3.2.1 注塑系统

注塑系统主要由加料计量装置、塑化部件（螺杆、料筒和喷嘴）、传动装置、注塑及移动油缸等组成，是注塑机最主要的组成部分。其主要作用是将各种形态的塑料均匀地熔融塑化，并以足够的压力和速度将一定量的熔料注塑到模具的型腔内，当熔料充满型腔后，仍需保持一定的保压时间，并使其在合适压力作用下冷却定型。

1. 加料计量装置

小型注塑机的加料装置，通用与料筒相连的锥形料斗。料斗容量为生产 1~2 h 的用料量，容量过大，塑料会从空气中重新吸湿，对制品的质量不利，只有配置加热装置的料斗，容量方可适当增大。使用锥形料斗时，如塑料颗粒不均，则设备运转产生的振动会引起料斗中小颗粒或粉料的沉析，从而影响料的松密度，造成前后加料不均匀。这种料斗用于柱塞式注塑机时，一般应配置定量或定容的加料装置。大型注塑机上用的料斗基本上也是锥形的，只是另外配有自动上料装置。

2. 塑化部件

塑化部件有螺杆式和柱塞式两种。螺杆式塑化部件如图 6.9 所示，主要由螺杆、料

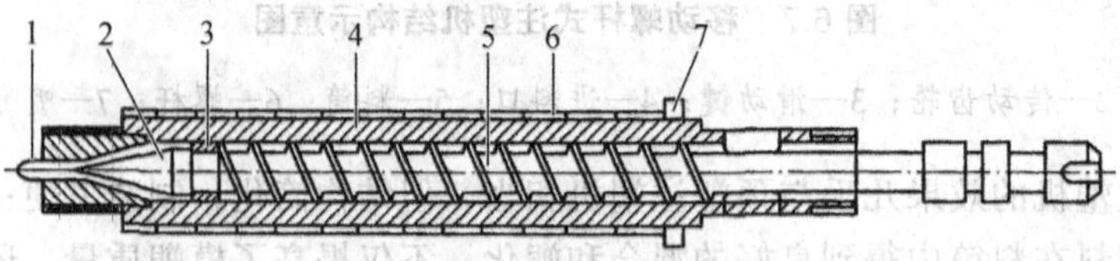

图 6.9 螺杆式塑化部件结构图

1—喷嘴；2—螺杆头；3—止逆环；4—料筒；5—螺杆；6—加热圈；7—冷却水圈

筒、喷嘴等组成，塑料在旋转螺杆的连续推进过程中，实现物理状态的变化，最后呈熔融状态而被注入型腔。和螺杆式塑化部件相比，柱塞式塑化部件是将螺杆换成柱塞和分流梭，其他部件基本相同。塑化部件是完成均匀塑化、实现定量注塑的核心部件。

螺杆式塑化部件的工作原理：预塑时，螺杆旋转，将从料口落入槽中的物料连续地向前推进；加热圈通过料筒壁把热量传递给落槽中的物料，固体物料在外加热和螺杆旋转剪切双重作用下，并经过螺杆各功能段的热历程，达到塑化和熔融，熔料推开止逆环，经过螺杆头的周围通道流入螺杆的前端，并产生背压，推动螺杆后移完成熔料的输送。在注塑时，螺杆起柱塞的作用，在油缸的作用下迅速前移，将储料室中的熔体物料通过喷嘴注入模型。

1）螺 杆

螺杆是移动螺杆式注塑机内的重要部件。其作用是：对塑料进行输送、压实、塑化和施压。其工作原理是：螺杆在料筒内旋转时，首先将从料斗来的塑料卷入料筒，并逐步将其向前推送、压实、排气和塑化，随后熔融的塑料就不断地被推到螺杆顶部与喷嘴之间，而螺杆本身则因受熔料的压力而缓慢后移。当积存的熔料达到一次注塑量时，螺杆停止转动。注塑时，螺杆将液压或机械力传给熔料使它注入模具。

注塑螺杆的形式和挤出机螺杆相似，有渐变螺杆、突变螺杆两大类，但在注塑机中还使

用一种通用螺杆。通用螺杆的特点是其压缩段长度介于渐变螺杆、突变螺杆之间，以适应结晶性塑料和非结晶性塑料的加工需要。虽然螺杆的适应性增强了，但其塑化效率低，耗能大，使用性能比不上专用螺杆。综上所述，与挤出螺杆相比，注塑螺杆具有以下特点：

① 注塑螺杆在旋转时有轴向位移；

② 注塑螺杆的长径比和压缩比较小，一般 L/D=0~10，压缩比为 2~2.50；

③ 注塑螺杆的螺槽深度一般偏大，可提高生产率；

④ 注塑螺杆因轴向位移，加料段较长，约为螺杆长度的一半，而压缩段和计量段则各为螺杆长度的 1/4。

（1）注塑螺杆的分类。

注塑螺杆的形式和挤出机螺杆相似，按其对塑料的适应性，可分为通用螺杆和特殊螺杆。通用螺杆又称常规螺杆，可加工大部分具有低、中黏度的热塑性塑料，结晶型和非结晶型的通用塑料和工程塑料，是螺杆最基本的形式；特殊螺杆是用来加工普通螺杆难以加工的塑料。

按螺杆结构及其几何形状特征，可分为常规螺杆和新型螺杆。常规螺杆又称为三段式螺杆，是螺杆的基本形式；新型螺杆则有很多种，如分离型螺杆、分流型螺杆、波状螺杆和无计量段螺杆等。

常规螺杆的螺纹有效长度常分为加料段（输送段）、压缩段（塑化段）、计量段（均化段），根据塑料性质不同，分别对应渐变型、突变型和通用型螺杆。

渐变型螺杆：压缩段较长，塑化时能量转移缓和，多用于 PVC 等热敏性塑料；

突变型螺杆：压缩段较短，塑化时能量转移较激烈，多用于聚烯烃、PA 等结晶型塑料；

通用型螺杆：适应性比较强（可适应多种塑料的加工），避免频繁更换螺杆，有利于提高生产率。

以上常规螺杆不同螺杆结构相对应的三段长度见表 6.1。

表 6.1 常规螺杆不同螺杆结构的三段长度

螺杆型号	加料段（L_1）	压缩段（L_2）	均化段（L_3）
渐变型螺杆	25%~30%	50%	25%~20%
突变型螺杆	65%~70%	15%~5%	20%~25%
通用型螺杆	45%~50%	20%~30%	20%~30%

（2）注塑螺杆的基本结构参数。

注塑螺杆的基本结构参数如图 6.10 所示，由有效螺纹长度 L 和末端的连接部分组成。

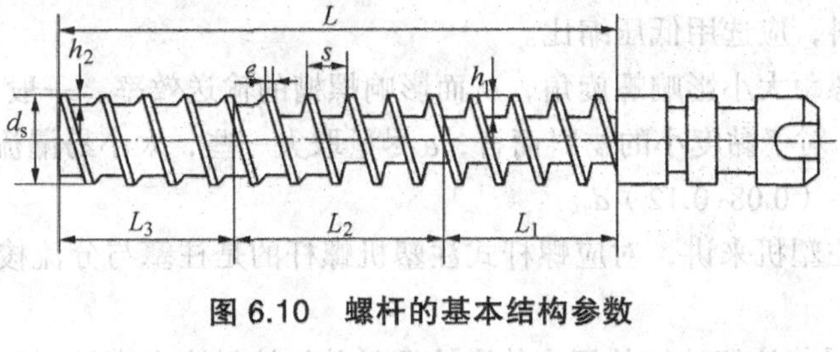

图 6.10 螺杆的基本结构参数

d_s—— 螺杆外径：螺杆直径直接影响注塑机塑化能力的大小，也直接影响到理论注塑容积的大小。

L/d_s—— 螺杆长径比：L 是螺杆螺纹部分的有效长度，螺杆长径比越大，说明螺纹长度越长，直接影响到物料在螺杆中的热历程，影响物料吸收能量的能力，而能量来源于两部分：一部分是料筒外部加热圈传给的，另一部分是螺杆转动时产生的摩擦热和剪切热，由外部机械能转化的。因此，L/d_s 直接影响到物料的熔融效果和熔体质量，但是如果 L/d_s 太大，则传递扭矩加大，螺杆磨损严重及能量消耗增加。

L_1—— 加料段长度：加料段又称输送段或进料段。为提高输送能力，螺槽表面一定要光洁，L_1 的长度应保证物料有足够的输送长度，因为过短的 L_1 会导致物料过早地熔融，从而难以保证稳定压力的输送条件，也就难以保证螺杆以后各段的塑化质量和塑化能力。塑料在其自身重力作用下从料斗中滑进螺槽，螺杆旋转时，在料筒与螺槽组成的各推力面摩擦力的作用下，物料被压缩成密集的固体塞螺母，沿着螺纹方向做相对运动，在此段，塑料为固体状态，即玻璃态。

h_1—— 加料段螺槽深度：h_1 大，则容纳物料多、供量多和塑化能力大，但会影响物料塑化效果及螺杆根部的剪切强度，一般 $h_1 \approx (0.12 \sim 0.16)\ d_s$。

L_2—— 塑化段（压缩段）螺纹长度：物料在此锥形空间内不断地受到压缩、剪切和混炼作用，物料从塑化段入点开始，熔池不断地加大，到出点处熔池已占满全螺槽，物料完成从玻璃态经过黏弹态到黏流态的转变，因此在此段，塑料是处于颗粒与熔融体的共存状态。L_2 的长度会影响物料从玻璃态到黏弹态的转化历程，太短会来不及转化，固体堵在塑化段的末端形成很高的压力、扭矩或轴向力；太长则会增加螺杆的扭矩和不必要的消耗，一般 $L_2=(6 \sim 8)\ d_s$。对于结晶型的塑料，物料熔点明显，熔融范围窄，L_2 可短些，一般为（3~4）d_s；对于热敏性塑料，L_2 可长些。

L_3—— 均化段长度：熔体在均化段的螺槽中得到进一步的均化，温度均匀，组分均匀，形成较好的熔体质量。L_3 长时，有助于熔体在螺槽中的波动，有稳定压力的作用，使物料以均匀的料量从螺杆头部挤出，所以又称计量段。L_3 短时，有助于提高螺杆的塑化能力，一般 $L_3=(4 \sim 5)\ d_s$。

h_3—— 熔融段螺槽深度：h_3 小，即螺槽浅，则塑料熔体的塑化效果好，有利于熔体的均化，但过小会导致剪切速率过高，以及剪切热过大，引起分子链的降解，影响熔体质量；反之，如果过大，则会由于预塑时，螺杆背压产生的回流作用增强而降低塑化能力。

ε—— 压缩比：$\varepsilon=h_1/h_3$，即加料段螺槽深度与均化段螺槽深度之比。ε 大，会增加剪切效果，但会减弱塑化能力，一般来讲，ε 稍小一点好，有利于提高塑化能力和增加对物料的适应性。对于结晶型塑料，ε 一般取 2.6~3.0；对于低黏度热稳定性好的塑料，可选用高压缩比；而高黏度热敏性塑料，应选用低压缩比。

S—— 螺距：螺距大小影响螺旋角，从而影响螺槽的输送效率，一般 $S \approx d_s$。

e—— 螺棱宽：对于黏度小的物料而言，e 尽量取大一些，太小易漏流，但太大会增加动力消耗，易过热，$e=(0.08 \sim 0.12)\ d_s$。

而对于柱塞式注塑机来讲，对应螺杆式注塑机螺杆的是柱塞与分流梭，是柱塞式注塑机料筒内的重要部件。

① 柱塞的作用是将注塑油缸的压力传递给塑料并使熔料注入模具。柱塞是一个表面光洁、

硬度较高的圆柱体，其头部是一个内圆弧或大锥度的凹面。柱塞与料筒的配合要求既不漏料，又能自由地往复运动。

② 分流梭是装在料筒前端内腔中的形状颇似鱼雷体的一种金属部件。它的作用是使料筒内的塑料分散为薄层并均匀地处于或流过料筒和分流梭组成的通道，从而缩短传热导程，加快热传递并提高塑化质量。

分流梭应具有合理的结构，其与料筒之间的流道应形成一个逐渐压缩的空间，以适应塑料物理状态的变化。分流梭应光滑，呈流线型，如图 6.11 所示。

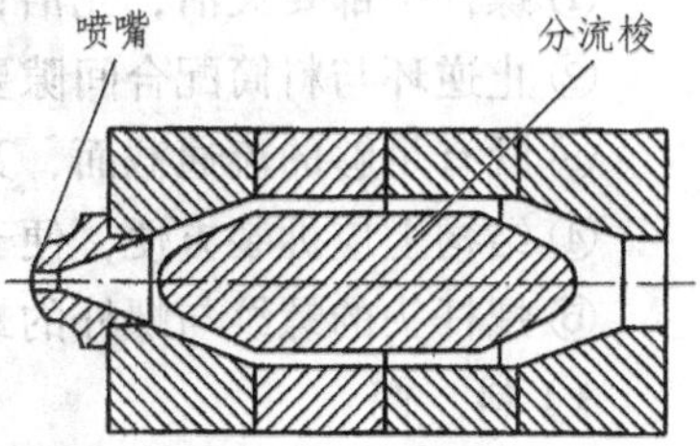

图 6.11　分流梭结构示意图

2）螺杆头

在注塑螺杆中，为使螺杆对塑料施压，进行注塑时不致出现熔料积存或沿螺槽回流的现象，一段采用特殊结构的螺杆头部。螺杆头分为两大类：带止逆环的螺杆头和无止逆环的螺杆头。对于带止逆环的螺杆头，预塑时，螺杆均化段的熔体将止逆环推开，通过与螺杆头部形成的间隙，流入储料室中，注塑时，螺杆头部的熔体压力形成推力，将止逆环退回流道封堵，防止回流。表 6.2 给出了有无止逆环的螺杆头结构形式及其各自的特征和用途。

表 6.2　注塑螺杆头结构形式及其用途

形　式		结构图	特征与用途
无止逆环型	尖头型	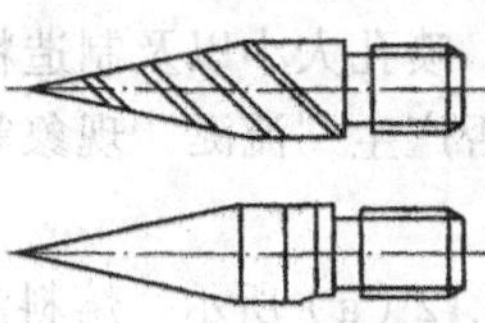	螺杆头锥角较少或有螺纹，主要用于高黏度或热敏性塑料
	钝头型	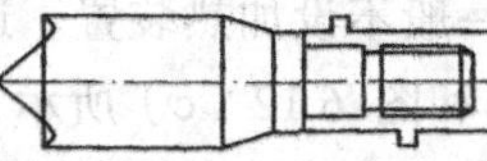	头部为“山”字形曲面，主要用于成型透明要求高于 PC、AS、PMMA 等塑料
带止逆环型	环形	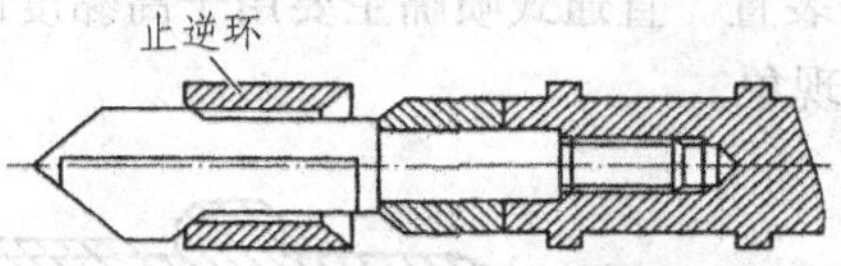	止逆环为一光环，与螺杆有相对转动，适用于中、低黏度塑料
	爪形	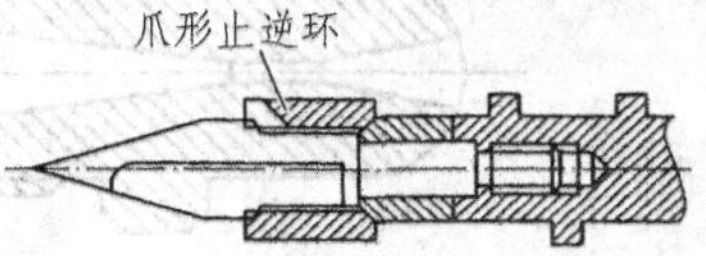	止逆环内有爪，与螺杆无相对转动，可避免螺杆与环之间的熔料剪切过热，适用于中、低黏度塑料
	销钉形	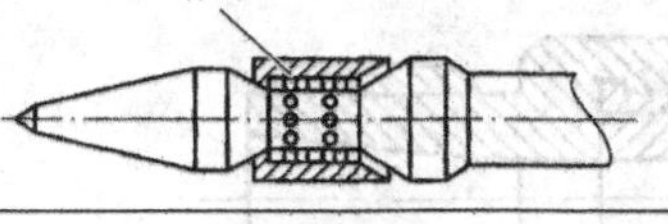	螺杆头颈钻有混炼销，适用于中、低黏度塑料
	分流型	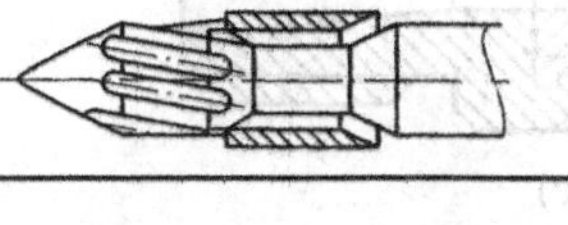	螺杆头部开有斜槽，适用于中、低黏度塑料

对于有些高黏度或者热稳定性差的塑料，为减少剪切作用和物料的滞留时间，可不用止

逆环，但是这样在注塑时会产生反流，延长保压时间。综上所述，对注塑螺杆头的要求有以下几点：

① 螺杆头部要灵活，光洁；

② 止逆环与料筒配合间隙要适宜，既要防止熔体反流，又要灵活；

③ 既有足够的流通截面，又要保证止逆环端面有回程力，使注塑时能快速封闭；

④ 结构上应拆装方便，便于清洗；

⑤ 螺杆头的螺纹与螺杆的螺纹方向相反，防止预塑时螺杆头松脱。

3）料 筒

料筒是为塑料加热和加压的容器，因此要求料筒能耐压、耐热、耐疲劳、抗腐蚀、传热性好；柱塞式注塑机的料筒容积为最大注塑量的 4~8 倍。容积过大时，塑料在高温料筒内受热时间较长，可能引起塑料的分解、变色，影响产品质量；容积过小，塑料在料筒内受热时间太短，塑化不均匀。螺杆式注塑机因为有螺杆在料筒内对塑料进行搅拌，料层薄，传热效率高，塑化均匀，一般料筒容积只需最大注塑量的 2~3 倍。

料筒外部配有加热装置，一般将料筒分为 2~3 个加热区，并能分段加热和控制。近料斗一端温度较低，靠喷嘴端温度较高。料筒各段温度通过热电偶显示和恒温控制仪表来精确控制。料筒内壁转角处均应作成流线型，以防存料而影响制品质量。料筒各部分的机械配合要精密。

4）喷 嘴

喷嘴是连接料筒和模具的装置。注塑时，料筒内的熔料在螺杆或柱塞的作用下，以高压和快速流经喷嘴注入模具。因此喷嘴的结构形式、喷孔大小以及制造精度将影响熔料的压力和温度损失、塑程远近、补缩作用的优劣以及是否产生“流涎”现象等。喷嘴的种类很多，都有其适用的范围，但用得最多的是以下 3 种：

（1）直通式喷嘴。这种喷嘴呈短管状，如图 6.12（a）所示，熔料流经这种喷嘴时压力和热量损失都很小，不易产生滞料和分解，其外部一般不设加热装置。还有一种改进型，延长了喷嘴的长度，称为延伸式喷嘴，如图 6.12（b）和图 6.12（c）所示，主要是为了满足定板中心孔的长度要求，这种喷嘴须添设加热装置。直通式喷嘴主要用于高黏度的熔料，如果用它加工低黏度塑料时，则会产生“流涎”现象。

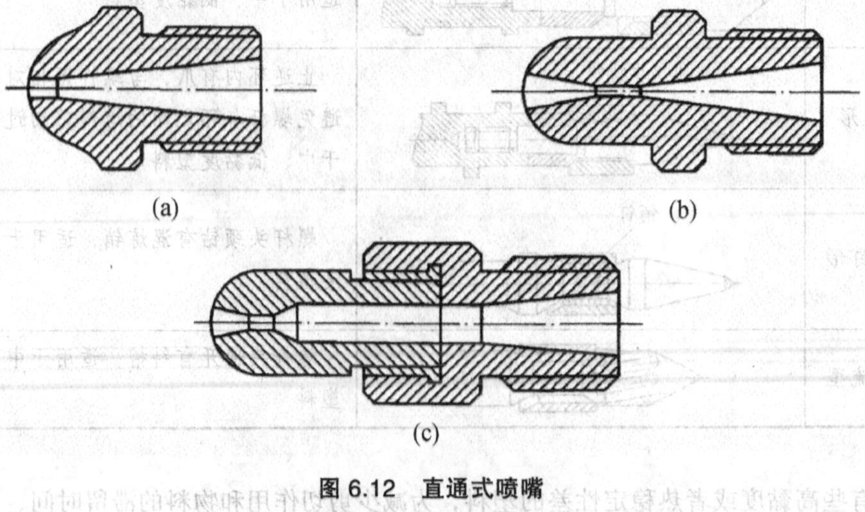

图 6.12 直通式喷嘴

（2）自锁式喷嘴。自锁式喷嘴的弹簧式和针阀式被广泛使用。其中弹簧针阀自锁式喷嘴分为外弹簧针阀式喷嘴和内弹簧针阀式喷嘴，如图 6.13 所示。其原理是依靠弹簧的弹力压合喷嘴体内的阀芯以实现自锁。注塑时阀芯受熔料的高压而被顶开，熔料遂向模具塑出。注塑结束时，阀芯在弹簧力作用下进行复位而实现自锁。这种喷嘴的优点是能有效地杜绝注塑低黏度塑料时的“流涎”现象，使用方便，自锁效果显著。但是，结构比较复杂，注塑压力损失大，塑程较短，补缩作用小，对弹簧的要求高。

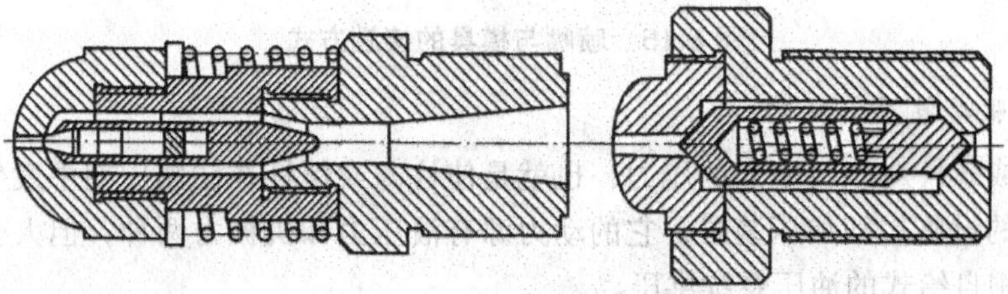

（a）外弹簧针阀式喷嘴　　（b）内弹簧针阀式喷嘴

图 6.13　弹簧针阀自锁式喷嘴

（3）杠杆针阀式喷嘴。在注塑过程中可对喷嘴通道实行暂时启闭，如图 6.14 所示。其工作原理是用外在液压系统通过杠杆来控制联动机构启闭阀芯。使用时可根据需要而使操纵的液压系统准确及时地开启阀芯。具有使用方便，自锁可靠，压力损失小，计量准确和无须更换弹簧等优点。缺点是结构较复杂。

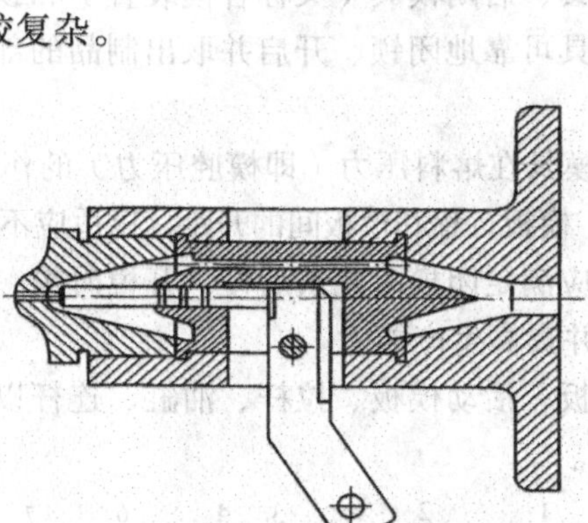

图 6.14　杠杆针阀喷嘴

选择喷嘴的类型时应根据加工塑料的性能和成型制品的特点。一般对熔融黏度高、热稳定性差的塑料，例如 PVC，宜选用流道阻力小、剪切作用比较小的大口径直通式喷嘴；对熔融黏度低的塑料，如聚酰胺，为防止“流涎”现象，则宜选用带有加热装置的自锁式或杠杆针阀式的喷嘴为好。形状复杂的薄壁制品宜选用小孔径、塑程远的喷嘴；而厚壁制品则最好选用大孔径、补缩作用大的喷嘴。

为使喷嘴与模具很好地接触，模具主流道衬套的凹面圆弧直径应比喷嘴头球面圆弧直径稍大，亦可使二者直径相等，如图 6.15 所示。

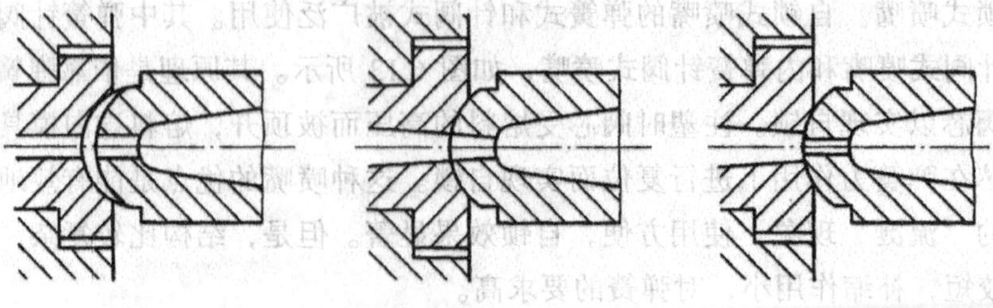

图 6.15　喷嘴与模具的接触方式

3. 加压和驱动装置

供给柱塞或螺杆对塑料施加的压力，也就是使柱塞或螺杆在注塑周期中发生必要的往复运动进行注塑的设施，即加压装置，它的动力源有液压力和机械力两种，但大多数采用液压力，而且多采用自给式的油压系统供压。

驱使螺杆式注塑机螺杆转动而使其完成对塑料预塑化的装置是驱动装置。若按实现螺杆变速的方式分类，可分为无级调速和有级调速两大类。无级调速，主要有液压马达和调速电机（或经齿轮箱）传动；有级调速，主要有定速电动机经变速齿轮箱传动。实际应用最普遍的是液压马达和定速电动机-变速齿轮箱两种传动形式。

6.3.2.2　合模系统

在注塑机上实现锁合模具、启闭模具（又称合模装置）和顶出制件的机构总称为合模系统。合模装置是保证成型模具可靠地闭锁、开启并取出制品的部件。合模装置应具备下列 3 个基本条件：

（1）足够的锁模力，使模具在熔料压力（即模腔压力）的作用下，不发生开缝现象。

（2）有足够的模板面积、模板行程和模板间的开距，以适应不同外形尺寸制品的成型要求。

（3）模板的运动速度，应满足闭模时先快后慢，开模时慢、快、慢，以防止发生模具的碰撞，实现制品的平稳顶出并提高生产能力。

合模系统主要由固定模板、活动模板、拉杆、油缸、连杆以及模具调整机构、制品顶出机构等组成，如图 6.16 所示。

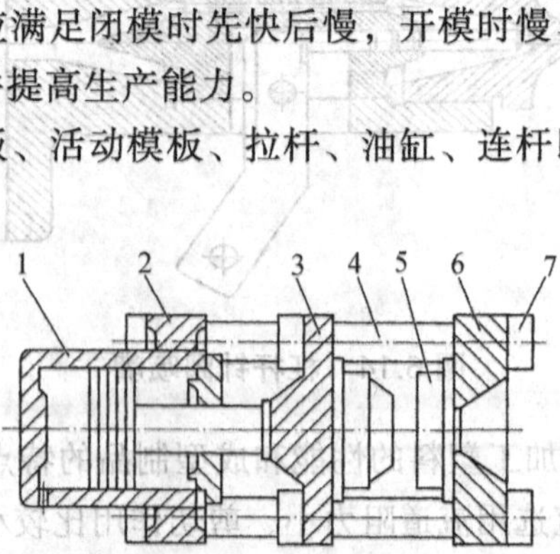

图 6.16　合模装置结构示意图

1—合模油缸；2—后固定模板；3—移动模板；4—拉杆；5—模具；6—前固定模板；7—拉杆螺母

1. 合模系统的分类

合模系统按实现锁模力的方式分为机械式、液压式和液压-机械组合式 3 大类。

1）机械式

这种装置一般以电动机通过齿轮或蜗轮、蜗杆减速传动曲臂或以杠杆传动曲臂的机构来实现启闭模和锁模作用，如图 6.17 所示。这种形式结构简单，制造容易，使用和维修方便；但因电动机启动频繁，启动负荷大，频受冲击振动，噪声大，零部件易磨损，模板行程短等，所以只适用于小型或实验室用的注塑机。

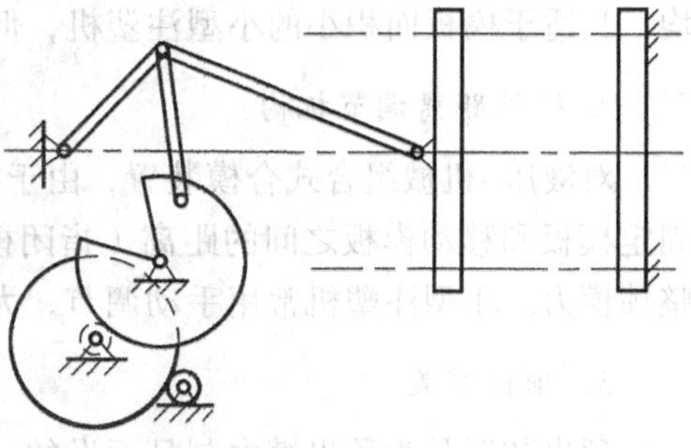

图 6.17　机械锁模装置

2）液压式

液压式采用油缸和柱塞并依靠液压力推动柱塞做往复运动来实现启闭和锁模作用，模具的启闭和锁紧都在一个油缸的作用下完成，这是最简单的液压合模装置，如图 6.18 所示。这种合模装置并不完全符合注塑机对合模装置的要求。

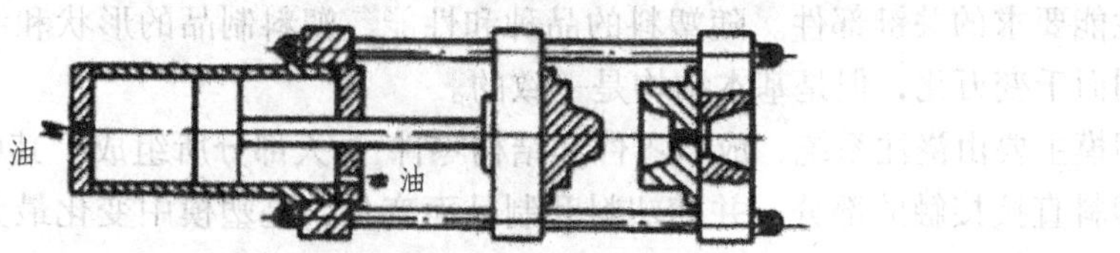

图 6.18　液压式锁模装置

合模初期，模具尚未闭合，合模力仅用于推动移动模板及半个模具，所需力量甚小；为了缩短循环周期，这时的移模速度应快，但因油缸直径大，实现高速有一定困难。合模后期，从模具闭合到锁紧，为防止碰撞，合模速度应该低些，直至为零。锁紧后的模具才需要达到锁模吨位。

这种速度高时力量小，速度为零时力量大的要求，是单缸直压式合模装置难以满足的。由于这个原因，促使液压合模装置在单缸直压式的基础上发展成其他形式，例如增压式合模装置、充液式合模装置等。但是液压系统管路甚多，保证无渗漏是困难的，所以锁模力的稳定性差，从而影响制品质量，且管路、阀件等的维修工作量大。但是，液压合模装置的优点突出，仍被广泛地采用。

3）液压-机械组合式

这种形式由液压操纵连杆或曲肘撑杆机构来达到启闭和锁合模具。当压力油从油缸上部进入时，推动活塞向下，迫使两根连杆伸展为一条直线，从而锁紧模具，如图 6.19 所示。开模时，压力油从油缸下部进入，使连杆屈曲。油缸铰纹链与机架相连，开、闭模过程中，油缸可以摆动。

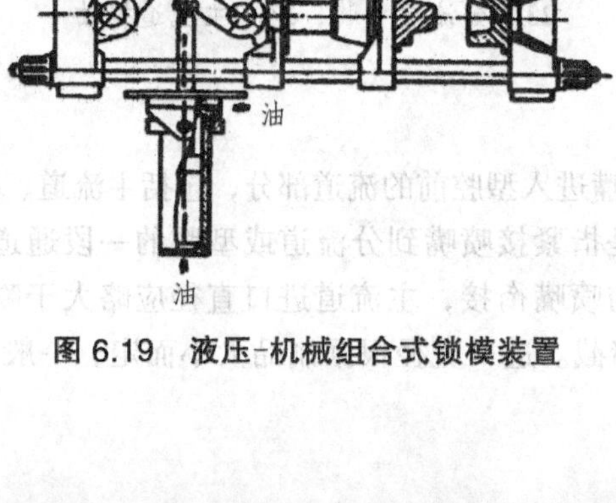

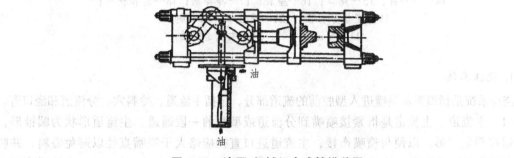

图 6.19　液压-机械组合式锁模装置

这种合模装置油缸小，装在机身内部，使机身长度减小。由于是单臂，易使模板受力不均，只适于模板面积小的小型注塑机，但模板距离的调整较易。

2. 模板距离调节机构

对液压–机械组合式合模装置，由于模板行程不能调节，为适应不同厚度模具的要求，前固定模板和移动模板之间的距离（指闭模状态）应能调节。模板距离的调节机构，还可以调整锁模力。小型注塑机常用手动调节，大型注塑机常用电动或液压驱动调节。

3. 顶出装置

顶出装置是为顶出模内制品而设的。顶出装置主要有机械式和液压式两大类。

6.3.2.3 注塑模具

注塑模具也称塑模，其不仅能赋予塑料制件以形状和尺寸，还是完成塑料制品所需的强度及性能要求的关键部件。随塑料的品种和性能、塑料制品的形状和结构以及注塑机的类型等不同而千变万化，但是基本结构是一致的。

塑模主要由浇注系统、成型零件和结构零件 3 大部分所组成。其中浇注系统和成型零件是与塑料直接接触的部分，并随塑料和制品而变化，是塑模中变化最大、加工光洁度和精度要求最高的部分，如图 6.20 所示为一个典型塑模的结构图。

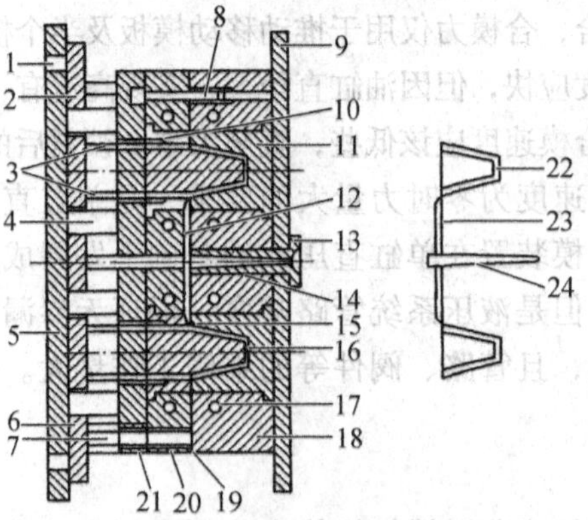

图 6.20 典型注塑模具的结构图

1—用作推顶脱模板的孔；2—脱模板；3—脱模杆；4—承压柱；5—后夹模板；6，20—后扣模板；7—回顶杆；8—导合钉；9—前夹模板；10—阳模；11—阴模；12—分流道；13—主流道衬套；14—冷料井；15—浇口；16—型腔；17—冷却剂；18—前扣模板；19—塑模分界面；21—承压板；22—制品；23—分流道赘物；24—主流道赘物

1. 浇注系统

浇注系统是指塑料从喷嘴进入型腔前的流道部分，包括主流道、冷料穴、分流道和浇口等。

（1）主流道。主流道是指紧接喷嘴到分流道或型腔的一段通道。主流道形状为圆锥形，主流道顶部呈凹形。以便与喷嘴衔接，主流道进口直径应略大于喷嘴直径以避免溢料，并防止两者因衔接不准而发生堵截。进口直径根据制品大小而定，一般为 4~8 mm。主流道直径应向内扩大，呈2°~6°的角，以便流道赘物的脱模。

（2）冷料穴。冷料穴是设在主流道末端的一个空穴，以捕集喷嘴端部两次注塑之间产生的冷料，防止堵塞分流道及浇口。冷料一旦混入型腔，制品容易产生内应力。为了便于脱模，其底部常设有脱模杆。脱模杆的顶部设计成曲折钩形或设下陷沟槽，以便脱模时能顺利拉出主流道赘物。

（3）分流道。分流道是主流道和浇口之间的通道。为满足熔料以等速度充满各型腔，分流道在塑模上的排列应呈对称和等距离分布。要求分流道截面的形状和尺寸有利于快速充模，压力损失最小。分流道常做成半圆形、梯形、矩形或椭圆形。一般以梯形和半圆形较易加工。

（4）浇口。浇口是分流道和型腔的连接点，塑料熔体经浇口进入模腔成型。浇口的作用是控制料流的速度，尽快充满型腔；浇口冷却封闭，防止熔料倒流；熔料通过浇门受到较强的剪切作用而升温，可降低表观黏度，提高熔体流动性；便于浇口与流道系统分离。因此，浇口的形状、尺寸和位置对制品质量影响很大。浇口的截面面积宜小，长度宜短；浇口位置应开设在制品最厚的而又不影响外观的地方。

2. 成型零件

成型零件是指构成制品形状的各种零件，包括动模、定模和型腔、型芯、成型杆以及排气口等。

（1）型腔。型腔是构成塑料制品几何形状的空间。而构成型腔的组件统称为成型零件。构成制品外形的成型零件称为凹模（又称阴模），构成制品内部形状（如孔、槽等）的称为型芯或凸模（又称阳模）。型腔应根据塑料的性能、制品的几何形状、尺寸公差和使用要求来设计结构。根据确定的结构选择分型面、浇口和排气孔的位置及脱模方式。

（2）排气口。排气口是在模具中开设的出气孔或槽。当熔料进入型腔时，在料流的尽头常积有空气、蒸汽等气体，如不及时排出，会使制品出现气孔、表面凹痕等，甚至会引起制品局部烧焦、颜色发暗。排气孔一般设在型腔内料流的尽头或塑模的分型面上，亦可利用顶出杆与顶出孔的配合间隙、顶块和脱模板与型芯的配合间隙来排气。

3. 结构零件

结构零件是指构成模具结构的各种零件，包括导向、脱模、抽芯、分型的各种零件。诸如前后夹模板、前后扣模板、承压板、承压柱、导向柱、脱模板、脱模杆及回程杆等。

4. 塑模的加热或冷却装置

塑模的加热或冷却装置是为了控制不同的模具温度。由于模温对制品的冷却速度影响很大，从而影响制品的内应力、结晶和取向，所以必须控制模温。通用塑料常采用自然冷却或向模具冷却道内通水冷却；对熔融温度高的工程塑料，为了控制冷却速度，要对模具加热（采用电热棒或电热板），控制熔料缓慢冷却。因此，对模具的加热或冷却，应根据塑料品种、模具结构、制品形状等来选择。

6.3.2.4　液压传动和电气控制系统

液压传动和电气控制系统的主要作用是保证注塑机能按工艺过程的动作程序和预定的工艺参数（压力、速度、温度、时间等）要求准确有效地工作。

液压传动系统主要由各种液压元件和回路及其他附属设备组成。电气控制系统则主要由各种电气仪表等组成。

6.3.3 注塑机的分类与特点

注塑机经常按照机器排列方式（外形特征）、塑化方式、工作能力大小及其用途来进行分类。

1．按机器排列方式（外形特征）分类

（1）卧式注塑机。卧式注塑机的注塑装置与合模装置的轴线在同一线水平线排列，如图 6.21（a）所示。

（2）立式注塑机。立式注塑机的注塑装置与合模装置的轴线在同一线垂直排列，如图 6.21（b）所示。

（3）角式注塑机。角式注塑机是介于卧式和立式之间的一种形式，它的注塑装置与合模装置的轴线互相垂直排列，注塑装置的轴线与模具的分型面同处于同一平面上，其布置有两种形式，如图 6.21（c）所示。

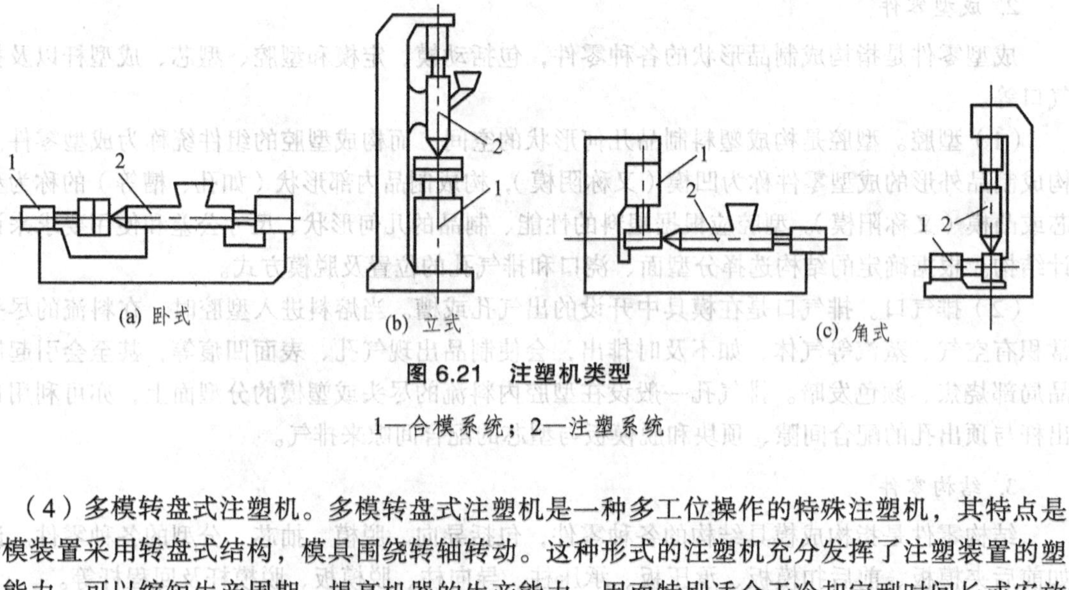

图 6.21 注塑机类型

1—合模系统；2—注塑系统

（4）多模转盘式注塑机。多模转盘式注塑机是一种多工位操作的特殊注塑机，其特点是合模装置采用转盘式结构，模具围绕转轴转动。这种形式的注塑机充分发挥了注塑装置的塑化能力，可以缩短生产周期，提高机器的生产能力，因而特别适合于冷却定型时间长或安放嵌件需要较多辅助时间的大批量生产。多模转盘式注塑机的合模系统庞大、复杂，合模装置的合模力往往较小，故这种注塑机多应用于塑胶鞋底等制品的生产。

2．按塑料在料筒的塑化方式分类

按塑料在料筒内塑化方式不同可分为柱塞式注塑机、螺杆式注塑机和集前两种为一体的螺杆预塑化柱塞式注塑机。

1）柱塞式注塑机

柱塞式注塑机结构简单，其组成和结构如图 6.22 所示。注塑柱塞直径为 20~100 mm 的金属圆杆，当其后退时物料自料斗定量地落入料筒内，柱塞前进，原料通过料筒与分流梭的腔内，将塑料分成薄片，均匀加热，在剪切作用下塑料进一步混合和塑化，并完成注塑。大多数立式注塑机，注塑量小于 30 ~ 60 g，不易成型流动性差、热敏性强的塑料。柱塞式注塑机由于自身的结构特点，在注塑成型中存在着塑化不均、注塑压力损失大等问题。

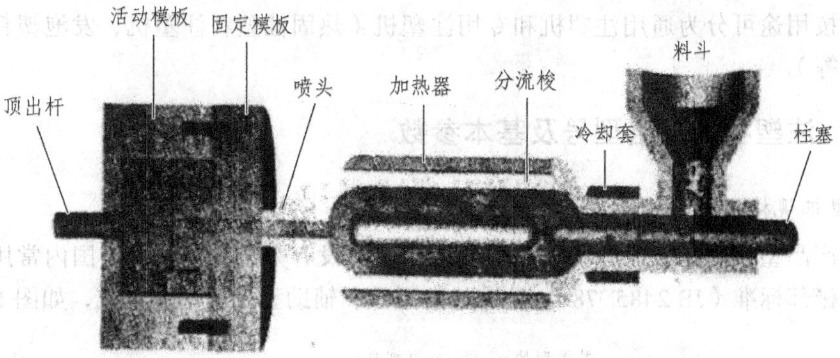

图 6.22 柱塞式注塑机

2）螺杆式注塑机

同一根螺杆既起塑化物料的作用又具有注塑物料的柱塞功能，其组成和结构如图 6.23 所示。螺杆在料筒内旋转时，将料斗内的塑料卷入，逐渐压实、排气和塑化，将塑料熔体推向料筒的前端，积存在料筒顶部和喷嘴之间，螺杆本身受熔体的压力而缓慢后退。当积存的熔体达到预定的注塑量时，螺杆停止转动，在液压缸的推动下，将熔体注入模具。卧式注塑机多为螺杆式。

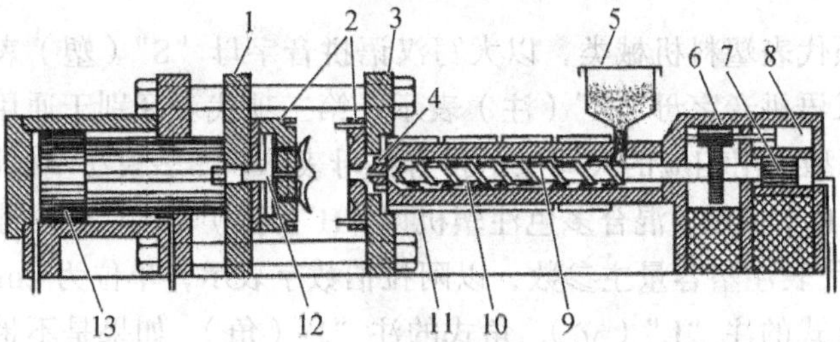

图 6.23 螺杆式注塑机

1—动模板；2—注塑模具；3—定模板；4—喷嘴；5—料斗；6—螺杆传动齿轮；7—注塑油缸；8—液压泵；9—螺杆；10—加热料筒；11—加热器；12—顶出杆（销）；13—锁模油缸

3）螺杆预塑化柱塞式注塑机

螺杆预塑化柱塞式注塑机是由预塑料筒和注塑料筒相衔接而组成的，其结构如图 6.24 所示。其工作原理是塑料首先在预塑料筒内经料筒加热、螺杆剪切后达到塑化要求，然后由螺杆挤入注塑料筒内，最后通过柱塞高速注入模具型腔。这种注塑机加料量大，塑化效果得到显著改善，注塑压力和速度稳定，但是结构比较复杂和操作麻烦，所以应用不广。

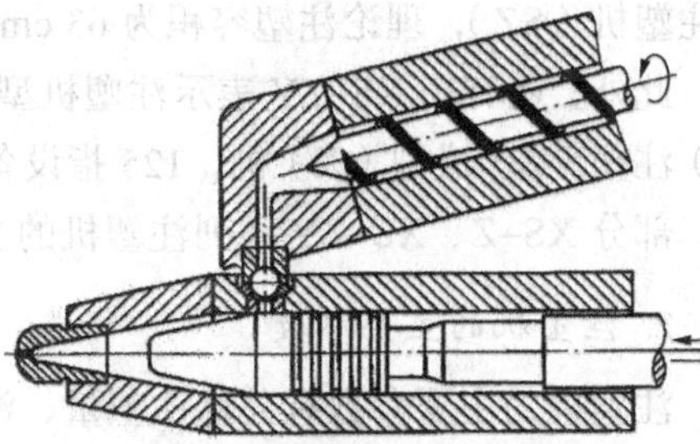

图 6.24 螺杆预塑化柱塞式注塑机

3. 按设备加工能力大小分类

注塑机按加工能力的大小可分为超小型注塑机、小型注塑机、中型注塑机和大型注塑机。

4. 按注塑机的用途分类

注塑机按用途可分为通用注塑机和专用注塑机（热固性塑料注塑机、发泡塑料注塑机、多色注塑机等）。

6.3.4 注塑机的规格型号及基本参数

1. 注塑机规格型号

注塑机产品型号表示方法各国不尽相同，国内也没有完全统一，目前国内常用的型号编制方法有机械部标准（JB 2485□78），是由基本型号和辅助型号两部分组成，如图 6.25 所示。

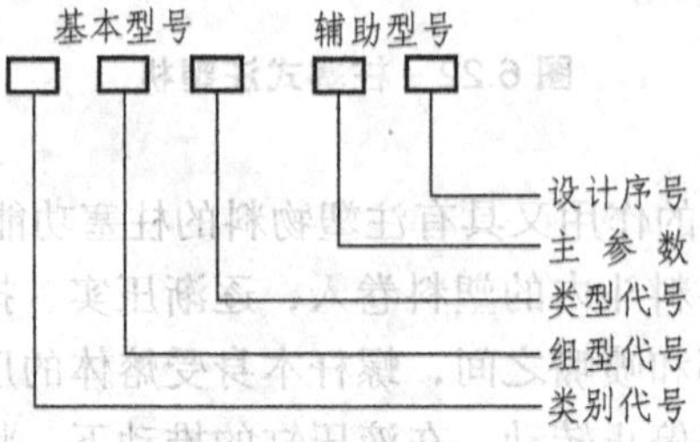

图 6.25 国产注塑机型号表示方法

型号中的第一项代表塑料机械类，以大写汉语拼音字母“S”（塑）表示；第二项代表注塑成型组，以大写汉语拼音字母“Z”（注）表示；第三项代表区别于通用型或是专用型组，通用型者省略，专用型也用相应的大写汉语拼音字母表示，如多模注塑机以“M”（模）表示，多色注塑机以“S”（色）表示，混合多色注塑机以“H”（混）表示，热固性塑料注塑机以“G”（固）表示；第四项代表注塑容量主参数，以阿拉伯数字表示，单位为 cm^3。卧式基本型主参数前不加注代号，立式的注“L”（立），角式的注“J”（角）。如果是不带预塑的柱塞式注塑机时，在代号之前注“Z”（柱）。如 SZ-ZL30 表示注塑容量为 30 cm^3 的立式柱塞式塑料注塑成型机。

国际上比较通用的是注塑容积与合模力共同表示法，注塑容积与合模力是从成型塑件质量与合模力两个主要方面表示设备的加工能力，因此比较全面合理。如 SZ-63/400，即表示塑料注塑机（SZ），理论注塑容积为 63 cm^3，合模力为 400 kN。

此外，还有用 XS-ZY 表示注塑机型号的，如 XS-ZY-125A，XS-ZY 指预塑式（Y）塑料（S）注塑（Z）成型（X）机，125 指设备的注塑容积为 125 cm^3，A 为设备设计序号第一次改型。部分 XS-Z、XS-ZY 系列注塑机的主要技术参数可以查阅塑料加工手册。

2. 注塑机的主要参数

注塑机的主要参数有公称注塑量、注塑压力、注塑时间（注塑速率、注塑速度）、螺杆直径和注塑行程、塑化能力、注塑功及注塑功率、锁模力（合模力）、合模装置的基本尺寸、开合模速度（动模板移动速度）、空循环时间等。这些参数是设计、制造、购置和使用注塑机的依据。

1）公称注塑量

公称注塑量是指在对空注塑的条件下，注塑螺杆或柱塞做一次最大注塑行程时，注塑装置所能达到的最大注塑量。

公称注塑量在一定程度上反映了注塑机的加工能力，标志着能成型的最大塑料制品，经常被用来表征机器规格的参数。其表示方法有两种：一种是以聚苯乙烯为标准，用注塑出熔料的质量（单位：g）表示；另一种是用注塑出熔料的容积（单位：cm^3）表示。我国注塑机系列标准采用后一种表示方法。

公称注塑量是实际最大注塑量。还有一个理论最大注塑量，其表达式为：

$$Q_{理论} = \pi D^2 S / 4$$

式中，$Q_{理论}$为理论最大注塑量，cm^3；D 为螺杆或柱塞的直径，cm；S 为螺杆或柱塞的最大行程，cm。

该式说明，理论上直径为 D 的螺杆移动 S，应当射出 $Q_{理论}$的注塑量，但是在注塑时有少部分熔料在压力作用下回流，以及为了保证塑化质量和在注塑完毕后保压时补缩的需要，故实际注塑量要小于理论注塑量。为描述二者的差别，引入公称注塑量，其表达式为：

$$Q_{公称} = \alpha \cdot Q_{理论}$$

式中，α 为注塑系数，相当于密炼机的填充系数。影响注塑系数的因素很多，如螺杆的结构和参数、注塑压力和注塑速度、背压的大小、模具的结构和制品的形状以及塑料的特性等。对采用止回环的螺杆头，注塑系数 α 一般在 0.75~0.85；对热散系数小的塑料，α 取小值，反之取大值，通常 α 取 0.8。

2）注塑压力

注塑压力是指注塑螺杆或柱塞的端部作用在物料单位面积上的压力。注塑压力主要用于克服熔料流经喷嘴、浇道和型腔时的流动阻力，螺杆（或柱塞）对熔料必须加足够的压力。

注塑压力的大小与流动阻力、制品的形状、塑料的性能、塑化方式、塑化温度、模具温度及对制品精度要求等因素有关。通常可以用下式进行计算：

$$P_{注} = P_0 \left(\frac{D_0}{D} \right)^2$$

式中，P_0 为油压，MPa；D 为注塑油缸内径；D 为螺杆（柱塞）外径。

应选取合适的注塑压力。压力过高，制品会产生毛边，脱模困难，影响制品光洁度，使制品产生较大内应力，甚至还会影响到注塑装置及传动系统的设计。压力过低，物料充不满模腔，甚至根本不能成型等现象。选取注塑压力时应考虑以下几点因素：

（1）熔料的流动性。流动性好的物料选用低的注塑压力。

（2）塑化方式。柱塞式注塑机比螺杆式注塑机的注塑压力高近 1.5 倍。

（3）喷嘴的孔径和模腔的形状。喷嘴的孔径大，模腔的形状简单，制品壁较厚，胶料流程短，模温较高，则所需的注塑压力较低。

注塑压力的大小要根据实际情况选择，如加工黏度低、流动性好的塑料，其注塑压力可选用 35~55 MPa；加工中等黏度的塑料，形状一般，但有一定的精度要求的制品，注塑压力可选 100~140 MPa；对高黏度工程塑料的注塑成型，其注塑压力选在 140~170 MPa；加工优质精密微型制品时，注塑压力可用到 230~250 MPa 以上。

为了满足加工不同物料对注塑压力的要求，一般注塑机都配备 3 种不同直径的螺杆和机筒（或用一根螺杆而更换螺杆头）。采用中间直径的螺杆，其注塑压力为 100~130 MPa；采用大直径的螺杆，注塑压力为 65~90 MPa；采用小直径的螺杆，其注塑压力为 120~180 MPa。

由于注塑油缸活塞施加给螺杆的最大推力是一定的，故改变螺杆直径时，便可相应改变注塑压力。不同直径的螺杆和注塑压力的关系为：

$$\frac{D_n}{D_1}=\frac{P_1^2}{P_n^2}$$

式中，D_1 为第一根螺杆的直径（一般指加工聚苯乙烯的螺杆直径），mm；P_1 为第一根螺杆的注塑压力，MPa；P_n 为所使用螺杆取用的注塑压力，MPa；D_n 为所换用螺杆的直径，mm。

3）注塑时间（注塑速率、注塑速度）

注塑时间是指注塑螺杆或柱塞往模腔内注塑最大容量的物料时所需要的最短时间；注塑速率是表示单位时间内从喷嘴塑出的熔料量；注塑速度是表示注塑螺杆或柱塞的移动速度。注塑时间、注塑速率或注塑速度三者是一致的。注塑时间短，则注塑速率或注塑速度快。三者的关系可用下面两式来定义，即：

$$q_{注}=\frac{Q_{公}}{t_{注}}$$

$$v_{注}=\frac{S}{t_{注}}$$

式中，$q_{注}$ 为注塑速率，cm/s；$Q_{公}$ 为公称注塑量，cm；$t_{注}$ 为注塑时间，s；$v_{注}$ 为注塑速度，mm/s；S 为注塑行程，即螺杆移动距离，mm。

可见，注塑速率是将公称注塑量的熔料在注塑时间内注塑出去，单位时间内所达到的体积流率。注塑速度是指螺杆或柱塞的移动速度；而注塑时间，即螺杆（或柱塞）塑出一次公称注塑量所需要的时间。

在成型过程中，需选定合适的注塑速率或注塑时间，其影响制品的质量和生产率。

（1）注塑速率过低（即注塑时间过长），制品易形成冷接缝，不易充满复杂的模腔。

（2）注塑速率过高，熔料高速流经喷嘴时，易产生大量的摩擦热，使物料发生热解和变色，模腔中的空气由于被急剧压缩产生热量，在排气口处有可能出现制品烧伤现象。

合理地提高注塑速率，能缩短生产周期，减少制品的尺寸公差，能在较低的模温下顺利地获得优良的制品，特别是在成型薄壁、长流程制品及低发泡制品时采用高的注塑速率，能获得优良的制品，因此目前有提高注塑速率的趋势。1 000 cm^3 以下的中小型螺杆式注塑机注塑时间通常在 3~5 s，大型或超大型注塑机也很少超过 10 s。

一般说来，注塑速率应根据工艺要求、塑料的性能、制品的形状及壁厚、浇口设计以及模具的冷却情况来选定。

为了提高注塑制件的质量，尤其对形状复杂的制品的成型，近年来发展了变速注塑，即注塑速度是变化的。其变化规律根据制件的结构形状和塑料的性能决定。

4）螺杆直径和注塑行程

注塑机的一次注塑量由螺杆直径 D 和注塑行程 S 所决定，而 S 值与 D 值之间应保持一定比例，即：

$$k = S / D$$

式中，k 为比例系数。k 值过大，使螺杆的有效长度缩短，影响塑化能力和质量；k 值过小，为保证达到同样的注塑容积，势必要增大 D 值，这将会导致塑化部件变得庞大。一般 k 值的范围为 1~3。

而螺杆直径 D 可由下式求得：

$$D = \left(\frac{4V}{\alpha\pi k}\right)^{1/3}$$

式中，V 为最大注塑容积，cm^3；α 为注塑系数。

5）塑化能力

塑化能力是指单位时间内所能塑化的物料量。显然，注塑机的塑化装置应该在规定的时间内，保证能够提供足够量的塑化均匀的熔料。

塑化能力应与注塑机的整个成型周期配合协调，若塑化能力高而机器的空循环时间太长，则不能发挥塑化装置的能力，反之，则会加长成型周期。目前注塑机的塑化能力有了较大的提高。

由挤出理论可知，提高螺杆转速、增大驱动功率、改进螺杆的结构形式等都可以提高塑化能力和改进塑化质量。对于螺杆预塑式塑化装置的塑化能力，可用挤出理论中所介绍的熔体输送理论的计算公式，计算出注塑机的塑化能力。除此，也可用经验公式来计算，即：

$$Q = 3.6W / t$$

式中，Q 为塑化能力，g/s；W 为实际注塑量，g；t 为塑化时间（一个生产周期内），s。

6）注塑功及注塑功率

设备在使用过程中，能否将一定量的熔料注满模腔，主要取决于注塑压力和注塑速度，即取决于充模时设备做功能力的大小，做功能力常用注塑功及其注塑功率表示。

注塑功为油缸注塑总力与行程的乘积，即：

$$A_i = p_i F_s S$$

注塑功率为油缸注塑总力与注塑速度的乘积，即：

$$N_i = p_i F_s v_i$$

式中，N_i 为注塑功率，kW；F_s 为机筒内孔截面，cm^2；P_i 为注塑压力，MPa；v_i 为注塑速度，cm/s；q_i 为注塑速率，cm^3/s。

注塑功率大，有利于缩短成型周期，消除充模不足，改善制品外观质量，提高制品精度。随着注塑压力和注塑速度的提高，注塑功率也有较大的提高。

因注塑时间短，机器的油泵电动机允许瞬时超载，故机器的注塑功率一般均大于油泵电动机的额定功率。对于油泵直接驱动的油路，注塑功率即为注塑时的工作负载，也是电动机的最大负载。油泵电动机功率是注塑功率的70%~80%。

7）锁模力（合模力）

锁模力是指注塑机的合模机构对模具所能施加的最大夹紧力。在此力的作用下，模具不应被熔融的塑料所顶开。锁模力同公称注塑量一样，也在一定程度上反映出机器所能制造制品的大小，是一个重要参数，所以有的国家采用最大锁模力作为注塑机的规格标准。

为使注塑时模具不被熔融的物料顶开，则锁模力应为：

$$F > kpA$$

式中，F 为锁模力，N；p 为注塑压力或物料在模腔内的平均压力，MPa；A 为制品在模具分型面上的投影面积，mm^2；k 为考虑到压力损失的折算系数。橡胶 k 一般在 1.1~1.25 之间选取，塑料一般在 0.4~0.7 之间选取，对黏度小的取大值，对黏度大的取小值；模具温度高时取大值，模具温度低时取小值。

8）合模装置的基本尺寸

合模装置的基本尺寸包括模板尺寸、拉杆空间、模板间最大开距、动模板的行程、模具最小厚度与最大厚度等，这些参数规定了机器所加工制品使用的模具尺寸范围，亦是衡量合模装置好坏的参数。

（1）模板尺寸及拉杆间距。

模板尺寸（$H \times V$）和拉杆有效间距（$H_0 \times V_0$），如图 6.26 所示。显然这两个尺寸都涉及所用模具的大小。因此，模板尺寸及拉杆间距应满足机器规格范围内常用模具尺寸的要求。模板面积（$H \times V$）大约是拉杆有效面积（$H_0 \times V_0$）的 2.5 倍。

目前有增大模板面积的趋势（特别是中小型机器），以适应加工投影面积较大的制品及自动化模具的安装要求。

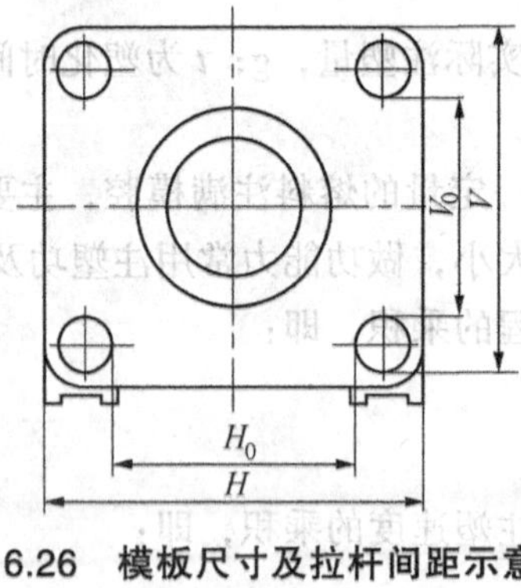

图 6.26 模板尺寸及拉杆间距示意图

（2）模板间最大开距。

模板间最大开距是指定模板与动模板之间能达到的最大距离（包括调模行程在内），为使成型后的制品顺利取出，模板最大开距 L 一般为成型制品最大高度 h 的 3~4 倍，如图 6.27 所示。据统计，模板最大开距 L 与公称注塑量 Q 常有如下关系：

$$L = 125Q^{1/3}$$

式中，Q 为公称注塑量，cm^3；L 为模板最大开距，cm。

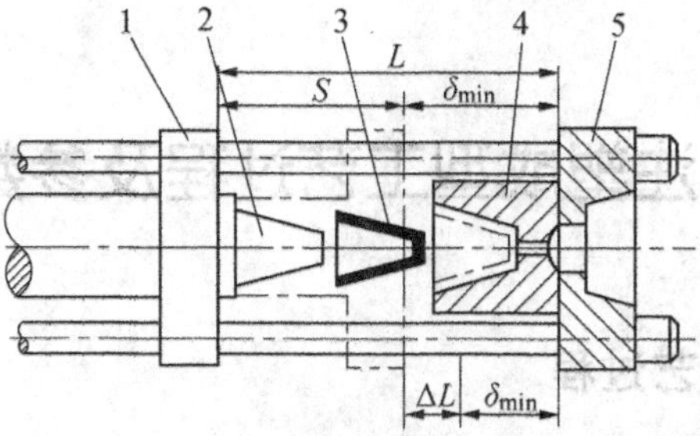

图 6.27　模板间最大开距

1—阳模板；2—阳模；3—制件；4—阴模；5—定模板

（3）动模板行程。

动模板行程是指动模板行程的最大值，一般用 S 表示。为了便于取出制品，S 一般大于制品最大高度 h 的两倍，即：

$$S > 2h$$

为了减少机械磨损和动力消耗，成型时尽量使用最短的模板行程。

（4）模具最小厚度与最大厚度。

模具最小厚度 δ_{min} 和模具最大厚度 δ_{max} 系指动模板闭合后，达到规定锁模力时动模板和定模板间的最小和最大距离。如果模具的厚度小于规定的 δ_{min}，装模时应加垫板，否则不能实现最大锁模力或损坏机件；如果模具的厚度大于 δ_{max}，装模具后也不可能达到最大锁模力。δ_{min} 和 δ_{max} 之差即为调模装置的最大可调行程。

9）开合模速度（动模板移动速度）

开合模速度即动模板移动速度，为使模具闭合时平稳以及开模、顶出制品时不使制件损坏，要求模板慢行，但模板又不能在全行程中都慢速运行，这样会降低生产率。因此，在每一个成型周期中，模板的运行速度是变化的，即在合模时从快到慢，开模时则由慢到快再到慢。

目前国产注塑机的动模板移动速度，高速为 12~22 m/min，低速为 0.24~3 m/min。随着生产的高速化，动模板的移动速度，高速已达 25~35 m/min，有的甚至可达 60~90 m/min。

10）空循环时间

空循环时间是在没有塑化、注塑保压、冷却、取出制品等动作的情况下，完成一次动作循环所需要的时间。它由合模、注塑座前进和后退、开模以及动作间的切换时间所组成，其表达式为：

$$Z = 3\,600 / t_0$$

式中，Z 为空循环次数；t_0 为空循环时间。

空循环时间是表征机器综合性能的参数，它反映了注塑机机械结构的好坏、动作灵敏度、液压系统以及电气系统性能的优劣（如灵敏度、重复性、稳定性等），也是衡量注塑机生产能力的指标。

近年来，由于注塑、移模速度的提高和采用了先进的液压电器系统，空循环时间已大为缩短，即空循环次数大为提高。

6.4 注塑成型工艺过程及参数控制

6.4.1 注塑成型工艺过程

注塑成型工艺过程包括成型前准备、注塑过程和塑件后处理3个过程。

1．注塑成型前准备

为了保证注塑成型过程顺利进行，使塑件产品质量满足要求，在成型前必须做好一系列准备工作，主要有原材料的检验、原材料的着色、原材料的干燥、嵌件的预热、脱模剂的选用以及料筒的清洗等。

1）原料的检验和工艺性能测定

在成型前应对原料的种类、外观（色泽、粒度和均匀性等）进行检验并对流动性、热稳定性、收缩性、水分含量等进行测定。

2）对塑料原料进行着色

为了使成型出来的塑件更美观或要满足使用方面的要求，塑料原料需进行着色。配色着色可采用色粉直接加入的树脂法和色母粒法。

色粉与塑料树脂直接混合后，送入下一步制品成型工艺，工序短，成本低，但工作环境差，着色力差，着色均匀性和质量稳定性差。

色母粒法是将着色剂和载体树脂、分散剂、其他助剂配制成一定浓度着色剂的粒料，制品成型时根据着色要求，加入一定量色母粒，使制品含有要求的着色剂量，达到着色要求。

3）预热和干燥

对于易吸湿的塑料（大分子上含有亲水基团的塑料，如聚酰胺、有机玻璃、聚碳酸酯、聚砜等），应根据注塑成型工艺允许的含水量要求进行适当的预热干燥，去除原料中过多的水分及挥发物，以防止注塑时发生水降解或成型后塑件表面出现气泡和银纹等缺陷。

不同的塑料对原料中含水量的要求不同，部分塑料成型前允许的含水量见表6.3。

对不易吸湿的塑料原料，如聚乙烯、聚丙烯、聚苯乙烯、聚氯乙烯、聚甲醛等，如果储存良好，包装严密，一般可不干燥。

干燥处理就是利用高温处理降低塑料中的水分含量，方法有烘箱干燥、红外线干燥、热板干燥、高频干燥等。干燥方法的选用，应视塑料的性能、生产批量和具体的干燥设备条件而定。

小批量生产用的塑料，大多采用热风循环烘箱或红外线加热烘箱进行干燥；高温下受热时，时间长时容易氧化变色的塑料，如聚酰胺，宜采用真空烘箱干燥；大批量生产用的塑料，宜采用沸腾干燥或气流干燥，其干燥效率提高又能连续化。干燥所采用的温度，在常压时应选在100°C以上，如果塑料的玻璃化温度不及100°C，则干燥温度就应控制在玻璃化温度以下。一般延长干燥时间有利于提高干燥效果，但是对每种塑料在干燥温度下都有一最佳干燥时间，过多延长干燥时间效果不大。干燥过的塑料还需防潮。常见塑料的干燥条件见表6.4。

表 6.3　部分塑料成型前允许的含水量

塑料名称	允许含水量/%	塑料名称	允许含水量/%
聚酰胺 PA–6	0.10	聚碳酸酯	0.01~0.02
聚酰胺 PA–66	0.10	聚苯醚	0.10
0.05 聚酰胺 PA–11	0.10	聚砜	0.05
聚酰胺 PA–610	0.05	ABS（电镀级）	0.05
聚酰胺 PA–1010	0.05	ABS（通用级）	0.10
聚酰胺 PA–9	0.05	纤维素塑料	0.20~0.50
聚甲基丙烯酸甲酯	0.05	聚苯乙烯	0.10
聚对苯二甲酸乙二（醇）酯	0.05~0.10	高冲击强度聚苯乙烯	0.10
聚对苯二甲酸丁二（醇）酯	0.01	聚乙烯	0.05
硬聚氯乙烯	0.08~0.10	聚丙烯	0.05
软聚氯乙烯	0.08~0.10	聚四氟乙烯	0.06

6.4　常见塑料的干燥条件

塑料名称	干燥温度/°C	干燥时间/h	料层厚度/mm	含水量/%
ABS	80 ~ 85	2 ~ 4	30 ~ 40	<0.1
聚碳酸酯	120 ~ 130	6 ~ 8	<30	<0.015
聚对苯二甲酸丁二（醇）酯	130	5	20 ~ 30	<0.2
聚苯醚	110 ~ 120	2 ~ 4	30 ~ 40	
聚酰胺	90 ~ 100	8 ~ 12	<30	<0.1
聚甲基丙烯酸甲酯	70 ~ 80	4 ~ 6	30 ~ 40	<0.1
聚砜	110 ~ 120	4 ~ 6	<30	0.05

4）料筒的清洗

在注塑成型之前，如果注塑机料筒中原来残存的塑料与将要使用的塑料不同或颜色不一致时，或发现成型过程中出现了热分解或降解反应，都要对注塑机的料筒进行清洗。

5）嵌件的预热

为了装配和使用等要求，塑料制件内常需要嵌入金属部件。把塑件内嵌入的金属部件称嵌件。注塑前，金属嵌件应先放进模具内的预定位置，成型后使其与塑料成为一个整体件。有嵌件的塑料制品，因金属嵌件与塑料的热性能和收缩率差别较大，在嵌件的周围容易出现裂纹或导致制品强度下降。因此除在设计制件时加大嵌件周围的壁厚，以克服这种困难外，成型中对金属嵌件进行预热是一项有效措施。预热后可减少熔料与嵌件的温度差，成型中可使嵌件周围的熔料冷却较慢，收缩比较均匀，发生一定的热料补缩作用，以防止嵌件周围产生过大的内应力。

6）脱模剂的选用

脱模剂是使塑料制品容易从模具中脱出而喷涂在模具表面上的一种助剂。常用的脱模剂有硬脂酸锌（不能用于聚酰胺）、液体石蜡（白油）和硅油等，其中尤以硅油脱模效果最好，但价格很贵，使用麻烦。硬脂酸锌通常多用于高温模具，而液体石蜡多用于中低温模具。

2. 注塑过程

注塑成型过程包括加料、塑化、注塑、保压、冷却和脱模等几个步骤，整个过程都是由注塑机来完成的。但就塑料在注塑成型中的实质变化而言，注塑成型过程是塑料的塑化和熔体充满型腔、冷却定型两大过程。

1）加　料

注塑成型时需定量加料，塑料塑化均匀，获得良好的塑件。加料过多、受热的时间过长容易引起塑料的热降解，同时注塑机功率损耗增多；加料过少，料筒内缺少传压介质，型腔中塑料熔体压力降低，难于补压，容易引起塑件出现收缩、凹陷、空洞甚至缺料等缺陷。

2）塑料的塑化

塑料在料筒中受热，由固体颗粒转换成黏流态并且形成具有良好可塑性的均匀熔体的过程称为塑化。塑化进行得好坏直接关系到塑件的产量和质量。对塑化的要求是：在规定时间内提供足够数量的熔融塑料；塑料熔体在进入塑料模型腔之前应达到规定的成型温度，而且熔体温度应均匀一致。

决定塑料塑化质量的主要因素是塑料的性能、受热状况和塑化装置的结构。通过料筒对塑料加热，使聚合物分子松弛，出现由固体向液体转变；而剪切作用则以机械力的方式强化了混合和塑化过程，使塑料熔体的温度分布、物料组成和分子形态都发生改变，并更趋于均匀；同时螺杆的剪切作用能在塑料中产生更多的摩擦热，促进了塑料的塑化，因而螺杆式注塑机对塑料的塑化比柱塞式注塑机要好得多。

（1）热均匀性的概念。

由于塑料的导热性差，而且它在柱塞式注塑机中的移动只能靠柱塞的推动，几乎没有混合作用。这些都是对热传递不利的，以致靠近料筒壁的塑料温度偏高，而在料筒中心的则偏低，形成温度分布的不均。此外，熔料在圆管内流动时，料筒中心处的料流速度必然快于筒壁处的，这一径向上速度分布的不同，将进一步导致注塑机塑出熔料各点温度的不均，甚至每次塑出料的平均温度也不等。用这种热均匀性差的熔料成型的制品，其物理机械性能也差。

（2）加热效率（E_h）。

现引入加热效率（E_h）的概念来分析柱塞式注塑机内熔料的热均匀性。设料筒温度为 T_w，塑料进入料筒的温度为 T_1。如果塑料在料筒内停留的时间足够长，则全部塑料的温度将上升到接近 T_w，并以 T_w 为温度上限，塑料温度上升的最大距程即为 T_w-T_1，这一距程将直接与塑料所获得的最大热量成比例。但是通常由喷嘴塑出的塑料平均温度 T_2 总是低于 T_w 的，所以实际温度上升的平均距程为 T_2-T_1。两距程的比率即为加热效率 E_h。

$$E_h = \frac{T_2 - T_1}{T_W - T_1}$$

必须指出，如果塑料在料筒内停留的时间足够长而且还获得摩擦热，则 T_2 是会大于 T_w 的，这时 E_h 就大于 1。但是用柱塞式注塑机注塑熔融黏度不大的塑料时，这种现象是少有的。

已如前说，由喷嘴塑出的塑料各点温度是不均的，它的最高温度极限为 T_w。现假定它的最低温度为 T_m，则 T_m 必然是高于 T_1 而低于 T_2 的。所以实际塑料温度分布范围应为 $T_m \sim T_w$。在 T_w 固定的情况下，如果塑料温度分布范围越小，T_2 就越高，E_h 就越大，如图 6.28 所示。所以 E_h 不仅间接表示 T_2 的大小，同时还表示塑料的热均匀性。生产中，塑出塑料的温度既不能低于它的软化点，又不能高于分解温度，因此 T_2 的大小有一个范围。实践证明，E_h 值在 0.8 以上时，制品质量已可以接受。据此，当 T_2 已定，则 T_w 就不难确定。

显然，E_h 的大小依赖于料筒的结构、塑料在料筒内的停留时间和塑料的导热性能等，这种关系可用函数表示如下：

$$E_h = f\left[\frac{at}{(2a)^2}\right]$$

式中，α 为热扩散速率；t 为塑料在料筒内停留的时间；a 为受热的料层厚度。如果分流梭也作加热器用，则上式可变为：

$$E_h = f\left[\frac{at}{a^2}\right]$$

（3）塑化量。

塑化量是指单位时间内注塑机熔化塑料的质量。柱塞式注塑机的塑化量 q_m 可表示为：

$$q_m = k\frac{A^2}{V}$$

式中，A 为塑料的受热面积；V 塑料受热的体积；k 为常数。

就上式分析，如要提高塑化量 q_m，则增大 A 和减小 V 有利，但在柱塞式注塑机中，由于料筒的结构所限，增大 A 就必然加大 V。解决这一矛盾的方法是采用分流梭，兼用分流梭作加热器和改变分流梭的形状等。用相同的塑料而用不同的注塑机注塑时，如果将熔料塑出的平均温度和加热效率都固定，则 k 值就可作为评定料筒设计优劣的标准。

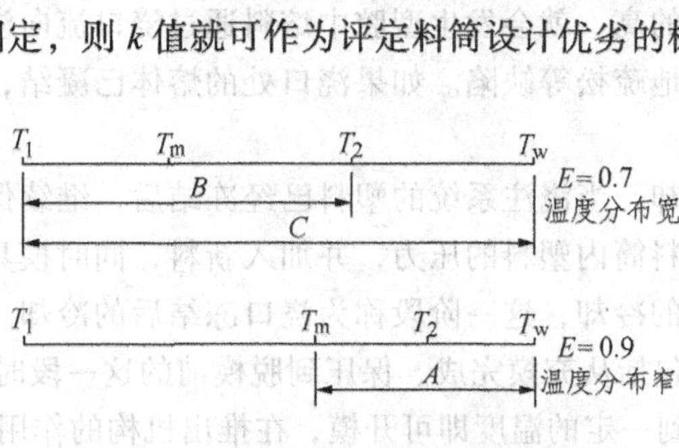

图 6.28　加热效率与温度均匀性的关系

T_1—塑料进入料筒的温度；T_m—最低温度；T_2—平均温度；T_w—料筒温度

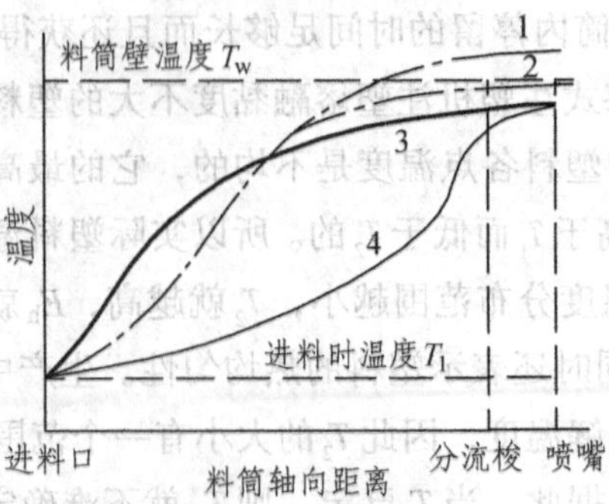

图 6.29 注塑机料筒塑料的升温曲线

1—螺杆式注塑机；2—螺杆式注塑机；3—柱塞式注塑机；4—柱塞式注塑机

图 6.29 所示是塑料在料筒内从加料口至喷嘴的温升曲线。由图可见，柱塞式注塑机内，靠近料筒壁处塑料的温升较快，而料筒中心的塑料温升较慢，直到流经分流梭附近料温才迅速上升，并且逐渐减小塑料各点间的温差，但是最终料温仍低于料筒温度。在螺杆式注塑机内，塑料升温速率开始较柱塞式机内靠近料筒壁的物料还慢，可是由于螺杆的混合和剪切作用，不仅可以提供大量的摩擦热，而且还能加速外加热的传递，从而使物料温升很快。如果剪切作用强烈时，在到达喷嘴前，料温就可能升至料筒温度，甚至超过料筒温度。

总之，塑料的塑化是一个比较复杂的物理过程，它涉及固体塑料输送、熔化、熔体塑料输送等许多问题；涉及注塑机类型、料筒和螺杆结构；涉及工艺条件的控制等。其塑化的整个过程都由注塑机来完成，包括以下几点：

（1）注塑。注塑的过程可分为充模、保压、倒流、浇口冻结后的冷却和脱模等 5 个阶段。

（2）充模。充模是注塑机柱塞或螺杆将塑化好的熔体推挤至料筒前端，经过喷嘴及模具浇注系统进入并充满型腔的过程。模具型腔内熔体迅速增加，压力也迅速增大，当熔体充满型腔后，其压力达到最大值。

（3）保压。熔体在模具中冷却收缩时，继续保持施压状态的柱塞或螺杆迫使浇口附近的熔料不断补充入模具中，使型腔中的塑料能成型出形状完整而致密的塑件，这一阶段称为保压。直到浇口冻结时，保压结束。

（4）倒流。如果浇口尚未冻结，柱塞或螺杆后退，对型腔中熔体压力解除，这时型腔中的熔料压力将比浇口流道的高，就会发生型腔中熔料通过浇口流向浇注系统的倒流现象，使塑件产生收缩、变形及质地疏松等缺陷。如果浇口处的熔体已凝结，柱塞或螺杆开始后退，则倒流阶段不复存在。

（5）浇口冻结后的冷却。当浇注系统的塑料已经冻结后，继续保压已不再需要，因此可退回柱塞或螺杆，卸除对料筒内塑料的压力，并加入新料，同时模具通入冷却水、油或空气等冷却介质，进行进一步的冷却，这一阶段称为浇口冻结后的冷却。实际上冷却过程从塑料注入型腔起就开始了，它包括从充模完成、保压到脱模前的这一段时间。

（6）脱模。塑件冷却到一定的温度即可开模，在推出机构的作用下将塑料制件推出模外。脱模时，型腔压力要接近或等于外界压力，脱模顺利，塑件质量较好。型腔内压力与外界压力之差称为残余压力。当残余压力为正值时，脱模较为困难，塑件容易被划伤或破坏；当残余压力为负值时，塑件表面容易产生凹陷或内部产生真空泡。

3. 塑件的后处理

塑件脱模后常需要进行适当的后处理。塑件的后处理主要指退火和调湿处理。

1）退火处理

由于塑料在料筒内塑化不均匀或在模腔内冷却速度不同，常会产生不均的结晶、定向和收缩，使制品存有内应力，这在生产厚壁或带有金属嵌件的制品时更为突出。存在内应力的制件在储存和使用中常会发生力学性能下降，光学性能变坏，表面有银纹，甚至变形开裂。生产中解决这些问题的方法是对制件进行退火处理。

退火处理的方法是使制品在定温的加热液体介质（如热水、热的矿物油、甘油、乙二醇和液体石蜡等）或热空气循环烘箱中静置一段时间。处理的时间决定于塑料品种、加热介质的温度、制品的形状和模塑条件。凡所用塑料的分子链刚性较大，壁厚较大，带有金属嵌件，使用温度范围较宽，尺寸精度要求较高和内应力较大又不易自消的制件均须进行退火处理。但是，对于聚甲醛和氯化聚醚塑料的制件，虽然它们存有内应力，可是由于分子链本身柔性较大和玻璃化温度较低，内应力能缓慢自消，如制品使用要求不严时，可不必进行退火处理。退火温度应控制在制品使用温度以上 10~20°C，或低于塑料的热变形温度 10~20°C 为宜。温度过高会使制品发生翘曲或变形；温度过低又达不到目的。退火时间视制品厚度而定，以达到能消除内应力为宜。退火处理时间到达后，制品应缓慢冷却至室温。冷却太快，有可能重新引起内应力而前功尽弃。退火的实质是：①使强迫冻结的分子链得到松弛，凝固的大分子链段转向无规位置，从而消除这一部分的内应力；②提高结晶度，稳定结晶结构，从而提高结晶塑料制品的弹性模量和硬度，降低断裂伸长率。

表 6.5 为常用热塑性塑料的热处理条件。

表 6.5　常用热塑性塑料的热处理条件

塑料名称	热处理温度/°C	时间/h	热处理方式
ABS	70	4	烘箱
聚碳酸酯	110～135	4～8	红外灯、烘箱
	100～110	8～12	
聚甲醛	140～145	4	红外线加热、烘箱
聚酰胺	100～110	4	盐水
聚甲基丙烯酸甲酯	70	4	红外线加热、烘箱
聚砜	110～130	4～8	红外线加热、烘箱、甘油
聚对苯二甲酸丁二（醇）酯	120	1～2	烘箱

2）调湿处理

聚酰胺类塑料制件在高温下与空气接触时常会氧化变色。此外，在空气中使用或存放时又易吸收水分而膨胀，需要经过长时间后才能得到稳定的尺寸。因此，如果将刚脱模的制品放在热水中进行处理，不仅可隔绝空气进行防止氧化的退火，同时还可加快达到吸湿平衡，故称为调湿处理。适量的水分还能对聚酰胺起着类似增塑的作用，从而改善制件的柔曲性和韧性，使冲击强度和拉伸强度均有所提高。调湿处理的时间随聚酰胺塑料的品种、制件形状、厚度及结晶度大小而异。

6.4.2 注塑成型工艺参数的控制

在注塑成型中，影响塑件质量的因素很多，但在确定了原材料、注塑机和模具结构之后，注塑成型工艺条件的选择与控制便是保证成型顺利进行和塑件质量的关键因素之一，注塑成型最重要的工艺参数是温度、压力和时间（成型周期）。

6.4.2.1 温 度

在注塑成型中需要控制的温度有料筒温度、喷嘴温度和模具温度。料筒温度和喷嘴温度主要影响塑料的塑化和塑料的流动性；而模具温度主要影响物料充满型腔和冷却固化。

1. 料筒温度

影响料筒温度选择的主要因素有：

1）塑料的特性

塑料的特性主要指塑料的黏流温度或熔点、相对分子质量及相对分子质量分布。

塑料不同，其黏流温度或熔点也不同。对于非结晶型塑料，料筒末端温度应控制在它的黏流温度（T_f）以上，对于结晶型塑料则应控制在其熔点（T_m）以上，但均不能超过塑料的分解温度（T_d）。即料筒温度应控制在黏流温度（或熔点）与分解温度之间（T_f~T_d或T_m~T_d）。

对于黏流温度与分解温度之间范围较窄的塑料（如硬PVC），料筒温度应偏低一些。对于黏流温度与分解温度之间范围较宽的塑料（如PS、PE、PP），料筒温度可以比黏流温度高得多一些。

对于热敏性塑料（如POM、PVC等），必须要控制料筒的最高温度和塑料在料筒中停留的时间，防止它在高温下停留时间长而发生氧化降解。

同种塑料，平均相对分子质量高、相对分子质量分布较窄、熔体黏度大时料筒温度应高些；反之料筒温度应低些。玻璃纤维增强塑料，随着玻璃纤维含量的增加，熔体流动性下降，因而料筒温度要相应地提高。

2）注塑机类型

柱塞式注塑机中塑料的加热仅靠料筒壁和分流梭表面传热，而且料层较厚，升温较慢，因此料筒的温度要高些；螺杆式注塑机中的塑料会受到螺杆的搅拌混合，获得较多的剪切摩擦热，料层较薄，升温较快，因此料筒温度可以比柱塞式的低10~20°C。

3）塑件及模具结构

对于薄壁塑件，其相应的型腔狭窄，熔体充模的阻力大、冷却快，为了提高熔体流动性，便于充满型腔，料筒温度应选择高些。相反，对于厚壁制品，料筒温度可取低一些。对于形状复杂或带有嵌件的塑件，或熔体充模流程较长、曲折较多的料筒温度也应取高一些。

整个料筒温度的分布保持一定的梯度，从靠近料斗一端（送料段）起至喷嘴（前端）止是逐步升高的。料筒料斗一端主要是对塑料进行预备加热；压缩段的前半部分要稍低于塑料的熔点，后半段的温度要高于塑料的熔点；而喷嘴前端的温度最高。

湿度较高的塑料可适当提高料筒后端温度。螺杆式注塑机料筒中的塑料，由于受螺杆剪切摩擦作用，有助于塑化，故防止塑料的过热分解，料筒前段的温度可以略低于中段。塑件注塑量大于注塑机额定注塑量的 75%或成型物料不预热时，料筒后段温度应比中段、前段低 5~10°C。

2. 喷嘴温度

喷嘴温度通常略低于料筒最高温度，以防止熔料在喷嘴处产生“流涎”现象；但温度也不能过低，防止塑料在喷嘴凝固堵塞喷嘴或将凝料注入型腔影响塑件的质量。虽然喷嘴温度低，但当塑料熔体由狭小喷嘴经过时，会产生摩擦热，提高了熔体进入模具型腔的温度。

料筒和喷嘴温度的选择和其他工艺条件有一定的关系，如注塑压力、成型周期，注塑压力高，料筒温度应稍低些；反之，料筒温度应高些。如果成型周期长，塑料在料筒中受热时间长，料筒温度应稍低些。如果成型周期较短，则料筒温度也应高些。

生产中一般根据经验数据，结合实际条件，初步确定适当的温度，然后通过熔体的“对空注塑”和“塑件的直观分析法”进行调整，最终确定合适的料筒和喷嘴温度。

3. 模具温度

模具温度是指和塑件接触的模具型腔表壁温度，它决定了熔体的充型能力、塑件的冷却速度和成型后塑件的内外质量等。

模具温度的选择与塑料品种和塑件的形状尺寸及使用要求有关，如对于结晶型塑料采取缓冷或中速冷却时有利于结晶，可提高塑件的密度和结晶度，塑件的强度和刚度较大，耐磨性也会比较好，但韧性和伸长率却会下降，收缩率也会增大，而急冷时则与此相反；对于非结晶型塑料，如果流动性较好，充型能力强，通常采用急冷方式，可缩短冷却时间，提高生产效率。

模具温度一般是由通入定温的冷却或加热介质来控制的；对模温控制要求不严时，可以空气冷却而不用通入任何介质；在个别情况下，还可采用电阻丝和电阻加热棒对模具加热来保持模具的定温。

6.4.2.2 压　力

注塑成型过程中的压力包括塑化压力（背压）和注塑压力。

1. 塑化压力（背压）

采用螺杆式注塑机时，在塑料熔融、塑化过程中，熔料不断移向料筒前端（计量室内），且越来越多，逐渐形成一个压力，推动螺杆向后退。为了阻止螺杆后退过快，确保熔料均匀压实，需要给螺杆提供一个反方向的压力，这个反方向阻止螺杆后退的压力称为塑化压力（也称背压）。塑化压力大小由液压系统中的溢流阀来调节。

塑化压力大小影响塑料的塑化过程、塑化效果和塑化能力，在其他条件相同的情况下，增加塑化压力，会提高熔体温度及温度的均匀性，有利于色料的均匀混合和排除熔体中的气体。但塑化压力增大，会降低塑化速率，延长成型周期，严重时会导致塑料发生降解，一般在保证塑件质量的前提下，塑化压力越低越好，一般为 6 MPa 左右，通常很少超过 20 MPa。

2. 注塑压力

注塑压力是指柱塞或螺杆顶部对塑料熔体所施加的压力。其作用是注塑时克服熔体流动充模过程中的流动阻力，使熔体具有一定的充模速率；充满型腔后对熔体进行压实和防止倒流。注塑压力的大小取决于注塑机的类型、塑料的品种、模具结构、模具温度、浇注系统的结构和尺寸及塑件的形状等。在注塑机上注塑压力有压力表指示大小，一般为40~130 MPa。

一般情况下，黏度高的塑料注塑压力大于黏度低的塑料；薄壁、面积大、形状复杂的塑件注塑压力高；模具结构简单，浇口尺寸较大，注塑压力较低；柱塞式注塑机注塑压力大于螺杆式注塑机；料筒、模具温度高，注塑压力较低。表 6.6 列出部分塑料的注塑压力。

表 6.6　部分塑料的注塑压力（MPa）

塑料	注射条件		
	流动性好的厚壁塑件	流动性中等的一般塑件	流动性差出的薄壁窄浇口制品
聚酰胺（PA）	90 ~ 101	101 ~ 140	＞140
聚甲醛（POM）	85 ~ 100	100 ~ 120	120 ~ 150
ABS	80 ~ 110	100 ~ 120	120 ~ 150
聚苯乙烯（PS）	80 ~ 100	100 ~ 120	130 ~ 150
聚氯乙烯（PVC）	100 ~ 120	120 ~ 150	＞150
聚乙烯（PE）	70 ~ 100	100 ~ 120	120 ~ 150
聚碳酸酯（PC）	100 ~ 120	120 ~ 150	＞150
聚甲基丙烯酸甲酯（PMMA）	100 ~ 120	120 ~ 150	＞150

由于影响注塑压力的因素很多，关系较复杂，正式生产之前，以从较低注塑压力开始注塑试成型，再根据塑件的质量决定增减，最后确定合理的注塑压力。

熔体充满模具型腔后，还需要一定时间的保压。在生产中，保压的压力等于或小于注塑压力，保压时压力高，可得到密度较高、收缩率小、力学性能较好的塑件，但脱模后的塑件内残余应力较大，造成脱模困难。

6.4.2.3　成型时间（成型周期）

注塑成型周期指完成一次注塑成型工艺过程所需的时间，它包括注塑成型过程中所有的时间，成型周期直接影响到生产效率和设备利用率，注塑成型周期的时间组成见表 6.7。

表 6.7　注塑成型周期的时间组成

<table>
<tr><td rowspan="4">成型周期</td><td rowspan="2">注射时间</td><td colspan="2">充模时间（螺杆或柱塞前进时间）</td></tr>
<tr><td>保压时间（螺杆或柱塞停留在前进位置上的时间）</td><td rowspan="2">总冷却时间</td></tr>
<tr><td>合模冷却时间</td><td>包括螺杆转动后退或柱塞后撤的时间</td></tr>
<tr><td>其他时间</td><td colspan="2">开模、脱模、喷涂脱模剂、安放嵌件、合模时间</td></tr>
</table>

在整个成型周期中，注塑时间和冷却时间最为重要。它们既是成型周期的主要组成部分，又对塑件的质量有决定性的影响。注塑时间中的充模时间与充模速率成反比，而充模速率取决于注塑速率。为保证塑件质量，应正确控制充模速率。对于熔体黏度高、玻璃化温度高、冷却速率快的塑件和玻璃纤维增强塑件、低发泡塑件应采用快速注塑。

生产中，充模时间一般不超过 10s。注塑时间中的保压时间，在整个注塑时间内所占的比例较大，一般为 20~120 s（厚壁塑件可达 5~10 min）。保压时间的长短由塑件的结构尺寸、料温、主流道及浇口大小决定。在工艺条件正常，主流道及浇口尺寸合理的情况下，最佳的保压时间通常是塑件收缩率波动范围最小时的时间。

冷却时间主要由塑件的壁厚、模具的温度、塑料的热性能以及结晶性能决定。冷却时间的长短应以保证塑件脱模时不引起变形为原则，一般为 30~120 s。冷却时间过长，不仅延长了成型周期，降低了生产效率，对复杂塑件有时还会造成塑件脱模困难。成型周期中的其他时间与生产自动化程度和生产组织管理有关。应尽量减小这些时间，以缩短成型周期，提高劳动生产率。

6.4.3 注塑成型中塑件质量缺陷及影响因素分析

注塑塑件的质量分为内部质量和外部质量。内部质量包括塑件内部的组织结构形态、塑件的密度、塑件的物理力学性能。外部质量就是塑件的表面质量，包括表面尺寸、表面粗糙度和表面缺陷。注塑成型生产过程中塑件最常见的各种缺陷有水纹、缩孔、翘曲变形等。影响塑件质量的因素很多，不仅取决于塑料原材料、注塑机、模具结构，而且还取决于注塑成型工艺参数的合理与否。表 6.8 列出了产生塑件缺陷的影响因素。

表 6.8 塑件缺陷生产的因素

缺陷 / 影响因素	表面有水纹	痕迹、条纹	毛口、飞边	熔接处痕迹	光洁度不佳	缺口、少边	烧黄、烧焦	变色混色等	成型品变形	成型品太厚	裂纹、裂口
机筒温度过低		●		●	●	●		●			●
机筒温度过高			●				●	●	●	●	
注塑压力过低		●		●	●						
注塑压力过高			●				●			●	●
注塑保压时间过短									●		
注塑保压时间过长			●							●	●
射出速度太快		●					●				
射出速度太慢					●			●			
冷却不充分		●							●		
模具温度控制不良		●			●						●
注塑周期过短									●		
注塑周期过长					●		●				
注塑口、流道或喷嘴太大										●	

续表

缺陷 影响因素	表面有水纹	痕迹、条纹	毛口、飞边	熔接处痕迹	光洁度不佳	缺口、少边	烧黄、烧焦	变色混色等	成型品变形	成型品太厚	裂纹、裂口
注塑口、流道或喷嘴太小		●		●	●	●		●			
注塑口位置不佳		●		●		●					
模具合模力过低			●							●	
模具出气孔不适	●			●			●				
进料不足						●			●		
树脂干燥温度、时间不适	●						●				●
颗粒中混入其他物质	●						●	●			
清机不良		●					●	●			
脱模剂、防锈油不适					●			●			
粉碎树脂加入不适	●	●					●	●			●
树脂流动性太慢				●		●					
树脂流动性太快			●								

注："·"表示某个影响因素引发的缺陷。

6.5　热固性塑料的传递模塑和注塑模塑

热固性塑料的传统成型方法是压缩模塑，这种方法有以下缺点：①不能模塑结构复杂、薄壁或壁厚变化大的制件；②不宜制造带有精细嵌件的制品；③制件的尺寸准确性较差；④模塑周期较长等。为了改进上述缺点。在吸收热塑性塑料注塑模塑经验的基础上，出现了热固性塑料的传递模塑法和直接注塑模塑法。

6.5.1　传递模塑

传递模塑是将热固性塑料锭（可以先预热）放在一加料室内加热，在加压下使其通过浇口、分流道等而进入加热的闭合模内，待塑料硬化后，即可脱模取得制品。

传递模塑按所用设备不同可以有多种形式，常见的有活板式传递模塑、罐式传递模塑和柱塞式传递模塑。其中活板式传递模塑的塑模结构如图 6.30 所示，包括阴模、阳模和活板 3 个部分。活板是横架于阴模中的，活板上部的空间为装料室，下部为型腔。

操作时，先将塑模在压机上加热到规定的温度，而后将嵌件装在活板上，并连同活板放入阴模中。此时应保证嵌件的另一端要安在阴模的应有孔眼上。再将预热过的塑料放进装料室，随即开动压机使阳模下行并对塑料施压。于是塑料在受压情况下，通过活板四周的铸口而流满型腔。塑料固化后，打开塑模，借助顶出杆的作用顶出制件、活板和残留在活板上部的硬化塑料。随后在工作台上进行制品的脱离。为了提高生产效率，每付塑模常配用两块活板，以便更替进行模制。

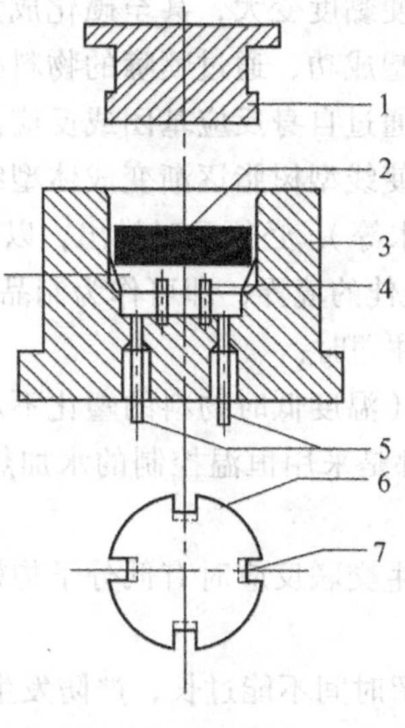

图 6.30　活板传递模塑用的塑模

1—阳模；2—塑料预压物；3—阴模；4—嵌件；5—顶出杆；6—活板；7—浇口

这 3 种方式虽然使用设备不同，但塑料都是在塑性状态下用较低压力流满闭合型腔的。

传递模塑具有以下优点：① 制品废边少，可减少后加工量；② 能模塑带有精细或易碎嵌件和穿孔的制品，并且能保持嵌件和孔眼位置的正确；③ 制品性能均匀，尺寸准确，质量提高；④ 塑模的磨损较小。缺点是：① 塑模的制造成本较压制模高；② 塑料损耗增多（如流道和装料室中的损耗）；③ 压制带有纤维性填料的塑料时，制品因纤维定向而产生各向异性；④ 围绕在嵌件四周的塑料，有时会因熔接不牢而使制品的强度降低。

传递模塑对塑料的要求是，在未达到硬化温度以前塑料应具有较大的流动性，而达到硬化温度后又须具有较快的硬化速率。能符合这种要求的有酚醛、三聚氰胺甲醛和环氧树脂等塑料。而不饱和聚酯和脲醛塑料，则因在低温下具有较大的硬化速率，所以，不能压制较大的制品。

与压缩模塑相比，传递模塑一般采用的模塑温度偏低，因为塑料通过铸口时可以从摩擦中取得部分热量；而模塑压力则偏高，约 13.0~80.0 MPa，塑料流动时需要克服较大的阻力。

6.5.2　热固性塑料的注塑模塑

1. 热固性塑料与热塑性塑料注塑模塑的区别

1）注塑工艺条件要求不同

热固性塑料的注塑模塑是 20 世纪 60 年代初出现的一种成型方法，所用的设备和工艺流程初看似与热塑性塑料的注塑模塑相仿，但在细节上却有很大的差别，这是由于两种塑料在受热时的行为不同而形成的。

热固性塑料在受热过程中不仅有物理状态的变化，还有化学变化，并且是不可逆的。注塑时，最初加到注塑机中的热固性塑料是线型或稍带支链，分子链上还有反应基团（如羟甲基或反应活点）和相对分子质量不十分高的物质。在注塑机料筒内加热后先变成黏度不大的塑性体，但可能因为化学变化而使黏度变大，甚至硬化成为固体，这须以温度和经历的时间为转移。不管怎样，如果要求注塑成功，通过喷嘴的物料必须达到最好的流动性。进入模具型腔后应继续加热，此时物料就通过自身反应基团或反应活点与加入的硬化剂（如六次甲基四胺）的作用而发生交联反应，使线型树脂逐渐变成体型结构，并由低分子变成大分子。反应时常会放出低分子物（如氨、水等），必须及时排出，以便反应顺利进行。交联反应进至使模内物料的物理–机械性能达到最佳的境界，即可作为制品从模中脱出。

从上述可见，热固性塑料在注塑时：

（1）成型温度必须严格控制（温度低时物料的塑化不足流动性很差，温度稍高又会使流动性变小甚至发生硬化），通常都是采用恒温控制的水加热系统，温度可准确地控制在±1°C范围内。

（2）热固性塑料在模具内发生交联反应时有低分子物析出，故注塑机的合模部分应能满足放气操作的要求。

（3）热固性塑料在料筒内停留时间不能过长，严防发生硬化，通常是采用多模更替。

（4）注塑机的注塑压力和锁模力应比模塑热塑性塑料的注塑机大。

2）对原料的要求不同

用于注塑的热固性塑料是从酚醛塑料开始的。到目前为止，几乎所有的热固性塑料都可采用注塑模塑，但用量最多的仍然是酚醛塑料。

用于注塑的酚醛压塑粉要求具有较高的流动性（用拉西格法测定时应大于 200 mm），在料筒温度下加热不会过早发生硬化，即在 80~95°C 保持流动状态的时间应大于 10 min；在 75~85°C 则应在 1 h 以上。同时黏度应较稳定。但流动性过大，制品易产生“飞边”或“黏模”。

此外还要求熔料热稳定性良好，熔料在料筒内停留 15~20 min，黏度仍无大的变化。在原料配方中可添加稳定剂，可在低温下起阻止交联反应的作用，进入模具中的高温状态即失去这种作用。熔料充满模腔后应能迅速固化，以缩短生产周期。

2. 注塑机的特征

热固性塑料注塑机是在热塑性塑料注塑机的基础上发展起来的，在结构上有很多相同之处，其基本形式有螺杆式和柱塞式两种。热固性塑料注塑成型多采用螺杆式注塑机，而柱塞式注塑机仅用于不饱和聚酯树脂增强塑料。以下主要介绍螺杆式热固性注塑机的特点，并以酚醛塑料的注塑为例来讨论。

（1）通常螺杆上无供料段、压缩段和计量段的区别，是等距离、等深度的无压缩比螺杆。这种螺杆对塑化物料不起压缩作用，只起输送作用，可防止因摩擦热太大引起物料固化。螺杆的长径比为 12~16，便于物料迅速更换，减少物料在料筒中的停留时间。当注塑成型硬质无机物填充的塑料时，要求螺杆具有更高的硬度和耐磨性。

（2）喷嘴通用敞开式，一般孔口直径较小（2~2.5 mm），喷嘴要便于拆卸，以便发现硬化物时能及时打开进行清理。喷嘴内表面应精加工，防止阻滞料引起硬化。

（3）料筒加热系统是为了保证物料的稳定加热和均匀温度用的，目前多采用水或油加热循环系统。其优点是温度均匀稳定，能实现自动控制。其他的料筒加热方式有电加热水冷却方式和工频感应加热方式。

（4）注塑螺杆的传动宜采用液压马达，防止物料因固化而扭断螺杆。

（5）注塑机的锁模结构应能满足放气操作的要求，也就是需具有能迅速降低锁模力的执行机构。一般是采用增压油缸对快速开模和合模的动作进行控制来实现的。当增压油缸卸油，可使压力突然减小而打开模具，瞬间又对增压油缸充油而闭合模具，从而达到开小缝放气的目的。

（6）模具要有加热装置和温度控制系统。模具表面淬火后的硬度应达到 HRC50。型腔应进行薄层镀铬和设置出气口。

3. 成型工艺

注塑要靠合理的工艺条件保证。塑化过程包括料筒温度、螺杆转速和螺杆背压；注塑充模过程包括注塑压力、充模速度和保压时间；固化过程包括模具温度和固化时间。下面分别讨论。

1）料筒温度、螺杆转速和螺杆背压

注塑热固性塑料时，温度控制是关键。因为它与塑料流动性、硬化速率均有影响，而这些又与成型工艺和制品质量有密切关系。料筒温度太低，塑料在螺杆与料筒壁之间产生较大的剪切力，靠近螺槽表面的一层塑料因剧烈摩擦发热固化，而内部却是“生料”，造成注塑困难。料筒温度过高，线型分子过早交联，失去流动性，使注塑不能顺利进行。

塑料从料斗进入料筒后，一定要逐步受热塑化，温度分布宜逐步变化。因为温度突变，会引起熔料黏度变化，发生充填不良现象。如图 6.31 所示是料筒温度的分布状况及注塑成型中黏度的变化。注塑时，塑料在喷嘴处流速很高，所以因摩擦而使塑料温升很快。对塑出熔融塑料的温度最好控制在 120~130°C，因为这时熔料呈现出最好的流动性能，并接近于硬化的“临界塑性”状态。为此，在工艺和机械设计中均应根据上述情况采取相应措施。目前一般采用的温度是进料端 30~70°C，料筒 75~95°C，喷嘴 85~100°C，通过喷嘴的料温可达到 100~130°C。

螺杆转速应根据物料的黏度变换。黏度小的材料摩擦力小，螺杆后退时间长，转速可提高一些。黏度大的塑料预塑时摩擦力大，物料很快到达螺杆前端，混炼不充分，应降低转速，使物料充分混炼塑化。料筒内螺杆旋转的预塑工序是与模具内的固化反应同时进行的。热压时间总是大于预塑时间，因此螺杆的转速不必很高。转速过高，螺杆与料筒之间的剪切热易导致部分塑料过热，成型条件难控制。螺杆转速通常在 40~60 r/min 范围内。

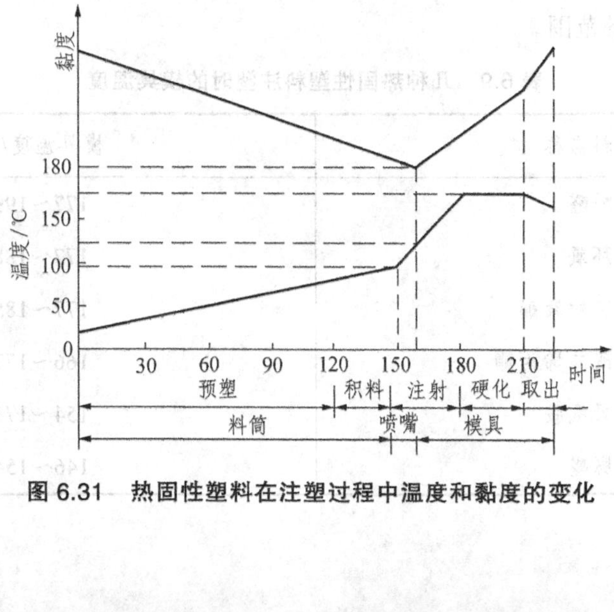

图 6.31　热固性塑料在注塑过程中温度和黏度的变化

在注塑顺利的情况下，背压对于成型制件的物理性能影响较小，但背压高时，物料在料筒内停留时间长，发生固化程度加大，黏度增高，不利于充填。为减少摩擦，避免早期固化，通常选用较低的背压。一般情况下，放松背压阀，仅用螺杆后退时的摩擦阻力作背压。

2）注塑压力

注塑压力的作用是将料筒内的熔料注入型腔内，还对充填在型腔内的塑料起保压作用。注塑压力在流道内的损失很大，型腔压力仅为注塑压力的 50%，为保证生产出合格的制品，注塑压力应高一些。注塑压力越高，制品的密度越大，力学强度和电性能都较好。但是，注塑压力高会引起制品内应力的增加，飞边增多和脱模困难；通常注塑压力在 100~170 MPa 的范围。由于注塑压力高，锁模力也需要相应加大。

注塑速度随注塑压力变化。注塑速度快，预塑物料通过喷嘴、浇口处获得摩擦热，使熔料温度提高，可缩短固化时间。但是注塑速度太快，模具内的低分子气体来不及排出，将在制件的深凹槽、凸筋、四角等部位出现缺料、气痕、接痕等现象。

注塑速度还直接影响到充模的熔体流态，从而影响制品的质量。注塑速度过低，制品表面易产生波纹等缺陷，而过高则会出现裂纹等。通常，注塑速度为 3~5 cm/s 为宜。

注塑结束，模具内的塑料逐步固化收缩，这时应继续保压，向模具内补充因收缩而减少的塑料。通常保持压力比注塑压力低一些。保压时间长，浇口处的塑料在加压的状态下固化封口，塑料密度大，收缩率下降。

3）模具温度和固化时间

模具温度的选择很重要，它直接影响制件的性能和成型周期。提高模具温度对缩短成型周期有利。模温低时，硬化时间长，生产效率低，制品的物理、机械性能亦下降。不过模温也不能过高，否则硬化太快，低分子物不易排除，会造成制品质地疏松、起泡和颜色发暗等缺陷。模具温度一般控制在 150~220°C，较定模高 10~15°C。表 6.9 列出不同热固性塑料注塑时的模具温度供参考。随塑料品种和制品的不同，模具温度要相应调整。控制模温应保持在 ±3°C 以内。

固化时间与制件的壁厚成正比例，形状复杂和厚壁制件需适当延长固化时间。固化时间对制品的质量也有影响，随固化时间的增加，冲击强度、弯曲强度增加，成型收缩率下降。但过度增长固化时间，对制品质量的改善已不显著，反而使生产周期延长，故一般制品的固化时间以常在 3~6 s 的范围。

表 6.9 几种热固性塑料注塑时的模具温度

材料名称	模具温度/°C
酚醛	177～199
环氧	177～188
含填料的聚酯	177～185
苯二甲酸二烯丙酯	166～177
三聚氰胺	154～171
脲醛	146～154

综上所述，热固性塑料采用注塑模塑比压缩模塑具有以下优点：成型周期显著缩短，生产过程简化（省去预压和预热工序），生产效率可提高 10~20 倍，制品的后加工量减少，劳动条件改善，生产自动化程度提高，产品质量稳定，并适合大批量生产等。因此近年来获得迅速发展。

近年来在模具上不断有新的发展，开始采用无浇口注塑、冷流道模具、注塑压缩模塑等。采用无浇口注塑后，单腔模具的废品大大降低，在一模多腔中可节约原料 17%~76%。冷流道模具可减少废品率 60%，不仅节约原料，还可缩短成型周期，但是成本提高 10%~15%。

6.6 注塑成型工艺技术进展

随着塑料制品应用的日益广泛，人们对塑料制品的精度、形状、功能、成本等提出了更高的要求，主要表现在生产大面积结构制件时，高的熔体黏度需要高的注塑压力，高的注塑压力要求大的锁模力，从而增加了机器和模具的费用；生产厚壁制件时，难以避免表面缩痕和内部缩孔，塑料件尺寸精度差；加工纤维增强复合材料时，缺乏对纤维取向的控制能力，基体中纤维分布随机，增强作用不能充分发挥。特别是随着塑料工业的发展，注塑技术、注塑设备、注塑制品的质和量都日益革新和增长，因而在传统注塑成型技术的基础上，又发展了一些新的注塑成型工艺，如反应注塑成型、共注塑成型、无流道注塑成型、排气式注塑成型、气体辅助注塑、剪切控制取向注塑、层状注塑、熔芯注塑、低压注塑等，以满足不同应用领域的需求。现对上述新技术做简要介绍。

6.6.1 反应注塑模塑

1. 反应注塑模塑的概念

反应注塑模塑（Reaction Injection Moulding，简称 RIM），是将两种具有高化学活性的低相对分子质量液体原料，在高压（14~20MPa）下经撞击混合，然后注入密闭的模具内完成聚合、交联、固化等化学反应并形成制品的工艺过程。这种将聚合反应与注塑模塑结合为一体的新工艺，具有物料混合效率高，节能、产品性能好、成本低等优点。由于液体原料黏度低，流动性好，易于输送，混合均匀，原料配方灵活，充模压力低，仅为普通注塑的 1/10~1/5，锁模力不大；调整化学组分可模塑性能不同的产品；反应速度快，生产周期短；需要模具数量及夹具量少，可节约设备投资；生产过程简化，不需要造粒、熔化，耗能少，适宜生产大型及形状复杂的制品。因此受到世界各国的重视。RIM 工艺于 1972 年正式投入生产。此后，随着原料、机械设备的改进，应用领域已十分广泛。目前 RIM 制品大多为聚氨酯体系的产物，并已发展了在聚氨酯体系单体中掺入苯乙烯、甲基丙烯酸制取聚合物共混物的共混改性工作。RIM 适用的树脂有：聚氨酯、环氧树脂、聚酯、尼龙、甲基丙烯酸系共聚物、有机硅等树脂。表 6.10 列出了反应注塑模塑与热塑性塑料注塑模塑的比较。

表 6.10 RIM 与热塑性塑料注塑模塑的比较

比较项目	RIM	热塑性塑料注射模塑
反应物的温度/°C	30~60	200~320 或更高
模具温度/°C	70~140	视品种而异
注射压力/MPa	14	70~220
锁模压力	低	高
材料黏度/Pa·s	0.001~0.1	$10\sim10^4$
模塑周期	较慢	快
模具价格、运行成本	低	高
制品后加工与修饰	要	不要
次品率/%	大	小
制品的再利用	不可	可
模塑技术	较高	一般

2. RIM 的工艺流程

RIM 的工艺流程如下：

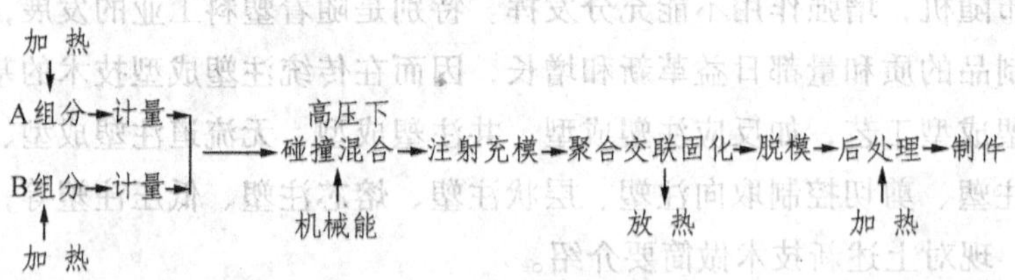

单体或齐聚物以液体状态经计量泵按一定的配比送入混合头混合，混合物注入模具后，在模具内进行快速聚合反应并交联固化，脱模后成为制品。

3. RIM 的设备

1）RIM 对设备的要求

（1）能准确控制原料各组分的流量及混合比率。

（2）能快速加热或冷却原料。

（3）两组分在混合头内能获得充分的混合，混合头内的原料注入模腔后具有自动清理作用。

（4）两组分应同时进入混合头，不允许某一组分超前或滞后。

（5）料流应以层流形式注入模内。

（6）入模后固化速度快，能进行快速的模塑循环。

2）RIM 设备的工作原理

RIM 设备工作原理如图 6.32 所示。工作过程包括加料比例的控制，两组分的均匀混合及注模等。加料常用两种基本形式。一种是用计量泵来计量反应物原液；另一种则使用活塞位移来计量反应物，通过活塞的位移来完成一次送料脉冲。这两种方式都使用高压来强迫反应液体通过喷嘴孔进入一个小的混合室，由于进入的物料具有很高的速度，两组分在混合室强烈撞击得以充分混合。

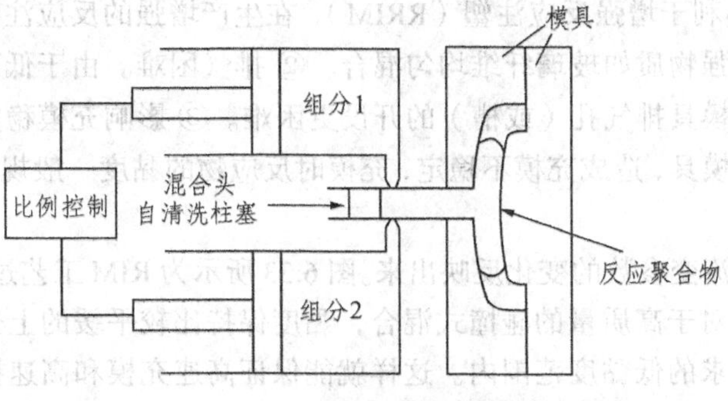

图 6.32　RIM 设备的工作原理

3）RIM 设备的组成

RIM 设备主要由蓄料系统、液压系统和混合系统 3 个系统组成。

（1）蓄料系统：主要由蓄料槽和接通惰性气体的管路所构成。

（2）液压系统：由泵、阀、管件及控制分配缸工作的油路系统和管路所组成，其作用是使 A、B 两组分物料能按准确的比例进行输送。

（3）混合系统：是使 A、B 组分物料实现高速、均匀混合，并加速混合液从喷嘴注塑到模具中，混合头必须保证物料在小混合室得到均匀混合与加速再送进模腔。混合头设计应符合流体动力学原理，并具有自动清洗作用。

4. RIM 的工艺参数控制要点

1）物料的贮存加热和计量

为防止在贮存时发生化学变化，两种原料应分别独立贮存。为防止空气中的水分进入贮罐与原料发生化学反应，贮罐应密封，并用氮气保护。贮罐内设有保护装置，还配有低压泵和加热器，以保证原料中各组分的均匀分布，并使物料保持恒温，因此，需要对原料贮罐进行加热，原料通过定量泵在 0.2~0.3 MPa 的低压下进行循环。原料喷出时则经转换装置由低压转换为设定的高压喷出，原料经液压定量泵进行计量输出。

由于 A、B 组分的加入量及比例对制品性能影响很大，因此对各组分物料的加入量要精确计量。普遍选用轴向柱塞高压泵用作精确计量和高压输送，其流量为 2.3~91 kg/min。其他类型的正位移径向柱塞泵、齿轮泵也得到广泛应用。为严格控制注入模腔反应物各组分的正确配比，计量精度要求达到±1.5%。

2）撞击混合

在反应注塑模塑中，最大的特点是撞击混合（高压高速混合）。由于采用低黏度液体原料，才有条件发生撞击混合。制品质量直接取决于混合质量。

RIM 的混合是通过高压注入，将原液的压力能转换为动能，使各组分获得很高的速度并相互撞击，由此产生强烈的混合。为保证混合头内物料撞击混合的效果，高压计量泵的出口压力将达到 12~24 MPa。实验证明：混合的质量与雷诺数（*Re*）密切相关。当 $Re \geqslant 200$、液体黏度为 1 Pa · s 以下时，可使高活性反应体系达到混合要求。

3）充　模

RIM 工艺的特点是高速充满。原料的黏度不能太高，也不能过低。黏度过低时，充模会产生以下问题：① 不利于增强反应注塑（RRIM）。在生产增强的反应注塑材料时，黏度过低的反应原料不能和增强物质如玻璃纤维均匀混合。② 排气困难。由于低黏度的反应物容易沿模具气孔隙泄漏，使模具排气孔（或槽）的开设更困难。③ 影响充模稳定性。低黏度的反应物容易夹带空气进入模具，造成充模不稳定，充模时反应物的黏度一般规定下限为 0.10 Pa·s，以免发生上述情况。

充模情况可以由流变参数的变化反映出来。图 6.33 所示为 RIM 工艺过程的典型流变曲线。由图可见，充模初期对于高质量的碰撞式混合，黏度保持比较平缓的上升曲线，使充模初期的最高黏度保持在要求的低黏度范围内。这样就能保证高速充模和高速撞击式混合的顺利实现。在充模期间，理想的混合物应在充满模腔后尽快凝胶化，模量迅速增加，使成型周期缩短。实际生产时，可以加入一些抑制剂，使反应延迟发生，其目的是在化学反应迅速开始前，有足够的充模时间。

由图 6.33 流体黏度曲线可以预先确定现有模具是否能够完成充模过程。取平均温度为确定凝胶时间的参数。平均温度可取制品表面温度与中心温度的平均值。充模时间与凝胶时间之比称为凝胶潜势 *G*。对于所有的反应注塑材料，其通用的 *G* 值均小于 0.5。而聚氨酯反应注塑模塑时，*G* 值应控制在 0.1 左右，以防止凝胶过早发生，造成注塑欠料。一般凝胶时间为 3~30 s，聚氨酯的凝胶时间为 5~10 s。

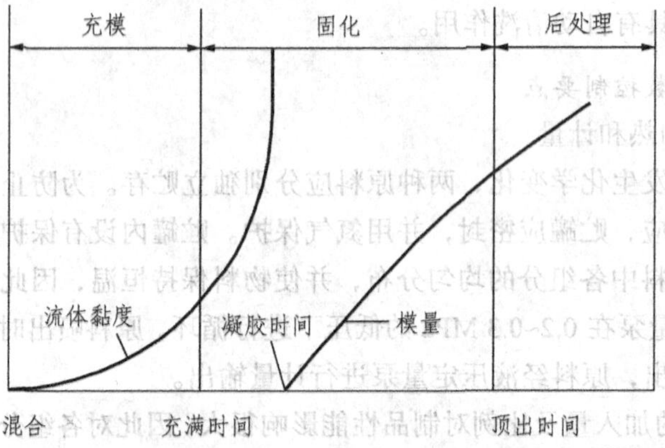

图 6.33 RIM 生产中黏度与模量的变化

物料进入模具后，开始发生链增长和交联反应，黏度逐渐增大而固化。同时在反应过程中要放出大量的热量，使发泡剂受热分解而发泡。但应控制温度不能过高，防止出现“焦心”现象。为了移走多余的热量，应在模具内设有冷却水通道，以便通入冷却水以控制模温。

4）固化脱模

制品固化有两种机理：一种是化学交联，另一种是相分离。反应液体必须具有两个以上的官能团才能发生化学交联。对相分离固化体系，在聚合期间，硬化段联结成一些区域。这些区域能够进行结晶，实际上起着刚性粒子的作用，它使反应体系的黏度迅速上升至凝胶化。综上所述，可以归纳出对所有的 RIM 材料通用的加工工艺要求，如表 6.11 所示，这些工艺要求可作为反应注塑成型的一般规则使用。

表 6.11 RIM 用料的加工工艺要求

加工过程	工艺要求
反应液的贮存	初始温度 100~150°C 黏度 <0.1 Pa·s 搅拌稳定性 保持 24 h
计量	允许化学配比不平衡量 1%~1.5%
混合	液体黏度≤0.1 Pa·s 雷诺数 $Re>200$
充模	充模黏度 $\eta>0.1$ Pa·s 充模时间 t_A 与凝胶时间 t_B 之比<0.5 3 s< t_B <30 s
固化	反应最高温度<分解温度 固化时间 30 s~3 min

6.6.2 排气式注塑

1. 排气式注塑概述

为解决易吸湿材料注塑制品的质量问题，从 1959 年就开始对有机玻璃进行排气注塑研究。1972 年后，排气式注塑机不断扩大其应用范围，如今已形成合模力 1.25~30 MN 排气式注塑机的系列。排气式注塑机可直接成型具有亲水性或含有单体、溶剂及挥发物的热塑性塑料。例如用 PC、尼龙、PMMA、纤维素等易吸湿的塑料成型时，可不必经过预干燥。

2. 排气式注塑设备要求

排气式注塑机的特点是：① 在注塑机料筒中部开设有排气口，并与真空系统连接。当塑料塑化时，由塑料排出的水汽、单体、挥发性物质及原料带入的空气等，均可由真空泵从排气口抽走，从而增大塑化效率，有利于提高制品质量和生产率。由于排气式注塑机塑化质量均匀，因此，注塑压力和保压压力均可适当降低，而无损于制品的质量。② 排气式注塑机所用螺杆的排气段较排气式挤出机的排气段长，因注塑螺杆除旋转运动外，还做轴向移动。因此，排气段的长度应在螺杆作轴向移动时始终对准排气口。通常排气段的螺槽较深，其中并不完全为熔料充满，从而防止螺杆转动时物料从排气口溢出。③ 典型的排气式注塑机采用一种双阶四段的排气螺杆，如图 6.34 所示。第一阶段是加料区和压缩区；第二阶段为减压区和均化区。塑料从料斗进入料筒后，由加料区经压缩输送到压缩区并受热熔融。进入减压区时，因螺槽深度突然变大而减压，熔料中的水分及挥发性物质气化，并由真空泵通过排气口抽走。塑料在均化区经过进一步均匀塑化后被送到螺杆的前端以备注塑入模。为了防止螺杆前端熔料反流而由排气口向外推出，螺杆的顶端都应设有阻流阀。

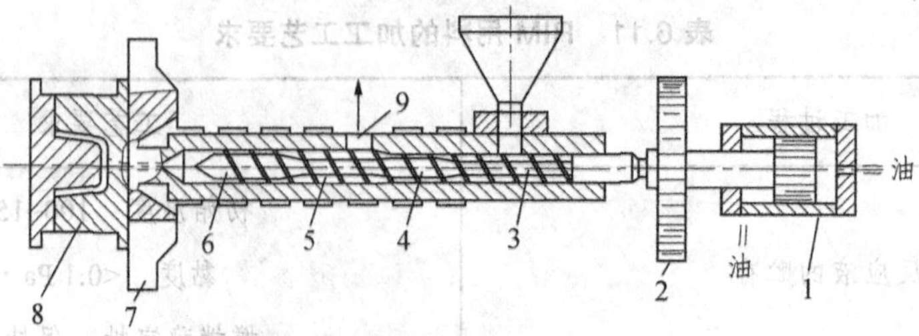

图 6.34 排气式注塑机螺杆

1—油缸；2—传动齿轮；3—加料段；4—熔化段；5—排气段；6—计量段；
7—模架；8—模具；9—排气口

最近新出现的一种螺杆，一端直径大，另一端直径较小。它利用小直径端进行塑化，大直径顶端完成混炼及注塑。注塑时，螺杆前进，大直径加热料筒的内壁和小直径螺杆外围形成一定的间隙，能有效地进行排气。注塑时，如有塑料沿螺杆轴向反流，可被此间隙所吸收，因此，消除了从排气口流出塑料的危险。

6.6.3 结构发泡注塑

结构发泡材料是指密度在 10~60 kg/m^3 之间的发泡材料。这种制品表面呈封闭的致密表层，而芯部却呈微孔泡沫结构。这种技术自 20 世纪 60 年代初出现以来，已经发展为多种结构发泡的注塑。

此法适用于成型壁厚 5 mm 以上，具有较大质量和尺寸的塑料制品。制品不仅抗弯曲、刚性好、可减少加强筋，而且制品的内应力小，使用过程中不易产生大的变形。结构发泡制品还可进行表面处理，具有机械加工性能好等特点。结构发泡制品与木材近似，可用作木材的替代物，很有发展前途。

结构发泡注塑分为：低压结构发泡注塑、高压结构发泡注塑和夹心注塑 3 种类型。

1. 低压结构发泡注塑

其与普通注塑的区别在于模腔压力低。普通注塑的模腔压力为 30~60 MPa，高压结构发泡注塑为 7~15 MPa，而低压只有 2~7 MPa。在低压结构发泡注塑中，模腔的充料量只占模腔容积的 75%~85%，为欠料注塑。由于低压结构发泡注塑的模腔压力低，因而只需要较小的锁模力。

低压结构发泡注塑通常采用添加化学发泡剂与热塑性塑料一起在料筒内进行混合塑化，使发泡剂均匀地扩散到塑料熔体中，在温度的作用下，发泡剂分解并释放出气体渗入到塑料熔体中，渗入量取决于气体在熔体中的溶解度。熔体与气体的混合物在料筒的贮料室中保持着较大的内压。注塑时，混合料高速流经喷嘴产生剪切热使发泡剂分解，释放出的气体立即使熔体膨胀，并把物料迅速推向型腔壁，在注塑压力下，熔体充满模腔。

低压结构发泡注塑常用的材料有 PS、PE、PP、PPO、PC、PA 及 PU 等。发泡剂多选用化学发泡剂。其用量与发泡剂的种类、性质、制品的原料及结构形状有关。一般发泡剂为加料总质量的 0.3%~0.7%。

低压结构发泡注塑的缺点是只能生产较小的制品：由于普通注塑机的注塑量和模腔尺寸较小，而注塑速度慢致使结构泡沫制品的密度大。拟生产较大制品时，必须选用大型低发泡注塑机。低压结构发泡注塑也可采用多模具回转注塑机或多喷嘴注塑机。

2. 高压结构发泡注塑

高压结构发泡注塑的注塑机与普通注塑机比较，增加有二次锁模保压装置。当熔体注入模腔后延长一段时间，合模机构的动模板要稍许后移，使模具的动、定模之间有少量分离，使模具的型腔扩大，利于模内塑料熔体发泡膨胀。

高压结构发泡注塑的缺点是：模具费用高，对注塑机提出了二次锁模保压的要求，普通注塑机不能适用。同时，在二次移动模具时，制品容易留下条纹、折痕等，因此，模具制造精度要求更高。

3. 夹心注塑

夹心注塑是随着结构发泡制品的生产和发展而出现的。由于塑料在汽车制造业、电气和生活用品领域内的广泛应用，对厚壁刚性较高的塑料制品的需求增加。普通的注塑制品，因收缩率大，制品表面易出现塌坑，影响外观和平整度。结构发泡注塑虽解决了这一问题，但是采用低压结构发泡注塑，因塑料中含有发泡剂，制品表面常有旋痕和气体痕迹。采用高压结构发泡注塑，模具结构复杂，费用昂贵。

夹心注塑是20世纪70年代投入工业化生产的。至70年代中期又制造出双流道喷嘴和三流道喷嘴，这种夹心注塑模塑如图6.35所示。设置有两个独立的料筒和塑化装置，采用特殊的喷嘴。两个料筒的注塑顺序可以任意调节。

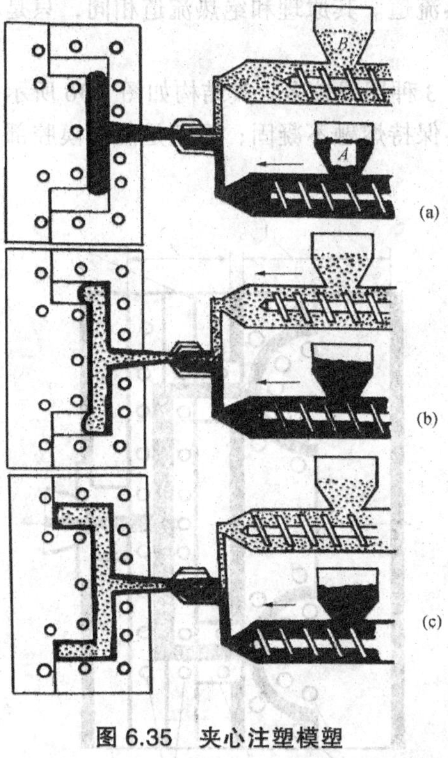

图6.35 夹心注塑模塑

夹心注塑模塑用于生产夹心发泡制品时，先注塑表层材料（即不含发泡剂的A材料），随后将内层材料（含发泡剂的B材料）经同一浇口的另一流道与还在注塑的A材料同时注入模具，最后再次注入A材料使浇口封闭，去掉浇口后的制品就具有闭合的、连续不发泡的表皮和发泡结构的芯层。

夹心注塑制品，由于具有特殊的夹心结构，还可以根据不同的需要选择内、外层材料，将不同塑料各自的优良特性“组合”在一起，得到一般塑料加工无法得到的特殊制品，因而应用较为广泛。但是，当内外层材料不同时，要考虑到两种材料之间的黏合性和材料收缩率的差别，否则内外层材料会发生剥离现象。

6.6.4 无分流道赘物的注塑成型

通常注塑成型制品都带有浇口和流道等赘物，事后需要除去。这不仅浪费注塑机的能量和原料，而且增加回料处理工序，使成本上升。采用无分流道赘物的注塑成型法即可避免以上缺点。其特点是注塑机的喷嘴到模具之间有一个歧管部分，而分流道即分布在内（见图 6.35）。注塑过程中，流道内的塑料是一直保持在熔融流动状态的，而且在脱模时不与制品一同脱出，所以没有分流道赘物。根据塑料的类型不同，保持分流道内塑料为熔融流动状态的措施不同。对热塑性塑料是加热，故亦称为热流道，而对热固性塑料则是冷却，故亦称为冷流道。

热塑性塑料无分流道赘物的注塑成型，其流道形式很多，目前主要有下列 3 种：

（1）热流道模具。流道封闭加热，使塑料在进入模腔以前一直保持熔融状态。

（2）绝热流道模具。流道无外加热，流道系统的热量主要靠料筒来的熔融料所提供。流道中熔料的外表层虽会凝固，但中心始终保持熔融态。

（3）带加热探针的绝热流道。其原理和绝热流道相同，只是在浇口处设有加热探针，以便物料顺利通过浇口。

上述 3 种热流道，以第 3 种用得较多，其结构如图 6.36 所示。图中上部是包括绝热流道系统的模具，使塑料保持熔融不凝固；下部是制品模腔部分，温度较前者低，有利制品的冷却凝固。

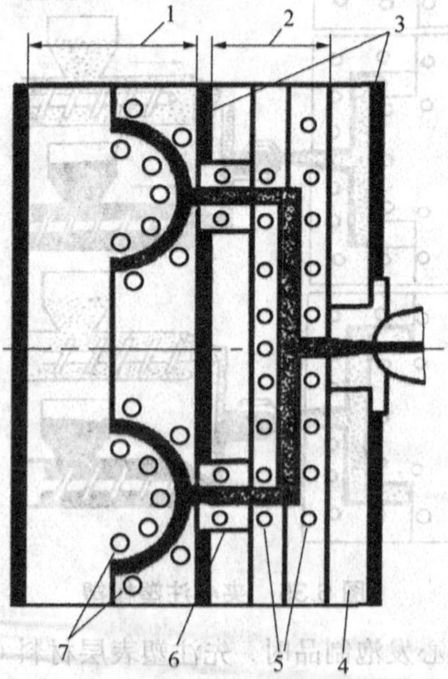

图 6.36 无分流道赘物注塑模的歧管排列

1—热模部分；2—歧管部分；3—绝热层；4—夹板；5—冷却水孔；6—喷头；7—电热筒

6.6.5 共注塑成型

共注塑成型是指用两个或两个以上注塑单元的注塑成型机，将不同的品种或不同色泽的塑料，同时或先后注入模具内的成型方法。此法可生产多种色彩或多种塑料的复合制品。共注塑成型的典型代表有：双色注塑和双层注塑，亦可包括夹层泡沫塑料注塑，不过后者通常是列入低发泡塑料注塑成型中。已如前述，因此这里只简单介绍双色注塑成型。

双色注塑成型这一成型方法是用两个料筒和一个公用的喷嘴所组成的注塑机，通过液压系统调整两个推料柱塞注塑熔料进入模具的先后次序，来取得所要求的不同混色情况的双色塑料制品的。也有用两个注塑装置、一个公用合模装置和两副模具制得明显分色的混合塑料制品的。注塑机的结构如图 6.37 所示。此外，还有生产三色、四色和五色的多色注塑机。

近几年来，随着汽车部件和台式计算机部件对多色花纹制品需要量的增加，又出现了新型的双色花纹注塑成型机，其结构特点如图 6.38 所示。该机具有两个沿轴向平行设置的注塑单元，喷嘴通路中还装有启闭机构。调整启闭阀的换向时间，就能制得各种花纹的制品。

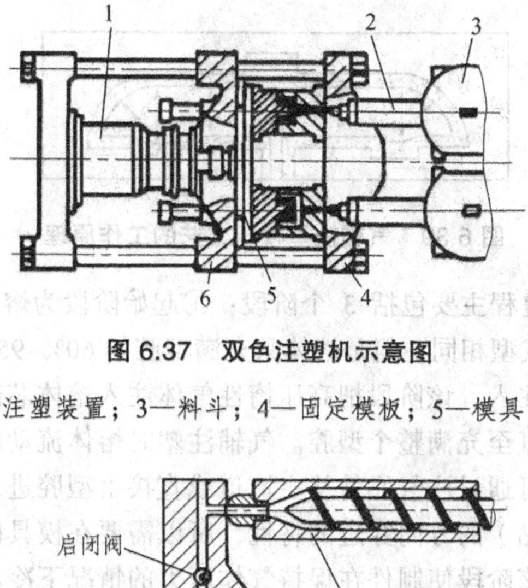

图 6.37 双色注塑机示意图

1—合模油缸；2—注塑装置；3—料斗；4—固定模板；5—模具回转板；6—动模板

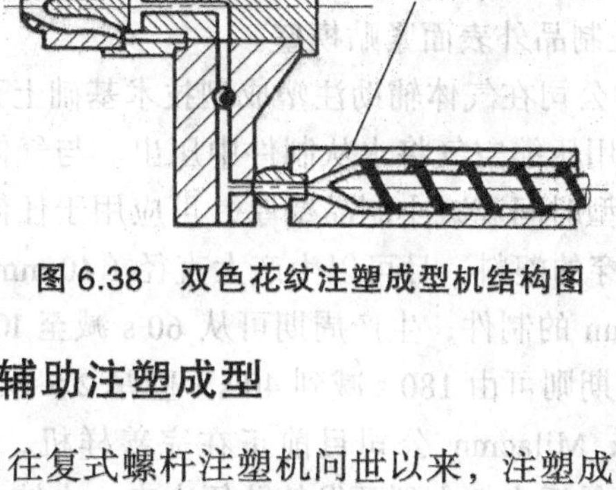

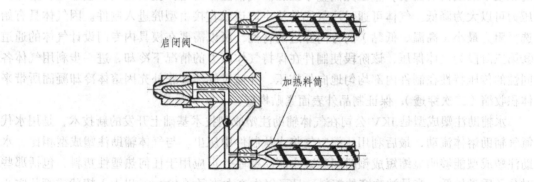

图 6.38 双色花纹注塑成型机结构图

6.6.6 气体（水）辅助注塑成型

气体辅助注塑成型是自往复式螺杆注塑机问世以来，注塑成型技术最重要的发展之一。它通过高压气体在注塑制件内部产生中空截面，利用气体积压，减少制品残余内应力，消除制品表面缩痕，减少用料，显示出传统注塑成型无法比拟的优越性。

气辅注塑过程如图 6.39 所示。首先把部分熔融的塑料注塑到模中，称为“欠料注塑”(Short shot)。接着再注入一定体积和一定压力的惰性气体到熔融塑料流中。由于靠近模具表面部分的塑料温度低，表面张力高，而制件较厚部分中心处塑料熔体的温度高、黏度低，气体易在制件较厚的部位（如加强筋）形成空腔。而被气体所取代的熔融塑料被推向模具的末端，形成所要成型的制件。

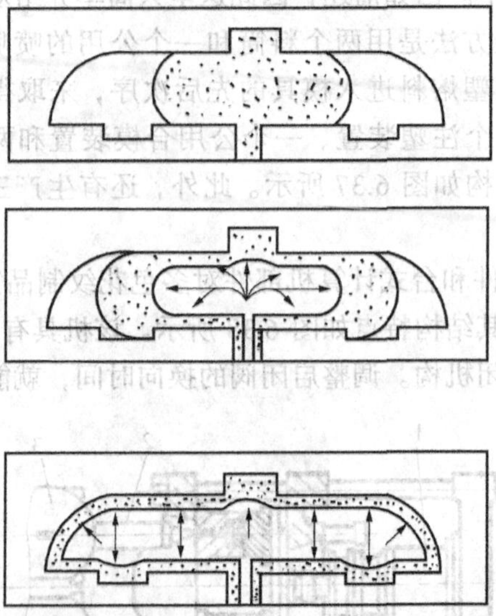

图 6.39 气辅注塑模塑工艺的工作原理

气体辅助注塑的工艺过程主要包括 3 个阶段：①起始阶段为熔体注塑，该阶段把塑料熔体注入型腔，与传统注塑成型相同，但是熔体只充满型腔的 60%~95%，具体的注塑量随产品而异。②第二阶段为气体注入，该阶段把高压惰性气体注入熔体芯部，熔体前沿在气体压力的驱动下继续向前流动，直至充满整个型腔。气辅注塑时熔体流动距离明显缩短，熔体注塑压力可以大为降低。气体可通过注气元件从主流道或直接由型腔进入制件。因气体具有始终选择阻力最小（高温、低黏）的方向穿透的特性，所以需要在模具内专门设计气体的通道。③第三阶段为气体保压，该阶段使制件在保持气体压力的情况下冷却，进一步利用气体各向同性的传压特性在制件内部均匀地向外施压，并通过气体膨胀补充因熔体冷却凝固所带来的体积收缩（二次穿透），保证制品外表面紧贴模壁。

水辅助注塑成型是 IKV 公司在气体辅助注塑成型技术基础上开发的新技术，是用水代替氮气辅助熔体流动，最后利用压缩空气将水从制件中压出。与气体辅助注塑成型相比，水辅助注塑成型能够明显缩短成型时间和减小制品壁厚，可应用于任何热塑性塑料，包括那些相对分子质量较低、容易被吹穿的塑料，且可以生产大直径（40 mm 以上）棒状或管状空心制件，例如，对于直径为 10 mm 的制件，生产周期可从 60 s 减至 10 s（壁厚 1~1.5 mm）；而直径为 30 mm 的制件，生产周期则可由 180 s 减到 40 s（壁厚 2.5~30 mm）。

IKV 公司和 Ferromatik Milacmn 公司目前正在完善样机，其他一些气辅注塑厂商如 Baitenfeld 公司和 Engel 公司最近也加入到开发的队伍中来。水辅助注塑成型主要用于生产表面光滑、重要的介质导管；其质量和经济效益都是气体辅助注塑技术所不及的。

6.6.7 模具滑动注塑成型

模具滑动注成型是由日本制钢所开发的一种两步注塑成型法，主要用于中空制品的成型。其原理是首先将中空制品一分为二，两部分分别注塑形成半成品，然后将两部分半成品和模具滑动至对合位置，二次合模，在制品两部分结合缝再注入塑料熔体（二次注），最后得到完整的中空制品。与吹塑法制品相比，该法制品具有表面精度、尺寸精度高，壁厚均匀且设计自由度大等优点。在制造形状复杂的中空制品时，模具滑动注塑成型法与传统的二次法（如超声波熔接）相比，其优点是：不需要将半成品从模具取出，因而可以避免半成品在模具外冷却所引起的制品形状精度下降的问题；此外还可以避免二次熔接法因产生局部应力而引起的熔接强度降低问题。

6.6.8 熔芯注塑成型

当注塑成型结构上有难以脱模的塑料件，如汽车输油管和进排气管等复杂形状的空心塑料件时，一般是将它们分成两半成型，然后再拼合起来，致使塑料件的密封性较差。随着这类塑料件应用的日益广泛，人们将类似石蜡铸造的熔芯成型工艺引入注塑成型，形成了所谓的熔芯注塑成型方法。

熔芯注塑成型的基本原理是：先用低熔点合金铸造成可熔型芯，然后把可熔型芯作为制件放入模具中进行注塑成型，冷却后把含有型芯的制件从模腔中取出，再加热将型芯熔化。为缩短型芯熔出时间，减少塑料件变形和收缩，一般采用油和感应线圈同时加热的方式，感应加热使可熔型芯从内向外熔化，油加热熔化残存在塑料件内表面的合金表皮。

熔芯注塑成型特别适于形状复杂、中空和不宜机械加工的复合材料制品，这种成型方法与吹塑和气辅助注塑成型相比，虽然要增加铸造可熔芯模具和设备及熔化型芯的设备，但可以充分利用现有的注塑机，且成型的自由度也较大。

熔芯注塑成型中，制件是围绕芯件制成的。制成后芯件随即被熔掉，这似乎与传统基础工业的做法类似，并不新奇。但是关键问题在于芯件的材料，传统的材料是不可能用来作为塑料加工中的芯件的，首先是不够坚硬，难以在成型过程保持其形状，尤其是不能承受压力和熔体的冲击，更主要的是精度绝不适合塑料制品的要求，所以，关键是要找到芯件的合适材料。目前常采用的是 Sn–Bi 和 Sn–Pb 低熔点合金。

熔芯注塑成型已发展成一专门的注塑成型分支，伴随着汽车工业对高分子材料的需求，有些制件已实现批量生产，如网球拍手柄是首先大批量生产的熔芯注塑成型制品；而汽车发动机的全塑多头集成进气管已获得广泛应用；其他新的用途有：汽车水泵、水泵推进轮、离心热水泵、航天器油泵等。

6.6.9 注塑　压缩成型

注塑–压缩成型工艺是为了成型光学透镜面开发的。其成型过程为：模具首次合模，但动模、定模不完全闭合而保留一定的压缩间隙，随后向型腔内注塑熔体；熔体注塑完毕后，由专设的闭模活塞实施二次合模，在模具完全闭合的过程中，型腔中的熔体再一次流动并压实。

与一般的注塑成型相比，注塑–压缩成型的特点是：

（1）熔体注塑是在模腔未完全闭合的情况下进行的，因而流道面积大，流动阻力小，所需的注塑压力也小。

（2）熔体收缩是通过外部施加压力给模腔使模腔尺寸变小（模腔直接压缩熔体）来补偿的，因而型腔的压力分布均匀。

因此，注塑–压缩成型可以减少或消除由充填和保压产生的分子取向和内应力，提高制品材质的均匀性和制品的尺寸稳定性，同时降低塑料件的残余应力。注塑–压缩成型工艺已广泛用于成型塑料光学透镜、激光唱片等高精度塑料件以及难以注塑成型的薄壁塑料件。此外注塑–压缩成型在玻璃纤维增强树脂成型中的应用也日益普及。

6.6.10 剪切控制取向注塑成型

剪切控制取向注塑成型实质是通过浇口将动态的压力施加给熔体，使模腔内的聚合物熔体产生振动剪切流动，在其作用下不同熔体层中的分子链或纤维产生取向并冻结在制件中，从而控制制品的内部结构和微观形态，达到控制制品力学性能和外观质量的目的。将振动引入模腔的方法有螺杆和辅助装置加振两种。

1. 螺杆加振

螺杆加振的工作原理是给注塑油缸提供脉动油压，使注塑螺杆产生往复移动而实现振动，注塑螺杆产生的振动作用于熔体，并通过聚合物熔体把振动传入模腔，从而使模腔中的熔体产生振动，这种振动作用可持续到模具浇口封闭。此种装置比较简单，可以利用注塑机的控制系统或对注塑机的液压和电气控制系统加以改造来实现。

2. 辅助装置加振

辅助装置加振是将加振装置安装在模具与注塑机喷嘴之间，注塑阶段与普遍注塑一样，通常熔体仅通过一个浇口，此浇口活塞后退以保持流道通畅，另一活塞则切断另一流道；模腔充满后，两个保压活塞在独立的液压系统驱动下开始以同样的频率振动，但其相位差 180°。通过两个活塞的往复运动，把振动传入模腔，使模腔中的熔体一边冷却，一边产生振动剪切流动。实验证明，这种工艺有助于消除制品的常见缺陷（如缩孔、裂纹、表面沉陷等），提高熔接线强度；利用剪切控制取向成型技术，通过合理设置浇口位置和数量，可以控制分子或纤维的取向，获得比普通注塑成型制品强度更高的制品。

剪切控制取向注塑成型过程中聚合物熔体被注入模腔后，模腔内开始出现固化层。由于固化层附近速度梯度最大，此处的熔体受到强烈的剪切作用，取向程度最大。中心层附近速度梯度小，剪切作用小，因而取向程度也小。在保压过程中引入振动，使模腔中的聚合物熔体一边冷却，一边受振动的剪切作用，振动剪切产生的取向因模具的冷却作用而形成一定厚度的取向层。同没有振动作用相比，振动剪切流动所产生的取向层厚度远远大于普通注塑所具有的取向层厚度，这就是模腔内引入振动剪切流动能使制品的力学性能得到提高的原因。此外，由于振动产生的周期性的压缩增压和释压膨胀作用，可在薄壁部分产生较大的剪切内热，延缓这些部分的冷却，从而使厚壁部分的收缩能从浇口得到足够的补充，有效防 IE 缩孔、凹陷等缺陷。

6.6.11 推 -拉注塑成型

推 拉注塑成型方法可消除塑料件中熔体缝、空隙、裂纹以及显微疏松等缺陷，并可控制增强纤维的排列，它采用主、辅两个注塑单元和一个双浇口模具。工作时，主注塑单元推动熔体经过一个浇口过量充填模腔。多余的料经另一浇口进入辅助注塑单元，辅助注塑螺杆后退以接受模腔中多余的熔体；然后辅助注塑螺杆往前运动向模腔注塑熔体，主注塑单元则接受模腔多余的熔体。主、辅注塑单元如此反复推拉，形成模腔内熔体的振动剪切流动。当靠近模壁的熔体固化时，芯部的熔体在振动剪切的作用下产生取向并逐渐固化，形成高取向度的制品。一般制品成型需 10 次左右的循环，最高的可达 40 次。

推-拉注塑成型的周期比普通注塑成型的周期长，但由于在推拉运动中材料被冷却固化，保压阶段对于控制收缩和翘曲已不是很重要了。在推-拉注塑成型中，注塑阶段和保压阶段合二为一。用此种注塑工艺对玻璃纤维增强 LCP 的推-拉注塑成型结果表明，与常规的注塑成型相比，材料的拉伸强度和弯曲弹性模量可分别提高 420%和 270%。

6.6.12　层状注塑成型

层状注塑成型是一种兼有共挤出成型和注塑成型特点的成型工艺，该工艺能在复杂制件中任意地产生很薄的分层状态。层状注塑成型同时实施两种不同的树脂注塑，使其通过一个多级共挤模头，各股熔体在共挤模头中逐级分层，各层的厚度变薄而层数增加，最终进入注塑模腔叠加，保留通过上述过程获得的层状形态，即两种树脂不是沿制品厚度方向呈无序共混状态存在的，而是复合叠加在一起。据报道，层状注塑可成型每层厚度为 0.1~10pm，层数达上千层的制品。因层状结构保留了各组分材料的特性，比传统共混料更能充分发挥材料的性能，使其制品在阻隔气体渗透、耐溶剂、透明性方面各具突出优点。

6.6.13　微孔发泡注塑成型

在传统的结构发泡注塑成型中，通常采用化学发泡剂，由于其产生的发泡压力较低，生产的制件在壁厚和形状方面受到限制。微孔发泡注塑成型采用超临界的惰性气体（CO_2、N_2）作为物理发泡剂，其工艺过程分为 4 步：

（1）气体溶解：将惰性气体的超临界液体通过安装在构件上的注塑器注入聚合物熔体中，形成均相聚合物／气体体系。

（2）成核：充模过程中气体因压力下降从聚合物中析出而形成大量均匀气核。

（3）气泡长大：气泡在精确的温度和压力控制下长大。

（4）定型：当气泡长大到一定尺寸时，冷却定型。

微孔发泡与一般的物理发泡有较大的不同：首先，微孔发泡加工过程中需要大量惰性气体（如 CO_2，N_2）溶解于聚合物，使气体在聚合物中呈饱和状态，采用一般物理发泡加工方法不可能在聚合物-气体均相体系中达到这么高的气体浓度。其次，微孔发泡的成核数要大大超过一般物理发泡成型。物理发泡成型采用的是热力学状态逐渐改变的方法，易导致产品中出现大的泡孔以及泡孔尺寸分布不均匀的弊病。微孔塑料成型过程中热力学状态迅速地改变，其成核速率及泡核数量大大超过一般物理发泡成型。

与一般发泡成型相比，微孔发泡成型有许多优点：其一是它形成的气泡直径小，可以生产因一般泡沫塑料中微孔较大而难以生产的薄壁（1 mm）制品；其二是微孔发泡材料的气孔为闭孔结构，可用于阻隔性包装产品；其三是生产过程中采用 CO_2 或 N_2，因而没有环境污染问题。

美国 Trexel 公司在 MIT 微孔发泡概念的基础上，将微孔发泡注塑成型技术实现了工业化，形成了 MuCell 专利技术。MuCell 工艺用于注塑的主要优点是：反应为吸热反应，熔体黏度低，熔体和模具温度低，因此制品成型周期、材料消耗和注塑压力及锁模力都降低了，而且其独特之处还在于这种技术可用于薄壁制品以及其他发泡技术无法发泡制品的注塑。MuCell 在注塑成型技术上的突破为注塑制品生产提供了以前其他注塑工艺所不具有的巨大能力，为新型制品设计、优化工艺和降低产品成本开拓了新的途径。

复习思考题

一、名称解释

1. 注塑成型；2. 主流道；3. 浇口；4. 成型周期；5. 公称注射量；6. 背压；7. 嵌件；8. 退火与调湿处理；9. 热固性塑料的传递模塑；10. RIM；11. 发泡注塑；12. 气辅注塑。

二、填空题

1. 注塑机主要由 4 部分组成，分别是____、____、____和____。
2. 合模系统分为____、____和____3 种方式。
3. 浇注系统包括：____、____、____和____。
4. 注塑成型控制的关键工艺参数有____、____和____。

三、简答题

1. 注塑机的注塑系统有哪几种类型？各自有哪几部分组成和有何特点？
2. 叙述注塑过程中注塑机螺杆的动作过程及相应的作用。
3. 注射螺杆与挤出螺杆的区别有哪些？
4. 在柱塞式注塑机中分流梭的作用是什么？
5. 注塑机的喷嘴有哪几类?分别适用什么物料?
6. 对螺杆头部的要求有哪些？
7. 注塑机的合模系统有哪几种？各自有何特点？
8. 注射机的基本参数包括哪些？做简要描述。
9. 完整的注塑成型工艺过程包括哪些环节，做简要描述。
10. 注塑成型工艺参数有哪些？论述注塑成型工艺参数设定影响因素。
11. 热固性塑料的注塑成型与热塑性塑料注塑成型有哪些区别？对设备和工艺控制有何要求？
12. 论述反应注塑成型的基本原理及工艺要求。
13. 注塑制品的最大质量问题是什么?这些问题是怎样形成的?在工艺上怎样解决?
14. 注塑制件通常要做哪些后处理？目的是什么？
15. 试述塑料注塑机的浇注系统，其组成和各自的作用。
16. 试问一旦在注塑制件中发现未熔的颗粒料，将如何调整工艺参数以获得理想的注塑制品?
17. 查阅文献，描述最新发展的注塑成型工艺技术及其原理。

第 7 章　中空吹塑成型

本章要点

知识要点

✧ 中空吹塑成型的概念、原理
✧ 中空吹塑成型设备
✧ 挤出　吹塑、注塑　吹塑和拉伸　吹塑成型工艺过程及关键工艺因素控制
✧ 中空吹塑成型技术的最新进展

掌握程度

✧ 理解中空吹塑成型的概念、原理
✧ 了解中空吹塑成型设备的构成
✧ 掌握挤出　吹塑、注塑　吹塑和拉伸　吹塑成型工艺过程及关键工艺因素控制方法
✧ 了解中空吹塑成型技术的最新进展

背景知识

✧ 高分子材料的结构与性能的关系；高分子材料成型加工原理、高分子共混改性、高分子加工流变特性；高分子成型模具

7.1 概　述

7.1.1 中空吹塑成型的发展

中空吹塑成型（Blow Molding，又称为吹塑模塑）是制造空心塑料制品的主要成型方法。它借鉴历史悠久的玻璃容器吹制工艺发展成为现代的塑料吹塑技术。

1949 年，德国的 Norbert 和 Reinold Hagen 兄弟发明了用热塑性塑料生产瓶子的加工方法和装置，并于 1950 年 5 月申请了专利，从此挤出中空成型在欧洲开始发展。20 世纪 80 年代中期，吹塑技术迅速发展，制品的应用领域已扩展到形状复杂、功能独特的办公用品、家用电器、家具、文化娱乐用品及汽车工业用零部件，如保险杠、汽油箱、燃料油管等，具有更高的技术含量和功能性，因此，又称为“工程吹塑”。

7.1.2 中空吹塑成型的原理及分类

中空吹塑成型是借助气体压力使闭合在模腔内尚处于半熔融态的型坯吹胀成为中空制品的二次成型技术。吹塑制品生产由塑料型坯制造和型坯吹胀与制品冷却 3 个阶段构成。

中空吹塑成型可以有不同的分类方法，根据管坯成型方法不同分挤出吹塑和注射吹塑；根据成型工艺不同分普通吹塑、拉伸吹塑、挤出拉伸吹塑和注射拉伸吹塑；根据管坯层数不同分单层吹塑和多层吹塑。此外，还有三维吹塑、压制吹塑、蘸涂吹塑和发泡吹塑等。

注射吹塑是用注射成型法先将塑料制成有底型坯，再把型坯移入吹塑模内进行吹塑成型。该法生产的制品精度高，质量好，适于大批量产品，但价格较高。注射吹塑的优点是：加工过程中没有废料产生，能很好地控制制品的壁厚和物料的分散，细颈产品成型精度高，产品表面光洁，能经济地进行小批量生产。缺点是成型设备成本高，而且在一定程度上仅适合于成型小制品。

挤出吹塑的管坯直接由挤出机挤出，并垂挂在安装于机头正下方的型腔中，当下垂的型坯达到规定的长度后立即合模，并靠模具的切口将管坯切断，从模具分型面的小孔压缩空气，使型坯吹胀紧贴模壁，经保压、冷却定型后开模取出制品。该生产方法简单、产量高、应用较多。挤出吹塑的优点是生产效率高，设备成本低，模具和机械的选择范围广。缺点是废品率较高，废料的回收、利用差，制品的厚度控制和原料的分散性受限制，成型后必须进行修边操作。

拉伸吹塑成型是双轴定向拉伸的一种吹塑成型方法。该方法是先将型坯进行纵向拉伸，然后用压缩空气进行吹胀达到横向拉伸。产品经拉伸后强度提高，气密性好，可加工双轴取向的制品，极大地降低了生产成本并改进了制品性能。

多层吹塑是中空吹塑的高端技术，是通过复合机头把几种不同的原料挤出吹制成中空制品，主要产品有高档汽车燃油箱、毒性较大的农药包装等，层数为 2~6 层不等。制品综合性能好，适于包装要求高的产品。

7.1.3 中空吹塑成型的产品及原材料

中空吹塑不仅用于成型各种瓶子，而且用于成型大小不同、形状各异的生活品和工业品的容器，以及各种复杂的中空工业零部件，特别是汽车工业的零部件，现已广泛应用于化工、交通运输、农业、食品、饮料、化妆品、药品、洗涤制品、儿童玩具等领域中。吹塑制品具有优良的耐环境应力开裂性、气密性、耐冲击性、耐药品性、抗静电性、韧性和耐挤压性等。

中空吹塑常用塑料原料有聚乙烯、聚氯乙烯、聚丙烯、聚苯乙烯、乙烯–醋酸乙烯共聚物、聚对苯二甲酸乙二醇酯（PET）、聚碳酸酯、聚酰胺等，其中以聚乙烯用量大，使用最为广泛。凡熔体流动速率在 0.04~1.12 范围内都是较优的吹塑材料。低密度聚乙烯用作食品包装容器，高低密度聚乙烯混合料用于制造各种商品容器。超高相对分子质量聚乙烯用于制造大型容器及燃料罐。聚氯乙烯塑料因透明度和气密性优良，多用于制造矿泉水和洗涤剂瓶；聚丙烯因其气密性、耐冲击强度都较聚氯乙烯和聚乙烯差，吹塑用量有限，自从采用双向拉伸吹塑工艺后，聚丙烯的透明度和冲击强度均有较大提高，宜于制作薄壁瓶子，多用于洗涤剂、药品和化妆品的包装容器；而聚对苯二甲酸乙二醇酯因透明性好、韧性高、无毒、已大量用于饮料瓶等。“工程吹塑”所用的塑料已扩展到超高相对分子质量高密度聚乙烯、聚酰胺塑料及其合金、聚甲醛、聚碳酸酯等。

7.2　中空吹塑成型设备

中空吹塑包括挤出吹塑、注射吹塑和拉伸吹塑，拉伸吹塑又包括挤出—拉伸—吹塑和注射—拉伸—吹塑，其生产过程都是由型坯的制造和型坯的吹胀组成。挤出吹塑和注射吹塑的不同点：前者是挤塑制造型坯，后者是注塑制造型坯。拉伸吹塑则增加一纵向拉伸棒，使制品在吹塑时横向吹胀（拉伸）外，在纵向也受到拉伸以提高其性能，吹塑过程基本上是相同的。

7.2.1　型坯成型设备

挤出型坯有间断挤出和连续挤出两种方式。间断挤出是型坯达规定长度后，挤出机螺杆停止转动和出料，待型坯吹胀冷却定型完成一个生产周期后，再启动挤出机挤出下一个型坯。连续挤出，是挤出机连续生产预定长度的型坯，由移动模具接纳，并在机头处切断，送至吹塑工位或由传送机械装置夹住型坯送往后续工序。由于连续挤出法能充分发挥挤出机的能力，提高生产效率，因此，被大量采用。

型坯的质量直接影响最终产品的性能和产量，而影响型坯质量的主要设备因素是挤出机机头和口模的结构。

1. 挤出机

（1）挤出机应具有可连续调速的驱动装置，在稳定的速度下挤出型坯。型坯的挤出速率与最佳吹塑周期相适应。

（2）挤出机螺杆的长径比应适宜。长径比太小，物料塑化不均匀，供料能力差，型坯的温度不均匀；长径比大些，分段向物料进行热和能的传递较充分，料温波动小，料筒加热温度较低，使型坯温度均匀，可提高产品的精度及均匀性，并适用于热敏性塑料的生产。对于给定的贮料温度，料筒温度较低，可防止物料的过热分解。

（3）型坯在较低的温度下挤出，由于熔体黏度较高，可减少型坯下垂保证型坯厚度均匀。有利于缩短生产周期，提高生产效率。但是在挤出机内会产生较高的剪切和背压，要求挤出机的传动和止推轴承应坚固耐用。

2. 机头及口模

机头包括多孔板、滤网连接管与型芯组件等。

对机头的设计要求是：流道应呈流线型，流道表面要有较高的光洁度，没有阻滞部位，防止熔料在机头内流动不畅而产生过热分解。

1）转角式机头

转角式机头是由连接管和与之呈直角配置的管式机头组成，结构如图 7.1 所示。

这种机头内流道有较大的压缩比，口模部分有较长的定型段，适合于挤出聚乙烯、聚丙烯、聚碳酸酯、ABS 等塑料。但因熔体流动方向由水平转向垂直，熔体在流道中容易产生滞留，加之进入连接管环状截面各部位到机头口模出口处的长度有差别，机头内部的压力平衡受到干扰，会造成机头内熔体性能差异，为使熔体在转向时能自由平滑地流动，不产生滞留点和熔接线，多设计成螺旋状流动导向装置和侧面进料机头。其结构如图 7.2 所示。

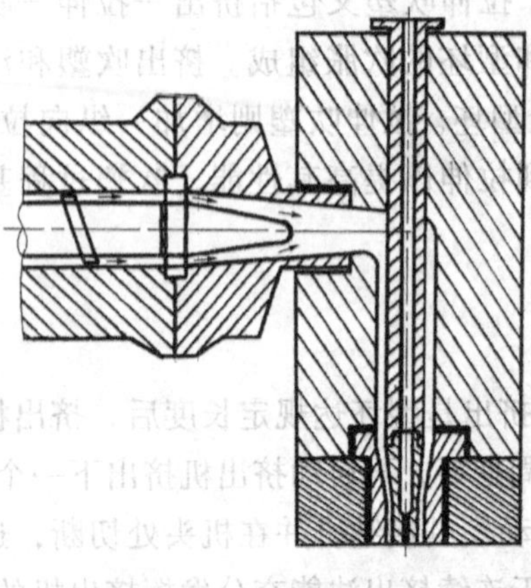

图 7.1　与型坯挤出方向成直角的管式机头

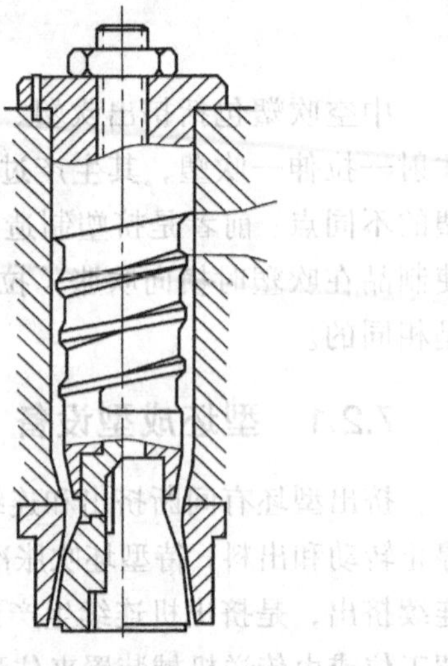

图 7.2　使用螺旋状沟槽心轴的机头

这种结构使熔体流道更加流线型化，螺旋线的螺旋角为 45°~60°。收敛点机加工成刃形，位于型芯一侧，与侧口进料口相对，在侧向进料口中心线下方 16~19 mm，但这种结构还不能完全消除熔接线。改进的措施：一是各分流道的物料应充分汇合，以达到在机头内均匀的停留时间；二是提高机头压力，促进熔体的熔合。

2）直通式机头

直通式机头与挤出机呈一字形配置，从而避免塑料熔体流动方向的改变，可防止塑料熔体过热而分解。直通式机头的结构能适应热敏性塑料的吹塑成型，常用于硬聚氯乙烯透明瓶的制造。

3）带贮料缸的机头

生产大型吹塑制品，如啤酒桶及垃圾箱等，由于制品的容积较大，需要一定的壁厚以获得必要的刚度，因此需要挤出大的型坯，而大型坯的下坠与缩径严重，制品冷却时间长，要求挤出机的输出量大。对大型制品，一方面要求快速提供大量熔体，减少型坯下坠和缩径，另一方面，大型制品冷却期长，挤出机不能连续运行，从而发展了带有贮料缸的机头。其结构如图 7.3 所示。

由挤出机向贮料缸提供塑化均匀的熔体，按照一定的周期所需熔体数量贮存于贮料缸内。在贮料缸系统中由柱塞（或螺杆）定时、间歇地将所贮物料（熔体）全部迅速推出，形成大型的型坯，高速推出物料减轻大型型坯的下坠和缩径，克服型坯由于自重产生下垂变形而造成制品壁厚的不一致，同时挤出机可保持连续运转，为下一个坯型备料。该机头既能发挥挤出机的能力，又能提高型坯的挤出速度，缩短成型周期。但应注意，当柱塞推动速度过快，熔体通过机头流速太大，可能产生熔体破碎现象。

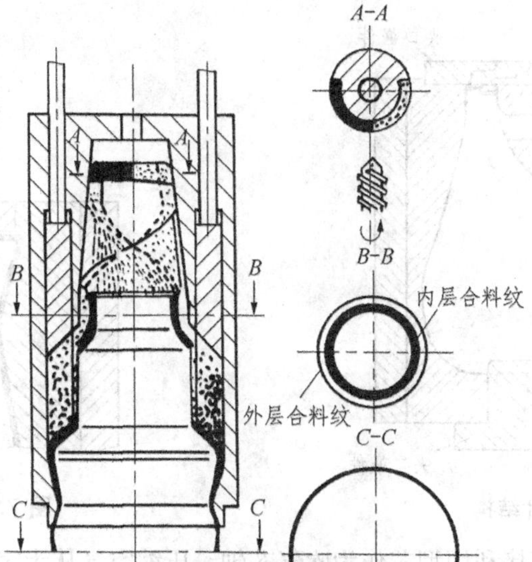

图 7.3　带贮料缸式机头

7.2.2　型坯吹胀设备

型坯进入模具并闭合后，吹胀装置即将管状型坯吹胀成模腔所具有的精确形状，进而冷却、定型、脱模取出制品。吹胀装置包括吹气系统、模具及其冷却系统、排气系统等部分。

1．吹气系统

吹气系统应根据设备条件、制品尺寸、制品厚度分布要求等选定。空气压力应以吹胀型坯得到轮廓图案清晰的制品为原则。一般有针管吹气、型芯顶吹、型芯底吹等 3 种方式。

1）针吹法

如图 7.4 所示，吹气针管安装在模具型腔的半高处，当模具闭合时，针管向前穿破型坯壁，压缩空气通过针管吹胀型坯，然后吹针缩回，熔融物料封闭吹针遗留的针孔。另一种方式是在制品颈部有一伸长部分，以便吹针插入，又不损伤瓶颈。在同一型坯中可采用几支吹针同时吹胀，以提高吹胀效果。

针吹法的优点是：适于不切断型坯连续生产的旋转吹塑成型，吹制颈尾相连的小型容器，对无颈吹塑制品可在模具内部装入型坯切割器，更适合吹制有手柄的容器，手柄本身封闭与本体互不相通的制品。缺点是：对开口制品由于型坯是夹住的，为获得合格的瓶，需要整饰加工，模具设计比较复杂，不适宜大型容器的吹胀。

2）顶吹法

如图 7.5 所示，顶吹法是通过型芯吹气。模具的颈部向上，当模具闭合时，型坯底部夹住，顶部开口，压缩空气从型芯通入，型芯直接进入开口的型坯内并确定颈部内径，在型芯和模具顶部之间切断型坯，较先进的顶吹法型芯是由两部分组成。一部分定瓶颈内径，另一部分是在吹气型芯上滑动的旋转刀具，吹气后，滑动的旋转刀具下降，切除余料。

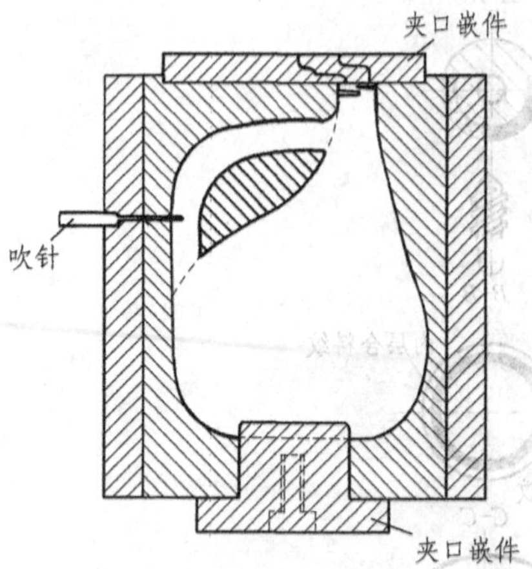

图 7.4 吹针结构

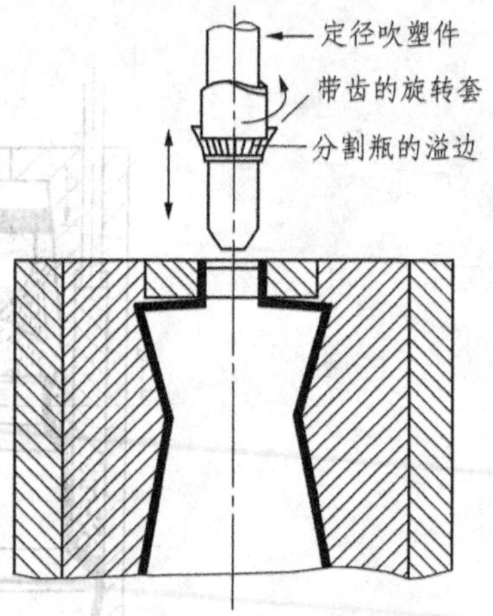

图 7.5 顶吹装置

顶吹法的优点是：直接利用型芯作为吹气芯轴，压缩空气从十字机头上方引进，经芯轴进入型坯，简化了吹气机构。顶吹法的缺点是：不能确定内径和长度，需要附加修饰工序。压缩空气从机头型芯通过，影响机头温度。为此，应设计独立的与机头型芯无关的顶吹芯轴口。

3）底吹法

底吹法的结构如图 7.6 所示。挤出的型坯落到模具底部的型芯上，通过型芯对型坯吹胀，型芯的外径和模具瓶颈配合以固定瓶颈的内外尺寸。为保证瓶颈尺寸的准确，在此区域内必须提供过量的物料，这就导致开模后所得制品在瓶颈分型面上形成两个耳状飞边，需要后加工修饰。

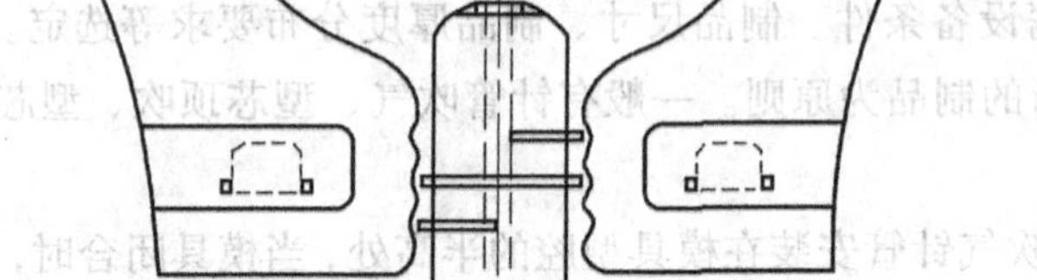

图 7.6 底吹结构

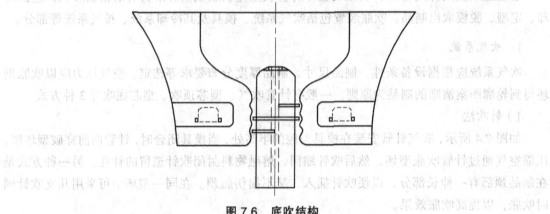

底吹法适用于吹塑颈部开口偏离制品中心线的大型容器，有异形开口或有多个开口的容器。

底吹法的缺点：进气口选在型坯温度最低的部位，也是型坯自重下垂厚度最薄的部位，当制品形状较复杂时，常造成制品吹胀不充分。另外，瓶颈耳状飞边修剪后会留下明显的痕迹。

2. 吹塑模具

吹塑模具通常是由两瓣模构成，并分别设有冷却和排气系统。

1）模具的材质要求

吹塑模具结构较简单，生产过程中所承受压力不大，对模具的强度要求不高。常选用铝、锌合金、铍铜和钢材等。模具内表面应光滑，以提高制品的表面光泽。

2）模具的冷却系统要求

冷却系统直接影响制品性能和生产效率，需要合理设计和布置。一般原则是：冷却水道与型腔的距离各处应保持一致，保证制品各处冷却收缩均匀。其距离一般为 10~15 mm。在满足模具强度要求下，距离越小，冷却效果越好；冷却介质（水）的温度保持在 5~15°C 为宜；为加快冷却，模具可分为上、中、下 3 段分段冷却，按制品形状和实际需要来调节各段冷却水流量，以保证制品质量。

3）模具的排气系统要求

排气系统是用以在型坯吹胀时，排除型坯和模腔壁之间的空气。如排气不畅，吹胀时型腔内的气体会被强制压缩滞留在型坯和模腔壁之间，使型坯不能紧贴型腔壁，导致制品表面产生凹陷和皱纹，图案和字迹不清晰，不仅影响制品外观，甚至会降低制品强度。因此，模具应设置排气孔或排气槽。排气孔（或槽）的形式、位置和数量应根据型腔的形状而定，排气孔（槽）均直接与制品接触，要求加工精度比较高。

7.2.3　辅助设备

1. 型坯的厚度控制装置

型坯从机头口模挤出时，会产生离模膨胀现象，使型坯直径和壁厚大于口模间隙，悬挂在口模上的型坯由于自重会产生下垂，引起伸长，使纵向厚度不均和壁厚变薄而影响型坯的尺寸。控制型坯尺寸的方式有：

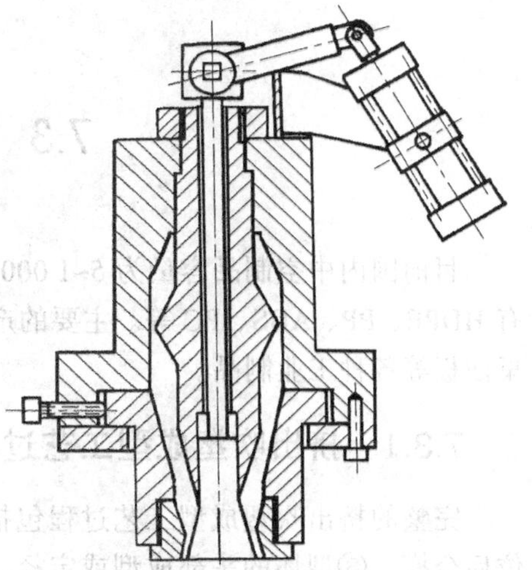

图 7.7　圆锥形口模控制型坯厚度

（1）调节口模间隙。在口模处安装调节螺栓以调节口模间隙。用圆锥形的口模，通过液压缸驱动芯轴上下运动，调节口模间隙，以控制型坯壁厚，如图 7.7 所示。

（2）改变挤出速度。挤出速度越大，由于离模膨胀，型坯的直径和壁厚也就越大。利用这种原理挤出，使型坯外径恒定，壁厚分级变化，能改善型坯下垂的影响和适应离模膨胀，并赋予制品一定的壁厚，又称为差动挤出型坯法。

（3）改变型坯牵引速度。周期性改变型坯牵引速度来控制型坯的壁厚。

（4）预吹塑法。当型坯挤出时，通过特殊刀具切断型坯使之封底，在型坯进入模具之前吹入空气称为预吹塑法。在型坯挤出的同时自动地改变预吹塑的空气量，可控制有底型坯的壁厚。

（5）型坯厚度的程序控制。通过改变挤出型坯横截面的壁厚来达到控制吹塑制品壁厚和质量的方法。

吹塑制品的壁厚取决于型坯各部位的吹胀比。吹胀比越大，该部位壁越薄，吹胀比越小，壁越厚。形状复杂的中空制品，为获得壁厚均匀，对不同部位型坯横截面的壁厚应按吹胀比的大小而变化。而型坯横截面壁厚是由机头芯棒和外套之间的环形间隙所决定，因此，改变机头芯棒和环形间隙就能改变型坯横截面壁厚。

2. 型坯长度控制装置

型坯的长度直接影响吹塑制品的质量和切除尾料的长短，尾料涉及原材料的消耗。型坯长度决定于在吹塑周期内挤出机螺杆的转速。转速快，型坯长，转速慢，型坯短。此外，加料量波动、温度变化、电压不稳、操作变更均会影响型坯长度。

控制型坯长度，一般采用光电控制系统。通过光电管检测挤出型坯长度与设定长度之间的变化，通过控制系统自动调整螺杆转速，补偿型坯长度的变化，并减少外界因素对型坯长度的影响。这种系统简单实用、节约原材料，尾料耗量可降低约 5%。通常型坯厚度与长度控制系统多联合使用。

3. 型坯切断装置

当型坯达到要求长度后应进行切断。切断装置要适应不同塑料品种的性能。在两瓣模组成的吹胀磨具中，是依靠模腔上、下口加工成刀刃式切料口切断型坯。切料口的刀刃形状直接影响产品的质量。切料口的刀刃有多种形式，自动切刀有平刃和三角形刀刃。对硬聚氯乙烯透明瓶型坯，一般采用平刃刀，而且对切刀应进行加热。

7.3 挤出吹塑成型

目前国内中空制品容量为 5~1 000 L，用量最大的是挤出吹塑成型工艺。采用的原料主要有 HDPE、PP、ABS、PC 等。主要的产品为各类化工产品包装桶、汽车油箱、汽车通风管件、桌面板等各种工业制品。

7.3.1 挤出吹塑成型工艺过程

完整的挤出吹塑成型工艺过程包括：①挤出型坯。②型坯达到预定长度时，夹住型坯定位后合模。③型坯的头部成型或定径。④压缩空气导入型坯进行吹胀，使之紧贴模具型腔形成制品。⑤在模具内冷却定型。⑥开模脱出制品，对制品进行修边、整饰。实现这些工艺过程有多种方式和类型，并可实现自动化。如图 7.8 和 7.9 所示。

图 7.8 挤出吹塑成型示意图

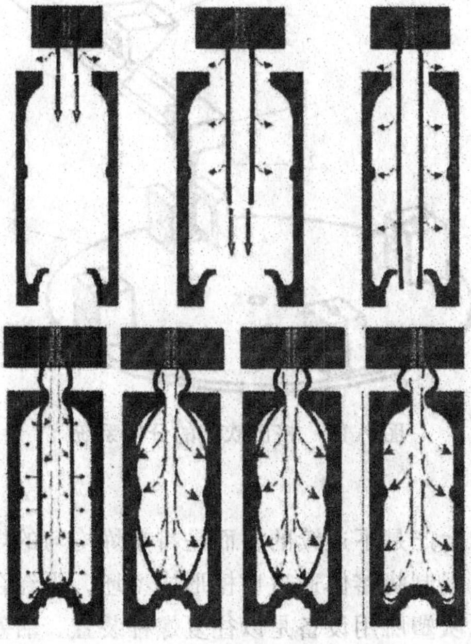

图 7.9　挤出吹塑成型工艺过程

就挤出型坯而论，主要有间歇挤出和连续挤出两种方式。间歇挤出型坯、合模、吹胀、冷却、脱模都是在机头下方进行。由于间歇挤出物料流动中断，易发生过热分解，而挤出机的能力不能充分发挥。多用于聚烯烃及非热敏性塑料的吹塑。

连续挤出型坯，即型坯的成型和前一型坯的吹胀、冷却、脱模都是同步进行的。连续挤出型坯有往复式、轮换出料式和转盘式 3 种，适用于多种热塑性树脂的吹塑，熔融塑料的热降解可能性较小，并能适用于 PVC 等热敏性塑料的吹塑。

1. 连续挤出吹塑

连续挤出吹塑方法的型坯是连续不断的，通过切断、移送型坯至吹塑模具中或移动吹塑模于口模下方，再进行合模、吹胀和冷却定型。根据移动吹塑模的方式不同，有往复式、转换式和转盘式（见图 7.10）。此法适用于生产容积为 10~30 L 的中空制品，制品质量可以从几克到几千克。所用设备一般由挤出装置、口模、吹塑模具、锁模装置及吹气装置等构成（见图 7.11）。

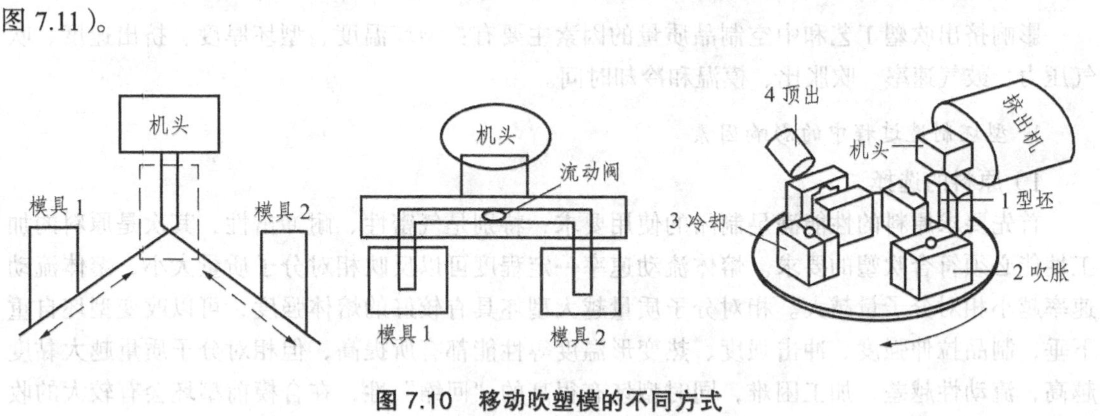

图 7.10　移动吹塑模的不同方式

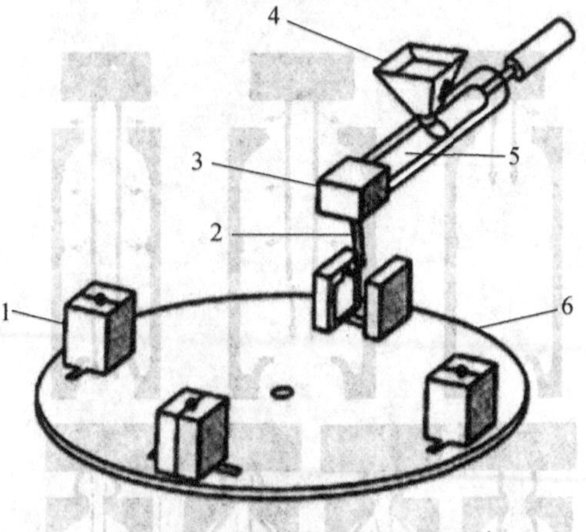

图 7.11 挤出吹塑的分模系统

2. 间歇挤出吹塑

间歇挤出吹塑即型坯的生产是不连续的，而是将塑炼均匀的熔体储存于中间容器，然后借助于活塞或螺杆的移动，强制将熔体通过口模形成型坯，再经合模、吹胀和冷却定型，最终得到中空制品。间歇挤出吹塑所用设备是以往复螺杆装置、活塞储料缸装置和储料缸口模装置（见图 7.12）3 种形式为基础构成的。活塞储料缸装置是把经螺杆挤出机塑炼的熔体储存于由活塞、料筒组成的储料缸中，当熔体达到预定量时，推动活塞使熔体经口模而制成型坯。

相对连续挤出吹塑来说，这种方法可以生产大型中空制品，制品质量从几千克到上百千克，所用塑料对热是稳定的。

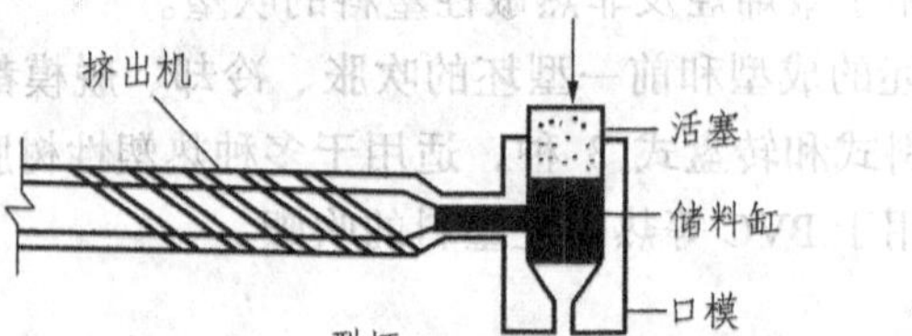

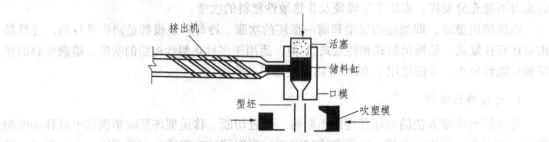

图 7.12 储料缸口模装置图

7.3.2 挤出吹塑成型工艺控制因素

影响挤出吹塑工艺和中空制品质量的因素主要有：型坯温度、型坯厚度、挤出速度、吹气压力、鼓气速率、吹胀比、模温和冷却时间。

1. 型坯制造过程中的影响因素

1）原料的选择

首先要求原料的性能满足制品的使用要求，特别是气密性、耐冲击性；其次是原料的加工性能必须符合吹塑的要求。熔体流动速率一定程度可以反映相对分子质量大小，熔体流动速率越小相对分子量越大。相对分子质量越大型坯具有较好的熔体强度，可以改变型坯自重下垂，制品拉伸强度、冲击强度、热变形温度等性能都有所提高，但相对分子质量越大黏度越高，流动性越差，加工困难，同时型坯有很高的“回缩”性，在合模前型坯会有较大的收缩。同样的条件下，型坯不稳定，流动现象加剧，甚至熔体破裂。因此，考虑设备加工能力与工艺可行性，要选择适当熔融指数的聚合物，低熔融指数树脂吹塑时有利于防止型坯下垂，容易得到壁厚均匀的管坯。但是螺杆转速增高时，低熔融指数的树脂外观粗糙。因此，对于上述熔融指数范围的选用，大中型吹塑制品以防止型坯下垂为主，宜偏低一点，即相对分子质量大的；小型吹塑制品选偏高一点，即相对分子质量小的。如 HDPE 取熔体流动速率为 0.25~0.35 g/10min，LDPE 取 0.1~0.4 g/10min，LLDPE 为 0.8 g/10min 左右。

2）螺杆转速和挤出速度对挤出管坯的影响

螺杆转速直接影响挤出机产量和制品型坯质量，其值取决于螺杆及挤出制品的尺寸和形状以及原材料的种类等。增加螺杆的转速能显著提高挤出机产量，但功率消耗也相应增加，而为了提高产量，采用较高转速是有利的。同时，由于螺杆对物料剪切作用的增强，提高螺杆转速还能提高物料的塑化效果，改善制品的外观质量。但螺杆转速过高，塑料在机筒内停留时间变短，造成熔体温度不均匀，型坯表面质量下降，尤其是剪切速率增大，造成高密度聚乙烯塑料可能出现熔体破裂现象。而且转速提高时大量摩擦热的产生使塑料有瞬间降解的危险。所以应根据实际情况调节螺杆的转速：①一般吹塑机都选用大一点的挤出装置，螺杆转速在 35~70 r/min 以下。②在生产过程中，螺杆转速应稳定，进料量无太大变化，以确保型坯挤出时，挤出的型坯长短变化不大，型坯质量稳定。③机头熔体压力应维持在一定范围内，熔体压力增加熔融物料通过挤出机机头时的压力，挤出产品质地致密，有利于提高制品质量。对色母料着色的高分子聚乙烯，足够的熔体压力可使型坯有良好的外观，减少“晶点”和云雾状花纹。但是，因杂物堵塞机头网板，造成熔体压力过高，会增加挤出机负荷导致超载损伤机器，应及时更换、清洗网板，使进入机头的熔体维持稳定的压力。为减少因自重而引起的型坯下垂与缩径，一般要求型坯挤出尽可能快。但是挤出速度快，熔体压力增大，聚合物在高压下体积收缩较大，分子间作用力增大，黏度增大，有时甚至会增加 10 倍以上，从而影响了流动性。另外，聚合物的熔体黏度对口模剪切作用很敏感，在操作过程中剪切速率的微小变化都会引起黏度的显著改变，型坯表面质量下降。尤其是剪切速率增大可能出现熔体破裂现象。

3）中空吹塑挤出机温度设置

吹塑成型过程中，在挤出口模结构尺寸一定的情况下，支配型坯形状的关键是材料的黏弹性行为，而温度的高低直接影响型坯的形状稳定性和吹塑制品的表观质量。挤出机温度设定低，挤出机负载大，塑料塑化不良，熔体黏度大，流动困难，剪切应力增加。提高挤出机的加热温度，可降低聚合物熔体的挤出口模压力和熔体黏度，使熔体黏度达到成型操作的要求，改善熔体的流动性，降低挤出机的功率消耗，同时，适当的机筒温度，使提高螺杆转速不会影响物料的混炼塑化效果，有利于改善最终制品的强度和光亮度。储料机头温度太高，塑料的型坯强度明显降低，易发生型坯切口处料丝牵挂，型坯打褶，挤出的型坯易因自重出现下垂现象；模具夹持口不能迫使足够量的熔料进入拼缝线内，造成底薄、拼接缝处强度不足和冷却时间增长等弊病。温度过低，也会造成型坯壁厚不易受到控制，壁厚不均明显增大，吹塑易破裂。熔料的“模口膨胀”效应会变得更严重，壁厚不均和内应力增大，甚至出现熔接不良、模面轮廓花纹不清晰等现象。温度过低，还会造成挤出后型坯长度方向收缩和壁厚增大，离模膨胀效应加强，表面质量下降，严重时会出现如“鲨鱼皮”和“熔体破裂”等不稳定流动现象。

合适温度设定原则：①由于挤出温度不仅与外热量有关，也与挤出机螺杆特性与螺杆速度有关。在挤出温度设定时，也应依据挤出机特性与速度进行设定、摸索和调整。②在既能挤出光滑而均匀的型坯，传动系统又不超载的前提下，为保证型坯有较高的熔体强度，应尽可能采用较低的加热温度。③挤出型坯过程中温度控制的精确度对于型坯质量影很大，料筒与储料缸各段温度应能可靠设置，确保电加热完好与热电偶测量准确，温度控制电器可靠，储料缸机头各段温度必须均匀，周向温度一致，两半电加热连接空隙距离不能太大。④IKV 型挤出机在使用时，对强制冷却段的温度有比较严格的要求，进料段温度高，进料不稳定，影响挤出量并提高了熔体温度，严重的会导致料斗内物料“架桥”或“抱螺杆”现象。进料段温度低，带走了塑化段的大量热量，热量损失大。⑤熔体对口模温度比较敏感，过高与过低的口模温度都会造成熔体破裂。

4）口模对挤出管坯的影响

口模是决定型坯尺寸及形状的重要装置，要求内表面光洁度、尺寸必须按设计要求加工。型坯从口模挤出时，会产生膨胀现象，使型坯直径和壁厚大于口模间隙，影响型坯尺寸。控制型坯尺寸的方式有调节口模间隙，改变挤出速度，改变型坯牵引速度、预吹塑法型坯厚度的程序控制。

5）型坯温度的影响

型坯温度影响制品的表观质量、纵向壁厚均匀性和生产效率。应保持熔体温度的均匀性，型坯温度不均匀会造成型坯上卷现象，卷曲的方向偏于厚度较小一边。型坯温度过高，挤出速度慢，型坯易下垂，引起型坯纵向厚度不均，并延长了冷却时间，甚至丧失熔体强度，难以成型。挤出吹塑适宜偏低的型坯温度，可提高熔体强度，减小自重垂伸，缩短冷却时间，提高生产率；坯温度过低，出口膨胀严重，会出现长度收缩，壁厚增大现象，降低型坯的表面质量，出现流痕，同时增加不均匀性，还会导致制品的强度差，表面粗糙无光。一般型坯温度控制在塑料的 T_g~T_f（或 T_m）之间，并接近于 T_f。

挤出吹塑过程中，常发生型坯上卷现象，这是由于型坯径向厚度不均匀所致，卷曲的方向总是偏于厚度较小的一边。型坯温度不均匀也会造成型坯厚度的不均匀，因此要仔细地控制型坯的温度。一般遵守的生产原则是：在挤出机不超负荷的前提下，控制稍低而稳定的温度，提高螺杆转速，可挤出表面光滑、均匀，不易下垂的型坯。

6）型坯自垂度

型坯因自重而下坠的现象称为自垂。自垂必然使型坯径向厚度不均匀。自垂度（S）与型坯长度（l）、重力加速度（g）、挤出时间（t）、树脂密度（d）成正比，与树脂的黏度（μ）、挤出速度（r）成反比，即

$$S=\frac{ldgt}{r\mu}$$

当型坯长度达到一定值时，型坯的下降速度会突然增加，此长度称为临界长度。减小型坯自垂度的措施有：①降低型坯温度可以增大型坯料黏度。但过低的型坯温度会对制品造成较大的内应力，易产生应力开裂，表面粗糙；②提高挤出速度可增大临界长度，减小型坯自垂度，但较高速度挤出时，型坯表面光泽和径向厚度均匀性较差。因此，需要在生产实践中逐渐摸索出成型温度和挤出速度之间的合理配比。

7）型坯壁厚控制系统与其数值设定

对于中空制品来说，控制型坯壁厚对于产品质量的提高和成本的降低非常重要。在吹气成型过程中，型坯壁厚若没有得到有效控制，吹塑制品冷却后会出现厚薄不均的状况，厚薄不均的坯壁产生的应力也不同，制品会凹瘪、变形，薄的位置容易出现破裂等。目前型坯壁厚控制都采用自动伺服控制，分为轴向与径向壁厚控制系统。轴向壁厚控制系统根据储料电子尺反馈控制口模开度，纵坐标显示储料缸位置，横坐标显示口模开度。采用轴向壁厚控制系统后，可使芯轴缝隙随着型坯位置变化而变化，产生厚薄均匀的制品。耐冲击力试验表明，壁厚均匀的制品不仅强度有很大提高，同时也节省了原料。缩短了成品冷却时间，降低了次品率。壁厚控制系统要求灵敏度高，能够依据各点壁厚设定快速、可靠的调节口模开度。

2. 型坯吹胀过程中的影响因素

1）吹气压力

吹塑中，压缩空气有两个作用：一是使管坯胀大而紧贴模腔壁，形成需要的形状；二是起冷却作用。根据塑料品种和型坯温度的不同，空气压力也不一样，一般控制在0.2~0.7 MPa，最适宜的吹气压力是能使制品在成型后外形轮廓、花纹等清晰的压力。一般空气压力在0.2~1 MPa。一般大容积和薄壁制品宜用较高压力，而小容积和厚壁制品则使用较低压力，厚壁制品型坯温度下降慢，塑料黏度不会很快就增大到妨碍吹胀的程度，所以空气压力可偏低，适当的空气压力能使制品外形轮廓、花纹、文字清晰。对黏度大、模量高的聚碳酸酯塑料空气压力较大，对黏度小的聚酰胺塑料取较低值；对于薄壁大型容器，需采用较高的吹气压力来保证制品的完整。反之，对于厚壁容器吹气压力较低。对于黏度较低、容易变形的取较低值；对于黏度和模量较高的塑料取较高值。

2）充气速度

为了缩短吹气时间，以利于制品获得较均匀的厚度和较好的表面，充气速度（单位时间内流过的空气体积）要尽可能大一点。但也不宜过大，否则会给制品带来不良影响，一是会在空气进口处造成真空，使这部分的型坯内陷，而当型坯完全吹胀时，内陷部分会形成横隔膜片，甚至将型坯从模口处拉断而无法吹胀成型。其次是口模部分的型坯有可能被极快的气流拉断，造成废品，为此需要加大吹管口径或适当降低充气速度。

3）吹胀比

吹胀比是型坯的吹胀倍数，型坯的尺寸和质量一定时，吹胀比随制品尺寸变化。吹胀比大，制品壁厚变薄，可节约原料，但吹胀困难，制品的强度和刚度降低；吹胀比过小，原料消耗增加，增加壁厚，有效容积减小，制品冷却时间延长，成本升高。一般吹胀比为2~4，大型薄壁制品取1.2~1.5，小型厚壁制品为2~4甚至5~7。

4）模　温

根据不同塑料吹塑工艺的要求，有些模具应具有较高的温度，为保证制品质量，模具冷却要均匀，模温一般保持在20~50°C。模温过低，会使夹口处塑料的延伸性降低，不易吹胀，并使制品在此部分加厚，同时使成型困难，制品的轮廓和花纹等也不清楚。模温过高，冷却时间长，生产周期加长，制品脱模变形，收缩增大。模温的高低取决于塑料的品种，当塑料的玻璃化温度较高时，可以采用较高的模温（如PC）；反之，则尽可能降低模温（如PE、PP）。通常随着制品壁厚的增加，冷却时间延长。有时除对模具进行冷却外，还可对成型制品进行内部冷却，即向制品内部通入各种冷却介质（如液氮、二氧化碳等）进行直接冷却。

5）冷却时间

型坯吹胀后应进行冷却，冷却时间控制着制品的外观质量、性能和生产效率。增加冷却时间，可防止塑料因弹性回复而引起的形变，制品外形规整，表面质量好。但因制品的结晶性增大而降低韧性和透明度，延长生产周期，降低生产效率。冷却时间太短，制品会产生应力而出现孔隙。通常在保证制品充分冷却定型的前提下加快冷却速率，提高生产效率。表 7.1 列出了挤出吹塑制品常见缺陷及改进方法。

表 7.1　挤出吹塑制品常见缺陷及改造方法

缺　陷	原因及改进方法
型坯吹破	① 熔体温度太高或相关工艺参数控制不当；适当降低机身及机头温度，调整相关参数。 ② 型坯的挤出速度、闭模速度太慢；应适当提高。 ③ 原料水分含量过高，熔体流动速率太高；对原料进行干燥处理或更换原料。 ④ 机头机构设计不合理；应采用扩散型机头
型坯颈缩	① 原则不符合要求；应采用密度较高或熔体流动速率较低的树脂。 ② 熔体温度偏高；应适当降低机头、机身的温度。 ③ 成型周期太长；提高螺杆转速，缩短成型周期
型坯吹胀破裂	① 吹胀比太大；应采用较小的吹胀比，控制在 1∶3。 ② 口模出料不均匀；调整口模间隙，使其出料均匀。 ③ 型坯挤出速度、合模速度太慢；提高速度。 ④ 型坯表面有伤痕；检查机头分液梭有无损伤，清理、研磨流道表面，降低型腔表面的粗糙度。 ⑤ 原料内装有异物；更换原料或清理机头和料筒。 ⑥ 合模力不足；适当增加合模力
型坯表面粗糙	① 型坯模具表面粗糙度太大；应改善型腔表面粗糙度。 ② 熔料温度太低；适当提高机身、机头温度。 ③ 熔料塑化不良；应适当降低螺杆转速、提高机身温度、增强熔料的塑化。 ④ 吹塑压力太低；提高气压或扩大吹气针孔的直径。 ⑤ 吹气针孔周围漏气；应密封漏气部位。 ⑥ 原料中混有异物；更换新原料，并清理机头、料筒。 ⑦ 型坯挤出速度太快；应适当提高模具温度。 ⑧ 连续吹塑时，应适当降低挤出压力；往复吹塑时，应提高熔体温度、降低挤出压力、更换熔体流动速率高的原料、并调整挤出速度控制型坯的落下时间，使之位于熔融不稳定区外
型坯黏模	① 型坯太长；应缩短型坯尾部在模外的停置时间。 ② 模具截坯口设计不合理；应修改设计，使型坯在截坯口处“压缩冷却”

续　表

缺　陷	原因及改进方法
切口部分太薄	① 吹塑压力、起始吹塑时间控制不当；应适当调整。 ② 模具排气不良；改善模具的排气条件。 ③ 飞边太多；应减少飞边。 ④ 型坯损坏严重；应防止型坯损坏
切口部分强度不足	① 熔料温度、模具温度偏低；应适当提高。 ② 切口结构设计不合理；切口后角应控制在 30°～45°，刀口宽度应控制在 1.0～2.5 mm
容器熔塌	① 熔体下垂；对于剪切速率降低的原料，应适当提高机头、模具和熔料温度，减慢型坯的落下速度。 ② 螺杆温度太高；应进行冷却处理

综上所述，挤出吹塑的优点是：①适用于多种塑料；②生产效率较高；③型坯温度比较均匀，制品破裂减少；④能生产大型容器；⑤设备投资较少等。因此挤出吹塑在当前中空制品生产中仍占绝对优势。

7.4　注射吹塑成型

注射吹塑适宜生产批量大的小型精制容器和广口容器。一般能生产的最大容积量不超过 4 L（常见为 0.2~2 L）。注射吹塑的中空容器，主要用于化妆品、日用品、医药和食品的包装。常用的树脂有 PP、PE、PS、SAN、PVC、PC 等。

与挤出吹塑法相比，注射吹塑法的优点是：制品壁厚均匀一致，不需要进行后修饰加工；制品无合缝线，废边废料少。缺点是：每件制品必须使用两副模具（注射型坯模和吹胀成型模）；注射型坯模要能承受高压，两副模具的定位公差等级较高，模具成本费用加大，生产容器的形状和尺寸受限，不宜生产带把手的容器。由于上述各点，此法仍处于发展中。

7.4.1　注射吹塑工艺过程

注射吹塑是用注射成型法先将塑料制成有底型坯，再把型坯移入塑模内进行吹塑成型，一般按图 7.13 所示加工过程进行生产。如图 7.14 所示注射吹塑需用两套模具，一套用于注射型坯，另一套用于型坯的吹胀成型。在成型过程的第一阶段，注射机往注射模内注入熔料，在芯模内制成适宜尺寸、质量和形状的短管状有底型坯，若生产的是加盖瓶类制品，其颈部的螺纹也在这一阶段同时完成。注射用芯模是中空的，其顶端的阀在注射型坯时闭合以防止熔料进入芯模的空腔。型坯一经形成即进入成型过程的第二阶段，在型坯尚处于半熔融状态时，注射模开启后转送机构将芯模连同其上的热型坯迅速移进吹塑模内。吹塑模的内腔形状与制品的外部轮廓一致，当其闭合时夹住芯模，使型坯可靠地处在型腔的中央，芯模顶端的阀开启。压缩空气引入芯模并以其壁上的小孔逸出吹胀型坯，吹胀物紧贴吹塑模的型腔壁后，经一定时间的冷却定型后即可启模脱出制品。

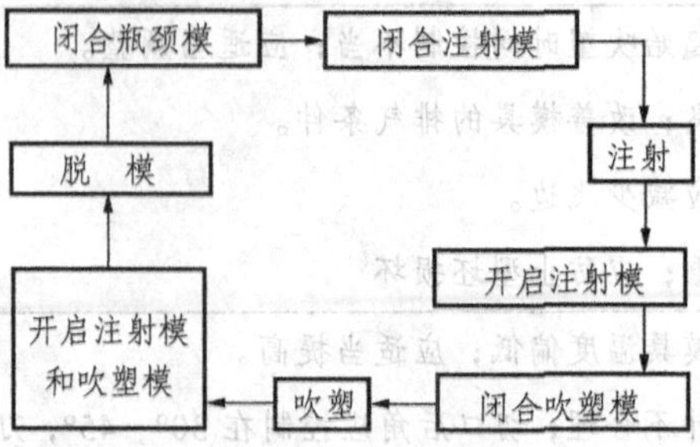

图 7.13 注射吹塑流程

注射吹塑分为一步成型法和二步成型法：一步法“注–吹”是指注射和吹塑在同一台机器上完成，根据不同的机种通常分为二工位、三工位和四工位“注–吹”。

注射吹塑是生产中空塑料容器的两步成型方法，其生产工序如图 7.14 所示。

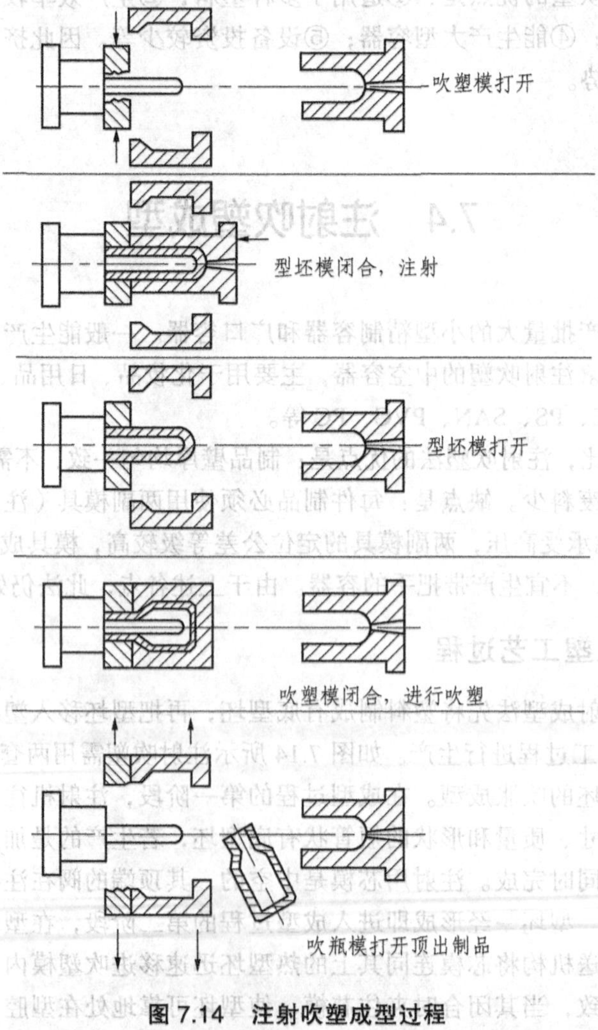

图 7.14 注射吹塑成型过程

由注射机在高压下将熔融塑料注入型坯模具内形成管状型坯，开模后型坯留在芯模（又称芯棒）上，通过机械装置将热型坯置于吹塑模具内，合模后由芯模通道引入 0.2~0.7 MPa 的压缩空气，使型坯吹胀达到吹塑模腔的形状，并在空气压力下进行冷却定型，脱模后得到制品。

7.4.2　注射吹塑设备特点

注射吹塑的基本特征：型坯是在注射模具中完成，制品是在吹塑模具中完成。注射吹塑设备具有二工位、三工位和四工位之分（见图 7.15~7.17）。基于上述原理设计而成的称为二位机（相距 180°）。脱除制品是采用机械液压式的顶出机构来完成。二位机具有较大的灵活性。三位机相距 120°，即增加脱除制品的专用工位。四位机相距 90°，是在三位机的基础上，为特殊用途的工艺要求而（预成型即预吹或预拉伸）增设的工位。最常用的是三位机，约占 90%以上。

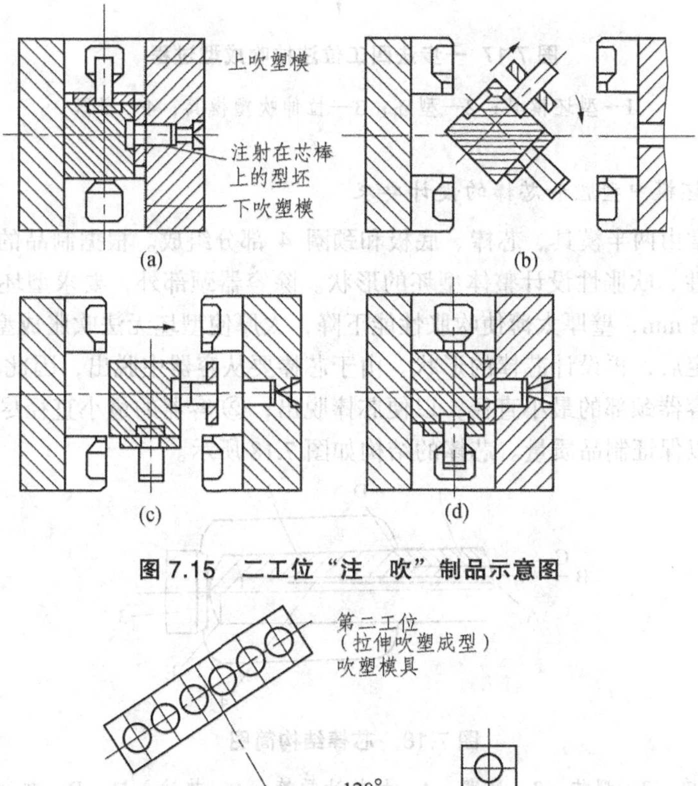

图 7.15　二工位“注　吹”制品示意图

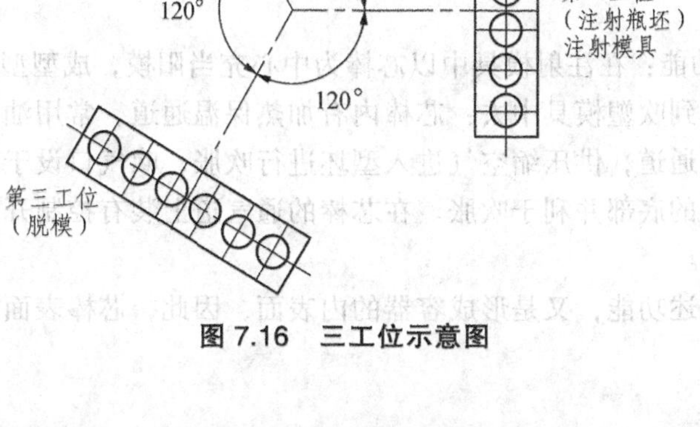

图 7.16　三工位示意图

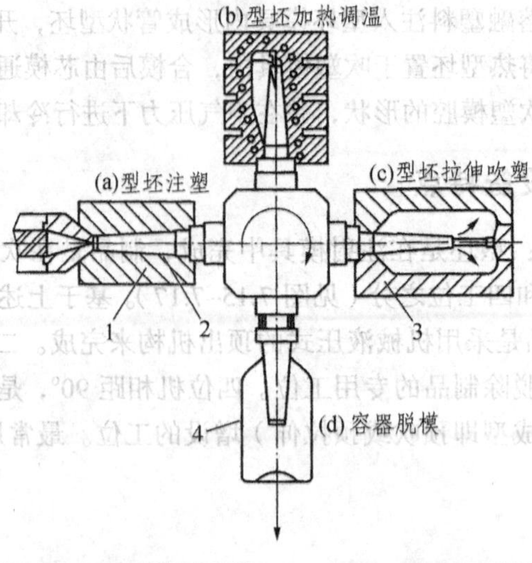

图 7.17 一步法四工位注拉吹成型过程

1—型坯模具；2—型坯；3—拉伸吹塑模具；4—容器

1. 对注射型坯模中型腔和芯棒的设计要求

注射型坯模常由两半模具、芯棒、底板和颈圈 4 部分组成。根据制品的形状、壁厚、大小和塑料的收缩性、吹胀性设计整体型坯的形状。除容器颈部外，要求型坯的径向壁厚大于 1.5 mm，不超过 5 mm，壁厚太薄使吹胀性能下降，太厚使型坯无法吹胀成型。

型坯形状确定后，再设计芯棒的形状。由于芯棒要从容器中脱出，因此应满足：① 芯棒直径应小于吹塑容器颈部的最小直径，以便芯棒脱出；② 容器的最小直径尽可能大些，使吹胀比不致过小，以保证制品质量。芯棒的结构如图 7.18 所示。

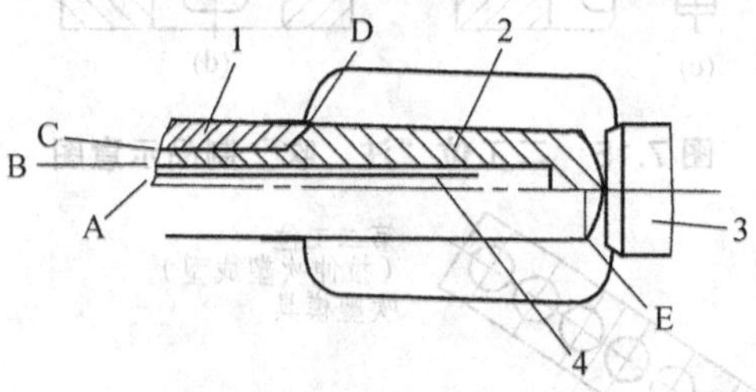

图 7.18 芯棒结构简图

1—型芯棒；2—型芯；3—底塞；4—加热油导管；A—热油入口；B—热油出口；C—气道；D—吹气口；E—*L*/*D* 大时，瓶底吹气口位置

芯棒具有 3 种功能：在注射模具中以芯棒为中心充当阳模，成型型坯；作为运载工具将型坯由注射模内输送到吹塑模具中去；芯棒内有加热保温通道，常用油作加热介质，控制其温度，芯棒内有吹气通道，供压缩空气进入型坯进行吹胀，吹气口设于容器的肩部，以保证压缩空气能达到容器的底部并利于吹胀。在芯棒的通气道上装有控制开关装置，使芯棒吹气时打开，注塑时闭合。

由于芯棒具有上述功能，又是形成容器的内表面，因此，芯棒表面加工精度要求较高，选 7 级以上。芯棒应具有足够的刚度，韧性好，表面硬度高，耐腐蚀，材质要求高于模具的其他部件，宜选用油淬火工具钢、含铬的合金钢制作。

当型坯和芯棒确定后，注射模型腔的形状即已确定。为保证加工精度，其结构常采用嵌套式，包括注射型腔套、型腔座、吹塑模的芯棒定位板及螺纹口套。合模宜用四周楔面定位，不宜用导柱定位。由于模具要求的强度、硬度较普通注射模高，因此，常选用高碳钢或碳素工具钢制作型腔座。

2. 吹塑模具的设计要求

吹塑模具是容器成型的关键装置，直接呈现容器的形状、表面粗糙度及外观质量。因此，模具应保证在吹胀后能充分冷却至定型，各配合面选用公差的上限值，以防制品表面出现合缝线。为使吹胀过程中模具夹带的气体顺利排除，在合模面上应开设几处排气槽，根据容器的形状，排气槽的深度 15~20 μm，宽度以 10 mm 为宜。容器的底部应设计呈凹状以便脱模。一般对软塑料容器底部凹进 3~4 mm，硬塑料容器底部凹进 0.5~0.8 mm 已足够。特殊要求可设计为具有伸缩性的成型底座。模体材质一般选用耐腐蚀的碳素工具钢及普通合金钢制造。

7.4.3 注塑吹塑成型的工艺控制因素

1. 注射吹模的树脂

适合注射吹模的树脂应具有较高的相对分子质量和熔融黏度，熔体黏度受剪切速率及加工温度的影响较小，制品具有较好的冲击韧性，有合适的熔体延伸性能。

2. 注射阶段工艺控制

型坯成型是整个注吹成型中最关键的部分，型坯质量的好坏直接关系到制品的质量。型坯成型主要和机筒温度、注塑流道及注嘴温度、型坯温度、吹塑模具温度及冷却时间参数、注射压力、注射速度、保压压力及其保压时间等关系密切，下面分别讨论。

1）机筒温度

高分子树脂在机筒内的熔融是由玻璃态向黏流态的物化转变，而料筒内树脂的热量除在加工过程中螺杆的剪切生热外，主要来源来自机筒外部的加温，其温度从料筒的加料段至压缩段到计量段，逐步增加，形成一定的温度梯度，从而保证树脂的均匀塑化。料筒的温度选取原则为：

（1）加料段温度。加料段需对物料保持固体状态，并通过螺杆的旋转保证落入料筒的物料向前段输送，结晶性塑料一般取熔点温度或取稍低于熔点的温度。

（2）压缩段温度。此阶段物料开始从固态向黏流态转变，为适应物料熔化前后体积缩小的变化，一般比计量段温度低 10~15 ℃。

（3）匀化计量段温度。结晶型塑料一般取其熔点温度以上 20~30 ℃，对平均相对分子质量高、相对分子质量分布窄、分解温度宽的可取偏高值。

2）注塑流道及注嘴温度

注塑流道的作用是把已熔融的塑料供给注嘴，以便注入模型腔，在一定的注射压力和单位时间内通过注塑流道到达注嘴孔的塑料，由于摩擦生热，易发生熔体流涎现象，为防止此类现象，温度的选取应低于料筒区的最高温度 10~20 ℃，假如温度选取过低，易堵住注射口，注射压力损失较大。检验机筒温度选取的是否合适，具体的办法是当流道注嘴温度选定后，将注射口与型坯脱模离开一定距离，以较低的注射压力和速度，适当的间隔时间进行对空注射。观察从注口流出的熔料，料条光滑明亮，无变色、无银丝、无气泡等说明设定的温度较为合适。

3）型坯温度

型坯温度也称型坯模具的选取温度。当螺杆以一定压力将熔融的塑料流体输送到型坯的模具，并计量地注射到位于型坯模内的芯棒周围，此时熔料与型坯模及芯棒具有一定的温度差，实际上是使在注塑模内的原料在不同部位（如型坯肩部、身部、底部）保持一定温度，以保证固化的熔料能够在吹塑工位均匀吹胀和充满模腔。假如型坯温度设定过高，塑料熔料易被吹胀，成型后的中空容器外观轮廓清晰，但型坯自身的形状保持能力差，特别是注塑工位向吹塑工位转移时，型坯转移过程中很容易发生破坏。反之，当型坯温度选得过低，型坯在吹胀前的转移过程中不易发生破坏，但其吹塑成型性能将会变差。成型时塑料内部会产生较大的内应力，当它们在成型后转变成残余应力时，不仅削弱了中空容器的强度，而且还会导致容器表面出现明显的斑纹，所以在选取型坯模具温度时，接近原料熔点的温度对中空容器的质量有利，而且易于吹塑成型。

4）吹塑模具温度及冷却时间参数

吹塑模具温度通常在 20~50 ℃ 范围内选取，假如选的模温过低则熔料在模内部温度下降很快，这将有碍型坯发生吹胀成型。另外，过低的模温还会导致容器表面出现斑纹，光洁度变差，反之，在模温过高时容器需要较长的冷却定型时间，生产效率由此下降，而且在冷却过程中，容器还会产生较大的成型收缩，从而难于控制容器的尺寸和外形精度。一般来讲，当塑料的玻璃化温度较高时，模温可在许可的范围内取高值，反之则取低值。中空容器在吹塑模内冷却定型时间较长，通常占整个周期时间的 1/3~2/3。为确保容器的冷却定型和提高生产效率，吹塑模内冷却水可调节水的流速，以便加快容器的冷却速度。瓶体冷却时间的影响因素主要与塑料的密度、比热容、瓶体的壁厚的平方成正比，与塑料的导热系数成反比。塑料熔料的温度高则冷却时间长，吹塑模具温度低则冷却时间缩短。

5）注射压力

注吹机的注射压力是指螺杆端面处作用于熔料单位面积上的力，实际生产过程中往往要知道实际工作中的注射压力的大小，可用下式计算：

$$P = S_0 / SP_0$$

式中，S 为螺杆断面面积，cm^2；P_0 为注射时油罐中油压（表压），kg/cm^2；S_0 为油罐活塞面积，cm^2。

6）注射速度

注射速度增加，注射温度高，注射时间缩短。注射速度太高，摩擦生热大，同时使容器的内应力增加，增大各向异性，并易混入气泡。而注射速度太低，不利于提高效率，容器易出现皱纹或缺料，对于燃料熔体黏度高、玻璃化温度高的物料，应采用较高的注射速度，并配合好料筒温度和注塑模具的温度。

7）保压压力及其时间参数

保压压力是使熔体进入型腔后，以补充腔内因收缩造成的缺料，使容器更密实，实际注射时熔体的质量应比实际容器质量大一些。容器的保压压力的选取是以注射压力为依据，一般取注射压力的 50%~70%。保压时间视容器的大小确定。在实际生产中可根据容器的质量不再随保压时间的加长而增加来确定适宜的保压时间。

3．吹塑压力及吹塑速度

吹塑压力指容器吹塑成型所用的压缩空气压力，其值通常取 0.2~0.7 MPa，吹塑速度实质上指型坯的吹胀变形速度，其大小取决于通入型坯的压缩空气的体积流量，很明显压缩空气的体积注量越大，吹塑速度也就越快。一般来讲，吹塑速度应尽量取较大值，这样有利于获取壁厚均匀、表面光泽较好的容器，同时也有利于缩短吹胀变形时间，以提高生产效率。

7.5 拉伸吹塑成型

拉伸吹塑是指经双轴定向拉伸的一种吹塑成型。它是在普通的挤出吹塑和注射吹塑基础上发展起来的。先通过挤出法或注射法制成型坯，然后将型坯处理到塑料适宜的拉伸温度，经内部（用拉伸芯棒）或外部（用拉伸夹具）的机械力作用而进行纵向拉伸，同时或稍后经压缩空气吹胀进行横向拉伸，最后获得制品。

施加拉伸作用可以改善塑料的物理力学性能。对于非结晶型的热塑性塑料，拉伸是在热弹性范围内进行的。对于部分结晶的热塑性塑料，拉伸过程在低于结晶熔点较窄的温度范围内进行。在拉伸过程中，要保持一定的拉伸速度，其作用是在进行吹塑之前，使塑料的大分子链拉伸定向而不至于松弛。

经轴向和径向的定向作用，制品的透明性、冲击强度、硬度和刚性、表面光泽度及阻隔性都有明显提高。

目前应用于拉伸吹塑成型的塑料主要有 PET、PVC、PP、PAN 这 4 种，而其中的 PET，则主要是通过注射拉伸吹塑的方法（包括一步法和二步法）成型为瓶，以用于液体的包装。PET 注拉吹技术和设备，注射拉伸吹塑的 PET 瓶在 1976 年开始工业化，这是塑料瓶用于碳酸饮料行业的真正开端。PET 注拉吹瓶的市场发展迅速，使得 PET 成为当今应用于吹塑的第二大聚合物。PET 瓶的容积小至 50 mL、大至 30 L。其形状有圆形、椭圆形和方形。PET 瓶主要用于包装碳酸饮料，还可包装酒类饮料（啤酒、葡萄酒）、果汁、矿泉水、食用油、调味品（酱油、果酱、醋）、药品（眼药水、糖浆）、化妆品、农药及洗涤剂等。

7.5.1 拉伸吹塑工艺

按型坯的成型方法拉伸吹塑工艺分为挤出–拉伸–吹塑和注射–拉伸–吹塑，根据型坯的受热经历将拉伸吹塑分为：一步法（热型坯法）和两步法（冷型坯法）。

一步法是制备型坯、拉伸、吹塑三道主要工序在一台机中连续依次完成的，又称为热型坯法，型坯是处于生产过程中的半成品。设备的组合方式有：①由挤出机和吹塑机组成；②由注射机和吹塑机组成。

两步法生产，第一步制备型坯，型坯经冷却后成为一种待加工的半成品，具有专门化生产的特性。第二步将冷型坯提供另一企业或另一车间进行再加热、拉伸和吹塑，又称为冷型坯法。

两步法的产量、工艺条件控制是一步加工法无法相比的，适宜大批量生产，但能耗较大。

目前拉伸吹塑有 4 种组合方式：①一步法挤出拉伸吹塑，用于加工 PVC；②两步法挤出拉伸吹塑，用于加工 PVC 和 PP；③一步法注射拉伸吹塑，用于加工 PET 和 RPVC；④两步法注射拉伸吹塑，用于加工 PET。

拉伸吹塑工艺过程包括：注射型坯定向拉伸吹塑，挤出型坯定向拉伸吹塑，多层定向拉伸吹塑，压缩定向拉伸吹塑等。其特点都是将型坯温度控制在低于熔点温度下用双向拉伸来提高制品的强度。下面介绍两种主要的拉伸吹塑工艺过程。

1. 注射型坯定向拉伸吹塑

先注射成型有底型坯，并连续地由运送带（或回转带）送至加热炉（红外线或电加热），经加热至拉伸温度，而后纳入吹塑模内借助拉伸棒进行轴向拉伸，最后再经吹胀成型。注射–拉伸–吹塑成型如图 7.19 所示。此法的工艺特点是在通常吹塑机上增加拉伸棒将型坯先进行轴向拉伸 1~2 倍。为此需要控制适宜的拉伸温度。此法可用多腔模（2~8 个）进行，生产能力可达 250~2 400 只/h（容量为 340~1 800 g 饮料瓶）。

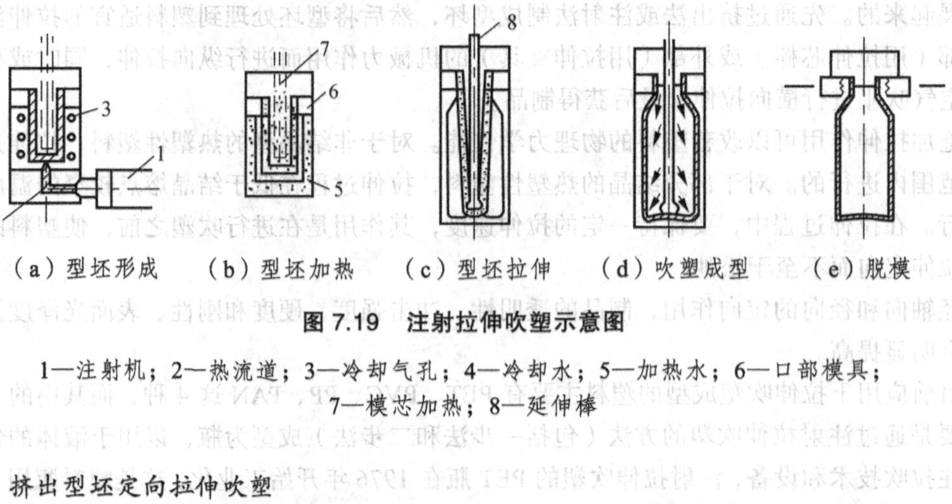

图 7.19 注射拉伸吹塑示意图

1—注射机；2—热流道；3—冷却气孔；4—冷却水；5—加热水；6—口部模具；7—模芯加热；8—延伸棒

2. 挤出型坯定向拉伸吹塑

先将塑料挤成管材，并切断成一定长度而作为冷坯。放进加热炉内加热到拉伸温度，然后通过运送装置将加热的型坯从炉中取出送至成型台上，使型坯的一端形成瓶颈和螺牙，并使之沿轴向拉伸 100%~200%后，闭合吹塑模具进行吹胀。另一种方法是从炉中取出加热的型坯，一边在拉伸装置中沿管坯轴向进行拉伸，一边送往吹塑模具，模具夹住经拉伸的型坯后吹胀成型，修整废边。此法生产能力可达到 3 000 只/h，容量为 1 L 的瓶子。为了满足不同工艺的要求，迄今已发展了多种工业用成型设备，并已开发出多层定向拉伸吹塑。

7.5.2 拉伸吹塑工艺控制要点

1. 原材料的选择

拉伸制品要求具有较高的拉伸强度、冲击强度、刚性、透明度和光泽，对氧气、二氧化碳和水蒸气的阻隔性。主要应用的材料有：PET、PVC、PP、PC 等。适合的树脂应具有较高的相对分子质量和熔融黏度，而且熔体黏度受剪切速率及加工温度的影响较小，制品具有良好的冲击韧性，有合适的熔体延伸性能，以保证制品所有棱角都能均匀地呈现吹塑模腔的轮廓，不会出现壁厚明显偏薄或薄厚不均的现象。

为了得到优良的制品，对型坯的要求是：透明度高、均质、内部无应变、外观无缺点。温度、压力、时间是注射型坯的 3 大工艺因素。

2. 型坯的再加热

型坯的再加热是两步法生产的特征。大型坯从注射模取出冷却至室温后，要经过 24h 的存放以达热平衡，其目的是增加侧壁温度到达热塑范围，以进行拉伸吹塑。使之获得充分的双轴定向，其目的是达到所需的物理性能，使制品透明、富有光泽，无瑕疵和表面凹凸不平。各树脂有自己适用的拉伸温度范围，拉伸线性聚酯和聚氯乙无定形型坯时，其拉伸温度应比玻璃化温度高 10~40 ℃。线性聚酯一般为 90~110 ℃，聚氯乙一般为 100~140 ℃。对于拉伸聚丙烯那样的结晶性塑料的型坯时，其拉伸温度比熔点低 5~40 ℃ 较合适，一般为 150 ℃ 左右。拉伸温度过高，取向不充分；拉伸温度过低，影响瓶子的透明度。为了保证拉伸吹塑成型顺利进行，PRT 瓶坯壁厚均匀，一般理想的拉伸温度范围为 75~110 ℃，在此范围内温度取较低值，更容易保证轴向和径向均匀性。

3. 拉伸比

拉伸比直接影响瓶子的性能。拉伸比和拉伸速率大，则瓶子的拉伸强度和冲击强度高，跌落强度也高，气密性就好，但是操作困难，瓶坯易拉断。缓慢拉伸则达不到所需拉伸比，对 PET 瓶一般取拉伸比为 2~3。线形聚酯比聚氯乙烯拉伸倍率高，这也是线行聚酯瓶强度高的原因。另外，拉伸倍率高也能提高阻止气体渗透的性能。

4. 吹塑压力

吹塑压力的大小直接影响到瓶子的成型。吹塑压力过小，则瓶子不易成型，压力过大，将造成瓶子壁厚不均。一般选定在 0.8~2.5 MPa，可以得到比较理想的制品。

5. 冷却时间

冷却时间随型坯壁厚的平方变化而变化，型坯壁厚，冷却时间长，生产周期长。

7.6 中空吹塑新技术及进展

20 世纪 80 年代中期，塑料中空成型技术有了很大的发展，其制品应用领域有汽车零件、办公用品、家用电器、家具、建筑和文化娱乐用品等，这些制品形状复杂、功能独特，是具有高技术、高附加价值的功能性制品。这种成型技术目前称为“高级吹塑”或“工程吹塑”。高级吹塑成型技术包括：多层复合共挤吹塑成型、连接吹塑成型、中空夹层板和夹层深拉成型、快速换料技术、高质量制品的整机技术和单螺杆挤出技术。

7.6.1 多层中空吹塑

多层吹塑是利用两台以上的挤出机，将同种或异种塑料在不同的挤出机内熔融混炼后，在同一个机头内复合、挤出，然后吹塑制造多层中空容器的技术。其制品结构如图 7.20 所示。

多层吹塑是在注射吹塑、挤出吹塑的基础上发展起来的，工艺上差别不大，只是制品壁不是单层而是多层而已。目前采用的多层结构有：尼龙/聚烯烃、聚乙烯醇/聚烯烃、聚乙烯/聚氯乙烯/聚乙烯、聚苯乙烯/聚丙烯腈/聚丙烯等。多层吹塑容器主要是为了满足日益发展的化妆品、药品、食品包装对气密性的要求。因此，多层容器的原料和层数应根据需要来选择。可以采用两种塑料两层结构，两种塑料三层结构，三种塑料四层结构或四种塑料四层结构等。层次越多，技术要求也越高。

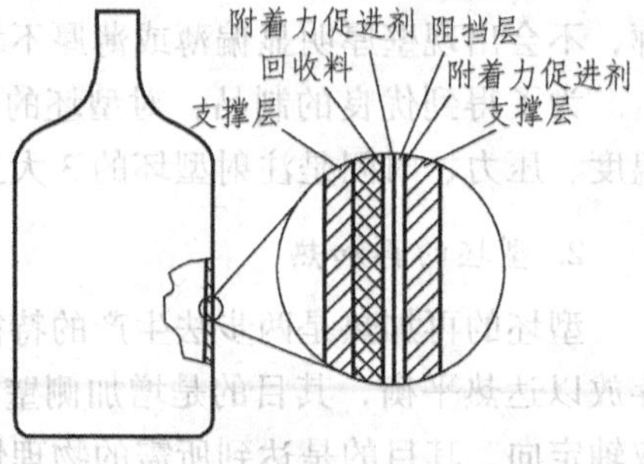

图 7.20　多层容器壁结构示意图

多层吹塑的关键是控制各层树脂间的熔黏，其黏结方法有两种。第一种是混入有黏结性能的树脂，这可使层数减少而能保持一定的强度。第二种是添设黏结材料层，这就需要添置挤出黏结材料用的挤出机，使设备、操作复杂。

多层吹塑有：共挤出吹塑和多层注坯吹塑两种。共挤出吹塑工艺是采用几台挤出机各自塑化的树脂，同时挤入多层机头形成多层而同心的管坯，并通过芯棒成为多层型坯，而后再进行吹塑。也有采用特殊贮料缸机头成型 3~5 层型坯的。贮料缸内各种塑化树脂是彼此分开的，然后用环形活塞使各种塑料同时沿芯棒顶出而形成多层型坯。

1. *多层注坯吹塑*

多层注坯吹塑是在阳模上注射第一层后，改变模腔在第一层上再形成第二层，重复操作即可形成多层型坯，然后进行吹胀成型。

多层注坯吹塑工艺的特点是：无废边；瓶底无切割残痕；不需要热熔或化学作用即能制成多层容器。但是，设备成本较高，仅限于大批量、广口容器的生产。

2. *多层共挤出吹塑*

1）多层结构的材质选择

多层共挤出吹塑中空容器技术和设备的开发，使选择最佳材料（层）组合方案和制造理想性能的容器得以实现。

按照制品容量范围及性能要求，可生产 3~6 层的结构。层结构及材质选择原则如下：阻隔层塑料可选用聚酰胺（PA）、聚丙烯腈（PAN）或乙烯/乙烯醇共聚物（EVOH）；内、外层塑料可选用聚乙烯（PE）、聚丙烯（PP）或聚碳酸酯（PC）等，应具有良好的热封合性，印刷性；再生层可选用型坯的飞边和余料。其中内壳层、再生层或外表层的厚度应大于黏结层和阻隔层。一般选用拼合式可调共挤出机头及程序逻辑控制或微机监控，使多层塑料按选定的物料量均匀分配，共挤成坯，型坯经移动工位顶吹成型。

多层共挤容器具有高耐化学药品性（抗氧化、耐光老化）、防有害物质透过性、防气味的迁移性；具有抗压能力、耐冲击、表面光滑、耐热性及防止表面划伤等。

2）多层共挤出设备

各层塑料的挤出机可选用通用挤出机。挤出机料斗喉部设计成曲线形。阻隔层挤出机的进料采用温控预热。各挤出机都应装有扭矩监控装置。共挤出的各挤出机为并联运行，分级监控。各挤出机系联合启动，当某一台挤出机扭矩下降或进料中断，可使整机停车，并可按程序联合动作；控制型坯长度，依赖流量分配，能自动同步调节来实现；各台挤出机的熔体温度与扭矩超出并联运行条件时，黏结层和阻隔层在机内压力超出允许范围时均由故障显示进行监控调节。

多层共挤出的机头结构如图 7.21 所示。多层共挤出机头常设计成拼合式。机头外壳由几块法兰式外模组成，内模由几件模芯拼装而成。外模及内模芯块经精确加工，机头流道经镀铬抛光处理，以减少塑料熔体流动阻力。整个机头采用 4 段式可调功率陶瓷加热器加热，配合机头快速启动，并具有良好的隔热措施，确保机头有最佳的温度环境。

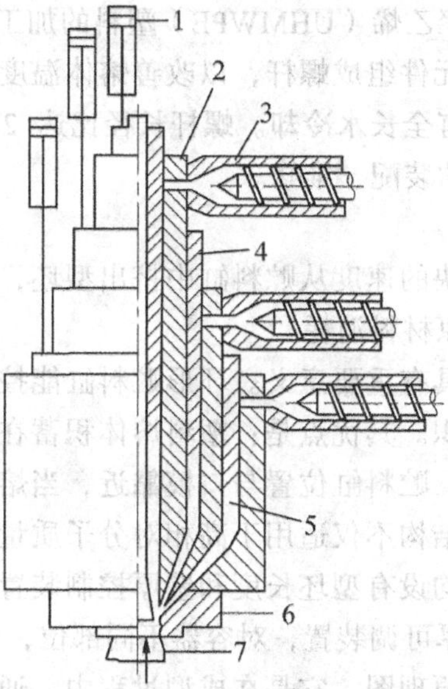

图 7.21 多层贮料缸机头（三种原料三层）图

1—注射缸；2—隔层；3—挤出机；4—环状柱塞；5—环状室；6—机头；7—三层型坯；8—模芯

3. 多层共挤出拉伸吹塑

多层共挤出吹塑容器充分显示出各种塑料的优点并能相互取长补短，但是容器的透明性差，不能显示内装物的特征，降低了商品价值。

经过对乙烯-乙烯醇共聚物/聚丙烯多层双向拉伸吹塑技术的开发，发现单层聚丙烯的双向拉伸吹塑容器与乙烯-乙烯醇共聚物/聚丙烯双向拉伸吹塑多层容器比较，后者氧气透过率减至1/20，而对水的阻隔性无变化。双向拉伸多层容器与未拉伸多层容器比较，透明性明显提高，同时改进了机械强度，降低了容器的破损率，减轻了容器质量。

由于塑料种类不同，其玻璃化转变温度、熔点、弹性模量、屈服应力、破断拉力等物理性质各异，因而拉伸方法、工艺条件等也不尽相同。例如对乙烯-乙烯醇共聚物因含有极强的氢键，较难进行双向拉伸。

采用双向拉伸吹塑制得的多层容器，解决了多种性质完全不同的塑料的双向拉伸，层间不发生剥离而制得满意的多层容器，是多层吹塑成型技术的新成就。多层吹塑的缺点是，设备投资大，生产控制复杂，产品成本较高。

7.6.2 大型中空吹塑

通常容积超过 20 L 即称为大型中空吹塑容器，近年随着超相对分子质量聚乙烯（UHMWPE）和专用高效挤出吹塑机的出现，提供了生产大型中空吹塑制品的原材料和条件，不断开拓出超大型的中空吹塑制品，以满足太阳能热水器、汽车用燃料油箱、各种液体贮器、自来水压力装置容器、水处理槽罐等日益增长的需要。大型中空吹塑制品具有很大的潜在市场。

1. 大型中空吹塑设备的特征

1）挤出机

为适应超相型高分子质量聚乙烯（UHMWPE）塑料的加工特点，采用效率高的直流驱动电机。挤出机多采用混合剪切元件组成螺杆，以改善熔体温度的均匀性，有利于提高生产效率。料筒加料段开槽，该段设有全长水冷却。螺杆长径比达 25/1。挤出机高度可借助油压系统进行升降，以适应不同模具的装配、维修。

2）机　头

多采用贮料缸机头，以较快的速度从贮料缸中挤出型坯，防止下垂。合理的贮料缸机头设计可提高产品的质量，减少原材料消耗。

环形活塞式贮料缸式机头具有重要意义。环形贮料缸能控制熔料温度，因为它在物料和加热缸之间提供了较大的表面积。其优点是：塑料熔体积蓄在贮料缸的环形室中，环形室的几何形状与预成型的型坯一致，贮料缸位置与口模靠近，当熔体推出时，不仅速度快，而且很少有滞留现象。这种贮料缸结构不仅适用于高相对分子质量聚乙烯的加工，还用于热敏性高黏度塑料的加工。大型容器均设有型坯长度和壁厚控制装置。型坯长度是依靠贮料缸的冲程来控制。型坯壁厚则通过壁厚可调装置，对容器不同部位，按要求控制其壁厚。图 7.22 所示为型坯壁厚的径向程序控制原理图。它是在成型过程中，通过控制装置设定的位置变动自动地进行壁厚控制。

3）锁模装置

大型吹塑容器设备均有锁模速度控制和数字行程控制的液压锁模装置，锁模速度可程序化，锁模行程的控制点能极准确地调控和改变。锁模装置结构坚固，锁模油压一般在 20 MPa 以上，具有相当大的锁模力，使得制品的接缝线较牢，无飞边，并能节省原料，免去清除飞边的工作。

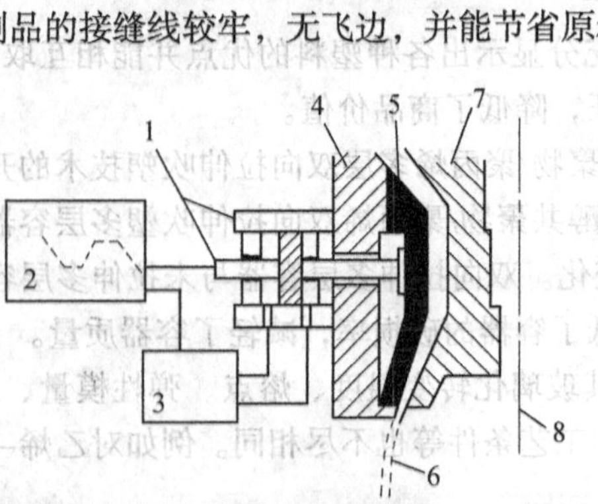

图 7.22 型坯壁厚的径向程序控制原理图

1—油缸；2—型坯程序装置；3—伺服阀；4—口模；5—挂曲环；6—型坯；7—型坯；8—型坯机头中心线

4）吹塑模具及冷却

模具的结构和制造质量是制品高质量的重要保证。模具应具有精确加工的接缝区、耐磨的合模刀口、最佳的冷却水道、符合塑料成型的表面处理和良好的排气。

模具用高强度铝合金制造，可使冷却时间缩短 10%，对有较大塑化能力的大型中空吹塑机组，模具冷却的高效介质有：二氧化碳（CO_2）、氮气（N_2）和气水混合物等。

2. 工艺过程分析

生产大型中空制品的关键在于克服型坯的垂伸、帘流和制品的变形，现分述如下：

1）型坯长度的垂伸

挤出型坯长度的垂伸，是由本身质量造成的下垂力和挤出时间所决定的，也和材料本身的固有特性有关。垂伸随熔融黏度减小和挤出时间增加而增大，因此，高相对分子质量聚乙烯型坯长度的垂伸减小。当口模缝隙保持不变时，型坯壁厚的变化会引起型坯挤出速度的变化，由于出口膨胀与垂伸之和是恒定的，只有型坯长度达到 70%时速度的增大才比较明显，所以选用高相对分子质量聚乙烯连续挤出制造大型坯时，通过壁厚控制既可补偿垂伸，又能获得理想的纵向壁厚。

2）型坯质量的变化

对于大型吹塑制品，型坯的直径和质量的数值变化均会影响型坯的壁厚而引起下垂。提高挤出物料的速度和锁模速度，当速度超过型坯控制器所能控制的范围，亦会造成型坯的纵向误差，特别是生产直径较大的薄壁制品时，产生下垂的同时易产生帘状的纵向皱纹——称为帘流现象。克服帘流的措施是：设计机头时，利用尽量低的树脂压力进行挤出以控制型坯的离模膨胀，同时在操作过程中注意调节预夹、预吹的时间及吹塑压力亦很重要。

3）制品变形

大型吹塑制品在模具中进行冷却时，由于冷却不均匀，易引起制品变形。

大型吹塑模具因型腔体积较大，吹塑过程中模内空气排不尽，使型坯与模腔接触不良，不仅降低热交换效率，延长吹塑周期，同时也造成冷却不均匀产生变形。因此，在模具分型面上开设数条排气槽和在镶拼处加设排气孔。最新的做法是在局部镶块上设置贮气盲孔并使各盲孔相互贯通，以缓和气体的积聚量，效果尤佳。

大型模具内表面进行喷砂处理或化学腐蚀法可获得型腔内的细麻点效果，可提高热交换效率，遮盖轴向丝痕，改善制品外观质量。

7.6.3　其他中空吹塑新技术

1. 滚塑中空成型机

对用其他成型方法难以成型的中空异型的复杂制品用滚塑中空成型具有明显的优势，特别在化工行业大有发展前景。所有的热塑性粉状塑料都可以滚塑成型，并扩展到交联和热固性塑料领域。滚塑中空成型机总体技术上向自动化、高速化方向发展。在加热方式上由热风循环法及明火加热法向油套加热法、熔盐加热及红外线加热法等自动控制加热系统方向发展。多层滚塑燃料油箱与多层共挤出燃料油箱在成本和性能方面具有竞争能力。

2. 压制吹塑

压制吹塑是指在双壁板成型中将双壁的一部分进行压制并熔合的吹塑方法。此法可用来制造双壁板、保险杠、箱包等。在成型双壁板时，将从口模挤出的型坯端部夹坯封端，继而用压缩空气吹胀，然后模具型腔靠近（半合模状），使其两侧与模腔接触而进行拉伸；最后，左右模具完全闭合，而将双壁部分（除中空部分外）加压黏结在一起，经冷却定型，即可取出制品。模具结构是凸模和凹模接近为平面的（浅拉伸），周边有相配合的钳口，能对吹胀的型坯进行压合应用。

3. 蘸料吹塑

蘸料吹塑是将物料芯棒浸入熔体中，借以形成瓶颈吹塑成型的方法。此法的设备费低，瓶颈螺纹精确，制品无合模痕，但该法的局限性较大。

7.6.4 吹塑成型的发展趋势

随着树脂新牌号的不断出现、吹塑设备和成型技术水平的提高，中空吹塑将朝着进一步节约能源，提高产品质量，扩大应用领域和专门化的方向发展。

（1）精密控制型坯壁厚，制造厚度分布更为均匀的吹塑制品。

（2）采用高速注射，制造薄壁和超薄壁中空制品。

（3）采用多机头以提高设备的生产能力。

（4）制造形状复杂的工业用中空制品。

（5）单独设计瓶颈口的成型定径技术。

（6）开发模内和模外自动修边运转程序的机械化装置。

（7）开发硬聚氯乙烯粉状混料的中空吹塑容器；超高相对分子质量聚乙烯和超高相对分子质量聚氯乙烯的中空制品。

（8）开发热塑性工程塑料中空制品，扩大其应用范围。

复习思考题

一、名词解释

1. 中空吹塑；2. 拉伸吹塑

二、填空题

1. 中空吹塑包括______、______和______。其中，拉伸吹塑又包括______和______。

2. 中空吹塑生产过程由：______和_____组成

3. 常见的挤出机机头形式有：______、______和______。

三、简答题

1. 常用吹塑成型方法有哪几种？各自有何特点？

2. 常用挤出吹塑的机头有哪几种？分别适合什么情况？

3. 对吹塑模具的要求有哪些？

4. 如何选择吹气的方式？如何确定吹胀比、吹气压力？

5. 完整的挤出吹塑成型工艺过程包括哪些环节？

6. 影响挤出吹塑工艺和中空制品质量的因素主要有哪些？

7. 注塑吹塑成型的工艺控制因素有哪些?
8. 注塑吹塑成型的芯棒具有的3种功能是什么?
9. 拉伸吹塑中施加拉伸的作用是什么?
10. 拉伸吹塑工艺控制要点是什么?
11. 注吹的型坯要求是什么?
12. 查阅文献，简述中空吹塑新技术及进展情况。

第 8 章　压延成型

本章要点

知识要点

◇ 压延成型的概念、分类及应用
◇ 压延成型原理及设备
◇ 压延成型工艺过程及关键工艺因素控制
◇ 压延成型技术的最新进展

掌握程度

◇ 理解压延成型的概念
◇ 了解压延成型的分类及应用
◇ 了解压延成型设备的构成
◇ 掌握压延成型工艺过程及关键工艺因素控制方法
◇ 了解压延成型技术的最新进展

背景知识

◇ 高分子材料的结构与性能的关系、高分子材料成型加工原理、高分子加工流变特性、高分子成型设备及模具

8.1 概　述

压延成型亦称压延，是将已经加热塑化至接近黏流温度的塑料通过一系列加热并相向旋转着的辊筒间隙，使物料承受挤压和延展作用，成为具有一定厚度、宽度与表面光洁度的薄片状制品的成型方法。压延成型首先用于橡胶的成型，后来用于塑料和复合材料的成型加工，也可用于造纸和金属成型加工。

目前，压延成型已成为生产 0.05~0.3 mm 厚的薄膜及 0.3~1.0 mm 厚的薄片塑料制品的主要成型方法。用作压延成型的塑料大多数是热塑性非晶态塑料，其中以 PVC 用得最多，另外还有 PE、ABS、PVA、醋酸乙烯和丁二烯的共聚物等塑料。压延产品主要是薄膜和片材。

压延成型的特点是加工能力大、生产速度快、产品质量好、能连续化生产。压延产品厚薄度均匀，而且表面平整。若与轧花或印刷配套还可直接得到具有各种花纹图案的制品。此

外，压延机生产的自动化程度高。

压延成型的主要缺点是设备庞大、投资高、维修复杂、制品宽度受到压延辊筒长度的限制等。另外，生产流水线长、工序多，所以在生产连续片材方面不如挤出机成型技术发展快。

8.2　压延成型设备

压延成型是多工序作业，其生产过程可分为前后两个阶段：

（1）前阶段：即为压延前的备料阶段，主要包括所用塑料的配制、塑化和向压延机供料等。供料阶段所需的设备包括混炼机、开炼机、密炼机或塑化挤出机等。

（2）后阶段：包括压延、牵引、轧花、冷却、卷取、切割等，是压延成型的主要阶段。压延阶段由压延机和牵引、轧花、冷却、卷取、切割等辅助装置组成，其中压延机是压延成型生产中的关键设备。图 8.1 表示压延生产中常用的 4 种工艺过程。

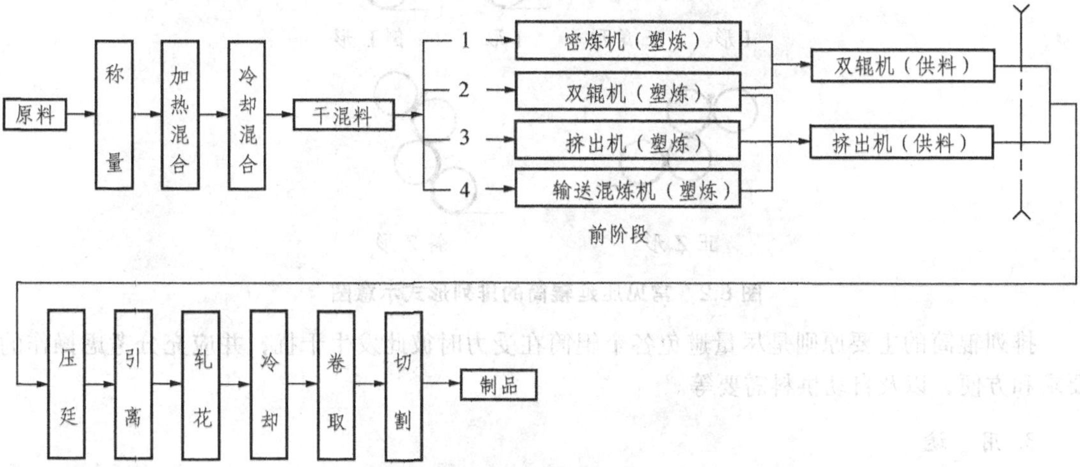

图 8.1　压延成型工艺过程

从图 8.1 可见 4 种工艺过程中的供料装置只有挤出机和双辊（开炼）机两种。前一种是将塑化好的料先用挤出机挤成条或带的形状，随后乘热用适当的输送装置均匀连续地供给压延机。后一种与前一种基本上无多大差别，只是将挤出改为辊压，供料形状只限于带状而已。

8.2.1　压延机的分类

压延机主要由几个平行排列的辊筒组成。压延机的类型很多，通常是根据辊筒的数目、排列形式、用途及大小等进行分类。

1. 辊筒数目

压延机根据辊筒数目的不同，有双辊、三辊、四辊、五辊甚至六辊压延机。双辊压延机通常称为开放式炼塑机，简称开炼机，主要用于原料的塑炼和压片。压延成型通常以三辊、四辊压延机为主。由于四辊压延机对塑料的压延较三辊压延机多一次，因而可生产较薄的薄膜，并且厚度均匀、表面光滑，辊筒的转速可以大大提高，生产效率提高较大。三辊压延机的辊速一般只有 30 m/min，而四辊压延机能达到它的 2~4 倍，因此，它正在逐步取代三辊压延机。五辊、六辊压延机的压延效果就更好，但设备的复杂程度增加，设备庞大，设备投资费用较高，目前使用较少。

2. 排列形式

辊筒的排列形式很多，通常三辊压延机的排列形式有 I 形、三角形等几种，四辊压延机则有 I 形、L 形、倒 L 形、Z 形和斜 Z 形（S 形）等。辊筒排列形式的不同将直接影响压延机制品质量和生产操作及设备维修是否方便。一般的原则是尽量避免各辊筒在受力时产生的形变彼此产生干扰，应充分考虑操作的方便和自动供料的需要等。因此目前以倒 L 形和斜 Z 形应用最广。图 8.2 所示为几种常见压延辊筒的排列形式。

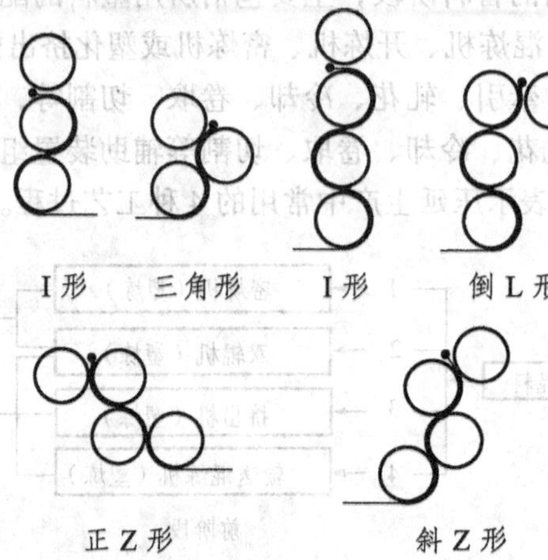

图 8.2 常见压延辊筒的排列形式示意图

排列辊筒的主要原则是尽量避免各个辊筒在受力时彼此发生干扰，并应充分考虑操作的要求和方便，以及自动供料需要等。

3. 用　途

压延机按用途的不同可分为以下几种：

（1）压片材（薄膜）压延机：挤出片材是无速比的双辊；出薄膜有较小速比的三辊或四辊压延机。

（2）擦胶压延机：用于纺织物擦胶。各辊之间有一定的速比，常为三辊压延机，中辊转速大于上、下辊，胶料通过中、下辊之间的辊缝而插入布料。

（3）通用（万能）压延机：兼具以上两种压延机的特点，常为三辊或四辊压延机，各辊之间的速比可以调节。

（4）压延压延机：用于表面带有花纹（如鞋底）或有一定形状的胶片（如车胎胎面胶）的压延，其中一个辊筒刻有花纹，并可拆卸，常为四辊压延机。

（5）钢丝压延机：用于钢丝帘布的贴胶，常为四辊压延机。

4. 大　小

通常压延机大小按辊筒直径分为：

（1）小型压延机：辊筒直径小于 230 mm，速度一般不超过 10 m/min。

（2）中型压延机：辊筒直径在 360~550 mm。

（3）大型压延机：辊筒直径在 550~700 mm。

8.2.2　压延机的构造

各类压延机除辊筒数目及排列方式不同外，其基本构造大致相同。典型压延机的结构如图 8.3 所示。

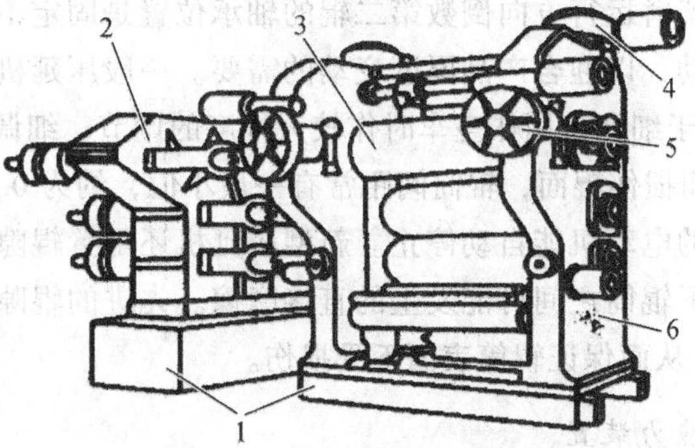

图 8.3　压延机的构造

1—机座；2—传动装置；3—辊筒；4—辊距调节装置；5—轴交叉调节装置；6—机架

四辊压延机的主要组成部分有：

1. 机　座

机座固定在混凝土基础上，由铸铁制成，用于固定机架。

2. 机　架

机架由铸钢制成，其主要部分是左右两侧的夹板，用以支承辊筒的轴承、调节装置和其他附件。

3. 辊　筒

辊筒是与塑料直接接触并对它施压和加热的部件，制品质量在很大程度上受它控制。压延机辊筒的结构和开炼机辊筒的结构大致相同，但由于压延机的辊筒是压延制品的成型面，而且压延的均是薄制品，因此对压延辊筒有一定的要求：

（1）辊筒必须具有足够的刚度与强度，以确保在对物料的挤压作用时，辊筒的弯曲变形不超过许用值。

（2）辊筒表面应有足够的硬度，同时应有较好的耐磨性、耐腐蚀性及抗剥落能力。

（3）辊筒的工作表面应有较高的加工精度，粗糙度 R_a>0.1~0.125，以保证尺寸的精确和表面粗糙度。

（4）辊筒的材料应具有良好的导热性；辊筒工作表面部分的壁厚应均匀一致。

（5）辊筒的结构与几何形状应确保在连续运转中，沿辊筒工作表面全长温度分布均匀一致，并且有最大的传热面积。

因此，压延机辊筒材料一般采用表面硬度高，芯部有一定强度和韧性的冷硬铸铁，加入合金铬、钼或镍以增加冷硬层硬度、机械强度、耐磨性和耐热性。此外，压延机辊筒内部大多数都要通蒸汽、过热水或冷水来控制表面温度，其结构常用的是空心式。

4. 轴　承

轴承不但支承辊筒，而且承受压延加工时产生的压力。

5. 辊距调节装置

三、四辊压延机在塑料运行方向倒数第二辊的轴承位置是固定不变的，其他辊筒则常需借助调节装置作前后移动，以迎合产品厚度变动的需要。一般压延机辊筒应有粗细两套调节装置，粗调的调速 5 倍于细调，用作空车时作较大幅度的调节；细调是在操作中用的。为了防止辊筒之间过紧接触而损伤辊面，辊筒间距常有一最小值，约为 0.1 mm，当调节中已达到此值时，驱动调节装置的电动机能自动停止。新型压延机还配置辊隙快速放松装置，可以更有效地防止在缺料情况下辊筒之间可能发生的直接摩擦。先进的辊隙快速放松装置可使辊筒在 0.5 s 内移动 1.5 mm，从而保证辊筒表面不受损伤。

6. 轴交叉装置和预应力装置

物料在辊筒的间隙受压延时，对辊筒有横向压力，这种企图将辊筒分开的作用力称为分离力，将使两端支撑在轴承上的辊筒产生弹性弯曲，这样就有可能造成压延制品的厚度不均，其横向断面呈现中间部分厚两端部分薄的现象，如图 8.4 所示。

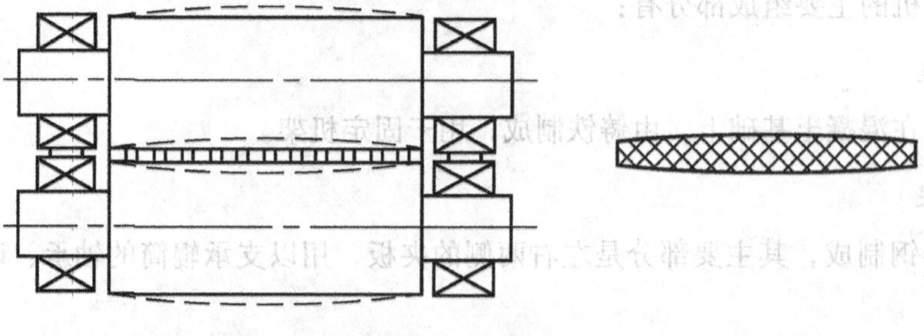

图 8.4　辊筒的弹性弯曲对压延制品的横向断面的影响

为了尽可能地消除制品厚薄不均匀的现象，通常采用以下 3 种方法来补偿辊筒弹性变形对薄膜横向厚度分布均匀性的影响。

1）中高度法

中高度法亦称凹凸系数法，即把辊筒的工作表面加工成中部直径大、两端直径小的腰鼓型，沿辊筒的长度方向有一定的弧度，如图 8.5 所示。

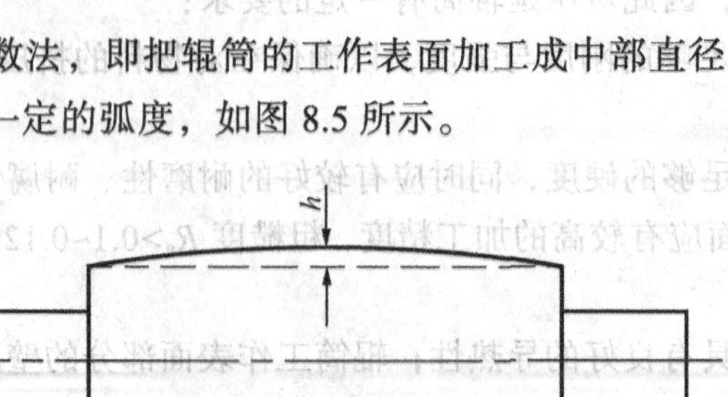

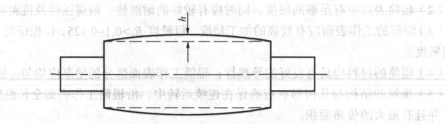

图 8.5　中高度凸缘辊筒

2）轴交叉法

如果将压延机相邻的两个平行辊筒中的一个辊筒绕其轴线的中点的连线旋转一个微小角度，如图 8.6 所示，使两轴线成交叉状态，在两个辊筒之间的中心间隙不变的情况下将增大两端的间隙。

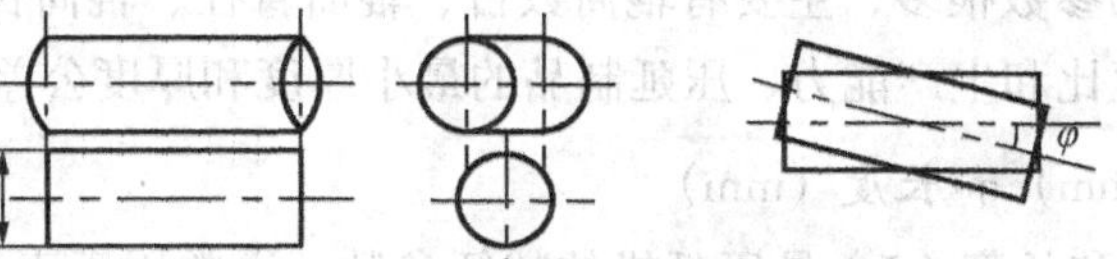

图 8.6　辊筒轴交叉示意图

3）预应力法

在辊筒工作负荷作用前，在辊筒轴承两端的轴颈上预先施加额外的负荷，如图 8.7 所示，其作用方向正好与工作负荷相反，使辊筒产生的变形与分离力引起的变形方向正好相反，这样，在压延过程中辊筒所产生的两种变形便可以互相抵消，从而达到补偿的目的。

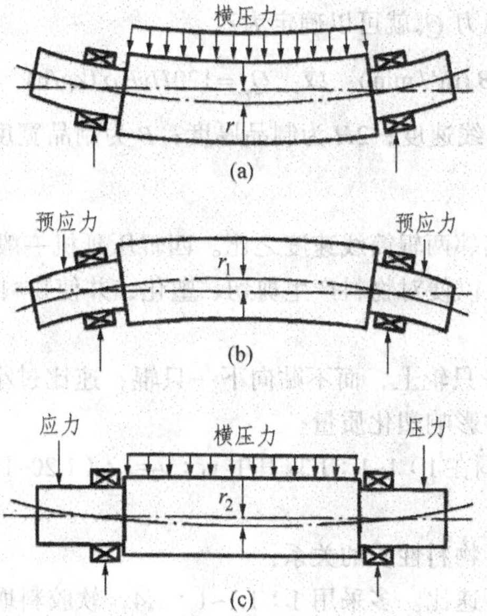

图 8.7　预应力装置原理图

7. 润滑系统

这一系统是由输油泵、油管、加热器、冷却器、过滤器和油槽等共同组成的。润滑油先由加热器加热到一定温度（80~100°C）而后由输油泵送到各个需要润滑的部分。注入各部分的油量都是可以调节的。压延机的主要润滑部分是辊筒的轴承，耗油量占整个润滑系统的 90%。润滑的好坏对制品质量和压延机的寿命均有影响。

8. 传动与减速装置

压延机各个辊筒的转动既可由一台电动机通过齿轮联结带动，也可分别由多台电动机各自带动。为了使辊筒的转动平稳，一般都采用直流电动机，并附有精确的调速装置。由于电动机转速很快，一般都要经过齿轮型的减速装置。正齿轮的旋转都是细小断续的动作，对制品质量是不利的，人字齿轮可以消除这一弊病，同时也可减少轴向应力。

8.2.3 压延机的规格

表征压延机规格的参数很多，主要有辊筒数目、辊筒直径、辊筒长度和长径比、辊筒线速度、调速范围、辊筒速比和生产能力、压延制品的最小厚度和厚度公差、辊筒的驱动功率等。

1. 辊筒的直径（mm）和长度（mm）

辊筒的直径（D）和长度（L）是压延机的特征参数，通常用于表征压延机的规格。例如，我国橡胶压延机的型号也可以 XY–4Γ– ϕ610×1 730 表示。

辊筒长度（L）决定了制品最大幅宽，一般有效长度为 $0.85L$；（L/D）增大，则刚度下降，易弯曲，截面精度下降，软制品取 L/D =2.5~2.7，硬制品取 L/D =2.0~2.5。

2. 辊筒线速度调速范围

辊筒线速度是表征压延机生产能力的主要参数。线速度高低取决于机械化、自动化水平的高低，目前世界上先进的四辊压延机线速度已达 200~250 m/min。

线速度确定后，生产能力 Q_v 就可以确定为：

$$Q_v = 2HvB\,(\mathrm{m^3/min}) \quad 或 \quad Q_v = 120HvB\rho\,(\mathrm{kg/h})$$

式中，Q_v 为生产能力；v 为线速度；$2H$ 为制品厚度；B 为制品宽度；ρ 为物料密度。

3. 辊筒的速比

辊筒的速比是压延机相邻两辊筒线速度之比。四辊压延机一般以 3 号辊为标准，其他辊相对其维持一定的速度差，以便对物料产生剪切、塑化，并使物料按顺序贴在下一只辊筒上，保证压延的正常进行。

速比过大：物料包在一只辊上，而不贴向下一只辊；速比过小：物料贴附能力差，容易夹带空气，造成气泡，同时影响塑化质量。

通常四辊压延机速比范围在 1∶1~1∶1.3。其中 v_1∶v_2=1∶（1.20~1.25）、v_2∶v_3=l∶（1.16~1.22）、v_4∶v_3=1∶（1.15~1.25）。

辊筒速比与压延工艺、物料性质的关系：

（1）一般喂料辊都具有速比。多采用 1∶1.1~1∶1.4，软胶料取小值。

（2）对于擦胶作业，多采用 1∶1.4~1∶1.5。为使胶料渗入到纺织物中去，擦胶辊要求有速比。

（3）对于压片、压型、贴合、贴胶等作业，速比为 1∶1。因主要是要求取得挤压力，故一般采用等速压延。

4. 制品的最小厚度和厚度公差

制品的最小厚度和厚度公差是表征压延机的精密度和质量优劣的重要参数之一。目前较先进的压延机可以生产的厚度为 0.05 mm，最小厚度公差为 0.002 5 mm。

5. 驱动功率

驱动功率为驱动压延机辊筒转动所需要的总功率。它表征压延机的可靠性和经济性。

8.2.4　辅助装置

辅机主要包括引离辊、轧花装置、冷却装置、卷取或切割装置等以及金属监测器、测厚仪等，还包括压延人造革时使用的烘布辊筒、预热辊筒、贴合装置等。

1. 引离辊

引离辊的作用是从压延机辊筒上均匀而无皱折地剥离已成型的薄膜，同时对制品进行一定的拉伸。

2. 轧花装置

轧花的意义不限于使制品表面轧上美丽的花纹，还包括使用表面镀铬和高度磨光的平光辊轧光，以增加制品表面的光亮度。

3. 冷却装置

对压延后的物料起冷却定型作用，主要由 4~8 只冷却辊筒组成。为了避免与薄膜粘连，冷却辊不宜镀铬，最好采用铝质磨砂辊筒。

4. 橡皮运输带

使冷却后的薄膜平坦而放松地通过无端橡皮运输带，可以消除或减少成型过程中产生的内应力。

5. 卷取装置

用于卷取成品。为了保证压延薄膜在存放和使用时不致收缩和发皱，卷取张力应该适当。张力过大时，薄膜在存放中会产生应力松弛，以致摊不平或严重收缩；张力过小时，卷取太松，则堆放时容易把薄膜压皱。因此，卷取薄膜时应保持相等的松紧程度。为了满足这种要求，卷取时都应添设等张力的控制装置。

6. 金属检测器

用于检测送往压延机的料卷是否夹带金属，借以保护辊筒不受损伤。

此外，辅机还包括进料摆斗，β 射线测厚仪，切割装置，以及压延人造革时使用的烘布辊筒、预热辊筒、贴合装置等。

8.3　压延成型原理

压延成型过程是借助于辊筒间产生的强大剪切力，使黏流态物料多次受到挤压和延展作用，成为具有一定宽度和厚度的薄层制品的过程。这一过程表面上看只是物料造型的过程，但实质上它是物料受压和流动的过程。

8.3.1　物料在压延辊筒间隙的压力分布

从流体力学知道，任何流体产生流动都有动力推动。压延时推动物料流动的动力来自两个方面：一是物料与辊筒之间的摩擦作用产生的辊筒旋转拉力，它把物料带入辊筒间隙；二是辊筒间隙对物料的挤压力，它将物料推向前进。如图 8.8 所示为物料在受压缩和压伸变形时的示意图。

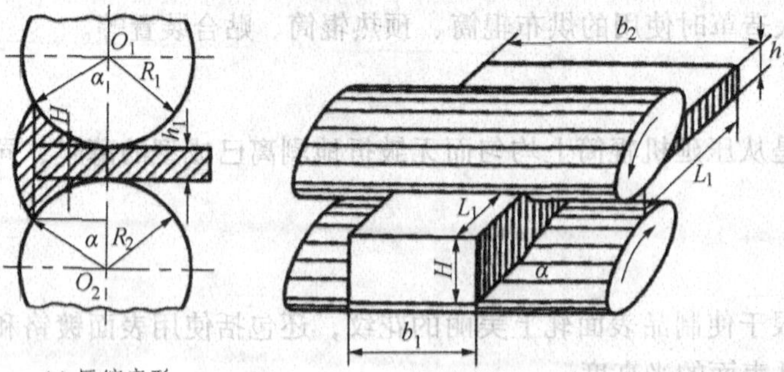

(a) 压缩变形　　(b) 压伸变形

图 8.8　压延时物料的压缩变形和压伸变形

压延时，物料是被摩擦力带入辊缝而流动的。由于辊缝是逐渐缩小的，因此当物料向前行进时，其厚度越来越小，而辊筒对物料的压力就越来越大。然后胶料快速地流过辊距处。随着胶料的流动压力逐渐下降，至胶料离开辊筒时，压力为零，其压力分布如图 8.9 所示。

压延中物料受辊筒的挤压，其各点所受压力不同，如图 8.10 所示，受到压力的区域称为钳住区，辊筒开始对物料加压的点为始钳住点，加压终止点为终钳住点，两辊中心（两辊筒圆心连线的中点）称为中心钳住点，钳住区压力最大处为最大压力钳住点。

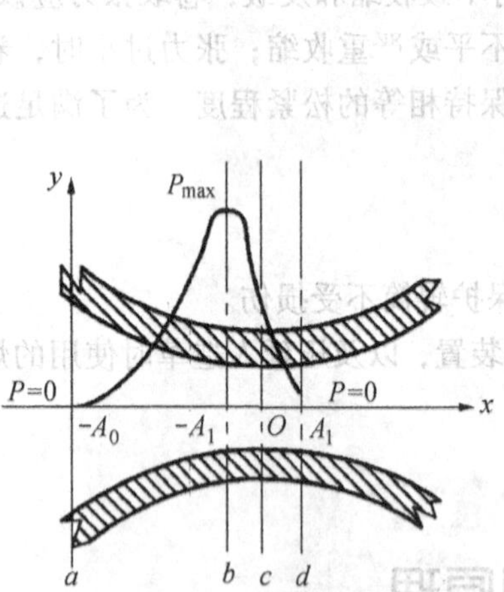

图 8.9　压延时物料所受压力分布

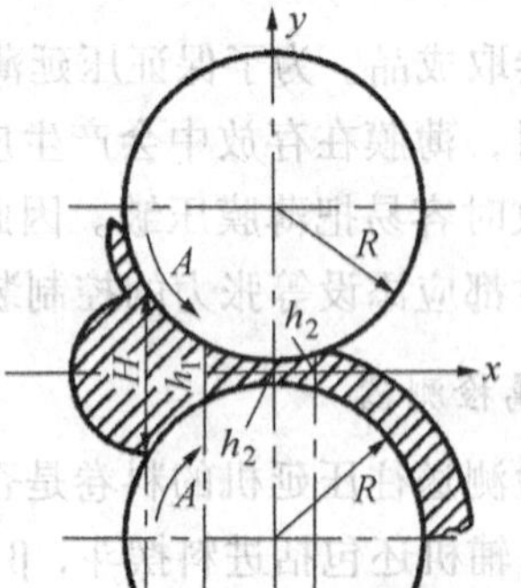

图 8.10　物料在辊筒间受到挤压时的情况

a—始钳住点；b—最大压力钳住点；
c—中心钳住点；d—终钳住点

8.3.2　物料在压延辊筒间隙的流速分布

处于压延辊筒间隙中的物料主要受到辊筒的压力作用而产生流动，辊筒对物料的压力是随辊缝的位置不同而递变的，因而造成物料的流速也随辊缝的位置不同而递变。即在等速旋转的两个辊筒之间的物料，其流动不是等速前进的，而是存在一个与压力分布相应的速度分布，其流速分布如图 8.11 所示。

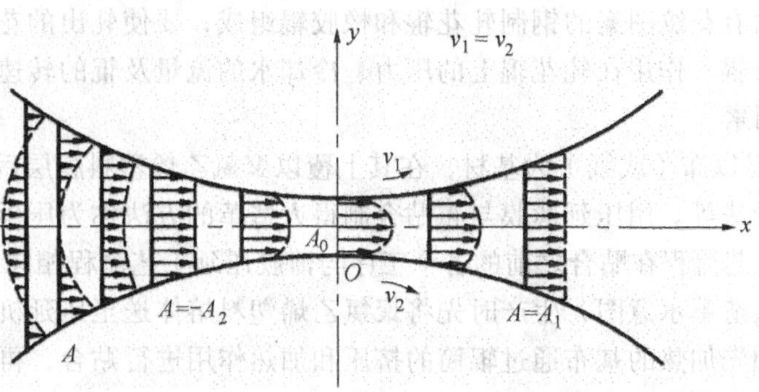

图 8.11　物料在辊筒间的速度分布

实际上辊筒大都是同一直径而有不同表面线速度，此时流动速度分布规律基本一样，只是物料的流动状况和流速分布在 y 轴上存在一个与两辊筒表面线速度差相对应的变化，其主要特点是改变速度梯度分布状态，这样就增加了剪切力和剪切变形，使物料的塑化混炼更好。

在中心钳住点 h_0 处，具有最大的速度梯度，而且物料所受到剪应力和剪切速率与物料在辊筒上的移动速度和物料的黏度成正比，而与两辊中心线上的辊间距 h_0 成反比，当物料流过此处时，受到最大的剪切作用，物料被拉伸、辗延而成薄片。但当物料一旦离开辊距 h_0 后，由于弹性恢复的作用而使料片增厚，最后所得的压延料片的厚度都大于辊距 h_0。

8.4　压延成型工艺过程

如前所述，完整的压延成型工艺过程可以分为供料和压延两个阶段。

8.4.1　供料阶段

密炼机塑化、双辊开炼机塑化是间歇操作，生产效率低，劳动强度大；挤出机塑化和输送效果好，产量大，且能连续供料。塑化后的熔融物料均匀地向压延机供料。目前连续供料方法已取代间歇喂料操作，因为间歇的料卷供料会使压延机加料区存料量周期性地变化，从而导致辊筒分离力发生波动。

8.4.2　压延阶段

送往压延机的物料应该是塑化完全、无杂质、柔软的，处在黏弹态，供料要先经过金属监测器然后加到四辊压延机的第一道辊隙，物料压延成料片，然后依次通过第二道和第三道辊隙而逐渐被挤压和延展成厚度均匀的薄层材料，然后由引离辊承托而撤离压延机，并经拉伸，若需制品表面有花纹，则进行轧花处理，再经冷却定型、测厚、切边、输送后，由卷绕装置卷取或切割装置切断成品。

压延成型是连续生产过程，在操作时首先对压延机及各后处理工序装置进行调整，包括辊温、辊速、辊距、供料速度、引离及牵引速度等，直至压延制品符合要求，即可连续压延成型。

轧花装置是由有花纹图案的钢制轧花辊和橡胶辊组成，要使轧出的花纹不变形，可温水冷却轧花辊和橡胶辊。作用在轧花辊上的压力、冷却水的流量及辊的转速是影响轧花操作和花纹质量的重要因素。

PVC 人造革是以布（或纸）为基材，在其上覆以聚氯乙烯塑料膜层后制得的，其方法主要有涂刮法和压延法等。用压延薄膜与布贴合制得人造革的方法称为压延法。压延法生产聚氯乙烯人造革的工艺流程在贴合之前的各个工序与薄膜压延工艺流程相同。如图 8.12 所示为四辊压延机生产人造革示意图，生产时先将聚氯乙烯塑料熔体送至压延机，按所需厚度和宽度压延成膜后与预先加热的基布通过辊筒的挤压和加热作用进行贴合，再经轧花、冷却、切边和卷取等工序即制得人造革。

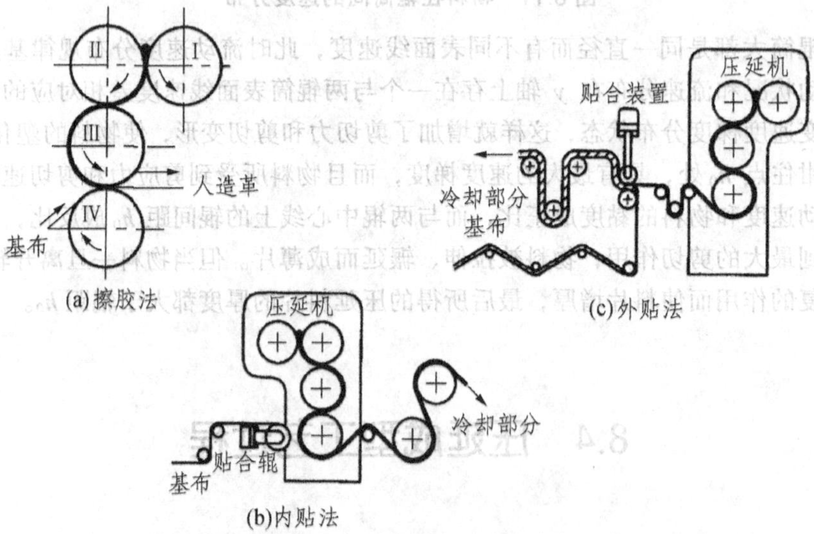

图 8.12 四辊压延机生产人造革示意图

擦胶法是在辊间贴合，压延机最后一道辊隙的上辊和下辊有一定的速比，上辊一般比下辊的转速大 40%左右，这样基布与薄膜的接触面上因有速度差而产生剪切和刮擦，能使一部分熔体被擦入布缝中，使薄膜与基布结合较牢；内贴法是压延薄膜与基布不在压延机两个辊筒之间贴合，而是在压延机一个辊筒边装上一个橡胶贴合辊，基布在橡胶辊与压延辊之间穿入，用适当的压力将薄膜与基布贴合；外贴法是压延薄膜从压延辊筒引离后，另用一组贴合辊通过压力将薄膜与基布贴合。为了提高黏合效果，贴胶法所用的基布与薄膜接触的一面往往涂一层胶浆。

8.4.3 压延操作条件

压延工艺的控制主要是确定压延操作条件，包括辊温、辊速与速比、辊筒间距、引离（拉伸）、冷却、卷曲等，它们是互相联系和制约的。

1. 辊　温

辊筒具有足够的热量，是使物料熔融塑化、延展的必要条件。物料在压延过程中所需的热量主要来源于两部分：一部分由压延辊筒的加热装置供给，另一部分来自物料通过辊隙时产生的物料与辊筒之间的摩擦热及物料自身的剪切摩擦热。

2. 辊速与速比

压延机辊筒最适宜的转速主要是由压延的物料和制品厚度要求来决定的，一般软质制品压延时的转速要高于硬质制品的压延。压延机相邻两辊筒线速度之比称为辊筒的速比，压延辊筒具有速比的目的在于：使压延物料依次黏辊，使物料受到剪切，能更好地塑化，还可以使压延物取得一定的延伸和定向作用。

辊筒速比根据薄膜的厚度和辊速来调节，速比过大会出现包辊现象；而速比过小则薄膜吸辊性差，空气极易夹入使产品出现气泡。对硬质制品来说，会出现"脱壳"现象，塑化不良，质量下降。

3. 辊筒间距

压延时各辊筒间距的调节既是为了适应不同厚度制品的要求，也是为了改变各道辊隙之间的存料量。

在两辊的辊隙之间应有少量存料，是为了保证在压延过程中压延压力恒定，起到储备补充和继续完善塑化的作用。

4. 引离（拉伸）、冷却、卷曲

从四辊压延机第三和第四辊之间引离出来的压延薄膜（片），经过引离辊、轧花辊、冷却辊和卷曲辊，最后成为制品。为了使压延制品拉紧，利于剥离以及不因重力关系而下垂，以保证压延顺利进行，在操作时一般控制速比，这样会引起压延物的大分子在其前进方向上有一定的延伸和定向作用，其大小与各辊之间的速比有关，如果要求薄膜具有较高的单向强度，各辊筒间的速比应增加。但是速比不能太大，否则会产生过多的延伸，薄膜的厚度将会不均，有时还会产生过大的内应力。延伸应主要发生在引离辊和压延机之间，引离辊的线速度一般比压延机第三辊高 10%~35%，主要视压延制品的厚度和软硬程度而定，薄膜冷却后应尽量避免延伸，否则受到冷拉伸后的薄膜存放后收缩量大，也不易展平。

8.5　压延成型工艺控制的关键因素

影响压延制品质量的因素很多，一般说来，可以归纳为 4 个方面，即压延机的操作因素、原材料因素、设备因素和冷却定型阶段条件的因素。所有这些因素对各种塑料的影响都是相同的，但以压延软聚氯乙烯制品最为复杂。下面以此为例来说明各种因素的影响。

8.5.1　压延机的操作因素

1. 辊温与辊速

物料在压延成型时所需要的热量，一部分由加热辊筒供给，另一部分则来自物料与辊筒之间的摩擦以及物料自身剪切作用产生的能量。产生摩擦热的大小除了与辊速有关外，还与物料的增塑程度有关，亦即与其黏度有关。因此，压延不同配方的塑料时，在相同的辊速下，温度控制就不一样；同理，相同配方不同的辊速，温度控制也不应一样。例如用相同配方的料生产 0.10 mm 厚的软质薄膜时，在两种不同辊速下，辊温控制如表 8.1 所示。如果在 60 m/min 的辊速条件下仍然采用 40 m/min 时的辊温操作，则料温势必上升，从而引起包辊故障。反之，如果在 40 m/min 的线速度下用 60 m/min 时的辊温，料温就会过低，从而使薄膜表面毛糙、不透明、有气泡，甚至出现孔洞。

表 8.1　不同辊速时的温度控制

辊速	辊筒温度控制范围
40 m/min	第Ⅲ辊蒸汽压力 0.45~0.5 MPa
60 m/min	第Ⅲ辊蒸汽压力 0.4 MPa

辊温与辊速之间的关系还涉及辊温分布、辊距与存料调节等条件的变化。如果其他条件不变而将辊速由 40 m/min 升到 60 m/min，这样必然引起物料压延时间的缩短和辊筒分离力的增加，使产品偏厚以及存料量和产品横向厚度分布发生变化。反之，辊速由 60 m/min 降到 30 m/min 时，产品的厚度先变薄，而后出现表面发毛现象。前者是压延时间延长及分离力减少所致，而后者显然是摩擦热下降引起热量不足的反映。

压延时，物料常黏附于高温和快速的辊筒上。为了使物料能够依次贴合辊筒，避免夹入空气而使薄膜不带孔泡，各辊筒的温度一般是依次增高的，但Ⅲ、Ⅳ两辊温度应近于相等，这样有利于薄膜的引离。各辊温差在 5~10°C 范围内。

2. 辊筒的速比

压延机相邻两辊筒线速度之比称为辊筒的速比。使压延机具有速比的目的，不仅是使压延物依次贴于辊筒，而且还在于使塑料能更好地塑化，因为这样能使物料受到更多的剪切作用。此外，还可以为压延物取得一定的拉伸与取向，从而使所制薄膜厚度减小和质量提高。为了达到拉伸与取向的目的，辅机与压延机辊筒速度也有相应的速比。这就使引离辊、冷却辊、卷曲辊的线速度依次增加，并都大于压延机主辊筒（一般四辊压延机以三辊为准）的线速度。但速比不能太大，否则薄膜厚度将会不均匀。根据薄膜厚度和辊速的不同，四辊压延机各辊速比控制范围参见表 8.2。

表 8.2　ϕ650 mm×1 800 mm 斜 Z 形四辊压延机各辊筒速比

薄膜厚度/mm	0.1	0.23	0.14	0.50
速比范围 \ 主辊辊速/$m \cdot min^{-1}$	45	35	50	18 ~ 24
v_{II}/v_{I}	1.19 ~ 1.20	1.21 ~ 1.22	1.20 ~ 1.26	1.06 ~ 1.18
v_{III}/v_{II}	1.18 ~ 1.19	1.16 ~ 1.18	1.14 ~ 1.16	1.20 ~ 1.23
v_{IV}/v_{III}	1.20 ~ 1.22	1.20 ~ 1.22	1.16 ~ 1.21	1.24 ~ 1.26

调节速比的要求是既不能使物料包辊，又不能不吸辊。速比过大会发生包辊现象，反之则会出现不吸辊现象，以致空气带入使产品出现气泡，如果对硬片来说，则会产生“脱壳”现象，塑化不良，造成质量下降。

3. 辊距与存料量

调节辊距的目的一是为了适应不同厚度产品的要求；二是改变存料量。压延辊的辊距，除最后一道与产品厚度大致相同外（应为牵引和轧花留有余量），其他各道都比这一数值大，而且按压延辊筒的排列次序自下而上逐渐增大，使辊隙间有少量存料。辊隙存料在压延成型中起储备、补充和进一步塑化的作用。存料的多少和旋转状况均能直接影响产品质量。存料过多，薄膜表面毛糙和出现云纹，并容易产生气泡。在硬片生产中还会出现冷疤。此外，存料过多时对设备也不利，因为增大了辊筒的负荷。存料太少，常因压力不足而造成薄膜表面毛糙，在硬片中会连续出现菱形孔洞。存料太少还可能经常引起边料的断裂，以致不易牵至压延机上再用。存料旋转不佳，会使产品横向厚度不均匀、薄膜有气泡、硬片有冷疤。存料旋转不佳的原因在于料温太低、辊温太低或辊距调节不当。基于上述种种分析，当知辊隙存料是压延操作中需要经常观察和调节的重要环节，合适的存料量见表 8.3。

表 8.3　ϕ700 mm×1 800 mm 斜 Z 形四辊压延机辊隙存料控制

辊隙 / 存料量 / 制品	Ⅱ/Ⅲ辊存料量	Ⅲ/Ⅳ辊存料量
0.10 mm 厚农用薄膜	直径 7~10 mm，呈铅笔状旋转	直径 5~8 mm，旋转时流动性好
0.23 mm 厚普通薄膜	直径 12~16 mm，呈铅笔状旋转	直径 10~14 mm，旋转着向两边流动
0.5 mm 厚硬片	折叠状连续消失，直径约 10 mm，呈铅笔状旋转	直径 10~20 mm，缓慢旋转

8.5.2　原材料因素

1. 树　脂

一般说来，使用相对分子质量较高和相对分子质量分布较窄的树脂较好，可以得到物理力学性能好的、热稳定性高和表面均匀性好的制品，但会增加压延温度和设备负荷，对生产较薄的膜更为不利，所以在设计配方时要进行多方面考虑，选用适用的树脂。

2. 其他组分

配方中对压延成型影响较大的是增塑剂和稳定剂。增塑剂含量越多，物料的黏度就越低，因此在不改变压延机负荷的条件下，可以提高辊筒转速或降低压延温度。

采用不适当的稳定剂经常使压延辊筒（包括花辊筒）表面蒙上一层蜡状物质，致使膜面不光，生产中发生黏辊现象或在更换产品时发生困难。压延温度越高，这种现象越严重。出现蜡状物质的原因是由于稳定剂与树脂的相容性太差，而且其分子极性基团的正电性较高，以致压延时被挤出而包在辊子表面，形成蜡状物。颜色、润滑剂及黏合剂等原料也有形成蜡状层的可能，但不如稳定剂严重。

3. 供料前的混合与塑炼

混合与塑炼的目的是使塑料各组分充分地分散和塑化均匀。如果分散不好，对薄膜的内在性能和表面质量都有影响。塑炼时温度不能过高、时间不宜过长，否则会使过多的增塑剂散失以及引起树脂的分解。塑炼时温度不能过低，不然不黏辊或无法塑化。适宜的温度视配方而定，一般软制品在 165~170°C，而硬制品在 170~190°C。

8.5.3 设备因素

操作时，辊筒受塑料的反作用力，这种能使两辊筒分开的力也称为分离力或横压力，分离力导致辊筒变形，产品出现中间厚两边薄的现象。如果用高黏度的塑料，增大辊筒的直径和宽度，提高线速度和生产薄型制品，都将导致分离力提高，产品厚度均匀性下降。解决的方法是：中高度法、轴交叉法、预应力法。

8.5.4 冷却定型阶段工艺条件

1. 冷　却

冷却必须适当，当冷却不足时，薄膜会发黏发皱，卷取后收缩率也大；若冷却过度，辊筒表面处会因温度过低而有冷凝水珠，也会影响制品质量。在多雨潮湿的季节里尤为需要注意。

2. 冷却辊流道的结构

冷却辊进水端辊面温度必然低于出水端，所以薄膜两端冷却的程度不同，收缩率也就不一样。解决的办法是改进冷却辊的流道流向结构，务必使冷却辊表面温度均匀一致。

3. 冷却辊速比

冷却辊速比太小，使薄膜发皱；速比太大产品会出现冷拉伸现象，导致收缩率增加。所以操作时要调节好冷却辊与主辊的速比。

8.6 压延机的一般操作方法

压延机虽有多种形式，但其操作方法基本上相同。在启动压延机之前，首先要加热油箱内的润滑油并检查压延机辊隙。当油温达到 50~60°C 时即可停止加热，开启进油阀对压延机轴承进行正常润滑。辊筒的升温要在转动的情况下进行，升温速度通常为每分钟 1°C。在辊筒升温过程中，应经常检查加热系统和测量辊筒表面温度，同时做以下准备工作：

（1）投料前半小时对引离辊筒加热（蒸汽压力一般为 0.7~0.8 MPa）。

（2）检查冷却辊筒和轧花装置的冷却水是否达到预定要求。

（3）按照产品的宽度要求装好切边刀。

（4）调节投料挡板的距离。

在上述工作完成后，即可通知前工序投料。

压延机辊距的调整，一般在投料以后才能进行，但也可以先把辊隙收紧到 1.25~1.50 mm 后投料。

压延机停车时，应在辊隙还有少量物料的情况下逐步松开每一对辊隙。辊隙调至 0.75 mm 左右，清除存料。这样可以确保压延机的安全。

8.7　压延成型的新进展

近几年来，压延制品在品种、质量、产率等方面都有显著提高，压延机正在向大型化、高速化、自动化、精密化、多用化方向发展，冷却装置向小辊多辊筒方向改进；异径辊筒压延机开发，压延牵伸（拉伸扩幅）应用等，对实现连续自动化生产，从而降低成本，减轻劳动强度，提高产品质量都起到重要作用。

8.7.1　原料的进展

PVC 树脂虽然已有多年的生产历史，但仍然有新的发展，市场出现不少新的产品。这些新产品的共同特点是质量均匀，对提高压延薄膜很有利。二步本体聚合法 PVC 树脂的应用有所扩大，这种原料具有特殊的颗粒结构形态，吸收增塑剂的性能十分优良，特别适用于制造软质透明薄膜。氯乙烯与乙烯或丙烯的共聚树脂在生产硬质制品时，可降低加工温度，热稳定性也较好。用作冷冻食品包装的聚氯乙烯硬质片材要求有较高的韧性，老的办法是掺加氯化聚乙烯或 ABS 树脂，制品透明度受影响。目前用于生产透明聚氯乙烯薄膜和硬质片材的改性剂，如 MBS 树脂和聚丙烯酸酯树脂（ACR）已日益增多。

为了满足高速压延的要求，出现了一些新的稳定剂，例如含镉量较高的镉钡稳定剂。液体镉钡稳定剂析出少，特别适用于压延加工。适用于透明食品、医用硬质聚氯乙烯片材生产的多种有机锡类稳定剂也有很大的发展。近年来还开发了一定数量的压延加工专用润滑剂，如属于低相对分子质量聚乙烯的 PA 蜡等。

8.7.2　压延机的大型、高速、精密、自动化

压延机的大型化主要表现在压延机辊筒直径和数量的增加。压延机的大型化可使产量大幅度上升。从投资或维持费用来说，大型化都是有利的。增大辊筒直径的另一目的是加大辊筒的长度，以制造宽度较大的薄膜。

20 世纪 70 年代中期开始在压延生产过程中应用程序计算机控制，通过制品面积质量测定对生产中的制品厚度进行自动反馈与控制，使压延生产的自动化得到重大推进。程序计算机控制的自动化生产装置可在荧光屏上连续显示薄膜外形图像和各个辊隙的图形，通过测量仪测得由辊筒负荷所产生的轴承力，并将它反馈给计算机系统，与规定的参数相对比较，自动控制系统即会对轴交叉等装置的参数作相应调整，从而精确地控制整个生产过程。

8.7.3　冷却装置的改进

随着压延速度的不断提高，制品的冷却已成为生产控制的关键，它对制品的性能，特别是收缩性能，影响很大。

目前的冷却辊筒特点是“小、多、近”：直径为 60~120 mm，数量有 9 个以上，它们分组控温，分组驱动，辊筒之间距离仅约 2 mm。冷却装置这样改进以后，因为辊筒直径小，有较好的传热效果，并且有利于消除高速运转时夹在薄膜与辊筒之间的空气。压延制品在不同温

度下缓慢冷却，内应力减少，使收缩率降低。此外，由于前面几个冷却辊筒温度较高，有利于去除薄膜表面的挥发物质，因而制品手感爽滑，同时还可避免薄膜黏附在辊筒表面。

8.7.4 异径辊筒压延机

在异径辊筒压延机中，至少有一个辊筒的直径与其他辊筒不同（见图 8.13）。采用异径辊筒后，压延机的分离力和驱动扭矩减少，因而具有节能、高速和提高制品精度的优点。

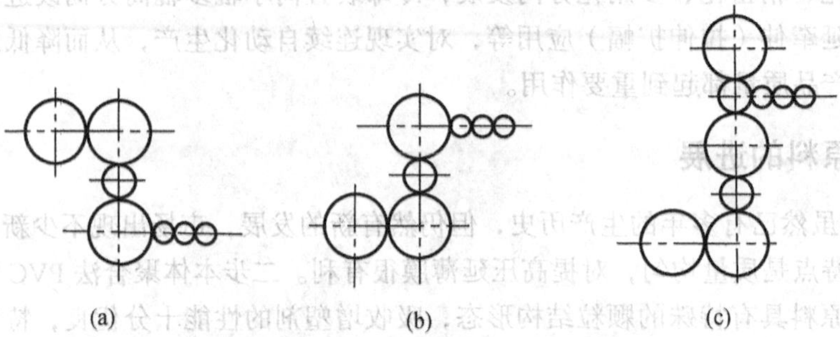

图 8.13 不同形式的异径辊筒压延机

图 8.13 中，（a）适用于加工软聚氯乙烯薄膜；（b）适用于加工硬聚氯乙烯薄片；（c）适用于加工极薄的拉伸薄膜。

当辊筒直径增大时，对两个等径辊筒来说，进料角度就会减小。若要维持存料高度不变，就要增加钳住区面积。采用异径辊筒就可以避免这种现象。例如两个直径为 550 mm 的等径辊筒，进料角度为 21.7°，若把其中一个辊筒的直径减为 350 mm，进料角度就增大到 25.7°。如果要求存料高度为 10 mm，那么存料区的横截面面积就从前者的 211 mm^2 降为后者的 147 mm^2，存料量可减少 30%。由于存料量减少，不但降低了压延机的驱动功率，而且空气也不易为物料包覆，这当然对提高制品质量有利。只要小径辊与上下两大辊之间的辊隙和存料量基本相同，那么上下两大辊对小辊的作用力便可抵消，因而小辊的挠度很小，制品厚度公差可控制到 ±0.002 5 mm。此外，大辊与小辊之间摩擦热减少，可缩短制品的冷却时间，因而生产速度可以提高。

8.7.5 压延牵伸（拉伸扩幅）

如果在压延机后配备一台扩幅机，就可利用较小规格的压延机生产宽幅软质薄膜。这对节约设备投资、减少动力消耗及利用现有的中、小型压延机生产较宽幅制品有一定意义。

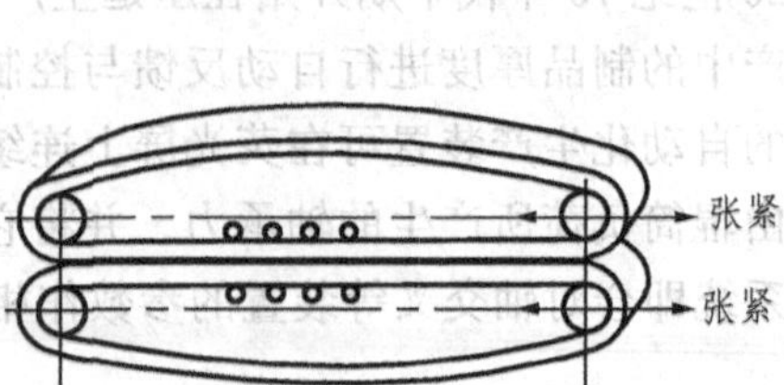

图 8.14 环形皮带示意图

扩幅装置是设置在轧花辊以前左右两边的一对环形皮带（见图 8.14）。环形皮带由前后两个皮带轮支承，若两皮带轮中心距较大，则可在两轮之间增添适当小托辊，以使压力均匀。两边的环形皮带各有一套传动装置，由直流电机经减速带动下面环形皮带的前皮带轮转动。前皮带轮座能前后移动，以便将环形皮带张紧。左右两边的环形皮带可沿着后部皮带轮摆动。改变环形皮带摆动的角度，便可获得不同幅宽的制品。

工作时，当薄膜从引离辊引出后，立即将薄膜的两边夹在左右两侧的环形皮带上，然后在环形皮带的前进中薄膜就逐步向两边扩幅。如果进入的薄膜幅宽为 2.3 m，经扩幅后可达到 4.3 m，切去两端边料后，可得到 4 m 左右宽的成品。此装置最大扩幅率（扩幅后与扩幅前薄膜宽度之比）约为 1.85 左右，厚度之比与此值相同。扩幅装置示意图如图 8.15 所示。

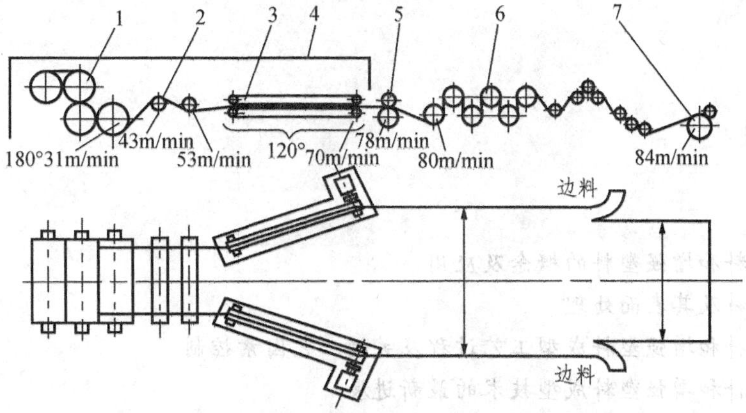

图 8.15　扩幅装置示意图

1—压延机；2—引离辊；3—扩幅机；4—保温罩；5—压花辊；6—冷却辊；7—卷取装置

复习思考题

一、名词解释

1. 压延成型；2. 压延效应；3. 横压力；4. 挠度补偿。

二、填空题

1. 压延成型包括的两个工艺环节是______和______。

2. 辊筒的常见排列方式有：_____、_____、_____、_____和_____。

3. 为了尽可能地消除制品厚薄不均匀的现象，通常采用______、______和______3 种方法来补偿辊筒弹性变形对薄膜横向厚度分布均匀性的影响。

三、简答题

1. 压延机的基本结构由哪些部分构成？分别说明其作用及性能要求。
2. 表示压延机的规格参数有哪些？
3. 横压力对辊筒和制品有怎样的影响？
4. 压延制品中的“三高二低”现象是怎样形成的？
5. 对于压延机辊筒的挠度有几种补偿方法？其各自有何特点？
6. 产生压延效应的原因及减小的方法有哪些？
7. 压延操作条件有哪些？
8. 影响压延制品质量的因素有哪些？
9. 以硬质 PVC 薄膜的生产过程为例，画出生产工艺流程，并配以相应的工艺条件。

第9章 层压塑料和增强塑料的成型

本章要点

知识要点

✧ 层压塑料和增强塑料的概念及应用
✧ 增强材料及其表面处理
✧ 层压塑料和增强塑料成型工艺过程及关键工艺因素控制
✧ 层压塑料和增强塑料成型技术的最新进展

掌握程度

✧ 理解层压塑料和增强塑料的概念及应用
✧ 了解增强材料的类型、性质及应用
✧ 理解增强材料的表面处理方法
✧ 掌握层压塑料和增强塑料成型工艺过程及关键工艺因素控制方法
✧ 了解层压塑料和增强塑料成型技术的最新进展

背景知识

✧ 高分子材料的结构与性能的关系、高分子材料成型加工原理、高分子加工流变特性、高分子成型设备及模具

9.1 概 述

9.1.1 层压塑料与增强塑料概念

层压塑料系指用层叠的、浸有或涂有树脂的片状底材，在加热和加压下，制成的坚实而又近于均匀的板状、管状、棒状或其他简单形状的制品。浸有或涂有树脂的底材亦称附胶片材。常用的底材有纸张、棉布、木材薄片、玻璃布或玻璃毡、石棉毡或石棉纸以及合成纤维的织物等。

增强塑料是指用加有纤维性增强物的塑料所制得的制品，其强度选比不加增强物的塑料基体高。常用的增强物主要有玻璃、石棉、金属、剑麻、棉花等的纤维或合成纤维、粗纱和织物等，在对性能要求很高的尖端技术等领域，也用到碳纤维、硼纤维，以至金属晶须等。

其中以玻璃纤维和织物用得最多，所以狭义的增强塑料有时就是指用玻璃纤维或其织物增强的塑料制品。

层压塑料只是增强塑料的一个部分。广义的层压塑料还包括由挤出或涂层方法所制造的塑料薄膜与纸张、棉布、金属箔等相互贴合的复合材料，这些在一般情况下是不作为增强塑料看待的。

层压塑料和增强塑料都可以认为是塑料基复合材料。增强塑料中增强物的作用是增强塑料基体的强度，而所用的塑料则是使复合材料便于成型加工，并对增强物进行黏结和固定，并借以抵抗制品受外力的增强物之间所承受的剪切，此外，还赋予制品抵抗外遇介质的侵蚀。常用的树脂绝大多数都是热固性的，如酚醛、氨基、环氧、不饱和聚酯、有机硅等树脂。近年来用玻璃纤维加入热塑性树脂而使其成为注射成型用原料有了很大的发展。

除树脂与增强物外，增强塑料中有时还加有粉状填料，这是为了降低成本或改善制品吸湿性和收缩率等用的。粉状填料的常用品种有：碳酸钙、滑石粉、石英粉、硅藻土、氧化铝、氧化锌等。加有填料的制品，其强度有所下降。

随着各个部门应用增强塑料的数量和品种日益增多，其成型方法也在不断发展和扩充。采用的成型方法有根据成型时所用压力的大小分为高压法和低压法的（压力高于 7 MPa 的为高压法；低于 7 MPa 的为低压法）；也有根据成型时附在纤维或织物上的树脂状态分为干法和湿法的（干法所用的纤维或织物是先用树脂浸渍并经干燥的；湿法所用的是在成型时就地浸渍的）。高压法又可细分为层压法和模压法等；而低压法则又可细分为袋压法、真空法、喷射法、接触法等。

9.1.2　增强塑料的性能特点

增强塑料，除强度超过不增强的塑料外，尚具备许多其他的优越的性能，如具有高的比强度、优良的绝热性、强的耐化学腐蚀性、优良的介电性能等。不足之处是其弹性模量较低，受力时有较大的变形，表面硬度较低，耐温性能差，容易老化等。

9.2　增强作用原理

塑料中添加增强物的主要目的是增强制品的强度，如何从树脂和增强物的固有性能来推算两者复合后（即成为增强塑料后）的性能，也就是增强物所起的增强作用，是一项既重要而又复杂的工作。

经过理论推导发现：要使增强物对塑料的拉伸强度或弹性模量起到显著增强作用，则增强物自身的拉伸强度和弹性模量都必须很高，而且增强物与树脂间还必须有良好的胶接。最好的胶接是使两者在界面处产生化学键的结合，这在工艺上是用一种既能与增强物又能与树脂发生化学反应的偶联剂来完成的。偶联剂可以涂在增强物的表面上或加在树脂中。为增进胶接作用还应该考虑树脂对增强物的润湿能力，也就是两者接触时（即在制造过程中将树脂涂于增强物的表面时）所能发生的紧密程度。很明显，良好的胶接是建立在良好接触的基础上的。

润湿能力可以用液体（树脂）对固体（增强物）的润湿理论来说明。当一滴液体与固体表面接触时就会形成一个接触角 θ（见图 9.1）。对作用于界面处的力（表面张力 γ）进行分析，当可得到下列方程：

$$\gamma_{SL} + \gamma_{LA}\cos\theta = \gamma_{SA}$$

$$\cos\theta = \frac{\gamma_{SA} - \gamma_{SL}}{\gamma_{LA}}$$

式中，下标 S、L 和 A 分别代表固体、液体和空气（或其他第三相的物质）。由上式可知，液体对固体的覆盖力越大时，θ 的值应越小。因此，为求得最佳的覆盖力，也就是液体与固体之间的良好接触，必须设法降低液体与固体界面处的表面张力 γ_{SL}。

图 9.1 液体在固体表面上的润湿

从分子角度来考虑，如果要求 γ_{SL} 下降，则固体分子与液体分子之间应存在较大的吸引力。但是增强塑料中作用的增强物大多是有极性的（属于无机性或纤维素性的），而所用树脂的极性一般都不很高，因此两者之间的吸引力是偏小的。在这种情况下，为促进它们之间的接触，就可在树脂内加入一些能够与树脂相容的极性物质，如含有羧基、胺基或酰基的有机物。所加的物质都应该是低相对分子质量的，以便它在树脂中有较大的扩散性而且能较快地聚集在界面处；同时，相对分子质量小的物质还能给树脂带来一定的韧性，有助于增强塑料的性能提高。但加入的物质不宜太多，否则集聚在界面处的就将成为几个分子层，而这些分子层之间的剪切强度往往是低于增强物或树脂本身的，对增强塑料的性能常有降低。常用的偶联剂，在分子结构方面，与这里所说的低分子物有颇多相似之处，所以，在一定程度上也可以将偶联剂看作接触作用的促进剂。最后还须指出：如果分子吸引力相同，黏度小的树脂对增强物的接触常比黏度大的容易。

9.3 原材料

增强塑料中树脂的性能、加工行为对增强塑料的性能和用途有重要的影响。塑料不但有种类的变化，而且在同一种类中还有品种的变化。用于增强塑料中的树脂按形态可为粉状、粒状、片状、有机溶液、水溶液、悬浮液、乳液等。按树脂的结构特点，增强塑料中常用的几种树脂主要是聚酯树脂、环氧树脂、酚醛树脂和有机硅树脂。由聚酯树脂制成的增强塑料的主要优点是具有优越的电性能、较强的抗水和抗酸性、较好的透明性以及抗御大多数有机溶剂的侵蚀。其严重缺点是耐热性较差和固化时收缩率大（4%~8%），制品表面一般不很光滑，对抗水和抗候性均有所下降。环氧树脂在物理特性方面与聚酯树脂颇为相似。对各种增强物的胶接作用几乎都很好，但这种性能对脱模却会发生困难。在固化过程中的收缩率较小（＜3%）。酚醛树脂的优点是：成本低、制品强度高、抗湿和抗化学腐蚀性好、耐热性较好。缺点是：制品颜色较深、需要预浸和高压成型。有机硅树脂常用于对制品电性能、强度和耐热性要求较高的场合，因成本较高，应用上受到一定限制。

9.4　增强物及其表面处理

9.4.1　增强物的类型

增强塑料的性能，除与所用树脂有关系外，也决定于所用增强物的类型和性能。常用的增强物包括：玻璃纤维及其织物、碳纤维、硼纤维等。

1. 玻璃纤维的化学组成和性能

玻璃纤维由玻璃制成，在许多物理和化学性能方面都和玻璃相同，但玻璃纤维的强度却比玻璃大得多。玻璃强度所以低的原因是它内部存在着许多细微裂纹和缺陷，从而在受力时发生了应力集中。玻璃拉成细丝后，细微裂纹大大减少，所以强度得到提高。

玻璃纤维的主要成分是铝硼硅酸盐和钙钠硅酸盐两种。含前者多的常称为无碱或低碱玻璃纤维（E–玻璃纤维），含后者多的常称为有碱或中碱玻璃纤维（A–玻璃纤维）。区分的标准是它所含的碱金属氧化物（以 R_2O 表示）的百分率。

任何种类的玻璃纤维的拉伸强度均与其直径和长度有关，其中以细而短的强度高。这是因为随着玻璃纤维直径和长度的增加，纤维中细微裂纹也增加，因而强度下降。使用温度对强度也有影响。超过 300°C 时，强度即下降。

玻璃纤维属于弹性材料，但断裂伸长率小，弹性模量不高，制成增强塑料后的刚性不如金属。此外，玻璃纤维性脆易碎、不耐磨，对人的皮肤有刺激性，使用时不很方便。各种纤维与金属材料强度的比较见表 9.1。

表 9.1　几种纤维同金属材料强度的比较

名称	密度/kg·m^{-3}	拉伸强度/MPa	比强度	弹性模量/MPa	比刚度
无碱玻璃纤维	2.55	3 110～3 440	1 216～1 350	65 335～71 220	25 620～27 930
尼龙	1.14	440～800	386～700	4512	3640
棉花	1.5~1.6	338	210～225	—	—
高强度合金钢	7.85	1570	204	206 010	26 240
铝合金	2.8	412～450	147～160	70 630	25 225

玻璃纤维的外形是光滑的圆柱体，它的横断面几乎都是完整的圆形，不像有机纤维的表面呈现出较深皱纹。表面光滑，虽然与树脂黏结不利。但这种表面光滑和圆形却可使纤维面

间的空隙缩小，使所制的增强塑料比较密实。

玻璃纤维的密度比有机纤维大，而比金属小，一般为2.4~2.7。

玻璃纤维的耐热温度约为300°C，比热容为8×10^2 J/(kg·K)，导热系数约为10 W/(m^2·k)（比较低，是一种良好的绝热材料），热膨胀系数为 4.8×10^{-6}/°C（比铝和钢等金属材料和树脂的线膨胀系数都低）

玻璃纤维除少数几种可与碱作用外，一般都能与氢氟酸和热的浓磷酸发生作用，但对其他化学物质都比较稳定。这比天然纤维和合成纤维优越。

玻璃纤维是一种良好的电绝缘材料，但不如聚乙烯等高级绝缘材料。

2. 新型无机纤维

随着尖端科学技术的不断发展，近年来，出现了一些特种玻璃纤维和其他无机纤维材料。如耐高温的石英玻璃纤维（软化温度可达 1 250°C，一般纤维的软化温度为 550~850°C）、高硅氧玻璃纤维（二氧化硅含量在95%以上）、铝硅酸盐玻璃纤维等。这些新型无机纤维广泛应用于机电制造业、原子能反应堆、宇宙飞行、火箭、光电通信、喷气发动机等方面。

3. 高强度及高模量的玻璃纤维

（1）高强度玻璃纤维。高强度玻璃纤维有镁铝硅酸盐和硼硅酸盐两个系统。其中镁铝硅酸盐又称为S–玻璃纤维，这种纤维拉伸强度高达4 900 MPa，弹性模量为9×10^4 MPa，耐热性较高。但其拉丝温度也高（约1 400°C）。

（2）高模量玻璃纤维。这种玻璃纤维含有氧化铍（BeO），可以提高玻璃纤维的弹性模量，通称为M–玻璃纤维。其弹性模量为11.5×10^4 MPa，拉伸强度为3 000 MPa，由于氧化铍有毒，因此常用ZrO_2、ThO_2、TiO_2等来代替。

4. 特种无机纤维

1）碳纤维

碳纤维是由黏胶纤维、聚丙烯腈、木质素和特种沥青先在低温下氧化，然后在惰性气体中进行高温碳化和石墨化而得到的微晶石墨材料。在氧化、碳化、石墨化过程中，应对纤维施加拉力，使其分子定向排列，从而使制得碳纤维具有高强度和高弹性模量。根据碳化温度可分为3类：300~500°C的为耐热纤维；500~1 800°C的为碳化纤维；2 000°C以上的为石墨纤维。耐热纤维是无定形物质，耐热温度可达200~300°C。碳化纤维是碳素结构，耐热性更高，且具有导电性。石墨纤维具有结晶性结构，耐热性和导电性都比前两者高，而且具有润滑性，3种纤维一般都称为碳纤维，除在氧化环境外，可于3 000°C高温下不熔融、不软化，化学稳定好，热膨胀系数小，导热系数大，导电性好，无毒，不自燃，其缺点是纤维与树脂胶接性不好，剪切强度差。

碳纤维，尤其是高模量的石墨纤维，其表面常具有惰性，因此与树脂胶接力差。为了增加胶结力，要对碳纤维增加表面处理。常用的处理方法是表面氧化处理和表面晶须化处理，借以增加表面的活性。

2）硼纤维

硼纤维是将钨丝连续通过装有氯化硼和氢并加热到 1 160°C 的反应室制得的。在反应室中，氢气还原三氧化硼，而使生成的硼淀积在钨丝上成为硼纤维，其中主要化学反应是：

$$2BCl_3+3H_2 \longrightarrow 2B\downarrow+6HCl$$

由此可见，硼纤维是带芯的。由上述方法得到的硼纤维，其直径为 43~120 μm，成本颇为昂贵。

硼纤维的物理力学性能见表 9.2。它的拉伸强度与玻璃纤维相仿，但弹性模量却比玻璃纤维大 5 倍，硬度约与金刚石相当。主要缺点是丝的直径大、刚性大、不易弯成所需要的形状。此外，它在大气中受高温易氧化，以致强度下降。由于硬度大，因此，用它做成的增强塑料不能用普通刀具而需特制的金刚石刀具进行加工。

表 9.2　硼纤维的物理力学性能

直径/μm	密度/g·cm^{-3}	熔点/°C	拉伸强度/MPa	比强度	弹性模量/MPa	比刚度	硬度/莫氏
101±5	2.62	2 050	2 740~3 430	1 048~1 310	84 360~412 020	32 200~157 260	9 以上

由硼纤维制成的增强塑料可用于航空工业的发动机叶片、飞机的机翼以及宇航中的烧蚀材料和其他结构材料等。

3）碳化硅纤维

碳化硅纤维热稳定性比硼纤维好。在 1 200°C 使用时，强度仍能保持 2/3。碳化硅纤维有良好的化学稳定性和热传导性能，与树脂胶接性能比较好。碳化硅纤维应用在航空、宇宙飞行等尖端部门中。

4）碳化硼纤维

碳化硼纤维具有密度小、强度高、弹性模量高和耐热性好等特点。碳化硼纤维也是采用化学沉积法制成的。由它所制的增强塑料主要用于尖端技术中。

5）晶　须

晶须的力学强度等于邻近间原子引力，因为晶须基本上是完全晶体，缺陷很少。晶须是已知纤维材料中强度最高的一种，它是纤维状的单晶，直径只有几个微米，而长度一般则为数厘米。

晶须的强度比玻璃纤维和硼纤维都高，而且具有坚韧不脆的性能，它兼有玻璃纤维的伸长率（3%~4%）和硼纤维的弹性模量（4.2~7.1）$\times10^5$ MPa。但晶须的生产工艺尚存在问题，有待进一步改进。在已知晶须材料中，蓝宝石（氧化铝）、碳化硅、氧化硅晶须已在试验厂小批量生产。它们的物理力学性能见表 9.3。

晶须的制法，主要分为氧化铝（蓝宝石）和碳化硅晶须两种。前一种晶须的生产是将氢气、一氧化碳、二氧化碳和三氧化铝与晶须的生成核（如细小的铝粉、氢氧化铝及单晶蓝宝石等）混合均匀后，喷射到 1 200°C 的反应室通过气相反应生成的。反应式如下：

$$2AlCl_3（气）+3CO_3+3H_2 \longrightarrow Al_2O_3（固）+3CO+6HCl$$

晶须的生长率一般为 0.1~1 cm/s，生长率随时间延长而降低。生成的晶须最长可达 38.1 mm，直径为 70 μm。

表 9.3 晶须的物理力学性能

项目 / 种类	密度/ $g\cdot cm^{-3}$	熔点/°C	拉伸强度/10^4 MPa	弹性模量/10^5 MPa
氧化铝	3.9	2 080	1.4 ~ 2.8	7.1 ~ 25
氧化铍	1.8	2 550	1.4 ~ 2.0	7.1
氧化硼	2.5	2 450	0.71	4.6
石　墨	2.25	3 600	2.1	10
氧化镁	3.6	2 800	2.5	3.2
碳化硅（α 型）	3.15	2 310	0.71 ~ 3.5	4.9
碳化硅（β 型）	3.15	2 310	0.71 ~ 3.5	7.1 ~ 10.6
氮化硅	3.2	1 900	0.35 ~ 1.06	3.9

碳化硅晶须可采用气相法或固相法制取。固相法是用硅化物和碳通过高温反应先生成气相产物，然后再由气相产物进行反应即可生成晶须。气相法是使四氯化硅和甲苯，在 1 300°C 高温下，和氢气进行反应而制得的。如果改用 1 800°C 则生成的速度更快。碳化硅晶须具有高的比强度、弹性模量、化学稳定性和良好的耐热性。

5. 其他增强材料

除上述各种增强材料外，还有木材、纸张和纸板、石棉、棉布合成纤维和麻纤维等多种增强材料，这些材料原料颇为丰富，应用广泛，值得重视。

9.4.2 增强物的表面处理

1. 表面处理的目的及原理

为了增加玻璃纤维和树脂间的胶接力，有必要对增强物的表面进行处理。通常采用偶联剂来实现。偶联剂的作用机理在于：它的分子结构中兼有与极性基团和非极性基团发生化学作用的两种活性基团。偶联剂既可在玻璃纤维或其织物的表面处理过程中涂在玻璃纤维上，也可以加在树脂中。常用的偶联剂包括：

1）有机酸氯化铬络合物类

常用的是甲基丙烯酸氯化铬的络合物（又称沃兰），简称铬络合物。它是由碱式氯化铬和羧酸作用而得到的。

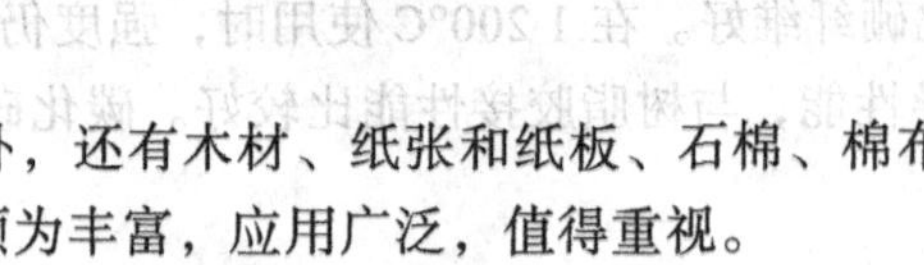

其中碱式氯化铬是由三氯化铬（CrO_3）在低级脂肪醇和盐酸的水溶液中还原得到的：

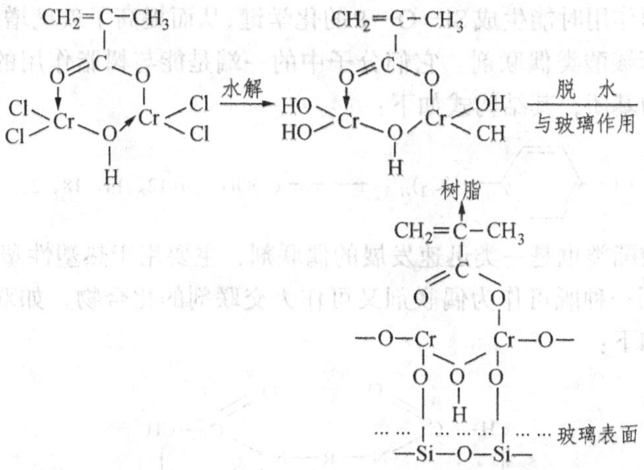

铬络合物是一种暗绿色的液体，密度 1.0~1.1。使用时先配成浓度为 1%~3%的异丙醇溶液，并用 2%的 NH_4OH 溶液调整其 pH 值为 5~6。而后再配成 0.4%的水溶液。

在水溶液中，氯化铬络合物水解成氢氧化铬络合物。使用中，它的–OH 与玻璃表面的硅醇反应，而丙烯基则与树脂反应。

2）有机硅烷类

这类中的品种很多，偶联的效果也很显著，其化学通式为 R_nSiX_{4-n}。式中，R 代表能与树脂作用的基团，如不饱和双键—CH═CH_2、环氧基 —CH—CH（O 桥接）、氨基—NH_2、巯基—SH 等；X 代表—Cl、CH_3O—、C_2H_5O—、$CH_3OC_2H_4O$—等容易水解的基团；*n* 可以是 1、2 或 3，但常用的是 *n*=1。这类物质通过下列化学作用与玻璃表面和树脂进行偶联：

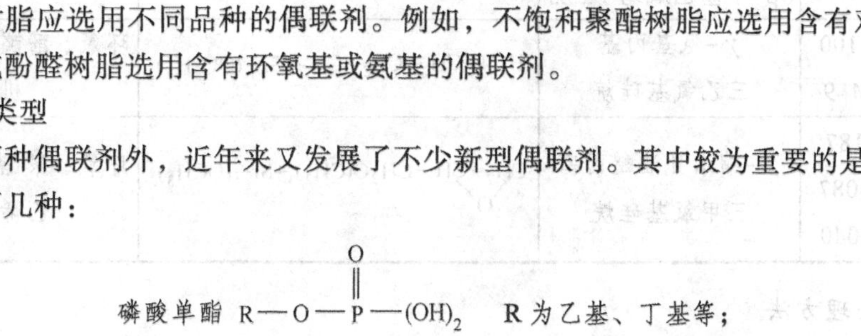

不同的树脂应选用不同品种的偶联剂。例如，不饱和聚酯树脂应选用含有双键基团的偶联剂。环氧或酚醛树脂选用含有环氧基或氨基的偶联剂。

3）其他类型

除上述两种偶联剂外，近年来又发展了不少新型偶联剂。其中较为重要的是含磷化合物，常用的有如下几种：

磷酸单酯　R—O—P(=O)—$(OH)_2$　R 为乙基、丁基等；

磷酸三酯　R—O—P(=O)$(OR)_2$　R 为甲基、乙基、苯基等；

亚磷酸二酯 $(RO)_2$—P—OH　R 为甲基、乙基、异丙基等。

它们与玻璃表面作用时能生成Si—O—P的化学键，从而提高了玻璃增强塑料的弯曲性能。

另外，还有氯苯羧酸类偶联剂。它们分子中的一端是能与树脂作用的氯苯基，另一端是能与玻璃表面作用的基团，其结构式如下：

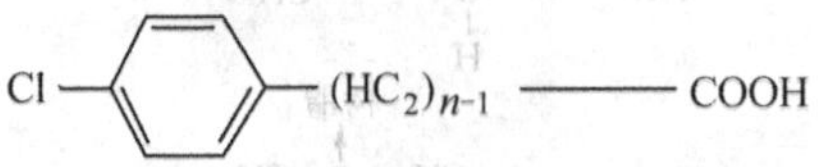

n=12、14、18、20

铝酸酯类和钛酸酯类也是一类迅速发展的偶联剂，主要用于热塑性塑料的填充、增强。

近年来，还采用一种既可作为偶联剂又可作为交联剂的化合物，如双马来酰亚胺及其衍生物，其化学结构如下：

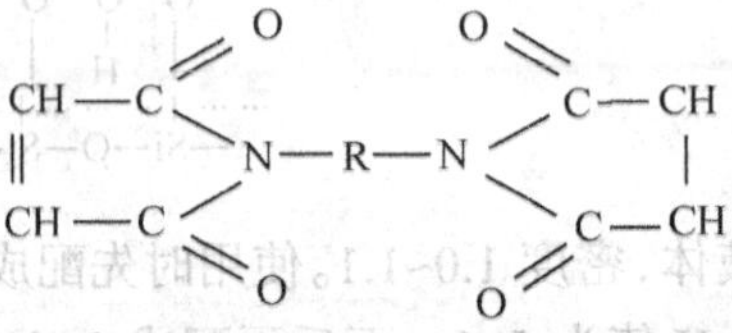

式中，R 是脂基或芳基。采用二苯甲烷双马来酰亚胺处理的玻璃纤维能制得机械强度和耐热性均优良的增强聚苯烯制品，这对提高聚苯烯烃制品的机械强度提供了一个重要的途径。表 9.4 列出了常用的偶联剂。

表 9.4　常用的偶联剂

牌号 国内	牌号 国外	名称	化学结构式	使用树脂
VN 沃兰	Volan114	甲基丙烯酸氯化铬络合物	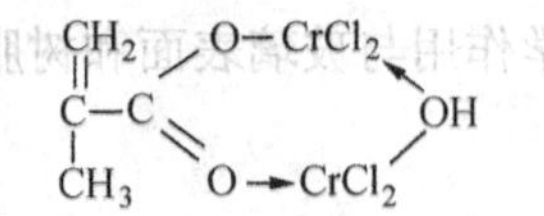	聚酯、环氧、酚醛、聚乙烯、有机玻璃
A151	加兰 A–151	乙烯基三乙氧基硅烷	$CH_2=CH=Si(OCH_2—CH_3)_3$	聚酯、聚乙烯、聚丙烯
A172	A–172	乙烯基三(β–甲基乙氧基)硅烷	$CH_2=CH–Si(OCH_2CH_2—OCH_3)_3$	聚酯、聚丙烯、聚苯乙烯
KH–550	A–1100 ArM–9	γ–氨基丙基三乙氧基硅烷	$H_2N–CH_2–CH_2–CH_2–Si–(OC_2H_5)_3$	环氧、酚醛、聚丙烯、有机玻璃
KH–560	A–187 Y–4087 Z–6040	γ–缩水甘油醚丙基三甲氧基硅烷	$\underset{\diagdown O \diagup}{CH_2–CH}–CH_2O(CH_2)_3–Si–(OCH_3)_3$	环氧、聚酯、酚醛、聚氯乙烯、尼龙

2. *表面处理方法*

玻璃纤维的表面处理方法有洗涤法、热处理法和化学处理法。

1）洗涤法

洗涤法是用各种有机溶剂洗除玻璃纤维或其织品表面上的浆料。常用的溶剂有：三氯乙烯、汽油、丙酮、甲苯、二氯乙烷等。洗涤后，残留的浆料约 0.4%。采用此法时溶剂回收麻烦，又不安全，国内少用。

2）热处理法

热处理法是利用高温除去玻璃纤维或其织物表面上的浆料。处理后的玻璃纤维或其织物呈金黄色或深棕色，浆料的残留量约 0.1%，强度损失 20%~40%。随加热时间延长和温度升高，强度将越来越少，残留的浆料也绝少。

热处理在工业上有连续和间歇处理两种，连续处理时使用连续热处理炉，可取 300~450°C，3~6 min。间歇处理时，温度应偏低而时间应偏长，可采取 280°C，15~25 min。虽然玻璃纤维的强度在热处理中有所损失，但增强塑料制品的强度却有所提高。因为未处理的玻璃纤维强度虽高，但在制品中由于与树脂胶接不好，纤维的强度不能充分发挥作用。

3）化学处理法

化学处理法分 3 种，即后处理法、前处理法和迁移法。

（1）后处理法。先将玻璃纤维或织物经过热处理，使其浆料残留量小于 1%。再经偶联剂溶液处理、水洗和烘干，使玻璃纤维表面覆上一层偶联剂。此法效果好，质量较稳定，也比较成熟。但需热处理、浸渍、水洗、烘焙等多种设备，成本较高。

（2）前处理法。将偶联剂加在浆料中，以便偶联剂在拉丝过程中就附在玻璃纤维的表面上。在这一方法中与偶联剂伴用的浆料不同于石蜡乳剂，含油质成分少，称为增强型浆料，常用聚醋酸乙烯酯型的。与后处理法比较，它可以省去复杂的工艺和设备，使用方便，不需热处理，强度损失小，是一种较理想的方法。

（3）迁移法。将偶联剂按一定比例直接加入到树脂中，再经过浸胶涂覆使其与玻璃纤维或其织物发生作用。这种方法工艺简便，不需庞大的设备，但效果较前两种稍差。适用于缠绕成型和模压成型。

9.5　高压成型

高压成型可分为层压成型、管材和棒材的成型以及模压成型。

9.5.1　层压成型

将多层附胶片材叠合并送入热压机内，在一定温度和压力下，压制成层压塑料的成型方法称为层压成型。这种方法发展较早也比较成熟，所制制品的质量高，也比较稳定。缺点是只能生产板材，而且板材的规格受到设备大小的限制。

层压成型采用的增强物主要是棉布、玻璃布、纸张、石棉布等片状材料。选用的树脂大多是酚醛树脂和环氧酚醛树脂。对于要求特殊电性能的制品，可用聚邻苯二甲酸二烯丙酯树脂（DAP）。层压成型共分浸渍和成型两个过程。现以玻璃布为例，说明如下。

1. *浸　渍*

浸渍工艺如图 9.2 所示。玻璃布由卷绕辊 1 放出，通过导向辊 2 和涂胶辊 3 浸于装有树脂溶液的浸槽 7 内进行浸渍。浸过树脂的玻璃布在通过挤液辊 4 使其所含树脂得到控制，随后进入烘炉 5 内干燥，再由卷取辊 6 收取。

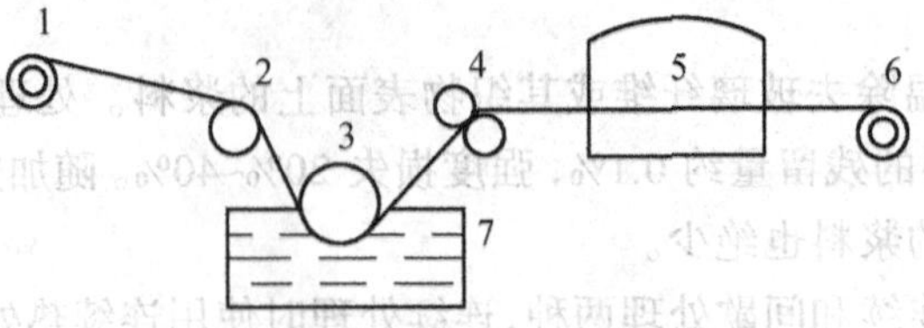

图 9.2 浸胶机示意图

1—卷绕辊；2—导向辊；3—涂胶辊；4—挤液辊；5—烘炉；6—卷取辊；7—浸槽

在浸渍过程中，要求所浸的布含有规定数量的树脂。规定数量视所用树脂种类而定，一般为 25%~46%。浸渍时布必须为树脂浸透，避免夹入空气。布的上胶，除用浸渍法外，还可采用喷射法、涂拭法等。

2. 成 型

成型工艺过程共分叠料、进模、热压、脱模、加工和热处理等。现分述如下：

（1）叠料。首先是对所用附胶材料的选择。选用的附胶材料要浸胶均匀、无杂质、树脂含量符合规定要求，而且树脂的硬化程度也应达到规定的范围。接着是剪裁和层叠，即将附胶材料按制品预定尺寸裁切成片并按预定的排列方向叠成成扎的板坯。制品的厚度初看是决定于板坯所用附胶材料的张数，但由于附胶材料质量的变化，往往不容易准确。因此一般是采用张数和质量相结合的方法来确定制品的厚度。

将附着材料叠放成扎时，其排列方向可以按同一方向排列，也可以相互垂直排列，用前者制品的强度是各向异性的，而后者则是各向同性的。

叠好的板坯应按下列顺序集合压制单元：

金属板—衬纸（50~100 张）—单面钢板—板坯—双面钢板—板坯—单面钢板—衬纸—金属板。

金属板为通用钢板，但表面应力求平整。单面和双面钢板，凡与板坯接触的面均应十分光滑，否则，制品表面就不光滑。可以是镀铬光板，也可是不锈钢板。放置板坯前，钢板上均应涂润滑剂，以便脱模。施放衬纸是便于板坯均匀受热和受压。

（2）进模。将多层压机的下压板放在最低位置，而后将装好的压制单元分层推入多层压机的热板中，再检查板料在热板中的位置是否合适，然后闭合压机，开始升温升压。

（3）热压。开始热压时，温度和压力都不宜太高，否则树脂易流失，压制时，聚集在板坯边缘的树脂如已不能被拉成丝，即可按照工艺参数要求提高温度和压力。温度和压力是根据树脂的特性，用实验方法确定的。压制时温度控制一般分为 5 个阶段。

第一阶段是预热阶段，是指从室温到硬化反应开始的温度。预热阶段中，树脂发生熔化，并进一步浸透玻璃布，同时树脂还排除一些挥发分。施加的压力为全压的 1/3~1/2。

第二阶段为保温阶段，树脂在较低的反应速度下进行硬化反应，直至板坯边缘流出的树脂不能拉成丝时为止。

第三阶段为升温阶段，这一阶段是自硬化开始的温度升至压制时规定的最高温度。升温不宜太快，否则会使硬化反应速度加快而引起成品分层或产生裂纹。

第四阶段是当温度达到规定的最高值后保持恒温的阶段，它的作用是保证树脂充分硬化，使成品的性能达到最佳值。保温时间取决于树脂的类型、品种和制品的厚度。

第五阶段为冷却阶段，是板坯中树脂已充分硬化后进行降温，准备脱模的阶段。降温一般是热板中通冷水，少数是自然冷却。冷却时应保持规定的压力直到冷却完毕。

5 个阶段中温度与时间的变化情形如图 9.3 所示。5 个阶段中所施的压力，随所用树脂的类型而定。例如酚醛层压板压力为（12±1）MPa，邻苯二甲酸二烯丙酯层压板压力为 7MPa 左右。压力的作用是除去挥发分，增加树脂的流动性，使玻璃布进一步压缩，防止增强塑料在冷却过程中的变形等。

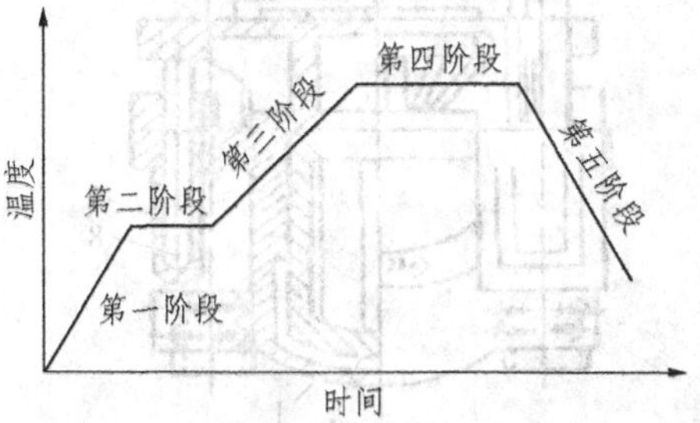

图 9.3　热压工艺 5 阶段的升温曲线示意图

（4）脱模。当压制好的板材温度已降至 60°C 时，即可依次推出压制单元进行脱模。

（5）加工。加工是指去除压制好的板材的毛边。3 mm 以下厚度的薄板，可用切板机加工，3 mm 以上的一般采用砂轮锯片加工。

（6）热处理。热处理是使树脂充分硬化的补加措施，目的是使制品的力学强度、耐热性和电性能都达到最佳值。热处理的温度应根据所用树脂而定。

压制板材所用的多层压机如图 9.4 所示。通用的压机吨位都较大，通常为 2 000~4 000 t。2 000 t 压机的工作台面约为 1 m×1.5 m。2 500 t 压机的工作台面约为 1.37 m×2.69 m。这种压机的操作原理与压制成型用的下推式液压机相似，只是在结构上稍有差别。多层压机在上下板之间设有许多工作垫板，以容纳多层板坯而达到增大产率的目的。目前工业上所用多层压机的层数可以从十几层至几十层不等。压制单元是当下压板处于最低位置时推入的。这时垫板的位置均利用自带的凸爪挂在特设的条板阶梯上得到固定，各个垫板上的凸爪尺寸并不相同，而是向下逐渐缩小的。施压时，下压板上推，使各个垫板相互靠拢，于是所装的板坯就会受到应有的压力。

装有层板坯的压机，在进行各个垫板闭合时，所需要的力并不很大，可以用两个辅助压筒来承担。当辅助压筒将下压板升高时，工作柱塞也同时上升。此时工作液就能自动地从贮液槽进入工作压筒。垫板靠拢后，关闭工作压筒和贮液槽之间的连接阀并打开工作压筒和高压管线之间的连接阀，就开始了压制过程。利用辅助压筒可以保证下压板空载上升的速度，而且也节省了高压液体。当然不设辅助压筒也是可以的。采用的高压液体可以是水或油，但一般用的都是水和肥皂或油类的乳液。

压机对板坯的加热，一般是将蒸汽通入加热板内来完成的。冷却时则是在同一通道内通冷却水。

层压成型工艺虽然简单方便，但制品质量的控制却很复杂，必须严格遵守工艺操作规程，否则会出现裂缝、厚度不均、板材变形等问题。

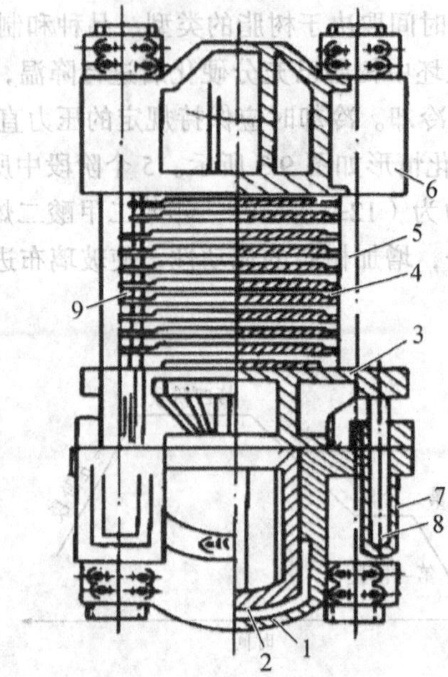

图 9.4 多层压机

1—工作压筒；2—工作柱塞；3—下压板；4—工作垫板；5—支柱；6—上压板
7—辅助压筒；8—辅助柱塞；9—条板

要控制板材厚度就要控制胶布的厚度，因此要使胶布的含胶量均匀。

层压板的变形问题，主要是热压时各部温度不均造成的。这常与加热的速度和加热板的结构有关。

3. *层压板的应用*

层压板的用途很多，但按所用增强材料来分，可简单地归为以下几条：①纸基层压板，除有花纹而用淡色或无色树脂制成的作为建筑材料外，大多数用作绝缘材料。②布基层压板主要用于机器零件。③玻璃布层压板具有强度高、耐热性好、吸湿性低等优点，主要用做结构材料。应用在机械、飞机和船舶上以及电气工业、化学工业上等。④石棉基层压板，主要用于制造耐热部件和化工设备。⑤木基塑料用于制造机器零件。⑥合成纤维基层压板，根据需要可用于耐热耐磨耐腐蚀部件。

9.5.2 管材和棒材的制造

制造管材和棒材也是以干燥的附胶片材为原料的。使用的附胶材主要是酚醛树脂或酚醛环氧树脂浸渍的平纹玻璃布或纸张，管材和棒材都是用相同树脂的棉布或木材原片。管材和棒材都是用卷绕方法成型的。卷绕装置的简图如图 9.5 所示。

用卷绕法成型管材时，先在管芯上涂脱模剂（如凡士林、沥青、石蜡等）。涂有脱模剂的管芯须包上一段附胶材料作为底片，然后放在两个支承辊之间并放下大压辊将管芯压紧。将绕上卷绕机的附胶片材拉直使其与底片一端搭接，随后慢速卷绕，正常后可加快速度。卷绕中，附胶材料通过张力辊和导向辊，进入已加热的前支承辊上，受热变黏后再卷绕到包好底片的管芯上。张力辊给卷绕的附胶片材以一定张力，一方面是使卷绕紧密；另一方面则可借助摩擦力使管芯转动。前支承辊的温度必须严格控制，温度过高易使树脂流失；过低不能保证良好的黏结。当卷绕到规定厚度时，割断胶布，将卷好的管坯连同管芯一起从卷管机上取下，送炉内作硬化处理。硬化后从炉内取出，在室温下进行自然冷却，最后从管芯上脱下玻璃布增强塑料管。

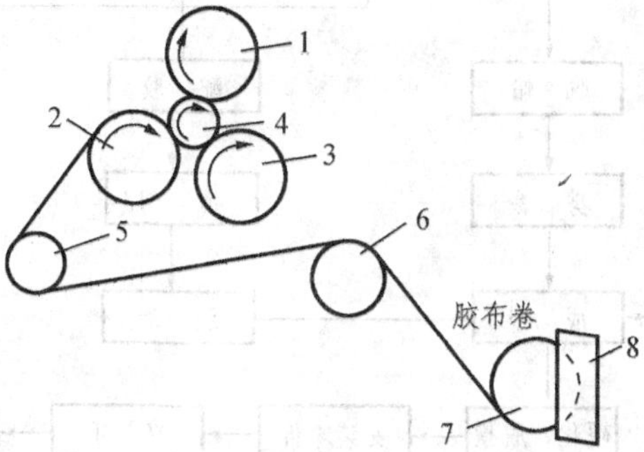

图 9.5　卷管工艺示意图

1—大压辊；2—前支承辊；3—后支撑辊；4—管芯；5—导向辊；6—张力辊；7—胶布卷；8—加压板

制棒的工艺和制管相同，只是所用芯棒较细，且在卷绕后不久就将芯棒抽出而已。

由上述方法成型的管材或棒材，经过机械加工可制成各种机械零件，如轴环、垫圈等；也可直接用于各种工业，例如在电气工业中用作绝缘套管，在化学工业中用作输液管道等。

9.5.3　模压成型

这里的模压成型本质上就是第 4 章所说的压制，不过以附胶片材（底材以用织物为主）作为原料而已。由于附胶片材中的底材在压制中很难流动，因此须先将附胶片材用剪裁、缝制或制坯等方法制成与制品形状相仿的型坯并正确地安放在阴模中，再进行压制。制品的结构只能是扁平或形状较为简单的，但它的机械强度比用一般模塑料制成的高几倍。压制制品的种类有：滑轮、齿轮、阀件、纱管芯、轴瓦和轴衬等。

9.6　低压成型

由低压成型法制造的增强塑料制品，在强度和外观上虽不如高压成型的好，但却具有许多优点，例如可以制造大型制品，对设备的要求比高压法低，可以使玻璃纤维或织物增强的制品强度得到一定强度的提高（用高压时，由于玻璃纤维性脆，经纬纱交叉处易断裂，强度因而下降）。因此，低压成型法在制品成型中占有很大的比重，并且发展很快。

低压成型法很多，但主要是接触法，其次为袋压法，其他各种方法大多只用于特殊场合。因此这里只讨论这两种方法，且以前一种为主。

9.6.1　接触成型

接触成型法又称为涂敷法、裱糊法或手糊法。其工艺过程是，在预先涂好脱模剂的模具上，将附胶片材（如制造的是玻璃织物增强塑料，也可直接用玻璃布或玻璃毡）用树脂连铺带涂并一层层地贴上。每贴一层，均应将其中空气排出。铺到所需厚度时，即进行硬化处理。硬化完毕后，经适当修整，即可得到制品。整个工艺流程如图 9.6 所示。现分述成型中的要点如下：

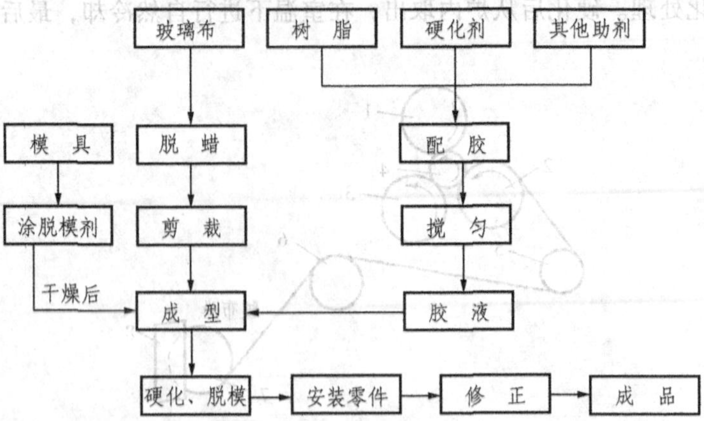

图 9.6　接触成型工艺流程图

1. 成型中采用的主要设备和材料

1）模　具

用作模具的材料应有足够的刚度，不被树脂浸蚀，能够满足成型工艺的要求且制品容易脱模。常用的材料有木材、金属、玻璃纤维增强塑料、石膏、石蜡、水泥、红砂、可熔性盐、硬质泡沫塑料等。

模具结构形式可分为阳模、阴模、对模 3 种。阳模的结构如图 9.7 所示，其工作面是突出的，因此，用这种模具时不仅便于操作而且对制品质量也易于控制。常用于成型仪器盒、机器罩、船壳等。用阳模成型制品的缺点是外表面粗糙。阴模的结构如图 9.8 所示，其工作面是凹陷的。因此，当凹度比较大时，操作就很不方便，制品质量也不易控制。但是所制制品的外观平整光滑，却为其优点，适用于对外表质量要求较高的制品。如汽车外壳、船壳等。图 9.9 所示的对模是兼有阳模和阴模的模具。用这种模具成型，可使制品内外表面都平整光滑，而且厚度也能较好地控制。

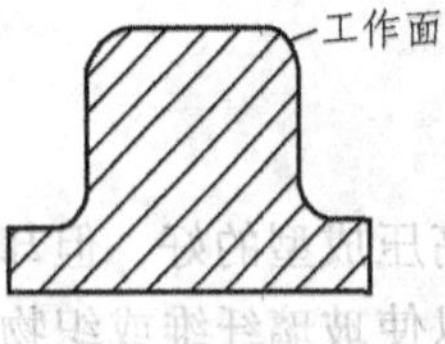

图 9.7　阳模示意图

图 9.8　阴模示意图

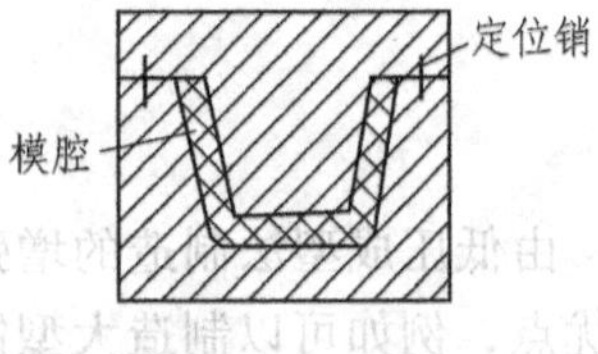

图 9.9　对模示意图

2）脱模剂

为了能将硬化好的制品顺利地从模具上取下来，模具的表面应涂有脱模剂，这不仅可以使制品表面平整光洁和尺寸较为准确，而且还可保证模具完好无损。理想的脱模剂应满足下列条件：与树脂黏结力小；成膜性能好，易形成完整均匀的膜层；使用方便，配置容易。实际上很难找到这种理想脱模剂。常用的脱模剂主要有 3 大类：薄膜型、溶液型和油蜡型。

薄膜型脱模剂有玻璃纸、涤纶薄膜、聚氯乙烯薄膜、聚乙烯薄膜、聚乙烯醇薄膜和醋酸纤维素薄膜等。这些薄膜使用方便，只要将其按模具形状进行适当的剪裁，然后用油或凡士林等黏附在模具表面并不留空白和折皱即可。这种脱模剂的效果比较好，但是由于薄膜变形较小，铺敷性差，一般只适用于形状简单的制品。

溶液型脱模剂的应用广泛，品种众多。几种常用溶液脱模剂包括过氧乙烯溶液、聚乙烯醇溶液、聚苯乙烯溶液、硅橡胶和硅油脱模剂。

油蜡型脱模剂常用的有变压器油、气缸油、黄干油、凡士林、硅脂（100%的甲基三乙氧基硅烷或制成 50%甲苯溶液），以及石蜡乳液（用石蜡 5 份和汽油 95 份配成的）等。

3）树脂和辅助材料

接触成型中采用的合成树脂主要是环氧树脂和不饱和聚酯。有关这两种树脂的介绍参见 9.3 节。采用的辅助材料有稀释剂、填料、催化剂和色料等。

4）增强材料

适用于接触成型的增强材料有玻璃布、无捻粗纱方格布、玻璃毡等。用玻璃毡时，浸渍树脂、施工和排除气泡均较容易，但制品含胶量高、机械强度低，只适于制造机械强度要求不高而厚度较大的制品。用无捻粗纱时浸渍树脂和排除气泡也是容易的，而且铺敷性好，强度较高。采用玻璃布时，布的厚度为 0.1~0.5 mm，一般都用无碱玻璃布。使用前应在 300°C 以上的高温下进行热处理。对布的基本组织的选用原则是，斜纹布和缎纹布常用于制造复杂的制品；平纹布大多用作面层；单向布则只用于制造单向强度要求高的制品。

2. 接触成型工艺

现只以玻璃布作增强材料的具体工艺为例，说明如下：

1）玻璃布的准备

根据要求选择经化学处理的玻璃布。已处理的玻璃布要放在干燥处，不得沾染油污。按模型裁剪玻璃布。形状复杂的应用厚纸板做成的样板，进行剪裁。用斜纹布和缎纹布时要注意方向性，对于各向同性制品，要把玻璃布纵横交替铺放。

2）模具要求

模具表面要平整光滑，擦洗清洁并涂好脱模剂。使用木模和石膏模时，由于它们是微孔材料，所以要进行封孔处理，以防脱模剂向内部渗透，造成脱模困难。常用的封孔材料有硝基清漆和聚氨酯清漆等。石膏模、水泥模和木模都含有水分，使用前必须进行干燥，水分的存在会影响树脂的硬化。

3）浸渍液的配制

为便于施工，浸渍用的树脂溶液黏度以在 0.40~1.00 Pa · s 为宜。浸渍液要随配随用，用量较大时，最好按施工进度分批配料，否则常会因硬化反应的进行使料的黏度太大，造成施工困难。

4）糊　制

手工糊制时要求操作者准确迅速，含胶量要严格控制，并将气泡及时排除。糊制较厚的大型制件时，一定要分几次糊制，一次糊制的厚度不应超过 10 mm，否则厚度太大放热量大，制品内部内应力就会过分集中，从而使制品变形分层。糊制时环境温度和湿度对硬化的影响较大。一般要求环境温度不低于 15°C，而湿度不高于 80%。

如果制品上要镶嵌金属元件，为使金属元件镶嵌得牢固，要适当地加大玻璃增强塑料和金属嵌件的接触面。同时将加工好的金属元件除掉表面上的氧化物，把嵌件与玻璃增强塑料接触面上打毛，再镶嵌进去。金属元件不宜用铜制的，因铜对聚酯树脂的固化反应有阻聚作用。

5）硬化及热处理

裱糊好的坯件，如果用的是不饱和聚酯树脂，一般放置 24 h，硬化反应就能大体完成，并可进行脱模。为了防止硬化不十分完全而引起变形，脱模后再放置 5~6 天方可使用，大型或尺寸精度要求高的制品应放置更多的时间才脱模。为了缩短放置时间，可在 60~80°C 下处理 2~8 h。用环氧树脂裱糊的坯件，其最高处理温度为 80~100°C。热处理可以提高硬化速度、缩短周期，比常温的硬化更充分，制品质量好。热处理的条件取决于树脂和硬化剂的种类、玻璃布的层数和操作条件等。热处理时必须逐步升温和降温，升温速度约为 10°C/h，切忌突然升降温，不然将会使制品内应力集中，产生气泡和分层。热处理一般在烘房内进行。加热方式常用的是蒸汽排管或热风，加热时应力求各部分的温度均匀一致。

6）脱模及后加工

脱模工具最好是木质的或铜制的，以免将模具和制品划伤。大型制品的脱模有时可借助一些机械，如千斤顶、吊车等。

制品从模具取出后可按照一般金属加工的办法进行后加工。但加工时最好用水和其他液体作润滑剂，以润滑刀具和防止粉尘飞扬。

脱模后的制品，若发现有大气泡或局部分层现象，可以用大规格的注射器将加有硬化剂的树脂注入，然后使其硬化。若制品表面有缺陷可用加填料的树脂配成腻子进行填补并刮平。硬化后应用砂纸磨光。

常见不正常现象及消除办法见表 9.5

表 9.5 常见不正常现象及消除办法

缺 陷	原 因	解决办法
制品发黏	1. 脱模剂未充分干燥 2. 配料未搅拌均匀 3. 使用的器皿未充分干燥 4. 固化剂用量不够 5. 制品表面固化前未封闭隔绝空气	1. 脱模剂应充分干燥 2. 配料要充分搅拌 3. 使用器皿要干燥 4. 选用合理的干燥 5. 使用苯乙烯蜡液、玻璃纸、涤纶薄膜等封闭
制品气泡多	1. 树脂用量过多 2. 树脂黏度太大 3. 增强材料的选择与处理不当	1. 控制含胶量 2. 适当加溶剂 3. 选用适当增强材料
制品流胶	1. 配料时搅拌不均匀 2. 固化剂和促进剂用量不够 3. 树脂黏度太小	1. 配料时搅拌均匀 2. 适当增加固化剂和促进剂的用量 3. 加入适量的触变树脂或气相法二氧化硅，轻质碳酸钙提高树脂的黏度
制品分层	1. 树脂含量不够，玻璃布未完全浸透 2. 玻璃布铺放的不紧密 3. 促进剂太多，固化太快 4. 不能一次成型的制品，在下次操作前表面拉毛不充分	1. 使玻璃布充分被树脂浸透 2. 玻璃布注意铺放平整 3. 减少促进剂用量 4. 需要连续操作已固化的表面应充分拉毛

9.6.2　袋压法

袋压法与接触法相似，不同的只是在硬化过程中须对已铺好的铺叠物施加压力。施加的压力是靠橡皮袋抽真空或加压来实现的，所以称为袋压法。由于施有压力，使树脂能够充分浸渍，从而取得密实和强度高的制品。采用的模具是由刚性部分（硬质模）和弹性部分（橡皮袋）组成的。刚性部分是使制品获得固定形状的部分；弹性部分，即橡皮袋，则是在成型过程中将弹性介质的压力传递给铺叠物的部分。制品与刚性模接触部分的表面光滑，外形准确，而与橡皮袋接触的部分则较差。

根据弹性部分传递压力方式的不同又可分为 3 种方法：真空法（压力在 0.05~0.08 MPa）；气压法（压力在 0.4~0.5 MPa）；热压器法（压力在 2.5 MPa 左右）。简述如下：

1. 真空法

简单装置如图 9.10 所示。成型时将橡皮袋覆盖在阴模中已铺好的铺叠物上，再在袋的四周用夹具将它夹紧在模具底板的边缘上，使铺叠物完全处于密封的空间。通过抽气口用真空泵将橡皮袋内部的空气抽出，这时铺叠物就会受到大气压的作用而被压紧。为了防止橡皮袋和制品黏在一起，可在制品和橡皮袋之间放一层玻璃纸。硬化是在加热室中进行的，亦可以使模具本身加热，待树脂固化后，即可进行冷却和脱模，并得到制品。

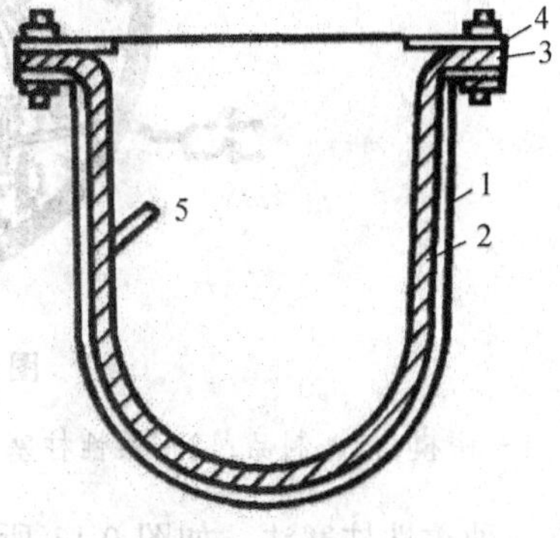

图 9.10　真空袋压装置

1—阴模；2—铺叠物；3—橡皮袋；4—盖板夹具；5—抽气口；3.热压器法

这种成型方法由于压力小，所以只适用于不饱和聚酯树脂和玻璃纤维（或玻璃布）。

2. 气压法

简单装置如图 9.11 所示。橡皮袋也是铺放在铺叠物上的。铺叠物和橡皮袋都放在一个容器内。当压缩空气进入橡皮袋后，橡皮袋就膨胀而对铺叠物施加压力。整个装置应能够加热而使树脂硬化。施压时，气压能够均匀地分布在铺叠物的表面上，由于压力较高（0.4~0.5 MPa），因此模具通常都须用金属制造，同时所得制品的物理力学性能较高。

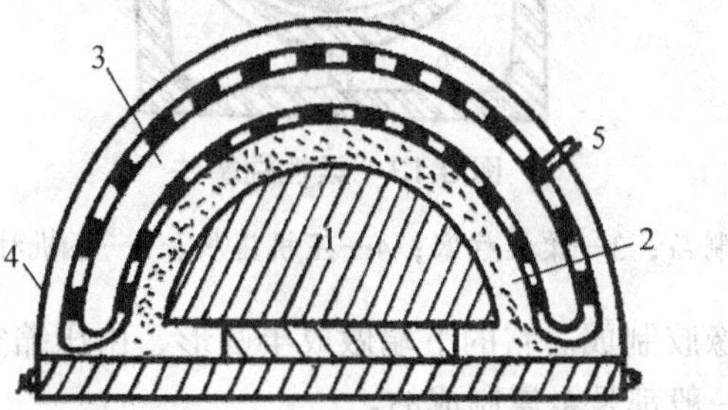

图 9.11　气压橡皮袋装置

1—阳模；2—铺叠物；3—橡皮袋；4—扣罩；5—进气口

3. 热压器法

简单装置如图 9.12 所示。热压器法也与真空法相似，不同的只是成型件所受的压力较高（1.5~2.5 MPa）。成型时，将铺叠物放在刚性模上，再包上橡皮袋，而后放在小车上推到热压器内。在热压器封闭的情况下将橡皮袋内的空气抽出。然后将蒸汽通入热压器中对成型物加热和加压，使铺叠物完成硬化。这种方法扩大了材料的应用范围，由于压力较高，提高了制品的物理力学性能。

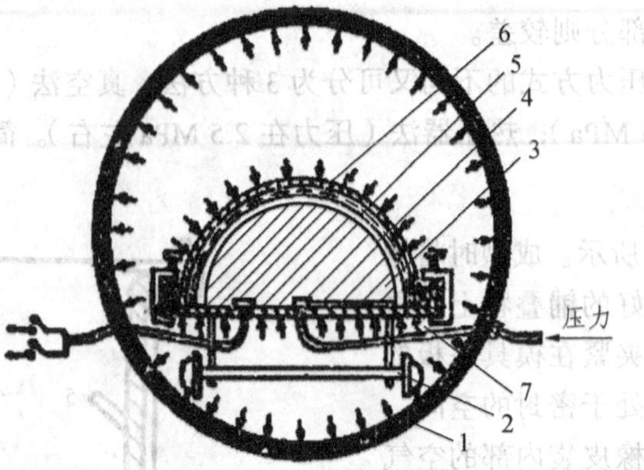

图 9.12 热压器装置

1—阴模；2—制品；3—柔性柱塞；4—压机；5—橡皮袋；6—铺叠物；7—抽气口

还有一种柔性柱塞法，如图 9.13 所示。它是用柔性柱塞代替橡皮袋来完成加压的。操作时先将玻璃布（或毡）铺放在阴模上，然后向底部倒入树脂，再铺上玻璃纸，最后慢慢将橡皮柱塞压入阴模的铺叠物上施加压力。橡皮柱塞原来是细长的，当接触到铺叠物逐渐变成近似的球形，并均匀地对铺叠物施加压力。压力范围在 0.35~0.7MPa，阴模中可用蒸汽加热，使树脂固化。

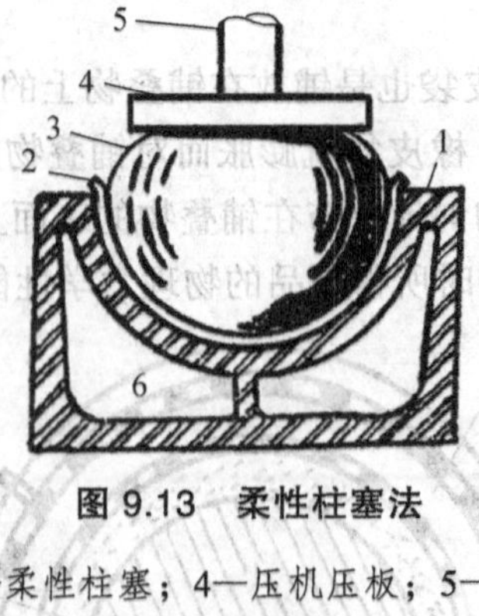

图 9.13 柔性柱塞法

1—阴模；2—制品；3—柔性柱塞；4—压机压板；5—压机柱塞；6—蒸汽通道

橡皮柱塞常用氯丁橡胶制成。它的下端做成半圆形，由压缩空气或高压液体操纵运动。模具要求有一定刚度，一般都是金属制成的。

用这种方法制得的制品，物理力学性能较高，生产方法比袋压法稍有改进，但制品只有一面是光滑的，且仅限于凹型制品。

9.7　缠绕成型

缠绕成型是用浸有树脂的纤维（或织物），在相当于制品形状的芯模上作规律性的缠绕，然后再加热硬化并脱模取得制品的一种成型方法。这种方法只适用于制造圆柱形和球形等回转体。缠绕成型有很多优点，如制品强度高、能充分发挥玻璃纤维的优良性能，容易实现机械化和自动化，生产效率较高，制品质量易控制而且稳定，成本较低（因为可以用无捻粗纱作增强材料）等。此外，在制品种类上既可制造大型贮罐和铁路罐车、耐腐蚀的化工管道和耐压容器等，也可以制造飞机上用的整流罩和各种箱体，以及火箭的壳体和喷嘴等。因此，近年来，缠绕成型在技术和规模上都得到较快的发展。

9.7.1　缠绕机

缠绕机是进行纤维缠绕的设备，大多是由芯模和绕丝头两种机构组成的。根据芯模和绕丝头相对运动的不同，缠绕机可分为：①芯模自转而绕丝头平移的；②芯模自转而绕丝头平移及旋转的；③芯模平移和自转而绕丝头旋转的；④芯模平移和自转而绕丝头不动的；⑤芯模不动而绕丝头平移及旋转的等形式。按芯模放置位置的不同，缠绕机又有卧式和立式两种。

1. 卧式缠绕机

图 9.14 是这种缠绕机的示意图。圆筒形或管形制品的缠绕常用这种缠绕机。它是由主轴转动、环向缠绕装置及螺旋缠绕装置 3 部分机构组成的。变动制品的缠绕规律可通过改换齿轮的配比来完成。

主轴转动是由电动机带动传动箱的减速机构，再转动主轴，缠绕制件连在主轴上。

环向缠绕机构是实现环向缠绕用的。它是由一个与主轴平行的丝杆（丝杆上有一滑块，滑块上安有一个绕丝头）和一个换向器组成。

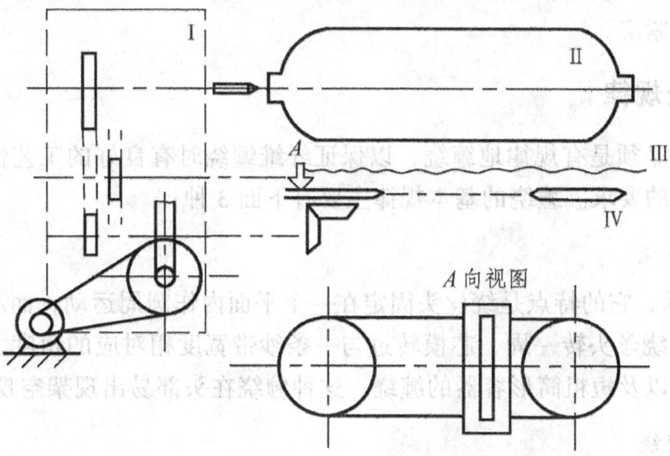

图 9.14　卧式缠绕机示意图

Ⅰ—传动箱；Ⅱ—芯模；Ⅲ—丝杆；Ⅳ—链轮

螺旋缠绕机构是实现螺旋缠绕用的。它由减速器、链条主动轴、链条、小车和静止凸轮 5 部分组成。工作时电动机通过减速器使链条主动轴转动，再带动链条围绕一个两端呈半椭圆形的静止凸轮作回转运动。并且通过链条上的拨杆，带动一个四轮小车作平行于缠绕件的往复直线运动，绕丝头设在小车上。

2. 立式缠绕机

立式缠绕机示意图如图 9.15 所示，短粗筒形、球形、椭圆形以及大尺寸的制件常用这种缠绕机进行缠绕。它主要由主轴传动、绕臂和丝杆 3 部分组成。缠绕时芯模垂直放置，并作缓慢连续转动。绕臂每旋转一周，缠绕件转动一个纱片的宽度。绕臂是用于纵向缠绕的。绕臂的旋转平面与主轴轴线间的夹角（即缠绕角）一般不大，但可任意调节，当此夹角调到 90° 时，即可进行环向缠绕。丝杆是用来带动芯模作往复运动，以配合绕臂的旋转作环向缠绕用。这种缠绕只适用于干法缠绕，有局限性。

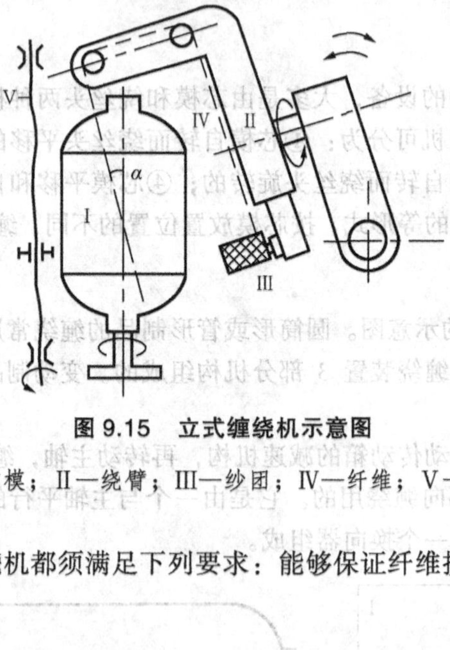

图 9.15 立式缠绕机示意图

Ⅰ—芯模；Ⅱ—绕臂；Ⅲ—纱团；Ⅳ—纤维；Ⅴ—丝杠

不管是卧式或立式缠绕机都须满足下列要求：能够保证纤维按照缠绕规律进行缠绕，操作简便可靠和节奏紧凑。

9.7.2 缠绕规律

缠绕时，纤维必须是有规律地缠绕，以保证纤维缠绕时有良好的工艺性能（不打滑）并满足制品强度设计的要求。缠绕的基本规律主要有下面 3 种：

1. 纵向平面缠绕

如图 9.16 所示，它的特点是绕丝头固定在一个平面内作圆周运动，而芯模则绕自己的中心轴作间歇转动。绕丝头转一周，芯模转过与一条纱带宽度相对应的角度。这种规律主要用于球形、扁椭圆形以及短粗筒形容器的缠绕。这种缠绕在头部易出现架空现象，影响强度。

2. 环向平面缠绕

如图 9.17（a）所示，环向平面缠绕的特点是绕丝头沿着芯模轴线方向作缓慢的往返运动，而芯模则绕自己的轴线作均匀的转动。芯模转一周，绕丝头移动一条纱带宽的距离。环向平面缠绕设备简单、质量容易保证，并能使环向强度提高和充分发挥纤维的强度。所以一般内压容器的成型都采用环向缠绕和径向缠绕相结合的方式。

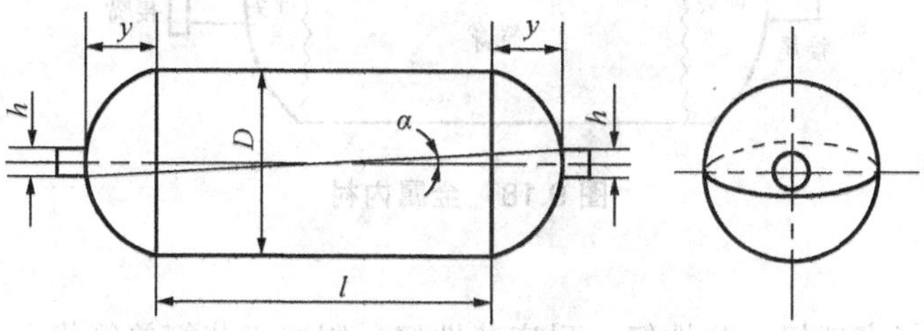

图 9.16　纵向缠绕线型图

3. 螺旋缠绕

这种缠绕是由芯模作匀速转动和绕丝头按一定速度沿芯模轴向作往返运动来实现的，调节速比可以完全不同规律的线型，一般在满足工艺条件下，螺旋缠绕角应尽可能小，这将有利于制品承受轴向应力。螺旋缠绕和车床上车螺纹的情况相似，如果工件的转速较慢而刀架的速度较快，就可得到宽螺距螺纹，反之则得细螺纹。车床上是将材料削去，而缠绕则是将材料加到芯模上，如图 9.17（b）所示。

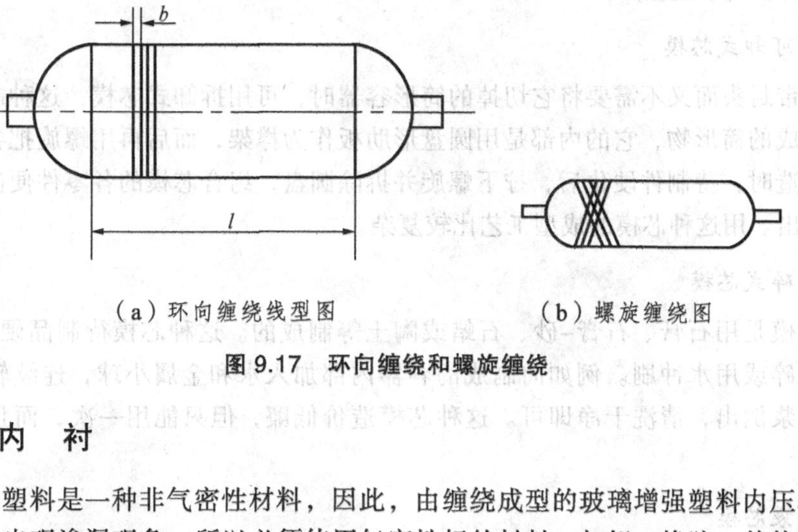

（a）环向缠绕线型图　　（b）螺旋缠绕图

图 9.17　环向缠绕和螺旋缠绕

9.7.3　内　衬

玻璃增强塑料是一种非气密性材料，因此，由缠绕成型的玻璃增强塑料内压容器在装有受压液体时会出现渗漏现象。所以必须使用气密性好的材料，如铝、橡胶、其他塑料等做的内衬，用刚性较高的材料，如铝做内衬时，其本身就可兼做芯模使用，否则还须另用芯模。

1. 铝内衬

对铝材的要求是延伸性能好、加工焊接性能好、气密性好、耐疲劳性好、耐腐蚀性能好，用于接嘴的材料还要求强度高，通常筒身和封头常用纯铝而接嘴常用铝合金。

铝内衬主要由筒身、封头、接嘴、接尾 4 部分组成（见图 9.18）。图中所示接尾部分是为缠绕工艺的需要而设置的，它位于容器的纵轴上，其直径与接嘴直径相同。接尾可采取黏合法连接。封头和筒身可用焊接连接。为了提高内衬与玻璃纤维增强塑料的黏结，可以在内衬的外表面打毛喷花。

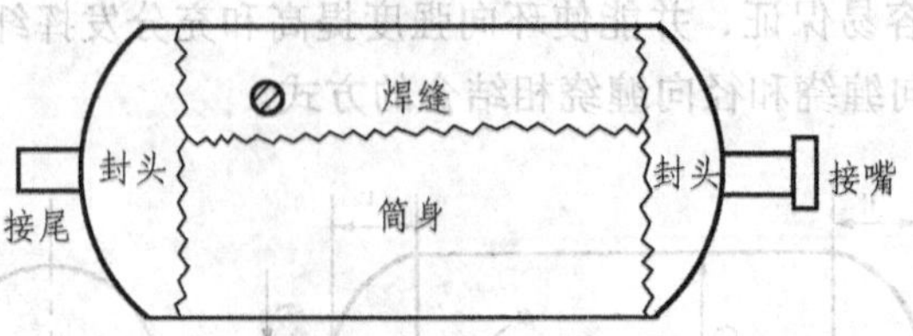

图 9.18 金属内衬

2. 橡胶内衬

橡胶内衬具有气密性好、弹性好、耐疲劳性好、制造工艺简单等优点。但是强度和刚度不够高，所以要用芯模才能进行缠绕。

9.7.4 芯 模

芯模可根据制法和用途的不同分为不可卸式的金属模、单一材料制成的可卸式芯模和几种材料组成的可卸芯模等，现分述如下。

1. 不可卸式金属芯模

这类模具通常可以由钢、铝、铸铁等浇铸而成，也可以焊接而成。它既是内衬又是芯模。适用于内压容器的成批生产。

2. 金属可卸式芯模

若绕制带封头而又不需要将它切掉的筒形容器时，可用拆卸式芯模，这种芯模是由多块零件拼凑而成的筒形物，它的内部是用圆盘形肋板作为撑架，而后再用螺旋把各块零件连接在一起。制造时，待制件硬化后，拧下螺旋并拆除圆盘，组合芯模的各零件便散落下来，可从极孔中抽出。用这种芯模的成型工艺比较复杂。

3. 可敲碎式芯模

这种芯模是用石膏、石膏-砂、石蜡或陶土等制成的。这种芯模待制品硬化后拆模时，可将芯模打碎或用水冲刷。例如向制成的容器内部加入水和金属小球，连续转动，便可将芯模冲成泥浆倒出，清洗干净即可。这种芯模造价低廉，但只能用一次，而且制造过程较麻烦。

4. 橡皮袋芯模

对于直径不大的筒形制品，可以用压缩空气吹胀的橡皮袋作芯模。当制品绕完并硬化后，放掉压缩空气，即可从壳体极孔把橡皮袋取出。对于大直径制品来说，橡皮袋芯模是不适合的，因为它的变形太大。球形壳体也可采取这种芯模。

5. 组合芯模

包括金属-橡胶、金属-石膏等多种组合芯模。例如先将石膏做成圆盘肋板，肋板外周有半圆形槽孔，再用金属管子放在槽孔中，使许多管子组成一个圆柱体，并在管子上涂一层石膏，而后加工到需要的直径和光洁度。在其两端装上石膏封头后即可作为芯模使用。制造时，当制品绕完并硬化后，打碎圆盘的肋板，管子就掉下来，再从极孔中抽出。

9.7.5　玻璃增强塑料内压容器的制造工艺

1. 材料的选择

缠绕工艺中所用的原材料主要有玻璃纤维和树脂两大类。原材料的质量和工艺性能的好坏，将直接影响制品的质量。

玻璃纤维是玻璃增强塑料容器的主要承力材料，容器的强度主要取决于它的强度。缠绕用的玻璃纤维材料应满足下列要求：①具有高的强度和模量；②易被树脂浸润；③具有良好的加工性能，在缠绕过程中不起毛、不断头；④有良好的稳定性。

通常用于缠绕成型的玻璃纤维是有捻纤维和无捻纤维。为了提高玻璃纤维与树脂的黏结强度，所用的玻璃纤维须进行热处理和（或）化学处理。

树脂的性能对增强塑料的使用性能起决定性作用，所以采用的树脂应根据制品使用情况进行选择，但也须考虑它的成型性能。常用的树脂有环氧树脂，不饱和聚酯树脂等。对缠绕工艺用的树脂应满足下列要求：对玻璃纤维有良好的浸润性和黏结力，有较高的强度和弹性模量、适宜的延伸率；有良好的加工性能，使用期长、起始黏度低、溶剂易除去、硬化温度较低；毒性低，刺激性小；符合制品使用的特定要求。

2. 缠绕工艺

根据其特点，缠绕工艺可分为干法和湿法两种。

1）干法成型

用浸有树脂溶液并经干燥而使树脂反应至乙阶的玻璃纤维进行缠绕成型的方法称为干法成型。此法优点是玻璃纤维厂可直接配用预浸料，树脂含量易控制，在绕制坡度大的位置不打滑，缠绕设备清洁、缠绕操作快速等，缺点是树脂要严格控制在乙阶段，预浸料不能长期贮存，生产成本高。

2）湿法成型

将浸胶纤维直接绕在芯模上的成型方法称为湿法成型。此法工艺简单，操作方便，适用范围广，易实现自动化，但树脂含量不易控制，陡坡处易打滑。由于未经干燥，树脂中含有较多的溶剂，因此，硬化时容易形成气泡，影响制品质量。

3）工艺参数

（1）缠绕张力。缠绕张力是缠绕工艺的重要工艺参数，它对缠绕制品的强度、物理和化学性能都有较大的影响。张力小时，内衬所受的压缩小，充压时变形大，制品强度偏低。张力大时，纤维间摩擦大，强度损失大，制品强度也会下降。缠绕张力一般采用纤维强度的5%~10%。

（2）硬化。树脂硬化时不会达到100%的硬化程度。一般到85%硬化程度即可满足力学性能要求。但还不能满足耐老化和耐热性能等要求。若再提高硬化程度，可能满足耐老化和耐热性能要求，但是力学性能可能下降。因此，必须根据制品使用要求确定不同硬化程度。

（3）纤维的烘干和热处理。用于玻璃纤维的浸润剂通常都是水溶液，因此玻璃纤维表面会有大量水分。此外，干燥的纤维也会吸附大气中的水汽，水分的存在将影响树脂与玻璃纤维的黏合，因此，都要进行烘干处理。对无捻粗纱来说，一般是在60~80°C下烘24 h。

如玻璃纤维表面附有石蜡乳型浸润剂，使用前须用热处理除掉，否则将影响纤维与树脂的黏结强度。

热处理温度为 350°C，时间约 6 s。这样处理，可使玻璃纤维残油量＜0.3%。如果玻璃纤维上采用的是强化型浸润剂，也可以不进行热处理。

热处理后，如需将处理的纤维放置一段时间后再使用，则由于纤维在放置过程中容易吸水，因此在使用前，还须在低于 100°C 下经 24 h 的烘干处理。

9.8 其他成型

各使用部门对玻璃纤维增强塑料制品的形样和性能的要求与日俱增，为了满足这种要求，除了上述几种成型方法外，还出现了一些其他成型方法。

9.8.1 蜂窝塑料的成型

蜂窝塑料是制造夹芯结构材料中的一种颇为优良的芯材，其结构如图 9.19 所示。由蜂窝塑料所制的典型制品是夹芯结构材料（属于三夹板的一种，系以蜂窝塑料为芯材而以金属板、层压塑料板或木材胶合板为底面两层承力板的结构材料）。这种复合材料，若从受力角度来看，其结构是合理的。因为当材料受力弯曲时，材料边缘弯曲应力最大，而材料中间几乎没有弯曲应力，这和铁轨采取工字形断面的道理是完全一样的，所以这种材料在航空、交通、建筑等工业部门均受到重视。其次，这种材料还具有良好的绝热和隔音性能。

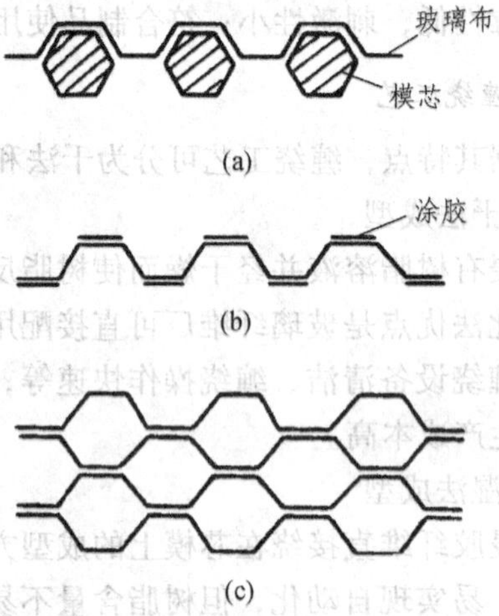

图 9.19 模压法制蜂窝夹芯示意图

1. 制造蜂窝塑料的原材料

蜂窝塑料主要是由纸张、棉布或玻璃布浸渍各种树脂制成的。用它制造三夹板时，其底面层（蒙皮）大多用玻璃层压塑料板，几者之间的连接是用黏合剂完成的。

2. 蜂窝塑料的成型

用玻璃布制造蜂窝芯材的方法主要有模压法和胶接拉伸法两种。

1）模压法

模压法是将单层或几层层叠的胶布用模具热压成形状整齐的波纹板（其厚度由胶布的厚度和层数决定）。然后在适当的位置用树脂将其黏成蜂窝形的坯料并在适当温度和压力（根据树脂定）下使树脂硬化，最后将硬化的蜂窝料沿孔眼垂直方向切开，即可取得所需厚度的蜂窝塑料。蜂窝塑料一般都制成六角形孔眼，因为六角形稳定性高，制造容易。

用模压法制造的蜂窝芯具有几何形状准确、格孔整齐、树脂含量容易控制等优点。但是模具制造成本高，劳动强度大，生产效率低，所以只适于小批量生产。

2）牵伸法

此法的简单生产流程如图 9.20 所示。制造时，片状底材的涂拭和干燥一般用图 9.20 所示的设备进行。涂拭过程与 9.4 节所述的底材涂拭在原理和操作上并无大的差别，不同的是不将底材涂满而只是沿着底材的经向涂成若干等宽度的条纹，因此，涂料辊的结构就不是圆柱形而是凹缝形（见图 9.21）的。涂拭时，上下两组的涂拭是同时而又按同样速度进行的，其唯一不同点是两个涂料辊的凸缘彼此应相错半个间距。蜂窝塑料的蜂窝尺寸决定于涂料辊上凸缘的宽度，但不完全与它相等，因为涂拭的树脂总有一些延展（树脂条纹宽度约比凸缘宽度大 25%）。涂拭用的树脂应有相当大的黏度，以防止树脂透过底材，在涂拭容易浸透的底材时应特别注意。

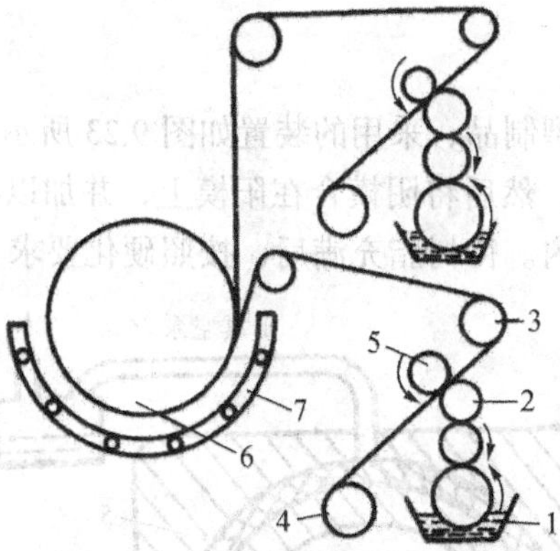

图 9.20　牵伸法的涂拭和干燥

1—浸槽；2—涂料辊；3—导向辊；4—底材卷绕辊；5—压紧辊；6—干燥辊；7—加热设备

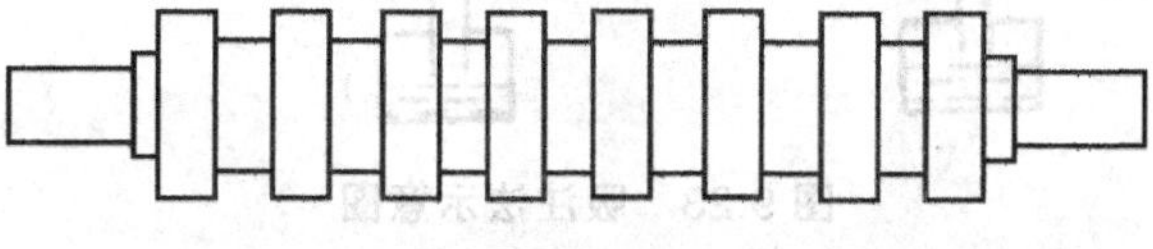

图 9.21　制造蜂窝塑料的涂料辊

经过涂拭的上下两组底材均由同一干燥辊卷绕。干燥辊通用木材制的空心辊，其直径颇大，约在 1 m 以上。围在干燥辊的四周有启闭十分灵便的木制干燥室。干燥辊的旁侧装有计算底材卷绕层数的计数器，而其下部设有加热器，干燥的温度可随树脂硬化对温度的要求进行调整。

硬化后，将涂有树脂的底材连同干燥辊一齐由干燥室中取出，并用圆锯沿着干燥辊的纵向将涂有树脂的底材切下，而后再按要求的长宽尺寸裁切蜂窝塑料坯。

在裁好的蜂窝塑料坯的最外层，分别用黏合剂黏上绳索和加固绳索用的纸张或玻璃布，而后将它放在漏孔的承托板上进行牵伸（见图 9.22）。牵伸后，连同承托板一起放在浸槽内并用树脂浸渍。控制蜂窝塑料坯的树脂浸渍量的主要因素有：树脂的黏度和温度以及底材的吸收能力等。

浸渍后，取出蜂窝塑料坯和承托板，沥去多余的树脂。随后在适当温度的烘箱内使它硬化。硬化好的蜂窝塑料坯经过锯切即可取得规定尺寸的蜂窝塑料。

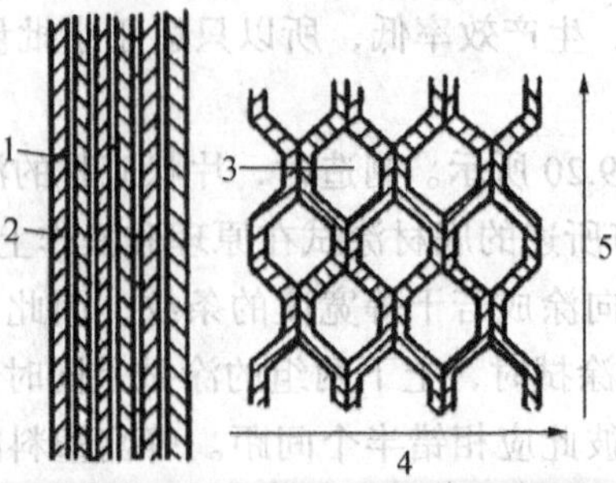

图 9.22 未牵伸的蜂窝塑料坯（左）和牵伸后的蜂窝塑料坯（右）

1—黏合用的树脂；2—底材；3—蜂窝尺寸 4—横向；5—纵向

9.8.2 吸住法

这种方法主要用于制造大型制品，采用的装置如图 9.23 所示。操作时，先将玻璃布（可夹用玻璃毡）均匀地铺在阳模上，然后将阴模合在阳模上，并加以密封。开动真空泵，液态树脂即被吸入阴阳模所构成的型腔内。待树脂充满后，按照硬化要求，使树脂在压模中进行硬化。

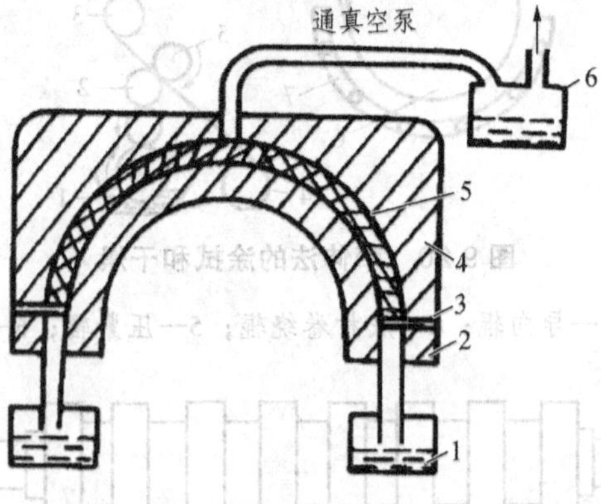

图 9.23 吸注法示意图

1—树脂槽；2—阳模；3—密封件 4—阴模；5—毛坯；6—收集槽

采用的树脂不能含有挥发分，因此，最适用的是聚酯树脂。其次玻璃布不能铺叠太厚，否则不易被树脂充满，影响制品强度。由吸住法制成的制品，其强度既不会很高又不很均匀。用这种方法可以生产小艇、油槽、水槽等。

9.8.3 用短切纤维雏形物的成型法

这种方法是先将长 3~5 cm 的短切股坯做成和制品相仿的雏形物，再将雏形物和树脂放在匹配模上于加压和加热下成型。制品的形状不很复杂而又比较扁平时，雏形物也可用玻璃毡在匹配模上铺成。

由短切股坯制造雏形物的常用方法有两种：

1. 箱室法

所用设备的示意图如图 9.24 所示。操作时，毛纱由牵引轮引到切割装置上，切成定长的股坯就随空气的流动而沉积在所需形样的网状钢模上。与此同时，树脂溶液、乳液或粉末（树脂用量约为用于制品中的 5%）即由喷射器喷在沉积的短切股坯上。待沉积物达规定厚度（以沉积的时间计算）时，停止操作，并从箱室侧旁的小门将沉积物和网状钢模一齐取出，用烘箱干燥后即可从网状钢模上取得雏形物。

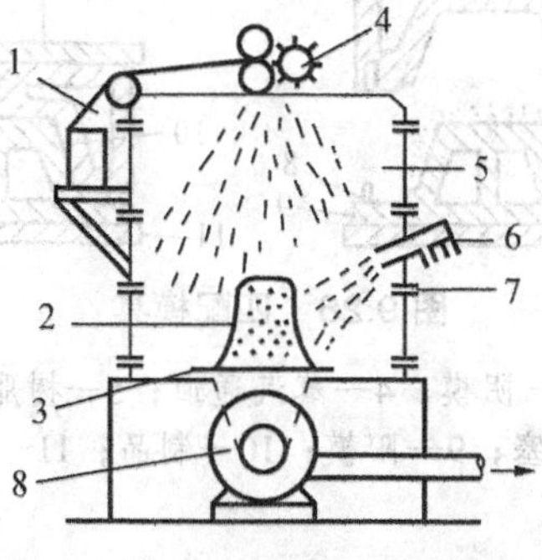

图 9.24　箱室法操作原理图

1—毛纱；2—网状钢模；3—转台；4—毛纱切割装置；5—箱室；6—树脂喷射器；7—控制风门；8—排风机

雏形物的厚度均匀性是由网状钢模的旋转和风门处空气流量的控制来保证的。网状钢模的外形最好是倒锥形，如果用其他形状时，可在钢模内加隔板使各部分的风速趋于一致，使雏形物的厚度均匀。

箱室法所制雏形物的厚度约为 3 mm，如果需要更厚，可将几个雏形物合并使用。

2. 手工法

手工法所用原理与上法相同，其装置如图 9.25 所示。操作时，操作者一手提输送短切股坯的软管，一手持树脂喷枪，使两种物料同时均匀地散布在转动的网状钢模上而称为雏形物。由这种方法制造的雏形物，其质量决定于操作者的技术。这种方法能够制造厚薄要求不同和形样比较复杂的雏形物。

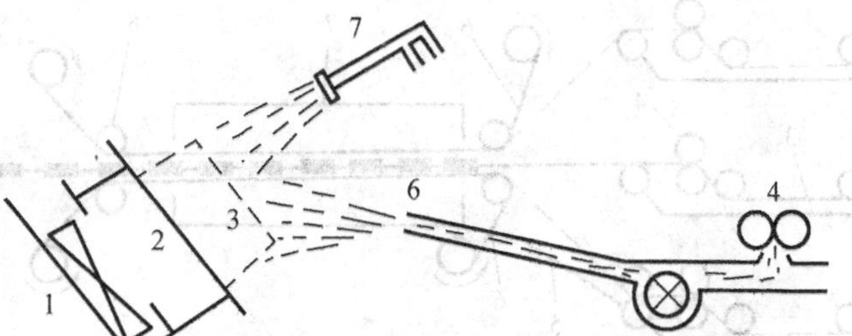

图 9.25　手工法操作原理图

1—风扇；2—转台；3—网状钢模；4—毛纱切割装置；5—鼓风机；6—软管；7—树脂喷枪

使雏形物与树脂成型的匹配模塑设备如图 9.26 所示。成型时，先将雏形物套在已经加热的阳模上，而后在雏形物上倒上聚酯树脂（约为制品树脂含量的 95%）。开动压机使阴、阳模压合而取得制品。模塑压力为 0.35~3.5 MPa，常用的为 0.7~1.5 MPa，模塑温度为 80~120°C；模塑时间为 5~15 min。

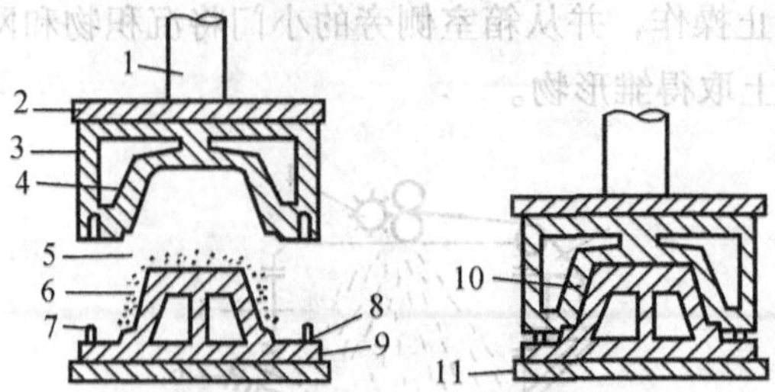

图 9.26 匹配模具

1—压机柱塞；2—上模板；3—阴模；4—蒸汽通道；5—树脂；6—雏形物；7—导合钉；8—停止塞；9—阳模；10—制品；11—下模板

阴、阳模虽可用锌或铅等金属铸造，但在制造长期性的制品时，最好用钢材，并须使阴、阳模切口处有较大的硬度，以便在模塑时切除多余的料。

上述方法不仅生产率较高，且有很好的复制性。制品性能较高，且是两面光的（不同于底压法制品）。制品的种类主要有飞机用的各种罩盖和汽车零件等。

9.8.4 板材的连续成型法

图 9.27 为板材连续生产的装置简图。生产时，所有作为底材的玻璃布（玻璃毡只能与玻璃布夹用，因为强度较低）均由机械带动进入聚酯树脂浸槽、穿过挤液辊，并取得适量的树脂。随后这些浸有树脂的玻璃布在加压辊上与附加的玻璃纸会挤成为组合体。组合体在硬化室中进行硬化后即成为制品并被卷于卷取辊上。如果板材刚度较大不能卷取时，可用切刀切成定长的板材。为保证硬化的顺利进行，硬化室中的温度是分段控制的。树脂在硬化室中出现放热的一段区域，温度应该偏低，以避免制品发生小泡和开裂。组合体运行的最高速率为 30 m/min。所制板材的最大厚度为 1.5~2.5 mm。

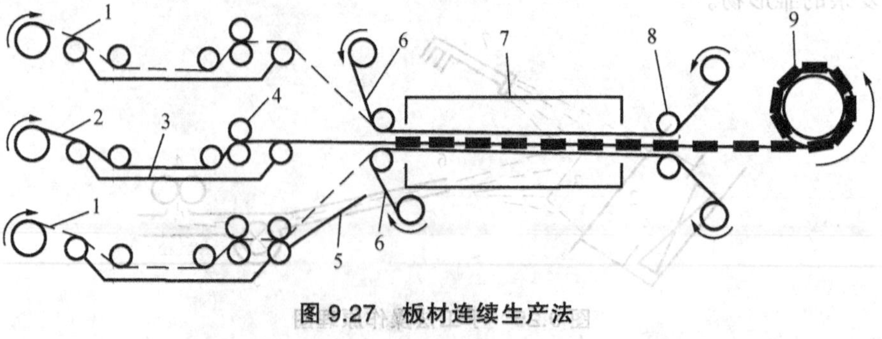

图 9.27 板材连续生产法

1—玻璃布；2—玻璃毡；3—浸槽；4—挤液辊；5—滑槽；6—玻璃纸；7—烘房；8—导向辊；9—卷取辊

以玻璃毛纱为原料也可用上述类似的方法制成棒材或其他型材。管材虽然也能从玻璃毛纱用类似的方法制得，但强度不高，如需强度较高，则应用玻璃毛纱或玻璃纱带用缠绕法制造。

9.8.5　拉拔（拉挤）成型

如果将纤维通过浸胶槽，再拉入与制品外形相似的成型阴模腔内，在其通过阴模腔时，浸胶纤维加热固化，并形成所需要的制品，这种成型方法称为拉拔成型。拉拔成型的示意图如图 9.28 所示。该法工艺简单，能连续生产，适于成型棒材、管材、异型材等。常用树脂有聚酯树脂和环氧树脂，纤维有玻璃纤维和碳纤维。用这种方法成型的制品具有单向增强作用。若将拉拔和缠绕两法并用，则能赋予制品多向增强效果，改善单向增强的不足。其制品主要是制作钓鱼钩、抽油杆、输液管和建筑用型材等。

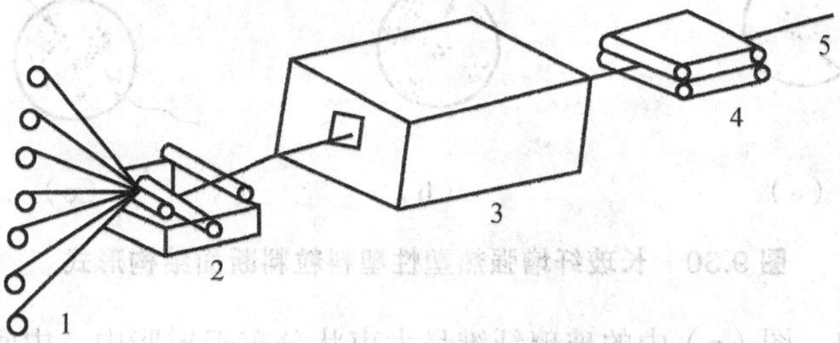

图 9.28　拉拔成型示意图

1—卷绕纱团；2—浸胶槽；3—定型模；4—牵引装置；5—制品

9.9　热塑性增强塑料

20 世纪 60 年代以来，国内外相继开发了热塑性增强塑料。由于热塑性增强塑料具有优良的物理性能，成型加工方便，生产周期短，成本低，可以制成形状复杂而尺寸精确的制品，所以这类材料已广泛用于汽车、电器、机械、建筑、船舶和飞机等工业部门。用作热塑性增强塑料的树脂主要有聚酰胺、聚碳酸酯、聚苯醚、氯化聚醚、聚甲醛、聚氯乙烯、聚乙烯、聚丙烯、聚对苯二甲酸乙二酯和对苯二甲酸丁二酯。

9.9.1　热塑性增强塑料的制备

热塑性增强塑料的制备方法可分为熔融法和溶液法两种。熔融法是靠加热将塑料变成熔体与玻璃纤维黏合的方法，而溶液法则是将塑料用溶剂溶解成溶液与玻璃纤维黏合的方法。溶液法由于要考虑比较麻烦的溶剂脱出和溶剂回收等，因而较少使用。热塑性增强塑料普遍采用熔融法。热塑性增强塑料的粒料可以用长玻璃纤维和短玻璃纤维的方式进行生产。不论采用何种方式，都要确保玻璃纤维均匀地分散在树脂中，并被树脂牢固包覆，要尽可能避免玻璃纤维的损伤和树脂的降解。

1. 长玻璃纤维增强热塑性塑料

长玻璃纤维增强热塑性塑料粒料常采用类似电线包覆方法成产，该法所用设备简单，生产连续进行，效率高。其工艺流程示意图如图 9.29 所示。该流程中关键是熔融树脂对玻璃纤维的包覆，根据包覆情况可以分为如图 9.30 所示的 3 种形式。

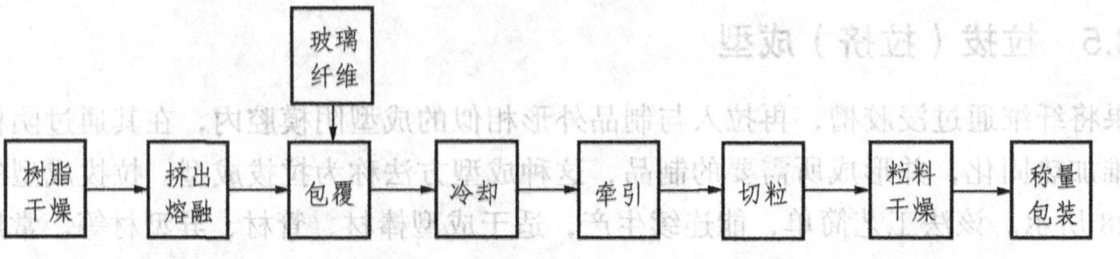

图 9.29 长玻璃纤维增强热塑性塑料粒料生产工艺流程示意图

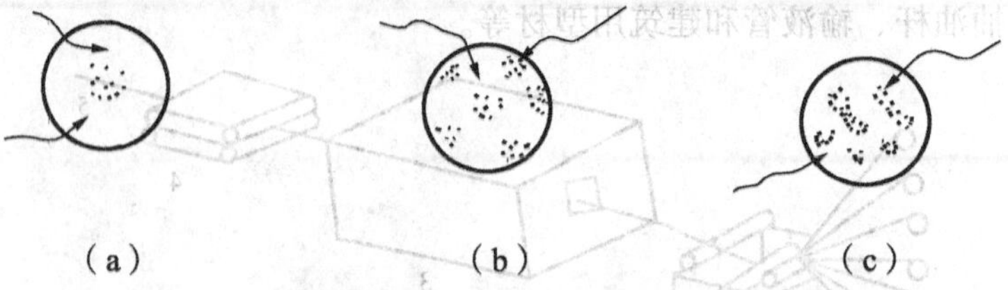

图 9.30 长玻纤增强热塑性塑料粒料断面结构形式

从图中不难看出，图（a）中的玻璃纤维呈大束状分布于树脂中，中间的玻璃纤维相互接触，周围是树脂，玻纤分散不均，与树脂结合不牢固，切粒时容易起毛，玻纤也容易飞扬。图（b）中的玻纤呈小束状分散在树脂中，但是由于有部分玻纤过多地分散在树脂的周边上，因此，树脂的包覆力不够，切粒时也容易起毛，玻纤也容易飞扬。图（c）中的玻纤呈小束状分布于树脂中，分散较均匀，且又不在树脂的周边上，树脂包覆力大，结合牢固，所以切粒时玻纤不起毛也不会飞扬，是较好的增强形式。

2. 短玻璃纤维增强热塑性塑料

短玻璃纤维增强热塑性塑料粒料的生产可采用单螺旋杆挤出机或双螺杆挤出机，配上特制的模头，生产时，玻纤由料斗或料筒近中段导入挤出机，与已熔融好的树脂混合，同时玻纤在强大剪刀作用下破碎成一定的长度，并良好地分散于树脂中，从而制成短纤维增强热塑性塑料。用排气式双螺杆挤出机生产短纤维增强热塑性塑料粒料的工艺流程示意图如图 9.31 所示。排气式双螺杆挤出机能使水分及挥发分从排气孔排出，咬合的双螺杆能清理螺杆上残留的物料，物料停留时间短，同时能减少纤维过分损伤，保证玻纤均匀分散。

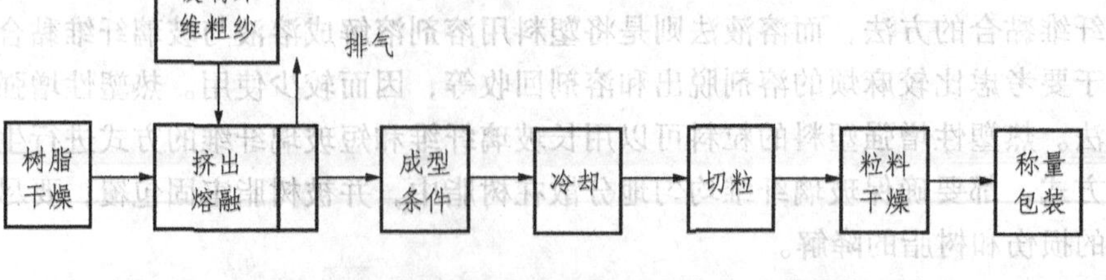

图 9.31 短玻璃纤维增强热塑性塑料粒料生产工艺流程示意图

9.9.2 影响热塑性增强塑料性能的因素

影响热塑性增强塑料性能的主要因素有：① 树脂与玻璃纤维的黏结强度；② 树脂的种类；③ 玻璃纤维的含量和长度；④ 成型方法及工艺条件等。现简要讨论于下。

要制得性能良好的热塑性增强塑料，首先应解决树脂和玻纤的黏结问题，玻纤增强材料须用偶联剂进行表面处理。热塑性增强塑料常用的硅烷偶联剂列于表 9.6。但是热塑性塑料与热固性塑料不同，特别是聚烯烃塑料，与一般硅烷偶联剂缺乏足够的反应活性，所以使用普通硅烷偶联剂处理玻纤对其增强性能虽有改善，但还不理想。因此，寻求更有效的偶联剂很有必要，如叠氮基硅烷偶联剂既能与增强材料作用又能与树脂作用，是热塑性增强材料较为有效的偶联剂。

表 9.6　热塑性增强塑料常用的硅烷偶联剂

商品牌号	化学结构式	化学名称	适用塑料
A–151	$CH_2=CHSi(OC_2H_5)_3$	乙烯基三乙氧基硅烷	聚烯烃
A–172	$CH_2=CHSi(OCH_2CH_2OCH_3)_3$	乙烯基（β-甲氧乙氧基）硅烷	聚烯烃
A–174	$CH_2=\underset{CH_3}{\underset{\mid}{C}}-\underset{O}{\underset{\parallel}{C}}-OCH_2CH_2CH_2-Si(OCH_3)_3$	γ-（甲基丙烯酰氧基）丙基三甲氧基硅烷	聚乙烯、聚丙烯、聚苯乙烯、有机玻璃、聚碳酸酯
A–1120	$H_2NCH_2CH_2NHCH_2CH_2CH_2-Si(OCH_3)_3$	γ-β-胺乙基胺丙基三甲氧基硅烷	聚丙烯、聚苯乙烯、聚氯乙烯、聚碳酸酯
A–1100	$H_2NCH_2CH_2CH_2-Si(OC_2H_5)_3$	γ-胺丙基三乙氧基硅烷	聚氯乙烯、聚乙烯、聚丙烯、聚碳酸酯、有机玻璃、尼龙
A–186	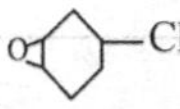$-CH_2CH_2Si(OCH_3)_3$	β-（3，4-环氧环已基）乙基三甲氧基硅烷	聚乙烯、聚丙烯、聚氯乙烯、尼龙、ABS、聚碳酸酯聚苯乙烯
A–187	$\underset{\diagdown O \diagup}{CH_2-CH}\ CH_2O-CH_2CH_2-CH_2Si(OCH_3)_3$	γ-（2，3-环氧丙氧基）丙基三甲氧基硅烷	聚乙烯、聚丙烯、聚氯乙烯、尼龙、ABS、聚碳酸酯、聚苯乙烯
A–189	$HSCH_2CH_2CH_2Si(OCH_3)_3$	γ-巯丙基三甲氧基硅烷	聚乙烯、聚丙烯
A–1160	$HN\overset{O}{\overset{\parallel}{C}}NCH_2CH_2CH_2-Si(OC_2H_5)_3$	γ-脲丙基三甲氧基硅烷	聚氯乙烯、聚乙烯、尼龙

几乎所有的热塑性塑料都能用玻璃纤维增强而制得热塑性增强塑料，但塑料种类不同，增强后所提供的性能各异。塑料增强后的主要性能，与未增强的相比均能使拉伸强度、弯曲强度、弯曲弹性模量、压缩强度和热变形温度有所提高，而成型收缩率则有所降低。选择树脂时，要考虑有一定的相对分子质量，保证有足够的强度。同时要注意某些树脂水分含量对相对分子质量的降解和产品性能的影响。常用热塑性增强塑料的性能列于表 9.7 中。

玻璃纤维含量和长度对增强塑料性能影响很大，在一定范围内，增强塑料的机械性能随着增强塑料材料含量的增加而增加，但含量超过 40%后，则呈下降趋势，同时流动性变差，造成加工困难，所以热塑性增强塑料中的玻纤含量通常都控制在 40%以下。玻璃纤维含量对尼龙 1010 增强塑料性能的影响见表 9.8。

热塑性增强塑料中的玻璃纤维长度在 3 mm 以下。一般来说，增强塑料的机械性能随着纤维长度的增加而增加，并且增加幅度较大，超过 3 mm，增加效果则不显著了。玻璃纤维长度低于 0.3 mm，增强作用较差，甚至无增强效果，而只起填充作用。所以，热塑性增强塑料中的玻璃纤维长度最好能保持在 0.3~4 mm 的范围内。

表 9.7 常用热塑性增强塑料的性能

树脂＼项目	耐热性能	刚性	拉伸强度	冲击强度	耐磨性能	表面硬度	耐油性能	注射成型	尺寸稳定性能	价格
尼龙	○				◎				△吸潮收缩	
聚对苯二甲酸丁二醇酯	○				○			○	△挠曲	
聚对苯二甲酸乙二醇酯	○				○			△		
聚碳酸酯				◎			△		○	
聚甲醛					◎			△	△	
聚　砜							△	△	○	
改性聚苯醚							△	△	○	
聚苯硫醚	◎	○				○		△	○	△
聚丙烯		△	△			△		◎	△挠曲	◎
AS 树脂				△			△	○	○	○

注：◎—最好，○—好，△—不好，无记号为一般。

表 9.8 玻璃纤维含量与尼龙 1010 增强塑料的性能

性能＼玻纤含量	空白		20%	30%
拉伸强度/MPa	50~55		103	＞135
弯曲强度/MPa	78~82		181	216
冲击强度/kJ·m^2	0.5		6.5	8.5
压缩强度/MPa	/		112.5	133
马丁耐热/°C	42~45		103	151
布氏硬度/HB	7.1		11	12.1

近年来，碳纤维和硼纤维增强材料在热塑性增强塑料中得到了应用，但纤维的含量和长度均比玻璃纤维少而短。

热塑性增强塑料可以采用挤出、注射和压制等成型方法生产制品。不过与一般（未增强）热塑性塑料相比，在成型时应注意热塑性增强塑料流动性差、纤维长度的折断、制品性能具有方向性、制品表面光洁度差以及纤维对设备的磨损等问题。下面以注射成型为例给予简要说明。

1. 流动性

如前所述，热塑性增强塑料随着纤维含量的增加，流动性降低。为了改善流动性，除了不宜选用相对分子质量大的高黏度的树脂和不宜设计薄壁大面积制品外，成型时可以采用大浇口及流道直径、增加注射压力、提高料筒和模具温度等措施加以解决，从而制得合格产品。

2. 玻璃纤维长度的变化

热塑性增强塑料在注射机的料筒中，玻璃纤维因受到剪切作用而被切断，当其熔体通过模具的流道和浇口时，玻璃纤维将会进一步切断。通常所得制品的玻璃纤维长度在 0.3~0.7 mm。玻璃纤维的长短将影响制品的力学强度，尤其是冲击强度。为了避免玻璃纤维过度被切断，可适当降低螺杆转速，使玻纤受到较小的剪切作用，但混炼效果差，影响制品的表面光洁度。为此，目前采用改进的螺杆头部，可增强混炼效果，改善制品性能。

3. 玻璃纤维在制品中的方向性

注射成型时，制品中的纤维排列方向与熔体在型腔中的流程、流动速度和熔体冻结的快慢，以及浇口设置的位置等因素有关。由于纤维排列的方向性，引起制品性能具有方向性，特别是薄壁制品更为明显。为了尽可能减少制品的各向异性，除很好控制成型工艺条件外，设计制品时也应加以注意。

4. 收缩率

热塑性增强塑料的收缩率通常都比热塑性塑料低。影响成型收缩率的主要因素有：塑料品种、纤维含量、成型工艺条件、制品的形状和厚度以及浇口设置的位置和大小等。结晶型塑料的收缩率比无定型塑料大；玻璃纤维含量增加，制品收缩率降低；料筒温度高和注射压力大，收缩率小；模具温度高，熔体冷却速度缓慢，由于结晶型塑料结晶度高，收缩率大。无定型塑料的收缩率则与制品的厚薄有关，对于厚壁制品，收缩率减小；对于薄壁制品，收缩率增加；浇口开设在制品最后截面上，并且尺寸大，则收缩率降低。

5. 玻璃纤维对设备的磨损

成型时，玻璃纤维和偶联剂等添加剂对螺杆和料筒有较大的磨损和腐蚀作用，从而使熔体在料筒中的逆流和漏流量增加，影响注射量。因此，要采取措施防止设备的磨损和腐蚀。除选用合适的钢材外，通常要用氮化和镀铬处理。氮化处理使金属表面硬度增大，耐磨性得以改善，但是耐腐蚀性较差，如经镀铬处理，金属表面的耐磨性和耐腐蚀性都能得到增加，但要防止镀铬层的脱落。

复习思考题

一、名词解释

1. 层压塑料；2. 增强塑料；3. 层压成型；4. 袋压成型；5. 手糊成型；6. 缠绕成型。

二、填空题

1. 高压成型可分为______、______和______。
2. 玻璃纤维的处理方法有______、______和______。
3. 层压成型分为______和______两个过程。
4. 缠绕工艺根据其特点，可分为______和______两种。

三、简答题

1. 增强塑料与单纯的塑料基体相比具有哪些优异的性能？

2. 塑料基体与增强材料获得良好界面黏结的必要条件是什么？

3. 常见的增强材料有哪些？

4. 玻璃纤维的表面处理方法有哪些？以硅烷偶联剂为例写出表面处理反应式。

5. 袋压法与接触法的区别有哪些？

6. 影响热塑性增强塑料性能的主要因素有哪些？其加工成型过程与未增强的热塑性塑料有何不同？

7. 缠绕成型的主要控制工艺因素有哪些？

第10章 泡沫塑料成型

本章要点

知识要点

✧ 泡沫塑料的概念、结构、分类及应用
✧ 泡沫塑料的发泡方法及原理
✧ 泡沫塑料的成型工艺过程及关键工艺因素控制

掌握程度

✧ 了解泡沫塑料的概念、结构、分类及应用
✧ 了解泡沫塑料的发泡方法
✧ 理解泡沫塑料的发泡原理
✧ 掌握泡沫塑料的成型工艺过程及关键工艺因素控制方法

背景知识

✧ 高分子材料的结构与性能的关系、高分子材料成型加工原理、高分子加工流变特性、高分子成型设备及模具

10.1 概 述

泡沫塑料是内部具有无数微孔结构的塑料制品。采用不同树脂和发泡方法，可制成性能各异的泡沫塑料。

根据泡沫塑料内各个孔是否互相连通，可分为闭孔泡沫结构和开孔结构。若各个孔是互相连通的，称为开孔泡沫结构；如果泡孔是相互分隔的，则称为闭孔泡沫结构。开孔或闭孔的泡沫结构是由制造方法所决定的，闭孔的泡沫结构可借机械施压或化学方法使其成为开孔结构。

根据软硬程度不同，泡沫塑料可分为软质、半硬质和硬质泡沫塑料。这种软硬的划分常以塑料的弹性模量为标准。凡是泡沫塑料在23°C和50%相对湿度时的弹性模量大于700 MPa时称为硬质泡沫塑料；介于70~700 MPa之间的称为半硬质泡沫塑料；小于70 MPa的称为软质泡沫塑料。

根据泡沫塑料密度不同，可分为低发泡、中发泡和高发泡。低发泡是指密度为0.4 g/cm^3

以上，气体/固体<1.5；中发泡是指密度为 0.1~0.4 g/cm^3，气体/固体=1.5~9；而高发泡则是指密度为 0.1 g/cm^3 以下，气体/固体>9。但是一般也有将发泡倍率在 5 以下的称为低发泡，5 以上的称为高发泡。或以密度 0.4 g/cm^3 为界限来划分低发泡或高发泡。

几乎所有的塑料都能制成泡沫塑料。用于制造泡沫塑料的常用树脂有：PS、聚氨基甲酸酯、PVC、PE、脲甲醛、酚醛、环氧、有机硅、聚乙烯醇缩甲醛、醋酸纤维酯和聚甲基丙烯酸甲酯等。近年来品种不断扩大，例如 PP、氯化或磺化聚乙烯、PC、PTFE 等新品种不断投产。

泡沫塑料因存在多孔，所以具有密度低、可防止空气对流、不易传热、能吸音等许多优良的物理性能，因此，用途广泛，发展迅速，泡沫塑料已成为塑料加工工业的重要组成部分。按软质和硬质以及开孔和闭孔的不同，泡沫塑料的主要用途见表 10.1。

表 10.1 泡沫塑料的主要用途

泡沫塑料类型	孔结构	主要用途
硬质泡沫	闭孔	绝热、绝缘、结构、减震、漂浮材料等
	开孔	隔音材料、过滤介质等
软质泡沫	闭孔	绝热、绝缘、包装、气垫、漂浮材料、室内装饰等
	开孔	隔音、吸热、包装、衬垫、过滤材料、室内装饰等

10.2 泡沫理论

液体与气体相混能否成为泡沫物主要决定于液体的性质。当液体与气体形成泡沫时，液体的表面积会明显增大。这意味着液、气系统的能量增加。衡量的尺度是液、气界面张力与增加表面积的乘积。从热力学角度讲，这种能量的增加势必造成该系统物的不稳定。增加的能量越大，稳定性就越小，越会受到该系统物为维持稳定而进行缩小表面的自发过程所控制。显而易见，作为形成泡沫物的首要条件就是液、气的界面张力（如果气体是空气，则这种界面张力即为液体的表面张力）必须具有较小的数值。

界面张力并不是形成泡沫物的足够条件，例如表面张力小的纯液体就不能与空气组成泡沫物。许多实验证明，形成泡沫物的另一条件是液体必须具有多相性，而且界面处的液体组分比率应与液体主体部分有所不同。从实践得知，在纯液体中加入表面活化剂不仅能够满足这种条件，而且还能使液、气界面张力降低而容易使液体成为泡沫物，并且还可以使气泡的大小比较均匀。

表面活化剂具备下列作用的原因是与它的化学结构分不开的。它的分子结构具有亲液和疏液两个部分，当它与液体和气体共存时（见图 10.1），亲液部分向着液体，而疏液部分则向着气体，因此就会改善液体和气体之间的界面张力。此外，从图 10.1 还可以看出，表面活化剂在气、液界面和液体中的浓度是不相同的。必须注意，界面处的表面活化剂是单分子层，分子之间都充有液体分子，如果表面活化剂的分子在界面处聚集太多，以致排除应有的液体分子，则界面处的表面活化剂分子就不可能出现如图 10.1 所示的整齐的定向情况，而且不符合多相的原则，这对泡沫物的形成是不利的。反之，如果聚集的表面活化剂分子少到不能构成单分子层，对泡沫物的形成同样是不利的。因此，表面活化剂在液体中的浓度应有一定限制。

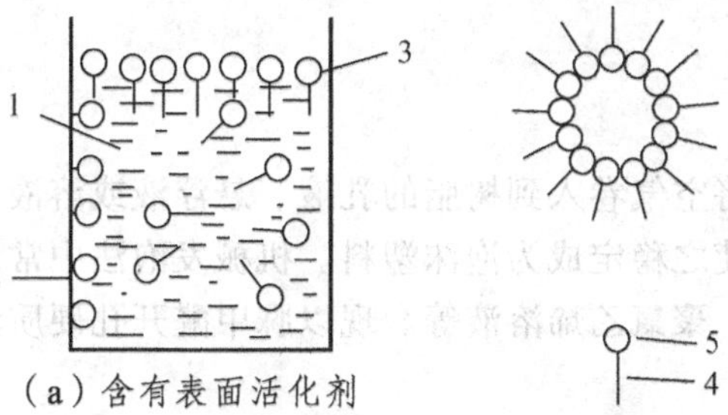

（a）含有表面活化剂　（b）表面活化剂分子列成气泡的形状　（c）表面活化剂分子

图 10.1　表面活化剂分子排列成气泡的形状

1—液体；2—容器；3—液—气界面；4—表面活化剂分子中疏液部分；
5—表面活化剂分子中亲液部分

泡沫物是热力学的不稳定体系，其持续时间较短。从制造泡沫塑料来说，这种持续时间必须大于泡沫物中树脂成为固体所需的时间。泡沫物的持续时间在很大程度上取决于其中液体的性质。由于液体是泡壁的构成物，壁的机械强度越大，泡沫就越能持久。所以具有凝胶结构的液体对泡沫物的持久性是有利的。另外，组成泡壁的液体因受重力的作用，常会向下流动，这样便会使泡沫薄化以致破裂。因此加大液体的黏度就能增加泡沫物持续的时间。再次，形成泡壁的液体不应有很大的挥发度，不然泡壁也会因液体不断地散失而发生破裂。环境温度对泡沫物的持久性也有很大的影响，因为液体的黏度和挥发度都是温度的函数。

上面所说的泡沫理论虽在熔融态热塑性塑料成泡过程中也能适用，但联系不多，原因在于这种理论是从物理观点对溶液成泡的研究成果。不过由许多溶液或液体混合物制成的热固性泡沫塑料，在它们开始发泡一直到树脂硬化前这一过程中，无疑是受这种理论支配的。

10.3　泡沫塑料成型工艺及参数控制

制造泡沫塑料的发泡方法很多，但主要是以下 3 种：

（1）机械发泡。借助机械搅拌作用，混入空气而发泡。

（2）物理发泡。利用物理原理发泡，包括：①将惰性气体在加压下使其溶于熔融聚合物或糊状复合物中，然后经减压放出溶解气体而发泡；②利用低沸点液体蒸发气化而发泡；③用液体介质浸出塑料中事先添加的固体物质，使塑料中出现大量孔隙而呈发泡状；④在塑料中加入中空微球后经固化而成泡沫塑料（通称组合泡沫塑料）等。

（3）化学发泡。包括：①利用化学发泡剂加热后分解放出的气体而发泡；②利用原料组分间相互反应放出的气体而发泡。

无论是物理发泡、化学发泡或机械发泡，其共同的特点大多是待发泡的复合物必须处于液态或黏度在一定范围内的塑性状态。泡孔的形成是依靠添加能产生泡孔结构的固体、液体或气体，或是几种物料的混合物的发泡剂。每一种塑料成为泡沫塑料所用的方法不一定上述几种都行，因为它们各有不同的特性。

10.3.1 机械发泡法

机械发泡法是借助强烈的机械搅拌将空气卷入到树脂的乳液、悬浮液或溶液中使其成为均匀的泡沫物，再经过物理或化学变化使之稳定成为泡沫塑料。机械发泡法中常用的树脂有脲甲醛、聚乙烯醇缩甲醛、聚醋酸乙烯、聚氯乙烯溶液等。现以脲甲醛开孔硬质泡沫塑料为例说明机械发泡过程如下。

1. 树脂的制备

制造时，按配方（见表10.2）先将甲醛水溶液加至反应釜中，并用10％烧碱水溶液调整pH值到6.4~6.5。而后在搅拌和回流的情况下加入脲和甘油，并于1 h左右的时间内将反应混合物加热至其沸点。沸腾15 min后，用10%甲酸水溶液使混合物的pH值降至5.0~5.5，继续在沸腾温度下使反应混合物的pH值上升到6.8~7.0。冷至20~30°C后，用水稀释使反应混合物中的树脂含量达到27%~32%。最后将树脂溶液放在铝制的贮槽中备用。

表10.2 脲甲醛树脂配方

原料	配比/份
脲	100
甲醛水液（30%）	300
甘油	20
二丁基萘磺酸钠（表面活化剂）	10
磷酸（树脂硬化剂）	15
间苯二酚（泡沫稳定剂）	10
水	65

2. 鼓 泡

借助鼓泡设备完成鼓泡。鼓泡设备由钢或不锈钢制的圆筒和搅拌系统共同组成（见图10.2）。筒的直径和高度分别为0.6 m和2 m。搅拌器是多桨叶式的，转速约400 r/min。可以按顺逆两个方向转动。顺转时，桨叶使液体向上运动，是作为鼓泡用的；逆转时正相反，是作为出料用的。筒的下部设有空气进口，底部设有出料口。出料口由轻便的闸板操纵其启闭。

鼓泡时，在顺转的搅拌情况下，向鼓泡设备先加入一定量的发泡液，2~3 min后便会产生大量的泡沫。随后，在1~2 min内加入定量的树脂溶液。继续搅拌15~20 s后，将搅拌改成逆转并开启闸门以便泡沫物注入尺寸约1 m×0.6 m×2 m的金属或木制的敞口模中。鼓泡设备经用清水洗涤后即可进行下一轮的操作。

加到鼓泡设备中的发泡液和树脂溶液的质量比约为2∶5，而每次装入的总料量则应根据发泡液和树脂溶液的膨胀倍数确定，一般约为鼓泡设备容量的6.5%。

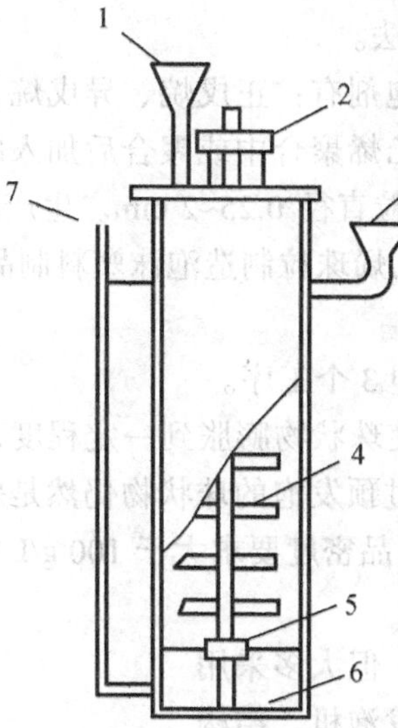

图 10.2　鼓泡设备

1—发泡液进口；2—传动轮；3—树脂进口；4—搅拌桨叶；5—搅拌轴；6—闸门；7—通空气的管道

3. 泡沫物的硬化

装有泡沫物的塑模先在室温下放置 4~6 h，以便从模底沥除一部分水（约为总料量的 14%）并使泡沫物得到一定程度的硬化。而后从塑模中脱出泡沫物并将它放在漏孔的托架上。由托架承托的泡沫物应在严格控制温度的烘室内进行热处理，处理的温度和时间随具体情况而定。处理时，泡沫物既有化学变化的交联作用，又有物理变化的干燥作用，所以需严格控制温度。

为了增加泡沫塑料的不燃性，可在树脂溶液内加入磷酸二氢铵水溶液。此外，可以加入玻璃纤维改善泡沫塑料的机械强度。玻璃纤维最好在鼓泡过程中泡沫物的体积膨胀到原用液态原料 10 倍左右时加入，并降低搅拌速率。加有玻璃纤维的泡沫塑料，虽在弹性和绝热能力上取得了积极的效果，但相对密度却增大。

10.3.2　物理发泡

物理发泡方法中，在塑料中溶入气体和液体而后使其气化发泡的两种方法在生产中占有重要位置，适应的塑料品种较多。现分别以聚苯乙烯和聚氯乙烯为例介绍这两种发泡方法。

1. 聚苯乙烯泡沫塑料（以溶入液体为发泡剂）

用溶解液体为发泡剂制造聚苯乙烯泡沫塑料的具体措施可分为两种：

（1）将高相对分子质量的聚苯乙烯加入挤出机内熔化，然后用高压加料设备把液体发泡剂（二氯甲烷或氯甲烷）注入挤出机的熔化区段，最后在严格控制温度下从环形口模中将料筒内的混合物挤出，经过膨胀、缓慢冷却和切割，即可制得片状的聚苯乙烯泡沫塑料。此法的缺点是：需要附设高压加料设备，控制孔泡大小比较困难，制品仅限于挤出的型材，比较单一。

（2）将发泡液体与聚苯乙烯先制成易于流动的球状半透明的可发性聚苯乙烯珠粒（通称为可发性聚苯乙烯），再用珠状物作为原料，通过蒸汽箱模塑法、挤出法或注射模塑法生产泡沫塑料制品。这里讨论第（2）种方法。

可发性聚苯乙烯采用的液体发泡剂有：正戊烷、异戊烷、季戊烷和石油醚等，最常用的是正戊烷和石油醚。发泡剂是在苯乙烯聚合中或聚合后加入的。制成的珠状物中发泡剂的含量约 6 %，表观密度约 680 g/L，珠粒直径 0.25~2 mm。生产密度小的泡沫塑料制品宜用直径偏大的珠状物。现将用可发性聚苯乙烯珠粒制造泡沫塑料制品的过程及原理叙述如下：

1）制造过程

制造过程分预发泡、熟化和模塑 3 个工序。

（1）预发泡。预发泡是靠加热使珠状物膨胀到一定程度，以便使模塑制品的密度降低更多和减少密度梯度形成的倾向。经过预发泡的珠状物仍然是颗粒状的，但其体积已比原来大很多倍，通常称为预胀物。如果对制品密度要求大于 100 g/L 时，则可直接用珠状物成型而不必经过预发泡和熟化两个过程。

预发泡有间歇法和连续法两种，但大多采用连续法，其主要设备为连续蒸汽预发泡机，结构如图 10.3 所示。

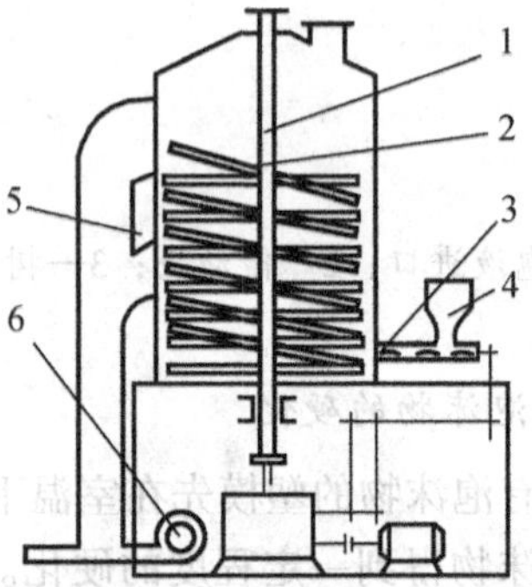

图 10.3 连续蒸汽预发发泡机结构示意图

预发泡时，使可发性聚苯乙烯珠粒连续而均匀地通过螺旋进料器进入料筒内。加入后珠粒受热膨胀，在搅拌器作用下，因容重的不同，轻的上浮，重的下沉。随着螺旋进料器不断进料，底部珠粒推动上部珠粒，沿筒壁不断上升而到出料口，再由离心机将其推出筒外而落入风管内，并送入吹干器。出料口有蜗轮机构，可调节升降，从而控制预发泡珠粒在筒内停留时间使预胀物取得规定的容重。筒内有搅拌器和 4 根管子，3 根管道通蒸汽，从管上细孔直接进入筒体，以助发泡。最底部 1 根管道通压缩空气以调节底部温度。发泡机筒体内温度控制在 90~105°C。预发泡容重可根据筒体内温度、出料口高度和加料量三者的配合来控制。温度高，出料口位置高，进料量少，珠粒预发泡容重就小，反之，则容重大。

（2）熟化。预发泡后的珠粒需要贮存一段时间，以吸收空气进行熟化，防止成型后的收缩。一般熟化是在大型料仓或开口容器内进行的，控制温度在 22~26°C。熟化时间根据容重要求、珠粒形状、空气条件等而定。熟化时间一般是 8~10 h。

（3）成型。常用的成型方法是蒸汽加热模压法。按加热方式的不同又分为蒸缸发泡和液压机直接通蒸汽发泡两种。对于生产小型、薄壁和复杂的制件大多用蒸缸发泡，即将预胀物填满模具后放进蒸缸通蒸汽加热。蒸汽压力与加热时间视制品大小和厚度而定。一般蒸汽压力为 0.05~0.1 MPa，加热时间为 10~50 min。模内预胀物经受热软化、膨胀互相熔接在一起，冷却脱模后即成为泡沫塑料制品。此法所用模具简单，但操作劳动强度较大，难以实现机械化和自动化生产。要求厚度大的泡沫板材常采用在液压机上直接通蒸汽的方法进行发泡成型。成型时常用气送法将料加至模内。模具上开有供通气用的 0.1~0.4 mm 的通气孔（或槽），它们不会被颗粒堵塞。当模腔内装满预胀物后，直接通入 0.1~0.2 MPa 的蒸汽。蒸汽进入模腔，首先赶走珠粒间的空气并使料的温度升至 110°C 左右，随后模内预胀物膨胀黏结为一体。关闭蒸汽，保持 1~2 min，通水冷却后脱模。容重小的薄壁制件，冷却时间短；容重大的厚壁制件冷却时间较长些。

直接通蒸汽的模压发泡法的优点是：塑化时间短，冷却定型快，制件内珠粒熔接良好，质量稳定，生产效率高，能实现机械化及自动化生产。

原生可发性聚苯乙烯的珠粒也可用挤出法成型为片材和薄膜。由于可发性聚苯乙烯珠粒在挤出机料筒内受热塑化容易被压实，制品的密度常偏高，为了降低制品密度，可加入适量的柠檬酸（或硼酸）和碳酸氢钠。这些物质在料筒内受热产生不溶于聚苯乙烯的气体能在压力下均匀地混合在熔融树脂中，当挤出物离开口模卸压后，产生的气体立即气化膨胀形成很多气孔，而树脂内发泡剂也气化进入这些泡孔，使泡孔继续膨胀。这样，经挤出吹塑便可制得细密而均匀的多孔性泡沫塑料片材或薄膜。

挤出时，一般采用单螺杆挤出机，长径比为18~20，压缩比为2~4，压缩比不能太小，否则发泡剂在螺杆内受压不足，会使挤出物中存有较大的泡孔；压缩比也不能太大，不然物料对气体的后推力增大，发泡气体容易从料斗中逸出。螺杆与料筒的间隙宜小。螺杆头部应呈鱼雷状以提高混合效率并防止料流产生脉动。机头口模内应有一定压力差以阻止物料在模内发泡，如果在模内发泡，物料流动会使泡壁破裂并孔而呈粗孔。挤出物应在离开口模时立即发泡并使泡孔能均匀地双向膨胀。此时由于发泡剂气化吸热，因此能使树脂冷却并使泡壁有一定的张力，后者还有助于防止气泡的并孔。吹塑成型的吹胀比为3~6，并应配合较快的牵引速度，以便挤出物在张力下冷却。这样，大分子将沿着牵引方向定向而使物理性能提高。为此，牵引温度、牵引速度及冷却速度均应严格而合理地进行控制。

2）制造过程中的理论

现按制造中珠粒的预发泡、熟化和模塑3个过程依次说明。

（1）预发泡。可发性聚苯乙烯珠粒在预发泡时，当温度升至80°C以上就开始软化，珠粒内的发泡剂受热气化产生压力而使珠粒膨胀，并形成互补连通的泡孔。实际测算得知：预膨胀物的最小表观密度可达12~16 g/L，只有原生珠粒的1/40；预膨胀物中气泡直径为80~150 μm，每立方厘米约有55万个气孔。因此，当预膨胀物的密度达到最小值时，泡孔壁的厚度仅有1~2 μm，如果要求预膨胀物的表观密度低于12 g/L时，则泡壁在制造过程中所受压力就会超过聚苯乙烯的弹性极限，气泡就会破裂，甚至不能称为泡沫体。

现以含有6%正戊烷的珠粒为计算基准，在预膨胀中，即使正戊烷完全气化而无任何逸漏，预膨胀物的体积只能比珠粒增大26倍，实际却大得多。显然这是由于蒸汽透入到膨胀的泡孔中，从而增加泡孔内的总压力，使气泡的体积得到进一步的膨胀。

实验证明，水蒸气对聚苯乙烯薄膜的透过速率比正戊烷气体或空气都要快好几倍，而每种气体透过塑料薄膜（在泡沫塑料中即为气泡壁）的速率（q）与绝对温度（T）的关系已知为：

$$q \propto e^{-1/T}$$

式中，e为自然对数。由上式可见，预膨胀的温度对珠粒的密度影响很大，这种影响不是热膨胀的差异，而是在较高温度下水蒸气的透过率增大和塑料对内压的阻力降低所致。当然，加热时，发泡气体也会由珠粒向外渗出，并使发泡气体大部分都保留在泡孔中，从而使泡孔内的总压力增加，以便聚合物得到牵伸而使珠粒预膨胀。

预发泡时，应防止过多空气进入设备，否则会降低水蒸气的分压，对预膨胀密度的降低也是不利的。

（2）熟化。预发泡后的珠粒，由于其中仍保留有一定量的发泡剂，待预胀物冷却后，泡孔内气化的发泡剂和水蒸气将会冷凝变为液体，此时冷凝的发泡剂又重新溶入聚苯乙烯中，气泡内的压力迅速降低，致使气泡内出现部分真空，预胀物很脆弱。随着熟化时间的推移，在一定的压差下，外界空气就会通过泡壁不断透入泡孔，直到泡孔内外压力达到平衡。这时预胀珠粒则变成具有弹性而不易捏碎的颗粒。在熟化过程中，发泡剂也会向外扩散渗出，于是要求空气能较快地透入而不使发泡剂有很多的渗出，否则预胀物在模塑时膨胀就差。所以熟化处理时要严格控制温度和时间。一般熟化温度控制在 22~26°C 较合适，熟化时间应通过实验来决定。

（3）模塑。由于熟化后预胀物气泡内的空气压力与外界空气压力是平衡的，但在模塑时预胀物内空气会因受热而膨胀，残余发泡剂也会因受热气化而产生压力，再加上蒸汽透入泡孔附加的分压，从而形成泡孔内的总压力较泡外压力（仅有蒸汽压力）大，使已软化的预胀物珠粒继续膨胀。由于这种膨胀是在有限容积的塑模中进行的，所以膨胀的珠粒就会互相熔接而成为具有模腔形状的发泡整体（制品）。但是膨胀只能在蒸汽供给充足的情况下进行，否则泡孔内的空气和发泡剂会早期渗出，而透入的蒸汽最多也只能与外界压力达到平衡，这样就不可能制得完整的模制品。

模塑过程中冷却时间很重要，它决定着设备的生产能力和制品质量。缓慢冷却时，制品内部与表层的冷却程度相差较大，冷却时间长，压力差大，制品的密度梯度也大；快速冷却则可使压力均匀地降低，制品的密度梯度也较小。不过在快速冷却中，如果水蒸气分压下降过快，而聚合物因冷却硬化所具有的强度尚不足承受残存压力，则因冷却而产生的部分真空即会导致泡沫体的较大收缩。

2. 聚氯乙烯泡沫塑料（以溶解气体为发泡剂）

由于聚氯乙烯本身并不能溶解惰性气体，能够溶解这种气体的只是它的增塑剂或溶剂，所以，采用溶解惰性气体为发泡剂来生产聚氯乙烯泡沫塑料时须选用增塑剂含量大的聚氯乙烯糊或溶液为原料。以这种方法生产硬质泡沫体时只用少量溶剂，就需很高的压力（30~40 MPa）。显然，施加高压对设备的要求就高。如采用大量溶剂，则事后的溶剂脱除与回收都比较麻烦，不仅成本提高，还要采取严格的防火和防爆措施。所以用溶解惰性气体发泡的方法大多用来生产软质聚氯乙烯泡沫塑料。

生产软质聚氯乙烯泡沫塑料有间歇法和连续法两种。间歇法比较简单，生产时，将适当的聚氯乙烯糊放入加压釜中，然后在搅拌下用压力 2~3 MPa 的二氧化碳通入釜内，待压力稳定到规定数值时，即将充气的聚氯乙烯糊由釜底喷嘴放至塑模中，并在较短的时间内送至 110~135°C 的烘室中烘熔，经过冷却和脱模，即获得泡沫塑料制品。此法所用塑模，可分别采用纸板、铝或其他金属制成。凡是用敞口塑模生产的制品均为开孔的泡沫制品，而用密闭塑模生产的均为闭孔泡沫制品。烘熔时如能采用高频加热，常能使时间大为缩短。例如厚约 75 mm 的泡沫物只需 4 min，而用一般烘室需长达 3 h。制得的开孔与闭孔泡沫塑料的密度分别以 80~110 g/L 和 190~290 g/L 最普遍。

连续法的生产流程如图 10.4 所示。操作时将聚氯乙烯糊用泵连续送至特殊的混合器内与 2.0~2.5 MPa 压力的二氧化碳充分混合。混合器备有温度控制装置以保证良好的混合。混好的物料不断由混合器的喷嘴向输送带作定量排出，经刮刀刮平后，即用高频电加热进行胶凝和熔化。控制熔化温度约 150°C。熔化完全的泡沫物，通过冷却和切片后，即成为一定厚度的片状物。制品为开孔的，密度 80~110 g/L。

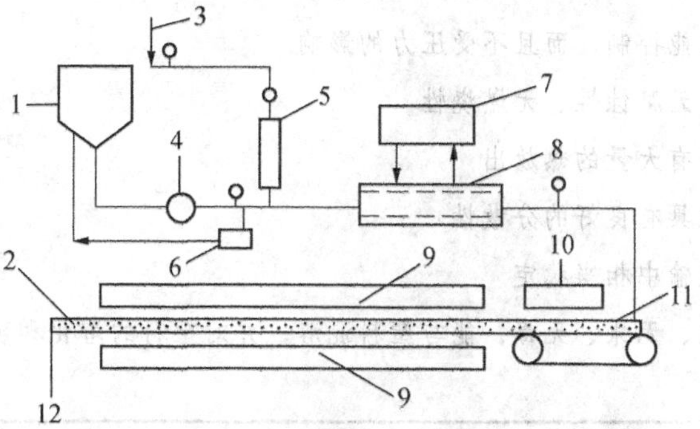

图 10.4 聚氯乙烯泡沫塑料连续生产流程图

1—聚氯乙烯糊贮槽；2—泡沫塑料；3—二氧化碳进口；4—泵；5—转子流量计；6—回流接受槽；7—温度控制装置；8—混合器；9—冷却装置；10—高频电热器；11—刮刀；12—送至切块与包装车间

上述两种方法中所用原料——聚氯乙烯糊，要求黏度适宜，胶凝温度范围中等，以便气体在糊塑料中易于成泡。如果胶凝温度范围较小，黏度将会很大，不利于成泡；反之，黏度太小，气体易外逸。为了使糊塑料捕捉足够的气体而成为稳定的泡沫体，并能维持这种稳定状态而渡过胶凝过程，要求模塑料的流动行为应是假塑性的。只有这样，糊塑料在搅拌充气及气体膨胀过程中，黏度不高，操作阻力较小；而当剪切速率下降时（即停止充气和膨胀时），黏度就会增大，对泡沫的稳定有利。制品密度主要决定于惰性气体的压力和吸收程度以及原料中的增塑剂含量。压力低，吸收不良和增塑剂用量少均会使制品的密度偏高。

物理发泡法的优点是：操作中毒性较小；用作发泡的原料成本较低；发泡剂无残余体，因此对泡沫塑料的性能影响不大。缺点是：生产过程所用设备投资较大。

10.3.3 化学发泡法

制造泡沫塑料时，如果发泡的气体是由混合原料的某些组分在过程中的化学作用产生的，这种方法即称为化学发泡法。按照发泡的原理不同，工业上常用的化学法有两种：①发泡气体是由特意加入的热分解物质（常称为化学发泡剂或发泡剂）在受热时产生的；②发泡气体是由形成聚合物的组分相互作用所产生的副产物，或者是这类组分与其他物质作用的生成物。

由于①法所用设备通常都比较简单，而且对塑料品种又无多大限制，因此它是泡沫塑料生产中最主要的方法，发展很快。②法只以生产时有该项条件的为前提，目前用得最多的是聚氨酯泡沫塑料的生产。

1. 化学发泡剂

化学发泡剂是一种加热能释放出气体（如二氧化碳、氮气或氨气等）的物质。理想的化学发泡剂应具有表 10.3 所列的各种性能。

表 10.3　理想发泡剂的性能

（1）发泡剂分解温度范围应比较狭窄而稳定，并与相应待发泡聚合物的最佳发泡度相适应
（2）释放气体的速率应能控制，而且不受压力的影响
（3）放出气体应无毒、无腐蚀性、无燃烧性
（4）发泡剂分解时不应有大量的热放出
（5）发泡剂在树脂中应具有良好的分散性
（6）价廉、在贮藏和运输中相当稳定
（7）分解残余物应无色、无味、无毒，能与塑料混溶，并对塑料的熔化和硬化以及制品的物理和化学性能无不良影响

完全符合上述性能要求的发泡剂至今还没有，目前工业生产中主要采用的化学发泡剂有无机和有机两种。无机发泡剂主要是碱金属的碳酸盐和碳酸氢盐，如碳酸氢钠和碳酸铵等。它们的优点是价廉和不影响塑料的耐热性，因为它们对聚合物无增塑作用；缺点是分解气体的速率受压力的影响较大，发泡剂与塑料不混溶，难于均匀分布在塑料中；产生的气体主要是一些容易凝结的水蒸气，有的则是产生扩散速率很大的氢气，所制备的泡沫塑料在因次上难于稳定。因此，这类发泡剂要想在塑料上得到很好的应用，必须注意解决上述问题。有机发泡剂在化学结构上大都具有如表 10.4 所列示的一种官能团作为特征的物质，这类物质加热后主要放出氮气，品种较多，其优点是放出的气体无毒、无臭，对大多数聚合物渗透性比氧气、二氧化碳和氨都要小，更突出的是在塑料中具有较大的分散性。但是大多数有机发泡剂都是易燃和易爆物质，因此，应保存于低温、阴凉、干燥和通风处，存贮量不应过多，与其他组分混合时应分批缓慢加入，并应严格执行安全措施。现将几种常用的优良发泡剂列于表 10.5 中。

表 10.4　有机发泡剂的特征官能团

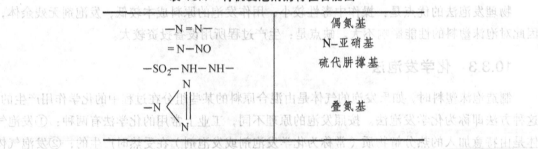

—N＝N—	偶氮基
＝N—NO	N-亚硝基
$-SO_2-NH-NH-$	硫代肼撑基
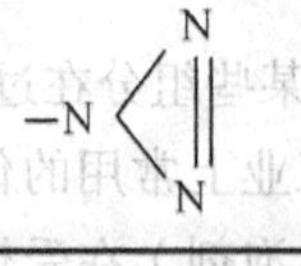	叠氮基

2. 发泡剂的特征参数

没有一种发泡剂可以适用于制造各种泡沫塑料，这是因为各种树脂的固有性能不可能相同，加工条件也不一样。此外，为了求得性能各异的同一种泡沫塑料，加入的助剂也往往不同。毫无疑义，这些不同都是选择发泡剂的根据。选择时就是在这些根据和发泡剂特性之间求得平衡。下面是对选择中所用的几项主要特性的讨论。

表 10.5　几种优良发泡剂的性质

名称	化学结构式	缩写	在塑料中的分解温度/°C	分解气体	发气量/(mL/g)	适用树脂
偶氮甲酰胺	$H_2N-CO-N=N-OC-NH_2$	ADCA	165~200	N_2 NH_3	220	PVC，ABS，PE，PS
偶氮二异丁腈	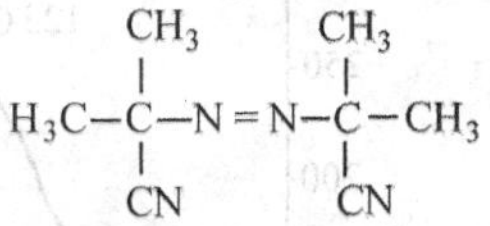	ABIN	110~125	N_2	135	PVC
对，对’–氧代二苯基磺酰肼	$O(C_6H_4-SO_2-NHNH_2)$	OBSH	150~160	N_2	110~130	PVC，PE.
苯基磺酰肼	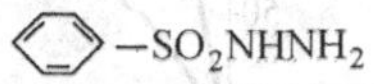	BSH	90~100	N_2	130	PVC
N，N’–二甲基–N，N’二亚硝基对苯二甲酰胺	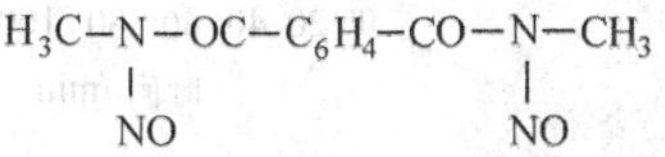	DNTA	90~105	N_2	126	PVC
N，N’二亚硝基对苯二甲酰胺	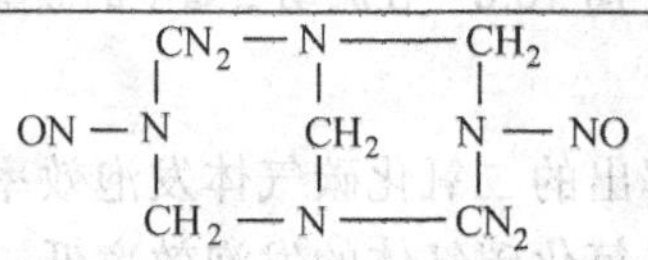	DPT 或 DNPT	130~190	CH_2O	265	PO，PA，PVC

1）分解温度

发泡剂的分解温度是发泡剂开始产生气体的温度，其与塑料的加工温度密切相关。首先，所选发泡剂的分解温度要与塑料的熔融温度接近。其次，发泡剂应能在一狭窄的温度范围内迅速分解，即当热塑性树脂达到适宜的黏度或热固性树脂达到所需的交联度时的温度范围内均匀放气，否则很难取得密度均匀的制品。最后，发泡剂的分解作用要在较短的时间全部完成，以迎合工艺上对发泡体的快速冷却定型，提高生产效率或有效地利用发泡剂。

2）分解速率

发泡剂的分解速率是随温度变化的，通常用实验方法求得。有机发泡剂受热后，一般能在很短时间内分解完毕。图 10.5 即为三肼基三嗪有机发泡剂在不同温度下的分解速率。由图可见，当温度在 240~316°C 时，三肼基三嗪只需要 25 min 即完成分解反应。但是无机发泡剂受热后的分解反应却进行得较慢，需要较长的时间才能完成。图 10.6 所示即为无机发泡剂碳酸氢钠在不同温度下的分解速率。由图可见，碳酸氢钠在 100°C 和 123°C 下，需要 80 min 以上才能结束分解反应。

3）反应热量

有机发泡剂分解时会放热，而无机发泡剂分解则会吸热。放热可以提高发泡时原料的温度，而吸热则正相反。为此，工艺上必须作出相应的措施，否则会影响制品的质量。

4）发泡剂分解的抑制和促进

任何化学发泡剂都是在一定的温度下进行热分解而产生气体。但是，可以借助于某些助剂来调节产气量，并控制它的分解温度和分解速率。因此，在工艺中最好能掌握这些资料，以便适应各种树脂发泡加工的需要。例如磺酰肼系发泡剂，可借助于磷酸酯系、苯二甲酸酯系增塑剂来控制其分解速率；又如偶氮甲酰胺的分解温度较高，常可在其中加入铅、镉、锌的盐类及氧化锌等来降低其分解温度和增加分解速率。

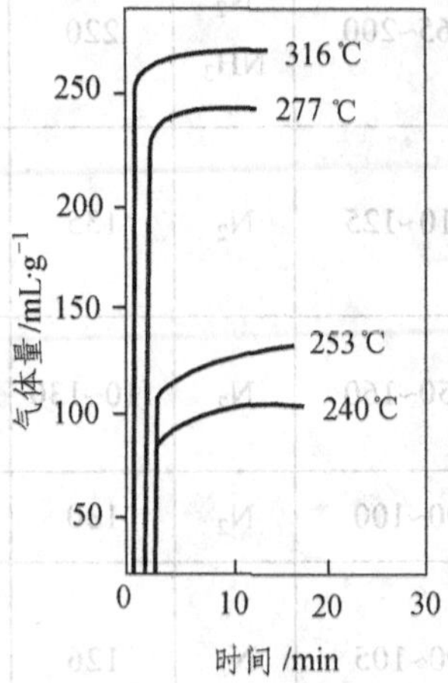

图 10.5　在流动石蜡中的三肼基三嗪的气体产量

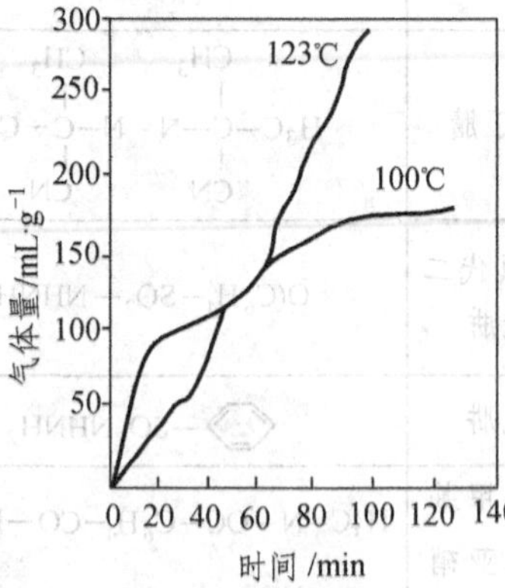

图 10.6　在流动石蜡中的碳酸氢钠的气体产量

5）发泡效率

有机发泡剂分解出的氮气比无机发泡剂分解出的二氧化碳气体发泡效率高，这是因为二氧化碳对塑料泡壁的扩散速度比氮气高，所以二氧化碳气体的发泡效率低，用于制造低相对密度的泡沫塑料是比较困难的。

此外，少数有机发泡剂分解时的残留物对树脂有相容性，相应起到增塑作用，从而使发泡效率降低，这对制造低密度的泡沫塑料是不适宜的。

6）发泡剂的并用

某些有机与无机发泡剂并用时较单独使用有机或无机发泡剂能显示较好的效果。表 10.6 是聚乙烯泡沫塑料采用不同发泡剂及混用发泡剂的效果。由表可见，单独使用偶氮二异丁腈发泡剂的泡沫塑料制品容重不低于 0.05 g/cm^3，并用无机发泡剂碳酸铵后，泡沫制品的密度可低到 0.03 g/cm^3。

表 10.6　聚乙烯发泡剂的组成

聚乙烯	偶氮二异丁腈	偶氮亚氨基二苯胺	碳酸铵	乙醇	制品密度
100	2~5	–	–	–	0.05
100		5~7	–	–	0.1
100	0.75~1	–	3~4	2~3	0.03

10.3.4　几种典型的泡沫塑料成型工艺

1. 聚氯乙烯泡沫塑料的成型

选用发泡剂生产聚氯乙烯泡沫塑料有软质与硬质两种。软质塑料是在聚氯乙烯树脂中加入发泡剂、增塑剂、稳定剂以及其他助剂后，先调制成糊或塑炼成片或挤出成粒，而后再定量地加入模具中，并在加压下进行加热。当树脂受热呈黏流态时，发泡剂即分解而产生气体，并能均匀微细地分散在熔融树脂中。最后，经冷却定型、开模即可获得具有微细泡孔的泡沫塑料。由于增塑剂的存在，泡沫体具有一定程度的柔软性。硬质泡沫塑料则是用溶剂代替增塑剂而使各组分混匀的，加热成型时溶剂挥发逸出，因此，泡沫质地较硬。无论软质或硬质泡沫体事后均需经过适当的热处理，以使泡孔进一步膨胀而获得均匀孔径的泡沫塑料。

1）原材料及配方

采用的原料和配方随生产要求的不同而异。表10.7列有几种配方，说明如下：

表10.7　软、硬聚氯乙烯泡沫塑料配方

软质PVC泡沫配方			硬质PVC泡沫配方	
原　料	配比*（份）		原　料	配比（份）
	面层	里层		
聚氯乙烯树脂	100	100	聚氯乙烯树脂	100
邻苯二甲酸二辛酯	25	20	碳酸氢钠（发泡剂）	1.2~1.3
邻苯二甲酸二丁酯	30	35	碳酸氢铵（发泡剂）	12~13
石油酯		20	亚硝酸丁酯（发泡剂）	11~13
偶氮二甲酰胺	5.5	5.8	硬脂酸钡（稳定剂）	2~3
三盐基硫酸铅	3	3	磷酸三苯酯（增塑剂）	6~7
硬脂酸	0.8	0.8	尿　素	0.9~0.92
颜　料	适量	适量	三氧化二锑（阻燃剂）	0.8~0.82
			二氧乙烷（溶剂）	50~60

（1）树脂。制取泡沫塑料宜选用成糊性的乳液树脂，因其粒度细容易成糊，而且带有表面活性剂，对成泡有利。为了改变流变性能或节省成本等原因，也有在采用乳液树脂的同时配入少量悬浮树脂的。

（2）增塑剂。为制取具有柔曲性和伸缩性的软质聚氯乙烯泡沫，需要添加大量的增塑剂。但使用成糊树脂时又要求所成的糊具有较高的黏度以利于发泡剂的发泡效果，故一般以相容性好的邻苯二甲酸二丁酯和相容性较小的邻苯二甲酸二辛酯或邻苯二甲酸二异辛酯混合使用，效果较好。增塑剂对树脂的溶剂化能力太强，对成泡不利。胶凝温度虽然是树脂的剪切黏度和相对分子质量的函数，但与所用增塑剂也有关系。一般用的糊塑料的胶凝温度最好在120°C以上，而且应有一个较大的范围，以便发泡在较大的温度范围内完成。制造硬质聚氯乙烯泡沫塑料，不加增塑剂，而是加入溶剂（丙酮、烃类或氯化烃类）以改进操作，并利用其热挥发而有助于发泡。

（3）发泡剂。发泡剂的分解温度一般不能高于糊塑料的胶凝温度，否则就不能生产密度较小的泡沫塑料。对分解温度较高的发泡剂，常可用添加铅盐等稳定剂或增塑剂的办法来降低其分解温度，借以防止树脂降解而有利于制取微孔泡沫。

（4）稳定剂。这是为了防止聚氯乙烯的热分解而加入的一种助剂，其详细情况见第3章。但需加说明的是，加入的稳定剂往往同时对发泡剂的分解能起催化作用，而且还能适当调整树脂的溶剂化速率和糊塑料的表面张力。

（5）其他组分。根据制品性能的需要还可加入润滑剂、填料、颜料等其他组分。

2）成型工艺

硬质聚氯乙烯泡沫塑料主要采用压制成型。首先按配方称取树脂、发泡剂、稳定剂、阻燃剂等固体组分在球磨机内研磨 3~12 h，再加入增塑剂、稀释剂搅拌均匀。然后装入模具内，将模具置于液压机上进行加压加热塑化成型。由模内取出泡沫物应在沸水或 60~80°C 的烘房内继续发泡。最后，泡沫物还需经热处理[（65±5）°C 烘房内]48 h，才能定型成为制品。

软质聚氯乙烯泡沫塑料可采用压制、挤出、注射和压延等方法成型。

（1）压制法。压制法包括配料制糊、装料入模并使模内的糊塑料在加压和加热的情况下发泡和塑化、冷却、脱出泡沫物以及在适当温度下使泡沫物进一步膨胀而成为制品等过程。压制法成品属于闭孔型的。如果需要制品成为开孔型的，则可将模具改为敞开式的，也就是发泡和烘熔均在烘室中于不加压的情况下进行。具体操作条件随采用的原料、制品厚度、模具形式及加热方式等而异。生产中，各种条件的确定都是实验的结果，其大致范围是：发泡和烘熔温度 120~180°C，时间 10~30 min，压力约 30 MPa。后烘温度 100~175°C，时间约为 20 min。

（2）挤出法。通行的挤出工艺有两种：一种是将原料在低于发泡剂分解温度的料筒内塑化并挤成具有一定形状的中间产品，再在挤出机外升温发泡使其成为制品。所得制品大多是低密度的泡沫塑料制品。另一种工艺是采用含有低温发泡剂的原料，发泡在料筒内进行，挤出物冷却后立即成为制品。这种制品的密度通常都比用前法制成的高。

前一种工艺所用挤出螺杆参数是：L/D=15；压缩比 1.3。操作条件大致是：料温<140°C；料筒温度 125~140°C；后膨胀的烘室温度 175~205°C；时间 5~10 min。后一种工艺所用挤出螺杆参数：L/D=16；压缩比 1.5~3。操作条件大致是：料温 180~190°C；料筒温度 145~190°C；口模应比料温低 25~30°C。

（3）注射法。注射法制品只限于高密度的低发泡制品。注射设备通常均为移动螺杆式。注射工艺大体与一般注射相同，塑料的升温、混合、塑化和发泡（多于 50%）都在注射机内进行。控制发泡的因素，除发泡剂本身的特性外，尚有料筒温度、螺杆背压等。为了正确控制制品的密度，每次的注射量必须相等。每次注入模内的料，其体积略比型腔小，入模后能充满型腔的原因是发泡剂尚有残余发泡的能力和原有气泡的膨胀力。在型腔充满后，模内的压力只有寻常注射模塑的 10%~20%。在锁模力不变的情况下，制品的横截面尺寸相应的比一般制品大。据此，所用模具的材质可改用铝合金或锌合金等，以降低成本。为防止注射中熔料或气体由喷嘴处漏出，喷嘴处应设置阀门。

注射时，一般都采用较高的注射速率。这样，不仅可以减少气体的逸失而使发泡倍率增加；同时还可以取得表层光滑和芯层均匀的制品。料筒温度除影响发泡的数量和大小外，对料的黏度也有影响，而且两者之间存有复杂关系。料筒温度偏低时，料的黏度增大，这不仅使发泡剂分解不充分，而且料的流动也不顺畅，因此，制品的密度增大或发生充模不满。但制品表面细腻却为其优点。料筒温度偏高，其情况正相反。模具温度对制品也有影响。模温偏高时，可使发泡倍率增加、制品表层变薄、芯层均匀，但冷却费时，生产率降低。

（4）压延法。压延制品主要是人造革。

2. 聚烯烃交联泡沫塑料的成型

聚烯烃树脂熔融后的黏度不高和出现高弹态的范围不宽（高密度聚乙烯和聚丙烯尤其突

出，见图 10.7），因此，发泡时发泡剂分解出来的气体不易保持在树脂中，使发泡工艺难于控制。聚烯烃的结晶度较大，结晶又快；从熔态转至晶态时要释放出大量的结晶热；熔融聚烯烃的比热容较大；从熔融态冷却到固态时间较长；以及聚烯烃类塑料的透气率较高等，都会促使发泡气体逃逸机会增大。克服这种缺点的最有效的方法是使聚烯烃分子交联成部分网状结构以提高树脂的熔融黏度和使黏度随温度的升高而缓慢降低，从而调整熔融物黏弹性以适应发泡的要求，其情况如图 10.7 所示。

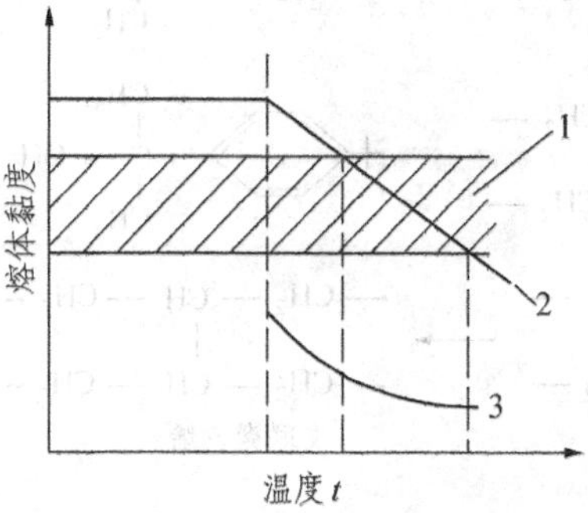

图 10.7　聚乙烯温度与熔体黏度的关系

1—最宜发泡的熔体黏度区；2—交联聚乙烯；3—无交联聚乙烯；4—熔点

1）聚烯烃的交联

聚合物交联有辐射交联和化学交联两种方法。辐射交联由于设备投资大，主要用于制造收缩薄膜、薄的发泡制品和细颈电缆等。化学交联价廉和方便，工业上广泛采用。聚烯烃分子的化学交联通常是由加入的交联剂和助交联剂通过化学作用而取得的。

交联剂的化学结构式为 ROOH 或 ROOR'。由于分子中的–O–O–键的键能小，在热和光的作用下容易分解生成游离基，从而引发交联反应。

交联剂的选择依赖于交联剂的特征值，包括活性氧含量（交联剂分解时产生的游离基数量）、半衰期（当交联剂在一定温度下加热分解时，其浓度降至原来的一半所需的时间称为半衰期）和活化能（要使交联剂分解产生游离基，必须给以分子活化所需要的能量）。

助交联剂是为防止聚合物游离基的断裂、提高交联效果、改善交联聚合物的物理性能和操作性能而加入的一类物质。助交联剂都是多官能团的物质。

常用的交联剂有过氧化二异丙苯（DCP）、过氧化二特丁烷、过氧化二苯甲酰等。常用的助交联剂有甲基丙烯酸甲酯、甲基丙烯酸乙二醇酯、马来酰亚胺、顺丁烯酸酐等。交联剂和助交联剂的特征值可以参阅相关手册。

2）交联原理

化学交联的反应机理有离子型和自由基型两大类。用上述交联剂聚烯烃交联都属于自由基型。

聚乙烯在有机过氧化物（常用过氧化二异丙苯）存在下进行交联时，过氧化物首先分解为化学活性很高的自由基。随之这些自由基就夺取聚乙烯分子中的氢原子，而使聚乙烯主链上某些碳原子产生活性，而后两个大分子自由基相互结合而产生 C–C 交联键，其反应表示如下：

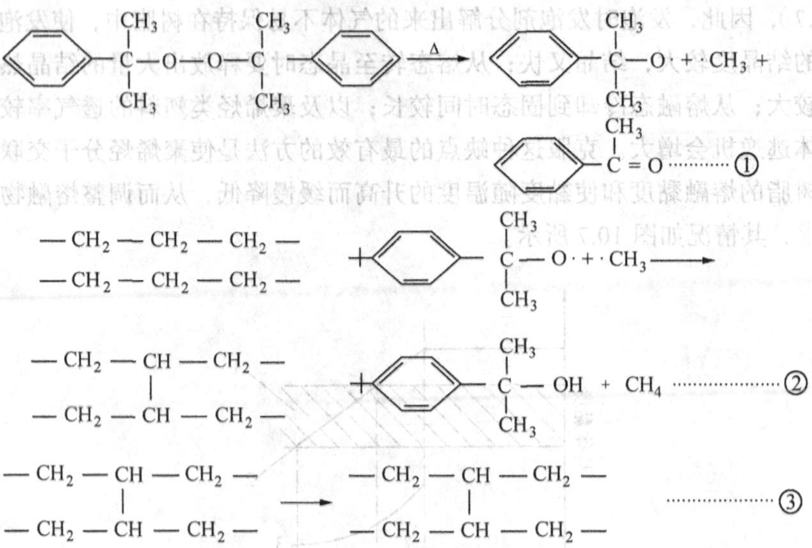

交联聚乙烯

由于聚丙烯主链旁附有甲基，所以它较难发生交联作用。其次，交联时所产生的聚丙烯大分子自由基很不稳定，容易发生 β-裂解而使聚丙烯降解，所以不能采用过氧化物进行单纯的化学交联。通常它的交联是以叠氮化合物作为交联剂，或并用过氧化物与助交联剂的情况下进行的。聚丙烯的交联与裂解机理如下：

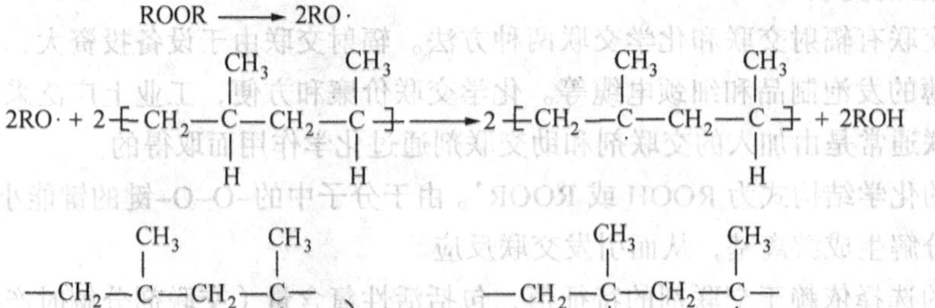

3）交联效率和交联度

同一种有机过氧化物对不同聚合物的交联能力不同，一般用交联效率来表示，即同一基准数量的有机过氧化物对不同品种聚烯烃作用时所产生交联物的数量比。通常情况下，如果在加入过氧化物的同时加入适量的助交联剂即可以提高过氧化物的交联效率。如欲改善聚合物的某些性能，例如硬度、压缩变形率时，加入量还可更多一些。

交联度是定量的过氧化物使定量的聚合物产生的交联物对原聚合物的质量比值。交联物是不溶性的，所以可以用交联后聚合物在沸腾二甲苯或甲苯中的不溶解物百分率表示，这一百分率也称凝胶百分率。实验得知，用凝胶百分率在30%~80%之间的低、高密度聚乙烯树脂可得到均匀稳定的发泡体。低于 30%时，气泡易破裂，膨胀比难于上升；超过 80%时发泡困难，且气泡不均匀。增加过氧化物用量，可提高聚合物的交联度。但是，过氧化物超过最适宜用量后，交联度增加并不明显。如欲提高交联度，应采用助交联剂与过氧化物并用体系，此时还可适当降低过氧化物的用量。

在交联发泡配方中为提高防老作用常需加入防老剂，这对过氧化物交联活性有抑制作用，因为大多数防老剂都是还原剂。其中以胺类抗氧剂的抑制作用较大，酚类次之，故一般用量都不应超过 0.5 份。

4）交联时间

交联时间是指在聚合物中的过氧化物耗尽所需的时间。一般取预定交联温度下过氧化物半衰期的 10~12 倍的时间。

5）聚烯烃泡沫塑料的模压法生产

采用化学发泡生产聚烯烃泡沫塑料制品多采用模压法，具体实施又分一步法和二步法两种。生产密度高的采用一步法，低密度的采用二步法。现以低密度聚乙烯制品生产为例说明。

模压发泡一步法的简单生产流程如下：

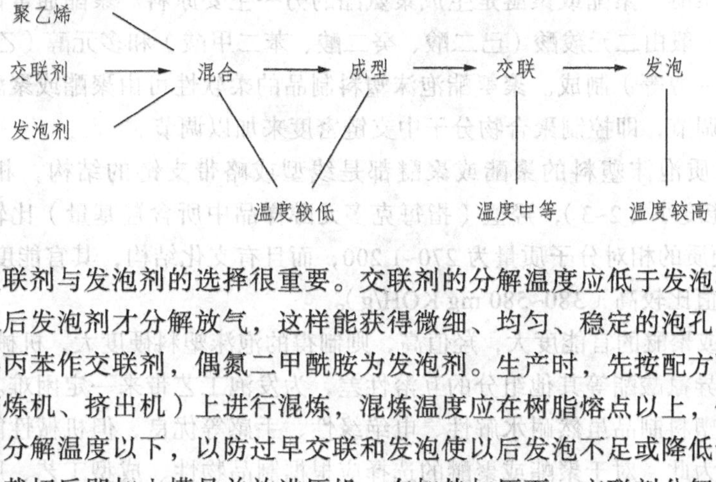

生产中对交联剂与发泡剂的选择很重要。交联剂的分解温度应低于发泡剂的分解温度，要使交联形成之后发泡剂才分解放气，这样能获得微细、均匀、稳定的泡孔。低密度聚乙烯常用过氧化二异丙苯作交联剂，偶氮二甲酰胺为发泡剂。生产时，先按配方配齐原料，而后在开炼机（或密炼机、挤出机）上进行混炼，混炼温度应在树脂熔点以上，但却必须保持在交联剂和发泡剂分解温度以下，以防过早交联和发泡使以后发泡不足或降低制品质量。经过充分混炼的料片裁切后即加入模具并放进压机，在加热加压下，交联剂分解使树脂交联，随之再进一步提高温度使发泡剂分解而发泡。一般控制压力为 5~21 MPa。发泡剂分解完毕后，卸压使热的熔融物料膨胀弹出而完成发泡。

这种快速膨胀发泡易使制品形成细泡孔，但发泡倍率不高，发泡剂分解出来的气体压力与熔料黏度之间难于达到平衡。因此，生产高发泡体都用二步法，即当交联完毕和发泡剂部分分解时，也就是物料部分发泡时，即将泡沫物冷却脱模。随后再将泡沫物进行二次加热使其在常压下继续发泡。

3. 聚氨酯泡沫塑料成型

聚氨酯泡沫塑料是由含有羟基的聚醚或聚酯树脂、异氰酸酯、水以及其他助剂共同反应生成的。

聚氨酯泡沫塑料是利用聚合物生成反应中副产物的发泡法，自过程开始以至终结都伴有化学反应，而且不是一种反应。制造时按所用原料不同可以分为聚醚型和聚酯型聚氨酯泡沫塑料；按制品的性能不同，可以分为软质、半硬质和硬质泡沫塑料；而按生产时反应控制的步序不同又可分为一步法和二步法（又称预聚体法）。

1）聚氨酯泡沫塑料的原料

原料的品种很多，但可以归为以下几种类型。

（1）二异氰酸酯类。二异氰酸酯类是生成聚氨酯的主要原料，采用最多的是甲苯二异氰酸酯（TDI）。甲苯二异氰酸酯有 2、4 和 2、6 两种同分异构体，前者活性大，后者活性小，故常用此两种异构体的混合物。两种异构体的用量比工业上常称为异构比。一般异构比为 80/20。异构比越高，化学反应越快，趋于形成闭孔泡沫结构；异构比越低则趋于形成开孔结构。

粗制甲苯二异氰酸酯约含 85%TDI，它主要用于一步法制作聚醚型硬质聚氨酯泡沫塑料。它与精制 TDI 相比成本低，活性小一些，更适用于硬质泡沫塑料。除甲苯二异氰酸酯外，还可用二苯基甲烷二异氰酸酯（MDI）、多苯基多次甲基多异氰酸酯（粗 MDI）等制造硬质聚氨酯泡沫塑料。由于 MDI 无毒，阻燃性比 TDI 高，模塑熟化快，对模具温度要求低等优点，20 世纪 80 年代后，MDI 泡沫逐渐替代 TDI 泡沫，世界 MDI 的总产量已超过 TDI。

（2）聚酯或聚醚。聚酯或聚醚是生成聚氨酯的另一主要原料。聚酯通常都是分子末端带有醇基的树脂，一般由二元羧酸（己二酸、癸二酸、苯二甲酸）和多元醇（乙二醇、丙三醇、季戊四醇、山梨糖醇等）制成。聚氨酯泡沫塑料制品的柔软性可由聚酯或聚醚的官能团数和相对分子质量来调节，即控制聚合物分子中支链密度来加以调节。

用于制造软质泡沫塑料的聚酯或聚醚都是线型或略带支链的结构，相对分子质量为 2000~4000；官能度小（2~3），羟值（指每克多元醇样品中所含羟基量）比较低（40~60 mg KOH/g）；制造硬质的相对分子质量为 270~1 200，而且有支化结构，其官能度大（指醇基），在 3~8 之间，羟值比较高（380~580 mg KOH/g）。

通常，聚酯或聚醚的官能度大，羟值高，则制得的泡沫塑料硬度大，机械物理性能较好，耐温性佳。但与异氰酸酯等其他组分的互溶性差，为发泡工艺带来一定困难。聚醚与聚酯相比，所制得泡沫塑料制品虽然耐水解性、电绝缘性、手感等优良，但机械性能、耐温性、耐油性略为逊色。为此，对于聚酯或聚醚的选择应根据制品物性、成型工艺、原料来源等因素全面考虑，合理取舍。

（3）催化剂。根据泡沫塑料的生产要求，必须使发泡反应完成时泡沫网络的强度足以使气泡稳定地包裹在内，这可由催化剂来调整。聚氨酯生产中最主要的催化剂是叔胺类化合物（三乙胺，三乙撑二胺，Ⅳ、Ⅳ'—二甲基苯胺等）和有机锡化合物（二月桂酸二丁基锡等）。叔胺类化合物对异氰酸酯与醇基和异氰酸酯与水的两种化学反应都有催化能力，而有机锡化合物对异氰酸酯与醇基的反应特别有效。因此目前常将两类催化剂混合使用，以达到协同效果。

（4）发泡剂。聚氨酯泡沫塑料的发泡剂是异氰酸酯与水作用生成的二氧化碳。由于这种作用能使聚合物常带有聚脲结构，以致泡沫塑料发脆。其次生成二氧化碳的反应还会放出大量反应热，使气泡因温度升高所增加的内压而发生破裂。用二氧化碳发泡会过多地消耗昂贵的异氰酸酯。因此，在硬质泡沫塑料中常采用三氯氟甲烷等氯氟烃类化合物作为发泡剂。由于氯氟烃在聚合物形成过程中吸收热量变为气体，从而使聚合物发泡。为了减少异氰酸酯的用量，在软质泡沫塑料中也可适当掺用。但是，由于氯氟烃（CFC）的生产与使用导致大气臭氧层的破坏，对人类生态平衡产生不利影响，1987 年蒙特利尔协议决定对氯氟烃分期削减其生产和使用。面对这一挑战，世界各国正在积极研究开发氯氟烃发泡剂的替代物和替代技术。

（5）表面活化剂。为了降低发泡液体的表面张力使成泡容易和泡沫均匀，又使水（产生二氧化碳的）能与聚酯或聚醚均匀混合，常须在原料中加入少量的表面活化剂。常用的有水溶性硅油（聚氧烯烃与聚硅氧烷共聚而成）、磺化脂肪醇、磺化脂肪酸以及其他非离子型表面活性剂等。

（6）其他助剂。为了提高聚氨酯泡沫塑料的质量常需要加入某些特殊的助剂。例如，为了提高制品的耐温性及抗氧性而加入防光剂 264（2，6-二叔丁基对甲酚）；为了提高自熄性而加入含卤含磷有机衍生物，含磷聚醚及无机的溴化铵等；为了提高机械强度而加入铝粉；为了提高柔软性而加入增塑剂；为了降低收缩率而加入粉状无机填料；为了增加美观色泽而加入各种颜料等。

2）成型过程中的主要化学反应

聚氨酯泡沫塑料在形成过程中，始终伴有复杂的化学反应，但是主要可以归为 6 种。

（1）链增长反应。指异氰酸酯与聚醚或聚酯生成聚氨酯的反应，即异氰酸酯与醇基间的反应。

$$\cdots\cdots NCO + OH \cdots\cdots \longrightarrow \cdots\cdots \overset{H}{\underset{}{N}}-\overset{O}{\underset{}{C}}-O\cdots\cdots$$
（氨基甲酸酯）

（2）放气反应。指异氰酸酯与水作用放出二氧化碳的反应。

$$\cdots\cdots NCO + HOH \longrightarrow [\cdots\cdots \overset{H}{\underset{}{N}}-\overset{OH}{\underset{}{C}}=O] \longrightarrow \cdots\cdots \overset{H}{\underset{}{N}}-H + CO_2\uparrow\cdots\cdots$$
氨基甲酸　　　　　　　　　　　胺

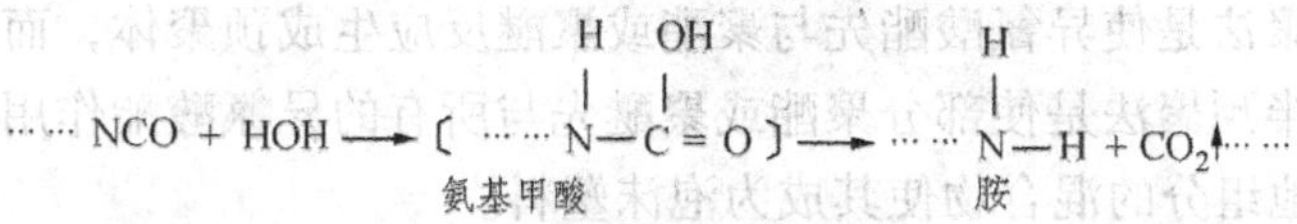

（3）胺基与异氰酸酯的反应。这是反应（2）生成的胺又与异氰酸酯作用形成脲的衍生物反应。

$$\cdots\cdots NH_2 + OCN \cdots\cdots \longrightarrow \cdots\cdots \overset{H}{\underset{}{N}}-\overset{O}{\underset{}{C}}-\overset{H}{\underset{}{N}}\cdots\cdots$$
（脲衍生物）

如果聚合物中出现多个脲结构即称为聚脲。

（4）交联和支化反应。指氨基甲酸酯基中氮原子上的氢与异氰酸酯反应。这一反应可使线型聚合物形成支化和交联的结构。反应式如下：

$$\cdots\cdots O-\overset{O}{\underset{}{C}}-\overset{H}{\underset{}{N}}\cdots + OCN\cdots\cdots \longrightarrow \cdots\cdots O-\overset{O}{\underset{}{C}}-\underset{\underset{\underset{H}{|}}{\underset{N-\cdots\cdots}{|}}}{\overset{\underset{\underset{O=C}{|}}{|}}{N}}\cdots\cdots$$

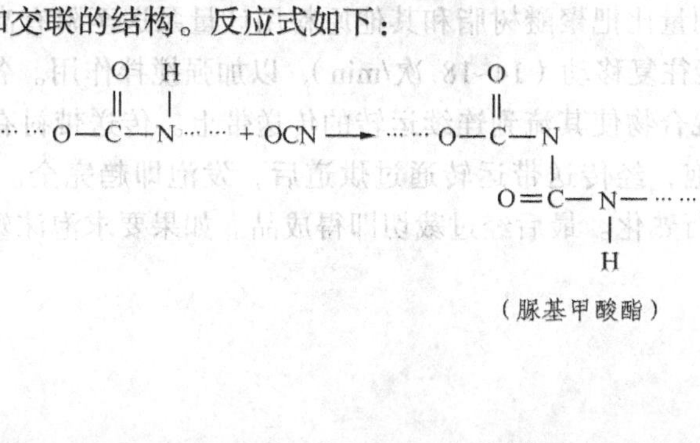

（脲基甲酸酯）

（5）缩二脲的形成反应。缩二脲是由脲衍生物[见反应（3）]与异氰酸酯反应生成的。通过这一反应，也能使线型分子转为支化和交联结构。

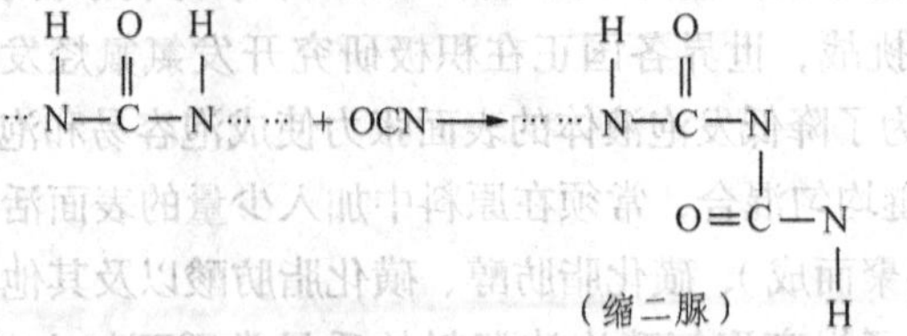

（缩二脲）

（6）羧基（聚酯带有羧基）与异氰酸酯反应。如果用的原料聚酯中带有羧基，则它与异氰酸酯将会发生反应而生成二氧化碳。

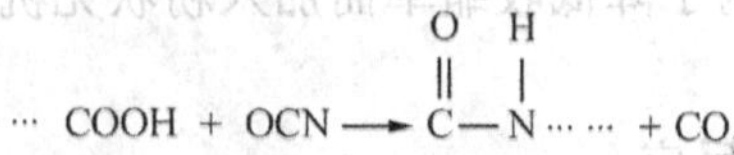

上述6种化学反应，在制造泡沫塑料时，同时起到聚合与发泡两种作用，必须平衡进行。如聚合作用过快，发泡时聚合物的黏度太大，不易获得泡孔均匀和密度低的泡沫塑料。反之，聚合作用慢，发泡快，则气泡会大量逸失，亦难获得低密度的泡沫体。发泡反应过程中脲链和脲基甲酸酯的相对含量，决定聚氨酯泡沫塑料的软硬程度。生产中的控制方法是：①选用适当浓度和品种的催化剂；②错开反应的次序，即采用二步法等。

3）发泡成型工艺

聚氨酯泡沫塑料的发泡方法有一步法和二步法（预聚法）两种。一步法是把所有的原料（聚醚或聚酯、异氰酸酯、水和催化剂等）混在一起而形成泡沫塑料。二步法又分为预聚法和半预聚法两种：预聚法是使异氰酸酯先与聚酯或聚醚反应生成预聚体，而后再加入其他组分而生成泡沫塑料；半预聚法是使部分聚酯或聚醚先与所有的异氰酸酯作用，而后再加入剩余的聚酯或聚醚与其他组分的混合物使其成为泡沫塑料。

（1）一步法。一步法发泡工艺是目前普遍采用的，主要是将聚醚（或聚酯）、二异氰酸酯、水、催化剂、泡沫稳定剂及其他添加剂等原料一步加入，在高速搅拌下混合后进行发泡。由于使用有机锡等高效催化剂，反应速率较快，放热时温度较高，不需要在发泡后再加热熟化，并采用有机硅泡沫稳定剂，因而即使在聚醚等物料黏度较低的情况下也能得到泡孔较为均匀的泡沫制品。另外，还具有工艺简单、设备投资少等优点。由于物料黏度较小，对制造低密度和模塑成型制品尤为有利。图10.8为一步法（间歇操作）的发泡工艺流程图。

在一步法发泡工艺中聚酯和聚醚两种发泡体系基本相同，只是具体配方有所不同，表10.8为聚醚型软质聚氨酯泡沫塑料的配方示例。

生产时，按配方用量比把聚醚树脂和其他原料用计量泵送至附有高速搅拌器的发泡机混合器内。混合器整体能往复移动（14~18 次/min），以加强搅拌作用。各组分均匀混合后，从混合器底部不断排出混合物使其流到连续运转的传送带上。传送带衬有纸张。此时，混合物就在传送带上开始发泡，经传送带运转通过烘道后，发泡即趋完全。剥去纸张，在室温或70~100°C 的温度下进行熟化。最后经过裁切即得成品。如果要求泡沫塑料是开孔型的，则还需要通过辊压。

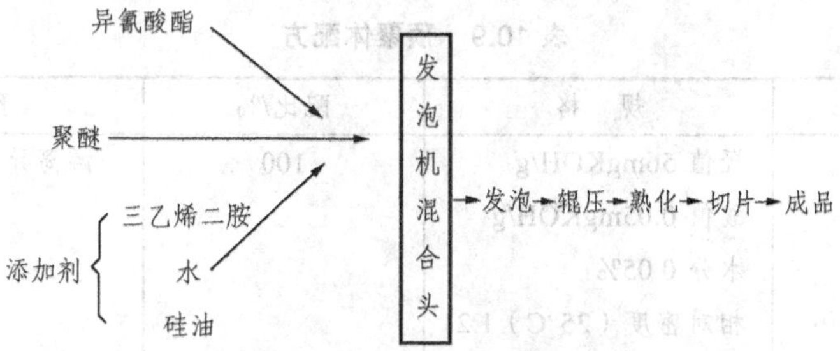

图 10.8　聚氨酯泡沫塑料生产工艺（一步法）流程

表 10.8　聚醚型软质氨酯泡沫塑料配方

组　分	规　格	配比/%	泡沫性能
聚醚树脂	羟值 54~57	100	密度≤0.03~0.039 g/cm^3
	酸值 0.06		
甲苯二异氰酸酯	水分≤0.1%	35~40	拉伸强度≥0.1MPa
	纯度 98%		
	异构比 65/35 或 80/20		
三乙烯二胺	纯度 98%	0.15~0.20	伸长率≥200%
水溶性硅油	密度（20°C，g/cm^3）1.03	1	压缩强度 25%≥0.003 Mpa
二月桂酸二丁基锡	含锡量 17%~19%	0.05~0.1	回弹率≥35%
			导热系数≤0.041W/（m·K）
蒸馏水		2.5~3.0	压缩变形≤10%
			成穴强度 60%≥300 N

（2）二步法（连续操作）。二步法是先把聚醚树脂与适量的异氰酸酯放入有搅拌器的反应釜中加热搅拌，生成含有一定游离异氰酸酯的预聚体，然后把预聚体放入贮槽，再用计量泵送至发泡机混合器中。其他组分则从另一槽用计量泵同时送入混合器中。经过剧烈搅拌（4 000~6 000 r/min）混合后，即可由混合器内排出使其发泡成为制品。采用的工艺流程和配方分别见图 10.9 及表 10.9 和表 10.10。

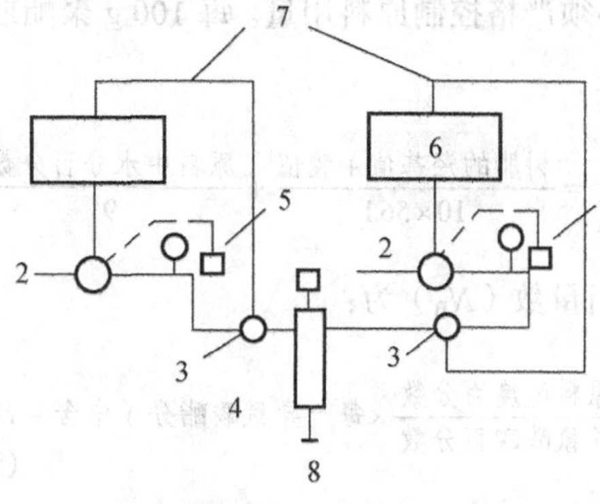

图 10.9　软质聚氨酯泡沫塑料生产流程（二步法）

1—预聚体贮槽；2—计量泵；3—三通阀；4—混合器 5—压力调整器；
6—其他组分贮槽；7—回流管线；8—混合料出口

表 10.9 预聚体配方

组 分	规 格	配比/%	预聚体性能
聚醚树脂	羟值 56mgKOH/g 酸值 0.05mgKOH/g 水分 0.05% 相对密度（25°C）1.21	100	游离异氰基为 9.6%左右
甲苯二异氰酸酯	纯度 98% 异构比 65/35 或 80/20	38~40	
蒸馏水		0.1~0.2	

表 10.10 发泡混合料配方

组 分	规 格	配比/%	泡沫性能
预聚体	游离异氰基 9.6%	100	密度≤0.03~0.036 g/cm^3
三乙烯二胺	纯度 98%	0.4~0.45	拉伸强度≥0.106MPa 伸长率≥225%
二月桂酸二丁基锡	含锡量 17%~19%	1	压缩强度 50%≥0.003MPa 回弹率≥35%
蒸馏水		2.04	导热系数≤0.039 W/（m·K） 压缩变形≤12%

4）成型过程控制的关键工艺因素

影响制品性能的工艺因素主要有下列 4 种：

（1）原料用量比。生产聚氨酯泡沫塑料的主要原料是聚酯或聚醚树脂、水和异氰酸酯，三者之间的用量应满足以下关系：

（水的当量数）+（聚酯或聚醚树脂当量数）=（异氰酸酯的当量数）

实践证明，异氰酸酯的用量最好为理论值的 1.0~1.05 倍。过多时会使泡沫硬脆，过少时泡沫容易发生老化。因此，必须严格控制原料用量。每 100 g 聚酯或聚醚树脂的克当量数（N_A）为：

$$N_A=\frac{\text{树脂的羟基值}+\text{酸值}}{10\times 56.1}+\frac{\text{原料中水分百分数}}{9}$$

每 100 g 异氰酸酯的克当量数（N_B）为：

$$N_B=\frac{\text{原料纯度百分数}}{\text{异氰酸酸百分数}}\times\text{每一异氰酸酯分子中含}-\text{NCO数}$$

（游离异氰基）

每 100 g 水的克当量数（N_A）为 100/9=11.1。

聚氨酯泡沫塑料的密度取决于配方中的发泡剂用量（份水/100 份聚醚多元醇）称为发泡指数。当 1 份水/100 份聚醚多元醇时，其发泡指数为 1。在聚氨酯泡沫塑料中，一般是用水作发泡剂，也可加入三氯氟甲烷和二氯甲烷等作辅助发泡剂。关于水与三氯氟甲烷和二氯甲烷的发泡效率按以下经验公式计算：

1 份水（发泡效率）=10 份三氯氟甲烷=9 份二氯甲烷

因此，发泡指数表示为：

$$发泡指数=\frac{三氯氟甲烷份数}{10}+水份数+\frac{二氯甲烷份数}{9}$$

配方中用水量与泡沫密度之间的关系如图 10.10 所示。

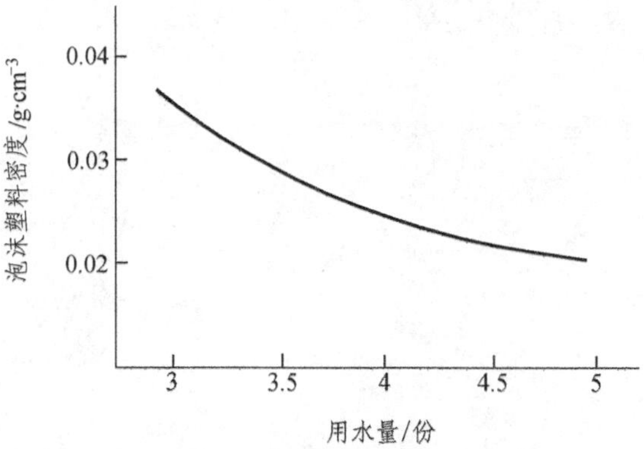

图 10.10 配方中水用量与泡沫密度的关系

由图可见，泡沫密度随发泡剂（水）的增加而降低。泡沫体的密度对其物理机械性能有对应的关系。综合适用性能优良的最佳泡沫配方可确定密度范围，从而指导生产，降低原材料消耗，提高经济效益。

（2）温度。聚氨酯泡沫塑料制造过程中的化学反应类型较多，温度稍有波动，各种反应之间的比率即会失调，直接影响反应速度及发泡质量。因此，为了保证制品质量必须严格控制温度。

（3）搅拌速率和时间。这对泡沫塑料的结构有重要影响。当泡沫塑料的气孔大小有一定要求时，搅拌速率和时间往往都有一固定范围。搅拌速度和搅拌时间反映混合时加入能量的大小，加入能量过低，泡孔粗糙；加入能量过高，泡沫又会开裂。

（4）熟化。聚氨酯泡沫的最后熟化是指随着聚合物分子量的增加和剩余异氰酸酯基的消失而达到最终机械性能的过程。高温熟化有良好的效果，可提高胺类化合物与异氰酸酯的反应速度常数，加速异氰酸酯的消失及多余催化剂的挥发，熟化温度一般控制在 45~600°C。

复习思考题

一、名词解释

1. 泡沫塑料；2. 物理发泡；3. 交联效率

二、填空题

1. 制造泡沫塑料的主要发泡方法有______、_______和______。

三、简答题

1. 泡沫塑料有哪些分类?
2. 形成稳定泡沫物的条件有哪些?通常采用什么手段促进泡沫物的形成?
3. 物理发泡和化学发泡法有哪些类型?各举一例说明其发泡过程。
4. 理想化学发泡剂应满足哪些要求?
5. 发泡剂的特征参数有哪些?
6. 说明聚烯烃交联泡沫塑料的成型工艺过程。
7. 聚氨酯泡沫塑料成型过程控制的关键工艺因素有哪些?

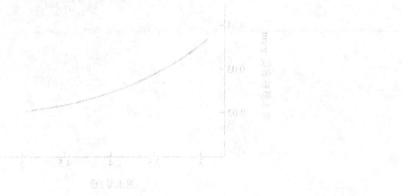

第 11 章　热成型

本章要点

知识要点

✧ 热成型的概念、特点及应用
✧ 热成型的工艺方法及其成型原理
✧ 热成型设备
✧ 热成型工艺过程及关键工艺因素控制

掌握程度

✧ 了解热成型的概念、特点及应用
✧ 了解热成型的工艺方法
✧ 理解热成型的原理
✧ 了解热成型设备的构成
✧ 掌握热成型工艺过程及关键工艺因素控制

背景知识

✧ 高分子材料的结构与性能的关系、高分子材料成型加工原理、高分子加工流变特性、高分子成型设备及模具

11.1　概　述

热成型是利用热塑性塑料的片材作为原料来制造塑料制品的一种方法。成型时，先将裁成一定尺寸和形样的片材夹在框架上并将它加热到热弹态，然后对其施压使其贴近模具的型面而取得与型面相仿的形样。成型后的片材冷却后即可从模具中取出，经适当的修整，即成为制品。施加的压力主要是靠片材两面的气压差，但也可借助于机械压力或液压力。

热成型所用片材的厚度一般只有 1~3 mm，故热成型制品的特点是壁薄，表面积可以很大。热成型制品都是属于半壳形（内凹外凸）的，其深度有一定限制。常见的制品有杯、碟和其他日用器皿、医用器皿、电子仪表附件、收音机与电视机外壳、广告牌、浴缸、玩具、帽盔、包装用具等直至汽车部件、建筑构件、化工设备、雷达罩和飞机舱罩等。各种制品对塑料品种的选择依赖于制品用途对性能的要求。当然，塑料品种只能以可以用热成型加工的为限。

目前工业上常用于热成型的塑料品种有：各种类型的 PS、PMMA、PVC 以及 ABS，HDPE，PP，PA，PC 和 PET 等。作为原料的片材用浇铸、压延或挤出方法制造。

热成型常具有生产率高、设备投资少和能够制造面积较大的制品等优点，而缺点则在于采用的原料（片材）成本高和制品的后加工多。

11.2 热成型方法及工艺过程

热成型方法有很多，但其基本工艺过程相似，包括板材准备、夹持、加热加压、冷却定型及修整等工序，如图 11.1 所示。

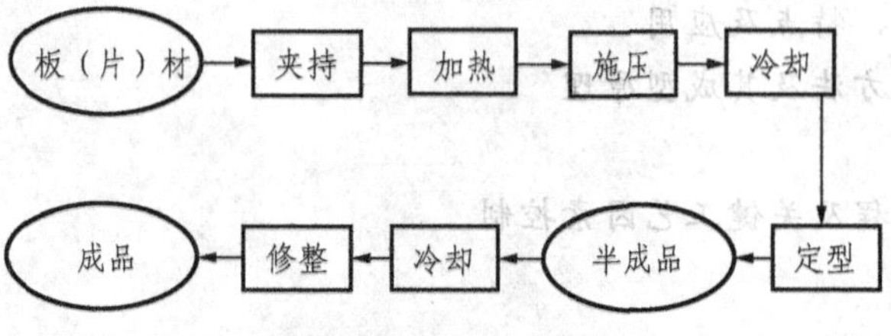

图 11.1 热成型工艺过程图

11.2.1 差压成型

先用夹持框将片材夹紧在模具上并用加热器进行加热，当片材已被热至足够的温度时，移开加热器且采用适当措施使片材两面产生压差（见图 11.2 与图 11.3），这样，片材就会向下弯垂，而与模具表面贴合。随之在充分冷却后，用压缩空气自模具底部通过通气孔将成型的片材吹出，经修整后即成为制品。

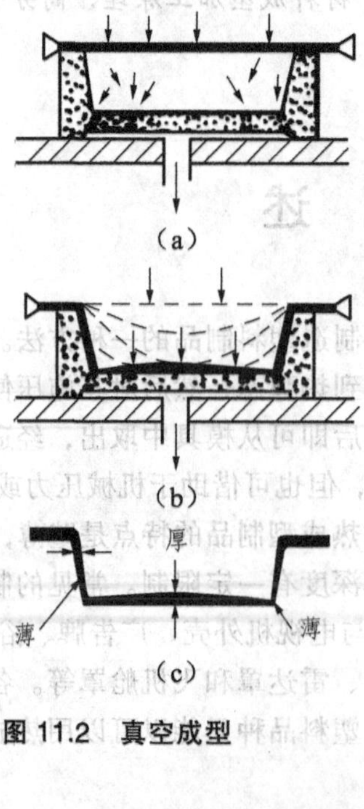

图 11.2 真空成型

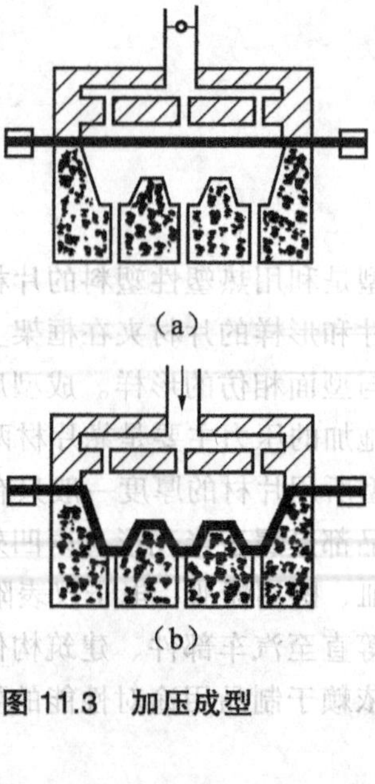

图 11.3 加压成型

使片材两面产生差压的措施，可从模具底部抽空，从片材顶部通入压缩空气，或两者兼用。前者常称为真空成型，而后两种则称为加压成型。单纯抽空所能造成的最大压差，工业上通常为 0.07~0.09 MPa。如果这种压差不能满足成型要求，应改用压缩空气加压。压缩空气的压力一般不大于 0.35 MPa。压差大小取决于模具和设备的坚实程度。与真空成型相比，加压成型不仅可用于较厚的片材生产较大的制品，而且可以采用较低的成型温度，同时还具有生产周期较短的优点。

差压成型是热成型中最简单的一种，所制成品的主要特点是：①结构比较鲜明，精细的部位是与模面贴合的一面，光洁程度较高。②成型时，凡片材与模面在贴合时间上越后的部位，其厚度越小，厚度分布如图 11.2（c）所示。

用于差压成型的模具都是单个阴模，但也可以完全不用模具。不用模具时，片材就夹持在抽空柜（真空成型时用）或具有通气孔的平板上（加压成型时用），其情况分别如图 11.4 和图 11.5 所示。成型时，抽空或加压只进行到一定程度即可停止，由直观或光电管控制。由这种方法（通常称自由成型）生产的制品形状都呈半球状的罩形体，其表面十分光滑且不带任何瑕疵。如果所用塑料是透明的，其光学性能几乎可以不发生变化，故常用为制造飞机部件、仪器罩和天窗等。

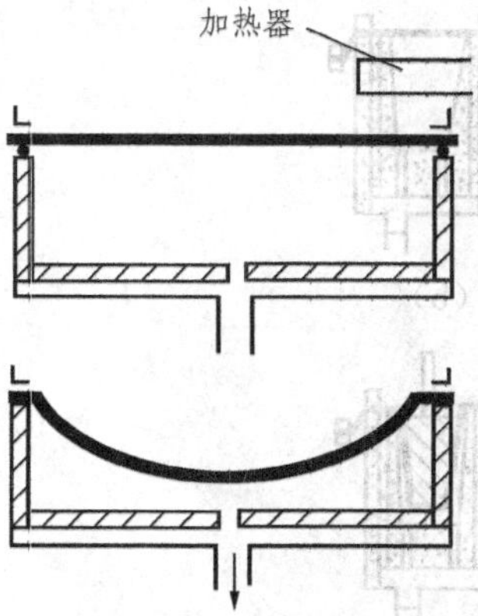

图 11.4　不用模型的真空成型

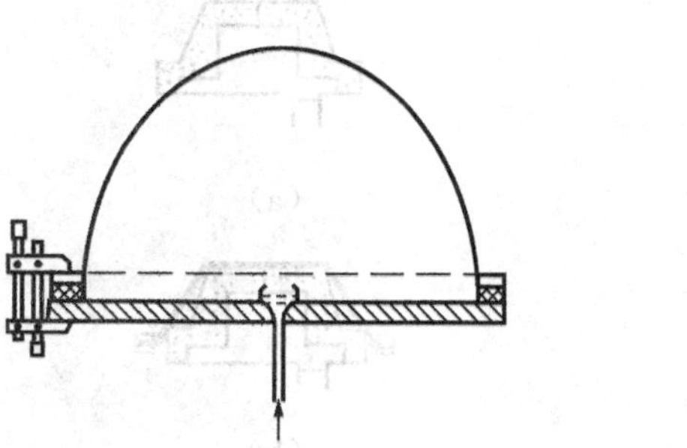

图 11.5　不用模型的加压成型

11.2.2　覆盖成型

这种成型对制造壁厚和深度均大的制品比较有利。采用的模具以单个阳模为限。成型时，可用液压系统的推力将阳模顶入由框架夹持且已热就的片材中（见图 11.6），也可用适当的机械力移动框架将片材扣覆在模具上。当片材、框架和模具已完全扣紧时，即在模底抽气使片材与模面完全贴合。经过冷却、脱模和修整后即可取得制品。制品的质量依赖于模具温度、覆盖速度和抽气速率等。

覆盖成型制品的主要特点是：①和差压成型一样，与模面贴合的一面表面质量较高，结构上也较鲜明、细致。②壁厚的最大部位在模具的顶部，而最薄的部位则在模具侧面与底面的交界区，如图 11.6（d）所示。③制品侧面常会出现牵伸和冷却的条纹。造成条纹的原因在于片材各部分贴合模面的时间有先后之分。先与模面接触的部分先被模具冷却，而在后继的扣覆过程中，其牵伸行为较未冷却的部分弱。这种条纹通常在接近模面顶部的侧面处最多。

11.2.3 柱塞助压成型

这种成型常分为柱塞助压真空成型和柱塞助压气压成型两种，分别如图 11.7 和 11.8 所示。成型时，与差压成型一样，先用夹持框将片材紧夹在阴模上，用加热器将片材热至足够的温度。随后，在封闭模底气门的情况下，将柱塞压入模内。当柱塞向模内伸进时，由于片材下部的反压使片材包住柱塞而不与模面接触。柱塞压入程度以不使片材触及模底为度。在柱塞停止下降的同时，柱塞助压真空成型即从模具底部抽气使片材与模面完全贴合；而在柱塞助压气压成型时，柱塞模板则与模口紧密相扣，并从柱塞边通进压缩空气使片材与模面完全贴合。当片材已经成型时两种方法都将柱塞提升到原来的部位。成型的片材，经冷却、脱模和修整后，即成为制品。制品的质量在很大程度上取决于柱塞和片材的温度以及柱塞下降的速度。柱塞下降的速度在条件允许的情况下，越快越好。

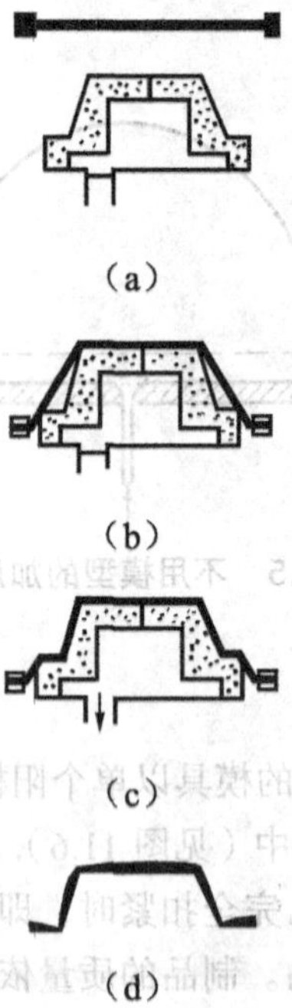

图 11.6 覆盖成型

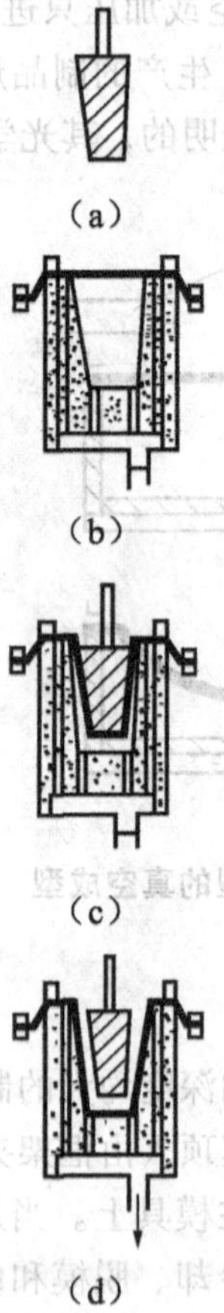

图 11.7 柱塞助压真空成型

在柱塞助压真空成型中，当柱塞压入模内时，由于片材可在模口上滑动，如将框架夹持片材的面积按照模口截面适当放大，则在柱塞下降时能将较多的片材纳入模内，制品各部分的厚度差就比片材不放大时要小些。放大的程度应以模槽深度和制品的具体形状为准，由经验决定，一般以框架夹口至模口的距程不超过模槽深度的 25%为好。模槽越浅的，放大的百分率应越小。不用放大框架夹持片材的面积而用放大的片材和滑动的夹持也可取得上述效果，不过这种措施在制品的厚度控制上不如放大框架的严密。

为使制品厚度更均匀，在柱塞下降前，可先用 0.01~0.02 MPa（或更大）的压缩空气由模底送进使热就的片材上凸为适当的泡状物；而后在控制模腔内气压的情况下将柱塞下降，当柱塞将受热片材引伸到接近阴模底部时，停止下降，模底抽气，使片材与模面完全贴合，完成成型。这种成型方法如图 11.9 所示，通常称为气胀柱塞助压真空成型。如果不用模底抽气而将压缩空气由柱塞端引入使片材成型的方法则称为气胀柱塞助压气压成型。借调节片材的温度，泡状物的高低，助压柱塞的速度和温度，压缩空气的施加与排除以及真空度的大小，即能精确控制制品断面的厚度，并使片材能均匀引伸。由此法所得制品的壁厚可小至原片厚度的 25%，重复性好，通常不会损伤原片的物理性能，但应力有单向性，所以制品对平行于拉伸方向的破裂是敏感的。

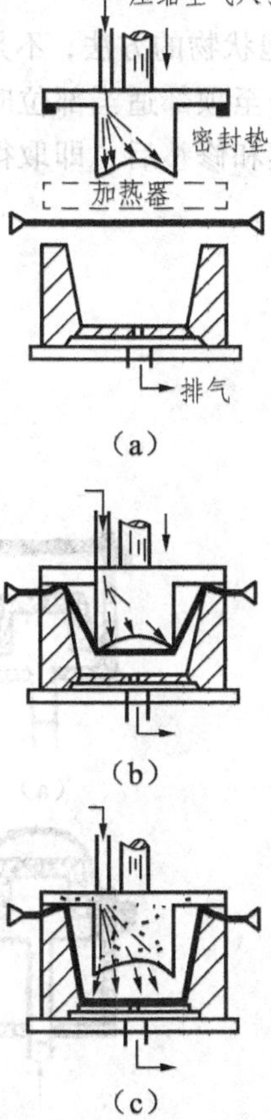

图 11.8　柱塞助压气压成型

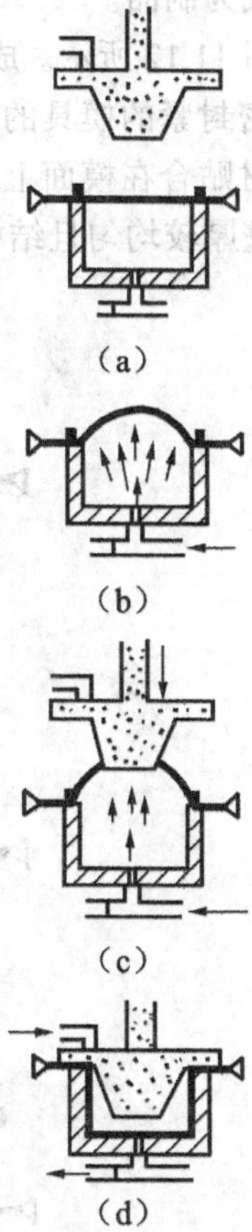

图 11.9　气胀柱塞助压真空成型

柱塞助压成型采用的柱塞体积为模腔体积的 70%~90%，其表面通常应力求光滑，一般在结构上不附有精细的部分。

柱塞助压成型制品的主要特点除厚度较均匀外，其他与差压成型极为相似。

11.2.4　回吸成型

常用的有真空回吸成型、气胀真空回吸成型和推气真空回吸成型等。

真空回吸成型如图 11.10 所示。用这种方法成型时，其最初几步，如片材的夹持、加热和真空吸进等都与真空成型相同。当热过的片材已被吸进模内而达到预定深度时（用光电管控制）将模具从上部向已经弯曲的片材中伸进，直至模具边沿完全将片材封死在抽空区上为止。而后，打开抽空区底部的气门并从模具顶部进行抽空。这样，片材被回吸而与模面贴合，经冷却、脱模和修整后，即成为制品。

气胀真空回吸成型如图 11.11 所示。这种技术使片材弯曲的方法不是用抽空而是靠压缩空气。压缩空气从箱底引入，使热过的片材上凸为泡状物，达规定高度后，用柱模将上凸的片状物逐渐压入压箱内。在柱模向压箱伸进的过程中，压箱内应维持适当气压，利用片材下部气压的反压使片材紧紧包住柱模。当柱模伸至箱内适当部位使模具边缘完全将片材封死在抽空区时，打开柱模顶部的抽空气门进行抽空，这样，片材就被回吸而与模面贴合，完成成型。经冷却、脱模和修整后即成为制品。

推气真空回吸成型如图 11.12 所示。成型时，片材预成泡状物的方法，不是用抽空和气压而是靠边缘与抽空区作气密封紧的模具的上升。当模具已升至顶部适当部位时，停止上升。随之从其底部抽空而使片材贴合在模面上，经过冷却、脱模和修整后，即取得制品。回吸成型法制品的主要特点是，壁厚较均匀且结构上也可较复杂。

图 11.10　真空回吸成型

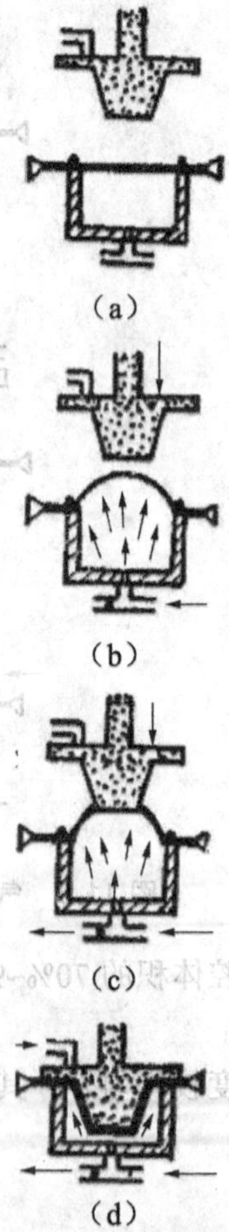

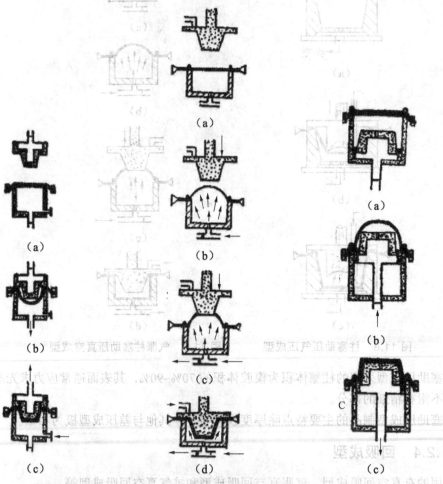

图 11.11　气胀真空回吸成型

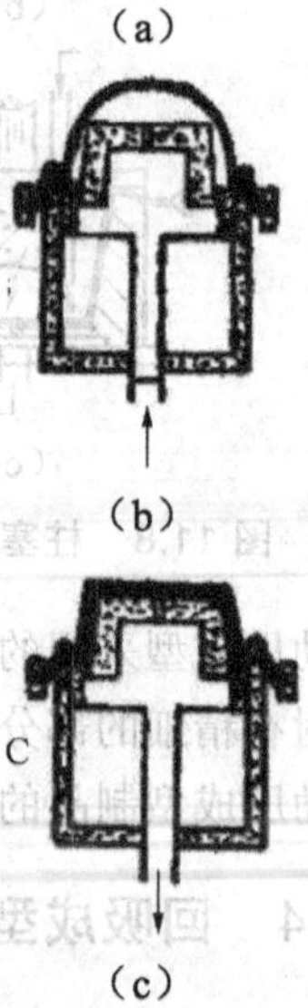

图 11.12　推气真空回吸成型

11.3 热成型的设备

从上述基本方法可知，任何方法所包括的工序共有 5 个：①片材的夹持；②片材的加热；③成型；④冷却；⑤脱模。其中以成型一项较复杂，随方法不同而可能有较大的差别。基于这种原因，目前所设计的设备，除少数情况外，都能完成上列 5 个工序。但按生产的需要，所能成型的类型只是一种或少数几种。

成型设备有手动、半自动和全自动。手动设备的一切操作，如夹持、加热、抽空、冷却、脱模等都由人工调整或完成。半自动设备的各项操作，除夹持和脱模须由人工完成外，其他都是按预先调定的条件和程序由设备自动完成。全自动设备中的一切操作完全由设备自动进行。

成型设备又按供料方式分为分批进料与连续进料两种类型。分批进料式多用为生产大型制件，而采用的原料一般是不易成卷的厚型片材。但分批进料式的设备同样也可以用薄型片材生产小型制件。工业上常用的分批进料设备是三段轮转机。这种设备按装卸、加热和成型的工序分作 3 段。加热器和成型用的模具都是设在固定区段内的，片材则是由 3 个按 120°角度分隔而且可以旋转的夹持框夹持，并在 3 个区段内轮流转动，如图 11.13 所示。由于操作的需要，轮转动作是间歇的。为求生产率的提高或由于某些塑料需要更多的热量，也可以将加热区分为两个，而成为四段轮转机，但采用的还不多。工业上还有一种单段成型机，该种设备，除将加热部分作简单的分立外，其他工序都在同一区段内循序完成。上述各种成型机的夹持框的尺寸通常都可在一定范围内变动，其最大尺寸由设备的大小决定。工业上所用的成型机，其最大尺寸有大至 1.2 m×1.8 m 的。

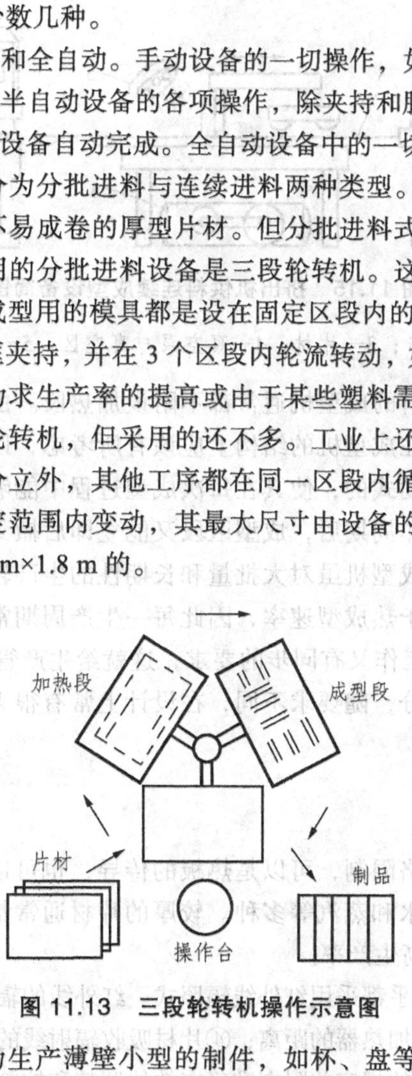

图 11.13 三段轮转机操作示意图

连续进料式的设备多用为生产薄壁小型的制件，如杯、盘等，且都属大批生产性的。这类设备也是多段式的，每段只完成一个工序，如图 11.14 所示。其中供料虽属连续性的，但其运转仍然是间歇的，间歇时间自几秒至十几秒不等。为节省热能和供料方便，也有采用片材挤出机直接供料的，如图 11.15 所示。为缩短工序，方便操作，也有将被包装物纳入多工位连续进料式生产线的。生产时，将被装物料贯入所成型的容器中，盖上塑料薄片，进行热封合，成型包装一起完成。

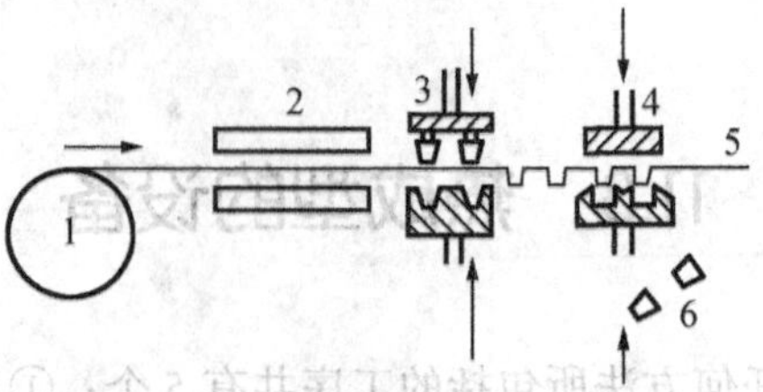

图 11.14 连续进料式的设备流程图

1—片材卷；2—加热器；3—模具；4—切边；5—废片料；6—制品

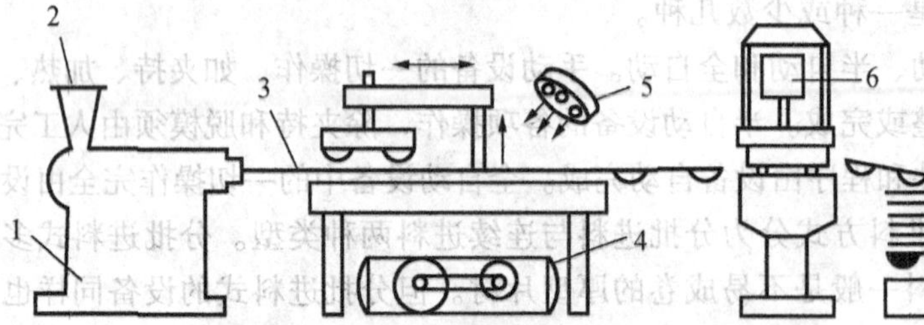

图 11.15 挤出机供料连续成型设备简图

1—挤出机；2—塑料进口；3—片材；4—真空泵与真空区；5—冷却用的风扇；6—冲床

采用片材挤出机直接供料的成型机通常都不附设加热段。由于挤出机的供料是连续的，而成型却是间歇的，因此，在成型机的结构上应该有所考虑，以便克服这种矛盾。多数是将设备中的成型区段设计成移动式的，使其在每次成型过程中能够在一定位置随着挤出的片材向前移动；而当完成一个工作周期后，成型区段又能立即后撤到原来的位置以便进行下一周期的操作。用挤出机供料的成型机虽对大批量和长期性的生产较为有利，但还存在两个主要缺点：①挤出速率一般都快于热成型速率，因此每一生产周期常比其他成型机的长。②生产上的控制因素多，而且各段工作又有同步的要求，这就给生产管理和维修带来较大的麻烦。

各类设备的几个主要部分，随要求不同，在设计上常有很大的差别。现只将大概情况和主要要求分述如下：

11.3.1 加热系统

片材的加热方法并无严格限制，可以是热板的传导，也可以是红外线的辐照。供给热板热量的方法有油、电、过热水和蒸汽等多种。较厚的片材通常都是用另外的烘箱进行预热，借以减轻成型机的负荷和提高生产率。

现代化成型机的加热器几乎都采用红外线辐照式。红外线的辐照效率依赖于：①加热器的温度；②辐照的密度；③片材与加热器的距离；④片材吸收辐射线的性能。为此，所有设备，除第④项外，对其余各项均有一定的规定并附有准确有效的调整和控制装备。采用红外线辐照，具有加热时间短、升温速度快、节省能源等优点。如果用电热丝，电热丝应贯穿在瓷套管内，使之成为遮盖型加热器，这样比较安全。加热器的温度一般为 370~650°C；功率密度为 3.5~6.5 W/cm^3。加热器温度虽然很高，但使用时片材并不与加热器直接接触，是间接加热方式，并可调节加热器和片材间的距离以达到控制成型温度的目的。片材与加热器的距离变化范围为 8~30 cm。

为增进加热速率或提高生产效率，或片材厚度大于 3mm 时，常需采用两面加热的方法，也就是在夹持片材的上下各用一套加热器。两面加热时，下加热器的温度应比上加热器低，因为热空气是向上升的，同时还可防止片材在加热时的过分下垂。如果是轮转机或连续供料设备，还可用多段加热来达到相同目的，不过每段加热条件都是单独控制且要求各段间有严密的配合。单段成型机的加热器与轮转机或连续供料设备的不同，它是间歇工作和在完成加热时能够暂时移开的。移开时，加热器的电源并不截断，而是利用良好的反射器或保温床来继续保持它处于高温。

加热器的加热面一般都略大于夹持框的夹持面积，前者边线越过后者边线的长度为 10~50 mm。在设计加热系统时，最好考虑到塑料的加热功率密度，几种常用塑料的加热功率密度见表 11.1。

表 11.1 几种塑料的加热功率密度

塑 料	功率密度/$W\cdot cm^{-3}$
聚氯乙烯、改性聚苯乙烯	1.5~3
聚乙烯、聚丙烯	3.5~5
聚碳酸酯、聚砜	>5

成型完成后对初制品的冷却，应越快越好，这样可以提高生产率。冷却的方法有内冷与外冷两种：内冷是通过模具的冷却而使初制品冷却的。内冷只以采用金属模具的为限。外冷是用风冷法（利用风扇）或空气-水雾法。真正的喷水冷却很少用，因为容易使制品产生冷疤，同时还为以后带来了去水的问题。

成型中，模具的温度一般保持在 45~75°C。如果模具是金属的，则将温水循环于模内预设的通道即可。非金属模具，由于传热较差，只能采用时冷时热的方法来保持温度。加热时用红外线辐照；而冷却时则用风冷。在辅用柱塞成型中，为防止片材因柱塞造成的降温而有碍成型，柱塞必须保持与片材相近或相同的温度。基于这种要求，柱塞应用金属制造，以便用内部电热的方法使其保持应有的温度。

11.3.2 夹持系统

夹持框架由上下两个机架组成。上机架受压缩空气操纵，常能均衡而有力地将片材压在下机架上。压力可以在一定范围内调整，总压力随设备的大小而变，可自 0.5 t 变至 5 t 不等。夹持压力一般不会随着片材厚度的不同而出现不均，因而框架上常附有自动补偿压力的装置。均衡的夹持是保证物料均匀分布的必要条件。夹持的片材应有可靠的气密性，不然，成型时就会发生漏气、片材滑动（允许滑动的另当别论，且所用装置也不相同）和片材的弯扭等。

为满足生产的需要，夹持框架大多是做成能在垂直或（和）水平方向上移动的。

11.3.3 真空系统

需用抽空的热成型设备，一般都附有自给的抽空设备，只有在设备数量较多的工厂中才使用集中抽空系统。自给设备中采用的真空泵大多是叶轮式的，所能达到的真空度通常是 5 096 Pa，特殊情况下亦有达 6 566 Pa 的。真空泵的转动功率随成型设备的大小而定，较大的设备中常有 2~4 kW 的。集中抽空系统的大小视工厂具体生产和发展的要求而定，一般都是按预定规划单独设计的。采用真空泵的类型有叶轮式和蒸汽喷射式等。

11.3.4 压缩空气系统

压缩空气除大量应用于成型外，还有相当一部分用于脱模、初制品的外冷却、操纵模具、框架的运动和运转片材。压缩空气系统也随具体情况而有自给和集中两种形式。中等大小热成型设备中所附的空气压缩机多数都是单级或双级的，其额定容量为 0.15~0.3 m^3/min，压力范围为 0.6~0.7 MPa。任何压缩空气系统都应附设贮压器，以平稳所施的压力。

11.3.5 模 具

由于热成型用的压力不很高，因此对模具刚度的要求比较低，常用的制模材料有：木材（硬木和压缩木料），石膏，塑料（酚醛、环氧树脂、聚酯、氨基等塑料），铝和钢等。选用制模材料的主要依据是制品的生产数量和质量。

模具表面光洁与否与制品表面的光洁度有着密切关系。高度抛光的模具将制得表面光泽的制品，闷光的模具则制得无光泽的制品。但各种塑料有自己的热强度和拉伸强度以及对模面的黏结特性，所以对模具表面的要求也不尽相同。例如聚烯烃用光滑模面成型就相当困难，因此用于该种塑料热成型的模具，表面应适当糙化。

模槽深度与宽度的比值常称为牵伸比，它是区别热成型各种方法优劣的一项指标。一般说来，用单个阳模成型时的牵伸比可以大些，因为可以利用阳模对片材进行拖曳或预伸，但是牵伸比不能大于 1。用阴模成型的牵伸比通常不大于 0.5。柱塞助压成型的目的无非是对片材进行拖曳或预伸，所以这种成型的牵伸比可以大到 1 以上。

为了避免在制品中形成应力集中，提高冲击强度，模面上的棱角和隅角都不应采用尖角而应改用圆角。圆角的半径最好等于或大于片材的厚度，但不能小于 1.5 mm。模壁都应置斜度以便脱模。阴模的斜度一般为 0.5°~3°，而阳模为 2°~7°。作为成型时进出气体而在模具中开设的气孔直径，其大小随所用片材的种类和厚度略有不同。压制软聚氯乙烯和聚乙烯薄片时为 0.25~0.6 mm；其他薄片为 0.6~1.0 mm；至于硬而厚的片材，则可大到 1.5 mm。孔径过大时常会使制品表面出现赘物。从减少气体通过气孔的阻力和便于成型来考虑，也有将通气孔近于模底的一端改成大直径的，其大小为 5~6 mm，或者甚至采用长而窄的缝。通气孔设置的部位大多数是在隅角的深处、较大平面的中心以及偏凹部分。

真空孔的加工方法视模具材料而定。石膏、塑料、铝等用浇铸法制造的模具，通常可在浇铸过程中，于需要设置真空孔的各部放置细小的铜丝，在完成浇铸后抽去即可得到孔眼。木材、金属、电解铜等模具则需用钻头打孔。对于直径较小的孔，用粗钻头先钻至距模具表面 3~5 mm 处，再以小直径钻头钻穿。

热成型制品的收缩率在 0.01~0.04，为求得制品尺寸的精确，设计模具时应对收缩率给予恰当的考虑，几种塑料的热成型收缩率见表 11.2。

表 11.2 几种塑料的热成型收缩率

塑 料	制品收缩率	
聚氯乙烯	阳模	0.001~0.005
	阴模	0.005~0.009
ABS	阳模	0.004
	阴模	0.004~0.008

续 表

塑 料	制品收缩率	
聚碳酸酯	阳模	0.005
	阴模	0.008
聚烯烃	阳模	0.01~0.03
	阴模	0.03~0.04
改性聚苯乙烯	阳模	0.005~0.008
	阴模	0.008~0.01

11.4 热成型工艺因素分析

热成型操作虽然比较简单，但是这种工艺所牵涉的因素却不少。为能取得满意制品，有必要了解这些因素。这里只就热成型中片材的加热、成型和制品的冷却脱模所牵涉的主要工艺因素作一扼要分析，最后举例说明如何从制品设计的规格和厚度来计算所用成型片材的规格（分批进料式）和厚度。

11.4.1 加热

将片材加热到成型温度所需的时间，一般为整个成型工作周期的50%~80%。因此，如何缩短加热时间有其重要的意义。加热（或冷却）的时间，随片材厚度和比热容的增大而加长，随片材的导热系数和传热系数的增大而减少，但都不是单纯的直线关系。比如，在相同条件下，对不同厚度的片材进行加热，其情况见表11.3。

表 11.3 加热时间与片材（聚乙烯）厚度的关系

片材的厚度/mm	0.5	1.5	2.5
加热到121°C需要的时间/s	18	36	48
单位厚度加热时间/s · mm^{-1}	36	24	19.2

基于上述理由，采用的片材应力求厚薄均匀，不然会出现温度不均的现象，从而使制品具有内应力。塑料片材的厚薄公差通常不应大于4%~8%，否则应延长加热时间，让热量传至厚壁内部，使片材通身“热透”而具有均匀的温度，以确保制品质量。由于塑料的导热系数小，在加热厚片材时，如果采用加热功率较大的加热器或加热器离片材太近，则片材顶面已达到需要的温度时，其底面温度仍然很低，而当底面温度达到要求时，顶面温度已超过要求，甚至已被烧伤。底面温度不足和顶面温度过高的片材均不宜用作成型。在这种情况下，最好采用双面加热、预热或用高频加热（如片材可以用这种方法加热时）来缩短加热时间。成型温度的下限应以片材在牵伸最大的区域内不发白或不出现明显的缺陷为度，而上限则是片材不发生降解和不会在夹持架上出现过分下垂的最高温度。为了获得最快的成型周期，通常成型温度都偏于低限值。例如苯乙烯-丁二烯-丙烯腈共聚物（ABS）的低限成型温度可低至127°C，高限可达180°C，用快速真空成型低牵伸制品时，成型温度为140°C左右，深度牵伸

的制品，温度约为 150°C，只有较为复杂的制品才偏高限成型温度，约为 170°C。

片材在夹持架上出现下垂的原因是热膨胀和熔融流动。热膨胀是所有非定向片材自室温热至成型温度的通有现象。在这种情况下，每向增长的尺寸为 1 %~2 %。熔融流动的大小依赖于塑料熔体的黏度。下垂现象常可因改用定向的片材而得到一定的克服，因为定向的片材有热收缩的行为。但过分定向的片材常会由于具有太大的应力而使成型发生困难。

成型时，片材各部分的牵伸随模具的形样不同而改变。为防止各部分因牵伸不同而造成厚薄不均，可用纸剪花板特意将成型时牵伸较为强烈的部分遮蔽，让这些部分少受些红外线的照射，从而使该处的温度稍微低些。这样，就能使制品的厚度均匀性稍好一点。不过从实验得知，这种制品，由于内应力的关系，在因次稳定性和力学性能方面都会受到影响。一般的表现是遮蔽部分的因次稳定性较小且具有较高的冲击强度。提高全面的成型温度常能减少制品的内应力和取得较好的因次稳定性。此外，模具和辅助柱塞也应根据不同的塑料而采用适当的温度，使制品有良好的质量。各种塑料片材的成型条件和热膨胀系数见表 11.4。

表 11.4　各种塑料片材的成型条件和热膨胀系数

塑料种类	成型条件				热膨胀因数 $\alpha\times10^{-5}$/cm（cm·°C）$^{-1}$
	成型温度/°C		模具温度/°C	辅用柱塞温度/°C	
	最惠值	最低值			
硬聚氯乙烯	135~180	93~127	41~46	60~149	6.6~8
聚乙烯（低密度）	121~191	107	49~77	149	15~30
聚乙烯（高密度）	135~191	121	64~93	149	15~30
聚丙烯	149~202				11
聚苯乙烯（双轴定向）	182~193		49~60	116~121	6~8
苯乙烯-丁二烯-丙烯睛共聚物	149~177	140~160	72~85		4.8~11.2
聚甲基丙烯酸甲酯（铸塑）	143~182				
聚甲基丙烯酸甲酯（挤出）	110~160				7.5~9.0
醋酸纤维素	227~246	216	77~93	274~316	7
聚酰胺-6	216~221	210			10
聚酰胺-66	221~249				10
聚对苯二甲酸乙二酯（定向的）	177~254				
聚对苯二甲酸乙二酯（非定向的）	177~204				

11.4.2 成　型

成型时，造成制品厚薄不均的主要原因是片材各部分所受的牵伸力不同。不均的问题虽可用花板遮蔽加热和模具上通气孔的合理分布得到一定改善，但这些方法都会使制品的因次稳定性下降。这种由不同牵伸而引起的厚薄不均在各种成型方法中不尽相同，其中以差压成型法最为严重。影响制品厚薄不均的另一因素是牵伸或拖曳片材的快慢，也就是抽气、鼓气的速率或模具、框架、辅助柱塞等的移动速率。一般说来，速率应尽可能地快，这对成型本身和缩短周期均有利，因而有时甚至将孔改为长而窄的缝。当然过大的速率常会因流动不足使制品在偏凹或偏凸的部位呈现厚度过薄的现象，但过小的速率又会因片材的先行冷却而出现裂纹。牵伸速率依赖于片材温度，因此，薄型片材的牵伸一般都应快于厚型的，因为前者的温度在成型时下降较快。深牵伸制品在成型前通常都靠抽气或吹气成均匀的预伸泡状体，以确保制品断面的均匀性。泡状体的厚度应接近制品底部要求的厚度，因为成型时，一旦柱模或柱塞与塑料接触，其所受拉伸是很低的。当泡状体达规定要求后应保持几秒钟让其自行调整形状，均化断面并使片材较热（厚的）的部分继续延伸和较冷（薄的）的部分取得轻微的收缩。

成型时，如果在所有方向上的牵伸都是均匀一致的，则制品各向上的性能就不会出现不同。但是这种牵伸在实际情况中很难遇到。如果成型中的牵伸偏重在一个方向上，则制品会因分子定向而出现各向异性。各向异性着重表现在机械性能方面。例如，沿牵引方向上的拉伸强度、总伸长率、抗裂能力等均会有所增加，而在其他方向上则会相对地削弱。另外，具有分子定向的制品的因次稳定性比较差，尤其是在受热的情况下。生产实践证明：在正确的成型温度下，如果单向牵伸的数值和双向牵伸的差值都保持在一定范围以内（具体数值随塑料品种而异），则制品的各向异性程度就不会很大。还须说明的是，提高成型温度和降低牵伸速率都具有减少分子定向的作用。

11.4.3 冷却脱模

由于塑料导热性差，随着成型片材厚度的增加，冷却时间就会增长，必须采用人工冷却以缩短成型周期。如前所述，冷却分内冷和外冷两种，它们既可单独使用也可组合使用，这应根据制品的需要而定。通常大多采用外冷却，因为简单易行。不管用什么方式冷却，重要的是必须将成型制品冷却到变形温度以下才能脱模。例如，聚氯乙烯为 40~50°C，醋酸纤维素为 50~60°C，聚甲基丙烯酸甲酯为 60~70°C，冷却不足，制品脱模后会变形，但过分冷却在有些情况下会由于制品收缩而包紧在模具上，使脱模发生困难。

除塑料片材因加热过度而引起分解或因模具表面过于粗糙外，片材很少有黏附在模具上的现象。如偶尔出现这种现象，可在模具表面涂抹脱模剂以清除这一弊病。但用量不得过多，以免影响制品的光洁程度和透明度。脱模剂的常用品种有硬脂酸锌、二硫化钼和有机硅油的甲苯溶液等。

11.4.4 片材厚度

成型方法和制品种类很多，要仔细了解片材成型为制品后各部位厚度发生的具体变化是困难的。成型用片材的厚度和面积的正确选择依赖于制品实际断面的最小厚度和形状。这里从面积比的概念介绍片材厚度的计算方法。面积比是与牵伸深度相联系的，可用制品面积和原片面积之比来表示。例如，如果片材的面积为 300 cm^2，所制制品的总面积为 600 cm^2，则其面积比为 2 : 1。制品的厚度平均为片材厚度的一半，因此，知道面积比即能粗略地算出片材的厚度。

复习思考题

1. 什么是热成型？其基本原理是什么？
2. 热成型的工艺步骤有哪些？热成型的方法有哪些？
3. 热成型工艺控制的关键因素有哪些？

第12章 涂 层

本章要点

知识要点

✧ 涂层的概念及应用

✧ 人造革生产的工艺及原理

掌握程度

✧ 了解涂层的概念及应用

✧ 理解人造革生产的工艺及原理

背景知识

✧ 高分子材料的结构与性能的关系、高分子材料成型加工原理、高分子加工流变特性、高分子成型设备及模具

12.1 概 述

以液体或粉末形式在织物、纸张、金属箔或板等物体表面涂覆塑料薄层的成型方法称为涂层或涂布。涂层的目的是为了防腐、绝缘、装饰等。从广义定义来说，凡树脂复合物在任何形样的物体上形成厚度为0.025~0.65 mm覆合层的所有方法均可称为涂层法。涂层主要包括压延涂层、刮涂涂层及粉末喷涂，而涂层产品则以聚氯乙烯人造革为主。

人造革通常是以布或纸为基材的塑料涂层制品，可以代替天然皮革使用。早在1920年就有所谓硝化纤维漆布的生产。1948年以后出现了聚氯乙烯人造革，几经改革，不仅质量有所改进而且品种也日益繁多。20世纪60年代初，工业上又以尼龙、聚氨酯以及氨基酸系树脂等代替聚氯乙烯作为涂层原料，制得的制品在性能上与天然革更为相近。这些产品具有一定的透气性和透湿性。

尽管用塑料涂层制品充代天然革的研究和发展都很快，尤其是在改用塑料品种方面，然而由于聚氯乙烯原料充沛、价格便宜、生产过程较简单，在各种人造革的总生产量方面，仍然居于首位。

聚氯乙烯人造革的分类方法很不一致，常以基材、结构、表观特征和用途等分类。以基材来分，有用纸张的聚氯乙烯壁纸，用一般纺织布的普通人造革，用针织布的针织布基人造

革等。此外还有不用基材的片材，通称为无衬人造革。以结构来分，则有单面人造革、双面人造革、泡沫人造革及透气人造革等。按表观特征分时有贴膜革、表面涂饰革、印花贴膜革、套色革等。按用途分时有家具人造革、衣着人造革、箱包人造革、地板人造革以及墙壁覆盖人造革等。

12.2 压延法生产人造革工艺

压延法生产人造革是在压延软质聚氯乙烯薄膜的过程中引入基材，使薄膜和基材牢固地贴合在一起。此法的优点是可以使用廉价的悬浮法聚氯乙烯树脂，生产效率高，特别适用于制造箱包革、家具革和地板革，但压延机的投资较大。

生产时按选定的配方将聚氯乙烯树脂、增塑剂及各种助剂先配制成塑料，而后将其塑炼成为熔体并送至压延机。按所需厚度、宽度压延成膜后立即与布基贴合，再经轧花、冷却即能制得压延人造革。必要时还须对人造革进行适当的表面处理。用压延法可以生产一般人造革，也可以生产泡沫人造革。生产泡沫人造革时，在膜层与布基贴合以前的所有工序中，都必须把操作温度控制在发泡剂的分解温度以下。

图 12.1 是用三辊压延机使膜层与基材进行直接贴合的示意图。送往压延机的布基应进行预热，预热温度为 60°C 左右。

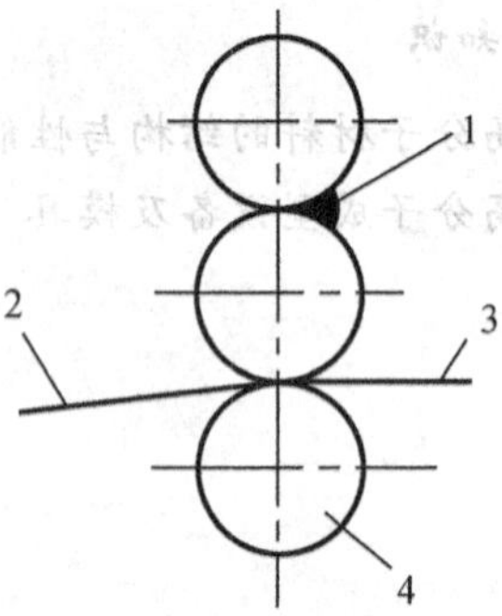

图 12.1 三辊压延机生产人造革示意图

1—塑料；2—布匹或纸张；3—压延涂层制品；4—压延机辊筒

压延法生产人造革可分为贴胶法和擦胶法两种。用贴胶法生产时，三辊压延机的中、下两辊转速相同，上辊的速度可以稍慢或相等于中、下辊。中、下两辊的辊距必须严格控制，以保证黏贴在基材上的薄膜厚度一致。由于塑料和基材对金属的摩擦系数不同，因此贴胶过程中有可能使制品表面产生横形条纹。消除这种弊病的有效办法是：①适当降低塑料的温度以增加其黏度；②将进布（或纸）的速度稍稍放快；③使成品的卷取速度略快于压延速度，以拉紧成品并保证它有均匀的运行速度。擦胶法的特点是压延机中辊转速比上、下两辊都快，其速比为 1.3∶1.5∶1。由于中辊转速快，一部分物料就被擦进布缝中，而另一部分则贴附在布的表面。为了保证物料能擦进布缝，通过压延机的布应有足够张力，中、下两辊的间距应调整适当。辊筒温度应尽可能提高，以便物料黏度下降而易于擦进布缝，否则就会使剪切应力太大引起布基破裂。

上述两种方法各有优缺点。由擦胶法制得的制品，塑料与布基黏结比较牢固，但产品僵硬、手感差，生产过程较难控制，常会将布撕裂，所以需要较厚实的布作为基材。贴胶法的优缺点则与擦胶法相反。

用四辊压延机生产人造革时，基材的导入方式有以下几种（见图 12.2）：

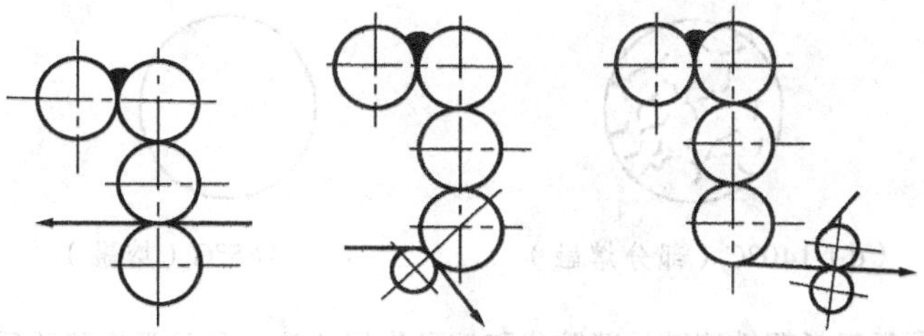

（a）擦胶法 （b）内贴法 （c）外贴法

图 12.2 四辊压延机生产人造革示意图

（1）擦胶式（辊间贴合）。如图 12.2（a）所示，布基在第三、四辊间导入与膜层贴合，布基不需预先涂胶黏剂。

（2）内贴式。如图 12.2（b）所示，膜层与布基不在压延机主机上贴合，而在主机下辊处装一个橡胶辊，布基在橡胶辊与压延辊之间穿入，给以适当压力，使布基与膜层贴牢。为了提高黏合效果，通常先在布基上涂一层黏合剂。

（3）外贴式。如图 12.2（c）所示。在这种操作中，贴合辊的温度较低，因而使用寿命长，但是布基需要像内贴法那样先经涂底。

由压延法制造泡沫人造革时，涂层的发泡虽可在轧花时进行，但为了便于控制温度而达到均匀理想的发泡，大多通过烘道进行发泡。烘箱温度一般分两段或三段进行控制。温度的高低除了与树脂的黏度和发泡剂的性能有关外，还受增塑剂、稳定剂和发泡促进剂等其他助剂影响。

12.3 涂覆法生产人造革工艺

先将聚氯乙烯树脂与增塑剂及其他各种助剂配制成塑性溶胶，而后把它均匀地涂（或刮）在基材上，再经过热处理，使其成为涂层制品，这种方法即为涂覆法。根据涂覆的方式不同，可分为直接涂覆和间接涂覆。

聚氯乙烯溶胶亦称聚氯乙烯糊。溶胶由室温状态逐渐加热，增塑剂即开始向树脂颗粒渗透。当全部增塑剂被树脂吸收时，体系便失去流动性，这时称为凝胶态。这种凝胶体的凝聚强度很低。温度继续升高，增塑剂分子在聚合物分子链间渗透，直至大分子均匀地溶解在增塑剂中，形成均匀的熔融状态。将其冷却，即可得到具有相当强度的塑料制品。上述过程示于图 12.3。溶胶在常温下应是一种稳定体系，包括稳定的黏度、均匀的分散状态、不发生增塑剂析出分层或树脂沉淀、不出现凝胶化现象。

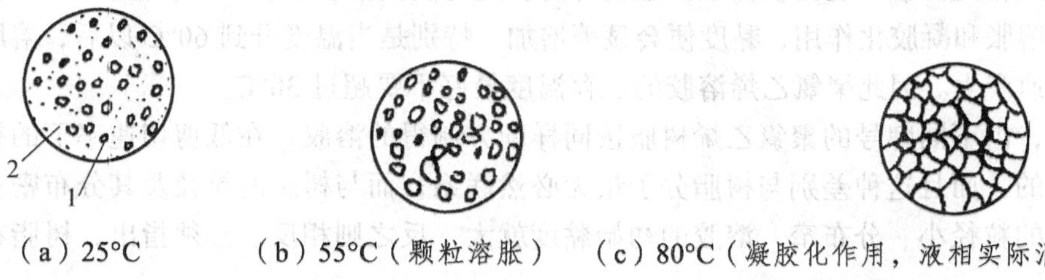

（a）25°C （b）55°C（颗粒溶胀） （c）80°C（凝胶化作用，液相实际消失）

（d）140°C（部分熔融） （e）165°C（熔融）

图 12.3 聚氯乙烯塑性溶胶的凝胶化和熔融作用（注：所示温度随不同配方而变化）
1—树脂颗粒（非连续相）；2—增塑剂（连续相）

12.3.1 聚氯乙烯溶胶的流变性能

在不同的剪切速率下，溶胶的黏度变化比较复杂。剪切速率极低时，溶胶接近于牛顿流体；剪切速率略升高，可转变为假塑性液体；随着剪切速率继续增加，出现膨胀性液体的流动特征；而当剪切速率再增加时，又成为假塑性液体。在此变化过程中，有时还会出现与时间有依赖关系的流动行为。溶胶流变性能的变化还随树脂品种的不同而有差异。对于聚氯乙烯溶胶流变行为的复杂性，目前还只能作一些简单的解释：在低剪切作用下，随着剪切速率的增加，树脂颗粒的布朗运动受到剪切作用抑制，在宏观上表现为黏度随剪切速率增加而降低，于是流动行为由牛顿性转变为假塑性。在较高剪切作用下，随着剪切速率的增加，树脂颗粒发生碰撞的机会增加，它们会积聚起来，对流动产生相当大的阻力（见图 12.4），即表观黏度增加，出现了膨胀性流体的行为。在更高的剪切作用下，颗粒积聚的时间变短，溶胶的流变行为又呈现假塑性。尽管树脂颗粒吸附的表面活化剂能把聚合物和增塑剂隔离开来，但是增塑剂仍然会逐渐扩散到聚合物内部，并使其溶胀，游离的液体量也随之减少。这两种因素会导致体系黏度随时间增加。

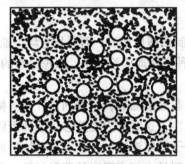

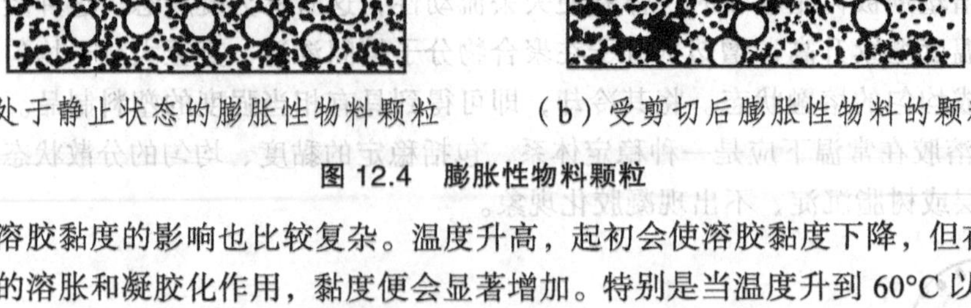

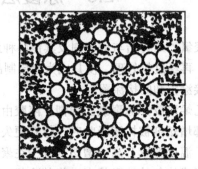

（a）处于静止状态的膨胀性物料颗粒 （b）受剪切后膨胀性物料的颗粒

图 12.4 膨胀性物料颗粒

温度对溶胶黏度的影响也比较复杂。温度升高，起初会使溶胶黏度下降，但在短时间后，由于聚合物的溶胀和凝胶化作用，黏度便会显著增加。特别是当温度升到 60°C 以后，溶胀和凝胶作用会急速产生。因此聚氯乙烯溶胶的贮存温度最好不要超过 30°C。

实验证明，由不同牌号的聚氯乙烯树脂按同样配方制得的溶胶，在低剪切速率下的初始黏度是有差别的，而且这种差别与树脂分子量无必然联系，而与树脂的粒径及其分布密切相关。大抵树脂的粒径小、分布窄，溶胶的初始黏度就大，反之则相反。必须指出，树脂在溶胶中呈现的颗粒状态不但决定于初级粒子的大小和分布，而且与次级粒子在增塑剂中和在剪切条件下的崩解强度有关，因为溶胶中的树脂颗粒是由次级粒子崩解成的初级粒子、次级粒子未完全崩解的残片和完全未崩解的次级粒子组成的。因而根据初级粒子大小不同和次级粒子崩解程度，会出现以下几种情况：①当次级粒子全部崩解为初级粒子和次级粒子残片时，如果崩解物的粒径较大（1.40μm 以上）而又有合适的粒度分布，它们不易凝聚，在剪切作用下微粒运动单元尺寸不发生显著变化，因而近似于牛顿液体；若崩解物的粒径偏低，又存在着较多的微小初级粒子，它们易凝集成聚集体，流动行为呈现假塑性；又若崩解后的体系中粒径分布狭窄，静态时候排列紧密，在剪切作用下颗粒占有的空间增大，成为膨胀性液体。②次级粒子仅部分崩解，那么由于增塑剂向未崩解的次级粒子内散，体系具有较高的初始黏度；同时又由于微小的初级粒子发生凝聚，体系具有假塑性流动行为，由此可见，如果次级粒子崩解强度高，这种树脂不易制得优质人造革。目前有乳液法聚氯乙烯树脂正存在这样的问题，使用时应予注意。

增塑剂的用量、化学结构和溶剂化能力对聚氯乙烯溶胶的流变行为有重要影响。溶胶的黏度在给定剪切速率下随增塑剂用量的增加而降低，但增塑剂用量高达一定程度后即对黏度的影响显著减小。溶剂化能力强的增塑剂易被树脂颗粒吸收。因而由相容性好的增塑剂制成的溶胶，不但初始黏度高，而且存放过程中的黏度变化也大。

稳定剂的种类对溶胶的黏度也有很大影响。液状有机锡与液体 Ba–Cd 或液体 Ba–Cd–Zn 稳定剂会使溶胶黏度降低；固体的盐基性无机盐铅稳定剂使溶胶剂中的固相含量增加，导致黏度上升；金属皂类能促使溶胶黏度的影响就不如硬脂酸皂那么大。

配制溶胶过程中加入 1~2 份表面活化剂，可使黏度下降并消除气泡。这种表面活化剂也称黏度抑制剂，其作用机理比较复杂，目前尚未完全清楚，可能是它被树脂吸附后阻止了增塑剂向树脂内部扩散，也可能是它降低了树脂的比表面能，致使次级粒子容易破裂而释放出其中禁锢的增塑剂。表面活化剂有阳离子型、阴离子型和非离子型 3 大类，效果最好的属阳离子型，但有一些臭味，如烷基甲氧基氯化吡啶、烷氯基甲基氯化吡啶、聚氧化乙烯–椰子油苯酚醚、琥珀酸烷基酯。

当溶胶被强制通过涂布设备时，要求它具有适当低的剪切黏度，同时还不能呈现膨胀性流动行为。因为高黏度可使刮刀变形，或引起辊筒间隙发生不均匀变化，从而导致沿基材幅宽方向涂布不均。如果溶胶在这种情况下呈现膨胀性流动，高剪切下的黏度升高将迫使基材减速，这时涂刮的剪切速率也相应降低；溶胶黏度降低，结果又使基材加速。然而随着基材的加速，膨胀效应又使溶胶黏度上升。这样加速、减速，并以很高的频率交替出现，引起基材颤动，必然影响产品质量。

当涂覆在基材上的物料还处于湿的未熔状态时，有可能出现流线。如果溶胶这时没有足够的低剪切流动性，那么当它在烘箱中凝胶化后，这些流线就保留在制品上。由此可见，溶胶在这一点的触变性流动行为对其流平性的影响极为重要。

溶胶与基材贴合时，流变性能对控制渗透作用的影响很大。渗透不仅影响制品外观和手感，而且将织物的纱线黏结在一起，使基材的强度和伸长率降低。一种控制渗透作用的技术是使溶胶具有足够高的塑流值。溶胶既不能有过高的室温黏度，又要防止渗透，这就要选择最适当的树脂、增塑剂或增黏剂，使黏度下降减至最小，并使溶胶以尽可能快的速度通过其最低黏度阶段。

控制渗透的另一种方法是使溶胶部分凝胶，即是在与基材黏合前，使其通过有严格控制的小型烘箱，溶胶在此经过其最低黏度阶段，达到足够高的黏度，就可以避免在贴合时发生渗透。当然，溶胶仍需具有足够的黏性，使涂层能与基材牢固地黏合。

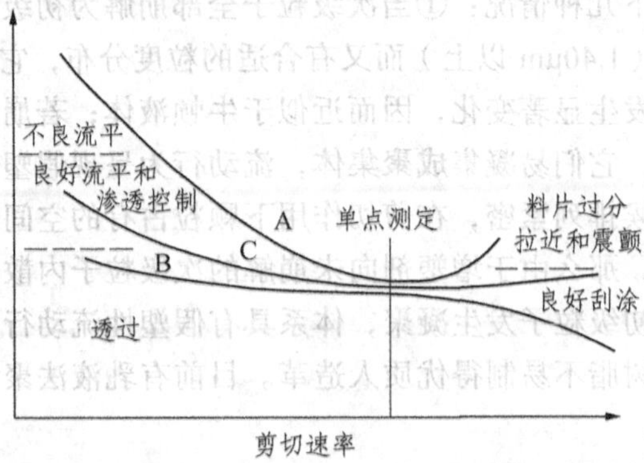

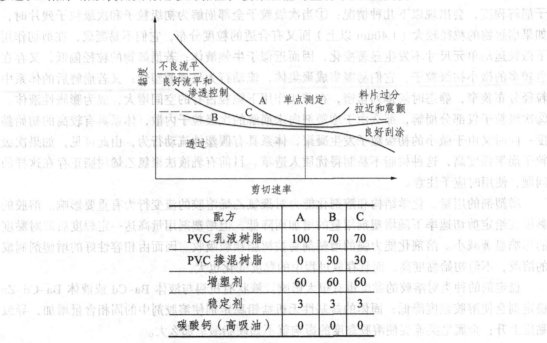

配方	A	B	C
PVC 乳液树脂	100	70	70
PVC 掺混树脂	0	30	30
增塑剂	60	60	60
稳定剂	3	3	3
碳酸钙（高吸油）	0	0	0

图 12.5 用于布基涂布的塑性溶胶流变图

综上所述，理想的溶胶应该能满足这样的流变性能要求：中等的低剪切黏度，可以提供满意的重力流动，有利于涂布后的流平，同时又足以控制基材渗透；此外，为了达到高速涂布，还需要有低的高剪切黏度。这些高剪切或低剪切的要求示于图 12.5。由图可见，配方 A 在低剪切速率下黏度太高，而在高剪切速率下出现明显的膨胀性流动，黏度也太高。利用掺混树脂（配方 B），即可在整个剪切速率范围内降低黏度。这种掺混树脂即悬浮法聚氯乙烯树脂，把它加入到溶胶中，除了能降低黏度和成本外，还有利于脱气和提供干燥表面。作为涂刮用的悬浮树脂，要求达到 70 目（210 μm）细度。配方 B 的高剪切黏度虽已降低到可用范围，但低剪切黏度又太低，渗透不易控制。要提高溶胶的低剪切黏度，而又不使高剪切黏度超过其可用范围，可通过添加高吸油填料来实现，并可进一步降低溶胶成本（配方 C）。

12.3.2 直接涂覆

直接涂覆是把聚氯乙烯塑性溶胶直接涂覆在经过预处理的布基上，再使其通过熔融塑化、轧花、冷却、表面处理等工序成为人造革的工艺。用这种工艺可生产各种布基的普通人造革、贴膜革和泡沫革，其工艺流程如图 12.6 所示。

1. 塑性溶胶的配制

由乳液法聚氯乙烯树脂配制塑性溶胶时，只需将树脂与增塑剂及其他助剂混合搅拌即可。悬浮法聚氯乙烯树脂不能通过直接混合制取溶胶，而要采用冲糊工艺。冲糊的过程是先用少量悬浮树脂和少量增塑剂混合，然后加入大量的经预先加热到一定温度的热增塑剂，同时迅速搅拌，使其混合均匀，得到具有黏性的糊。待其冷却后，再按配方加入树脂（这时也可加入少量乳液树脂）和其他助剂，搅拌成所需溶胶。

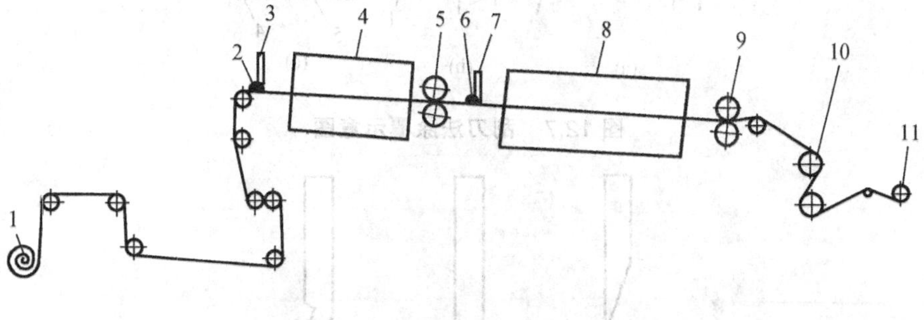

图 12.6 直接涂覆法工艺流程图

1—布基；2—塑性溶胶；3—刮刀；4—烘箱；5—压光辊；6—塑性溶胶（面胶）；7—刮刀；8—烘箱；9—压花辊；10—冷却辊；11—成品

配制好的溶胶应均匀一致，无夹生、结块和杂质，否则将会对涂覆质量发生严重影响。

2. 基材处理

制造聚氯乙烯人造革最常用的基材有市布、帆布、再生布、针织布等。其中针织布因其质地疏松，易变形，适合于间接涂覆。

在直接涂覆法生产人造革时，布基被拉伸张紧，在这种情况下布基上的一些疵病就会明显地呈现出来，因此布基在使用前通常都要经过处理。

布基首先要经过拼接，然后进行刷毛处理，把布基两面的布毛、线头等杂物刷干净，再进行轧光处理。轧光辊把布基上的疙瘩、折纹等轧平后，由晃码机将布基均匀地折叠在平板小车上备用。

3. 涂 覆

将溶胶均匀地涂覆在基材上，是涂覆法制造人造革的中心环节。涂覆的方法很多，主要可归纳为刮涂和辊涂两类。

1）刮刀法

刮刀法主要用于布基的刮涂，其装置如图 12.7 所示。图中（a）是一种最简单的装置。在这种装置中，由于在刮刀作用点的下面没有任何支承物承托运行的布基，因而不宜用于刮涂强度不大的布基。此法中的涂层厚度控制因素多，很难同时进行控制。用图 12.8（a）、（b）所示刮刀刮涂时，如果刮刀上沾有颗粒物，或者有物料堆积在刮刀后面，则涂层表面常会出现伤痕或涂层厚薄不均，堆积物料落到基材上也影响制品表观（称为“喷溅”）。改用锋口上带有直角缺口的钩形刮刀[见图 12.8（c）]时，就能避免上述现象。用第二把刮刀刮平喷溅物料的痕迹，也是一种解决办法。当涂层较薄，而且又是单层时，用两把刮刀串联，可以消除涂层中的气孔。涂层厚薄不均还可能由于采用了流变行为对剪切速率极为敏感的塑性溶胶引起。因为涂刮过程中溶胶的剪切速率不可能完全相同，剪切速率不完全相同的原因有多种，例如刮刀不平、布基表面不光滑以及配制的溶胶不很均匀等。

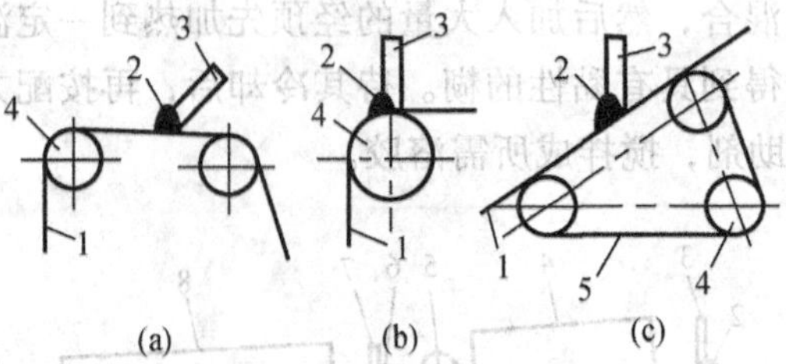

图 12.7 刮刀法涂覆示意图

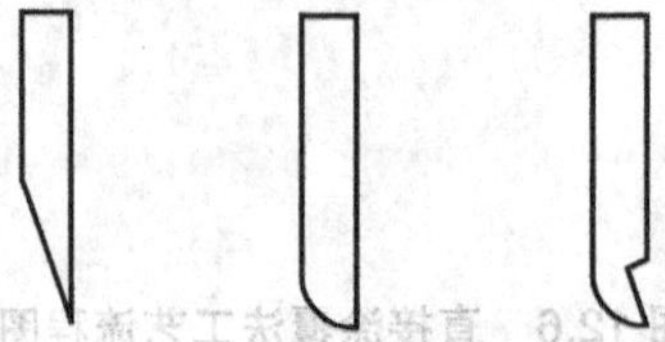

（a）刮薄层用；（b）刮厚层用（c）带直角缺口

图 12.8 刮刀形式

1—布匹（或纸）；2—塑性溶胶；3—刮刀；4—承托辊；5—输送带

图 12.7（b）所示的装置，因为有金属或橡皮辊承托，所以可用于涂刮强度较小的布基。涂刮时，不仅涂层均匀，而且溶胶透入布缝也较深。但当底部辊筒表面不光时（这种情况很容易发生，因为溶胶会透过布缝沾在辊筒上），涂层厚度就不易保证均匀。另外，如果溶胶中存有不规则的凝结块状物，布基还可能被撕破。

图 12.7（c）所示的装置是用橡皮输送带来承托布基的，也可以用于涂刮强度较小的布基。其结构是前述两种装置的一种折中办法。

2）辊涂法

用辊筒将溶胶塑料涂覆在基材上的方法称为辊涂法。辊涂装置上的辊筒排列方式很多，目前用得最多的是逆辊涂胶法。

逆辊涂胶有顶部供料式和底部供料式两种。溶胶黏度高时用前者，黏度低时用后者。图 12.9 所示是最简单的逆辊涂胶装置，主要包括计量辊、涂胶辊和涂有耐油橡胶的托辊（弹性承辊）3 个辊筒。涂胶辊通常固定不动，计量辊和托辊可以移动，通过楔块来调节计量辊与涂胶辊、涂胶辊与托辊之间的间隙。在计量辊与涂胶辊之间装有一对可调节涂层宽度的挡板，它与计量辊、涂胶辊构成一盛料区，溶胶自盛料区通过计量辊与涂胶辊的间隙定量形成膜层。计量辊转速缓慢，以防止溶胶被包卷而滴落

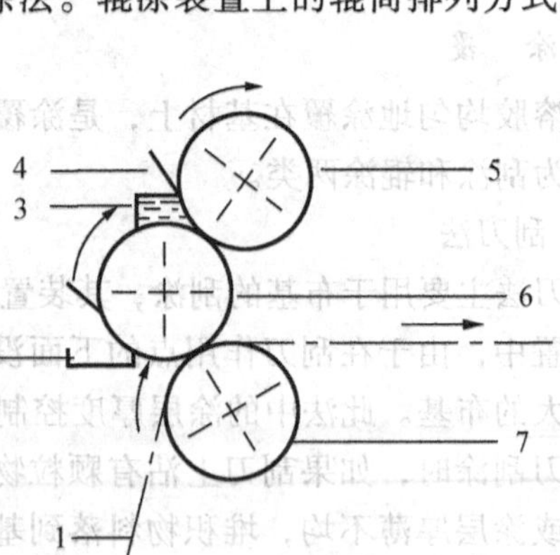

图 12.9 逆辊涂覆

1—基材；2—接料盘；3—溶胶；4—软刮板；5—计量辊；6—涂胶辊；7—橡胶托辊

到基材上，并且应设置一刮刀来连续保持此辊面的清洁。涂胶辊将计量的溶胶带至它与托辊形成的间隙中，在此依靠托辊对涂胶辊产生的压力，使溶胶涂覆在基材上。溶胶在这时受到很高的剪切作用，因而必须小心控制其流变性能。

逆辊涂覆能控制较宽的厚度范围，并对基材的依赖性较小。涂覆厚度主要通过 3 个变量来控制。第一是计量辊与涂胶辊之间的间隙，其调节范围一般为 0.065~0.64 mm。第二，涂胶辊上的膜层厚度还决定于溶胶的流变性和它与计量辊的线速度之比。一般说来，溶胶的黏度越大而且触变性越小，或者这两个辊筒的速比越大，膜层就越厚。正常情况下，涂胶辊与计量辊之间的线速度比为 3∶1~18∶1。第三是涂胶辊与基材之间的线速度比，称为“擦拭比”或“抹留比”。此比值在绝大多数情况下都大于 1，最高可达到 4，但根据经验最好小于 2。擦拭比越大，涂胶量也越多。擦拭比是基材对涂胶辊压力的函数，此压力可通过调节托辊来改变。一般说来，为要保持一定厚度的膜层，总是控制计量辊与涂胶辊之间有较小的间隙，配以较高的涂胶辊转速，而不是选择较大的间隙而配以较低的转速。这样，由于强烈的剪切，可以把溶胶中的气泡挤出，而且可以破坏溶胶的触变性。

涂胶辊与计量辊的速度差不但影响涂层厚度，而且影响其表面质量。相对速度适当时，可以得到非常平滑的涂覆层。如果计量辊速度过快，就有可能使计量后的溶胶出现粗糙的波浪形花纹，这种花纹也会出现在制品上。如果计量辊速度太低，计量后的溶胶会在涂胶辊上出现许多围绕涂胶辊的同心圆。

与压延过程相似，逆辊涂胶的辊筒也存在分离力，因而辊筒中部涂层往往偏厚。为了补偿这一效应，装配计量辊时可以其宽度中心处为轴转动一定角度，就像压延机辊筒的轴交叉那样，使辊筒间隙得到调整。

与刮刀法相比，逆辊涂胶是比较完善的涂覆装置。虽然其投资较大，但是涂胶速度高，胶层均匀，特别是涂薄层时表面异常光滑，而且由于溶胶渗入布基少，因而手感好。逆辊涂胶使用的溶胶可从像水那样稀的黏度到 50 Pa · s 以上的高黏度范围内变化。刮刀法对黏度小于 0.5 Pa · s 的溶胶就不易涂刮。刮刀法涂胶由于溶胶渗入布基较多，制品手感差，同时布基上的缺陷会明显地反映在制品表面，因而十分粗糙的布基或是针织布、无纺布都不宜采用此法涂覆。逆辊涂胶显然要比刮刀法要求较高的操作技术，对设备的维护保养也更应精心。

4. 熔融塑化

基材上涂有胶层的中间产品必须经过烘熔过程，也就是将它加热到足够温度而使胶层完全塑化，这样，在冷却后涂胶层方能均匀地紧贴在基材上。最低的熔融塑化温度决定于树脂与增塑剂的比率、特性以及所加其他组分的用量和性能。熔融温度通常为 90~200°C，加热时间可在几十秒至二三十分钟的范围内变化，一般产品 50~60 s。加热时间长短是保证涂胶层熔融均匀的重要因素，但更重要的因素是溶胶实际达到的温度。涂层较厚时，塑化温度应高一些或者加热时间长一些。理想的熔融温度是使涂层的物理、机械性能都达到最佳的温度；在低于熔融温度下加热是没有益处的，但温度太高时又容易引起分解。如果溶胶中加有稀释剂，应首先让它在较低温度（150°C 以下）挥发，然后再充分熔融加热，以防止涂层表面硬化后留存的挥发物形成气泡。烘熔后的中间产物应即进行轧花（或研光），再经冷却、检验、卷取等过程即可作为成品。

由直接涂覆法生产普通人造革，需分两次涂胶（底层和面层），或者涂一层胶后再贴一层聚氯乙烯薄膜。如果涂胶是分两次进行的，则在涂上底层胶后就应进入烘箱预塑化，接着再涂覆面层胶，随后的过程就与涂一次胶层的一样。如果制造的是贴膜革，则在预塑化后须立即利用轧花辊将聚氯乙烯薄膜贴上。生产泡沫革需要进行3次（底层、发泡层、面层）涂胶，或者两次（底层和泡沫层）涂胶后再贴一层聚氯乙烯薄膜，其过程并无任何特殊之处，只是要注意控制在发泡剂大量分解之前溶胶，即应达到熔融温度，以免气体散逸。在此过程之后，即进行发泡处理，接着再轧花、冷却，即得制品。

烘箱的设计，应使热空气流直接与溶胶表面接触，并均匀地把热量传递给涂层。

烘箱的加热方式可采用热辐射式或热风循环式。前者加热速度快，后者加热温度均匀，因而也可使二者相结合。为了准确控制烘箱温度，烘箱内还装配有电子加热控制器和热风温度电子控制器。

为了限制烘箱内的挥发性物质在厂房内扩散，在增塑剂挥发最强烈处应设置排风管，在烘箱的出口处应设置排风罩。

与间接涂覆生产工艺比较，直接涂覆的优点是：工艺流程简单，设备投资小，生产效率高。其缺点是：布基须预处理，产品表观质量不高而且直接受布基的影响，涂层厚度不易控制，不宜采用强度低的布基、纸基及易产生变形的针织布基，增塑剂容易渗入布基。

12.3.3 间接涂覆

将塑性溶胶用刮刀或逆辊涂覆的方法涂覆到一个循环运转的载体上，通过预热烘箱使其在半凝胶状态下与布基贴合，再使其进入主烘箱塑化或发泡。随后冷却并从载体上剥下，再经轧花（或印花）、表面涂饰处理即可作为成品，这种方法称为间接涂覆或转移涂覆。

在同一载体上如用两台涂覆机即可进行二次涂覆，例如做泡沫人造革时，第一次可涂一层薄（0.1 mm 以下）而不含发泡剂的涂层，以形成表面比较耐磨的面层；第二次可涂较厚（0.4 mm 左右）并含有发泡剂的涂层，以形成柔软而有弹性的泡沫层，然后贴上布基就形成既有表面耐磨性，又有柔软性特点的双层结构泡沫人造革。其工艺流程如图 12.10 所示。

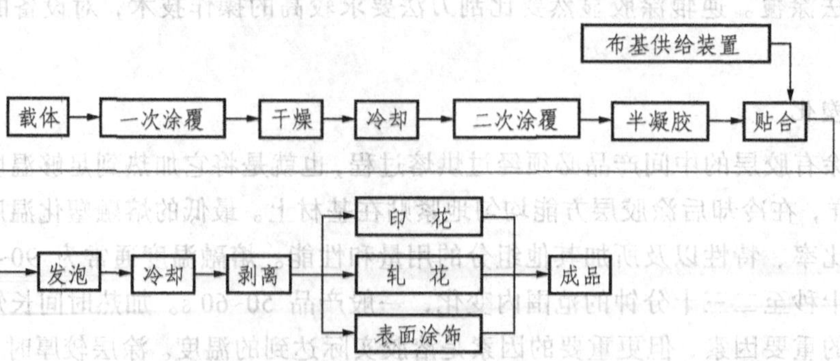

图 12.10 间接涂覆生产泡沫人造革工艺流程

循环运转的载体主要有钢带和离型纸两种。以钢带作为载体时设备投资较大，但经久耐用（可用 2~3 年），维修费用省。用离型纸作为载体时设备简单，而且只需在离型纸上轧上花纹就可将这种花纹转移到人造革上，不再需要另行轧花。但离型纸常会断裂以致造成临时停车，每次使用后还要修剪损坏的边沿，贮藏麻烦，使用寿命常少于 10 次（一般为 3~4 次），总成本反比钢带高。此外，用作载体的还有金属网或硅橡胶织物带等。

间接涂覆法生产工艺有如下特点：

（1）由于布基能在不受拉伸的情况下与涂层贴合，因此用伸缩性很大的针织布或拉伸强度很低的无纺织布作为基材时，此法特别适宜。

（2）产品表面平整光滑，不受布基影响，质量很差的粗布也能制得表观较好的人造革。

（3）受溶胶黏度及涂层厚度的限制较少，对生产增塑剂含量多的薄型柔软衣着和手套用革尤为适宜。

（4）需用较多的乳液树脂。

在间接涂覆过程中，当半凝胶状态的溶胶在载体上与基材相贴合时，通常都要使用栽有马尾满毛的毛刷辊对基材施加压力，使之紧密结合。毛刷辊的压力要适当，压力过小贴合不牢，压力过大又易将溶胶从基材边缘挤出，或是使溶胶大量渗透过基材。在贴合时，适当控制溶胶的凝胶程度十分重要。如果温度太高，凝胶过分，涂层表面干燥，就会贴合不牢，出现脱层现象；如果温度太低，凝胶不足，溶胶渗入基材太多，制品手感僵硬。适当的凝胶温度应使溶胶与布基有足够的黏合力，却又不渗入基材太多。具体温度可在生产过程中根据溶胶的光泽、黏度及基材性质决定，一般为 60~70 ℃。溶胶黏度较大或布基较粗糙，凝胶温度可以高一些，反之则可低一些。

由于溶胶的凝胶温度不易掌握，为了克服这一困难，可以先使溶胶达到完全凝胶状态，待其冷却至 70 ℃左右，涂一层黏合剂，再与布基贴合；也可以先将基材用黏合剂处理，再与完全凝胶的膜层贴合。

用间接涂覆法生产人造革，基材不受牵引，制品外观受基材影响较小，所以对布基的处理要求就不如直接涂覆那么高。而且由于在间接涂覆过程中，溶胶与布基的附着力不如直接涂覆，因此布基不需要轧得太光，这样可以增加它与涂层的黏合力。针织布基虽不需轧光处理，但由于它是圆筒形的，必经剖幅机剖开，两侧边缘用聚醋酸乙烯酯乳液处理，再卷成布轴备用。

泡沫人造革的泡孔结构是制品质量的关键，它与原材料的性能和配方有关，也受发泡工艺条件影响。在发泡工艺条件中，温度的影响最大。为了得到厚度均匀的泡沫层，烘箱内的断面温度波动范围最好不超过 2 ℃。烘箱温度高虽可提高生产率，但温度过高，溶胶黏度下降，易形成穿孔。发泡时的烘箱温度一般在 220~260 ℃。此温度不但与原材料种类和配方有关，而且还与制品用途有关。例如手套、鞋、帽及衣用革要求柔软，就需要较高的发泡温度，使发泡完全；生产箱、包用革，要求弹性好，但又不要太柔软，不需要发泡太足，发泡温度可稍低一些。此外，发泡温度还随基材而异：厚者温度高，薄者温度低。

由贴膜代替面层涂覆，工艺简单，所以应用很广。其过程是将剥离后的半成品通过一组加热器，加热至 70~110 ℃，然后与聚氯乙烯薄膜贴合。薄膜的厚度可以在 0.1~0.45 mm 范围内选择。贴膜要平整、牢固，不能夹有气泡。

12.3.4 层合法人造革的生产工艺

层合法是在层合机上将预先制得的聚氯乙烯薄膜与基材贴合而制得人造革的方法。根据薄膜制造方法不同，有压延层合法和挤出层合法。层合的方法有两种：一种是先把黏合剂涂在基材（或薄膜）上，然后再压贴薄膜（或基材）；另一种是把薄膜加热后与经过预热的基材接触贴合。压延层合以黏合剂法应用较多，挤出层合则是将刚从口模挤出的薄膜乘热通过夹辊与基材贴合。

目前使用的层合机有许多种，其中应用最多、结构最简单的是双辊筒层合机。带有黏合剂或不带黏合剂但经干燥和预热的基材，通常与薄膜在一个橡胶包覆的轧辊和另一个加热的钢辊之间贴合在一起。数层薄膜可以同时进行层合，但每一种薄膜必须正确地引入、拉紧和处理好，以防止产生皱纹和气泡。

采用层合法可对薄膜生产与覆合分别控制，灵活性大，容易操作，更换品种方便，而且可以利用废旧塑料。层合法可以用多层（一般以 5 层为限）薄膜进行层合，特别适用于生产涂层较厚（1mm 以上）的人造革。层合产品也并不限于薄膜与织物层合，还包括薄膜与薄膜、薄膜与纸张、薄膜与泡沫层、薄膜与硬质聚氯乙烯板材的多层复合制品。

上述各种工艺是目前制造聚氯乙烯人造革最常用的方法，其优缺点比较归纳于表 12.1 中。世界各国选用工艺路线时，都要结合本国的资源情况。例如欧洲乳液树脂较多且便宜，因而离型纸载体法占优势；日本压延法约占 80%；而美国则压延法和离型纸法各占一半。

表 12.1 聚氯乙烯人造革不同生产工艺比较

生产工艺 / 优缺点比较 / 项目	直接涂覆法	间接涂覆法（钢带载体）	压延法	层合法
设备投资	小	较大	大	小
生产效率	较高	较低	最高	高
对原材料的要求	较高	高	不高	不高
产品外观质量	较差	较好	较好	尚好

12.4 人造革的表面修饰

为了改善聚氯乙烯人造革的手感、美感和光泽等，塑化完全的涂层制品还需经过表面修饰处理。表面修饰包括轧花、印花、表面涂饰等。

12.4.1 轧 花

将熔融塑化后的涂层制品立刻通过一对由钢制轧花辊和橡皮辊共同组成的轧花装置，便可使辊筒上的花纹压在聚氯乙烯涂层上。制品离开轧花装置后应即进行冷却使花纹固定。对泡沫人造革，如果轧花控制不当，常会使泡孔破坏。因此，可考虑采用如下方式：

（1）余隙轧花。花辊与橡皮辊各自驱动，并存有可以调节的间隙，使泡孔结构不致因受压而破坏。

（2）离型法。采用轧花的离型纸作载体，已见前述。

（3）热辊轧花。仅将加热花辊与不处于热熔状态的涂层作适当的接触使制品取得花纹的一种方法。用于泡沫革时，其泡孔不致被压破。

12.4.2 印 花

印花一般采用转轮影印法，如果花纹是多色的，则印刷时应分别用几只辊筒相继进行，且每次印刷后必须烘干。此外，也可采用胶版印刷法。在这种印刷中，油墨涂在印花软辊上的凸出部分，每次印刷时不需进行干燥。如果需要大面积的彩色和大的套色花纹时，也可采用丝网印刷方法，但每次印上的花纹均应干燥，干燥时间约几分钟，因此，效率低。

12.4.3 表面涂饰

由以上各法所制的人造革，通常都需要用涂饰剂处理其表面，目的是得到滑爽的手感以及特殊的表面光泽（有光或无光），并提高耐磨性能和不使表面发黏与吸尘。

聚氯乙烯人造革使用的表面涂饰剂有：聚氯乙烯、聚丙烯酸酯类、聚酰胺、氯磺化聚乙烯、氯丁橡胶、丁腈橡胶、氯乙烯与甲基丙烯酸甲酯共聚物、聚醋酸乙烯酯等，其中以聚氯乙烯与丙烯酸酯类的联用最为普遍。涂饰的方法一般采用逆辊涂覆法，但也有用印花机作表面涂饰的。

为了使聚氯乙烯人造革具有某些特殊性能，例如透气、透湿、表面具有绒面效果，可进行一些特殊的工艺处理。

12.5 聚氨酯人造革的生产

以聚氨酯树脂溶液为涂料，均匀地涂覆在基材上，然后设法除去溶剂，聚氨酯膜层便与基材牢固结合，这样制得的涂层制品即为聚氨酯人造革。

聚氯乙烯人造革中加有大量增塑剂，由于使用过程中增塑剂会逐渐散逸，因而制品会变硬、产生裂纹，剥离强度也较低。聚氨酯革则是依靠树脂本身的弹性而形成柔软的涂膜，因而长期使用不会发硬，而且具有质轻、耐磨、拉伸强度高、抗溶剂性好等优点。

生产聚氨酯人造革的方式有干法和湿法两种。前者的工艺过程与前述涂覆法生产聚氯乙烯人造革相似，树脂溶液的涂层通过烘箱时，溶剂被加热挥发。在湿法生产中，溶剂通过水洗清除，涂层具有连续的气孔结构，因而透气性和透湿性大为提高，制品性能更加接近天然皮革。为了突出湿法聚氨酯革的优点，有人把它称为“合成革”。

12.5.1 干法聚氨酯革的生产工艺

干法聚氨酯革为多层结构体，从上到下依次为：涂饰层、面层、底层和基材。涂饰层采用聚氨酯系的表面处理剂，使制品具有天然皮革的花纹和光泽。面层对制品的手感和物理性能起着重要作用。底层把面层和基层结合，使之成为整体。基材对制品的手感和物理性能也有很大影响，根据用途不同而有所选择。具有这种结构的聚氨酯革，外观类似天然皮革，质轻，坚韧，耐热性和耐寒性优良，特别是在低温条件下具有手感变化小的特点，而且很容易着色。其性能优于聚乙烯人造革，适用于聚乙烯人造革的使用领域，但价格较贵。

干法生产聚氨酯革可以使用直接涂覆或间接涂覆，目前以间接涂覆的离型纸法最多，其生产工艺流程如图 12.11 所示。面层料所用的树脂为一液型聚氨酯，这是一种线型结构的热塑性树脂，如前一章所述，其分子结构系由聚酯或聚醚构成的柔性基团和由氨酯与脲衍生物构成的刚性基团相互穿插连接成链状，大分子之间产生很强的氢键。其性能与柔性基团和刚性基团的含量有关，当刚性基团的比例增加时，涂层就变硬，拉伸强度和软化点提高。面层料中的溶剂为二甲基甲酰胺和丁酮的混合液。配制溶液时，把聚氨酯树脂、溶剂、着色剂及其他助剂充分搅拌溶解均匀后，用尼龙编织物滤去杂质，然后静止或抽真空除去气泡备用。黏度控制在 2~3.5 Pa·s。

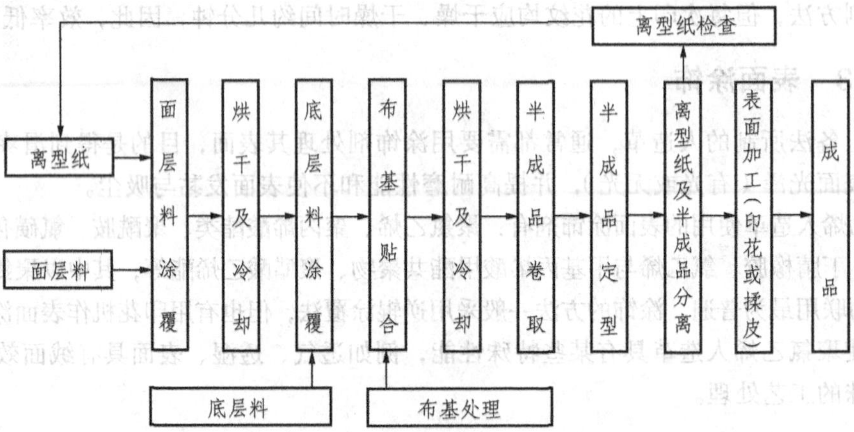

图 12.11　干法聚氨酯革生产工艺流程

底层料所用的树脂除一液型聚氨酯外，还加有二液型聚氨酯。二液型聚氨酯树脂为二异氰酸酯与聚酯或聚醚的预聚体，其分子末端带有反应性的羟基，在交联剂和交联促进剂的作用下，即可发生交联，形成网状结构。所用的交联剂多为多官能团异氰酸酯，交联促进剂则有三乙烯二胺、金属有机化合物等。一液型聚氨酯具有调节底层柔韧性的功能，而二液型聚氨酯能增加涂膜与基材的黏结强度。由于底层料中有交联反应发生，所以应随配随用，通常夏季储存时间不宜超过 4~6 h。底层料溶液的黏度可控制在 5~80 Pa·s。

聚氨酯胶料的涂覆大多采用刮刀法，但也可采用逆辊涂胶。涂覆后进入烘箱进行干燥，烘箱的温度逐步升高。面层料的干燥温度第一段约 100 °C，第二段约 130 °C，第三段约 170 °C。底层料的干燥温度为第一段 120 °C，第二段 140 °C，三、四段 160 °C，第五段 150 °C。烘箱的长度除第五段为 10 m 外，其他各段都为 5 m。在此条件下，生产速度可达 12~16 m/min。溶剂在烘箱中挥发后，聚氨酯树脂即成为均匀的凝固层，牢固地贴合在基材上。

12.5.2　湿法聚氨酯革的生产工艺

与干法一样，涂覆湿法聚氨酯革的胶料也是聚氨酯的二甲基甲酰胺溶液。由于在湿法工艺中，聚氨酯凝固后依靠水洗抽提溶剂，因而胶料中的溶剂必须既能溶解聚氨酯，又能与水很好相溶，而二甲基甲酰胺正好符合这一要求。当二甲基甲酰胺全部被水洗以后，聚氨酯便成为具有连续气孔结构的凝固层。如果再对基材进一步改进，那么湿法聚氨酯革的性能就与天然皮革更加接近，而且具有比天然皮革轻、色彩丰富、表面强度高、不易损伤等优点，是目前代替天然皮革的最佳材料。它除了可作一般人造革使用外，主要用于制造鞋类、球类、箱包、服装等，其价格要比聚氯乙烯人造革高得多。

湿法聚氨酯革的生产过程是先用二甲基甲酰胺把聚氨酯溶解，并加入着色剂及其他助剂均匀混合，再用二甲基甲酰胺稀释成一定浓度和黏度的胶料。将此胶料浸渍基材，接着又用水洗去二甲基甲酰胺，使聚氨酯在基材中形成细微多孔的凝固层，同时又作为基材纤维的黏结层，增加基材的弹性和强度。待基材经热风干燥后，再涂覆上述胶料，再次经过水洗和凝固，形成细微多孔的聚氨酯涂覆层，然后干燥、涂饰、印刷，得到制品。其工艺流程如图 12.12 所示。

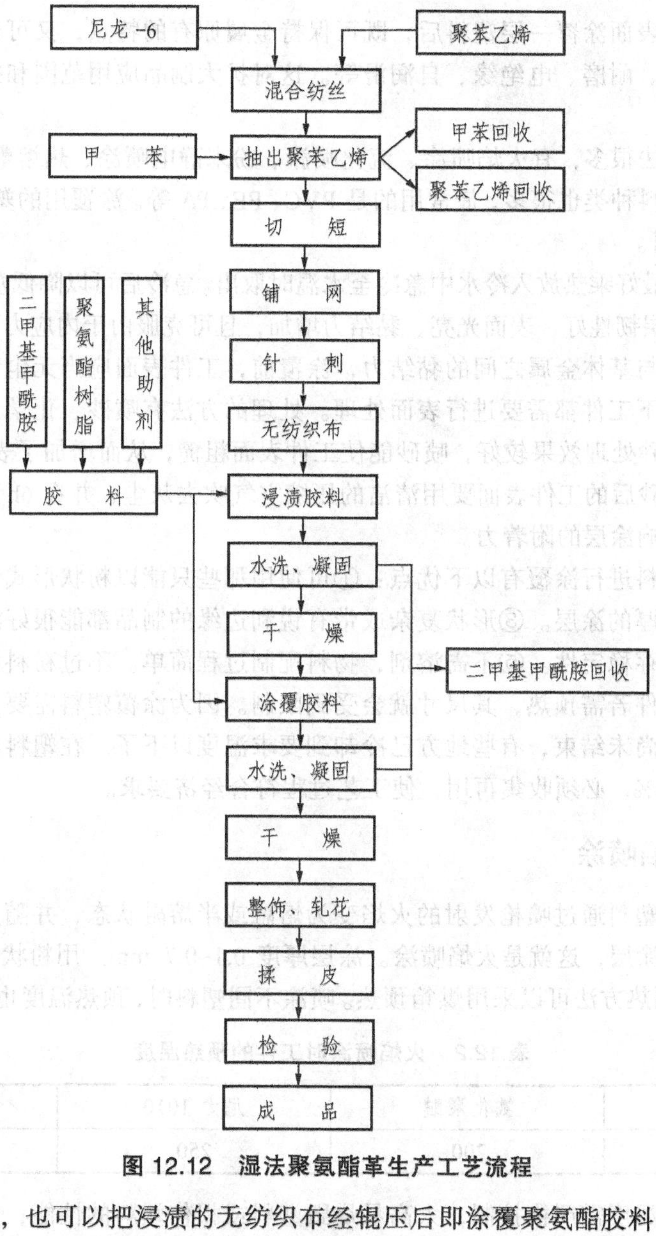

图 12.12 湿法聚氨酯革生产工艺流程

在上述过程中，也可以把浸渍的无纺织布经辊压后即涂覆聚氨酯胶料，然后只进行一次湿法凝固，这样有利于提高制品的整体性和剥离强度。基材纤维中聚苯乙烯的抽出，也可以在把纤维制成无纺织布以后进行。

由 20 世纪 20 年代的硝化纤维漆布发展到当前的所谓合成革，虽然与天然皮革的距离越来越缩小，但仍然存在不少问题，如透气、透湿性还不够，冬季会发生硬化，表面易龟裂，由于带静电而易被污染，成本太高等，这些都有待于进一步改进。

12.6 金属制件的塑料涂覆

使金属零部件表面涂覆一层塑料后，既可保持金属原有的特点，又可使其具有塑料的某些特性，如耐腐蚀、耐磨、电绝缘、自润滑等。这对扩大制品应用范围和提高其经济价值有很大的意义。

塑料涂覆的方法很多，有火焰喷涂、流化喷涂、粉末静电喷涂、热熔敷、悬浮液涂覆等。可以用作涂覆的塑料种类也很多，最常用的是 PVC、PE、PA 等。涂覆用的塑料必须是粉状的，其细度在 80~120 目。

涂覆好的工件最好乘热放入冷水中急冷至水温时取出。急冷后可以降低塑料涂层的结晶度、提高水含量，使涂层韧性好、表面光亮、黏结力增加，且可克服由于内应力而导致涂层脱落。

为了提高涂层与基体金属之间的黏结力，涂覆前，工件表面应当无尘和干燥，没有锈迹和油脂。多数场合下工件都需要进行表面处理。处理的方法有喷砂、化学处理以及其他机械方法处理。其中喷砂处理效果较好，喷砂能使工件表面粗糙，从而增加了表面积并形成钩角，使黏结力提高。喷砂后的工件表面要用清洁的压缩空气吹去灰尘，并在 6h 内喷涂塑料，否则表面将会氧化，影响涂层的附着力。

直接由粉状塑料进行涂覆有以下优点：①可使用那些只能以粉状形式供应的树脂。②一次涂覆即可得到很厚的涂层。③形状复杂或带有锐利边缘的制品都能很好涂覆。④多数粉状塑料具有极好的贮存稳定性。⑤不需溶剂，物料配制过程简单。不过粉料涂覆也存在一些缺点或局限，例如制件若需预热，其尺寸就会受到限制。因为涂覆塑料需要一定时间，对大尺寸制件来说，喷涂尚未结束，有些地方已冷却到要求温度以下了。在塑料粉末喷涂过程中，粉料散失可高达 60%，必须收集再用，使工艺过程符合经济要求。

12.6.1 火焰喷涂

使粉状或糊状塑料通过喷枪发射的火焰变为熔融或半熔融状态，并随火焰的气流射到物体表面而结成塑料涂层，这就是火焰喷涂。涂层厚度 0.1~0.7 mm。用粉状塑料进行火焰喷涂时，工件应预热。预热方法可以采用烘箱预热。喷涂不同塑料时，预热温度也不同（见表 12.2）。

表 12.2 火焰喷涂时工件的预热温度

材料	氯化聚醚	尼龙 1010	低压聚乙烯
预热温度/°C	200	250	220

喷涂时的火焰温度需严格控制，太高易烧毁塑料或损伤塑料的性能；太低会影响黏附效果。一般喷涂最初一层塑料时，温度是许用范围中最高的，这样可以增进金属与塑料的黏附效果。在喷涂以后各层时，温度可略为降低。喷枪口与被喷工件距离为 100~200 cm。当第一层塑料粉末塑化后，即可大量出粉加厚。直至需要的厚度。如果工件为平面，则将平面放在水平位置，手持喷枪来回移动进行喷涂；如工件为圆柱形或内孔，则须装在车床上作旋转喷涂。工件旋转的线速度为 20~60 m/min。当喷涂层厚度达到要求而停止喷涂时，工件应继续旋

转，直至熔融的塑料凝固为止，然后再进行急冷。

虽然火焰喷涂的生产效率不很高，过程中常带有刺激性的气体，并且还需要相当熟练的技术。但其设备投资不大，对罐、槽内部和大型工件的涂层比用其他方法有效，因此，工业上仍不失为一种重要的加丁方法。火焰喷涂的主要装置如图12.13所示。

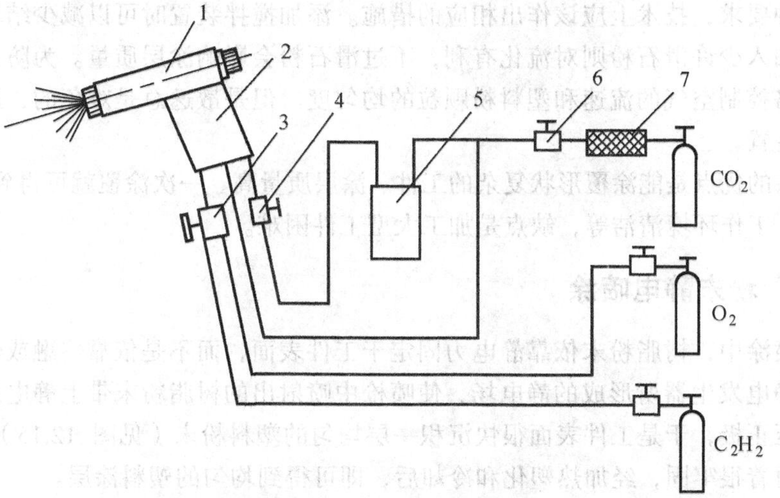

图12.13 火焰喷涂装置示意图

1—塑料喷枪；2—枪柄；3—氧—乙炔混合器；4—进粉调节器；5—粉桶；6—压力调节器；7—加热器

12.6.2 流化喷涂

流化喷涂的工作原理是：将树脂粉末放在一个内部装有一块只能通空气而不能通粉末的多孔隔板的简形容器的上部（见图12.14），当压缩空气由容器下部进入就能将粉末吹起并使之悬浮于容器中。此时若将经过预热的工件浸入其中，树脂粉末就会因熔化黏附在工件上而成为涂层。

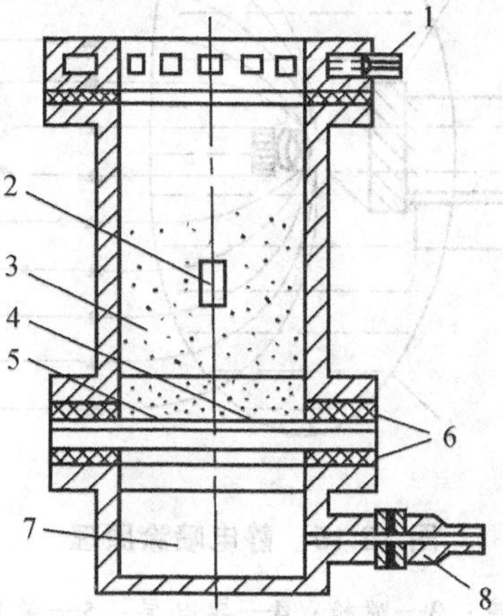

图12.14 流化床示意图

1—抽吸接头；2—被涂物体；3—流化室中的流化塑料粉；4—过滤网；
5—透气板；6—密封垫；7—空气室；8—入气口

流化喷涂中工件所得涂层厚度决定于工件进入流化室的温度、比热容、表面系数、喷涂时间和所用塑料的种类，但在工艺中能够加以控制的只有工件的温度和喷涂时间两种，在生产中均须由实验来决定。

喷涂时，要求塑料粉流化平稳而均匀，没有结块和涡流现象以及散逸的塑料微粒较少等。为了达到这种要求，技术上应该作出相应的措施。添加搅拌装置时可以减少结块和涡流，而在塑料粉中加入少许滑石粉则对流化有利，不过滑石粉会影响涂层质量。为防止塑料微料的散逸，应严格控制空气的流速和塑料粉颗粒的均匀度。但是散逸总是难免的，所以流化床上部应设回收装置。

流化喷涂的优点是能涂覆形状复杂的工件、涂层质量高、一次涂覆就可得到较厚的涂层、树脂损失少、工作环境清洁等，缺点是加工大型工件困难。

12.6.3 粉末静电喷涂

在静电喷涂中，树脂粉末依靠静电力固定于工件表面，而不是依靠熔融或烧结。其原理是利用高压静电发生器所形成的静电场，使喷枪中喷射出的树脂粉末带上静电荷，而接地的工件成为高压正极，于是工件表面很快沉积一层均匀的塑料粉末（见图 12.15）。在电荷消失前，粉末层附着很牢固，经加热塑化和冷却后，即可得到均匀的塑料涂层。

粉末静电喷涂是 20 世纪 60 年代中期发展起来的，该法容易实现自动化。如果涂层不需要很厚，静电喷涂不要求工件预热，因而可用于热敏性物料或不适于加热的工件涂覆。它也不需要大型贮器，这在流化喷涂中却是必不可少的。绕过工件的粉末会被吸引到工件反面，所以溅失的粉料要比其他喷涂少得多，而且只需在一面喷粉，就可把整个工件涂覆。但大型工件还需从两面喷涂。

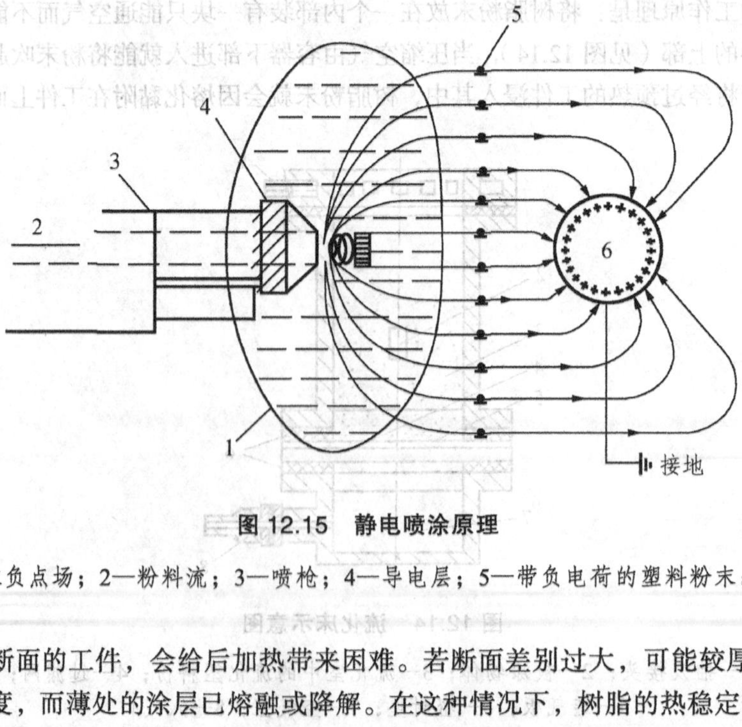

图 12.15 静电喷涂原理

1—高电位负点场；2—粉料流；3—喷枪；4—导电层；5—带负电荷的塑料粉末；6—制件

带有不同断面的工件，会给后加热带来困难。若断面差别过大，可能较厚部位的涂层尚未达到熔融温度，而薄处的涂层已熔融或降解。在这种情况下，树脂的热稳定性是很重要的。

带有整齐内角和深孔的制件，不易完全为静电喷涂所涂覆，因为这些区域存在静电屏蔽而排斥粉料，妨碍涂层进入角或孔内，除非喷枪可插入其中。此外，静电喷涂所要求的颗粒较细，因为较大的颗粒易从工件上脱落，而比 150 目更细的颗粒，静电作用更有效。

12.6.4 热熔敷法

热熔敷法的工作原理是在已经预热好的工件上用喷枪喷上塑料粉末，借工件的热量使塑料熔融，冷却后就能使工件蒙上塑料涂层。必要时还须经过后烘处理。

热熔敷法工艺控制关键是工件的预热温度。预热温度过高时，常会导致金属表面严重氧化，涂层黏着性降低，甚至可能会引起树脂分解和涂层起泡变色等现象。预热温度过低，树脂流动性差，不易得到均匀的涂层。涂覆聚氯乙烯、高密度聚乙烯、尼龙 1010 以及氯化聚醚这 4 种塑料时，工件预热温度可参考表 12.3。

表 12.3 热熔敷法工件预热温度

材料	聚氯乙烯	高密度聚乙烯	尼龙 1010	氯化聚醚
工件预热温度/°C	170	310	290	230

热熔敷法一次喷涂往往不能获得所需厚度，因此，要反复喷涂多次。在每次喷涂后均需加热处理，使涂层完全熔化、发亮，然后再喷涂第二层。这样不仅可使涂层均匀、光滑，而且还能显著提高力学强度。高密度聚乙烯加热处理温度为 170 °C 左右，氯化聚醚为 200 °C 左右，时间 1 h 为宜。

热熔敷法所得涂层质量高、美观、黏结力大、树脂损失小、容易控制、气味少，其喷枪不带燃烧系统，结构简单，可利用普通喷漆用喷枪。

12.6.5 悬浮液的涂覆

悬浮液涂覆是将三氟氯乙烯、氯化聚醚、聚乙烯等悬浮液先用适当方法涂覆在工件上，然后经加热塑化使其成为黏结较牢的塑料涂层。悬浮液涂覆的工艺流程如图 12.16 所示，整个过程与前述各种方法有很多相同之处，故不再重复，只是涂覆一项有必要说明一下。其方法有以下几种：

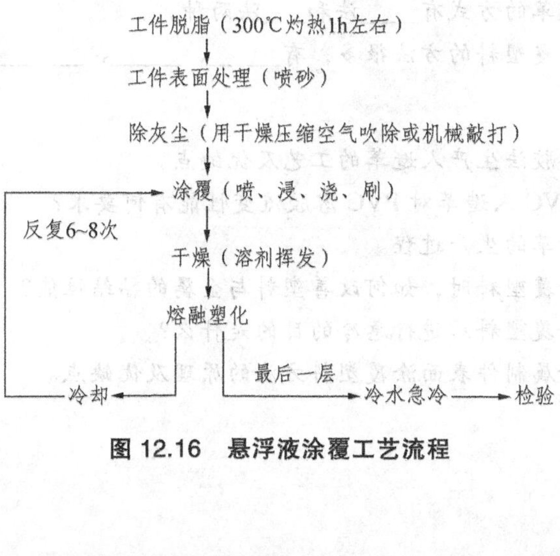

图 12.16 悬浮液涂覆工艺流程

1. 喷　涂

将悬浮液装入喷枪槽内，以表压不大于 0.1 MPa 的压缩空气使涂液均匀地喷射在工件表面上。为减少悬浮液的损失，应尽量降低压缩空气的压力。工件与喷嘴之间的距离，应保持在 10~20cm，喷射面应尽量与料流方向保持垂直。

2. 浸　涂

使工件先浸在悬浮液内，数秒钟后将其取出，此时一层悬浮液即会黏附在工件表面，多余的料液可任其自行流下。此法适用于体积较小而外表面又需全部涂覆的工件。

3. 涂刷

涂刷就是用漆刷或毛笔将悬浮液涂拭在工件表面使其带上涂层。涂刷适用于一般局部涂覆或平面比较狭窄的单面涂覆工件。由于涂刷层经塑化后表面不够光滑平整，而且每次涂刷的料层又不能过厚，所以目前极少采用。

4. 浇　涂

将悬浮液倾倒在转动的中空工件中而使其内表面完全被悬浮液所覆盖，然后把多余的料液倒出而使其形成涂层的方法为浇涂。此法适用于小型反应釜、管道、弯头、阀门、泵壳以及三通等工件的涂覆。

复习思考题

一、名词解释

1. 涂层；2. 人造革；3. 合成革

二、填空题

1. 压延法生产人造革可分为____法和____法两种。
2. 用四辊压延机生产人造革时，基材的导入方式有______、______和______式。
3. 涂覆法生产人造革根据涂覆的方式不同，可分为____涂覆和____涂覆。
4. 人造革的表面修饰包括_____、_____、_____等
5. 生产聚氨酯人造革的方式有____法和____法两种。
6. 金属制件表面涂覆塑料的方法很多，有______、______、_______、______和______等。

三、简答题

1. 比较擦胶法和贴胶法生产人造革的工艺及优缺点。
2. 用涂覆法生产 PVC 人造革对 PVC 溶胶流变性能有何要求？
3. 描述湿法聚氨酯革的生产过程。
4. 金属制件表面涂覆塑料时，如何改善塑料与金属的黏结性能？
5. 金属制件表面涂覆塑料后进行急冷的目的是什么？
6. 描述各种用于金属制件表面涂覆塑料方法的原理及优缺点。

第13章 浇铸成型

本章教学要点

知识要点

✧ 浇铸成型、嵌铸、离心浇铸、流延铸塑、搪塑、滚塑的概念及应用
✧ 浇铸成型设备
✧ 浇铸成型工艺过程及关键工艺因素控制

掌握程度

✧ 了解浇铸成型、嵌铸、离心浇铸、流延铸塑、搪塑、滚塑成型的概念及应用
✧ 了解浇铸成型设备构成
✧ 掌握浇铸成型工艺过程及关键工艺因素控制方法

背景知识

✧ 高分子材料的结构与性能的关系、高分子材料成型加工原理、高分子加工流变特性、高分子成型设备及模具

13.1 概 述

浇铸成型又称（静态）铸塑，是将已准备好的浇铸原料注入模具中使其固化，获得与模具型腔相似的制品。浇铸成型的原料可以是单体、经初步聚合或缩聚的浆状物或聚合物与单体的溶液等。固化过程中通常发生聚合或缩聚反应。近年来，在传统的浇铸成型基础上还出现了一些新的铸塑方法，包括嵌铸、离心浇铸、流延铸塑、搪塑、滚塑等。

浇铸成型时压力低，故对模具和设备的强度要求不高，投资较小；对产品的尺寸限制较小，宜生产大型制品；产品的内应力低。因而近年来在生产产量上增长较快。缺点是成型周期长，制品尺寸准确性较差。

13.2 静态浇铸

静态浇铸是浇铸成型中较简便和使用较广泛的一种。用这种方法生产的塑料品种主要有

聚酰胺、环氧树脂和聚甲基丙烯酸甲酯等。此外还有酚醛、不饱和聚酯等塑料，但为数极少。

13.2.1 原材料

能用于静态浇铸的原料须满足：①流动性好，容易充满模具型腔；②成型温度应比产品的熔点低；③固化时无低沸点物或气体等副产物生成，制品不易产生气泡；④浇铸原料的化学变化、反应的放热及结晶、固化等过程在反应体系中能均匀分布且同时进行，体积收缩小，不易使制品出现缩孔或残余内应力。

1. 聚己内酰胺

聚己内酰胺的铸塑制品又称铸型尼龙、单体浇铸尼龙、MC尼龙制品，是用己内酰胺铸成的。铸塑时，己内酰胺单体内加入碱性催化剂和助催化剂后进行聚合反应而成为聚己内酰胺。除己内酰胺外，还可以用八、十一和十二内酰胺等。

催化剂通常用氢氧化钠，加入量一般为1.4 g/kg己内酰胺。助催化剂又称活化剂，种类较多，其主要形式为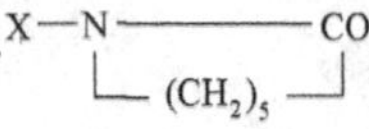或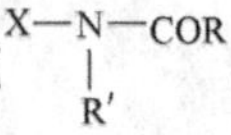，式中X为极性基团，R和R′均为烷基碳氢链。由于有两个极性基团与氮原子相连，使羰基的极化加强，是极活泼的化合物。此外，还可以使用能与内酰胺单体或其碱金属盐起反应，间接生成上述结构化合物的试剂。各种助催化剂对加大聚合反应的速度和活性各有不同，应根据浇铸工艺要求来选择。通过助催化剂的加入，可在产品中引入新的官能团以改进聚合体的性能，以利于填料、颜料或防老剂的加入。当使用双官能或多官能的助催化剂时，可使聚合物相对分子质量增高或具有体型结构以提高制品的冲击强度。

2. 环氧树脂

通常使用的是双酚A型环氧树脂。采用环氧树脂为原料进行浇铸成型时，需要加入固化剂，固化剂常用的有两类：

（1）胺类固化剂。多元胺类能使环氧树脂在室温下固化，对生产大型铸塑制品的工艺很方便，但有些品种具有较大的毒性。常用的胺类固化剂包括乙二胺、二乙基三胺、三乙基胺、间苯二胺、咪唑等。此外也使用低分子量聚酰胺作固化剂，可室温固化，操作方便，毒性较低，但固化周期较长（1~2天）。

（2）酸酐类固化剂。这类固化剂毒性较低，但需在加热下才能使环氧树脂固化。酸酐一般在室温下为固体，配制时需先磨细再加到已加热熔融的树脂中并充分混合均匀。酸酐受热后易升华，刺激性强。因此，近年来也采用了室温为液态的甲基四氢苯酐等固化剂。常用的酸酐类固化剂包括顺丁烯二酸酐、邻苯二甲酸酐、均苯四甲酸酐等。

胺类固化剂的具体参数及添加量、固化条件可参阅手册。

固化后的环氧树脂，因其交联密度较低，冲击韧性较差，可加入少量增塑剂进行改善，同时也可降低配料时树脂的黏度，有利于填料的浸润和分散等。常用的有邻苯二甲酸二丁酯、邻苯二甲酸二辛酯、癸二酸二丁酯等。其用量一般为树脂量的10%~20%。

为了降低树脂黏度以便浇铸，常在原料中加入稀释剂。稀释剂有活性与非活性两类，前者是指含有环氧基或其他活性基团的物质，如环氧丙烷丁基醚、环氧丙烷苯基醚、环氧丙烷丙烯醚、二缩水甘油醚、甘油环氧树脂等。活性稀释剂在固化时也参与化学反应而成为制品中网状高聚物的组成部分。非活性稀释剂又称惰性稀释剂，就是环氧树脂的一般溶剂，如甲苯、丙酮等。采用惰性稀释剂时，在固化过程中要逸出，会增加产品的收缩率，降低黏合力，甚至会降低热变形温度、冲击强度、拉伸强度等，同时还会产生气泡，并具有一定的毒性，因而在配制时应慎重选择。稀释剂用量一般为环氧树脂的 5%~20%，若过量，特别是在使用惰性稀释剂时，将使产品性能下降。而当采用双环氧或多环氧基的活性稀释剂时影响就很小。

3. 聚甲基丙烯酸甲酯

聚甲基丙烯酸甲酯是由甲基丙烯酸甲酯（$CH_2{=}C(CH_3){-}COOCH_3$）聚合而成的。聚合热为 48.6~ 54.0 kJ/mol。在聚合反应中，当单体的转化率达到 14%~40%时，黏度迅速上升，聚合速度显著提高，常导致局部过热而发生爆发性聚合，这种现象称作凝胶效应。因此在聚合过程中要严格控制这种现象的产生，否则将使产品带有大量气泡、软心、物理机械性能恶化。基于上述原因，在铸塑中一般均用单体与聚合体组成的浆状物为原料进行浇铸，而不使用纯单体，这样不仅使生产过程控制较容易，避免爆发性聚合的发生，同时也可减少原料在模具中的漏损并缩短生产周期。类似的，也可以将单体直接进行部分预聚合后再用于浇铸。

聚合用的引发剂通常为过氧化二苯甲酰（用量为单体量的 0.02%~0.12%）或偶氮二异丁腈（用量为单体量的 0.02%~0.05%）。

除上述几种原料（单体）及助剂外，浇铸塑料中还常加入各种类型的填料。例如，在己内酰胺及环氧树脂中加入石墨或二硫化钼（用于耐磨、减摩材料及降低热膨胀系数）、金属粉（提高导热性）、各类增强纤维（提高机械强度）、滑石粉（增加环氧树脂触变性，防止流淌）及云母、高岭土、石棉、石英等粉末及橡胶，在聚甲基丙烯酸甲酯中加入各类色料等。其作用均与第 3 章所述相同。由于填料的密度均较大，在浇铸中容易下沉，使其分散不均匀。改进的办法是：增加填料细度，对填料进行表面处理，在浇铸系统中加入表面活性剂。也可在单体中溶入少量聚合体增稠，或使模具在振动、旋转等条件下进行浇铸及固化。

13.2.2　模　具

静态浇铸的制品设计和模具设计，在总的要求上和注塑成型是相同的。但因成型压力较低，对模具强度的要求不高，只要模具材料对浇铸过程无不良影响，能经受浇铸过程所需要的温度和加工性能良好即可。常用的制模材料有铸铁、钢、铝合金、型砂、硅橡胶、塑料、玻璃以至水泥、石膏等，选用时需视塑料品种、制品要求及所需数量而定。

对于外形简单的制品，模具一般只用阴模（上部敞开）。使用此类模具，由于浇铸过程中塑料因固化而发生体积收缩（如己内酰胺浇铸时，收缩可达 15%~20%），将产生制品高度的减小和上表面的不平整，因此模具高度应考虑有充分的余量，以便在制品脱模后进行切削加工。

使用强度较差的模具材料，特别是在生产大型制品（如在汽车、飞机制造中用作压制工具的环氧塑料制品）时，为使模具有足够的刚度，常以其他硬性材料制成模框作为支承体，这种支承体又常称作模框、模座、骨架或基体。支承体的材料常用钢、木材、石膏（在用软塑料或橡皮模具时）。

用于环氧塑料的模具，有常压和真空浇铸两类。按照模具的不同又可分为敞开式浇铸、水平浇铸（正浇铸）、侧立式浇铸、倾斜式浇铸等。采用不同的浇铸方式主要有利于料流充满模具和排出气泡。

1. 敞开式浇铸

如图 13.1 所示，敞开式浇铸装置较简单，一般只有阴模，易于排气，因而所得制品内部的缺陷较少，通常用于制造外形较简单的制品。

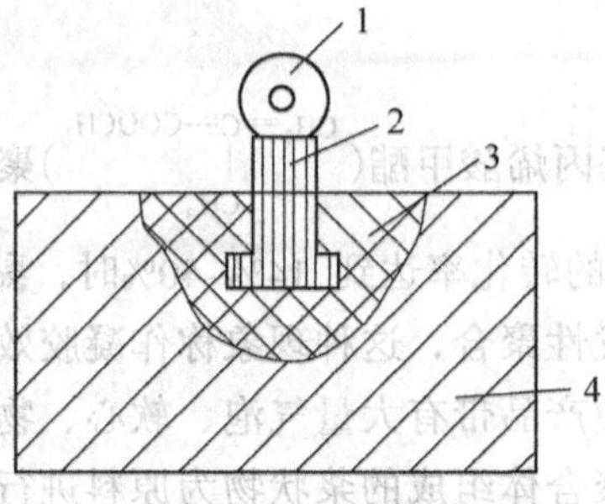

图 13.1 敞开式浇铸

1—固定嵌件及拔出制品圆环；2—嵌件；3—制品；4—阴模

2. 水平式浇铸

如图 13.2 所示，水平式浇铸是将所生产制品的基体（制品中作为支承塑料部分用的）事先安装固定于阴模之上，然后用密封板密封，再向基体上的浇口铸入环氧塑料并借基体上的排气口排气。密封板可用石棉板或油毛毡，用石膏浆或环氧胶泥密封其缝隙。此种方法适用于制造飞机或汽车工业中使用的环氧塑料模具。

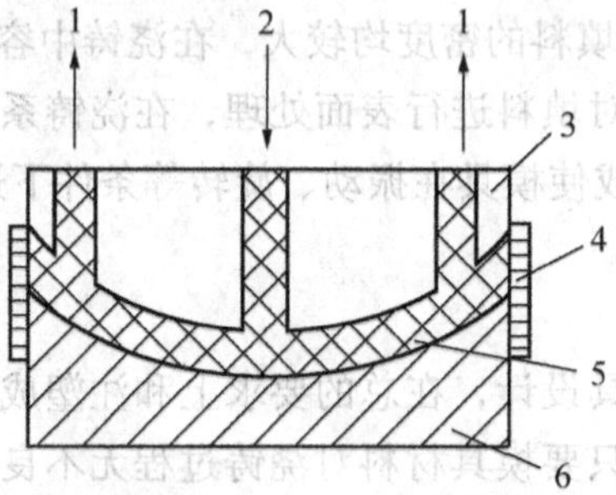

图 13.2 水平式浇铸

1—排气口；2—浇口；3—基体；4—密封板 5—环氧塑料；6—阴模

3. 侧立式浇铸

如图 13.3 所示，侧立式浇铸是将两瓣模具（或一瓣为基体）对合并侧立放置，两瓣模具对合时中间所余的缝隙即为模腔。对合缝处用环氧胶泥或石棉板与石膏浆密封。侧立放置模具的顶部留出环氧塑料的浇口和排气口。模具外部用固定夹夹紧，环氧塑料即由浇口铸入。此法的优点是可使制品的气泡集中在制品顶部非工作部位，而较之相似制品用平放模时有较高的制品质量。

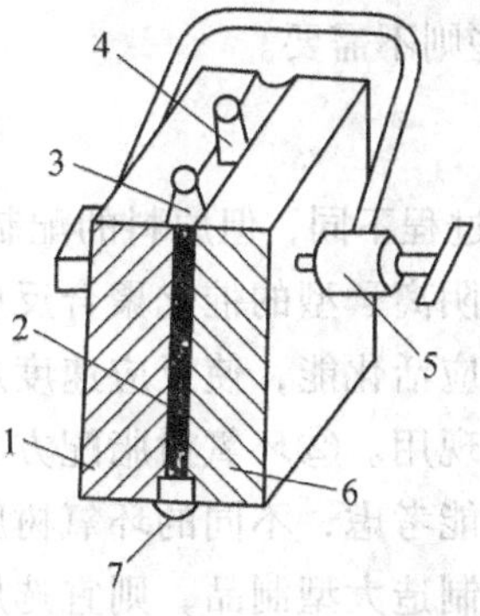

图 13.3　侧立式浇铸示意图

1—模具；2—制品；3—排气口；4—浇口；5—G形夹；6—模具或基体；7—密封物

4. 真空浇铸

如图 13.4 所示，为了更好地排气，可以用抽真空的方法将模具型腔内的空气抽出，使之在真空下进行浇铸，真空度以维持在 99.9 kPa 以上为宜。对于小型模具可直接放在真空烘箱中进行浇铸，而对于较大的模具则可采用对模具型腔直接抽空的方法浇铸。使用此法时应选用难挥发的硬化剂，真空管道也应定时清理。真空浇铸不仅可使制品中气泡减少，并可在模具型腔中事先铺入增强的玻璃毡或布从而提高制品的机械强度。

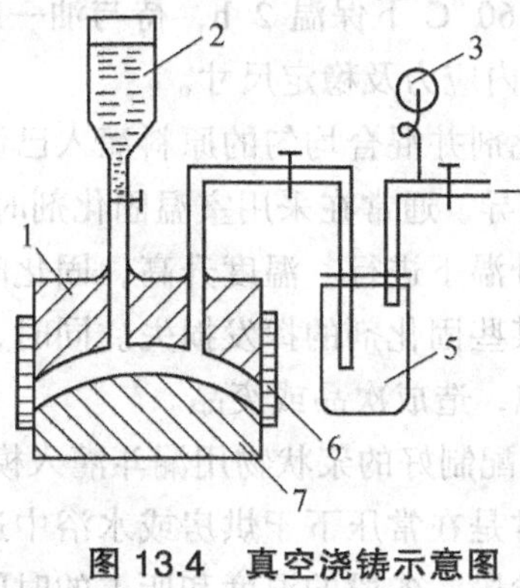

图 13.4　真空浇铸示意图

1—阴模或基体；2—浇铸用环氧塑料容器；3—真空表；4—连接真空装置；5—密封板；7—阳模

13.2.3　浇铸成型工艺过程

成型工艺过程有模具准备、原料配制和浇铸、固化等几个步骤。

1. 模具准备

模具准备包括模具的清洁、涂脱模剂、嵌件准备与安放以及预热等过程。需视具体品种而有所取舍。模具应清洁、干燥。有的浇铸过程（如聚甲基丙烯酸甲酯板材）并不需要脱模剂，但另一些（如环氧塑料的浇铸）则是十分重要的。由于环氧塑料的黏结性很强，脱模剂选择不当将造成脱模困难以致损坏制品或模具。常用的脱模剂有矿物润滑油、润滑脂，如机油，液体石蜡，凡士林，油膏等。有些浇铸过程（如已内酰胺单体的浇铸），需事先将模具预热到固化温度（如 160 ℃），而有些则不需要。

2. 浇铸原料配制

随所使用原料的不同，其配制过程不同，但原料的配制都应该满足后序的成型过程所需。①己内酰胺在浇铸时的聚合过程是阴离子型的催化聚合反应，原料配制过程中需加入碱催化剂及少量助催化剂，能大大降低反应活化能，使反应速度成百倍地提高。配制好的原料应该保存良好，必要时真空保存，现配现用。②环氧树脂配方的选定应该按照制品性能的要求和铸塑成型工艺条件。例如从制品性能考虑，不同的环氧树脂和硬化剂有不同的耐热性和力学性能。从成型工艺条件考虑，如需制造大型制品，则宜选用室温硬化，这样可不用大型的加热设备。选用相对分子质量较低，室温下为液体的树脂，而硬化剂亦需用脂肪族多胺类，即硬化剂要有较大的活性，但活性又不能太大，以免配制的环氧塑料使用寿命太短，不便于操作。配制过程中主要应注意的因素是：使各组分完全均匀混合；设法消除带入的空气和挥发物；控制好硬化剂的加入温度。

3. 浇铸及固化

随原料品种不同其浇铸及固化过程也略有差别。现举例如下。

（1）己内酰胺。将已制备好的活性原料灌注入已涂好脱模剂（如硅油）并预热的模具中，在 160°C 左右保温约半小时，即可逐步冷却取出制品。

所得制品可在机油中于 150~160 ℃ 下保温 2 h，待与油一起冷至室温后再置于水中煮沸 24 h，再逐步冷至室温以消除制品内应力及稳定尺寸。

（2）环氧树脂。将已加入固化剂并混合均匀的原料灌入已涂好脱模剂的模具中。其固化工艺条件，视所用固化剂的不同而异。通常在采用室温固化剂时，只需在 25 ℃ 左右放置一段时间即可。为加速固化，也可在升温下进行。温度升高，固化时间相应缩短。但升温不宜过快，保温也不能太高，以免造成某些固化剂的挥发损失。同时，原料中的空气、水分、低分子物逸失太快时，也易使制品起泡，造成次品或废品。

（3）甲基丙烯酸甲酯浇铸时将配制好的浆状物用漏斗灌入模具中并应尽量避免带入气泡，灌满后即将模具封闭。其固化通常是在常压下于烘房或水浴中进行的。固化温度应逐步分段提高，必要时还需加入几个冷却阶段。各段的温度和所占的时间主要决定于制品的厚度。当转化率未达 92%~96%以前，固化温度均不得高于 100 ℃，而在这以后，则需提高到 100 ℃ 或更高，且应维持数小时，这是因为单体在此时的聚合速度已十分缓慢。

聚合反应也可在高压（1MPa 左右）惰性气体中进行，即在高压釜内进行，这样就可适当提高固化温度（70~135 ℃）而便于缩短生产周期。采用高压聚合时，浆状物可以不经过脱气过程。

13.3 嵌 铸

嵌铸又称封入成型，是将各种非塑料物件包封在塑料中的一种成型方法。使用最多的是用透明塑料包封各种生物或医用标本、商品样本、纪念品等。在工业上还借嵌铸而将某些电气元件及零件与外界环境隔绝，以便起到绝缘、防腐蚀、防震动破坏等作用。用于前一类的塑料主要有丙烯酸类，如聚甲基丙烯酸甲酯，其次是不饱和聚酯及脲醛塑料等，而用于后一类的都为环氧塑料类。被嵌铸的样品、元件等在嵌铸工艺中常称作嵌件。

嵌铸的工艺过程首先是要将嵌件进行适当处理，然后按照要求的位置使其固定于模具内，最后是塑料浇铸和固化。塑料的浇铸及固化与前面所述的静态铸塑中的过程是相同的。

13.3.1 原　料

嵌铸工艺目前使用的塑料品种有脲甲醛、不饱和聚酯、有机玻璃及环氧塑料等。

使用脲甲醛时通常都不加填料，成本较其他几种塑料低，但性能不好，制品表面容易龟裂。可以在脲甲醛塑料中加入聚丙烯乙二醇等增塑剂，以降低树脂硬度，防止发生龟裂，但制品的耐水性能不好，故目前使用不多。

用于嵌塑的不饱和聚酯塑料应选用无色、透明、黏度小、硬化反应放热较缓和及硬化后硬度适中（太软易变形，太硬易碎）的树脂。硬化时通常用氧化甲乙酮（约占树脂质量的 0.25%）作催化剂，钴盐（约占树脂质量的 0.25%）作促进剂。使用时先将树脂分为两半，分别与催化剂和促进剂均匀混合。然后再将两者混合成混合料备用（催化剂及促进剂不可一开始就在一起混合，已配制好的混合料不应放置过久以免黏度上升甚至发生固化）。不饱和聚酯固化时放热不多，可在室温下固化成型，故宜用于对热敏感的嵌件的嵌铸。

聚甲基丙烯酸甲酯可参照本章静态铸塑部分，其透明性及耐气候性均较好，但价格较贵，故多用于要求较高的样品的嵌铸。浇铸用的原料多使用单体与聚合体配制成的浆状物，为了避免发生爆聚现象，在嵌铸工艺上要求采取一些相应的措施。也有介绍用钴 60 幅照使甲基丙烯酸甲酯聚合，可避免在较高温度下固化，适用于嵌铸受热易变质损坏的样品。为了使固化后制品在 40°C 以上时略具有弹性，可以采用甲基丙烯酸甲酯、乙酯和丁酯共聚的浆状物来进行浇铸。

13.3.2 模　具

嵌铸用的模具要求都较低，因为一般制品外形较简单，制品脱模后一般还需要进行机械加工及抛光等。模具材料可用玻璃、塑料（如玻璃增强塑料）、铝、石膏、木材等。也可用钢质模具但表面应镀铬。某些嵌铸制品为了提携方便等原因，常需在其外部附一个坚实的外壳（多用金属或玻璃增强塑料制成），因此，即可以其外壳作为模具。

在使用不饱和聚酯塑料时，脱模剂可用聚乙烯醇、硅油或放一层聚乙烯薄膜或玻璃纸。在使用有机玻璃时，如使用玻璃或镀铬抛光的钢模具，只要模具彻底清洗干净后可以不用脱模剂，也可用一层玻璃纸贴在模具型腔内。

13.3.3 嵌铸工艺过程

嵌铸工艺可以简单地分为下列 3 个过程。

1. 嵌件的预处理

为使塑料与嵌件之间能相互紧密黏合或避免嵌件上带有气泡，常对嵌件预处理。随处理目的不同可分以下几种：

（1）干燥。为了避免高温下嵌件所含水分因气化而使制品带有气泡，应先进行干燥。若嵌件不能经受常压干燥或真空干燥，如鱼、蛙之类（干后会发生变形），则可依次在30%、50%、80%、100%的甘油中各浸一天，把内部的水分都抽出来。另一种方法是将动物冷冻至−30 ℃后再真空干燥。嵌铸花草等植物时，通常的干燥会使其变形或变色，可将其埋在干燥的硅胶中，数日后取出，可使形状和颜色不变。再一种方法是用已调好pH值的叔丁醇抽提花中的水分，被抽提的花从叔丁醇中取出后可放在吸湿纸上并一起放入真空干燥器中脱除叔丁醇，这种花可在真空下保持数年不变。

（2）嵌件表面润湿。如用不饱和聚酯嵌铸时，为避免塑料与嵌件间黏结不牢或夹带气泡，可先将嵌件在苯乙烯单体中润湿一下。

（3）表面涂层。某些嵌件会对塑料的硬化过程起不良影响，如铜或铜合金会对丙烯酸类树脂的聚合起阻聚作用，但又不能找到其他代用嵌件材料时，可在嵌件表面涂上一层惰性物质，然后再进行嵌铸。如在制品中需嵌入文字说明时，可用墨汁写在玻璃纸上，再在其上涂一层聚乙烯醇，然后嵌铸在制品中，这样在制品中可以只看见字，而看不出衬底。

（4）表面糙化。嵌铸某些电子元件时，由于金属与塑料的膨胀系数不同，且在使用中元件有可能发热，而可能导致塑料层开裂，塑料与嵌件的连接脱落。除在塑料品种、配方及嵌件大小、外形上适当考虑外，也可将嵌件进行喷砂或用粗砂纸打磨使表面糙化，以提高嵌件与塑料的黏结力。

2. 嵌件的固定

（1）生物标本等样品（如蝴蝶）可用钉子固定在模具上。

（2）某些嵌件因与塑料相对密度不同以致发生上浮或下沉，此时可用分次浇铸，以便嵌件能固定在制品中部或其他规定的位置。

3. 浇铸工艺

不饱和聚酯及环氧塑料等的浇铸与静态浇铸基本相同，但对有机玻璃则有所不同。静态铸塑有机玻璃板材时，因厚度一般较小，散热比较容易，但嵌铸制品的厚度有时要大得多，故聚合过程的散热困难，容易引起爆聚。为了改进这种状况，常采用静态铸塑中所介绍的在高压釜内于惰性气体下进行聚合的方法。例如用有机玻璃嵌铸一只蝴蝶时，先以甲基丙烯酸甲酯单体与其悬浮聚合体以5/5~3/7的比例混合成泥浆状的混合物备用，再在另一容器内放入100（质量）份单体，然后加入120（质量）份聚合物，搅拌成浆状物，将它直接倒入模具内，再放上要封入的蝴蝶，最后再加一些上述的泥浆状混合物在蝴蝶上面。当料加完后须在它的表面上贴上玻璃纸，放置一夜后泥浆状混合物就变成橡胶状的弹性体。将整个模具放入热压釜中，再充以压力1 MPa的二氧化碳，将釜加热至100°C时停止加热（此时釜内压力上升到1.3 MPa，操作中无必要再升高压力），待釜渐渐冷却后（不可骤然降温）即可取出。由于CO_2气压的作用会使贴在树脂表面的玻璃纸向下塌陷，故取出后尚需将塌陷变形的上表面削平，抛光。

泥浆状的混合物因为内部夹有空气所以是不透明的，靠加压而逐出其内部的空气时就能使其变成透明的。有时可在制品底下一层衬以乳白色的有机玻璃板，使制品看起来更美观。

13.4 离心浇铸

离心浇铸是将液状塑料浇入旋转的模具中，在离心力的作用下使其充满回转体形的模具，再使其固化定型而得到制品的一种方法。因而它所生产的制品多为圆柱形或近似圆柱形的，如轴套、齿轮、滑轮、转子、垫圈等。离心浇铸与滚塑（旋转成型）之区别在于前者主要靠离心力的作用，故转速较大，通常从每分钟几十转到两千转。滚塑主要是靠塑料自重的作用流布并黏附于旋转模具的型腔壁内，因而转速较慢，一般每分钟只有几转到几十转。但是两者的分界有时也并不是十分明显。

根据制品的形状和尺寸可以采用水平式（卧式）或立式的离心铸塑设备。当制品轴线方向尺寸很大时，宜采用水平式设备，而当制品直径较大而轴线方向尺寸较小时，宜采用立式设备。单方向旋转的离心铸塑设备通常都用以生产空心制品，如欲制造实心制品，则在单方向旋转后还需在紧压机上进行旋转，以保证制品的质量。此外也有同时使模具作两个方向旋转的。

离心铸塑所采用的塑料通常都是熔融黏度较小，熔体热稳定性较好的热塑性塑料，如聚酰胺、聚乙烯等。此外静态铸塑中所介绍的己内酰胺单体碱催化聚合也常用离心铸塑法成型。

离心铸塑比之静态铸塑的优点是：

（1）宜于生产薄壁或厚壁的大型制品，如大型轴套。而用静态铸塑法则难以生产大型的薄壁制品。

（2）制品无内应力或内应力很低，外表面光滑，内部不致产生缩孔。

（3）制品较静态铸塑的精度高，机械加工量减少。

（4）制品的机械强度（如弯曲强度、硬度等）较静态铸塑高。

缺点是较静态铸塑复杂。与其他成型工艺比较，离心铸塑的优点是设备及模具简单，投资小，工艺过程简单，制品尺寸及质量所受限制较少（离心铸塑的单件制品的质量常可达几十千克），制品质量高；缺点是生产周期长，难以成型外形复杂的精密制品。

离心铸塑所用的模具通常用一般碳钢制成，因受力不大，故模具的壁厚可较小，这样也有利于减少旋转时动能的消耗。

生产中通常是将模具固定于离心铸塑设备的壳体内，靠电动机经减速装置带动其旋转。所产生的离心力即基本决定了塑料在模具内所受压力的大小。离心力（F）的大小与模具转速（n），模具半径（R），熔融塑料的密度（ρ）有关，即

$$F \propto n^2 R^2 \rho \tag{13.1}$$

随所用塑料品种和制品类型的不同，要求的离心力大小也略有差异（塑料熔体的黏度越大，制品的形状复杂时要求离心力大些）。通常离心力 F=0.3~0.5 MPa 即可。由于所成型的熔融塑料的密度（ρ）为定值，故当所生产制品的直径（R）增大时，设备的转速可以低些，而生产小型制品时则要求有较高的转速。此外还应考虑到塑料自重的影响。在采用水平式和立式设备时，重力的影响是不同的。据介绍，离心铸塑设备的转速，可按经验公式（13.2）、（13.3）计算。

立式设备：　$$n = 5\,520 / \sqrt{\rho r} \tag{13.2}$$

水平式设备：$n = 2\,000/\sqrt{R-\delta}$ （13.3）

式中，n 为模具每分钟转数；ρ 为塑料熔体的相对密度；r 为制品内径（cm）；R 为制品外径（cm）；δ 为制品壁厚（cm）。

13.4.1 立式离心铸塑

图 13.5 为立式离心铸塑的示意图。铸塑时，首先用挤出机将塑料熔化并挤到旋转（约 150 r/min）和加热（高于塑料熔点 20~30 °C）的模具中。由模具上部送入的惰性气体是为防止塑料氧化和清理模具用的。模具型腔上部留有相当大的空间（为型腔的 10%~20%），这是用来贮备塑料以便此后填补型腔的空余部分。当模具中已装入规定量的塑料后，停止挤出并提高挤出机的供料口，同时以高速（约 1 500 r/min）旋转模具。经几分钟后，塑料中的气泡即会向模具的中央集中。此时停止模具的旋转并将它送到紧压机（见图 13.6）上。经过在紧压机上旋转（300~500 r/min）十几分钟后，型腔上部的贮料即将气泡置换到型腔上部的贮料部分。旋转时，模具内的塑料因受空气的冷却逐步由表及里地进行固化。贮料部分所以需要加设绝热层的理由就在于保持这部分的塑料为熔融状态，以便填补型腔中空部分和型腔内塑料因冷却收缩而缺少的部分。模具由紧压机上卸下后，即从中取出粗制品并将它送到温度较低的烘箱内冷却，以便内应力降低到最小。粗制品在进烘箱时，其内部还可能存有熔态塑料，因此，在冷却时还会发生收缩。这种收缩仍需借贮料部分的余料来填补。为使这种填补能顺利进行，贮料部分已经硬化的面层必须戳破以使其与大气相通。经过几小时的冷却后，即用粗加工方法将贮料部分多余的料截去。如果塑料是吸水性的，此时即应进行调湿处理。处理后的粗制品再经精加工即成为制品。

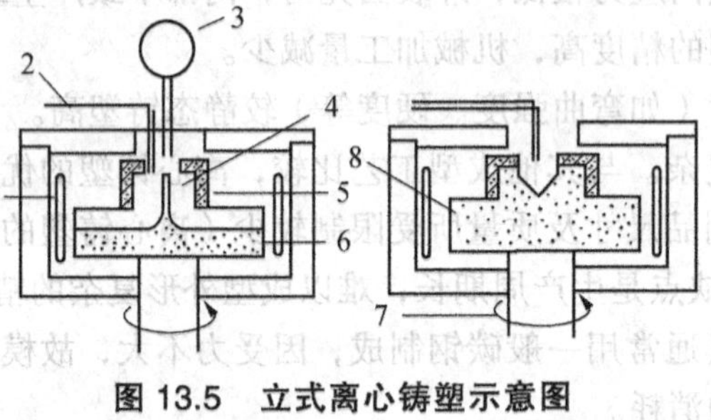

图 13.5 立式离心铸塑示意图

1—红外线灯或电阻丝；2—惰性气体送入管；3—挤出机；4—贮备塑料部分；5—绝热层；6—塑料；7—转动轴；8—模具

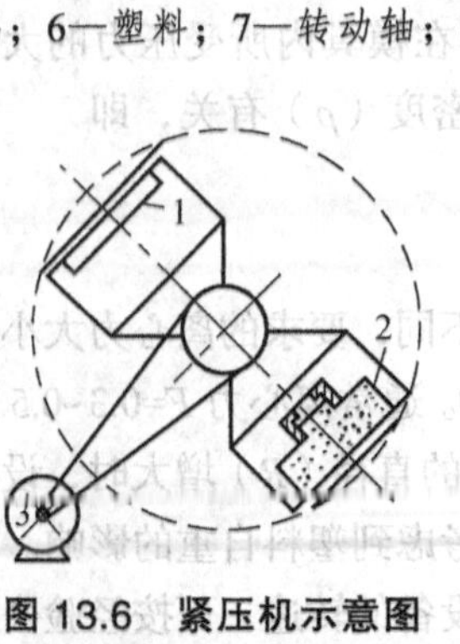

图 13.6 紧压机示意图

1—平衡重体或另一模具；2—带有塑料的模具；3—电动机

用于离心铸塑的挤出机，主要作用是塑化塑料，对它的要求并不高。

铸入模具中的塑料带有较多气泡的原因是：①挤出机的反压力太低；②流入模具中的塑料有较多的折叠和骚动；③熔融塑料的表面张力不大。带入的气泡会恶化制品的质量，所以要使模具旋转和经紧压机处理，以增加气泡的浮力，使其能很快地脱除。从理论分析可知：①脱泡速率与气泡直径的平方成正比而与塑料的熔融黏度成反比。因此，铸料入模的过程应设法避免小泡存在，在不影响制品质量的前提下，应尽量提高塑料的温度使其黏度降低。②脱泡速率粗略地与转速平方成正比，所以转速越快越好。③模具旋转时，气泡所受的压力与其离开旋转轴的距离平方成正比。由于气泡是可以压缩的，所以相同质量的气泡，离开旋转轴越远时，它的体积就越小。如果单从这一点来说，推动气泡的浮力是越靠近旋转轴而越大。但是气泡的向心力又与气泡离旋转轴的距离成正比，因此，结合前一种情况，离开旋转轴过远或过近的气泡的逸出速率并不是最大的。基于这种理由，可知用离心铸塑法制造半径过大的制品就比较麻烦。若生产空心制品时，可不采用紧压机，工序和设备上都可以更简单一些。

13.4.2　水平式离心铸塑

图13.7为一种水平式离心铸塑设备的示意图。模具的旋转用电动机经变速箱带动。模具外面有可移动的电加热烘箱。此种设备常用于碱催化单体浇铸尼龙轴承的成型。其工艺过程是将已加入催化剂并搅拌均匀的活性体原料用专用漏斗加入旋转的模具内，原料随即在离心力的作用下附着于模具型腔壁上形成中空的圆柱形。

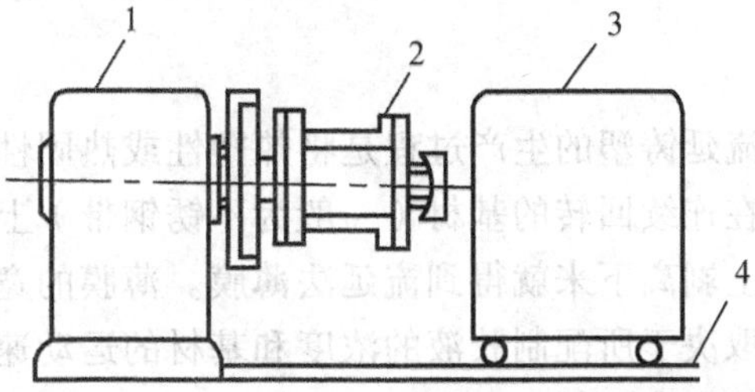

图13.7　一种水平式离心铸塑设备示意图

1—传动减速机构；2—旋转模具；3—可移动的烘箱；4—轨道

将电热烘箱移动使旋转模具悬于烘箱内，进行加热并控制活性体原料在稳定的条件下聚合硬化。所得轴承的外径是由模具型腔的大小决定的（考虑一定的收缩率和机加工余量），轴承内径的大小则取决于加入活性体原料的量。用式（13.4）即可计算所需加入的活性体量。

$$m = \frac{\pi(D^2 - d^2)L\rho}{4K} \tag{13.4}$$

式中，m为已内酰胺浇铸料（活性料）的质量（g）；D为制品的外径（cm）；d为制品的内径（cm）；L为制品的长度（cm）；ρ为尼龙聚合体的密度（1.15~1.16 g/cm。）；K为聚合产率系数，约为0.92（实验值）。

厚壁制品较薄壁者散热困难，生产厚壁制品时模内温度常会因聚合放出热量的积累而超过模外温度；而当生产薄壁制品时，模内温度大多达不到模外的温度。故烘箱温度应随制品厚度不同作相应的调整，使模具维持的实际温度符合要求。模具中聚合开始温度与制品内径（d）及外径（D）的比值（d/D）的关系如图13.8所示。故模具温度可按制品壁厚从图13.8中选择决定。活性体加入模具后在该温度下保持20~30 min后停止加热，待温度降至150~160°C时停止模具旋转，将制品与模具一起冷至120°C即可脱模，再将制品放入烘箱内进行保温冷却。

由于已内酰胺单体铸塑尼龙的吸水性很大，吸水后容易膨胀变形，在作为水下使用的轴承时常会在长期使用后膨胀变形而发生把转轴卡得过紧以致无法转动的“抱轴”现象。为此可采用吸水性较小的尼龙1010粒料进行离心（熔融）铸塑，生产水下使用的大型轴套。

水平式离心铸塑还用于生产聚烯烃的大口径管材，其管径所受限制较少，设备较简单，投资较低。缺点是管材的力学强度不如挤出成型高，生产周期较长。例如，国内曾用聚乙烯生产长 1 600 mm，直径 700 mm，厚 5 mm 的管材。

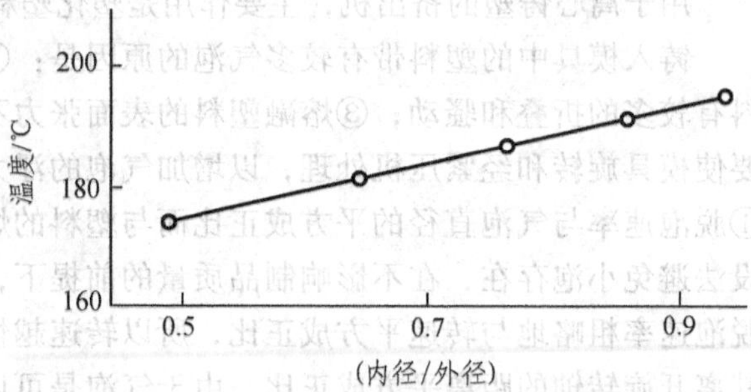

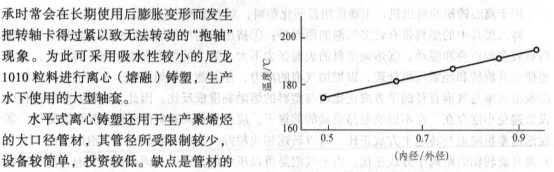

图 13.8 模具温度与制品内外径比的关系

13.5 流延铸塑

流延铸塑的生产过程是将热塑性或热固性塑料配成一定黏度的溶液，然后以一定的速度流布在连续回转的基材（一般为不锈钢带）上，通过加热以脱掉溶剂并进而使塑料固化。从基材上剥离下来就得到流延法薄膜。薄膜的宽度取决于基材的宽度，长度是可以连续的，厚度则取决于所配制胶液的浓度和基材的运动速度等。流延法也是一种浇铸成型，其模具则是平面的连续基材。

铸塑薄膜的特点是厚度小（最薄可达 0.05~0.10 mm），厚薄均匀，不易带入机械杂质，因而透明度高、内应力小，多用于光学性能要求很高的塑料薄膜的制造，如电影胶卷、安全玻璃的中间夹层薄膜等。缺点是生产速度较慢，需要耗费大量的溶剂，成本高及强度较低等。

用于生产铸塑薄膜的塑料有：三醋酸纤维素，聚乙烯醇，氯乙烯和醋酸乙烯的共聚物等，此外某些工程塑料如聚碳酸酯等也可用铸塑来生产薄膜。现以产量最大的三醋酸纤维素薄膜的生产工艺来进行说明，其过程主要包括：三醋酸纤维素溶液的配制，溶液的（流延）铸塑及干燥和溶剂的回收等。其流程如图 13.9 所示。

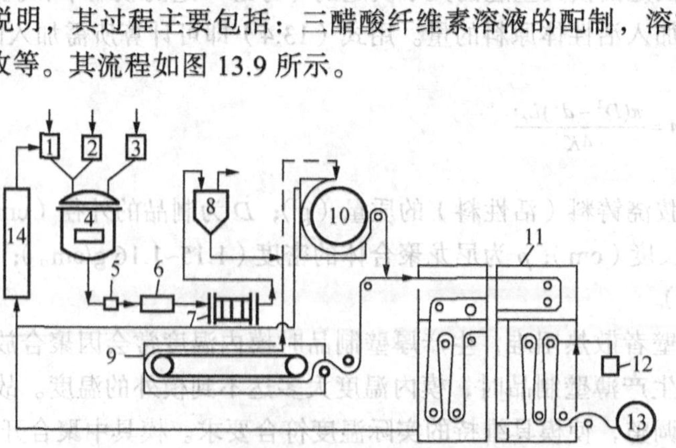

图 13.9 三醋酸纤维素薄膜生产流程示意图

1—溶剂贮槽；2—增塑剂贮槽；3—三醋酸纤维素贮器；4—混合器；5—泵；6—加热器；7—过滤器；8—脱泡器；9—带式机的烘房；10—转鼓机的烘房；11—干燥室；12—平衡用的重体；13—卷取辊；14—溶剂回收系统

13.5.1 溶液配制

三醋酸纤维素应事先进行干燥，使含水量<1%，否则将严重影响胶液的质量并会对设备造成腐蚀。使用的溶剂一般都为混合溶剂，以便求得溶解度高、黏度低和有一定挥发速度的溶液。通常使用的溶剂组分有二氯甲烷、三氯甲烷、甲醇、丁醇等。此外有时也加入少量增塑剂（如三苯基磷酸酯、邻苯二甲酸二丁酯等）。

溶液各组分是在混合器中配制的，配好后经过滤（用压滤机）并在恒温下（如 30°C）静置 8h 以脱去气泡，即可用作铸塑。

13.5.2 铸　塑

当前所用设备主要是带式流延机，也有采用大型镀银金属回转转鼓的。流延机系由回转的、表面无接头的、有镜面光洁度的不锈钢带（即溶液铸塑时的载体）及加热装置等组成。不锈钢带用 2 个回转的辊筒张紧并带动。带的宽度一般在 1 m 以上（决定了薄膜的最大宽度），长度约 30 m，也有长达 150 m 的。在前回转辊筒处不锈钢带的上部有流延嘴（或称吐液嘴）。流延嘴的断面为三角形，宽度较不锈钢带稍小，其下部有开缝。配好的溶液送至流延嘴并从开缝处流布于不锈钢带表面上。流布溶液的厚度由不锈钢带的转速和流延嘴缝口的距离决定。整个流延装置均密封在一烘房内。从不锈钢带下边逆向吹入热空气（约 65°C），使溶液逐步干燥。带有溶剂的气体从上部排气口排出并送至回收装置回收溶剂。溶剂回收常用冷冻回收及吸附回收两种装置，以尽量回收溶剂和安全生产。送入流延机的热空气主要是在回收装置排出的尾气中加入少量的新鲜空气并经过加热器而来，其气量和温度是可调的。溶液从流延嘴流布在不锈钢带上后即随之转动，由前辊筒上部绕至后辊筒上部，再绕至后辊筒下部，至前辊筒下部时，溶液已初步干燥并能形成薄膜，此时即与不锈钢带剥离，再送去进一步干燥。用镀银的加热金属转鼓时，转鼓的直径多在 6 m 以上，而宽度则在 1.2 m 左右。流延法薄膜的生产速度为 0.5~7.0 m/min。制造厚膜（最厚约达 2 mm）时速度偏慢，反之则偏大。

13.5.3 干　燥

从流延机不锈钢带上剥下的薄膜通常还含有 15%~20%的溶剂，需再进行干燥。干燥方法有烘干和熨烫两种。烘干的主要设备是烘房，通常都隔成几个部分，每个部分所保持的温度不一定相同，而且都可以调整。温度是顺着薄膜前进方向逐渐升高的，而后由高温突然变为低温。烘房所能容纳薄膜的长度很大，有的达 150 m。干燥后的薄膜所含的挥发物（大部分为水）应低于 1%。熨烫法是利用一系列加热辊直接熨烫薄膜来达到目的的。与烘干一样，熨烫也应该在烘房中进行。为不使空气中的灰尘污染薄膜而影响它的光学性能，薄膜的整个制造过程均应在十分清洁的环境中进行。

近年来，随着挤出双轴拉伸聚酯（PET）薄膜（胶片）的广泛应用，三醋酸纤维薄膜的应用受到了较大的冲击。采用流延（铸塑）法的聚丙烯膜，由于性能优良、用途广阔，其应用得到较大的发展。所用原料聚丙烯，通常均有专用牌号，其熔体流动速率（MFR）较大。其生产过程通常由挤出机经 T 形模由模唇将熔融塑化好的聚丙烯流延吐（挤）出并迅速绕过流延辊及冷却辊使之急冷至接近室温，再由一系列辊筒使薄膜受到振荡，展平并经自动测厚，表面电晕处理，切边等再卷取收存。

13.6 搪 塑

搪塑又称作涂凝模塑或涂凝成型。它是用糊塑料制造空心软制品（如玩具）的一种重要方法。其法是将糊塑料（塑性溶胶）倾倒到预先加热至一定温度的模具（只用阴模）中，接近模壁的塑料即会因受热而胶凝，然后将没有胶凝的塑料倒出，并将附在模子上的塑料进行热处理（烘熔），再经冷却即可从模中取得空心制品。搪塑的优点是设备费用低，生产速度高，工艺控制也较简单，但制品的厚度、质量等的准确性较差。

目前所使用的糊塑料主要是聚氯乙烯塑料。糊塑料在热处理过程中发生的物理作用是树脂在加热下继续溶解成为溶液的一个过程。这一过程常称作热处理，一般又将其分作“胶凝”和“熔化”前后两个过程。

胶凝阶段是从糊塑料开始加热起，直到由糊塑料形成的薄膜出现一定力学强度为止的一个阶段。在这一阶段中，由于加热，树脂不断地吸收分散剂，并因此而发生肿胀。过程进行时，糊塑料中的液体部分逐渐减少，而其黏度则逐渐增大，树脂颗粒间的距离也越靠近，终于使残余的液体成为不连续相而包含在凝胶的颗粒之间。在更高的温度和更长的时间下，残余液体也被吸收或挥发（指有机溶胶与凝胶），糊塑料因而成为一种表面无光和干而易碎的物料。此时可认为胶凝阶段已达到终点，其温度通常都在 100°C 以上。

“熔化”是指糊塑料在继续加热下，从胶凝终点发展到力学性能达到最佳的一段时间内的物理变化。严格说来，这里的“熔化”并不等于固体物质的真正熔化。在这一阶段中，肿胀的树脂颗粒先在界面之间发生黏结，也就是所说的“熔化”；随之界面越来越小以至全部消失，这样树脂也逐渐由颗粒的形式而成为连续的透明体或半透明体。“熔化”完全后，除色料和填料外，其余的成分都处于一种十分均匀的单一相，而且在冷却后能继续保持这种状态，因此，就会具有较高的力学强度。如果糊塑料是有机溶胶或凝胶，在熔化阶段还有液体挥发的物理变化。熔化的最终温度约 175°C。

实际操作中，糊塑料的热处理过程都是在烘房中进行的。热处理的时间取决于制品的厚度和所用糊塑料的性质，它的终点应以糊塑料各点都已达到最终熔化温度为标志。在不降低制品应有强度的前提下，热处理的时间越短越好。熔化的最终温度随所用糊塑料的性质而异，须用试验确定。温度过高时，常会出现塑料的降解，增塑剂的损失以及制品表面不平整等现象；温度过低时，制品的力学强度又不能达到最好的境界。

13.6.1 搪塑工艺

搪塑法的一般生产操作是将配制好并经脱泡后的糊塑料先注入已加热（约 130 °C）的模具（阴模）中。灌注时应注意保持模具及糊的清洁使整个模具型腔均被糊所润湿，同时还须对模具稍加振动以逐出其中的气泡。待糊塑料完全灌满模具后，停留一定时间，再将糊塑料倾倒回盛器中，这时模壁余下的一层糊塑料（厚 1~2 mm）已部分发生胶凝，随即将模具送入烘箱干燥一定时间，然后取出模具，用风冷或水冷至室温，即可从模具中取出制品。制品的厚度取决于糊塑料的黏度、灌注时模具的加热温度和糊塑料在模具中停留的时间。如需生产较厚的制品时，也可用短时间加热模具或重复灌注的方法。采用重复灌注时，在每次灌注后都应进行适当的热处理，但不能完全熔化，而只在最后一次灌注再完成全部热处理过程，以避免制品发生脱层。重复灌注法在工艺上要麻烦一些，好处是可使制品减少带入空气的机会，并能较准确地控制厚度。用重复灌注法也可以生产内外层不同的制品，例如内层可以是发泡的，而外层则不是。

搪塑工艺对糊塑料的要求是：黏度适中（常在 10 Pa·s 以下），从而可以在灌入模具后使整个型腔表面都能充分润湿并使制品表面上微细的凹凸或花纹均能显现清晰，黏度过大则达不到此种要求，而过低则制品厚度太薄。由于搪塑制品多用作玩具，因而从配方上考虑要求无毒。制品应柔软，富有弹性，适当的透明，表面不易污染，容易用肥皂水清洗，增塑剂不易游移，有足够的强度及伸长率（使不易撕裂），加工过程中应有足够的稳定性，制品耐光稳定性应良好等。此外有时还加入少量填料（如低吸油值的碳酸钙），使制品呈半透明。

关于制品造型设计及模具型腔设计的要求，基本原则大抵与注射成型相同，但更应注意的是：不能有过深的凸出、凹入或尖角，凸出或转弯部分的最高点应不超过主体部分，否则很容易使糊灌注不满而产生气泡；不能有显著的缩颈；进料口不能小于主体最大处的 1/2，否则均难以脱模。

搪塑所用的模具大多是整块阴模并在一端开口，通常都由电镀法制成。制造时先用黏土捏成制品的形样，再用石膏翻制成阴模，然后用熔化的蜡进行浇铸制得蜡质阳模。蜡模经仔细修整后涂以石墨或进行化学镀银，再进行镀铜，铜层厚度 1.5 mm 左右时停止。加热把蜡熔化倒出，再进行清洗，锯去浇口，然后进行表面抛光及镀镍。所得模具经 180~200°C 下退火 2 h 后即可投入使用。

搪塑工艺可以用恒温烘箱进行间歇性的生产，也可以采用洞道式的加热方式进行连续生产。

13.6.2 蘸浸成型

蘸浸成型又称蘸浸模塑，其法与搪塑大体相似，不同的只是模具不是阴模。成型时将阳模浸入装有糊塑料的容器中，然后将模具慢慢提出，即可使其表面蘸上一层糊塑料，通过热处理与冷却后即可从阳模上剥下中空型的制品，如图 13.10 所示。用此法生产的制品有泵用隔膜、柔性管子、工用手套、玩具等。制造模具的材料有铝、黄铜、钢材、陶瓷、玻璃等。

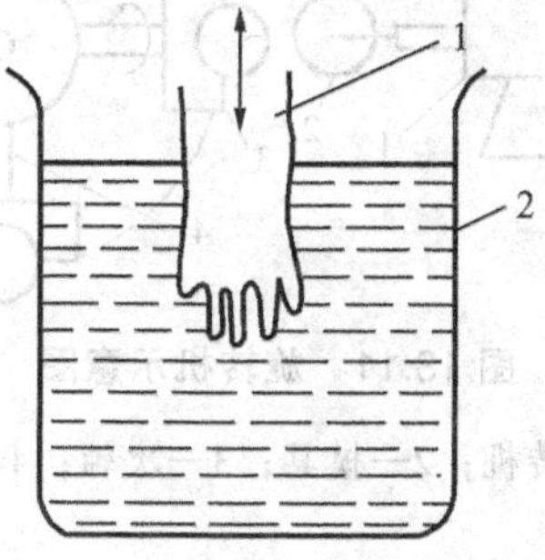

图 13.10 蘸浸成型示意图

1—模具；2—糊塑料

工业上用这种方法生产时可以实现连续化。厚度决定于所用糊塑料的黏度。如制品厚度较大，可用多次蘸浸、预热模具、提高糊塑料的温度来解决。用预热的模具进行蘸浸时，伸入浸槽的速度应很快，但提出的速度应慢。制品增厚的程度决定于模具的预热温度。用提高糊塑料温度来增加制品厚度时，糊塑料的最高温度有一定限制，一般不应超过 32 ℃。

13.7 滚 塑

滚塑又称旋转铸塑或旋转浇铸成型。其法是将定量的液状或糊状塑料加入模具中，通过对模具的加热及纵横向的滚动旋转，使塑料熔融塑化并借塑料自身的重力作用均匀地布满模具型腔的整个表面，待冷却固化后脱模即可得到中空制品。滚塑与离心铸塑生产的制品是类似的，但由于滚塑的转速不高，故设备比较简单，更有利于小批量生产大型的中空制品。滚塑制品的厚度较之挤出吹塑制品均匀，无熔接缝，废料少，产品几乎无内应力，因而也不易发生变形、凹陷等缺点。滚塑工艺是从 20 世纪 50 年代后期开始出现的，最初主要用于聚氯乙烯糊塑料生产小型制品，如玩具、皮球、瓶罐等，近年来在大型制品生产上也有较多的应用。

滚塑所用的模具，小型的常用铝或铜的瓣合模，而大型的则多采用薄钢板制成。

用聚氯乙烯糊塑料生产小型制品时，先将定量的塑性溶胶塑料加入一个型腔可以完全闭合的模具中，然后将模具合拢并将它固定在能够顺着两根正交的轴同时进行旋转的机器上（见图 13.11），当模具旋转时，即用热空气或红外线等对它加热。靠模内半液态物料的自重而使其停留于底部。当模腔表面旋转而触及这些物料时，就能从中带走一层，直至积存的半液态塑料用尽为止。模内的糊塑料在一面随模具旋转，一面受热的情况下，就能均匀地分布在型腔的表面，并逐渐由凝胶而达到完全的熔化。随所用糊塑料的性质和制品厚度的不同，所需旋转、加热的时间为 5~20 min。塑料完全熔化后即冷却，然后开模取出完整的制品。

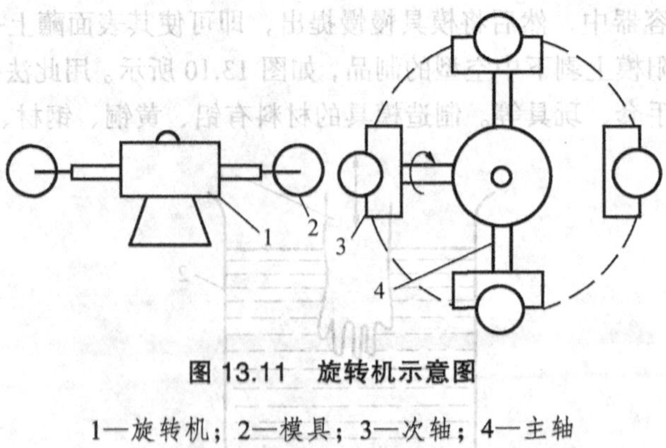

图 13.11　旋转机示意图

1—旋转机；2—模具；3—次轴；4—主轴

在此过程中，加热不能过快，否则制品厚度不均匀。旋转速度偏高时可增加糊塑料的流动性，制品均匀性较好。而采用黏度偏低的糊塑料也有利于提高制品的均匀性。

近年来，也有将粉状塑料代替液状或糊状塑料而用于滚塑成型的，这虽然与浇铸原来的定义有些不合，但就其本质来说，却与浇铸有很多相同之处。它所使用的品种，主要有聚乙烯、改性聚苯乙烯、聚酰胺、聚碳酸酯及纤维素塑料等。其产品有用几种塑料生产的夹层结构制品。这类产品兼具有几种塑料的优点，如内外层为聚乙烯，中间层为发泡聚乙烯的贮槽，用尼龙 11 作内层，聚乙烯作外层的贮槽等。用特种牌号的聚碳酸酯生产大型容器（直径达 2.5 m）、车、船及飞机壳体或结构体。此外还有试验使用的玻璃纤维增强的聚乙烯和用于热固性塑料（如聚酯、聚氨酯）等。用粉料生产大型中空制品时，为保证制品有良好的刚性、韧性、耐环境应力开裂性能，目前使用较多的原料是线型低密度聚乙烯。工业上有专用的牌号，其性能要求：拉伸强度≥13 MPa，拉伸屈服强度≥11 MPa，断裂伸长率≥480 %，冲击强度≥32 kJ/m^2，弯曲强度≥15 MPa，MFR≥2.8。采用的设备如图 13.12 所示。其主轴 5 系电动机经减速机构带动。联轴器 4 应是经常可拆卸的。主轴 5 的转动即同时使模架 2 及模架 3 旋转，其转速通常在 7~28 r/min。转速过高可能导致制品厚薄不匀。次轴 1 是靠主轴 5 经传动减速机构带动的，其转速为主轴的一半左右。整个装置系固定在支承架 6 上，并通过导轮 7 而可作来回移动。成型时将配好的聚乙烯粉料加入模具并将其闭合，然后固定在支承架上。将装好模具的整个支承架通过导轮推入已加热的烘箱中，并使联轴器与传动机构啮合。关闭烘箱，开动电动机，模具即在烘箱内作两方向同时的旋转。烘箱温度维持在 230°C 左右。温度偏高可以加速物料的熔融，缩短生产周期，易于排除气泡，制品表面光洁程度较好。但温度过高则易使制品变色、降解等。保温旋转的时间视制品的大小、厚薄等决定。待物料全部熔融后，从烘箱中推出支承架，但仍应在转动下自然冷却或喷水冷却后才可取得产品。

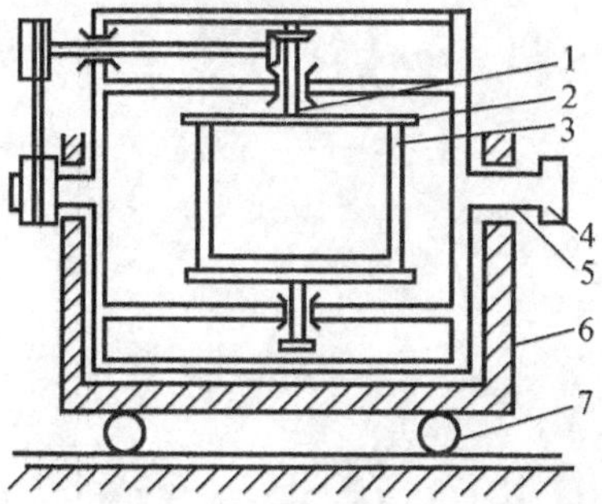

图 13.12 滚塑设备示意图

1—次轴；2—模架；3—模具；4—联轴器；5—主轴；6—支承架；7—导轮

某些加热下易氧化变色、变质等的塑料，如聚酰胺类，则应在惰性气体保护下进行整个操作。

适当选择脱模剂是重要的因素。如在制得产品前塑料还未充分固化即自动产生塑料与模具局部脱层（即脱模太容易或脱模太早），则可使制品发生变形、卷曲。目前介绍的脱模剂主要还是硅树脂类。

近年来采用交联聚乙烯生产滚塑制品也有较大的发展，其特点在于制品耐汽油性、耐应力破裂及冲击性能均较好，适于生产带嵌件的制品。

我国近年已有很多家企业生产各种大型滚塑制品如容器、小船壳体等。国外有的公司滚塑制品已达数百种，因此，这类成型方法今后还会得到较大的发展。

复习思考题

一、名词解释

1. 浇铸成型；2. 嵌铸；3. 离心浇铸 4. 流延铸塑；5. 搪塑；6. 滚塑

二、填空题

1. 采用环氧树脂为原料进行浇铸成型时，需要加入的固化剂常用的有______和______。
2. 用于环氧塑料成型的模具包括______、______、______和______。
3. 嵌注的工艺过程包括______、______和______。

三、简答题

1. 能用于静态浇铸的塑料原料有哪些要求？
2. 采用己内酰胺为原料进行浇铸成型时，需要加入催化剂和助催化剂的目的是什么？
3. 试比较酸酐类和胺类固化剂在使用时的不同之处。
4. 甲基丙烯酸甲酯在浇铸成型过程中发生凝胶效应的原因是什么？在工艺上如何控制？
5. 静态浇铸对模具性能有何要求？
6. 离心浇铸与滚塑的区别有哪些？其与静态浇铸相比有哪些优点？
7. 搪塑工艺对糊塑料有哪些要求？

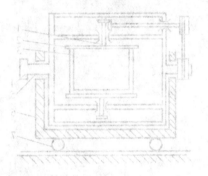

参考文献

[1] D. V. Rosato. Plastics Processing Data Hand book. Published By Chapman and Hall, 1997.

[2] 黄锐. 塑料成型工艺学 [M]. 北京：中国轻工业出版社，1997.

[3] 王贵恒. 高分子材料成型加工原理 [M]. 北京：化学工业出版社，2010.

[4] 沈新元. 高分子材料加工原理 [M]. 2 版. 北京：中国纺织出版社，2009.

[5] 吴崇周. 塑料加工原理及应用 [M]. 北京：化学工业出版社，2008.

[6] 成都科技大学主编. 塑料成型工艺学 [M]. 北京：轻工业出版社，1983.

[7] 林师沛. 塑料加工流变学 [M]. 成都：成都科技大学出版社，1989.

[8] 吴其晔. 高分子材料流变学 [M]. 北京：高等教育出版社，2010.

[9] 梁基照. 聚合物材料加工流变学 [M]. 北京：国防工业出版社，2010.

[10] 钟石云，许乾慰，王公善. 聚合物降解与稳定化 [M]. 北京：化学工业出版社，2002.

[11] 方海林. 高分子材料加工助剂 [M]. 2 版. 北京：化学工业出版社，2008.

[12] 罗权焜，刘维锦. 高分子材料成型加工设备[M]. 北京：化学工业出版社，2007.

[13] 张明善. 塑料成型工艺及设备[M]. 北京：中国轻工业出版社，1998.

[14] [美]S. 米德尔曼. 聚合物加工基础[M]. 赵得禄等译. 北京：科学出版社，1984.

[15] [美]I. 塔莫尔，I. 克莱因. 塑化挤出工程原理[M]. 夏廷文等译. 北京：轻工业出版社，1984.

[16] [美] I. 塔莫尔等，聚合物加工原理. 耿孝正等译. 北京：化学工业出版社，1990.

[17] 周达飞，唐颂超. 高分子材料成型加工 [M] . 2 版. 北京：中国轻工业出版社，2006.

[18] 杨鸣波. 聚合物成型加工基础 [M]. 2 版. 北京：化学工业出版社，2009.

[19] 赵素合. 聚合物加工过程 [M]. 北京：中国轻工业出版社，2001.

[20] 黄锐. 塑料成型工艺学 [M]. 2 版. 北京：中国轻工业出版社，2007.

[21] 陈宇，王朝晖，郑德. 实用塑料助剂手册 [M]. 2 版. 北京：化学工业出版社，2007.

[22] 吕世光. 塑料助剂手册 [M]. 北京：中国轻工业出版社，1986.

[23] 李杰，郑德. 塑料助剂与配方设计技术 [M]. 北京：化学工业出版社，2005.

[24] 王克智. 新型功能塑料助剂 [M]. 北京：化学工业出版社，2003.

[25] 梁淑君. 塑料压制成型速查手册 [M]. 北京：机械工业出版社，2010.

[26] 吴清鹤. 塑料挤出成型 [M]. 北京：化学工业出版社，2009.

[27] 戴伟民. 塑料注射成型 [M]. 北京：化学工业出版社，2005.

[28] 杨永顺，郭俊卿. 塑料成型工艺与模具设计 [M]. 哈尔滨：哈尔滨工业大学出版社，2008.

[29] 王艳芳，何震海，郝连东. 中空吹塑 [M]. 北京：化学工业出版社，2006.

[30] 陈昌杰，李惠康. 塑料滚塑与搪塑 [M]. 北京：化学工业出版社，1997.

[31] 吴舜英，徐敬一. 泡沫塑料成型 [M]. 北京：化学工业出版社，1999.

[32] 何震海，常红梅. 压延及其他特殊成型 [M]. 北京：化学工业出版社，2007.

[33] 郁文娟，顾燕. 塑料产品工业设计基础 [M]. 北京：化学工业出版社，2007.